Lecture Notes in Mathematics

Edited by A. Dold and B. Eckmann

Subseries: Institut de Mathématique, Université de Strasbourg
Adviser: P.A. Meyer

1123

Séminaire de Probabilités XIX 1983/84

Proceedings

Edité par J. Azéma et M. Yor

Springer-Verlag
Berlin Heidelberg New York Tokyo

Editeurs

Jacques Azéma
Marc Yor
Laboratoire de Probabilités
4 Place Jussieu, Tour 56, 75230 Paris Cédex 05 – France

Mathematics Subject Classification (1980): 60GXX, 60HXX, 60JXX

ISBN 3-540-15230-X Springer-Verlag Berlin Heidelberg New York Tokyo
ISBN 0-387-15230-X Springer-Verlag New York Heidelberg Berlin Tokyo

Printing and binding: Beltz Offsetdruck, Hemsbach / Bergstr.
2146 / 3140-543210

SÉMINAIRE DE PROBABILITÉS XIX

TABLE DES MATIÈRES

Critical diffusions[1]

by Edward Nelson

The proper setting for this discussion is a Riemannian manifold, but I want to avoid complications due to curvature, boundary conditions, and regularity conditions, so I will work on the flat torus $\mathbb{T}^n = \mathbb{R}^n/\mathbb{Z}^n$ and will assume everything to be C^∞.

1. Stochastic Hamilton-Jacobi theory

Let $\phi\colon \mathbb{T}^n \times \mathbb{R} \longrightarrow \mathbb{R}$ and $A\colon \mathbb{T}^n \times \mathbb{R} \longrightarrow \mathbb{R}^n$ be C^∞. We call ϕ the <u>scalar potential</u> and A the <u>vector potential</u>. Define the corresponding <u>Lagrangean</u> $L\colon \mathbb{T}^n \times \mathbb{R}^n \times \mathbb{R} \longrightarrow \mathbb{R}$ by

$$L(x,p,t) = \frac{1}{2}\, p\cdot p - \phi(x,t) + A(x,t)\cdot p$$

where the dot denotes the Euclidean inner product on $\mathbb{R}^n$. The space $\mathbb{T}^n$ may be thought of as the configuration space of a system of particles, and their masses are absorbed into the Euclidean inner product for simplicity of notation.

By a <u>smooth Markovian diffusion</u> on $\mathbb{T}^n$, with <u>diffusion constant</u> $\hbar$ and <u>forward drift</u> b, where $b\colon \mathbb{T}^n \times \mathbb{R} \longrightarrow \mathbb{R}^n$ is C^∞, is meant a $\mathbb{T}^n$-valued Markov process ξ such that for all C^∞ functions $f\colon \mathbb{T}^n \times \mathbb{R} \longrightarrow \mathbb{R}$,

$$Df(\xi(t),t) = \left(\frac{\hbar}{2}\Delta + b(\xi(t),t)\cdot\nabla + \frac{\partial}{\partial t}\right) f(\xi(t),t) ,$$

where D is the stochastic forward derivative

$$Df(\xi(t),t) = \lim_{dt \to 0+} E_t \frac{f(\xi(t+dt),t+dt) - f(\xi(t),t)}{dt}$$

(with E_t the conditional expectation given $\xi(t)$).

---

[1] This work was partially supported by the National Science Foundation, grant MCS-81001877A02.

For $t < t_1$ in $\mathbb{R}$ and ν a natural number, let $s_\alpha = t+\alpha(t_1-t)/\nu$ for $\alpha = 0,\ldots,\nu$, let $ds_\alpha = (t_1-t)/\nu$, let $d\xi(s_\alpha) = \xi(s_\alpha+ds_\alpha)-\xi(s_\alpha)$, and let $s_\alpha^o = (s_{\alpha-1}+s_\alpha)/2$. A smooth Markovian diffusion ξ with diffusion constant $\hbar$ and forward drift b is <u>critical for the Lagrangean</u> L in case it is indexed by $\mathbb{R}$ and for all $t < t_1$ in $\mathbb{R}$, whenever $\delta b\colon T^n \times [t,t_1] \longrightarrow \mathbb{R}^n$ is C^∞ and ξ' is the smooth diffusion indexed by $[t,t_1]$ with diffusion constant $\hbar$, forward drift $b' = b+\delta b$, and the same probability distribution at time t as ξ, then

$$\lim_{\nu\to\infty} \{E \sum_{\alpha=1}^{\nu} [\frac{1}{2} \frac{d\xi(s_\alpha)}{ds_\alpha} \cdot \frac{d\xi(s_\alpha)}{ds_\alpha} - \phi(\xi(s_\alpha^o),s_\alpha^o)ds_\alpha + A(\xi(s_\alpha^o),s_\alpha^o)\cdot d\xi(s_\alpha)]$$

$$- E \sum_{\alpha=1}^{\nu} [\frac{1}{2} \frac{d\xi'(s_\alpha)}{ds_\alpha} \cdot \frac{d\xi'(s_\alpha)}{ds_\alpha} - \phi(\xi'(s_\alpha^o),s_\alpha^o)ds_\alpha + A(\xi'(s_\alpha^o),s_\alpha^o)\cdot d\xi'(s_\alpha)]\} = o(\delta b$$

Notice the order of operations in this definition: first we take the Riemann sums for the action integral, then we take the expectation, then we take the variation, and only at the end do we take the limit as the mesh of the partition tends to 0.

If $\hbar = 0$, this reduces to the usual definition in Hamilton-Jacobi theory for the flow generated by b to be critical for the Lagrangean L. In this case it is known that ξ is critical for L if and only if the Hamilton-Jacobi condition

$$b+A = \nabla S$$

holds, where S is Hamilton's principal function, and consequences of this are the Hamilton-Jacobi equation

$$\frac{\partial S}{\partial t} + (\nabla S-A)\cdot(\nabla S-A) - \phi = 0$$

and the Newton equation

$$a = F$$

(see the previous comment about masses), where a is the acceleration $a = \ddot{\xi}$ and the force is

$$F = E + H \cdot p$$

where $E = -\nabla\phi - \frac{\partial A}{\partial t}$, H is the exterior derivative of A, and

$$(H \cdot p)_i = \sum_j \left(\frac{\partial A_j}{\partial x^i} - \frac{\partial A_i}{\partial x^j}\right) p^j .$$

Theorem 1. Let $\hbar > 0$. Then a smooth Markovian diffusion ξ with diffusion constant $\hbar$ and forward drift b is critical for L if and only if there is a solution ψ of the Schrödinger equation

1) $i\hbar \frac{\partial \psi}{\partial t} = [\frac{1}{2}(\frac{\hbar}{i}\nabla - A)\cdot(\frac{\hbar}{i}\nabla - A) + \phi]\psi$

such that

2) $b = (\mathrm{Re}+\mathrm{Im})\hbar\nabla \log \psi - A$.

Proof. First let us examine the kinetic contribution to the action. Let $dt > 0$ and for any function f of time let $df(t) = f(t+dt) - f(t)$. Then

3) $d\xi(t) = \int_t^{t+dt} b(\xi(s),s)ds + dw(t)$

where w is the Wiener process on $\mathbb{T}^n$ with diffusion constant $\hbar$ (infinitesimal generator $\frac{\hbar}{2}\Delta$ and probability density 1). We may estimate this as $b(\xi(t),t)dt + dw(t) + o(dt)$, but this is not accurate enough if we wish to estimate

$$\frac{1}{2}\frac{d\xi}{dt}\cdot\frac{d\xi}{dt}$$

to $o(1)$, since $dw(t)$ is of order $dt^{\frac{1}{2}}$. (Notice that $d\xi/dt$ is a quotient, not a derivative.) But apply (3) to itself; i.e., to $\xi(s)$ in the integrand. Then

$$d\xi(t) = \int_t^{t+dt} b(\xi(t)+\int_t^s b(\xi(r),r)dr+w(s)-w(t),s)ds+dw(t) ,$$

so that

$$d\xi(t) = b(\xi(t),t)dt + \sum_k \frac{\partial}{\partial x^k} b(\xi(t),t)W^k + dw(t) + o(dt^{3/2})$$

where $W^k = \int_t^{t+dt} [w^k(s)-w^k(t)]ds$. These terms are of order dt , $dt^{3/2}$, and $dt^{\frac{1}{2}}$ respectively. Therefore

$$\frac{1}{2}\frac{d\xi}{dt}\cdot\frac{d\xi}{dt} = \frac{1}{2} b\cdot b + \frac{b\cdot dw}{dt} + \frac{1}{dt^2} \sum_k \frac{\partial b}{\partial x^k} W^k\cdot dw + \frac{1}{2}\frac{dw}{dt}\frac{dw}{dt} + o(1) .$$

The term $b\cdot dw/dt$ is of order $dt^{-\frac{1}{2}}$, but $E_t b\cdot dw = 0$. Now if $t \leq s \leq r$, then

$$E_t[w^k(s)-w^k(t)][w^i(r)-w^i(t)] = (s-t)\hbar\delta^{ki} ,$$

so that

$$E_t \frac{1}{dt^2} \sum_k \frac{\partial b}{\partial x^k} W^k\cdot dw = \frac{\hbar}{2} \nabla\cdot b$$

and $E_t dw\cdot dw = \hbar n dt$. Therefore

4) $$E_t \frac{1}{2}\frac{d\xi}{dt}\cdot\frac{d\xi}{dt} = \frac{1}{2} b\cdot b + \frac{\hbar}{2}\nabla\cdot b + \frac{\hbar n}{2dt} + o(1) .$$

A smooth diffusion with strictly positive diffusion constant has a C^∞ strictly positive probability density ρ , since the probability distribution is a weak and positive (and hence C^∞ and strictly positive) solution of the forward Fokker-Planck equation

$$\frac{\partial\rho}{\partial t} = \frac{\hbar}{2}\,\Delta\rho-\nabla\cdot(b\rho)\ .$$

Then we also have

$$D_*f(\xi(t),t) = (-\frac{\hbar}{2}\,\Delta+b_*(\xi(t),t)\cdot\nabla+\frac{\partial}{\partial t})f(\xi(t),t)$$

for any C^∞ function $f\colon \mathbb{T}^n\times\mathbb{R}\longrightarrow\mathbb{R}$, where D_* is the stochastic backward derivative

$$D_*f(\xi(t),t) = \lim_{dt\to o+} E_t\,\frac{f(\xi(t),t)-f(\xi(t-dt),t-dt)}{dt}\ ,$$

and the backward drift b_* is determined by the osmotic equation

$$\frac{b-b_*}{2} = \frac{\hbar}{2}\,\nabla\log\rho,$$

whose left hand is called the <u>osmotic velocity</u>, denoted by u. The <u>current velocity</u> v is defined by

$$v = \frac{b+b_*}{2}\ ;$$

it satisfies the current equation (or equation of continuity)

$$\frac{\partial\rho}{\partial t} = -\nabla\cdot(v\rho)\ .$$

These assertions are proved in [2,pp. 104-106].

Now let us examine the vector potential contribution to the action. We have

$$EA(\xi(s_\alpha^o),s_\alpha^o)\cdot d\xi(s_\alpha) = EA(\xi(s_\alpha^o),s_\alpha^o)\cdot v(\xi(s_\alpha^o),s_\alpha^o)ds_\alpha+o(ds_\alpha)\ ,$$

but

5) $$EA\cdot v = \int A\cdot v\rho = \int A\cdot b\rho-\int A\cdot u\rho = \int A\cdot b\rho-\int A\cdot\frac{\hbar}{2}\,\nabla\rho = \int A\cdot b\rho+\frac{\hbar}{2}\int\nabla\cdot A\rho$$

$$= E(A\cdot b+\frac{\hbar}{2}\,\nabla\cdot A)\ .$$

Let us define the stochastic forward Lagrangean $L_+ : \mathbb{T}^n \times \mathbb{R} \longrightarrow \mathbb{R}$ by

$$L_+ = \frac{1}{2}\, b\cdot b + \frac{\hbar}{2}\, \nabla\cdot b - \phi + A\cdot b + \frac{\hbar}{2}\, \nabla\cdot A \ .$$

By (4) and (5)

$$EL_+(\xi(t),t) = E\Big[\frac{1}{2}\,\frac{d\xi}{dt}\cdot\frac{d\xi}{dt} - \phi(\xi(t),t) + A(\xi(t),t)\cdot \frac{\xi(t+dt)- (t-dt)}{2dt}\Big] - \frac{\hbar n}{2dt} + o(1) \ .$$

We define

$$I = E\int_t^{t_1} L_+(\xi(s),s)ds \ .$$

Then ξ is critical for L if and only if

$$I' - I = o(\delta b) \ ,$$

where quantities with ξ' replacing ξ are denoted by $'$. Notice that the term $\hbar n/2dt$ in (4), which tends to ∞ as $dt \longrightarrow 0$, disappears when we take the variation.

Let $E_{x,t}$ be the conditional expectation, given $\xi(t)$, for the process conditioned by $\xi(t) = x$, and define

$$S(x,t) = -E_{x,t}\int_t^{t_1} L_+(\xi(s),s)ds \ .$$

This is the stochastic analogue of Hamilton's principal function, and we have $DS = L_+$.

For the rest of the proof, we follow [1]. In fact, the contribution of this section is a comment on the work of Guerra and Morato, to the effect that we do not need to posit any stochastic Lagrangean; we may start with the usual Lagrangean. Here is the rest of the proof in outline: we have

$$D(S'-S) = D'S' - DS + (D-D')S' = L'_+ - L_+ - \delta b\cdot\nabla S' = L'_+ - L_+ - \delta b\cdot\nabla S + o(\delta b) \ .$$

Now $L'_+ - L_+ = (b+A)\cdot\delta b + \frac{\hbar}{2}\nabla\cdot\delta b + o(\delta b)$. Since S and S' vanish at t_1 , and ρ and ρ' are the same at t ,

$$-\int_t^{t_1} D(S'-S)ds = ES'(\xi(t),t) - ES(\xi(t),t) = E'S'(\xi'(t),t) - ES(\xi(t),t)$$

$$= -I'+I \ ;$$

but $I'-I = E\int_t^{t_1}(b+A-\nabla S+\frac{\hbar}{2}\nabla)\cdot\delta b ds + o(\delta b)$. Now

$$E\frac{\hbar}{2}\nabla\cdot\delta b(\xi(s),s) = \int\frac{\hbar}{2}(\nabla\cdot\delta b)\rho = -\int\delta b\cdot u\rho \ ,$$

and since $b-u = v$,

$$I'-I = E\int_t^{t_1}(v+A-\nabla S)\cdot\delta b ds + o(\delta b) \ .$$

We may take $\delta b = v+A-\nabla S$. Therefore ξ is critical for L if and only if the stochastic Hamilton-Jacobi condition

$$v+A = \nabla S$$

holds. Let

$$R = \frac{\hbar}{2}\log\rho \ ,$$

so that $\nabla R = u$ and $b = v+u = \nabla S - A + \nabla R$. If we write out $DS = L_+$ we obtain

$$(\frac{\partial}{\partial t} + b\cdot\nabla + \frac{\hbar}{2}\Delta)S = \frac{1}{2}b\cdot b + \frac{\hbar}{2}\nabla\cdot b - \phi + A\cdot b + \frac{\hbar}{2}\nabla\cdot A \ ,$$

and expressing everything in terms of R and S we find the stochastic Hamilton-Jacobi equation

$$\frac{\partial S}{\partial t} + \frac{1}{2}(\nabla S - A)\cdot(\nabla S - A) - \phi + \frac{1}{2}\nabla R\cdot\nabla R - \frac{\hbar}{2}\Delta R = 0 \ ,$$

which together with the current equation expressed in terms of R and S ,

$$\frac{\partial R}{\partial t} + \nabla R\cdot(\nabla S - A) + \frac{\hbar}{2}\Delta S - \frac{\hbar}{2}\nabla\cdot A = 0 ,$$

gives a coupled system on nonlinear equations. But if we let

$$\psi = e^{\frac{1}{\hbar}(R+iS)} ,$$

this system is equivalent to the Schrödinger equation (1). ■

A simple computation shows that the stochastic Newton equation

$$\frac{1}{2}(D_* b + D b_*) = E + H\cdot v$$

holds. The peculiar form $\frac{1}{2}(D_* b + D b_*)$ of the stochastic acceleration is no longer an assumption as in [2]; it is a consequence of the variational principle.

A change in the choice of the final time t_1 in the definition of S produces a guage transformation that leaves the process ξ and the stochastic Newton equation unchanged.

2. Zeros of the wave function

If ξ is a smooth Markovian diffusion that is critical for L, the corresponding solution of the Schrödinger equation is nowhere 0, by (2). In this section it will be shown that a diffusion process (not smooth in the sense of our definition) is still well-defined by (2) when ψ has zeros.

Let ψ be a C^∞ solution of (1) and let

$$Z_\varepsilon = \{(x,t) \in \mathbb{T}^n \times \mathbb{R}^+ : |\psi(x,t)| \leq \varepsilon\} .$$

For $\varepsilon > 0$, the vector field b defined by (2) is C^∞ on Z_ε^c.

Let $\varepsilon > 0$, and for $0 \leq s < t$ let $p_\varepsilon(x,s;y,t)$ be the solution of the forward Fokker-Planck equation on Z_ε^c with Dirichlet boundary conditions and initial value δ_x at time s. Then p_ε satisfies the Chapman-Kolmogorov equation

$$\int p_\varepsilon(x,s;y,t)p_\varepsilon(y,t;z,r)dy = p_\varepsilon(x,s;z,r) \ , \ s < t < r \ ,$$

but its integral (in y) is less than 1 . To remedy this, let $\dot{\mathbb{T}}^n = \mathbb{T}^n \cup \{\infty\}$ and define

$$p_\varepsilon(x,s;\{\infty\},t) = 1 - \int p_\varepsilon(x,s;y,t)dy \ ;$$

then p_ε is a transition probability. Let χ_ε^c be the indicator function of Z_ε^c , and choose an initial measure $\rho_\varepsilon^o = \rho(o,y)\chi_\varepsilon^c(o,y)dy$ with $\rho_\varepsilon^o(\{\infty\}) = 1 - \int \rho(o,y)\chi_\varepsilon^c(o,y)dy$, where $\rho = |\psi|^2$. (We may assume that $\int |\psi|^2 = 1$.) Let Pr_ε be the corresponding regular probability measure on path space

$$\Omega = \prod_{t \in \mathbb{R}^+} \dot{\mathbb{T}}^n$$

and let $\xi_\varepsilon(t)$ be the evaluation map $\omega \longmapsto \omega(t)$; then ξ_ε is a $\dot{\mathbb{T}}^n$-valued Markov process. The configuration diffuses with drift b until it hits Z_ε , when it is killed (sent to ∞) .

Let ρ_ε be the probability density of ξ_ε . Then $\rho_\varepsilon \leq \rho$ on $\mathbb{T}^n \times \mathbb{R}^+$, since both are positive solutions of the forward Fokker-Planck equation on Z_ε^c with the same initial value and $\rho_\varepsilon = 0$ on ∂Z_ε^c .

The p_ε are increasing in y on $\mathbb{T}^n$ as ε decreases. Let $p(x,s;y,t)$ be their limit, with $p(x,s;\{\infty\},t)$ the defect in its integral (we will show that this is 0) , and let Pr be the corresponding regular probability measure on Ω with initial measure $\rho(o,y)dy$. Let

$$D = \{\omega \in \Omega \colon \omega(t) = \infty \text{ for some } t \text{ in } \mathbb{R}^+\} \ .$$

Then $Pr_\varepsilon(D)$ decreases to $Pr(D)$.

<u>Theorem 2</u>. $Pr(D) = 0$.

<u>Proof</u>. Let $0 < T < \infty$ and let $D_T = \{\omega \in \Omega \colon \omega(t) = \infty$ for some t

in $[0,T]\}$. Then we need only show that $Pr_\varepsilon(D_T)$ decreases to 0. Throughout this proof, time parameters are restricted to lie in $[0,T]$.

Let us set $\hbar = 1$, so that $|\psi| = e^R$. Let

$$X(t) = R(\xi_\varepsilon(t),t)-R(\xi_\varepsilon(0),0) ,$$

with the convention that $R(\infty) = 0$. By the continuity of paths, D_T is equal Pr_ε - a.e. to $\{\inf R(\xi_\varepsilon(t),t) = \log \varepsilon\}$, so we need only establish bounds on $Pr_\varepsilon\{\sup |X(t)| > \lambda\}$ that are independent of ε and tend to 0 as $\lambda \longrightarrow \infty$.

Now

$$X(t) = \int_0^t dR(\xi_\varepsilon(s),s) = \int_0^t [\frac{\partial R}{\partial s} ds+b\cdot\nabla R ds+ \frac{1}{2} \Delta R ds+\nabla R\cdot dw(s)]$$

where by convention each term in the integrand is 0 after the killing time. Call the four integrals $X^\alpha(t)$ for $\alpha = 1,2,3,4$. Then X^4 is a martingale, so (since $\nabla R = u$)

$$Pr_\varepsilon\{\sup |X^4(t)| > \lambda\} \le \frac{1}{\lambda^2}\int_0^T \int u\cdot u\rho_\varepsilon dt \le \frac{1}{\lambda^2}\int_0^T \int u\cdot u\rho dt .$$

Let $H_o(t) = -\frac{1}{2} (\frac{1}{i} \nabla-A)\cdot(\frac{1}{i} \nabla-A)$. Then a simple computation shows that

$$(\psi,H_o(t)\psi) = \frac{1}{2} \int(u\cdot u+v\cdot v)\rho .$$

Thus X^4 is OK, by which I mean that $Pr_\varepsilon\{\sup |X^4(t)| > \lambda\}$ is bounded independently of ε by a bound that tends to 0 as $\lambda \longrightarrow \infty$. Clearly, X^2 is OK. Now

$$Pr_\varepsilon\{\sup |X^3(t)| > \lambda\} \le \frac{1}{\lambda}\int_0^T \int |\frac{1}{2} \Delta R|\rho dt ,$$

but

$$\int|\frac{1}{2} \Delta R|\rho = \frac{1}{4}\int|\nabla\cdot\rho^{-1}\nabla\rho|\rho = \frac{1}{4}\int|-\rho^{-2}\nabla\rho\cdot\nabla\rho+\rho^{-1}\Delta\rho|\rho \le \int u\cdot u\rho+\int|\Delta\rho| ,$$

so X^3 is OK. Finally,

$$\Pr_\varepsilon\{\sup |X^1(t)| > \lambda\} \le \frac{1}{\lambda}\int_0^T \int \left|\frac{\partial R}{\partial t}\right|\rho_\varepsilon dt = \frac{1}{\lambda}\int_0^T\int \chi_\varepsilon^c \frac{1}{2}\left|\frac{\partial \rho}{\partial t}\right|\rho^{-1}\rho_\varepsilon dt$$

$$\le \frac{1}{\lambda}\int_0^T \int \frac{1}{2}\left|\frac{\partial \rho}{\partial t}\right| dt$$

so X^1 is OK. The diffusion never reaches the zeros of the wave function.

Department of Mathematics
Princeton University

References

[1] Francesco Guerra and Laura M. Morato, Quantization of dynamical systems and stochastic control theory, Phys. Rev. D, 1774-1786, 1983.

[2] Edward Nelson, Dynamical Theories of Brownian Motion, Princeton University Press, Princeton, 1967.

CONSTRUCTION DE PROCESSUS DE NELSON REVERSIBLES[1]

par P.A. Meyer et W.A. Zheng

Dans ce travail, nous construisons rigoureusement les << processus de Nelson >> associés à certaines fonctions d'onde <u>réelles</u>[1](solutions stationnaires d'une équation de Schrödinger). Nous ne parlons pas de fonctions d'onde, excepté dans l'introduction : le problème est simplement celui de la construction, sous des hypothèses de régularité minimales, d'une diffusion à crochets browniens, admettant une mesure invariante symétrique de densité donnée. Ce problème a été traité par R. Carmona [2], sous des conditions de régularité plus forte, et notre méthode n'est pas loin de la sienne.

En fait, notre rédaction préliminaire cherchait à construire les diffusions par une méthode de convergence étroite. C'est le remarquable travail de E. Carlen [1] (dans le cas non stationnaire, beaucoup plus difficile) qui a attiré notre attention sur la nécessité de renoncer aux conditions de régularité du type << fort >>.

INTRODUCTION

Rappelons d'abord comment Nelson associe, à toute fonction d'onde $\psi(x,t)$ solution d'une équation de Schrödinger sur $\mathbb{R}^d \times [\alpha,\beta]$ et bien régulière, deux diffusions remarquables sur $[\alpha,\beta]$, associées par retournement du temps, et admettant comme loi à tout instant t la mesure $\rho_t \xi$, où $\rho_t = |\psi(\cdot,t)|^2$ et ξ est la mesure de Lebesgue.

On pose d'abord (toutes les fonctions introduites dépendant de (x,t))

(1) $$\psi = e^{R+iS} \quad , \quad \rho = e^{2R} = |\psi|^2 \quad .$$

On supposera que pour tout t , $\rho(\cdot,t)=\rho_t$ est une loi de probabilité. Soit ν un nombre >0 (si ψ est interprétée comme la fonction d'onde décrivant une particule de masse m , ν vaut $\hbar/m$). On introduit les champs de vecteurs suivants, dépendant du temps (grad opérant sur la variable x à t fixé)

(2) $$u = \nu \operatorname{grad} R \ , \ v = \nu \operatorname{grad} S \ (\text{ ainsi } u+iv = \nu \operatorname{grad}\psi/\psi \ )$$

(3) $$b = v+u \ , \ \hat{b} = v-u \ .$$

Le processus de Nelson << en avant >> est une diffusion (X_t) , solution faible d'une e.d.s.

1. En fait, nous avons traité le cas complexe (stationnaire non réversible) dans un paragraphe rajouté à la fin.

$$(4) \qquad X_t = X_\alpha + \int_\alpha^t b(X_s,s)ds + \sqrt{\nu}\, W_t$$

où X_α admet la loi $\rho_\alpha \xi$, et W est un mouvement brownien standard de la filtration naturelle de X , nul pour $t=\alpha$. Nelson montre que la loi de X_t est $\rho_t \xi$ pour tout t , et que le processus (X_t) regardé dans l'autre sens du temps est solution faible d'une équation analogue

$$(4') \qquad X_t = X_\beta + \int_\beta^t \hat{b}(X_s,s)ds + \sqrt{\nu}\, W'_t$$

où W' est un mouvement brownien standard « en arrière » . Un cas particulier important est celui des fonctions d'onde de la forme $\psi(x)e^{i\lambda t}$; alors u,v,ρ ne dépendent pas du temps (cas stationnaire). Si de plus ψ est réelle, on a $v=0$, $b=-\hat{b}$, et la diffusion (X_t) est <u>réversible</u>.

Pour toutes sortes de raisons, la condition de régularité naturelle à imposer à la diffusion est

$$E[\int_\alpha^\beta (|b(X_s,s)|^2+|\hat{b}(X_s,s)|^2)ds\ ] = \tfrac{1}{2}E[\int_\alpha^\beta (|u(X_s,s)|^2+|v(X_s,s)|^2)ds\ ] < \infty$$

qui s'écrit analytiquement puisque $u+iv = \mathrm{grad}\psi/\psi$, $\rho_t=|\psi_t|^2$

$$(5) \qquad \int_\alpha^\beta ds \int |\mathrm{grad}\ \psi(x,s)|^2 \xi(dx) < \infty$$

ou dans le cas stationnaire

$$(6) \qquad \int \frac{\mathrm{grad}^2 \rho}{\rho}(x)\xi(dx) < \infty \quad \text{ou} \quad \int |\mathrm{grad}\psi(x)|^2 \xi(dx) < \infty .$$

Le problème qui se pose si l'on veut passer des calculs formels de Nelson à une construction rigoureuse est le caractère singulier des champs $b,\hat{b}$ - même si ψ est très régulière, cela se produira aux points où $\psi=0$. Nous allons montrer que <u>dans le cas réversible</u>, la régularité (6) permet toujours de faire la construction. Nous nous efforçons aussi de ne pas trop utiliser la structure explicite du problème, de manière à pouvoir raisonner sur d'autres semi-groupes markoviens symétriques que celui du mouvement brownien. C'est pourquoi nous noterons (P_t) le semi-groupe brownien de paramètre ν , E l'espace $\mathbb{R}^d$, A (et non $\frac{\nu}{2}\Delta$) le générateur , $\Gamma(f,g)$ (et non $\nu\,\mathrm{grad}f.\mathrm{grad}g$) l'opérateur carré du champ $A(fg)-fAg-gAf$. Nous travaillerons sur le mouvement brownien, mais nous indiquerons à la fin de chaque paragraphe les modifications à faire pour traiter des cas plus généraux.

I. CONSTRUCTION DANS UN CAS TRES REGULIER

Ce paragraphe contient l'idée essentielle de la construction, dans un cas où les difficultés techniques sont réduites au minimum.

Nous désignons par Ω l'ensemble des applications continues de $\mathbb{R}_+$ dans E , pouvant admettre une durée de vie ζ finie. Cet ensemble est muni de ses coordonnées X_t , de ses tribus naturelles $\mathcal{F},\mathcal{F}_t$. Nous désignons par W_x l'unique loi sur Ω pour laquelle (X_t) est un mouvement brownien de paramètre ν ($d\langle X^i,X^j\rangle_t = \nu\delta^{ij}dt$) issu du point x . On désigne par W_μ la mesure $\int_E W_x\mu(dx)$. Si f est une fonction sur Ω , on notera $W_x[f]$, $W_\mu[f]$ l'espérance de f pour W_x,W_μ .

L'opérateur de translation est noté θ_t ($X_s(\theta_t\omega)=X_{s+t}(\omega)$). Nous utiliserons aussi l'opérateur de retournement à t fixé : on désigne par Ω_t l'ensemble $\{t<\zeta\}$, et r_t est la bijection de Ω_t sur Ω_t définie par $X_s(r_t\omega)=X_{t-s}(\omega)$; r_t préserve la mesure W_ξ sur Ω_t .

Nous désignons par ψ une fonction <u>strictement positive</u> sur E , finement continue, appartenant au domaine du générateur infinitésimal étendu A . Cela signifie que pour toute loi W_x , le processus $\psi(X_t)-\psi(X_0)-\int_0^t A\psi(X_s)ds$ est une martingale locale continue, de processus croissant $\int_0^t\Gamma(\psi,\psi)\circ X_s ds$. Puisque la semimartingale $\psi(X_t)$ est >0 , $\log\psi(X_t)$ est une semimartingale continue, qui peut se calculer par la formule d'Ito : le processus

(7) $$L_t = \log\psi(X_t)-\log\psi(X_0) - \int_0^t\left(\frac{A\psi}{\psi} - \frac{\Gamma(\psi,\psi)}{2\psi^2}\right)\circ X_s\, ds$$

$$\left(= \int_0^t \frac{\operatorname{grad}\psi}{\psi}\circ X_s\cdot dX_s \quad \text{sous forme explicite} \right)$$

est une martingale locale fonctionnelle additive, nulle en 0, de crochet $\int_0^t \frac{\Gamma(\psi,\psi)}{\psi^2}(X_s)ds$. Son exponentielle de Doléans $\exp(L_t-\frac{1}{2}\langle L,L\rangle_t)$ est une martingale locale <u>fonctionnelle multiplicative</u> du processus (X_t), telle que $W_x[M_t]\leq 1$ pour tout x . Un calcul immédiat montre que

(8) $$M_t = \frac{\psi(X_t)}{\psi(X_0)}\exp\left(-\int_0^t \frac{A\psi}{\psi}(X_s)ds\right)$$

Cette remarque nous a été faite par M. Yor, mais figure déjà chez Carmona[1] [2]. On définit donc un semi-groupe sous-markovien (Q_t) en posant, pour toute fonction $h\geq 0$ sur l'espace d'états E

(9) $$Q_t(x,h) = W_x[h(X_t)M_t]$$

(voir par ex. Dynkin [5], p. 282, th. 9.2). Un théorème classique sur les processus de Markov affirme que l'on peut réaliser ce semi-groupe sur l'espace Ω - c'est pour cela que nous y avons permis une durée de vie finie - par des mesures Q_x possédant la propriété

(10) $$Q_x[fI_{\{S<\zeta\}}] = W_x[fM_S I_{\{S<\infty\}}]$$

si S est un t. d'a., et f sur Ω est $\mathcal{F}_S$-mesurable positive. Voir

1. Voir aussi l'<u>addition</u> aux références.

Dynkin [5], p. 292, cor. au th. 9.8 , ou Meyer [10], chap. I n°21 (pour les u-processus, mais le cas général est identique). On peut montrer que ce semi-groupe est fortement markovien, mais nous n'insisterons pas.

Voici le point crucial de la démonstration. Pour les développements ultérieurs, nous le donnons explicitement en deux lemmes :

LEMME 1. a) Il existe sur Ω_t une v.a. H , invariante par retournement du temps, telle que $H=\psi^2(X_0)M_t$ W_ξ-p.s..

b) Le semi-groupe (Q_t) est symétrique par rapport à $\rho\xi$, $\rho=\psi^2$.

Démonstration. a) est évident d'après (8) : $H=\psi(X_0)\psi(X_t)\exp(-\int_0^t \frac{A}{\psi}\psi(X_s)ds)$, et il n'y a aucun ensemble de mesure nulle exceptionnel.

b) On a $\langle f,Q_tg\rangle_{\rho\xi} = W_\xi[\rho(X_0)f(X_0)M_tg(X_t)] = W_\xi[f(X_0)Hg(X_t)]$

Comme la mesure W_ξ est invariante par retournement du temps à t, cela est symétrique en (f,g).

LEMME 2. Sous la condition (qui se réduit à (6) dans le cas brownien)

(11) $$\int\Gamma(\psi,\psi)\xi < \infty$$

on peut affirmer que $Q_x\{\zeta<\infty\}=0$ pour $\rho\xi$-presque tout x.

Démonstration. Nous introduisons les t. d'a.

(12) $$\tau_n = \inf\{t : \int_0^t \frac{\Gamma(\psi,\psi)}{\psi^2}(X_s)ds \geqq n\} \quad , \quad \tau = \lim_n \tau_n$$

Sous la loi W_x , $\tau_n=\inf\{t : \langle L,L\rangle_t \geqq n\}$, donc la martingale $L_{t\wedge\tau_n}$ a un crochet borné, la martingale locale $M_{t\wedge\tau_n}$ est uniformément intégrable, et $W_x[M_{\tau_n\wedge n}]=1$ pour tout n. D'après (10), on a $n\wedge\tau_n<\zeta$ Q_x-p.s.. D'après le lemme 1, prenant $f\geqq0$, on a $< (\rho\xi)Q_t,f > = < 1,Q_tf >_{\rho\xi} = < Q_t1,f >_{\rho\xi} \leqq < \rho\xi,f >$ puisque $Q_t1\leqq1$. Donc la mesure $\rho\xi$ est excessive, et l'on a

$$Q_{\rho\xi}[\int_0^t \frac{\Gamma(\psi,\psi)}{\psi^2}(X_s)ds] \leqq t\int \frac{\Gamma(\psi,\psi)}{\psi^2}\rho\xi = t\int\Gamma(\psi,\psi)\xi < \infty$$

Donc $Q_{\rho\xi}\{\tau<t\}=0$ pour tout t, donc $\zeta=+\infty$ $Q_{\rho\xi}$-p.s..

L'essentiel de la démonstration est fini. La fonction $f=Q_.\{\zeta<\infty\}$ est excessive pour le semi-groupe (Q_t). Soit N l'ensemble $\{f>0\}$; nous savons d'après le lemme 2 que N est négligeable pour $\rho\xi$ (donc pour ξ) . D'autre part, l'ensemble $N^c=\{f=0\}$ est absorbant pour $Q_.$ (une surmartingale positive qui s'annule garde la valeur 0) et porte la mesure $\rho\xi$, donc il peut servir d'espace d'états pour le processus admettant cette mesure initiale. Comme les lois Q_x et W_x sont équivalentes sur $\mathcal{F}_t, t<\infty$, on peut voir en outre que N est polaire pour le mouvement brownien.

Il nous reste à identifier le processus (X_t), sous la loi Q_x , au processus de Nelson .

Soit f appartenant au domaine étendu de A , et soit $x \notin N$. Le processus

$$f(X_t)-f(X_0) - \int_0^t Af(X_s)ds = H_t$$

est une martingale locale sous la loi W_x . Sous la loi Q_x , absolument continue par rapport à W_x sur $\mathcal{F}_t$, le théorème de Girsanov nous dit que le processus $H_t - \langle H,L\rangle_t$ est une martingale locale. De plus, sous la loi Q_x , le crochet de H n'a pas changé.

Cela nous dit d'abord que f appartient au domaine du générateur étendu B de (Q_t), avec $Bf = Af + \frac{1}{\psi}\Gamma(\psi,f)$.

Appliquant cela aux d fonctions coordonnées sur E , cela nous dit ensuite que le processus $X_t - X_0 - \int_0^t b(X_s)ds$ (où $b^i = \frac{1}{\psi}\Gamma(\psi,x^i) = \nu D_i\psi/\psi$) est une martingale locale, de crochets $\nu\delta^{ij}t$ - autrement dit, de la forme $\sqrt{\nu}\, W_t$, où W_t est un mouvement brownien standard. C'est bien l'équation (4).

REMARQUE. La construction du processus nous a montré a priori que la loi de (X_t) est équivalente en temps fini à celle d'un mouvement brownien. Donc toute martingale locale (U_t) de la filtration naturelle du processus de Nelson est continue, et la relation $U_0=0$, $\langle U,X\rangle=0$ entraîne $U=0$. Il est alors immédiat que toute martingale locale orthogonale à W est nulle, donc W permet de représenter les martingales locales de la filtration de X par intégrales stochastiques (on ignore si W engendre la filtration naturelle de X).

Nous aurons besoin plus loin d'une estimation due à Nelson [11], que nous allons présenter maintenant. Soit f une fonction qui appartient au domaine étendu de A . Nous pouvons écrire sous la loi brownienne pour X

$$f(X_t)-f(X_0)-\int_0^t Af(X_s)ds = K_t \quad \text{(sur un intervalle } [0,u] \text{ fini)}$$

où K_t est un certain processus adapté à la filtration en avant . Mais le retournement du temps à l'instant u est un isomorphisme, et en appliquant la formule précédente au processus $\hat{X}_t = X_{u-t}$, on obtient

$$(13) \qquad 2(f(X_t)-f(X_0)) = K_t + \hat{K}_{u-t} - \hat{K}_u$$

où le processus $\hat{K}_s(\omega) = K_s(r_u\omega)$ est adapté à la filtration en arrière de X . Passons au sup sur $[0,u]$ (indiqué par la notation $()^*_u$ usuelle)

$$|f(X_\cdot)-f(X_0)|^*_u \leq K^*_u(\cdot)+K^*_u(r_u\cdot)$$

Sous la loi brownienne, K_t vaut $\int_0^t \text{grad}f(X_s)\cdot dX_s$, et on a le même résultat sous la loi Q_x , absolument continue par rapport à W_x . Nous utilisons la relation $dX_s = b(X_s)ds + \sqrt{\nu}\, dW_s$ pour écrire

$$Q_{\rho\xi}\{|f(X_.)-f(X_0)|_u^* >\lambda\} \leqq 2Q_{\rho\xi}\{K_u^*>\lambda/2\}$$

puisque $K_u^*(.)$ et $K_u^*(r_u.)$ ont même loi par symétrie. On décompose le processus K_u en sa partie martingale

$$K'_u = \int_0^u \sqrt{\nu}\ \mathrm{grad}f(X_s)\cdot dW_s$$

à laquelle on appliquera par exemple l'inégalité de Doob, et sa partie à variation finie

$$K''_u = \int_0^u (\mathrm{grad}f\cdot b)\circ X_s ds \ .$$

Nous appliquons cela à $f=\log\psi$. Alors

$$Q_{\rho\xi}[(K')_u^{*2}] \leqq 2Q_{\rho\xi}[\int_0^u \nu \frac{\mathrm{grad}^2\psi}{\psi^2}(X_s)ds] = 2u\nu\int \mathrm{grad}^2\psi(x)\xi(dx)$$

$$Q_{\rho\xi}[(K'')_u^*] = Q_{\rho\xi}[\int_0^u \nu \frac{\mathrm{grad}^2\psi}{\psi^2}(X_s)ds\ ] = u\nu\int \mathrm{grad}^2\psi(x)\xi(dx)$$

Comme nous le verrons plus loin, $\nu\int(\mathrm{grad}^2\psi)\xi$ est l'<u>intégrale de Dirichlet</u> de ψ pour le processus initial (lois W_x) ; notons la $I(\psi)$. Nous voyons donc apparaître pour le processus transformé (lois Q_x) des bornes multiplicatives (qui font penser à des inégalités de Harnack)

(14) $$Q_{\rho\xi}\{\ \sup_{t\leqq u} \frac{\psi(X_t)}{\psi(X_0)}\vee\frac{\psi(X_0)}{\psi(X_t)} > e^\lambda\} \leqq CuI(\psi)/\lambda \ .$$

COMPLEMENTS

Dans cette fin de paragraphe, nous indiquons deux extensions des résultats précédents. L'une de nature purement technique, l'autre, au contraire, de nature générale - comment on pourrait traiter les diffusions symétriques quelconques. Nous ne reviendrons pas sur ces questions dans le paragraphe suivant.

a) Au lieu de supposer, dans la démonstration du lemme 2, que $\Gamma(\psi,\psi)$ est intégrable, supposons la seulement <u>localement</u> intégrable : il existe une fonction continue a partout >0, telle que $a\Gamma(\psi,\psi)$ soit intégrable . Cherchons alors à montrer que $\zeta=+\infty$ $Q_{\rho\xi}$-p.s.. L'essentiel de la démonstration du lemme 2 consiste à remarquer que, sur $\{\zeta<\infty\}$, on a $Q_{\rho\xi}$-p.s. $\int_0^t \frac{\Gamma(\psi,\psi)}{\psi^2}(X_s)ds \underset{t\uparrow\zeta}{\longrightarrow} \infty$. Or la même intégrale avec un poids $a(X_s)$ sous le signe $\int$ est finie pour t fini . Donc $a(X_s)$ ne peut être borné inférieurement en $\zeta-$, sur l'ensemble $\{\zeta<\infty\}$, donc $X_.$ <u>ne peut rester borné</u> au voisinage de $\zeta-$. Si l'on porte cela dans la relation

$$X_t-X_0-\int_0^t b(X_s)ds = \text{martingale locale sur } [0,\zeta[, \text{ de crochets browniens}$$

on voit que $\int_0^t |b(X_s)|ds$ ne peut rester borné à l'instant ζ. Il suffit donc en fait de montrer que $Q_{\rho\xi}[\int_0^t |b(X_s)|ds] < \infty$ pour tout t fini, et cela se ramène à $\int|\psi\mathrm{grad}\psi|\xi < \infty$.

b) Nous pouvons remplacer le mouvement brownien de départ par une diffusion symétrique X quelconque sur un espace d'états E , à durée de vie infinie. Seulement, dans ce cas, nous ne disposons plus de la formule d'Ito $f(X_t)-f(X_0)-\int_0^t Af(X_s)ds = \int_0^t \mathrm{grad}f(X_s)\cdot dX_s$. Par quoi la remplacer ?

Le mot ≪ diffusion ≫ n'a pas de définition généralement admise, et nous n'essaierons pas d'en donner une. Parmi les qualités que nous exigerons de X, outre les propriétés habituelles d'un bon processus de Markov à durée de vie infinie, il y aura la <u>continuité</u> de toutes les martingales M de la filtration naturelle de X , et l'existence de l'opérateur Γ , i.e. la <u>continuité absolue</u> des crochets $d\langle M,M\rangle_t$ par rapport à dt (Kunita [7], Meyer [9]). Dans ces conditions, voici le substitut de l'opérateur gradient : on choisit (Kunita-Watanabe [8]) une base orthogonale $(\overset{n}{H}_t)$ de martingales locales fonctionnelles additives, i.e. un système maximal de telles martingales locales, nulles en 0, deux à deux fortement orthogonales ($\langle H^i,H^j\rangle=0$ pour $i\neq j$). On peut aussi les normaliser de sorte que $d\langle H^i,H^i\rangle_t/dt$ ne prenne que les valeurs 0 ou 1 . Toute martingale locale fonctionnelle additive M , nulle en 0, admet alors une représentation comme intégrale stochastique

$$M_t = \Sigma_n \int_0^t m_n(X_s)d\overset{n}{H}_s$$

où les fonctions m_n sur l'espace d'états E sont définies par

$$m_n(X_t) = \frac{d\langle M,\overset{n}{H}\rangle_t}{d\langle \overset{n}{H},\overset{n}{H}\rangle_t}$$

mais puisque $d\langle \overset{n}{H},\overset{n}{H}\rangle_t$ ne prend que les valeurs 0 ou 1, on peut plus simplement les définir par $d\langle M,\overset{n}{H}\rangle_t/dt = m_n(X_t)$. En particulier, si f appartient au domaine étendu de A , nous prendrons $M_t=f(X_t)-f(X_0)-\int_0^t Af(X_s)ds$ et nous désignerons par $\overset{n}{V}f$ les fonctions sur E, définies p.p. par

$$\overset{n}{V}f(X_t) = d\langle M,\overset{n}{H}\rangle_t/dt$$

Les opérateurs $\overset{n}{V}$ sont des dérivations ($\overset{n}{V}(fg)=f\overset{n}{V}g+g\overset{n}{V}f$), on a la formule d'Ito généralisée

$$(15)\quad f(X_t) = f(X_0) + \int_0^t Af(X_s)ds + \Sigma_n \int_0^t \overset{n}{V}f(X_s)d\overset{n}{H}_s$$

et l'on a aussi $\Gamma(f,f) = \Sigma_n (\overset{n}{V}f)^2$. Non seulement les $\overset{n}{V}$ sont des dérivations, mais il résulte de la formule d'Ito usuelle qu'ils obéissent aux règles usuelles du calcul , par ex. $\overset{n}{V}(\Phi\circ f)=\Phi'\circ f\ \overset{n}{V}f$. Le principe de l'extension des résultats aux diffusions symétriques est alors simple : partout où nous utilisons le gradient dans le cas brownien, utiliser les opérateurs $\overset{n}{V}$, et la formule (15).

Nous laisserons au lecteur, s'il en a envie, le soin d'examiner cette généralisation, et revenons au cas brownien.

II. UTILISATION DE L'ESPACE DE DIRICHLET

Dans ce paragraphe, nous allons affaiblir les deux hypothèses faites sur ψ au paragraphe précédent : l'appartenance de ψ au domaine étendu de A sera remplacée par une condition portant sur l'intégrale de Dirichlet $I(\psi) = \int \Gamma(\psi,\psi)\xi$, tandis que la positivité stricte disparaîtra complètement. Nous nous limiterons au cas brownien.

FONCTIONS BLD . L'étude probabiliste des <u>fonctions de Beppo Levi précisées</u> a été faite par Doob [4], après l'étude analytique de Deny-Lions [3]. La version générale de ces travaux peut être trouvée dans le livre [6] de Fukushima, mais nous n'en aurons pas besoin.

On dit qu'une fonction localement sommable f est une fonction BLD si ses dérivées au sens des distributions appartiennent à L^2 , et l'on pose alors $I(f)=\int \mathrm{grad}^2 f \,\xi$ (pour nous, I(f) comporte en plus un facteur ν , mais peu importe ici). Les régularisées habituelles $f*\varphi_k=f_k$ convergent alors en mesure vers f , et $I(f-f_k)\to 0$. Mais on a mieux : si l'on extrait une sous-suite (sans changer de notation) de sorte que $I(f-f_k)\leqq 2^{-k}$, la suite (f_k) converge uniformément en dehors d'ouverts de capacité arbitrairement petite, et sa limite (égale à f p.p.) est <u>finement continue</u> dans le complémentaire d'un ensemble polaire. Une telle version de f sera dite <u>précisée</u>, et nous n'en considérerons pas d'autre.

L'espace des fonctions BLD contient les constantes, et possède une propriété remarquable : il est stable pour les opérations $\vee,\wedge$, et l'on a $I(|f|)\leq I(f)$. En fait, on a $\mathrm{grad} f = \mathrm{sgn}(f)\mathrm{grad}|f|$ p.p., donc pour l'étude qui nous intéresse, et où intervient seulement $\mathrm{grad}\psi/\psi$, on peut aussi bien supposer ψ positive. Nous le ferons dans toute la suite. On notera que dans ce cas les régularisées ψ_k considérées plus haut sont aussi positives.

L'<u>espace de Dirichlet</u> proprement dit est l'espace des fonctions BLD qui appartiennent à L^2 .

NOTATIONS. Nous désignons par ψ une fonction BLD précisée, positive , par ψ_k une suite de régularisées de ψ qui converge q.p. vers ψ (i.e. en dehors d'un ensemble polaire N), avec $I(\psi-\psi_k)\leqq 2^{-k}$. On pose $\psi^2=\rho$.

Nous définissons comme en (12) les temps d'arrêt

$$\tau_n = \inf\{t : \int_0^t \frac{\Gamma(\psi,\psi)}{\psi^2}(X_s)ds \geqq n \} , \quad \tau=\lim_n \tau_n$$

τ est un temps terminal : sur $\{t<\tau\}$ on a identiquement $\tau(\Theta_t\omega)=\tau(\omega)-t$. Sur l'intervalle $[0,\tau[$, on peut définir la martingale locale (cf. (7))

$$L_t = \int_0^t \frac{\mathrm{grad}\psi}{\psi}(X_s).dX_s$$

et par conséquent, sur $[0,\infty[$, la fonctionnelle multiplicative d'espérance ≤ 1 (cf. (8) : le facteur $I_{\{t<\tau\}}$ a été ajouté)

(16) $$M_t = \exp(L_t - \langle L,L\rangle_t) I_{\{t<\tau\}}$$

que nous ne pouvons plus écrire sous la forme (8). Comme dans le lemme 2, on a $W_x[M_{n\wedge\tau_n}]=1$ pour tout x tel que $W_x\{\tau>0\}\neq 0$ (ce qui équivaut à $W_x\{\tau>0\}=1$, puisque τ est un t. d'a.). Enfin, nous posons (cf. (9)

$$Q_t(x,f) = W_x[f(X_t)M_t]$$

qui forme toujours un semi-groupe sous-markovien, que nous pouvons réaliser sur Ω . Il y a cependant une petite différence : si x est tel que $\tau=0$ p.s., on a $Q_x\{\zeta=0\}=1$, et on n'a donc pas Q_x-p.s. $X_0=x$: ce semi-groupe n'est pas << normal >> dans la terminologie de Dynkin.

Notre but va consister à montrer que ce semi-groupe est symétrique par rapport à la mesure $\rho\xi$, et que $Q_{\rho\xi}$-p.s. la durée de vie est infinie. Nous allons montrer aussi, en adaptant un raisonnement de Nelson, que les trajectoires du processus associé ne rencontrent jamais l'ensemble $\{\psi=0\}$.

LE CAS MINORÉ

Nous supposons provisoirement que $\psi\geq\varepsilon>0$. Cela vaut aussi pour les régularisées ψ_k . La condition $I(\psi)<\infty$ entraîne alors que $W_\xi\{\tau<\infty\}=0$. Nous établissons alors

LEMME 3. a) <u>Il existe sur</u> Ω_t <u>une fonction</u> H, <u>invariante par retournement du temps, telle que</u> $\psi^2(X_0)M_t=H$ W_ξ-<u>p.s.</u>.

b) <u>Le semi-groupe</u> (Q_t) <u>est symétrique par rapport à</u> $\rho\xi$, <u>et l'on a</u> $Q_{\rho\xi}\{\zeta<\infty\}=0$.

c) <u>On a</u> $Q_{\rho\xi}\{\inf_{t\leq u} \psi(X_t)\leq \psi(X_0)e^{-\lambda}\} \leq uCI(\psi)/\lambda$.

<u>Démonstration</u>. a) Nous utilisons l'approximation ψ_k , et les processus L^k_t, M^k_t correspondants. D'après le paragraphe 1, nous savons que $\psi^2_k(X_0)M^k_t$ est une v.a. H^k invariante par r_t . Si nous pouvons montrer que $M^k_t\to M_t$ en mesure pour W_ξ , nous pourrons réextraire une sous-suite (sans changer de notation) de manière à avoir convergence p.s., et il suffira de poser

$$H = \liminf_k H^k .$$

Il nous suffit de montrer que $W_\xi[(L^k_t-L_t)^2]$ tend vers 0 , car cela entraîne la convergence en mesure de L^k_t vers L^k , et de $\langle L^k,L^k\rangle_t$ vers $\langle L,L\rangle_t$. Or cela vaut

$$W_\xi[\int_0^t |\frac{\text{grad}\psi}{\psi} - \frac{\text{grad}\psi_k}{\psi_k}|^2(X_s)ds]$$

Mais $\text{grad}\psi_k/\psi_k$ tend p.p. vers $\text{grad}\psi/\psi$, d'où pour W_x-presque tout ω le même résultat après composition avec $X_s(\omega)$, p.p. en s sur $[0,t]$. Il suffit donc d'établir une domination, qui résulte de l'inégalité

$$|\ldots.|^2 \leq \varepsilon^2(\text{grad}^2\psi + \text{grad}^2\psi_k) \leq 4\varepsilon^2(\text{ grad}^2\psi + \text{grad}^2(\psi-\psi_k))$$

alors que la fonction $\mathrm{grad}^2\psi + \Sigma_k \mathrm{grad}^2(\psi-\psi_k) = h$ est ξ-intégrable, et donc $\int_0^t h(X_s)ds$ W_ξ-intégrable.

b) La démonstration est identique à celle des lemmes 1 et 2, compte tenu de a). Faisons quelques remarques supplémentaires

- Comme à la fin du lemme 2 , l'ensemble des x tels que $Q_x\{\zeta<\infty\}=0$ peut servir d'espace d'états au processus de Markov admettant (Q_t) comme semi-groupe de transition, $\rho\xi$ comme mesure initiale. Pour tout x possédant cette propriété, on a $\lim_n \tau_n=+\infty$ Q_x-p.s., et la loi Q_x est absolument continue par rapport à W_x en temps fini : en effet, la surmartingale ≥ 0 M_t satisfait à $W_x[M_t] = Q_x\{\zeta>t\} = 1 = W_x[M_0]$, donc c'est une vraie martingale.

- Posons comme d'habitude $b=\nu\mathrm{grad}\psi/\psi$; si $Q_x\{\zeta<\infty\}=0$, on vérifie comme après le lemme 2 que le processus

$$X_t - X_0 - \int_0^t b(X_s)ds \quad \text{sous la loi } Q_x$$

est une martingale locale nulle en 0, de crochets $\nu\delta^{ij}t$, donc de la forme $\sqrt{\nu}\, W_t$ (cf. (4)). Comme après le lemme 2, on vérifie que W permet de représenter les martingales de la filtration naturelle de X .

c) Par passage à la limite à partir des ψ_k, on établit la formule correspondant à (13) : pour $0\leq t\leq u$, sous la loi W_ξ

$$\log\psi(X_t)-\log\psi(X_0) = L_t + \hat{L}_{u-t} - \hat{L}_u \quad (\hat{L}_s(\omega)=L_s(r_u\omega))$$

(prendre dans (13) $f=\log\psi_k$). Raisonnant alors comme au § 1, on obtient la formule

$$(17) \qquad Q_{\rho\xi}\{ \inf_{t\leq u} \psi(X_t)\leq \psi(X_0)e^{-\lambda}\} \leq CuI(\psi)/\lambda \quad (\lambda>0)$$

PASSAGE AU CAS GENERAL

Nous considérons maintenant une fonction BLD $\psi\geq 0$, mais non nécessairement >0 ; nous posons $\psi_\varepsilon = \psi\vee\varepsilon$, qui est encore une fonction BLD , avec $I(\psi_\varepsilon)\leq I(\psi)$. Nous allons lui appliquer les résultats précédents, et passer à la limite (les éléments relatifs à cette fonction seront notés L_t^ε, M_t^ε, Q_t^ε). Nous utiliserons le résultat suivant, qui se démontre en approchant la fonction $x\mapsto x\vee\varepsilon$ sur $\mathbb{R}_+$ par des fonctions C^2 : on a $\mathrm{grad}\psi=\mathrm{grad}\psi_\varepsilon$ p.p. dans l'ouvert fin $\{\psi>\varepsilon\}$. Par conséquent, si l'on pose

$$S_\varepsilon = \inf\{t : \psi(X_t)\leq\varepsilon\}$$

on a $L^\varepsilon_. = L_.$ sur $[0,S_\varepsilon[$, d'où le même résultat pour M^ε et M . Dans la suite du raisonnement, nous ferons tendre ε vers 0 le long d'une suite arbitraire, et nous désignerons par N la réunion des ensembles polaires exceptionnels pour les semi-groupes (Q_t^ε) , et de l'ensemble où ψ n'est pas finement continue.

Soit $x \notin N$, tel que $\psi(x) \neq 0$. On a $W_x[M^{\varepsilon}_{t\wedge S_\varepsilon}]=1$, $W_x\{\tau \leq S_\varepsilon\}=0$, donc aussi $W_x[M_{t\wedge S_\varepsilon}]=1$, autrement dit $t\wedge S_\varepsilon<\zeta$ Q_x-p.s.. La relation $M^{\varepsilon}_{t\wedge S_\varepsilon}=M_{t\wedge S_\varepsilon}$ W_x-p.s. montre que le processus $(X_{t\wedge S_\varepsilon})$ a la même loi sous Q_x et sous Q^{ε}_x , et par intégration sous $Q_{\rho\xi}$ et sous $Q^{\varepsilon}_{\rho\xi}$.

Soit $a>0$; prenons $\varepsilon<a$. Nous avons (cf. (17)) en posant $\lambda=\log(a/\varepsilon)$

$$Q_{\rho\xi}\{\psi(X_0)\geq a,\ S_\varepsilon<t\}=Q^{\varepsilon}_{\rho\xi}\{\psi(X_0)\geq a,\ S_\varepsilon<t\} \leq Q^{\varepsilon}_{\rho\xi}\{\inf_{s\leq t}\psi(X_s)\leq\psi(X_0)e^{-\lambda}\}$$

$$\leq CtI(\psi_\varepsilon)/\log(a/\varepsilon) \leq CtI(\psi)/\log(a/\varepsilon)$$

Lorsque $\varepsilon\to 0$, cela tend vers 0, donc $Q_{\rho\xi}\{\psi(X_0)\geq a,\ \zeta<t\}=0$, et en faisant tendre a vers 0, comme $\rho\xi$ est portée par $\{\psi>0\}$, nous avons

(18) $$Q_{\rho\xi}\{\zeta<\infty\}=0$$

D'autre part, le même raisonnement montre que $Q_{\rho\xi}\{\lim_\varepsilon S_\varepsilon<+\infty\}=0$: le processus (X_t) sous $Q_{\rho\xi}$ <u>ne rencontre jamais l'ensemble</u> $\{\psi=0\}$.

Autre conséquence : sur $\{t<S_\varepsilon\}$ on a $M_t=M^{\varepsilon}_t$ p.s. , donc $\psi^2(X_0)M_t$ est invariant par retournement du temps à t . Faisant tendre ε vers 0, on établit pour M_t la conclusion a) du lemme 3, et par conséquent la conclusion b) aussi : <u>le semi-groupe</u> (Q_t) <u>est symétrique par rapport à</u> $\rho\xi$. La conclusion c) vient d'être établie et utilisée plus haut.

Il n'y a alors plus aucune difficulté à conclure, comme on l'a fait plus haut, que

- $Q_x\{\zeta<\infty\}=0$ dans $\{\psi>0\}$, privé d'un ensemble polaire N , tel aussi que
- pour $x\notin N$, sous la loi Q_x , $X_t-X_0-\int_0^t b(X_s)ds$ est de la forme $\sqrt{\nu}\, W_t$, où W est un mouvement brownien standard.

On voit donc que le processus de Nelson peut être construit, dans le cas réversible , pour toute fonction BLD ψ . Que cette hypothèse soit aussi naturelle du point de vue de la mécanique quantique, i.e. que les solutions stationnaires de l'équation de Schrödinger associée à un potentiel raisonnable, soient effectivement des fonctions BLD, cela est établi dans le travail de Carlen [1]. La situation est donc plutôt satisfaisante.

III. APPENDICE : FONCTIONS D'ONDE COMPLEXES

Nous allons traiter maintenant la construction de diffusions <u>stationnaires</u>, mais non réversibles, associées à une fonction d'onde complexe BLD ψ . Nous poserons $\psi_o=|\psi|$, $\Theta=\psi/|\psi|$ (dans l'ouvert fin $\{\psi\neq 0\}$). Cependant, la construction exige une hypothèse supplémentaire sur ψ , qui n'est pas une condition de régularité mais une propriété algébrique, et pour faire comprendre cela nous reviendrons à la situation du début de l'exposé.

Pour commencer, et puisqu'il s'agit seulement de découvrir quelle est l'hypothèse à faire sur ψ , nous supposerons comme au début que ψ est de la forme e^{R+iS}, R et S étant de classe C^2 . Les champs $u,v,b,\hat{b}$ étant définis comme au début de l'exposé (2),(3), nous avons l'équation de Fokker-Planck classique

$$\dot{\rho} = -\mathrm{div}(b\rho) + \frac{\nu}{2}\Delta\rho = -\mathrm{div}(\hat{b}\rho) - \frac{\nu}{2}\Delta\rho = -\mathrm{div}(\rho v)$$

La stationnarité ($\dot{\rho}=0$) exige donc $\mathrm{div}(\rho v)=0$, soit comme $\rho=e^{2R}$, $v=\nu\,\mathrm{grad}S$

(19) $$2e^{2R}\left(\frac{\nu}{2}\Delta S + \nu\,\mathrm{grad}R.\mathrm{grad}S \right) = 0$$

Introduisons maintenant la diffusion de semi-groupe (Q_t), associée dans la première partie à la fonction d'onde réelle $\psi_o=|\psi|$, symétrique par rapport à la mesure $\eta=\rho\xi$, de générateur $Bf = Af + \frac{1}{\psi_o}\Gamma(\psi_o,f)$ ($f\in\mathcal{D}(A)$; on rappelle que $A= \frac{\nu}{2}\Delta$, $\Gamma(f,g)=\nu\,\mathrm{grad}f.\mathrm{grad}g$). La condition (19) signifie exactement que $BS=0$, autrement dit que $S(X_t)$ <u>est une martingale locale</u> sous les lois Q_x .

Cependant, nous ne pouvons pas donner un sens clair à S lorsque ψ est seulement une fonction BLD : il faut exprimer la condition précédente en termes de $\Theta=\psi/|\psi|$, qui est une fonction de module 1 bien définie sur l'espace d'états $\{\psi\neq 0\}$ de la diffusion modifiée (nous avons vu que celle-ci ne rencontre pas les noeuds de ψ). Formellement, on a $\Theta=e^{iS}$, donc S est l'argument de Θ. Comme $\Theta(X_t)$ est un processus continu à valeurs dans le cercle unité, nous définissons une fonctionnelle additive réelle (Λ_t) en posant

(20) $$\Lambda_t = \text{variation de l'argument de } \Theta\circ X_. \text{ entre 0 et } t \ .$$

Cette quantité bien définie est la traduction en langage correct de l'expression formelle $S(X_t)-S(X_0)$, et <u>nous imposerons à</u> (Λ_t) <u>d'être une martingale locale</u>. D'après le théorème de Girsanov, nous savons a priori que $<\Lambda,\Lambda>_t$ est absolument continu. Développant $\Theta(X_t)=\Theta(X_0)e^{i\Lambda_t}$ par la formule d'Ito, nous obtenons

$$\Theta(X_t) = \Theta(X_0) + i\int_0^t \Theta(X_s)d\Lambda_s - \frac{1}{2}\int_0^t \Theta(X_s)d<\Lambda,\Lambda>_s$$

d'où l'on tire que Θ appartient au domaine étendu de B , avec

$$B\Theta(X_s) = -\frac{1}{2}\Theta(X_s)\,\frac{d<\Lambda,\Lambda>_s}{ds}$$

Puis, en formant le crochet des deux semimartingales $<\Theta(X_t),f(X_t)>$ pour $f\in\mathcal{D}(B)$ (et en notant Γ l'opérateur carré du champ Γ_B , qui est une extension de Γ_A)

$$\Gamma(\Theta,f)(X_s)ds = i\Theta(X_s)d<\Lambda,f(X)>_s$$

Prenant $f=\Theta$, on en déduit sans peine

(21) $$B\Theta = \frac{1}{2}\,\frac{\Gamma(\Theta,\Theta)}{\Theta} \qquad d<\Lambda,f(X)>_s = -i\frac{\Gamma(\Theta,f)}{\Theta}(X_s)ds$$

et aussi $$d<\Lambda,\Lambda>_s = -\frac{\Gamma(\Theta,\Theta)}{\Theta^2}(X_s)ds$$

La première des conditions (21) peut être considérée comme exprimant de manière analytique notre hypothèse que (Λ_t) soit une martingale locale, ou encore (19).

Nous utilisons maintenant la martingale locale fonctionnelle additive (Λ_t) pour construire, par la formule exponentielle, deux martingales locales fonctionnelles multiplicatives

$$M_t = \exp(\Lambda_t - \tfrac{1}{2}<\Lambda,\Lambda>_t) \quad , \quad \hat{M}_t = \exp(-\Lambda_t - \tfrac{1}{2}<\Lambda,\Lambda>_t)$$

et les deux semi-groupes sousmarkoviens correspondants

(22) $$K_t(x,f) = Q_x[f(X_t)M_t] \quad , \quad \hat{K}_t(x,f) = Q_x[f(X_t)\hat{M}_t] \quad .$$

Disons tout de suite que ce sont les deux semi-groupes des processus de Nelson en avant et en arrière, le point délicat étant, comme dans la première partie, de démontrer que la durée de vie est p.s. infinie (toutefois, l'essentiel du travail a déjà été fait dans le cas réel). Admettant pour un instant ce point, on déduit en effet du théorème de Girsanov que si $f\in\mathcal{D}(B)$ (en particulier si $f\in\mathcal{D}(A)$), f appartient au domaine étendu des générateurs C et $\hat{C}$ des deux semi-groupes, avec

$$Cf = Bf - i\,\frac{1}{\Theta}\Gamma(\Theta,f) \qquad , \quad \hat{C}f = Bf + i\,\frac{1}{\Theta}\Gamma(\Theta,f)$$

et si l'on se rappelle que $Bf = Af + \frac{1}{\psi_0}\Gamma(\psi_0,f)$, on voit bien apparaître des expressions qui s'écrivent formellement $\Gamma(R\pm S,f)=\nu\,\mathrm{grad}(R\pm S)\cdot\mathrm{grad}f$, les termes du premier ordre des générateurs de Nelson.

Passons à l'étude des semi-groupes (22). Nous commençons par démontrer

LEMME 4. a) <u>Les semi-groupes</u> (K_t) <u>et</u> $(\hat{K}_t)$ <u>sont en dualité par rapport à la mesure</u> $\eta=\rho\xi$.

b) <u>La mesure</u> η <u>est excessive par rapport à</u> (K_t) <u>et</u> $(\hat{K}_t)$.

<u>Démonstration</u>. b) est une conséquence immédiate de a). En effet, si f est une fonction positive

$$<\eta K_t,f> = <\eta,K_tf> = <1,K_tf>_\eta = <\hat{K}_t1,f>_\eta \leq <1,f>_\eta = <\eta,f> .$$

Démontrons donc a). Soient f et g deux fonctions bornées. On a

$$<f,K_tg>_\eta = Q_\eta[f(X_0)g(X_t)M_t] = Q_\eta[f(X_0)\exp\Lambda_t\exp(-\tfrac{1}{2}<\Lambda,\Lambda>_t)g(X_t)]$$

La mesure Q_η est invariante par retournement du temps à t ; par retournement du temps, $f(X_0)$ devient $f(X_t)$, $g(X_t)$ devient $g(X_0)$; $<\Lambda,\Lambda>_t$ est une intégrale de 0 à t d'une certaine fonction le long de la trajectoire, et ne change pas. Quant à Λ_t , la variation d'argument étant prise en sens contraire il est remplacé par $-\Lambda_t$. On peut donc poursuivre la chaîne d'égalités

$$= Q_\eta[f(X_t)g(X_0)\hat{M}_t] = < g,\hat{K}_t f >_\eta \quad . \square$$

Nous démontrons maintenant que la durée de vie de (K_t), par exemple, est p.s. infinie sous la mesure initiale η . La démonstration est exactement la même que celle du lemme 2 : la mesure η étant excessive, il s'agit de démontrer que $< \Lambda,\Lambda >_t$ a une espérance finie sous K_η , pour tout t fini, et cela se ramène à vérifier que $\Gamma(\Theta,\Theta)/\Theta^2$ est η-intégrable. Mais ici Θ est de module 1, et cela se ramène à vérifier que $\Gamma(\Theta,\Theta)$ est η-intégrable.

Nous allons utiliser le fait que ψ est une fonction BLD complexe . Bien que l'on puisse tout exprimer en termes d'opérateurs Γ, la démonstration est si simple au moyen des gradients que nous ne voudrions pas la cacher. Formellement, elle s'écrit (en prenant $\nu=1$ pour simplifier)

$$\mathrm{grad}\psi = \mathrm{grad}(\psi_\circ\Theta) = \Theta\mathrm{grad}\psi_\circ+\psi_\circ\mathrm{grad}\Theta$$

$\mathrm{grad}\psi$ est un vecteur de carré intégrable par rapport à ξ , et on a le même résultat pour $\mathrm{grad}\psi_\circ$ ($\psi_\circ$ est aussi une fonction BLD) et pour $\Theta\mathrm{grad}\psi_\circ$ puisque Θ est de module 1. Donc le dernier vecteur $\psi_\circ\mathrm{grad}\Theta$ est aussi de carré intégrable. Mais cela signifie aussi que $\mathrm{grad}\Theta$ est de carré intégrable par rapport à $\psi_\circ^2\xi=\eta$, le résultat désiré.

Comment exprimer cela de manière probabiliste, en donnant un sens satisfaisant aux divers << gradients >> ? Les composantes a_i de $\mathrm{grad}\psi$ sont définies par le fait que, sous la loi W_ξ

$$\psi(X_t) = \psi(X_0) + \Sigma_i \int_0^t a_i(X_s)dX_s^i + A_t$$

où les X^i sont les composantes du mouvement brownien (une base de martingales orthogonales) et (A_t) est un processus à variation quadratique nulle. Sous la loi Q_ξ ou Q_η , le théorème de Girsanov nous dit que l'on a une formule analogue, mais avec les martingales X^i corrigées par le changement de loi en $Y^i = X^i-<X^i,L>$

$$\psi(X_t) = \psi(X_0) + \Sigma_i \int_0^t a_i(X_s)dY_s^i + A_t^1$$

de même

$$\psi_\circ(X_t) = \psi_\circ(X_0)+ \Sigma_i \int_0^t b_i(X_s)dY_s^i + A_t^2 \qquad (\psi_\circ \text{ est BLD })$$

$$\Theta(X_t) = \Theta(X_0) + \Sigma_i \int_0^t c_i(X_s)dY_s^i + A_t^3 \qquad (\Theta\in\mathcal{B}(B))$$

et l'on a $\Gamma(\psi,\psi)=\Sigma_i a_i^2$ puisque $\Sigma_i d<Y^i,Y^i>_t = dt$, et de même pour les autres. Dans ces conditions , Föllmer a montré que la partie martingale du processus $\psi(X_t)=\psi_\circ(X_t)\Theta(X_t)$ peut se calculer de deux manières, ce qui donne les égalités

$$a_i = b_i\Theta+\psi_\circ c_i$$

qui est la forme probabiliste de la relation $\mathrm{grad}\psi =\Theta\mathrm{grad}\psi_\circ+\psi_\circ\mathrm{grad}\Theta$, et justifie le raisonnement ci-dessus.

REFERENCES

[1]. CARLEN (E.). Conservative diffusions. Prepublication. Princeton University, Physics Department, Janvier 1984.

[2]. CARMONA (R.). Processus de diffusion gouverné par la forme de Dirichlet de l'opérateur de Schroedinger. Sém. Prob. XIII, LN.721, 1979.

[3]. DENY (J.) et LIONS (J.L.). Les espaces du type de Beppo Levi. Ann. Inst. Fourier 5, 1953/54, p. 305-370.

[4]. DOOB (J.L.). Boundary properties of functions with finite Dirichlet integrals. Ann. Inst. Fourier 12, 1962, p. 573-621.

[5]. DYNKIN (E.B.). Markov processes, vol. I. Springer 1965.

[6]. FUKUSHIMA (M.). Dirichlet forms and Markov processes. North-Holland/Kodansha 1980.

[7]. KUNITA (H.). Absolute continuity of Markov processes and generators. Nagoya Math. J. 36, 1969, p. 1-26.

[8]. KUNITA (H.) et WATANABE (S.). On square integrable martingales. Nagoya Math. J. 30, 1967, p. 209-245.

[9]. MEYER (P.A.). L'opérateur carré du champ. Sém. Prob. X, LN 511, p. 142. Springer 1976.

[10]. MEYER (P.A.). Processus de Markov : la frontière de Martin. LN 77, Springer 1968.

[11]. NELSON (E.). Quantum Fluctuations. Princeton, 1984 (à paraître) . Version préliminaire : cours de 3e cycle de Physique, Lausanne 1983.

ADDITION. Nous nous sommes aperçus qu'une démonstration très voisine (y compris le point essentiel qu'est le caractère markovien du semi-groupe) figure dans un travail de M. FUKUSHIMA et M. TAKEDA : A transformation of a symmetric Markov process and the Donsker-Varadhan theory, dont nous reconnaissons bien volontiers la priorité. Cet article est à paraître en 1984 dans Osaka J. of Mathematics.

I.R.M.A. et East China Normal University

7 rue René Descartes — Shanghai

F-67084 Strasbourg-Cedex, France — People's Republic of China

ON THE UNBOUNDEDNESS OF MARTINGALE TRANSFORMS

R. Durrett, UCLA

The starting point for our investigation is an observation of Stein and Weiss (1959) or more precisely Davis' (1973) proof of this fact. To state their results and explain our motivation, we will need a number of definitions:

Let B_t be a two dimensional Brownian motion.
Let $D = \{z: |z| < 1\}$
Let $\tau = \inf\{t: B_t \notin D\}$
Let $E \subset \partial D$ and let $u(x) = P_x(B_\tau \in E)$.

Finally let $v(x)$ be the "harmonic conjugate" of u: i.e. the unique function with $v(0) = 0$ which makes $u + iv$ an analytic function.

The function u is an object which has been much studied by probabilists (see e.g. Port and Stone (1978), F. Knight (1981), or Chung (1982)) and it is well known that u is harmonic in D and

(1) $$\lim_{t\uparrow\tau} u(B_t) = 1_E(B_\tau) \quad \text{a.s.}$$

Stein and Weiss' result shows that u's harmonic conjugate is also special.

(2) $\lim_{t\uparrow\tau} v(B_t)$ exists a.s. and furthermore the distribution of the limit depends only on $P_0(B_\tau \in E)$.

Stein and Weiss proved (2) by supposing E was a finite union of intervals and then patiently finding the places where $v(e^{i\theta}) > y$. See pp. 273-274. In (1973) Davis gave the following proof of their result which makes the conclusion obvious.

<u>Proof of (2)</u>. Itô's formula implies that if $t < \tau$

$$u(B_t) = \int_0^t \nabla u(B_s) \cdot dB_s$$

$$v(B_t) = \int_0^t \nabla v(B_s) \cdot dB_s$$

and the Cauchy Riemann equations:

$$\frac{\partial v}{\partial x} = -\frac{\partial u}{\partial y} \qquad \frac{\partial v}{\partial y} = \frac{\partial u}{\partial x}$$

imply $\nabla u \cdot \nabla v = 0$ and $|\nabla u| = |\nabla v|$ so it follows from Lévy's theorem (see Meyer

(1976), or Durrett (1984), Section 2.11) that $(u(B_t),v(B_t))t < \tau$ is a time change of a Brownian motion $\bar{B}_u$ run for a random amount of time $u < \sigma$.

To prove (2) we will show that $\sigma = T \equiv \inf\{u: \bar{B}_u^1 \notin (0,1)\}$. If we discard the trivial cases $P_0(B_\tau \in E) = 0$ or 1 then $0 < u(x) < 1$ for $x \in D$ and hence $u(B_t) \in (0,1)$ for $t < \tau$ so $\sigma \geq T$. (1) shows we cannot have $\sigma > T$ so we must have $\sigma = T$.

To motivate our generalization we begin by redescribing the relationship between u and v. It is well known (see Meyer (1976) or Durrett (1984), Section 2.14) that

(3) If $X \in \sigma(B_t\ t \geq 0)$ has $EX = 0$ and $EX^2 < \infty$ then

$$X = \int_0^\infty H_s \cdot dB_s$$

where

$$EX^2 = E \int_0^\infty |H_s|^2\, ds.$$

Let A be a $d \times d$ matrix. Since

$$E \int_0^\infty |AH_s|^2\, ds \leq E \int_0^\infty C|H_s|^2\, ds = CEX^2 < \infty$$

the Burkholder Gundy inequalities (see Meyer (1976) or Durrett (1984), Section 6.3) imply that $\int_0^t AH_s \cdot dB_s$ is an L^2 bounded martingale so we can define a new random variable by setting

$$A * X = \int_0^\infty AH_s \cdot dB_s$$

(see Durrett (1984), Section 6.6 for more details).

$A * X$ is called a martingale transform. If $d = 2$ and we let $A = \begin{pmatrix} 0 & -1 \\ 1 & 0 \end{pmatrix}$, $X = 1_{(B_\tau \in E)}$ then using the notation introduced in the proof of (2) the Cauchy Riemann equations can be written as $\nabla v = A\nabla u$, and it follows that $A * X = v(B_\tau)$.

With conjugation identified as a martingale transform, it becomes natural to ask when (2) holds for martingale transforms. Tracing back through the proof of (2) gives the following result:

(4) Suppose A satisfies (a) $y \cdot Ay = 0$ and (b) $|y| = |Ay|$ for all $y \in R^d$ then the distribution of $A * 1_B$ depends only on $P(B)$.

Unfortunately matrices which satisfy both (a) and (b) are rare. There are none if d is odd because such matrices must have a real eigenvector and yet

(a) $\Rightarrow$ there is no nonzero real eigenvalue

(b) $\Rightarrow A$ is invertible $\Rightarrow 0$ is not an eigenvalue.

In even dimensions the situation is somewhat better but not much. It is easy to see that there are examples

$$(5) \qquad \begin{pmatrix} 0 & 1 \\ -1 & 0 \end{pmatrix}, \quad \left(\begin{array}{cc|cc} 0 & 1 & 0 & 0 \\ -1 & 0 & 0 & 0 \\ \hline 0 & 0 & 0 & 1 \\ 0 & 0 & -1 & 0 \end{array}\right) \quad \cdots$$

and it is also easy to see that these are the only ones.

(6) Any matrix satisfying (4) can after a change of basis be written in the form given in (5).

Proof. Let x have norm 1 and let $y = Ax$. (a) and (b) imply $x \cdot y = 0$ and $|y| = 1$. Using (a) twice more gives

$$0 = (x + y) \cdot A(x + y) = y \cdot Ax + x \cdot Ay$$

so

$$x \cdot Ay = -y \cdot y = -1$$

and since $|Ay| = |y| = 1$ it follows that $Ay = -x$.

The last result shows that the behavior observed by Stein and Weiss is very rare among martingale transforms and in fact distinguishes "conjugation" and its generalizations to R^{2n} (the Hilbert transforms of Varopoulos (1980)) from the other martingale transforms. Faced with this situation, if we want to prove something for more general matrices we have to settle for something less than the conclusion of (4). The next result shows that we can weaken the condition on the matrices quite a bit without sacrificing too much in the conclusion.

(7) If A has no real eigenvalue then there are C and γ which depend on A and $P(B)$ so that $P(\sup_t |(A * 1_B)_t| > y) \geq Ce^{-\gamma y}$

Before proving this we would like to make two remarks which explain the condition and the conclusion.

1. The result is false if A has a real eigenvalue for if v R^d is an associated real eigenvector and we

let $Y_t = \frac{1}{2} + \int_0^t v \cdot dB_s$

let $\sigma = \inf\{t: Y_t \notin (0,1)\}$

and let $X_t = Y_{t\wedge\sigma}$

then $X_\infty = 1_{(Y_\sigma = 1)}$ but

$$(A * X) = \int_0^\sigma Av \cdot dB_s$$

$$= \lambda \int_0^\sigma v \cdot dB_s = \lambda(Y_\sigma - Y_0)$$

so $A * X$ is bounded.

2. Well known formulas for Brownian motion show that when $A = \begin{pmatrix} 0 & -1 \\ 1 & 0 \end{pmatrix}$ the left hand side of (7) is $\sim Ce^{-\gamma y}$ (here $C, \gamma \in (0,\infty)$ are constants whose values may change from line to line) and the John Nirenberg inequality (see Meyer (1976) or Durrett (1984), Section 7.6) implies that for any matrix A

$$P\left(\sup_t |(A * 1_B)_t| > y\right) \leq Ce^{-\gamma y}$$

where C, γ depend only on A and $P(B)$ so we cannot hope for a better lower bound.

Proof of (7). Let $X = 1_B$, $X_t = E(X|\mathcal{F}_t)$. We will prove (7) by showing that although $(X_t, (A * X)_t)$ may not be a time change of Brownian motion, there is a part of $A * X$ which is independent of X and which is a time change of a Brownian mition run for an amount of time $\geq \varepsilon T$ where T is the time defined in the proof of (2).

To isolate the part of $A * X$ we want, we introduce the following orthogonal decomposition of Ax

$$Ax = C(x)x + F(x)$$

where $C(x)$ is a number and $F(x) \in R^d$ has

$$F(x) \cdot x + 0.$$

It is easy to see that the last two equations specify $C(x)$ and $F(x)$ and we have $|F(x)| \leq |Ax|$. To prove (7) we need a bound in the other direction. To do this we observe that if A has no real eigenvalues then $F(x) \neq 0$ for all $x \neq 0$ and scaling implies that for $y \neq 0$

$$|F(y)| = |y| \left|F\left(\frac{y}{|y|}\right)\right|$$

so we have

$$\inf_{y \neq 0} \frac{|F(y)|}{|y|} = \inf_{z,|z|=1} |F(z)| > 0. \tag{8}$$

With (8) established our next step is to decompose $(A * X)_t$. If

$$X_t = \int_0^t H_s \cdot dB_s$$

then

$$(A * X) = \int (AH_s) \cdot dB_s$$

so we let

$$Y_t = \int_0^t C(H_s)H_s \cdot dB_s$$

$$Z_t = \int_0^t F(H_s) \cdot dB_s .$$

The formula for the covariance of two stochastic integrals (see Meyer (1976) or Durrett (1984) Chapter 2) implies

$$\langle X,Z\rangle_t = \int_0^t F(H_s) \cdot H_s \, ds = 0$$

and (8) tells us that

$$\langle Z\rangle_t \equiv \langle Z,Z\rangle_t = \int_0^t |F(H_s)|^2 \, ds$$

$$\geq \varepsilon^2 \langle X\rangle_t$$

At this point we have found the part of $A * X$ we referred to at the beginning of the proof. The next step is to show Z has the desired properties. To do this we let

$$\gamma(u) = \inf \{t: \langle Z\rangle_t > u\} \quad \text{for} \quad u < \langle Z\rangle_\infty$$

and define

$$W_u = \begin{cases} Z_{\gamma(u)} & u < \langle Z\rangle_\infty \\ Z_\infty + \hat{B}_{u - Z_\infty} & u \geq \langle Z\rangle_\infty \end{cases}$$

where $\hat{B}$ is a one dimensional Brownian motion which is independent of the d-dimensional Brownian motion B. We have added $\hat{B}$ after the end of Z so that the following holds.

(9) W is a Brownian motion which is independent of $\sigma(X_t, t \geq 0)$.

<u>Proof</u>. This is a consequence of a theorem of F. Knight (1971) but the proof is short so we will prove it. It is easy to check that W_u $u \geq 0$ is a local martingale and $W_u \equiv u$ (for more details see Meyer (1976), or Durrett (1984)

Section 2.11) so it follows from Lévy's characterization that W_u is a Brownian motion. To check the independence

let $$U = \int f_s \, dX_s$$

and let $$V = \int g_s \, dW_s$$

be stochastic integrals with

$$\int |f_s|^2 \, d\langle X\rangle_s, \quad \int |g_s|^2 \, ds < \infty$$

and $g_s = 0$ for $s \geq \langle Z\rangle_\infty$. Unscrambling the definitions we see that

$$\int f_s \, dX_s = \int (f_s H_s) \cdot dB_s$$

and

$$\int g_s \, dW_s = \int g_s \, dZ_{\gamma(s)}$$

$$= \int g(\langle Z\rangle_t) \, dZ_t$$

$$= \int g(\langle Z\rangle_s) F(H_s) \cdot dB_s ,$$

so it follows from the formula for the covariance of two stochastic integrals that

$$EUV = E \int f_s g(\langle Z\rangle_s) H_s \cdot F(H_s) \, ds = 0.$$

It is trivial that we have $EUV = 0$ if $g_s = 0$ for $s \leq \langle Z\rangle_\infty$ so the last equality holds for any f,g which satisfy (*) and hence for any $V \in L^2(\sigma(X_t: t \geq 0))$ and $V \in L^2(\sigma(W_u: u \geq 0))$ which proves (9).

With (9) established the rest is simple but requires a little trickery. Z_t is a time change of W_u $u < \langle Z\rangle_\infty$ and by (8) $\langle Z\rangle_\infty \geq \varepsilon^2 \langle X\rangle_\infty$, so we have

$$\sup_t |Z_t| \geq \sup_{u \leq \varepsilon^2 \langle X\rangle_\infty} |W_u|.$$

where $\langle X\rangle_\infty \in \sigma(X_t: t \geq 0)$ is independent of W. To get a lower bound on $\sup_t |(A * X)_t|$ find the first point $u_0 \leq \varepsilon^2 \langle X\rangle_\infty$ where the sup on the right occurs. If we let $t_0 = \gamma(u_0)$ (which is finite since $u_0 \leq \varepsilon^2 \langle X\rangle_\infty \leq \langle Z\rangle_\infty$ then

$$(A * X)_{t_0} = Y_{t_0} + Z_{\gamma(u_0)}.$$

At this point we could get unlucky and Y_{t_0} could cancel $Z_{\gamma(u_0)}$, but the sign of $Z_{\gamma(u_0)}$ is independent of the sign of Y_{t_0} so at least ½ of the time Y_{t_0} will make $|(A * X)_{t_0}| \geq |Z_{\gamma(u_0)}|$ and it follows that

$$P(|(A * X)_{t_0}| > y) \geq \tfrac{1}{2} P(\sup_{u \leq \varepsilon^2 \langle X \rangle_\infty} |W_u| > y)$$

To compute the quantity on the right hand side and complete the proof of (8) we observe that since X_∞ is independent of W_u

$$\sup_{u \leq \varepsilon^2 \langle X \rangle_\infty} |W_u| \stackrel{d}{=} \varepsilon \sup_{u \leq \langle X \rangle_\infty} |W_u|$$

and the distribution of the right hand side is given in Remark 2.

Having proved (7) for one matrix, it is natural, especially if you have heard of Janson's (1977) theorem (see e.g. Durrett (1984), Section 6.7.), to ask what happens if we have a family of matrices without a common real eigenvector. The answer is just what you should expect:

(10) If $A^1, \ldots, A^m$ are matrices without a common real eigenvector then there are constants C and γ which only depend on $P(B)$ (and the matrices) so that

$$P(\sup_i \sup_t |(A^i * 1_B)_t| \quad y) \geq Ce^{-\gamma y}$$

Since this is a rather straightforward generalization of (7) we will explain why we want to prove this before we describe how to do it. In our discussion of (4) above we observed that if d is odd then A must have a real eigenvector, so the hypothesis of (7) cannot be satisfied in this case. With the matrices of (5) in mind you might realize that in the first nontrivial case $(d = 3)$ it is easy to write down two matrices which have no common real eigenvector

$$A_1 = \begin{pmatrix} 0 & 1 & 0 \\ -1 & 0 & 0 \\ 0 & 0 & 0 \end{pmatrix} \qquad A_2 = \begin{pmatrix} 0 & 0 & 1 \\ 0 & 0 & 0 \\ -1 & 0 & 0 \end{pmatrix}$$

Congratulations, you have just (re)discovered the Riesz transforms. Gundy and Varopolous (1979) (and later by a different method Gundy and Silverstein (1982)) have shown that if we define a process W_t $-\infty < t \leq 0$ in $H = R^n \times (0,\infty)$ which is a Brownian motion which "starts at time $-\infty$ from Lebesgue measure on $R^n \times \{\infty\}$ and exits H at time 0," then the Reisz transforms are related to martingale transforms of W.

To explain the relationship we need some notation. Let f be a function on ∂H which is in L^2 and let

$$u(z) = E_z f(B_\tau)$$

where $\tau = \inf\{t: B_t \notin H\}$. If we let A^i be the matrix which has

$$A^i_{jk} = \begin{cases} 1 & j = 1 \quad k = i \\ -1 & j = i \quad k = 1 \\ 0 & \text{otherwise} \end{cases}$$

then the ith Riesz transform may be written as

$$R_i f(w_0) = E\left(\int_{-\infty}^{0} A^i \nabla u(w_s) \cdot dw_s \mid w_0 \right).$$

Since the Riesz transforms are (for the theory of Hardy spaces at least) the appropriate generalization to H of conjugation in D, it is natural to ask if

$$|\{x: \sup_i R_i 1_B(x,0) > \lambda\}| \geq Ce^{-\gamma\lambda}$$

where C and γ are constants which depend only on $|B|$. (10) shows that the analogous result is true for martingale transforms and that the stochastic integral in (11) is unbounded. Unfortunately the conditional expectation might convert the integral into a bounded function so we have not been able to use this to solve the (still open) question posed above.

Proof. For simplicity, we will give the proof only for $m = 2$. The reader can obtain a proof of the general result by changing 2 to m and inserting ... at appropriate points. As in the proof of (7) we begin by introducing orthogonal decompositions

$$A^1 x = c^1(x)x + F^1(x)$$

$$A^2 x = c_0^2(x)x + c_1^2(x)F^1(x) + F^2(x)$$

where $F^i(x) \cdot x = 0 \quad i = 1, 2$ and $F^1(x) \cdot F^2(x) = 0$.

Now if A^1 and A^2 have no common real eigenvector then

$$\{F^1(x) = 0\} \cap \{c_1^2(x)F^1(x) + F^2(x) = 0\} = \emptyset$$

i.e. $\{F^1(x) = 0\} \cap \{F^2(x) = 0\} = \emptyset$ and repeating the proof of (8) shows

(11) $$\inf_{x \neq 0} \frac{|F^1(x) + F^2(x)|}{|x|} \equiv \varepsilon > 0.$$

The next step is the decompose the $(A^i * X)_t$ and time change some of the pieces to produce independent Brownian motions.

Let $Z_t^i = \int_0^t F^i(B_s) \cdot dB_s$

let $Y_t^i = (A^i * X)_t - Z_t^i$

let $\gamma_i(u) = \inf\{t: \langle Z \rangle_t > u\}$

and let

$$W_u^i = \begin{cases} Z^i_{\gamma_i(u)} & u < \langle Z^i \rangle_\infty \\ Z^i_\infty + \hat{B}^i_{u - \langle Z^i \rangle_\infty} & u \geq \langle Z^i \rangle_\infty \end{cases}$$

where $\hat{B}^1$ and $\hat{B}^2$ are independent Brownian motions which are independent of B.

A simple generalization of (9) (or invoking Knight's theorem) implies that W_u^1 and W_u^2 are independent Brownian motions which are independent of $\sigma(x_t: t \geq 0)$ and (11) implies that $\langle Z^1 \rangle_\infty + \langle Z^2 \rangle_\infty \geq \varepsilon^2 \langle X \rangle_\infty$ so now we can complete the proof almost as before.

Let $j = \inf\{i: \langle Z^i \rangle_\infty \geq \varepsilon^2/2 \langle X \rangle_\infty\}$

Let u_0 be the first point at which

$$\sup_{u \leq (\varepsilon^2/2)\langle X \rangle_\infty} |W_u^j| \text{ is attained.}$$

Let $t_0 = \gamma^j(u_0)$

$$(A^j * X)_{t_0} = Y^j_{t_0} + Z^j_{\gamma^j(u_0)}$$

and again the signs of the two terms on the right are independent so

$$P(|(A^j * X)_{t_0}| > y) \geq \tfrac{1}{2} P\Big(\sup_{u \leq (\varepsilon^2/2)\langle X \rangle_\infty} |W_u^j| > y\Big)$$

proving the desired result.

REFERENCES

Chung, K. L. (1982) Lectures From Markov Processes To Brownian Motion, Springer Verlag, New York.

Davis, B. (1973) On the distribution of conjugate functions of nonnegative measures. Duke Math. J. 40, 695-700.

Durrett, R. (1984) Brownian Motion And Martingales In Analysis, Wadsworth, Belmont, CA (to appear May 1984).

Gundy, R. F. and N. Varopoulos (1979) Les transformations de Riesz et les integrales stochastiques. C. R. Acad. Sci. Paris A., 289, 13-16.

Gundy, R. F. and M. Silverstein (1982) On a probabilistic interpretation for the Riesz transforms in Functional Analysis In Markov Processes, ed. by M. Fukushima, Springer LNM 923.

Janson, S. (1977) Characterization of H^1 by singular integral transformations on martingales and R^n. Math, Scand., 41, 140-152.

Knight, F. B. (1971) A reduction of continuous square integrable martingales to Brownian motion, p. 19-31 in Martingales, Springer LNM 190.

Knight, F. B. (1981) Essentials Of Brownian Motion And Diffusion, AMS, Providence, R. I.

Meyer, P. A. (1976) Un cours sur les intégrales stochastiques. Sem. X (Springer LNM 511), 245-400.

Port, S. and C. Stone (1978) Brownian Motion And Classical Potential Theory. Academic Press, New York.

Stein, E. M. and G. Weiss (1959) An extension of a theorem of Marcinkewicz and its applications. J. Math. Mech., 8, 263-284.

Varopoulos, N. (1980) The Helson-Szegö theorem, and A_p functions for Brownian motion and several variables, JFA 39, 85-121.

Zygmund, A. (1929) Trigonometric Series, Cambridge Univ. Press.

L'Equation de Zakai et le Problème Séparé du Contrôle Optimal Stochastique.

U. G. HAUSSMANN *
University of British Columbia

Abstract The non-linear filtering model which arises in stochastic optimal control theory :

$$dx = f(t,x_t,u(t,y))dt + \sigma(t,x_t,u(t,y))dw$$

$$dy = h(t,x_t)dt + d\hat{w}_t$$

is solved and the "separated" control problem is derived under minimal regularity assumptions and minimal growth restrictions. The method relies on the robust form of the Zakai equation.

I - INTRODUCTION

Le problème fondamental de la théorie du contrôle optimal stochastique avec information partielle est le suivant :

(1.1) $\min\{J(u): u \in \mathcal{U}\}$

avec

(1.2) $J(u) = E\{\int_o^T \ell(t,x_t,u_t)dt + c(x_t)\}$

(1.3) $dx_t = f(t,x_t,u_t)dt + \sigma(t,x_t,u_t)dw_t$

(1.4) $dy_t = h(t,x_t)dt + d\tilde{w}_t,\ y_o = o,$

(1.5) $\mathcal{U} = \{u : [o,T] \times \mathcal{C}(o,T ; \mathbb{R}^d) \to U$, borélien, adapté à $\{\mathcal{J}^d_{ot}\}$ tel que $\forall y, u(.,y) \in L^\infty(o,T ; U)\}$.

Ici $(w,\tilde{w})$ est un mouvement Brownien, $\mathcal{C}(o,T; \mathbb{R}^d)$ est l'espace des fonctions continue $[o,T] \mapsto \mathbb{R}^d$, $U \subset \mathbb{R}^m$ donné, $\{\mathcal{J}^d_{ot}\}$ la filtration canonique borélienne sur $\mathcal{C}(o,T;\mathbb{R}^d)$ et $L^\infty(o,T;U)$ est l'espace des fonctions $[o,T] \to U$ essentiellement bornées.

* Ce travail était fait pendant que l'auteur était professeur associé au Laboratoire de Probabilité, Université de Pierre er Marie Curie, Paris, et à l'U.E.R. de Mathématiques, Université de Provence, Marseille.

La difficulté de ce problème est, c.f.(1.5), que les contrôles admissibles $u \in \mathcal{U}$ ne peuvent pas dépendre directement de l'état $x_t \in \mathbb{R}^n$, mais seulement de l'observation $y_t \in \mathbb{R}^d$. Dans des cas linéaires on a réussi à résoudre le problème premièrement en remplaçant le problème par un autre avec information complète, le problème séparé, et puis en résolvant ce problème, [7],[8]. La réduction du problème (1.1)-(1.5) au problème séparé est basée sur la théorie de filtrage non-linéaire qui est maintenant bien développée, mais avec des hypothèses de régularité et bornitude qui sont très gênantes du point de vue de l'application au contrôle stochastique. Le but de ce travail est le développement du filtrage non-linéaire dans un cadre qui permettra la dérivation du problème séparé. Nous continuons avec une présentation formelle de cette dérivation.

Soit $\{(x_t,y_t)\}$ la solution de (1.3)(1.4) sur $(\Omega,\mathcal{F},P)$, et soit

$$Z_t^s = \exp\{\int_s^t h(r,x_r).dy_r - \frac{1}{2}\int_s^t |h(r,x_r)|^2 dr\}.$$

Si $\tilde{P}$ est la probabilité définie par $d\tilde{P} = (Z_T^o)^{-1} dP$ alors $\{(w_t,y_t)\}$ est un mouvement Brownien sur $(\Omega,\mathcal{F},\tilde{P})$. Soit $\{\mathcal{F}_t^y\}$ la filtration engendrée par $\{y_t\}$ et soit $p_t(.)$ la densité conditionnelle de x_t sachant $\mathcal{F}_t^y$. Si $\tilde{E}$ est l'espérance par rapport à $\tilde{P}$, on a

$$\begin{aligned}\int_A p_t(x)dx &= \Pr\{x_t \in A|\mathcal{F}_t^y\}\\ &= E\{1_A(x_t)|\mathcal{F}_t^y\}\\ &= \tilde{E}\{1_A(x_t)Z_T^o|\mathcal{F}_t^y\}/\tilde{E}\{Z_T^o|\mathcal{F}_t^y\}\\ &= \tilde{E}\{1_A(x_t)Z_t^o|\mathcal{F}_t^y\}/\tilde{E}\{Z_t^o|\mathcal{F}_t^y\}\\ &\equiv \int_A \rho_t(x)dx / \int_{\mathbb{R}^n} \rho_t(x)dx\end{aligned}$$

i.e. $p_t(x) = \rho_t(x)/\langle 1,\rho_t\rangle$ si $\langle .,.\rangle$ est le produit scalaire dans $L^2(\mathbb{R}^n) \equiv H$, et si

$$\int_A \rho_t(x)dx \equiv \tilde{E}\{1_A(x_t)Z_t^o|\mathcal{F}_t^y\},$$

i.e. si ρ_t est la densité conditionnelle non-normalisée de x_t sachant $\mathcal{F}_t^y$. On peut caractériser ρ_t comme la solution de *l'équation de Zakai*,

$$(1.6)\quad d\rho_t = L_t^* \rho_t\, dt + \rho_t\, h_t \cdot dy\,,\ \rho_o = p_o.$$

N.b. p_o est la densité initiale du processus x_t, i.e. de x_o, et L_t^* est l'adjoint de L_t, le générateur de $\{x_t\}$. Il faut interpréter (1.6) comme équation dans H^{-1}, un espace de Sobolev. Rappelons $H^1 = H^1(\mathbb{R}^n)$ et

$$H^1(\mathcal{O}) = \{\varphi \in L^2(\mathcal{O}) : \varphi_{x_i} \in L^2(\mathcal{O}),\ i=1,\dots,n\}$$

où φ_{x_i} est la dérivée partielle au sens des distributions. On définit les normes

$$|\varphi|_H = <\varphi,\varphi>^{1/2} = \{\int |\varphi(x)|^2 dx\}^{1/2}$$

$$\|\varphi\| = |\varphi|_H + \sum_i |\varphi_{x_i}|_H .$$

Rappelons aussi que H^{-1} est le dual de H^1 et $H^1 \subset H \subset H^{-1}$.

L'équation (1.6) définit $\rho_t : \mathcal{C}(o,T;\mathbb{R}^d) \to H^1$ p.s.(mesure de Wiener), i.e. $\rho_t(x,\omega) = \rho_t(x,y(\omega))$. Le fait qu'on peut définir $\rho_t(x,\eta)$ $\forall \eta \in \mathcal{C}(o,T;\mathbb{R}^d)$ découle de la forme robuste de l'équation de Zakai :

Soit ψ_t^η la solution de

$$(1.7)\qquad \frac{d\psi}{dt} - \mathcal{L}_t^* \psi = o\ ,\qquad \psi_o = p_o\ ,\qquad \forall \eta \in \mathcal{C}(o,T;\mathbb{R}^d)$$

alors

$$(1.8)\qquad \rho_t(x,\omega) = \psi_t^{\eta(\omega)}(x)\ \exp[-y_t(\omega).\ h(t,x)] \qquad \text{p.s.}$$

Ici $\mathcal{L}_t^*$ est l'adjoint d'un opérateur défini pour chaque $\eta \in \mathcal{C}(o,T;\mathbb{R}^d)$ et lié à L_t, c.f.(2.6).

Maintenant on peut récrire (1.2) comme

$$J(u) = E\{\int_o^T E\{\ell(t,x_t,u_t)|\mathcal{G}_t^y\}dt + E\{c(x_T)|\mathcal{G}_T^y\}\}$$

$$= E\{\int_o^T \frac{<\ell(t,.,u_t),\rho_t>}{<1,\rho_t>} dt + \frac{<c,\rho_T>}{<1,\rho_T>}\}$$

$$= \tilde{E}\{\int_o^T Z_t^o \frac{<\ell,\rho_t>}{<1,\rho_t>} dt + Z_T^o \frac{<c,\rho_T>}{<1,\rho_T>}\}$$

$$= \tilde{E}\{\int^T \tilde{E}\{Z_t^o|\mathcal{G}_t^y\} \frac{<\ell,\rho_t>}{<1,\rho_t>} dt + \tilde{E}\{Z_T^o|\mathcal{G}_T^y\} \frac{<c,\rho_T>}{<1,\rho_T>}\}$$

$$= \tilde{E}\{\int_o^T <\ell(t,.,u_t),\rho_t> dt + <c,\rho_T>\}$$

$$(1.9)\qquad = \tilde{E}\int_o^T \Lambda(t,\rho_t,u_t)dt + \chi(\rho_T)\}$$

$$\equiv \tilde{J}(u).$$

Donc le problème séparé est

$$(1.10) \qquad \min\{\tilde{J}(u) : u \in \mathcal{U}\}$$

où $\tilde{J}$ est défini par (1.9) et "l'état" ρ_t est défini par (1.6). Dans le problème (1.10) les contrôles sont fonctions du mouvement Brownien $\{y_t\}$ donc $\{\rho_t\}$ est adapté. Alors on a information complète mais malheureusement l'état ρ_t prend des valeurs dans H^1.

Le but de ce travail est d'établir l'existence d'une solution de (1.6) et de montrer qu'elle est la densité conditionelle non-normalisée de x_t sans exiger trop de régularité de f, h. Il y a deux façons d'aborder le problème dans le cas régulier, C'est facile à voir que la densité conditionelle est une solution faible de (1.6) et donc s'il y a l'unicité des solutions le résultat en découle. De l'autre côté on peut vérifier directement qu'il y a une solution unique de (1.6) ou (1.7) et puis on montre, en utilisant une représentation de Feynman-Kac, que cette solution est la densité conditionelle. De nombreux articles etablissent l'existence et l'unicité des solutions de (1.7), [1], [2], [6], [12], mais toujours sans avoir un contrôle u, et avec des hypotheses de régularité qui sont trop génantes, e.g. contiuité par rapport à t. Beneš et Karatzas [3] ont résolu le problème si u est constant, et Bensoussan [4] l'a fait aussi en trouvant des conditions nécessaires satisfaites par un contrôle optimal mais an exigeant la bornitude de f et h, donc son travail ne s'applique pas au régulateur linéaire. En plus dans [4] σ n'est pas fonction de u. Nous suivons les idées de Pardoux [10] en travaillant avec la forme robuste (1.7), mais nous exigeons moins de régularité.

Dans la section deux on définit le modèle et puis dans la section trois on commence par le cas borné, i.e. quand les fonctions sont bornées. Le cas non-borné est traité dans la prochaine section, et dans la section cinq on déduit le problème séparé.

2. PRELIMINAIRES :

Pour $u \in \mathcal{U}$ fixé, l'état et l'observation du système de contrôle satisfont à

$$(2.1) \qquad dx_t = f(t,x_t,y)dt + \sigma(t,x_t,y)dw_t,$$

$$(2.2) \qquad dy_t = h(t,x_t)dt + d\hat{w}_t \;, \; y_o = o,$$

$$(2.3) \qquad x_o \sim p_o(x)dx,$$

avec

$$f : [o,T] \times \mathbb{R}^n \times \mathcal{C}(o,T;\mathbb{R}^d) \to \mathbb{R}^n,$$

$$\sigma : [o,T] \times \mathbb{R}^n \times \mathcal{C}(o,T;\mathbb{R}^d) \to \mathbb{R}^n \otimes \mathbb{R}^n,$$

$$h : [o,T] \times \mathbb{R}^n \to \mathbb{R}^d .$$

Nous faisons les hypothèses :

(A_1) *σ borélien ; $y \mapsto \sigma(t,x,y)$ mesurable par rapport à $\mathcal{G}^d_{ot}$ $\forall (t,x)$;*

$|\sigma(t,x,y) - \sigma(t,\bar{x},y)| \leq C_y\, |x-\bar{x}|$

$|\sigma(t,x,y)| \leq C_y$: C_y ↑ *avec* $|y|$

$a(t,x,y) \equiv \sigma(t,x,y)\sigma'(t,x,y) \geq \alpha I.$

(A_2) *f borélien ; $f(t,x,.)$ mesurable par rapport à $\mathcal{G}^d_{ot}$ $\forall (t,x)$;*

$x \mapsto f(t,x,y)$ Lipschitzienne, uniformément par rapport à (t,x,y) dans chaque sous-ensemble compact de $[o,T] \times \mathbb{R}^n \times \mathbb{R}^d$;

$|f(t,x,y)| \leq C_y(1+|x|)$.

Ici $\alpha > o$, I est l'identité dans $\mathbb{R}^n \otimes \mathbb{R}^n$ et σ' est la transposée de σ. Avec ces hypothèses, pour chaque $s \in [o,T], x \in \mathbb{R}^n, \eta \in \mathcal{C}(o,T;\mathbb{R}^d)$ il y a une solution forte, unique de

$$(2.1)' \qquad dx_t = f(t,x_t,\eta)dt + \sigma(t,x_t,\eta)dw_t \ , \ x_s = x,$$

sur un espace filtré $(\bar{\Omega},\bar{\mathcal{F}},\{\bar{\mathcal{F}}_t\},\bar{P}_{sx})$, portant le mouvement Brownien standard $\{w_t\}$. De plus la loi de $\{x^\eta_t\}$, $\tilde{P}^\eta_{ox}$, est unique, et

$$\tilde{P}^\eta(.) = \int \tilde{P}^\eta_{ox}(.)\ p_o(x)dx$$

est l'unique loi de la solution de (2.1),(2.3) avec $y = \eta$. Si $\tilde{P}_w$ est la mesure de Wiener sur $\mathcal{C}(o,T;\mathbb{R}^d)$ et si on définit $\tilde{P}$ sur $\mathcal{J}^n_{oT} \otimes \mathcal{G}^d_{oT}$ par

$$\tilde{P}(A \times B) = \int_B \tilde{P}^\eta(A)\ \tilde{P}_w(d\eta),$$

alors $\tilde{P}$ est la loi (unique) de

$$(2.4) \qquad \begin{cases} dx_t = f(t,x_t,y)dt + \sigma(t,x_t,y)dw_t, \ x_o \sim p_o(x)dx, \\ y_t \text{ Brownien} \end{cases}$$

i.e. (2.4) a une solution (unique) sur l'espace (canonique) $(\Omega,\mathcal{F},\tilde{P})$. Finalement soient

$$(2.5) \qquad Z^s_t = \exp\{\int_s^t h(r,x_r).dy_r - \frac{1}{2}\int_s^t |h(r,x_r)|^2 dr\},$$

$$dP = Z^o_T\, d\tilde{P},$$

puis $\{(x_t,y_t)\}$ est une solution (faible) sur $(\Omega,\mathcal{F},P)$ de (2.1),(2.2),(2.3), pourvu que $\tilde{E}\, Z_T^o = 1$. Ceci donne le cadre probabiliste de notre travail. En général nous travaillons avec les mesures $\tilde{P}$, $\tilde{P}^{\eta}_{sx}$.

Définissons maintenant les opérateurs différentiels qui vont intervenir. Pour chaque t, η , $L_{t\,\eta}$ est le générateur de la solution de (2.4).

$$(L_{t\,\eta} v)(x) = \frac{1}{2} a^{ij}(t,x,\eta) v_{x_i x_j}(x) + f^i(t,x,\eta) v_{x_i}(x)$$

où a^{ij}, f^i sont les composants de a et f, et où nous employons la convention de sommation des indices qui se répètent. On définit aussi ($\eta \in \mathcal{C}(o,T;\mathbb{R}^d)$ encore)

$$L^*_{t\eta} v = \frac{1}{2}(a^{ij} v)_{x_i x_j} - (f^i v)_{x_i} = \frac{1}{2} a^{ij} v_{x_i x_j} + (a^{ij}_{x_j} - f^i) v_{x_i} + (\frac{1}{2} a^{ij}_{x_i x_j} - f^i_{x_i}) v$$

(2.6)

$$(\mathcal{L}_{t\eta} v)(x) = (L_{t\eta} v)(x) - (\eta_t . h_t(x))_{x_i}\, a^{ij}(t,x,\eta) v_{x_j}(x) + \gamma(t,x,\eta)\, v(x)$$

$$(\mathcal{L}^*_{t\,\eta} v)(x) = (L^*_{t\eta} v)(x) + (\eta_t . h_t(x))_{x_i}\, a^{ij}(t,x,\eta) v_{x_j}(x) + \{[(\eta_t . h_t(x))_{x_i} a^{ij}(t,x,\eta)]_{x_j}$$

$$+ \gamma(t,x,\eta)\} v(x)$$

$$\gamma(t,x,\eta) = \frac{1}{2}(\eta_t . h_t(x))_{x_i} a^{ij}(t,x,\eta)(\eta_t . h_t(x))_{x_j} - \eta_t . \partial_t h_t(x) - L_{t\eta}(\eta_t . h_t)(x)$$

$$- \frac{1}{2} | h(t,x) |^2$$

avec $v_{x_i} = \dfrac{\partial v}{\partial x_i}$, $\partial_t h_t(x) = \dfrac{\partial h}{\partial t}(t,x)$.

Puisqu'on ne veut pas exiger la régularité des coefficients imposée par (2.6), on va travailler avec des formes bilinéaires

$$A_{t\eta}(\mu,v) = \langle -\frac{1}{2} a^{ij} \mu_{x_i}, v_{x_j} \rangle + \langle (f^i - \frac{1}{2} a^{ij}_{x_j})\, \mu_{x_i}, v \rangle$$

(2.7)

$$\mathcal{A}_{t\eta}(\mu,v) = \langle -\frac{1}{2} a^{ij} \mu_{x_i}, v_{x_j} \rangle + \langle b^i_{t\eta} \mu_{x_i}, v \rangle + \langle \frac{1}{2}(\eta_t . h_t)_{x_i} a^{ij} \mu, v_{x_j} \rangle$$

$$- \langle [(\eta_t . h_t)_{x_i} b^i_{t\eta} + \eta_t . \partial_t h_t + \frac{1}{2} |h_t|^2] \mu, v \rangle$$

avec

$$b^i_{t\eta}(x) = f^i(t,x,\eta) - \frac{1}{2} a^{ij}(t,x,\eta)[\eta_t . h(t,x)]_{x_j} - \frac{1}{2} a^{ij}_{x_j}(t,x,\eta).$$

Ici nous écrivons $\langle f,g \rangle = \int f\, g\, dx$ pourvu que $f\, g \in L^1(\mathbb{R}^n)$. Remarquons que μ est une solution faible de $\mathcal{L}_{t\eta}\, \mu = \varphi$ si $\mathcal{A}_{t\eta}(\mu,v) = \langle \varphi, v \rangle$ $\forall v \in \mathcal{C}^\infty_0(\mathbb{R}^n)$ ou $\forall v \in \mathcal{C}^1_0(\mathbb{R}$
Avec des hypothèses supplémentaires, c.f. (3.1), on peut prendre $v \in H^1$. N.b. $\mu \in \mathcal{C}^r_0(\mathbb{R}^n)$ si μ est à support compact et si μ et toutes les dérivées jusqu'à l'ordre r sont continues.

On va résoudre l'équation de Zakai (forme robuste)

$$(2.8)\qquad \frac{d\mu_t}{dt} - \mathcal{L}^*_{t\eta}\mu_t = 0\ ,\quad \mu_o = \rho_o\ ,$$

i.e.

$$(2.9)\qquad \left(\frac{d\mu_t}{dt}, v\right) - \mathcal{A}_{t\eta}(v,\mu_t) = 0\ ,\ \forall v \in H^1,$$

et ceci dans un espace tel que $\frac{d\mu_t}{dt}$, la dérivée au sens des distributions, ait un sens. N.b. (φ,v) dénote l'application de $\varphi \in H^{-1}$ à $v \in H^1$. Ecrivons

$$W(o,t) = \{\mu \in L^2(o,t\,;H^1) : \frac{d\mu}{ds} \in L^2(o,t\,;H^{-1})\}\ ;$$

si $\mu \in W(o,t)$, alors $s \to \mu_s : [o,t] \to H$ est continue et donc μ_s, $o \leq s \leq t$, est bien défini, c.f.[5], chapitre 2, §6. Pour identifier la solution de (2.8) comme la densité de x_t il faut aussi résoudre l'équation adjointe de (2.8), i.e.

$$(2.10)\qquad \frac{d\mu_s}{ds} + \mathcal{L}_{s\eta}\mu_s + F(s) = 0\ ,\quad \mu_t = \nu$$

i.e.

$$(2.11)\qquad \left(\frac{d\mu_s}{ds}, v\right) + \mathcal{A}_{s\eta}(\mu_s, v) + \langle F(s), v\rangle = 0, \qquad \forall v \in H^1,$$

et trouver une représentation probabiliste de la solution, ce que nous pouvons faire grâce à la formule de Feynman-Kac. En fait, il suffirait de traiter seulement le problème avec $F = 0$, mais pour le problème du contrôle, le cas non homogène est aussi intéressant.

Nous montrerons maintenant que (A_1), (A_2) et la bornitude des coefficients entraîne la coercivité de $-\mathcal{A}_{t\eta}$, dont découle l'existence et l'unicité des solutio: de (2.9),(2.11).

<u>Lemme 2.1</u> : *Soient (A_1), (A_2) vérifiés et $\forall \eta \in \mathcal{C}(o,T;\mathbb{R}^n)$ $(t,x) \longrightarrow b^i_{t\eta}(x)$, $(t,x) \longrightarrow h^i_{x_j}(t,x)$, $(t,x) \longrightarrow \partial_t h^i(t,x)$ dans $L^\infty([o,T]\times\mathbb{R}^n)$. Alors $-\mathcal{A}_{t\eta}$ est coercive.*

Preuve : Il faut montrer qu'il y a $\lambda \geq o$, $\beta > o$ tels que

$$(2.12)\qquad -\mathcal{A}_{t\eta}(v,v) + \lambda|v|^2_H \geq \beta\,\|v\|^2\ .$$

Or,

$$-\mathcal{A}_{t\eta}(v,v) \geq \frac{\alpha}{2} \langle v_{x_i}, v_{x_i}\rangle - c_i|v_{x_i}|_H|v|_H - c_o|v|^2_H$$

avec

$$c_i = |b^i_{t\eta}|_\infty + \frac{1}{2}|(\eta_t.h_t)_{x_i}|_\infty \max_j |a^{ij}|_\infty$$

$$c_o = |(\eta_t.h_t)_{x_j}|_\infty |b^j_{t\eta}|_\infty + |\eta_t.\partial_t h_t|_\infty$$

si $|\,.\,|_\infty$ est la norme dans L^∞. Si $o < \varepsilon \leq \alpha \min_i(2c_i)^{-1}$, alors

$$\sum_i c_i |v_{x_i}|_H |v|_H \leq \sum_i [\frac{\varepsilon}{2} c_i |v_{x_i}|^2_H + \frac{c_i}{2\varepsilon}|v|^2_H]$$

$$\leq \frac{\alpha}{4} \Sigma |v_{x_i}|^2_H + \frac{n\alpha}{4\varepsilon}|v|^2_H$$

i.e.

$$-\mathcal{A}_{t\eta}(v,v) \geq \frac{\alpha}{4} \sum_i |v_{x_i}|^2_H - (c_o + n\alpha/(4\varepsilon^2))|v|^2_H ,$$

dont découle (2.12).

Corollaire 2.1 : *Soient les mêmes hypothèses vérifiées et soit $h \in L^\infty$. Pour chaque $F \in L^2(o,t;H^{-1})$, $v \in H$, il existe une solution unique dans $W(o,t)$ de (2.11), et de (2.9) si $p_o \in H$.*

Preuve : Le premier résultat n'est que le théorème 6.10, [5] p. 129. Le deuxième en découle en posant $\mathcal{A}_{s\eta}(\mu,v) = \mathcal{A}_{T-s,\eta}(v,\mu)$.

3 LE CAS BORNE.

Dans cette section nous exigeons toujours (A_1),(A_2) et $\forall \eta \in \mathcal{C}(o,T;\mathbb{R}^d)$

(3.1) $f^i(.,.,\eta), h^i(.,.), h^i_{x_j}(.,.), \partial_t h^i(.,.) \in L^\infty([o,T] \times \mathbb{R})$

On sait donc que $P(\Omega) = 1$ et qu'il y a une solution unique de (1.7) ou (2.9) si

(A_3) $\quad p_o \in H$.

Pour démontrer que cette solution donne via(1.8) la densité conditionnelle non-normalisée de x_t , il nous faut une représentation probabiliste des solutions de (2.11), qui découlera de la formule de Feynman-Kac, mais seulement avec plus de régularité que nous avons. Nous employerons donc la méthode de régularisation.

Ecrivons $\mathcal{C}^\infty_b([o,T] \times \mathbb{R}^n)$ pour l'ensemble des μ dans $\bigcap_k \mathcal{C}^k([o,T] \times \mathbb{R}^n)$ tel que μ et toutes ses dérivées soient bornées. Si $\eta \in \mathcal{C}(o,T;\mathbb{R}^d)$, posons

$$\bar{L}_{t\eta} v = L_{t\eta} v - (\eta_t.h_t)_{x_j} \, a^{ij}(t,x,\eta) v_{x_i} .$$

Puis $\bar{L}$ est le générateur de la solution de

(3.2) $dx_t = [f(t,x_t,\eta) - a(t,x_t,\eta)\nabla_x(\eta_t.h_t(x_t))]dt + \sigma(t,x_t,\eta)dw$,

qui s'obtient de la solution de (2.1)' par une transformation de Girsanov. Alors la loi de cette solution, avec la condition initiale $x_s = x$, est

$$dQ^{\eta}_{sx} = \exp\{-\int_s^T [\sigma'\nabla_x(\eta.h)].dw - \frac{1}{2}\int_s^T |\sigma'\nabla_x(\eta.h)|^2 dt\} d\tilde{P}^{\eta}_{sx} .$$

<u>Théorème 3.1</u> *Soient* $(A_1),(A_2)$ *vérifiés et* $a(.,.,\eta)$, $b_{.\eta}(.)$, $h,\eta,F,\nu \in \mathcal{C}^{\infty}_b([o,T]\times \mathbb{R}^n)$, *alors*

$$(3.3)\quad \mu_{s\eta}(x) \equiv \bar{E}^{\eta}_{sx}\{\nu(x_t)\exp[\int_s^t \gamma(r,x_r,\eta)dr] + \int_s^t F(r,x_r)\exp[\int_s^r \gamma(\zeta,x_\zeta,\eta)d\zeta]dr\}$$

est la solution unique de (2.11). $\bar{E}^{\eta}_{sx}$ *est espérance par rapport à* Q^{η}_{sx} .

Preuve : La solution μ du corollaire 2.1 est maintenant régulière, i.e. une solution de

$$\frac{d\mu_s}{ds} + \mathcal{L}_{s\eta}\mu_s + F(s) = 0 , \quad \mu_t = \nu ,$$

donc le résultat découle du théorème 7.4, [5], page 153.

Observons que (3.3) équivaut

$$(3.4)\quad \mu_{s\eta}(x) = \tilde{E}^{\eta}_{sx}\{\nu(x_t)\exp[-\int_s^t[\sigma'\nabla(\eta.h)].dw - \int_s^t e(r)dr]$$
$$+ \int_s^t F(r,x_r)\exp[-\int_s^r[\sigma'\nabla(\eta.h)].dw - \int_s^r e(\zeta)d\zeta]dr\}$$

si

$$e(r) = \eta_r.\partial_r h_r(x_r) + L_{r\eta}(\eta_r.h_r)(x_r) + \frac{1}{2}|h(r,x_r)|^2.$$

Nous pouvons maintenant obtenir le même résultat, i.e. (3.4) sans exiger la régularité sauf celle de h (sinon γ et e ne sont pas définis).

<u>Théorème 3.2</u> *Soient* $(A_1),(A_2)$ *et (3.1) vérifiés. Si* $h \in \mathcal{C}^{\infty}_b([o,T]\times \mathbb{R}^n)$, $F \in L^2(o,T;H) \cap L^{\infty}([o,T]\times \mathbb{R}^n)$, $\nu \in H \cap L^{\infty}(\mathbb{R}^n)$ *et* $F(t,.),\nu(.)$ *continues uniformément par rapport à t, alors (3.4) donne la solution de (2.11).*

Preuve : Soient $a_n,f_n,\eta_n,F_n,\nu_n \in \mathcal{C}^{\infty}_b$ des régularisations de $a(.,.,\eta)$, $f(.,.,\eta)$, $\eta(.)$, $F(.,.)$, $\nu(.)$. Pour chaque n il y a une solution μ^n de (2.11) quand a_n etc. sont utilisés qui de plus satisfait à (3.3). Soit μ la solution unique de (2.11) qui existe d'après le corollaire 2.1. Nous montrerons qu'on peut passer à la limit dans (3.3).

Ecrivons Q^n_{sx} pour le Q^{η}_{sx} qui correpond aux $a_n,f_n,\ldots$. Selon le théorème 11.3.4 de [13], $Q^n_{sx} \to Q^{\eta}_{sx}$ étroitement pourvu que $\forall\varphi \in \mathcal{C}^{\infty}_o([o,T]\times \mathbb{R}^n)$

$$(i)\quad \lim_n \int_o^T\int (a^{ij}_n(t,x,\eta) - a^{ij}(t,x,\eta))\varphi(t,x)dx\,dt = o$$

$$(ii)\quad \lim_n \int_o^T\int [f^i_n(t,x,\eta) - (\eta_n(t).h(t,x))_{x_j} a^{ij}_n(t,x,\eta)$$
$$- f^i(t,x,\eta) + (\eta(t).h(t,x))_{x_j} a^{ij}(t,x,\eta)]\varphi(t,x)dx\,dt = o .$$

Soit B = support φ, alors $a^{ij} \in L^2(B)$ et donc $a^{ij}_n \to a^{ij}$ dans $L^2(B)$ $\forall \eta$, dont découle (i). Puisque $f^i_n \to f^i$ dans $L^2(B)$ et $\eta_n \to \eta$ uniformément sur $[o,T]$ car η est continu, alors (ii) est vérifié. Donc si $\psi \in \mathcal{C}(\mathcal{C}(s,t;\mathbb{R}^n) ; \mathbb{R})$ est borné il découle que $\overline{E}^n_{sx}\psi(x.) \to \overline{E}^\eta_{sx}\psi(x.)$. De plus si $\{\psi_n\}$ est une suite de telles fonctions, bornée telle que $\psi_n \to \psi$ uniformément sur les compactes, le fait que $\{Q^n_{s,x}\}$ est une suite tendue entraîne que $\overline{E}^n_{sx}\,\psi_n \to \overline{E}^\eta_{sx}\,\psi$.

Interposons le lemme suivant. Notons

$$\psi_n(x) = \nu_n(x_t)\exp[\int_s^t \gamma_n(r)dr] + \int_s^t F_n(r,x_r)\exp[\int_s^r \gamma_n(\zeta)d\zeta]dr,$$

$$\gamma_n(t) = \frac{1}{2}(\eta_n(t).h(t,x_t))_{x_i}\, a^{ij}_n(t,x_t,\eta)(\eta_n(t).h(t,x_t))_{x_j} - \eta_n(t).\partial_t h(t,x_t)$$

$$- \frac{1}{2}\, a^{ij}_n(t,x_t,\eta)[\eta_n(t).h(t,x_t)]_{x_i x_j} - f^i_n(t,x_t,\eta)[\eta_n(t).h(t,x_t)]_{x_i} - \frac{1}{2}|h(t,x_t)$$

<u>Lemme 3.1</u> *$\{\psi_n\} \subset \mathcal{C}(\mathcal{C}(s,t;\mathbb{R}^n);\mathbb{R})$ est bornée et converge uniformément sur les compactes.*

Preuve : C'est facile à voir que $\psi_n \in \mathcal{C}(\mathcal{C}(s,t;\mathbb{R}^n); \mathbb{R})$ et que la suite est bornée, parce que (3.1) et la bornitude de ν,F entraînent des bornes uniformes de a^{ij}_n, f^i_n, η_n, ν_n, F_n .

Soit $\Gamma \subset \mathcal{C}(s,t;\mathbb{R}^n)$ compact, i.e.

$$\sup\{\,|x_r| \;:\; s \leq r \leq t,\quad x \in \Gamma\} < \infty,$$

et $r \to x_r$ est continu uniformément par rapport à $x \in \Gamma$.
La continuité de ν entraîne que $\nu_n \longrightarrow \nu$ uniformément sur les compactes de $\mathbb{R}^n$, donc $\nu_n(x_t) \to \nu(x_t)$ uniformément par rapport à $x \in \Gamma$. Le terme $\int_s^t \gamma_n(r)dr$ est plus diffic

$$\int_s^t (\eta_n - \eta).[h_{x_i}\; a^{ij}_n(\eta_n.h)_{x_j}]dr \to o$$

uniformément par rapport à $x \in \Gamma$, parce que le terme entre les crochets droits est uniformément borné , et $\eta_n \longrightarrow \eta$ uniformément. De la même façon

$$\int_s^t \eta\,.\,h_{x_i}\; a^{ij}_n[(\eta_n - \eta).h_{x_j}]dr \to o$$

uniformément. De plus

$$\int_s^t |a^{ij}_n - a^{ij}|\,dr \leq \int_s^t \Big|\iint [a^{ij}(\zeta,Z,\eta) - a^{ij}(\zeta,x_r,\eta)]\alpha_n(r-\zeta)\beta_n(x_r - Z)d\zeta\, dZ\Big|$$

(3.5)

$$+ \Big|\iint [a^{ij}(\zeta,x_r,\eta) - a^{ij}(r,x_r,\eta)]\alpha_n(r-\zeta)\beta_n(x_r - Z)d\zeta\, dZ\,\Big|\,dr$$

si $\alpha_n(t)$, $\beta_n(x)$ sont les noyaux de la régularisation, i.e.

$\int_{-\infty}^{\infty}\alpha_n(t)dt = 1$, $\alpha_n \geq o$, $\alpha_n(t) = o$ si $|t| \geq 1/n$, $\alpha_n \in \mathcal{C}^\infty$, et β_n pareils. Mais (A_1)

et (3.1) entraînent que $x \to a^{ij}(t,x,\eta)$, est continu, uniformément par rapport à (t,x) dans un compact, $\forall\eta$, et donc la première intégrale du côté droit de (3.5) converge vers zéro uniformément.

Soit $\varepsilon > 0$. La compacité de Γ entraîne qu'il y a $x^1, x^2, \ldots, x^N$ tels que pour tout $x \in \Gamma$, il y a x^k tel que

$$\sup_r | x_r - x_r^k | < \varepsilon .$$

Mais pour chaque x^k il y a $x^{k1}, x^{k2}, \ldots, x^{kM} \in \mathbb{R}^n$ et des intervalles $I^{k\ell}, \ell=1,\ldots,M$, tel que

$$\bigcup_\ell I^{k\ell} = [s,t] , \; | x_r^k - x^{k\ell} | < \varepsilon$$

si $r \in I^{k\ell}$. Alors

$$\int_s^t | \int [a^{ij}(\zeta,x_r,\eta) - a^{ij}(r,x_r,\eta)]\alpha_n(r-\zeta)d\zeta \,| \, dr$$

$$= \int_s^t | \int [a^{ij}(\zeta,x_r^k,\eta) - a^{ij}(r,x_r^k,\eta)]\alpha_n(r-\zeta)d\zeta + R_o | dr$$

$$\leq \sum_\ell \int_{I^{k\ell}} \int | a^{ij}(\zeta,x^{k\ell},\eta) - a^{ij}(r,x^{k\ell},\eta) | \alpha_n(r-\zeta)d\zeta \, dr + R_1$$

où $R_1 \to 0$ si $\varepsilon \to 0$ grâce à la continuité uniforme par rapport à (t,x) dans un compact, de $x \to a^{ij}(t,x,\eta)$ $\forall\eta$. Chacune des dernières intégrales (un nombre fini) converge vers zéro, donc la deuxième intégrale du côté droit de (3.5) converge vers zéro uniformément par rapport à $x \in \Gamma$.

On traite le reste de $\int_s^t \gamma_n dr$, qui est en fait $-\int_s^t e_n dr$, pareil, pour obtenir que

$$\int_s^t \gamma_n(r)dr \to \int_s^t \gamma(r,x_r,\eta)dr$$

uniformément par rapport à $x \in \Gamma$. D'ailleurs

$$\int_s^t F_n \exp[\int_s^r \gamma_n(\zeta)d\zeta]dr = \int_s^t (F_n - F)\exp[\int_s^r \gamma_n d\zeta]dr + \int_s^t F \exp[\int_s^r \gamma_n d\zeta]dr ,$$

dont la première intégrale du côté droit converge vers zéro uniformément, parce que $\int \gamma_n d\zeta$ est borné uniformément et $\int |F_n - F| dr \to 0$ uniformément par la même démonstration que pour a_n. Maintenant le lemme découle aisément.

Dans la démonstration du théorème on a donc que le côté droit de (3.3) pour μ^n converge vers la mêmeexpression, mais sans n, quand $n \to \infty$. Considérons maintenant le côté gauche.

Soient q^n, θ^n définis par

$$q^n = \mu^n - \mu$$

$$(\theta_s^n,v) = \mathcal{A}_s^n(\mu_s,v) - \mathcal{A}_{s\eta}(\mu_s,v) + \langle F_n - F, v \rangle , \quad \forall v \in H^1 .$$

Ici $\mathcal{A}_s^n$ est défini comme $\mathcal{A}_{s\eta}$ mais utilisant a_n, f_n, η_n . Alors

$$\left(\frac{dq_s^n}{ds}, q_s^n\right) + \mathcal{A}_s^n(q_s^n, q_s^n) + (\theta_s^n, q_s^n) = 0, \quad \text{p.p.}(s)$$

$$q_t^n = \nu_n - \nu .$$

En outre on a (avec λ du théorème 2.1)

$$-\mathcal{A}_s^n(q_s^n, q_s^n) + \lambda |q_s^n|_H^2 \geq \frac{\alpha}{4} \|q_s^n\|^2 , \quad \forall n ,$$

donc

$$|q_t^n|_H^2 = |q_s^n|_H^2 - \int_s^t 2\, [\mathcal{A}_r^n(q_r^n, q_r^n) + (\theta_r^n, q_r^n)]dr$$

$$\geq |q_s^n|_H^2 + \int_s^t \frac{\alpha}{2} \|q_r^n\|^2 - 2\lambda\, |q_r^n|_H^2 - 2\|\theta_r^n\|_{H^{-1}} \|q_r^n\| \, dr$$

$$\geq |q_s^n|_H^2 - 2\lambda \int_s^t |q_r^n|_H^2 \, dr - \frac{2}{\alpha} \|\theta^n\|^2_{L^2(s,t;H^{-1})}$$

L'inégalité de Gronwall entraîne que

$$|q_s^n|_H^2 \leq K\, [\, |\nu_n - \nu|_H^2 + \|\theta^n\|^2_{L^2(s,t;H^{-1})}] .$$

Nous montrerons que $\|\theta^n\|^2_{L^2} \to 0$ car $\nu_n \to \nu \in H$ déjà.

Mais $F_n \to F$ dans $L^2([0,T] \times \mathbb{R}^n)$, donc dans $L^2(s,t;H^{-1})$.

Considérons

$$\|\mathcal{A}^n_{\cdot}(\mu.,.) - \mathcal{A}_{\cdot n}(\mu.,.)\|^2_{L^2(s,t;H^{-1})}$$

$$\leq K\{\int_s^t \sum_j |[a_n^{ij} - a^{ij}]\mu_{x_i}|_H^2 dr + \int_s^t |(b_n^i - b^i)\mu_{x_i}|_H^2 dr$$

$$+ \int_s^t \sum_j |[(\eta_n.h)_{x_i}\, a_n^{ij} - (\eta.h)_{x_i}\, a^{ij}]\mu|_H^2 dr$$

$$+ \int_s^t |[(\eta_n.h)_{x_i}\, b_n^i - (\eta.h)_{x_i}\, b^i]\mu|_H^2 dr + \int_s^t |(\eta_n - \eta).\partial_t h\, \mu|_H^2 dr \}.$$

Puisque μ, $\mu_{x_i} \in L^2(s,t;H)$, il ne faut que démontrer que les différences qui multiplient soit μ soit μ_{x_i} convergent vers zéro p.p. Or $\eta_n \to \eta$ ponctuellement et $a_n^{ij} \to a^{ij}$ dans $L^2([s,t] \times B)$ $\forall B$ borné i.e. quitte à extraire une sous-suite $a_n^{ij} \to a^{ij}$ p.p.(t,x), et pareil pour f_n^i. Il en découle que $\forall s \leq t$ $\mu_s^n \to \mu$ si on prend une sous-suite. Ce résultat entraîne le théorème.

<u>Corollaire 3.1</u> *Soient (A_1), (A_2) et (3.1) vérifiés. Si $h \in \mathcal{E}_b^\infty([0,T] \times \mathbb{R}^n)$, $F \in L^2(0,T;H) \cap L^\infty([0,T] \times \mathbb{R}^n)$, $\nu \in H \cap L^\infty(\mathbb{R}^n)$, alors la solution de (2.11) satisfait à (3.4).*

Preuve : Soient ν^n, F^n des approximations continues, uniformément bornées de ν, F telles que $\nu^n \to \nu$ dans H, $F^n \to F$ dans $L^2(0,T;H)$.

Si μ^n est la solution correspondante à ν^n, F^n, alors (3.3) est vérifié pour (μ^n,ν^n, F^n). De plus $\mu^n_s \to \mu_s$ par la même démonstration que dans le théorème. Par contre sur le côté droit de (3.3), $\bar{E}^n_{sx}$ est en fait indépendant de n. Comme auparavant, quitte à extraire une sous-suite $\nu^n \to \nu$, $F^n(r,.) \to F(r,.)$ p.p.(x) pour presque tout r, donc p.s. (Q^η_{sx}), car la solution de (3.2) a une densité. Le théorème de Lebesgue entraîne le résultat.

Nous voulons maintenant supprimer la régularité de h. C'est possible si nous posons

$$\nu(x) = g(x)\exp[\eta_t.h_t(x)]$$

$$F(t,x) = G(t,x)\exp[\eta_t.h_t(x)]$$

Théorème 3.3 *Soient (A_1),(A_2), (3.1) vérifiés et $g \in H \cap L^\infty(\mathbb{R}^n)$, $G \in L^2(o,T;H) \cap L^\infty([o,T]\times \mathbb{R}^n)$. Alors la solution unique de (2.11) est*

$$\mu_{s\eta}(x) = \tilde{E}^\eta_{sx}\{ g(x_t)Z^s_t + \int_s^t G(r,x_r)Z^s_r dx\}e^{\eta_s.h_s(x)} \quad p.p(s,x),\ p.s.(\eta)$$

où le p.s.(η) est par rapport à la mesure de Wiener.

Preuve : Soient h^m des approximations de h telles que $h^m \in \mathcal{C}^\infty_b([o,T]\times \mathbb{R}^n)$, $|h^m(t,x)|+|h^m_{x_i}(t,x)|+|\partial_t h^m(t,x)| \leq K$, et $h^m, h^m_{x_i}, \partial_t h^m \to h, h_{x_i}, \partial_t h$ dans $L^2([o,T]\times B)\ \forall B \subset \mathbb{R}^n$, B borné. Soit $\varphi \in \mathcal{C}_o(\mathcal{C}(s,t;\mathbb{R}^d);\mathbb{R})$. Définissons $\tilde{P}_{sx}$ sur $\mathcal{C}^n_{sT} \otimes \mathcal{C}^d_{oT}$ par

$$\tilde{P}_{sx}(A\times B) = \int_B \tilde{P}^\eta_{sx}(A)\ \tilde{P}_w(d\eta)$$

et si $e^m(t)$ est défini comme e(t) sauf que h^m remplace h,

$$\xi_t = \eta_t.h^m_t(x_t) - \int_s^t[\sigma'\nabla(\eta.h^m)].dw - \int_s^t e^m(\zeta)d\zeta .$$

Puis

$$\tilde{E}_w\ \varphi(\eta)\ \mu^m_{s\eta}(x) = \tilde{E}_{sx}\{ \varphi(\eta)[g(x_t)e^{\xi_t} + \int_s^t G(r,x_r)e^{\xi_r} dr]\} .$$

La formule de Itô appliquée à $\eta_r.h^m(r,x_r)$ entraîne que (n.b. la loi de $\{(x_r,\eta_r)\}$ est $\tilde{P}_{sx}$)

$$\xi_t = \eta_s.h^m_s(x)+ \int_s^t h^m(r,x_r).d\eta_r - \frac{1}{2}\int_s^t |h^m(r,x_r)|^2 dr ,$$

ainsi

$$(3.6)\quad \tilde{E}_w\varphi(\eta)\mu^m_{s\eta}(x) = \tilde{E}_{sx}\{\varphi(\eta)[g(x_t)\,{}^mZ^s_t + \int_s^t G(r,x_r)\,{}^mZ^s_r\,dr]e^{\eta_s.h^m_s(x)}\}$$

si ${}^mZ^s_t$ est défini par (2.5) avec h^m au lieu de h, (n.b. y = η).

Nous voulons passer à la limite, $m \to \infty$. Pour $\eta \in$ supp φ, i.e. borné, on peut prendre la constante λ du lemme 2.1 indépendant de η,dont découle que

$$|\mu^m_{s\eta}|^2_H \leq K\{|\nu|^2_H + \|F\|_{L^2(s,t;H^{-1})}\} \leq K_o$$

i.e. $|\mu^m_{s\eta}|^2_H$ est bornée uniformément par rapport à $\eta \in$ supp φ.

D'ailleurs comme dans la démonstration du théorème 3.2, $|\mu^m_{s\eta} - \mu_{s\eta}|_H \to o \ \forall \eta$. Alors quitte à extraire une sous-suite

$$\tilde{E}_w \varphi(\eta)\mu^m_{s\eta}(x) \to \tilde{E}_w \varphi(\eta)\mu_{s\eta}(x) \quad \text{p.p. } (x).$$

Quant au côté droit de (3.6), $h^m_s \to h_s$ p.p.(x) (pour une sous-suite) et d'ailleurs ${}^mZ^s_r \to Z^s_r$ en probabilité $\forall r$ car $\tilde{E}_{sx}|\int_s^r (h^m - h).d_\eta|^2 \to o$. En outre la borne $|h^m| \leq K$ entraîne qu'il y a $p > 1$ tel que

$$\sup_{m,r} \tilde{E}_{sx}\{({}^mZ^s_r)^p\} < \infty .$$

De cette intégrabilité uniforme découle maintenant la convergence du côté droit de (3.6) et donc le théorème.

Corollary 3.2. *Soient (A_1) (A_2), (3.1) vérifiés avec $C_y \leq C$ et $g \in H$, $G \in L^2(0,T;H)$,*

$$|g(x)| + |G(t,x)| \leq K(1 + |x|^q), \ q \geq 0$$

alors la conclusion du théorème 3.3 est encore correcte.

Preuve: Donnons la démonstration seulement pour le cas $G = 0$. Il exist $g_n \to g$ ponctuellement, g_n borné, $|g_n| \leq K(1 + |x|^q)$. En outre

$$\tilde{E}_w \tilde{E}^\eta_{sx}\{|x_t|^q Z^s_t\} = E_{sx}|x_t|^q < \infty ,$$

donc

$$\tilde{E}^\eta_{sx}\{g_n(x_t)Z^s_t\} \to \tilde{E}^\eta_{sx}\, g(x_t)Z^s_t\} \quad \text{p.s.}$$

La corollaire découle du fait que

$$|\mu^n_{s\eta} - \mu_{s\eta}|^2_H \leq K|g_n - g|^2_H \to 0,$$

si μ^n est la solution de (2.11) avec g_n.

Théorème 3.4 *Soient (A_1)-(A_3) et (3.1) vérifiés. Soit ψ^η la solution unique de (2.9) et*

$$\rho^\eta_t(x) = \psi^\eta_t(x)\, exp[\eta_t . h_t(x)],$$

alors ρ^η_t est la densité conditionnelle non-normalisée de x_t sachant $\mathcal{G}^d_{ot}$ (i.e. $\rho^{y(\omega)}_t$ est la densité sachant $\mathcal{F}^y_t$) et $\rho^{y(\omega)}_t$ vérifie $\forall v \in H^1$

$$(3.7) \quad d < \rho_t, v > = A_{t\,y(\omega)}(v, \rho_t)dt + < \rho_t\, h_t, v > .dy_t$$

$$\rho_o = p_o .$$

Preuve : selon le corollaire 2.1 ψ^η existe, unique.
Grâce à l'unicité, ψ^η_t ne dépend que de $\{\eta_s : o \leq s \leq t\}$. Soit $\mu_{.\eta}$ la solution de (2.11) avec $F = 0$, $\nu = g\, e^{\eta_t . h_t}$, $g \in H \cap L^\infty(\mathbb{R}^n)$.

Grâce au théorème 3.3

$$< \psi_t^\eta, \mu_{t\eta} > - < \psi_o^\eta, \mu_{o\eta} > = \int_o^t \frac{d}{ds} < \psi_s^\eta, \mu_{s\eta} > ds$$

$$= \int_o^t \mathcal{R}_{s\eta}(\mu_{s\eta}, \psi_s^\eta) - \mathcal{R}_{s\eta}(\mu_{s\eta}, \psi_s^\eta) ds$$

$$= 0$$

i.e.

$$< \psi_t^\eta, g\, e^{\eta_t . h_t} > = < p_o, \tilde{E}_{ox}^\eta \{g(x_t) Z_t^o\} > \quad \text{p.s.}$$

$$= \tilde{E}^\eta \{ g(x_t) Z_t^o \}$$

$$= \tilde{E} \{ g(x_t)\, Z_t^o | \mathcal{G}_{ot}^d \}$$

$$= E\{g(x_t) | \mathcal{G}_{ot}^d\} \tilde{E} \{Z_t^o | \mathcal{G}_{ot}^d\} .$$

Alors

$$(3.8) \quad < \rho_t^{y(\omega)}, g > = E\{g(x_t) | \mathcal{G}_t^y \} \tilde{E} \{ Z_t^o | \mathcal{G}_t^y \} \quad \text{p.s.,}$$

dont il découle que $\rho_t^{y(\omega)}(x) \geqslant 0$ p.s. On prend une suite $g^m \uparrow 1$ telle que $g^m \in H \cap L^\infty(\mathbb{R}^n)$. Puis (3.8) et la convergence monotone entraînent que

$$< \rho_t^{y(\omega)}, 1 > = \tilde{E} \{ Z_t^o | \mathcal{G}_t^y \} \quad \text{p.s.}$$

et alors $< p_t^{y(\omega)}, g > = E\{g(x_t) | \mathcal{G}_t^y\}$ si $p_t^\eta(x) = \rho_t^\eta(x) < \rho_t^\eta, 1 >^{-1}$.

Donc $p_t^{y(\omega)}$ est la densité conditionnelle de x_t sachant $\mathcal{G}_t^y$.

Il ne reste que la preuve de (3.7). Soit $\Phi(t,\psi,y) = < \psi \exp(y.h_t), v >$, $(t,\psi,y) \in [o,T] \times H \times \mathbb{R}^n$. Le processus $Y_t = (t, \psi_t, y_t)'$ satisfait à

$$dY_t = B_t\, dt + D\, dy_t$$

si $B_t' = (1, \mathcal{R}_{ty}(.,\psi_t^y), 0)$, $D' = (0,0,1)$. Observons que $< \rho_t^y, v > = \Phi(t, \psi_t^y, y_t)$ et appliquons la formule de Itô établie dans la partie(a)de la démonstration du théorème 1.2,[11], pour déduire

$$(3.9) \quad d < \rho_t^y, v > = [\mathcal{R}_{ty}(e^{y_t . h_t} v, \psi_t^y) + < \rho_t^y y_t . \partial_t h_t, v > + \frac{1}{2} < |h_t|^2 \rho_t^y, v >]\, dt$$

$$+ < \rho_t^y h_t, v > . dy_t .$$

Nous vérifions aisément que

$$\mathcal{R}_{ty}(v\, e^{y.h}, \psi) + < \rho_t^y (y . \partial_t h + \frac{1}{2} |h|^2), v > = A_{ty}(v, e^{y.h} \psi),$$

dont découle (3.7). Remarquons que la formule de Itô exige que $t \to \partial_t h_t$ soit continue mais on peut quand même établir (3.9) en régularisant h (dans la définition de Φ , mais pas dans $\mathcal{R}_{ty}$) et puis en passant à la limite dans (3.9).

4 LE CAS NON-BORNE

Nous voulons maintenant remplacer (3.1) par

$$(A_4)\qquad |\partial_t h(t,x)| \leq K(1+|x|^2), \quad |h_{x_i}(t,x)| \leq K(1+|x|)$$
$$\tilde{E}_{sx}\, Z_T^s = 1 \qquad \forall s \in [o,T],\ x \in \mathbb{R}^n.$$

Observons que les bornes dans (A_4) entraînent

$$(4.1)\qquad |h(t,x)| \leq K_h(1+|x|^2).$$

et que nous donnons une condition, indépendente de h, qui entraîne $\tilde{E}\,Z = 1$ à la fin de l'article.

Pour le problème

$$(4.2)\qquad \frac{d\mu}{ds} + \mathcal{L}_{s\eta}\,\mu + F = 0 \quad , \quad o \leq s \leq t,$$
$$\mu_t = \nu,$$

on sait déjà dans le cas régulier, i.e. solutions dans $C^{1,2}$, que les solutions ne sont pas à priori bornées, mais plutôt elles satisfont $|\mu_t(x)| \leq \exp(\beta|x|^2)$. Alors on ne peut plus souhaiter que $\mu \in W(o,t)$. Posons

$$L^2_{\ell oc}(o,t;H^1) = \bigcap_{\mathcal{O}} L^2(o,t;H^1(\mathcal{O}))$$

où l'intersection est sur tout $\mathcal{O} \subset \mathbb{R}^n$, borné, ouvert. Puis si $v \in \mathcal{C}_o^\infty((o,\infty)\times\mathbb{R}^n)$ et si $\mu \in L^2_{\ell oc}(o,t;H^1)$ on a $(\mathcal{L}_{s\eta}\ \mu_s,\ v_s) \equiv (\mu_s, \mathcal{L}_{s\eta}{}^* v_s) = \mathcal{A}_{s\eta}(\mu_s, v_s)$ puisque $\mu_s v_s \in L^1(\mathbb{R}^n)$. Donc on dit que $\mu \in L^2_{\ell oc}(o,t;H^1)$ est une solution de (4.2) ou (2.11) si $\forall\ v \in \mathcal{C}_o^\infty((o,\infty)\times\mathbb{R}^n)$, μ vérifie

$$(4.3)\qquad \langle \nu, v_t\rangle + \int_o^t \mathcal{A}_{r\eta}(\mu_r, v_r)dr + \int_o^t \langle F(r), v_r\rangle dr = \int_o^t \langle \mu_r, \partial_t v_r\rangle dr.$$

Avec $d > o$, $\xi \geq 1$, $\delta > o$ définissons

$$\varphi^{d,\xi,\tau}(s,x) = \exp\{(d+\xi|x|^2)e^{d(\tau-s)}\}$$
$$S_t^{d,\delta} = \{u \in L^2_{\ell oc}(o,t;H^1) : (\varphi^{d,\zeta,\tau})^{-1} u \in L^2((\tau-\delta)^+,\tau;H^1), \forall \tau = t, t-\delta, t-2\delta, \ldots, \tau > o\}$$

Rappelons que $\tau^+ = \max\{\tau,o\}$. Ici on a fixé η encore et on a posé $\zeta = \max\{\sup_s |\eta_s| K_h, 1\}$

<u>Lemme 4.1</u> *Soient t,η fixés. Il y a $d,\delta > o$ tels que (4.3) n'a qu'une solution dans $S_t^{d,\delta}$.*

Preuve : Soient μ_1, μ_2 deux solutions dans $S_t^{d,\delta}$. Posons $\bar{\mu} = \mu_1 - \mu_2$ et fixons $\xi > \zeta$. Soit

$$\lambda_s(x) = \varphi^{d\xi t}(s,x)^{-1}\,\bar{\mu}_s(x)$$

Alors $(1+|x|^4)\lambda \in L^2(t-\delta,t;H^1)$ parce que

$$\varphi^{d\xi t}(s,x)=\varphi^{d\zeta t}(s,x)\exp[(\xi-\zeta)|x|^2 e^{d(t-s)}]$$

et $(1+|x|^4)\exp[-(\xi-\zeta)|x|^2]$ est borné.

Soit $v \in \mathcal{C}_o^\infty((t-\delta,\infty)\times\mathbb{R}^n)$, puis (4.3) entraîne

$$\int_{t-\delta}^{t} \mathcal{A}_{r\eta}(\lambda\varphi,v)dr = \int_{t-\delta}^{t} <\lambda\varphi, \partial_t v>dr = \int_{t-\delta}^{t} <\lambda,\partial_t(\varphi v)>dr - \int_{t-\delta}^{t} <\lambda, v\,\partial_t\varphi> dr$$

En posant $v(r,x)=\varphi^{-1}(r,x)\bar{v}(x)\zeta(r)$ avec $\bar{v}\in {}_o^\infty(\mathbb{R}^n)$, $\zeta \in {}_o^\infty(t-\delta,\infty)$ on obtient (avec $\frac{dy}{ds}$ une fonctionelle sur $\mathcal{C}_0^\infty(\mathbb{R}^n)$)

$$<\frac{d\lambda}{ds},\bar{v}>+<\lambda,\varphi^{-1}\frac{d\varphi}{ds}\bar{v}>+\mathcal{A}_{s\eta}(\lambda\varphi,\varphi^{-1}\bar{v})=0$$

i.e.

$$(4.4) \qquad \frac{d\lambda}{ds}+\hat{A}_s(\lambda_s,.)=0$$

où

$$\hat{A}_s(\lambda,\bar{v}) = <\lambda,\varphi^{-1}\frac{d\varphi}{ds}\bar{v}>+\mathcal{A}_{s\eta}(\lambda\varphi,\varphi^{-1}\bar{v})$$

$$=<\lambda,-(d+\xi|x|^2)d\,e^{d(t-s)}\bar{v}>-\frac{1}{2}<a^{ij}\lambda_{x_i},\bar{v}_{x_j}>$$

$$-\frac{1}{2}<a^{ij}\lambda,2\xi x_i\, e^{d(t-s)}\bar{v}_{x_j}>+\frac{1}{2}<a^{ij}\lambda_{x_i},2x_j\xi e^{d(t-s)}\bar{v}>$$

$$+\frac{1}{2}<a^{ij}\lambda,4\xi^2 x_i x_j\, e^{2d(t-s)}\bar{v}>+<b^i\lambda_{x_i},\bar{v}>$$

$$+<b^i\lambda,2\xi x_i\, e^{d(t-s)}\bar{v}>+\frac{1}{2}<(\eta.h)_{x_i}a^{ij}\lambda,\bar{v}_{x_j}>$$

$$-\frac{1}{2}<(\eta.h)_{x_i}a^{ij}\lambda,2\xi x_j e^{d(t-s)}\bar{v}>-<[(\eta.h)_{x_i}b^i+(\eta.\partial_t h)+\frac{1}{2}|h|^2]\lambda,\bar{v}>$$

parce que $\frac{d\varphi}{ds}=-(d+\xi|x|^2)d\,e^{d(t-s)}\varphi$, $\frac{d\varphi}{dx_i}=2\xi x_i\, e^{d(t-s)}\varphi$.

Puisque $(1+|x|^4)\lambda\in L^2(t-\delta,t;H^1)$ on peut prolonger $\hat{A}_s(\lambda,.)$ à H^1 et donc (4.4) entraîne que $\frac{d\lambda}{ds}\in L^2(t-\delta,t;H^{-1})$, i.e. $\lambda\in W(t-\delta,t)$. Alors si $t-\delta\leqslant s\leqslant t$ et si c_o, c_1, c_2 sont des constantes convenables on a

$$\frac{1}{2}\frac{d}{ds}|\lambda_s|^2=<\frac{d\lambda_s}{ds},\lambda>$$

$$\geqslant -\hat{A}_s(\lambda,\lambda)-\frac{1}{2}<|h|^2\lambda,\lambda>$$

$$\geqslant \frac{\alpha}{4}|\lambda_x|^2-<[c_o\xi^2 e^{2d(t-s)}|x|^2+c_1\xi(1+|x|^2)e^{d(t-s)}+c_2(1+|x|^2)-$$

$$-d(d+\xi|x|^2)\,e^{d(t-s)}]\lambda,\lambda>$$

$$\geqslant \frac{\alpha}{4}|\lambda_x|^2$$

si $d\xi \geqslant c_o\xi^2 e^{d\delta}+c_1\xi+c_2$ et $d^2\geqslant c_1\xi+c_2$.

Un tel choix de (d,δ) est toujours possible - e.g. on pose $d>\max\{\xi,c_o\xi+c_1+c_2\}$ et puis on pose $\delta=d^{-1}\log[d-c_1-c_2)/c_o\xi]>d^{-1}\log 1=0$.

Remarquons que nous avons utilisé $2|<\beta u,v>| \leq \varepsilon |u|^2 + \varepsilon^{-1} <\beta^2 v,v>$.

Mais $\lambda_t = 0$ et $\frac{d}{ds}|\lambda_s|^2 \geq 0$; il découle que $\lambda_s \equiv 0$ sur $[t-\delta,t]$, i.e. $\overline{\mu}_s \equiv 0$ sur $[t-\delta,t]$. Répétons l'argument sur $[t-\delta,t-2\delta]$. Puisque c_o, c_1, c_2 sont uniforme par rapport à t, alors d,δ le sont aussi , i.e. (4.5) est encore vérifié et $\overline{\mu} \equiv 0$ sur $[t-2\delta,t-\delta]$.

On continue jusqu'à 0 i.e. $\overline{\mu} \equiv 0$ sur $[o,t]$. C.Q.F.D.

Observons que d,δ dépend seulement de c_o, c_1, c_2, i.e. seulement des constantes dans (A_1) (A_2) (A_4) - et de η fixé. On choisit d,δ tel que le résultat est vrai quand on a dans (A_4): $|h_{x_i}| \leq K(1+3|x|)$. On verra tout de suite pourquoi le 3.

Soit $S_t = S_t^{d\delta}$.

Théorème 4.1 *Soient (A_1)-(A_4) vérifiés et η, g, G fixés tel que*

$$|g(x)| + |G(s,x)| \leq K(1+|x|^q) \qquad q < \infty$$

Alors il y a une solution $\mu_{s\eta}$, unique dans S_t, de

$$(4.6)\quad <g\, e^{\eta_t . h_t}, v_t> + \int_0^t \mathcal{A}_{s\eta}(\mu_s, v_s)ds + \int_0^t < G(s,.)e^{\eta_s . h_s}, v_s> ds =$$

$$= \int_0^t <\mu_s, \partial_t v_s> ds\,, \quad v \in \mathcal{C}_o^\infty((o,\infty)\times \mathbb{R}^n).$$

De plus

$$(4.7)\quad \mu_{s\eta}(x) = \hat{E}^\eta_{sx}\{g(x_t)Z_t^s + \int_s^t G(r,x_r)Z_r^s dr\}\exp[\eta_s . h_s(x)].$$

Preuve : Soient $g^m(x) = g(x)\mathbb{1}_{\{|x|\leq m\}}(x)$, $G^m(t,x) = G(t,x)\mathbb{1}_{\{|x|\leq m\}}(x)$ et g^m_ε, G^m_ε des régularisations par rapport à x de g^m et G^m. Soient

$$h^n(s,x) = \begin{cases} h(s,x) & \text{si } |x| \leq n \\ h(s,x)\left(\dfrac{1+n^2}{1+|x|^2}\right) & \text{sinon} \end{cases}$$

$$f^n(s,x,\eta) = \begin{cases} f(s,x,\eta) & \text{si } |x| \leq n \\ f(s,x,\eta)\left(\dfrac{1+n}{1+|x|}\right) & \text{sinon .} \end{cases}$$

Alors $g^m_\varepsilon \in L^\infty(\mathbb{R}^n) \cap H$, continue, $G^m_\varepsilon \in L^\infty(o,t)\times \mathbb{R}^n) \cap L^2(o,t;H)$ continue par rapport à x, $|h^n(s,x)| \leq K(1+n^2)$, $|\partial_t h^n(s,x)| \leq K(1+n^2)$ $|h^n_{x_i}(s,x)| \leq K(1+3|x|)$: observons l'apparence du 3! Aussi $|f^n(t,x,\eta)| \leq c_\eta(1+|x|)$.

Soit μ^n la solution de (2.11) (c.f. Théorème 3.3) correspondante à f^n, h^n, g^m_ε, G^m_ε. Soit $\lambda^n_s = \mu^n_s\, \varphi^{d\zeta t}(s,.)^{-1}$ sur $[t-\delta,t]$. Comme dans la démonstration du lemme mais avec $\xi = \zeta$, $h = h^n$, $f = f^n$ on obtient

$$\frac{d}{ds}|\lambda^n|^2_H \geq \frac{\alpha}{2}|\lambda^n_x|^2_H - 2 < F^m_\varepsilon\, \varphi^{-1}, \lambda^n >$$

avec $F^m_\varepsilon = G^m_\varepsilon\, e^{y.h^n}$. Alors

$$\frac{\alpha}{2}\int_{t-\delta}^{t}|\lambda_x^n|^2\leq|\lambda_t^n|_H^2-|\lambda_{t-\delta}^n|_H^2+\int_{t-\delta}^{t}|F_\varepsilon^m\,\varphi^{-1}|_H^2+\int_{t-\delta}^{t}|\lambda^n|_H^2$$

et aussi

$$\frac{d}{ds}|\lambda_s^n|_H^2\geq-|F_\varepsilon^m\varphi^{-1}|_H^2-|\lambda_s^n|_H^2$$

i.e. $|\lambda_s^n|_H^2\leq|\lambda_t^n|_H^2\,e^{t-s}+\int_s^t|F_\varepsilon^m\,\varphi^{-1}|_H^2\,e^{r-s}\,dr$

$$\leq[\,|\lambda_t^n|_H^2+\|F_\varepsilon^m\varphi^{-1}\|^2_{L^2(s,t;H)}]\,e^\delta$$

si $t-\delta\leq s\leq t$. Il découle que

$$\int_{t-\delta}^{t}\|\lambda^n\|^2_{H^1}\,ds\leq(\frac{2}{\alpha}+\frac{2\delta e^\delta}{\alpha}+\delta e^\delta)(|\lambda_t^n|_H^2+\|F_\varepsilon^m\,\varphi^{-1}\|^2_{L^2(t-\delta,t;H)})$$

et

$$(4.8)\qquad |\lambda_t^n|_H^2\leq\int|K(1+|x|^q)e^{|\eta_t|K_h(1+|x|^2)}\,e^{-(d+\zeta|x|^2)}|^2\,dx<\infty$$

$$\|F_\varepsilon^m\varphi^{-1}\|^2_{L^2}\leq\int_{t-\delta}^{t}\int|K(1+|x|^q)e^{|\eta_r|K_h(1+|x|^2)}\,e^{-(d+\zeta|x|^2)}|^2dx\,dr<\infty\,.$$

Alors

$$(4.9)\qquad \sup_{n,m,\varepsilon}\int_{t-\delta}^{t}\|\lambda^n\|^2_{H^1}\,ds<\infty\,,\qquad \sup_{n,m,\varepsilon,s\in[t-\delta,t]}|\lambda_s^n|_H^2<\infty.$$

Donc λ^n est contenu dans un ensemble borné de $L^2(t-\delta,t;H^1)$ et $\lambda_{t-\delta}^k$ dans un ensemble borné de H. Alors, quitte à extraire une sous-suite, il y a λ tel que $\lambda^n\to\lambda$ faiblement. D'ailleurs $\lambda_t^n\to g_\varepsilon^m\,e^{\eta_t\cdot h(t,.)}\,\varphi(t,.)^{-1}\in H$ par convergence dominée. Soit $v\in\mathcal{C}_o^\infty((o,\infty)\times\mathbb{R}^n)$. Selon le corollaire 2.1.

$$(4.10)\qquad <\mu_t^n,v_t>-<\mu_{t-\delta}^n,v_{t-\delta}>+\int_{t-\delta}^{t}\mathcal{A}_{s\eta}^n(\mu_s^n,v_s)ds+\int_{t-\delta}^{t}<F_\varepsilon^m,v_s>ds=\int_{t-\delta}^{t}<\mu_s^n,\partial_t v_s^n>ds$$

i.e. $<\lambda_t^n,\varphi v>-<\lambda_{t-\delta}^n,\varphi v>+\int_{t-\delta}^{t}\mathcal{A}_{s\eta}^n(\lambda_s^n\,\varphi,v_s)ds+\int_{t-\delta}^{t}<F_\varepsilon^m,v_s>ds=\int_{t-\delta}^{t}<\lambda_s^n,\varphi\,\partial_t v_s>ds.$

Mais $\mathcal{A}_{s\eta}^n(\lambda^n\varphi,v)=\mathcal{A}_{s\eta}(\lambda^n\varphi,v)$ si supp $v\subset\{x:|x|\leq n\}\times(o,\infty)$.

Donc la convergence s'obtient dans (4.10) si $n\to\infty$, i.e. $\mu_s^n\to\lambda\varphi\equiv\mu_{s\eta}$ et

$$<\mu_t,v_t>-<\mu_{t-\delta},v_{t-\delta}>+\int_{t-\delta}^{t}\mathcal{A}_{s\mu}(\mu_s,v_s)ds+\int_{t-\delta}^{t}<F_\varepsilon^m,v_s>ds=\int_{t-\delta}^{t}<\mu_s,\partial_t v_s>ds\,.$$

On peut continuer sur $[t-2\delta,t-\delta]$ $[t-3\delta,t-2\delta]$, ... pour éventuellement obtenir $\mu_{s\eta}$ sur $[o,t]$ qui satisfait à (n.b. $v_o=o$)

$$(4.11)\qquad <g_\varepsilon^m e^{\eta_t\cdot h_t},v_t>+\int_o^t\mathcal{A}_{r\eta}(\mu_r,v_r)dr+\int_o^t<F_\varepsilon^m,v_r>dr=\int_o^t<\mu_r,\partial_t v_r>dr$$

Comme au dessus on a convergence faible des λ quand $\varepsilon\to o$, $m\to\infty$ à cause de (4.9). De plus $g_\varepsilon^m\to g$, $F_\varepsilon^m\to F$ p.p. et donc on peut passer à la limite dans(4.11),i.e. (4.6) est vérifié.

Vérifions maintenant (4.7). Fixons $s \in [o,t]$. Selon le théorème 3.3.

$$\mu^n_s(x) = {}^n\tilde{E}^\eta_{sx}\{g^m_\varepsilon(x_t)\,{}^nZ^s_t + \int_s^t G^m_\varepsilon(r,x_r)\,{}^nZ^s_r dr\}\exp[y_s . h^n(s,x)]$$

où ${}^n\tilde{E}^\eta_{sx}$ est l'espérance par rapport à ${}^n\tilde{P}^\eta_{sx}$, la loi de la solution de

(4.12) $\quad dx = f^n\,dt + \sigma dw\ , \quad x_s = x\ .$

Avec $\rho \in \mathcal{C}_o(\mathbb{R}^n)$, $\rho \geq o$, $\int_{\mathbb{R}^n} \rho\,dx = 1$ posons

$${}^n\tilde{P}^\eta_{s\rho}(A) \equiv \int \rho(x)\ {}^n\tilde{P}^\eta_{sx}(A)\,dx\ ,$$

alors ${}^n\tilde{P}^\eta_{s\rho}$ est la loi de la solution de (4.12) avec distribution initiale, i.e. distribution de x_s, $\rho(x)dx$. Définissons $\tilde{P}^\eta_{s\rho}$ de la même façon, et ${}^nP^r_{s\rho}, P^r_{s\rho}$ par

$$d({}^nP^r_{s\rho}) = {}^nZ^s_r\ d({}^n\tilde{P}^\eta_{s\rho})d\tilde{P}_w\ ,$$

$$d\ P^r_{s\rho} = Z^s_r\ d(\tilde{P}^\eta_s\ )d\tilde{P}_w\ ,$$

donc ${}^nP_{s\rho}$ est la loi de la solution de

$$dx = f^n(t,x,y)dt + \sigma(t,x,y)dw \qquad t \geq s,$$

$$dy = h^n(t,x)dt + d\tilde{w} \qquad r \geq t \geq s,$$

y mouvement Brownien $t > r$

avec la loi initiale $\rho(x)dx \times N(o,sI)$, où $N(o,sI)$ est la loi de y_s si y est un mouvement Brownien standard.

Soit $\Psi \in \mathcal{C}(\mathcal{C}(o,T;\mathbb{R}^d)\ ;\ \mathbb{R})$ borné, $\mathcal{Y}^d_{st}$ mesurable.

Alors

(4.13) $$\tilde{E}_w\{\Psi(\eta) < \mu^n_s\, e^{-\eta_s . h^n_s}, \rho > \} = \hat{E}\{\Psi(\eta)\ {}^n\tilde{E}^\eta_{s\rho}\{\ g^m_\varepsilon(x_t)\,{}^nZ^s_t + \int_s^t G^m_\varepsilon(r,x_r)\,{}^nZ^s_r dr\}$$

$$= {}^nE^t_{s\rho}\{\Psi(\eta)\,g^m_\varepsilon(x_t)\} + \int_s^t {}^nE^r_{s\rho}\{\Psi(\eta)\,G^m_\varepsilon(r,x^r)\}dr$$

mais $f^n = f$, $h^n = h$ si $|x| \leq n$, alors ${}^nP^r_{s\rho} \to P^r_{s\rho}$ étroitement, [13], Théorème II.3.4, et ainsi on peut passer à la limite dans le côté droit de (4.13) car Ψ, g^m_ε, G^m_ε sont bornés, continus.

Quant au côté gauche, pour n suffisamment grand on a

$$< \mu^n_s\ , \rho\, e^{-\eta_s . h^n_s} > = < \mu^n_s\ , \rho\, e^{-\eta_s . h_s} >$$

$$= < \lambda^n_s\ , \varphi\rho\, e^{-\eta_s . h_s} >$$

$$\to < \lambda_s\ , \varphi\rho\, e^{-\eta_s . h_s} >$$

$$= < \mu_{s\eta}, \rho\, e^{-\eta_s . h_s} >$$

$\forall\eta$ parce que $\varphi\rho\, e^{-\eta_s . h_s} \in H$ et $\lambda^n_s \to \lambda_s$ faiblement. De plus

$$|\mu^n_s(x) e^{-\eta_s . h_s(x)}| \leq |{}^n\tilde{E}^\eta_{sx}\{g^m_\varepsilon(x_t)\,{}^nZ^s_t + \int_s^t G^m_\varepsilon(r,x_r)\,{}^nZ^s_r dr\}$$

$$\leq K^m_\varepsilon\ .$$

La convergence dominée entraîne qu'on peut passer à la limite dans le côté gauche. Puisque $<\mu_{s\eta}, \rho \exp(-\eta_s . h_s)>$ est $\mathcal{Y}^d_{st}$ mesurable et ρ est arbitraire, il découle

$$(4.14) \quad \mu_{s\eta}(x) = \tilde{E}^{\eta}_{sx}\{g^m_\varepsilon(x_t)Z^s_t + \int_s^t G^m_\varepsilon(r,x_r)^\eta Z^s_r dr\} \qquad \text{p.p } x,\eta.$$

Maintenant on fait tendre $\varepsilon \to o$ et puis $m \to \infty$. Comme nous avons déjà remarqué , le côté gauche converge, et de même pour le côté droit quand $\varepsilon \to o$ grâce à la convergence dominée. Si $P_{sx} = P_{s\rho}$ avec la mesure de Dirac concentrée à x, alors

$$E_{sx}\{\sup_{s\leq r\leq t} |x_r|^q | \mathcal{Y}^d_{st}\} = E^\eta_{sx}\{\sup |x_r|^q\} < \infty$$

grâce à (A_1),(A_2). Donc

$$\tilde{E}^\eta_{sx}|\int_s^t G(r,x_r)Z^s_r dr| = \int_s^t \tilde{E}_{sx}\{|G(r,x_r)|Z^s_r|\mathcal{Y}^d_{sr}\}dr$$

$$= \int_s^t E_{sx}\{|G|\ |\mathcal{Y}^d_{sr}\}\tilde{E}^\eta_{sx}(Z^s_r)dr$$

$$\leq K(\eta) \int_s^t \tilde{E}^\eta_{sx}(Z^s_r)dr$$

Selon (A_4)

$$1 = \tilde{E}_{sx}\{Z^s_T\} = \tilde{E}_{sx}\{Z^s_t\} = \tilde{E}_{sx}\{\tilde{E}^\eta_{sx}(Z^s_t)\},$$

donc $\int_s^t \tilde{E}^\eta_{sx}(Z^s_r)dr < \infty$ p.s. (η), et on peut passer à la limite $(m \to \infty)$ dans (4.14) grace à la convergence dominée.

<u>Corollaire 4.1</u> *Soient (A_1)-(A_4) vérifiés. Alors il y a une solution unique dans S_T de*

$$(4.15) \quad <p_o, v_o> + \int_0^T \mathcal{A}_{t\eta}(v_t,\psi_t)dt + \int_0^t <\psi_t, \partial_t v_t> dt = 0 \text{ , } \forall v \in \mathcal{C}^\infty_0((-\infty,T)\times\mathbb{R}^n).$$

Preuve : En faisant un retournement du temps on retombe sur le théorème 4.1 avec $\mathcal{A}_{s\eta}(u,v)$ remplacé par $\mathcal{A}_{T-s,\eta}(v,u)$. On peut même poser $\zeta = 1$. La première partie de la démonstration du théorème donne le résultat, en observant que la borne dans (4.8) peut être remplacée par

$$|\lambda^n_T|^2_H = |p^n_o|^2_H |(\varphi^{d,1,T})^{-1}|^2_\infty \leq |p^n_o|^2_H$$

qui est borné uniformément par rapport à n car $p^n_o \to p_o$ dans H. Remarquons que la deuxième partie de la démonstration, i.e. la représentation, ne marcherait plus parce que y n'est plus un mouvement Brownien.

<u>Corollaire 4.2</u> *Soient (A_1)-(A_4) vérifiés et soit ψ^n la solution unique de (4.15). Alors*

$$\rho^y_t(x) \equiv \psi^y_t(x) \exp[y_t . h(t,x)]$$

est la densité conditionnelle non-normalisée de x_t sachant $\mathcal{F}^y_t$, et $\forall v \in \mathcal{C}^1_0(\mathbb{R}^n)$

$$(4.16)\quad <\rho^y_t, v> = <p_o, v> + \int_o^t A_{sy}(v, \rho^y_s)ds + \int_o^t <\rho^y_s h_s, v> .dy_s .$$

Preuve : Soit μ^n la solution de (2.11) correspondante à f^n, h^n, $g \in \mathcal{C}_o(\mathbb{R}^n)$, $G=0$, c.f. la démonstration du théorème 4.1, et soit ψ^n la solution correspondante de (2.9). Alors, c.f. la démonstration du théorème 3.4,

$$(4.17)\quad <\psi^n_t, g\, e^{\eta_t . h^n(t,.)}> = {}^n\tilde{E}^\eta\{g(x_t)\,{}^nZ^o_t\}$$

avec ${}^n\tilde{P}^\eta = {}^n\tilde{P}^\eta_{op_o}$, c.f. (4.12) et suivant. Mais

$$<\psi^n_t, g\, e^{\eta_t . h^n_t}> = <\psi^n_t \varphi^{-1}, \varphi g\, e^{\eta . h^n}>$$

$$\to <\psi^\eta_t \varphi^{-1}, \varphi g\, e^{\eta . h}>$$

$$= <\psi^\eta_t, g\, e^{\eta_t . h_t}>$$

parce que $\psi^n_t\,\varphi^{-1} \to \psi^y_t\varphi^{-1}$ faiblement dans H et $h^n = h$ sur support g si n suffisament grand. Pour le côté droit de (4.17) on a, pour $\Psi \in \mathcal{E}(\mathcal{C}(o,T;\mathbb{R}^d);\mathbb{R})$ borné, $\mathcal{G}^d_{ot}$ mesurable, que

$$\tilde{E}_w\{\Psi(\eta)\,{}^n\tilde{E}^\eta\{g(x_t)\,{}^nZ^o_t\}\} = {}^nE^t_{op_o}\{\Psi(\eta)g(x_t)\}$$

$$\to E^t_{op_o}\{\Psi(\eta)g(x_t)\} = \tilde{E}_w\{\Psi(\eta)\tilde{E}^\eta\{g(x_t)Z^o_t\}\}$$

comme dans la démonstration de (4.14). Alors

$$(4.18)\quad <\psi^y_t, g\, e^{y_t . h(t,.)}> = \tilde{E}^y\{g(x_t)Z^o_t\} = \tilde{E}\{g(x_t)Z^o_t | \mathcal{G}^y_t\} .$$

Le reste de la démonstration que ρ est la densité se fait comme pour le théorème 3.4.

Grâce à (3.7) on a

$$(4.19)\quad <\rho^n_t, v> = <p_o, v> + \int_o^t A^n_{sy}(v, \rho^n_s)ds + \int_o^t <\rho^n_s h^n, v>.dy .$$

Posons tout de suite n suffisament grand que $h^n = h$, $f^n = f$ sur le support de v. Prenons $o \leq t \leq \delta$ pourqu'on n'ait qu'un φ. Le cas plus général se fait en répétant la démarche suivante. $\lambda^n \to \lambda$ faiblement dans $L^2(o,t;H^1)$, alors il y a une combinaison convexe telle que la convergence est forte. Parce que (4.19) est linéaire par rapport à ρ^n on a donc, même pour les combinaisons convexes, que

$$<\psi^n_t, e^{y_t . h_t} v> = <p_o, v> + \int_o^t A_{sy}(v, e^{y_s . h_s}\psi^n_s)ds + \int_o^t <\psi^n_s, h_s e^{y_s . h_s} v> dy$$

On a déjà vu que $<\psi^n_t, e^{y_t . h_t} v> \to <\psi^v_t, e^{y_t . h_t} v>$, c.f. (4.17). La convergence (même faible) de $\psi^n\varphi^{-1} = \lambda^n \to \lambda = \psi^y\varphi^{-1}$ dans $L^2(o,t;H^1)$ entraîne que

$$\int_o^t A_{sy}(v, e^{y_s . h_s}\psi^n_s)ds \to \int_o^t A_{sy}(v, e^{y_s . h_s}\psi^y_s)ds \quad \text{p.s.}$$

c.f. (2.7). Finalement la convergence forte de $\psi^n\,\varphi^{-1} \to \psi^y\,\varphi^{-1}$ et

$$|\varphi\, h\, e^{y.h} v|^2 \leq K_o\, e^{|y|k} \leq K_1\, e^{\varepsilon|y|^2}$$

et

$$|\lambda^n_s|^2_H \leq K_2 |p_o|^2_H$$

entraînent, par convergence dominée, que

$$\int_o^t < \psi^n_s, h\, e^{y.h}v > dy \to \int_o^t < \psi^y_s, h\, e^{y.h}v > dy$$

dans $L^2(\tilde{P}_w)$. Donc (4.16) est vérifié.

Remarque Observons que $|\varphi^{d,\zeta,\tau}(s,x)| \leq e^{(d+\zeta|x|^2)}e^{d\delta} \leq K\, e^{\beta|x|^2}$ et même $|\varphi^{d,\zeta,\tau}_{x_i}(s,x)| \leq K\, e^{\beta|x|^2}$ si K, β suffisament large.

Notons

$$H_\beta = \{ f : \mathbb{R}^n \to \mathbb{R}\,,\ \int_{\mathbb{R}^n} |f(x)|^2\, e^{-2\beta|x|^2} dx \equiv |f|^2_\beta < \infty\}$$

$$H^1_\beta = \{f \in H_\beta \ :\ |f_{x_i}|_\beta < \infty\},$$

$$\|f\|_\beta = |f|_\beta + \sum_i |f_{x_i}|_\beta$$

Puis $\mu_{.\eta} \in L^2(o,t;H^1_\beta)$ parce que

$$|\mu_{s\eta}|_\beta = |\lambda_s\, \varphi^{d,\zeta,\tau}_s|_\beta \leq |\lambda_s|_H\ K \quad .$$

Donc

$$\int_o^t \|\mu_{s\eta}\|^2_\beta ds \leq K^2 \sum_i \int_{t-(i+1)\delta}^{t-i\delta} \|\lambda_s\|^2 ds < \infty$$

Il faut se rendre compte que β dépend de ζ, alors de η.
Par contre pour ψ^η nous avons posé ζ = 1, alors $\psi^\eta \in L^2(o,t;H^1_\beta)$ avec β indépendant de η.

5. LE PROBLEME SEPARE

Nous pouvons déduire facilement le problème séparé qui correspond au problème de contrôle optimal stochastique avec information partielle, (1.1)-(1.5). Faisons les hypothèses suivantes :

(B_1) $\sigma:[o,T] \times \mathbb{R}^n \times U \to \mathbb{R}^n \otimes \mathbb{R}^n$, borélien,

$|\sigma(t,x,u) - \sigma(t,\bar{x},u)| \leq C_R\, |x - \bar{x}|\ ,\ \forall |u| \leq R,$

$|\sigma(t,x,u)| \leq K$

$a(t,x,u) = \sigma(t,x,u)\sigma(t,x,u)' \geq \alpha I,\ \alpha > o$

On pourrait, en fait, remplacer la dernière inégalité par :

$a(t,x,u) \geq \alpha_R I,\quad \forall |u| \leq R\ ,\ \alpha_R > o$

(B_2) $f:[o,T] \times \mathbb{R}^n \times U \to \mathbb{R}^n$, borélien

$|f(t,x,u)| \leq K(1 + |x| + |u|).$

$x \to f(t,x,u)$ Lipschitzien uniformément par rapport à (t,x,u) dans chaque sous-ensemble compact de $[o,T] \times \mathbb{R}^n \times U$.

(B_3) $p_o \in H$

(B_4) $h : [o,T] \times \mathbb{R}^n \to \mathbb{R}^d$ borélien

$|h(t,x)|+|h_{x_i}(t,x)| \leq K(1+|x|)$

$|\partial_t h(t,x)| \leq K(1+|x|^2)$

(B_5) $\ell : [o,T] \times \mathbb{R}^n \times U \to \mathbb{R}$ borélien

$c : \mathbb{R}^n \to \mathbb{R}$ borélien

$|\ell(t,x,u)| + |c(x)| \leq K(1+|x|^q)$, $q \geq o$

Lemme 5.1 *Soient* $(B_1),(B_2),(B_4)$ *vérifiés et soit*

$$(5.1) \quad |u(t,y)| \leq K(1+\sup_{o\leq s\leq t} |y_s|)$$

alors $\tilde{E}_{sx}\, Z_t^s = 1.$

Ce résultat est bien connu. Le théorème suivant nous donne le problème séparé.

Théorème 5.1 *Soient* (B_1)-(B_5) *vérifiés. Alors* $\forall u \in \mathcal{U}$ *tel que (5.1) soit satisfait,*

$$J(u) = \tilde{E}\{\int_o^T < \ell(t,.,u_t), \rho_t^y > dt + <c,\rho_t^y> \}.$$

Preuve : Grâce à (4.18)

$$J(u) = \tilde{E}\{ Z_T^o [\int_o^T \ell(t,x_t,u_t)dt + c(x_T)]\}$$

$$= \tilde{E}\{\int_o^T \tilde{E}^y\{Z_t^o \ \ell(t,x_t,u_t)\}dt + \tilde{E}^y\{Z_T^o \ c(x_T)\}\}$$

$$= \tilde{E} \int_o^T < \rho_t^y, \ell(t,.,u_t)> dt + < \rho_T^y , c >\}$$

si nous observons que (4.18) est satisfait si $g = c$ ou $g = \ell(t,.,u_t)$. En fait le théorème de convergence monotone entraîne que (4.18) est vrai avec g borné soit au-dessus soit au-dessous. Sans cette bornitude on observe que $|h| \leq K(1+|x|)$, (5.1) et (B_5) entraînent, comme dans la corollaire 3.2, que p.s. $\tilde{E}^y|g(x_t)|Z_t^o < \infty$ (g=c ou ℓ); donc on peut appliquer la convergence monotone à g^+ et g^- si $g = g^+ - g^-$.

Corollaire 5.1 *Avec les hypothèses du théorème,*

$J(u) = \tilde{E} < \mu_{oy}, p_o >$

Preuve : Le résultat découle de (4.7).

Remarque 5.1 On peut remplacer (B_4) (B_5) et (5.1) par

(B_6) $h: [o,t] \times \mathbb{R}^n \to \mathbb{R}^d$ borélien

$$|h_{x_i}(t,x)| \leq K(1+|x|)$$
$$|\partial_t h(t,x)| \leq K(1+|x|^2)$$
$$\ell:\ [o,t] \times \mathbb{R}^n \times U \to \mathbb{R} \text{ borélien}$$
$$c:\ \mathbb{R}^n \to \mathbb{R} \text{ borélien}$$
$$\ell,\ c \text{ borné unilatéralement}$$
$$|f(t,x,u)| \leq K(1+|x|),\ \sigma = \sigma(t,x).$$

On voit tout de suite que la démonstration du théorème 5.1 est encore correct parce que on a le premier cas discuté pour (4.18), i.e. on n'a plus besoin du $|h| \leq K(1+|x|)$. N.b. J(u) n'est plus forcément fini. Mais cette condition est aussi utilisée dans le lemme 5.1 pour démontrer que $\tilde{E}_{sx} Z_t^s = 1$; néanmois ce résultat découle du calcul suivant. Soit $\mathring{P}$ la loi de (X,Y) si

$$dX_t = \sigma(t,X_t)d\hat{w}_t,\ X_s = x$$
$$(\hat{w},Y) \text{ mouvement Brownien.}$$

Alors

$$dX = \sigma\, d\hat{w},\quad X_s = x$$
$$dY = h\, dt + d\tilde{w}$$

ou $(\hat{w}, \tilde{w})$ est un mouvement Brownien sous $d\hat{P} = Z_T^s\, d\mathring{P}$. L'indépendence de(X,Y) sous $\mathring{P}$ entraîne que $\mathring{E}\, Z_T^s = \mathring{E}\, \mathring{E}\{Z_T^s | \mathcal{F}^X\} = \mathring{E}\, 1 = 1$.

En plus

$$dX = f\, dt + \sigma\, dw$$

ou (w,Y) est un mouvement Brownien sous $d\tilde{P}_{sx} = \tilde{Z}_T^s d\mathring{P}$,

$$\tilde{Z}_T^s = \exp\{\int_s^T (\sigma^{-1} f)\cdot d\hat{w} - \frac{1}{2}\int_s^T |\sigma^{-1} f|^2 dt\}$$

Encore $\mathring{E}\, \tilde{Z}_T^s = \mathring{E}\, \mathring{E}\{\tilde{Z}_T^s | \mathcal{F}^Y\} = 1$. Finalement (X,Y) satisfont (2.1) (2.2), $X_s = x$ avec $(w,\tilde{w})$ un mouvement Brownien sous $dP = \tilde{Z}_T^s d\hat{P}$. Observons que $\hat{E}\, \tilde{Z}_T^s = 1$, et donc

$$1 = \hat{E}\, \tilde{Z}_T^s = \mathring{E}\, Z_T^s\, \tilde{Z}_T^s = \tilde{E}_{sx} Z_T^s$$

N.b. par l'unicité (même forte) on sait que $\tilde{P}_{sx}$ défini ici est egal au $\tilde{P}_{sx}$ du §2.

On peut maintenant établir des conditions nécessaires, c.f.[4], ou des conditions suffisantes, c.f. [3], pour ce problème, ce que nous ferons ailleurs. Probablement il est également posssible d'établir des liens entre la solution faible de l'équation de "Zakai" pour le cas "white noise" et le nôtre, c.f. [9] .

REFERENCES

[1] J.S. BARAS, G.L. BLANKENSHIP et W.E. HOPKINS.
Existence, uniqueness and asymptotic behavior of solutions to a class of Zakai equations with unbounded coefficients, IEEE Trans. A.C., 28(1983), 203-214.

[2] J.S. BARAS, G.L. BLANKENSHIP et S.K. MITTER.
Non linear filtering of diffusion processes, Proc. IFAC Congr., Kyoto, Japan, 1981.

[3] V.E. BENES et I. KARATZAS.
On the relation of Zakai's equation and Mortensen's equation, SIAM J. Control and Optimization, 21 (1983), 472 - 489.

[4] A. BENSOUSSAN.
Maximum principle and dynamic programming approaches of the optimal control of partially observed diffusions, Stochastics, 9 (1983), 169 - 222.

[5] A. BENSOUSSAN et J.L. LIONS.
Applications des Inéquations Variationnelles en Contrôle Stochastique, Dunod, Paris, 1978.

[6] G.S. FERREYRA.
The robust equation of non linear filtering, preprint, Dept. of Mathematics, Louisiana State University.

[7] W.H. FLEMING et R.W. RISHEL.
Deterministic and Stochastic Optimal Control, Springer-Verlag, New York, 1975.

[8] U.G. HAUSSMANN. Optimal control of partially observed diffusions via the separation principle, Stochastic Differential Systems, Lecture Notes in Control and Information Sciences, Vol. 43 (1982), 302-311 .

[9] G. KALLIANPUR et R.L. KARANDIKAR.
A finitely additive white noise approach to nonlinear filtering, Appl.Math. Optim, 10 (1983), 159 - 185.

[10] E. PARDOUX.
Equation du filtrage non linéaire de la prédiction et du lissage, Stochastics, 6 (1982), 193 - 231.

[11] E. PARDOUX.
Stochastic partial differential equations and filtering of diffusion processes, Stochastics, 3 (1979), 127 - 167.

[12] S.J. SHEU.
Solutions of certain parabolic equations with unbounded coefficients and its application to nonlinear filtering, Stochastics, 10 (1983), 31 - 46.

[13] D. STROOCK et S.R.S. VARADHAN.
Multidimensional Diffusion Processes, Springer - Verlag, 1979.

On Local Times of a Diffusion

by P. Salminen

Abstract

In this note we consider local time of a regular, transient diffusion as a density of a occupation measure, on the one hand, and as a dual predictable projection, on the other hand. The essential tool in our discussion is the Doob-Meyer decomposition for submartingales.

1. Introduction

Let X be a regular, canonical, one-dimensional diffusion on an interval $I \subseteq (-\infty,+\infty)$. It is well-known that for every $y \in I$ there exist a local time process L_t^y . By the usual definition L^y is an integrable, increasing stochastic process defined over the same probability space as X such that, with probability one,

(1.1) $(t,y) \rightsquigarrow L_t^y$ is continuous,

(1.2) for every $A \in \mathcal{B}(I)$ (= Borel subsets of I) and $t \geq 0$

$$\int_0^t 1_A(X_s)ds = \int_A L_t^y \, m(dy) ,$$

where 1_A is the indicator function of the set A and m is the speed measure of X

A classical and elegant proof for the existence of L^y for a Brownian motion is via Tanaka's formula (see, for example, [5]). This proof extends for an arbitrary regular diffusion by a standard random time change argument and a scale transformation.

Tanaka's approach to Brownian local times has been generalized for semi-martingales by Meyer (see [9]): Let X be a continuous semi-martingale on $\mathbb{R}$. For every $y \in \mathbb{R}$ there exists an increasing, continuous process $\hat{L}_t^y$, called local time, such that

$$(1.3)\qquad (X_t - y)^+ = (X_0 - y)^+ + \int_0^t 1_{\{X_s > a\}} dX_s + \tfrac{1}{2} \hat{L}_t^y .$$

Further the measure $d\hat{L}_t^y$ is almost surely supported by $\{s : X_s = y\}$ and satisfies

$$(1.4)\qquad \int_0^t 1_A(X_s) d\langle X,X\rangle_s = \int_A \hat{L}_t^y \, dy ,$$

where $A \in \mathcal{B}(\mathbb{R})$ and $\langle X,X\rangle$ is the quadratic variational process of the continuous semi-martingale X.

Meyer's approach is not directly applicable and always suitable for diffusions. Firstly a regular diffusion is not in general a semi-martingale (see [3]). Secondly for a semi-martingale diffusion the local time $\hat{L}_t^y$ given by (1.3) is not in general jointly continuous (see [14]). Consequently, (1.2) does not hold with $\hat{L}_t^y$, and, if the speed measure is not absolutely continuous with respect to the Lebesque measure, we cannot deduce (1.2) from (1.4).

We may consider the existence of $\hat{L}_t^y$ in (1.3) as a consequence of the Doob-Meyer decomposition. The aim of this note is to explore this connection for a regular diffusion.

2. Preliminaries

We assume that the diffusion X is transient: for all $x,y \in I$ $\mathbb{P}_x(\lambda_y < \infty) = 1$ where

$$\lambda_y = \begin{cases} \sup\{t : X_t = y\} & \text{if } \{\cdot\} \neq \emptyset , \\ 0 & \text{otherwise,} \end{cases}$$

and $\mathbb{P}_x$ is the probability measure associated with X, $X_0 = x$. The non-transient case can be treated by killing the diffusion in some fashion so that it becomes transient. We note that our definition of transience, in the case there are no absorbing points, is equivalent with the condition of Itô and McKean (see [6] p. 124 and 134): Let

$$\tau_y = \begin{cases} \inf\{t : X_t = y\} & \text{if } \{\cdot\} \neq \emptyset , \\ + \infty & \text{otherwise.} \end{cases}$$

Then for all $x,y \in I$ either

$$(2.1) \qquad \mathbb{P}_x(\tau_y < \infty)\, \mathbb{P}_y(\tau_x < \infty) = 1$$

or

$$(2.2) \qquad \mathbb{P}_x(\tau_y < \infty)\, \mathbb{P}_y(\tau_x < \infty) = 1 .$$

When (2.1) holds X is called recurrent and in the case (2.2) transient.

Let $\zeta = \inf\{t : X_t \notin I\}$. Introduce a fictious state Δ and extend X to $I \cup \{\Delta\}$ by setting $X_t = \Delta$ for $t \geq \zeta$. We use the usual convention that $f(\Delta) = 0$ for any function f defined on I . The left- and right-hand end-point of I are denoted with a and b , respectively. We assume that a killing boundary does not belong to I . Obviously, if I is a open, finite interval then a sequence of points in I converges to Δ if and only if it converges (in the usual topology) to a , or b , "or both".

We remark that X being a Feller process is quasi-left-continuous. Therefore

(2.3) ζ is not predictable on the set $\{ X_{\zeta-} \in I\}$.

Clearly $\{X_{\zeta-} \notin I\} = \{X_{\zeta-} = a \text{ or } b\}$, and hence ζ is predictable on $\{X_{\zeta-} \notin I\}$ and X is quasi-left-continuous in the topology of $I \cup \{\Delta\}$.

It can be proved (see [6] p 159) that X is transient if and only if

$$G(x,y) := \lim_{\alpha\downarrow 0} G^{\alpha}(x,y) = \int_0^{\infty} p(t;x,y)dt < \infty ,$$

where $p(t;x,y)$, $t \geq 0$, $x,y \in I$, is the jointly continuous transition density (with respect to the speed measure m) of X and

$$G^{\alpha}(x,y) = \int_0^{\infty} e^{-\alpha t} p(t;x,y)dt .$$

Further (see [6] p 160)

$$G(x,y) = \begin{cases} \phi^{\uparrow}(x)\phi^{\downarrow}(y) & x \leq y \\ \phi^{\uparrow}(y)\phi^{\downarrow}(x) & x \geq y , \end{cases}$$

where $\phi^{\uparrow}$ ($\phi^{\downarrow}$) is a continuous, positive, increasing (decreasing) solution of the equation

$$(2.4) \qquad u^{+}(y) - u^{+}(x) = \int_{(x,y]} u(z)k(dz)$$

with $a < x < y < b$, and on I

$$(2.5) \qquad \phi^{\uparrow +}\phi^{\downarrow} - \phi^{\uparrow}\phi^{\downarrow +} \equiv 1 .$$

Here k is the killing measure, and

$$(2.6) \qquad u^{+}(x) = \lim_{y\downarrow x} \frac{u(y) - u(x)}{S(y) - S(x)}$$

where S is the scale function of X. For left derivatives

$$(2.6)' \qquad u^{-}(x) = \lim_{y\uparrow x} \frac{u(x) - u(y)}{S(x) - S(y)}$$

(2.4) and (2.5) take the forms

$$(2.4)' \qquad u^-(y) - u^-(x) = \int_{[x,y)} u(z)k(dz) ,$$

$$(2.5)' \qquad \phi^{\uparrow^-}\phi^{\downarrow} - \phi^{\uparrow}\phi^{\downarrow^-} \equiv 1 , \text{ respectively.}$$

Finally we need the following result (see [13] (3.3) Proposition) : For $a < \alpha < x < \beta < b$

$$(2.7) \qquad \begin{aligned} \mathbf{P}_x(X_{\zeta-} > \beta) &= -\phi^{\uparrow}(x)\phi^{\downarrow^+}(\beta) , \\ \mathbf{P}_x(X_{\zeta-} < \alpha) &= \phi^{\downarrow}(x)\phi^{\uparrow^-}(\alpha) . \end{aligned}$$

In fact, in [13] this result is only proved in the case $k \equiv 0$; however it is easily seen that it is valid also in the general transient case.

<u>Example</u>: Let $I = \mathbf{R}$, $m(dx) = 2dx$, $S(x) = x$, and $k(dx) = \varepsilon_{\{0\}}(dx)$ (= Dirac's measure at 0). Then

$$\phi^{\uparrow}(x) = \begin{cases} 1 & x \leq 0 \\ x+1 & x \geq 0 \end{cases}$$

and

$$\phi^{\downarrow}(x) = \begin{cases} 1-x & x \leq 0 \\ 1 & x \geq 0 . \end{cases}$$

This process is a Brownian motion which is killed "elastically" at 0 . Note that for all x $G(x,0) = 1$. Further ζ is not predictable, and $\zeta < \infty$ $\mathbf{P}_x$-a.s.

3. Existence of local time as a density of a occupation measure

For $x \in I$ and $A \in \mathcal{B}(I)$ let $L_t^A = \int_0^t 1_A(X_s)ds$ and $G(x,A) = \int_A G(x,y)m(dy)$. Introduce for $t \geq 0$

$$M_t^A = G(x,A) - G(X_t,A) - L_t^A .$$

Recall the convention $G(\Delta,A) = 0$. We have the following easy

<u>(3.1) Proposition</u>. The process M^A is a $(\mathbb{P}_x, F_t)$-martingale, where $(F_t)_{t\geq 0}$ are the natural, completed filtrations of X .

<u>Proof</u>. Let ξ_s be a F_s-measurable, bounded, and positive random variable. We have for $t > s$

$$\begin{aligned}
&\mathbb{E}_x(\xi_s(G(X_s,A) - G(X_t,A))) \\
&= \mathbb{E}_x(\xi_s(G(X_s,A) - \mathbb{E}(G(X_t,A)(F_s))) \\
&= \mathbb{E}_x(\xi_s(G(X_s,A) - \mathbb{E}_{X_s}(G(X_{t-s},A))) \\
&= \mathbb{E}_x(\xi_s(\int_0^\infty \mathbb{P}_{X_s}(X_u \in A)dn - \int_{t-s}^\infty \mathbb{P}_{X_s}(X_u \in A)dn)) \\
&= \mathbb{E}_x(\xi_s \int_0^{t-s} \mathbb{P}_{X_s}(X_u \in A)dn) \\
&= \mathbb{E}_x(\xi_s \mathbb{E}_{X_s}(\int_0^{t-s} 1_A(X_u)dn)) \\
&= \mathbb{E}_x(\xi_s \int_s^t 1_A(X_u)dn) = \mathbb{E}_x(\xi_s(L_t^A - L_s^A)) ,
\end{aligned}$$

where we used the Markov property and the convention $\mathbb{P}_\Delta(X_t \in A) = 0$ for all t and $A \in \mathcal{B}(I)$.

Note that $t \rightsquigarrow L_t^A$ is continuous and, hence, we have

<u>(3.2) Corollary</u>. The process L^A is the unique increasing, and integrable process associated with the $(\mathbb{P}_x, F_t)$-sub-martingale $S_t^A = G(x,A) - G(X_t,A)$ by the Doob-Meyer decomposition.

For $y \in I$ and $\varepsilon > 0$ let $A^\varepsilon = (y - \varepsilon, y + \varepsilon)$, $\hat{L}_t^\varepsilon = \frac{1}{m\{A^\varepsilon\}} L_t^{A^\varepsilon}$, $\hat{G}(x,A^\varepsilon) = \frac{1}{m\{A^\varepsilon\}} G(x,A^\varepsilon)$, and $\hat{S}_t^\varepsilon = \frac{1}{m\{A^\varepsilon\}} S_t^{A^\varepsilon}$. The following lemma allows us (roughly speaking) to take the limit of $\hat{L}_t^\varepsilon$ as $\varepsilon \downarrow 0$.

<u>(3.3) Lemma</u>. The family $\{\hat{L}^{\varepsilon}_{\infty};\varepsilon > 0\}$ of random variables is uniformly integrable $(\hat{L}^{\varepsilon}_{\infty} = \lim_{t\to\infty} \hat{L}^{\varepsilon}_{t})$.

<u>Proof</u>. We shall argue as M. Rao in [11] p. 70. For $\lambda > 0$ let $T^{\varepsilon}_{\lambda} = \inf\{t : \hat{L}^{\varepsilon}_{t} > \lambda\}$. Then $T^{\varepsilon}_{\lambda}$ is a F_t-stopping time, and $\hat{L}^{\varepsilon}_{\infty} > \lambda$ if and only if $T^{\varepsilon}_{\lambda} < \infty$. By the Doob-Meyer decomposition we have $\mathbb{P}_x$-a.s. (we drop "ε" from our notation)

$$\hat{S}_{T_\lambda} = \mathbb{E}\,(\hat{S}_\infty - \hat{L}_\infty | F_{T_\lambda})$$

This implies

$$\hat{L}_{T_\lambda} = \mathbb{E}\,(\hat{L}_\infty | F_{T_\lambda}) - \hat{G}(X_{T_\lambda}, A) ,$$

and, consequently,

$$\text{(3.4)} \qquad \mathbb{E}_x\,(\hat{L}_\infty;\hat{L}_\infty > \lambda) = \mathbb{E}_x\,(\hat{L}_{T_\lambda};T_\lambda < \infty) + \mathbb{E}_x\,(Y_{T_\lambda};T_\lambda < \infty)$$

$$= \lambda\mathbb{P}_x\,(\hat{L}_\infty > \lambda) + \mathbb{E}_x(Y_{T_\lambda};T_\lambda < \infty) ,$$

where $Y_t = \hat{G}(X_t, A)$. Further we obtain

$$\mathbb{E}_x\,(\hat{L}_\infty - \lambda;\hat{L}_\infty > \lambda) = \mathbb{E}_x\,(Y_{T_\lambda};T_\lambda < \infty)$$

and, therefore,

$$\mathbb{E}_x\,(\hat{L}_\infty - \lambda;\hat{L}_\infty > 2\lambda) \leq \mathbb{E}_x\,(\hat{L}_\infty - \lambda;\hat{L}_\infty > \lambda)$$

$$= \mathbb{E}_x\,(Y_{T_\lambda};T_\lambda < \infty) .$$

This gives

$$\lambda\mathbb{P}_x\,(\hat{L}_\infty > 2\lambda) \leq \mathbb{E}_x(Y_{T_\lambda};\, T_\lambda < \infty)$$

and

$$2\lambda\mathbb{P}_x\,(\hat{L}_\infty > 2\lambda) \leq 2\mathbb{E}_x\,(Y_{T_\lambda};T_\lambda < \infty) .$$

Replacing λ by 2λ in (3.4) we obtain

$$\mathbb{E}_x(\hat{L}_\infty;\hat{L}_\infty > 2\lambda) = 2\lambda\mathbb{P}_x(\hat{L}_\infty > 2\lambda) + \mathbb{E}_x(Y_{T_{2\lambda}};T_{2\lambda} < \infty)$$

$$\leq 2\mathbb{E}_x(Y_{T_\lambda};T_\lambda < \infty) + \mathbb{E}_x(Y_{T_{2\lambda}};T_{2\lambda} < \infty) .$$

Further

$$\lambda\mathbb{P}_x(T_\lambda < \infty) \leq \mathbb{E}_x(\hat{L}_\infty;T_\lambda < \infty)$$

$$\leq \mathbb{E}_x(\hat{L}_\infty) = \hat{G}(x,A) .$$

We take now "ε" back to the notation. Because $x \rightsquigarrow G(x,y)$ is bounded and jointly continuous we have $\sup_{\varepsilon>0} \hat{G}(x,A^\varepsilon) < \infty$. Consequently $\mathbb{P}_x(T_\lambda^\varepsilon < \infty)$ is uniformly small for large λ. Also there exists a constant K such that for all $\varepsilon > 0$ and every ω we have for all $t \geq 0$ $|Y_t| = |G(X_t,A^\varepsilon)| < K$. Hence we obtain

$$\mathbb{E}_x(\hat{L}_\infty^\varepsilon;\hat{L}_\infty^\varepsilon > 2\lambda) \leq 2K\,\mathbb{P}_x(T_\lambda^\varepsilon < \infty) + K\,\mathbb{P}_x(T_{2\lambda}^\varepsilon < \infty) . \tag{3.5}$$

This shows that for every $\delta > 0$ there exists a λ such that the right hand side of (3.5) is less than δ for all $\varepsilon > 0$, and the proof is complete.

<u>(3.6) Remark</u>. Note that for a fixed $t > 0$ $\hat{L}_t^\varepsilon \leq \hat{L}_\infty^\varepsilon$, and, therefore, also the family $\{\hat{L}_t^\varepsilon;\varepsilon > 0\}$ is uniformly integrable.

Next we show how the results above can be used to prove the well-known

<u>(3.7) Theorem</u>. For every $y \in I$ there exists a process $t \rightsquigarrow L_t^y$, which is continuous, increasing, integrable, and $\mathcal{F}_t$-adapted. Further $(y,t) \rightsquigarrow L_t^y$ is $\mathcal{B}(I) \times \mathcal{B}([0,\infty))$-measurable and $\mathbb{P}_x$-a.s. for all $t \geq 0$ and $A \in \mathcal{B}(I)$

$$\int_0^t 1_A(X_s)ds = \int_A L_t^y\, m(dy) . \tag{3.8}$$

<u>Proof</u>. Note that $(y,t) \rightsquigarrow \hat{L}_t^\varepsilon$ is $\mathcal{B}(I)\times\mathcal{B}([0,\infty))$-measurable and $t \rightsquigarrow \hat{L}_t^\varepsilon$ is predictable. Therefore by the Dunford-Pettis criterion (see [15] p. 51)

there exists a family of random variables $\{L_t^y; y \in I, t \geq 0\}$ with the same measurability properties as $\{\hat{L}_t^\varepsilon; y \in I, t \geq 0\}$, and such that for every $y \in I$ and $t \geq 0$

(3.8) $$\mathbb{E}_x(\xi\hat{L}_t^\varepsilon) \to \mathbb{E}_x(\xi L_t^y)$$

as $\varepsilon \downarrow 0$ along a sub-sequence. Here ξ is an arbitrary bounded random variable. By the path-continuity and the fact that m is finite on compact subsets of I it is seen that (3.8) holds in general as $\varepsilon \downarrow 0$.

Next let M^y be a right-continuous modification of the martingale $G(x,y) - \mathbb{E}_x(L_\infty^y | F_t)$. We have

$$\begin{aligned}\mathbb{E}_x(\xi(M_t^y + L_t^y)) &= \mathbb{E}_x(\xi(G(x,y) - \mathbb{E}_x(L_\infty^y|F_t) + L_t^y)) \\ &= \lim_{\varepsilon\downarrow 0} \mathbb{E}_x(\xi(\hat{G}(x,A^\varepsilon) - \mathbb{E}_x(\hat{L}_\infty^\varepsilon|F_t) + \hat{L}_t^\varepsilon)) \\ &= \lim_{\varepsilon\downarrow 0} \mathbb{E}_x(\xi\hat{S}_t^\varepsilon) \\ &= \mathbb{E}_x(\xi(G(x,y) - G(X_t,y))) ,\end{aligned}$$

where we used the weak continuity of conditional expectation (see [15] p. 55) and (3.3). Consequently for all $t \geq 0$ $\mathbb{P}_x$-a.s.

(3.9) $$S_t^y = M_t^y + L_t^y ,$$

where $S_t^y = G(x,y) - G(X_t,y)$. By the right-continuity of $t \leadsto S_t^y$ and $t \leadsto M_t^y$ (3.9) holds $\mathbb{P}_x$-a.s. for all $t \geq 0$. But $t \leadsto S_t^y$ is a $(\mathbb{P}_x, F_t)$-sub-martingale and $t \leadsto L_t^y$ is predictable. Therefore (3.9) is the unique Doob-Meyer decomposition of S^y . Further S^y is regular because the diffusion X is quasi-left-continuous. This implies (see [11]) that $t \leadsto L_t^y$ is in fact continuous.

It remains to prove (3.8). Because $(y,t) \leadsto L_t^y$ is $\mathcal{B}(I) \times \mathcal{B}([0,\infty))$-

measurable we can integrate in (3.9) over a set $A \in \mathcal{B}(I)$ to obtain $\mathbb{P}_x$-a.s. for all $t \geq 0$

$$(3.10) \qquad S_t^A = \int_A M_t^y \, m(dy) + \int_A L_t^y \, m(dy) .$$

But $t \rightsquigarrow \int_A L_t^y \, m(dy)$ is increasing, integrable, and continuous, and hence (3.10) is the unique Doob-Meyer decomposition of S^A. This together with (3.2) gives

$$\int_0^t 1_A(X_s)\,ds = \int_A L_t^y \, m(dy) ,$$

and the proof is complete.

Remark. From (3.8) it follows that for almost all (Lebesque) y we have $\mathbb{P}_x$-a.s. for all $t \geq 0$ $L_t^y = \lim_{\varepsilon \downarrow 0} \hat{L}_t^\varepsilon$. To extend this statement for all y requires at least right-continuity of $y \rightsquigarrow L_t^y$. However it seems to us that this kind of regularity properties (or Trotter's theorem) are not reachable in our framework.

4. Local time as a dual predictable projection

In [1] p. 8 Azema and Yor remark that the local time at the point 0 of a continuous uniformly integrable martingale can be interpreted, roughly speaking, as a dual predictable projection of the last exit time from 0. In this section we study the local times of a diffusion from this point of view, and show some applications.

Consider the process $Z_t^y = 1_{\{\lambda_y \leq t\}}$, where λ_y is the last exit time from a point $y \in I$. By our transience assumption $\lambda_y < \infty$ $\mathbb{P}_x$-a.s. the process $t \rightsquigarrow Z_t^y$ is increasing and non-adapted to $(F_t)_{t \geq 0}$. We have

(4.1) Proposition. The dual predictable projection of Z_t is $\hat{L}_t^y = \frac{1}{G(y,y)} L$

where L^y is the local time of X constructed in (3.7).

<u>Proof</u>. Denote the optional projection of X^y with ${}^{\circ}Z^y$ (see [7] (1.23) p. 14). Then we have for all $t \geq 0$ $\mathbb{P}_x$-a.s.

$$(4.2)\qquad {}^{\circ}Z^y_t = E(Z^y_t \mid F_t)$$

$$= \mathbb{P}_{X_t}(\tau_y = +\infty) = 1 - \mathbb{P}_{X_t}(\tau_y < +\infty)$$

$$= \begin{cases} 1 - \dfrac{\phi^{\uparrow}(X_t)}{\phi^{\uparrow}(y)} & , X_t \leq y \\[2ex] 1 - \dfrac{\phi^{\downarrow}(X_t)}{\phi^{\downarrow}(y)} & , X_t \geq y , \end{cases}$$

where we used the Markov property. The right-continuity of Z^y implies the right-continuity of ${}^{\circ}Z^y$ (see [7] 1.27 p. 14), and, hence, (4.2) is valid $\mathbb{P}_x$-a.s. for all $t \geq 0$. Further the right-hand side of (4.2) is predictable. It follows that

$${}^{p}Z^y_t - {}^{p}Z^y_0 = {}^{\circ}Z^y_t - {}^{\circ}Z^y_0 = \frac{1}{G(y,y)} S^y_t ,$$

where ${}^{p}Z^y$ is the predictable projection of Z^y. By (3.9) $S^y - L^y$ is a martingale and L^y is the only predictable increasing process with this property. By Dellacherie's formula (see [4] T30 p. 107) the dual predictable projection $\hat{L}^y$ is such that ${}^{p}Z^y - {}^{p}Z^y_0 - L^y$ is a martingale. Therefore $\hat{L}^y = \frac{1}{G(y,y)} L^y$.

The following result (see also [10] p 326 and [12]) is now an easy consequence of (4.1).

<u>(4.3) Corollary</u>. For $x,y \in I$ and $t > 0$

$$\mathbb{P}_x(0 < \lambda_y \leq t) = \int_0^t \frac{p(s;x,y)}{G(y,y)}\, ds .$$

<u>Proof</u>. By Dellacherie's formula we have

$$\mathbb{P}_x(0 < \lambda_{y-} \leq t) = \mathbf{E}_x\left(\int_0^t dZ_s^y\right) = \mathbf{E}_x\left(\int_0^t d\hat{L}_s^y\right) = \frac{1}{G(y,y)}\, \mathbb{E}_x(L_t^y) = \int_0^t \frac{p(s;x,y)}{G(y,y)}\, ds \ .$$

Remark. Note that $\mathbf{E}_x(\hat{L}_\infty^y) = \frac{G(x,y)}{G(y,y)}$ and $\mathbf{E}_x(L_\infty^y) = G(x,y)$. Therefore $\hat{L}^y$ and L^y may be considered as the local times with the Blumenthal-Getoor and Itô-McKean normalizations, respectively (see [2] and [6]).

Next we consider the process $Z_t = 1_{\{\zeta \leq t\}}$, where ζ is the life time of X . This process is increasing and adapted to $(F_t)_{t \geq 0}$. We have

(4.4) Proposition. Let k be the killing measure of X. Then the process

$$A_t = \int_I L_t^y\, k(dy) + 1_{\{X_{\zeta-} \notin I\}}\, 1_{\{\zeta \leq t\}}$$

is the dual predictable projection of the process Z .

Proof. Let $\tilde{A}_t = \int_I L_t^y\, k(dy)$, and $\tilde{Z}_t = 1_{\{X_{\zeta-} \in I\}} 1_{\{\zeta \leq t\}}$. Then $\tilde{A}_t$ is the unique, increasing, and predictable process associated with the sub-martingale

$$S_t^k = \int_I G(x,y)k(dy) - \int_I G(X_t,y)k(dy)$$

by the Doob-Meyer decomposition. Consequently, if for every bounded, positive, and F_s-measurable variable ξ_s we have $(t > s)$

(4.5) $$\mathbf{E}_x(\xi_s(\tilde{Z}_t - \tilde{Z}_s)) = \mathbb{E}_x(\xi_s(S_s^k - S_t^k))$$

then $\tilde{A}$ is the dual predictable projection of $\tilde{Z}$ by the uniqueness of the Doob-Meyer decomposition. To prove (4.5) we note that for $[\alpha,\beta] \subset I$ and $x \in [a,\beta]$

$$\int_{[\alpha,\beta]} G(x,y)k(dy) = \int_{[\alpha,x)} \phi^{\uparrow}(y)\phi^{\downarrow}(x)k(dy) + \phi^{\uparrow}(x)\phi^{\downarrow}(x)k\{x\}$$

$$+ \int_{(x,\beta]} \phi^{\downarrow}(y)\phi^{\uparrow}(x)k(dy)$$

$$= \phi^{\downarrow}(x)(\phi^{\uparrow -}(x) - \phi^{\uparrow -}(\alpha)) + \phi^{\uparrow}(x)\phi^{\downarrow}(x)k\{x\}$$

$$+ \phi^{\uparrow}(x)(\phi^{\downarrow +}(\beta) - \phi^{\downarrow +}(x))$$

$$= \mathbb{P}_x(\alpha \leq X_{\zeta-} < x) + \phi^{\uparrow}(x)\phi^{\downarrow}(x)k\{x\} +$$

$$+ \mathbb{P}_x(x < X_{\zeta-} \leq \beta) ,$$

where we have used (2.4), (2.4)', and (2.7). This implies

(4.6) $$\int_I G(x,y)k(dy) = \mathbb{P}_x(X_{\zeta-} \in I) ,$$

and we obtain (4.5):

$$\mathbb{E}_x(\xi_s(\tilde{Z}_t - \tilde{Z}_s)) = \mathbb{E}_x(\xi_s 1_{\{X_{\zeta-}\in I\}} 1_{\{s<\zeta\leq t\}})$$

$$= \mathbb{E}_x(\xi_s 1_{\{X_{\zeta-}\in I\}}(1_{\{s<\zeta\}} - 1_{\{t<\zeta\}}))$$

$$= \mathbb{E}_x(\xi_s(\mathbb{P}_{X_s}(X_{\zeta-} \in I) - \mathbb{P}_{X_t}(X_{\zeta-} \in I)))$$

$$= \mathbb{E}_x(\xi_s(S^k_s - S^k_t)) .$$

Next consider the process $\hat{Z}_t = 1_{\{X_{\zeta-}\notin I\}} 1_{\{\zeta\leq t\}}$; but on the set $\{X_{\zeta-} \notin I\}$ the life time ζ equals to the first hitting time of the set $\{a,b\}$. Therefore $\hat{Z}$ is predictable, and because it is increasing its dual predictable projection coincides with it (by the uniqueness of the Doob-Meyer decomposition). Because $Z = \tilde{Z} + \hat{Z}$ the proof is complete.

Now we apply (4.4) and Dellacherie's formula to prove

<u>(4.7) Corollary (see [6] p. 184)</u>. Let f be a measurable, positive, and bounded function on I . Then

$$\mathbb{E}_x(f(X_{\zeta-})1_{\{X_{\zeta-}\in I\}};\ \zeta \le t) = \int_0^t \int_I f(y)p(s;x,y)k(dy)ds .$$

Proof. By Dellacherie's formula we have

$$\begin{aligned}\mathbb{E}_x(f(X_{\zeta-})1_{\{X_{\zeta-}\in I\}};\ \zeta \le t) &= \mathbb{E}_x(\int_0^t f(X_s)d\tilde{Z}_s)\\ &= \mathbb{E}_x(\int_0^t f(X_s)d\tilde{A}_s)\\ &= \mathbb{E}_x(\int_I \int_0^t f(X_s)dL_s^y\, k(dy)) ,\end{aligned}$$

where we used Fubini's theorem. But dL_s^y is supported by $\{s : X_s = y\}$. Therefore

$$\begin{aligned}\mathbb{E}_x(\int_I\int_0^t f(X_s)dL_s^y\, k(dy)) &= \mathbb{E}_x(\int_I f(y) \int_0^t dL_s^y\, k(dy))\\ &= \int_I f(y)\ \mathbb{E}_x(L_t^y)k(dy)\\ &= \int_I f(y)\int_0^t p(s;x,y)ds\, k(dy) ,\end{aligned}$$

which is the desired result.

As our final application we prove the following well-known representation theorem for continuous additive functionals. For simplicity we assume that $k(I) = 0$.

(4.8) Theorem. Let A_t be a continuous additive funtional of a transient diffusion X with $k(I) = 0$. Then there exists a measure μ finite on compact subsets of I such that $\mathbb{P}_x$-a.s. for all $t \ge 0$

$$A_t = \int_I L_t^y\, \mu(dy) ,$$

where L^y is the local time for X.

Proof. Let T be an exponentially distributed random variable, which is independent of X and has a parameter $\beta > 0$. Introduce

$$\hat{\zeta} = \begin{cases} \inf\{t : A_t > T\} & \text{if } \{\cdot\} \neq \emptyset , \\ \zeta & \text{if } \{\cdot\} = \emptyset , \end{cases}$$

and consider the process

$$Z_t^\beta = \begin{cases} X_t & t < \hat{\zeta} , \\ \Delta & t \geq \hat{\zeta} . \end{cases}$$

The process Z^β is a diffusion. Denote its killing measure with $\hat{k}_\beta$, and let $\hat{k} \equiv \hat{k}_1$. The claim is that $\hat{k}$ has the required properties. To prove this note first that $\hat{k}_\beta \equiv \beta \hat{k}$, and, therefore, (4.7) gives us

$$(4.9) \qquad \mathbf{E}_x(Z^\beta_{\hat{\zeta}-} \in I \; ; \; \hat{\zeta} \leq t) = \mathbb{E}_x\Big(\int_I L^y_{t\wedge\hat{\zeta}} \, \beta \hat{k}(dy)\Big) ,$$

because $L^y_{t\wedge\hat{\zeta}}$ is the local time for Z^β . But

$$\mathbf{E}_x(Z^\beta_{\hat{\zeta}-} \in I \; ; \; \hat{\zeta} \leq t) = \mathbf{E}_x(A_t > T)$$

$$= \mathbf{E}_x(1 - e^{-\beta A_t}) ,$$

and so (4.9) takes the form

$$\mathbf{E}_x(1 - e^{-\beta A_t}) = \mathbb{E}_x\Big(\int_I L^y_{t\wedge\hat{\zeta}} \, \beta \hat{k}(dy)\Big) .$$

i.e.

$$\mathbf{E}_x\left(\frac{1-e^{-\beta A_t}}{\beta}\right) = \mathbb{E}_x\Big(\int_I L^y_{t\wedge\hat{\zeta}} \, \hat{k}(dy)\Big) .$$

As $\beta \downarrow 0$ $\hat{\zeta} \uparrow \zeta$ $\mathbb{P}_x$-a.s. , and by monotone convergence we obtain

$$\mathbf{E}_x(A_t) = \mathbb{E}_x\Big(\int_I L^y_t \, \hat{k}(dy)\Big) .$$

This implies that the process

$$\int_I G(x,y)\hat{k}(dy) - \int_I G(Z^\beta_t, y)\hat{k}(dy) - A_{t\wedge\hat{\zeta}}$$

is a $\mathbf{P}_x$-martingale, where G is the Green function for the process Z^β .

Because $t \rightsquigarrow A_t$ is continuous we obtain by the uniqueness of the Doob-Meyer decomposition that $\mathbb{P}_x$-a.s. for $t \geq 0$

$$A_{t\wedge\hat{\zeta}} = \int_I L^y_{t\wedge\hat{\zeta}}\hat{k}(dy) .$$

Letting $\beta \downarrow 0$ gives

$$A_t = \int_I L^y_t \, \hat{k}(dy) ,$$

and the proof is complete.

Remark. The results in (4.1) and (4.4) (for a killed Brownian motion) may also be found in a recent paper by Jeulin (see [8]). Techniques in [8] are however quite different.

References

[1] Azema , J. et Yor, M.: En quise d'introduction. Société Mathématique de France, Astérisque 52-53 (1978), 3-16.

[2] Blumenthal, R.M. and Getoor, R.K.: Markov Processes and Potential Theory. Academic Press, New York (1968).

[3] Cinlar , E., Jacod, J., Protter, P. and Sharpe, M.J.: Semimartingales and Markov processes. Z. Wahrscheinlichkeitstheorie verw. Gebiete 54 (1980), 161-219.

[4] Dellacherie, C.: Capacités et processus stochastiques. Springer Verlag Berlin-Heidelberg-New York (1972).

[5] Ikeda, N. and Watanabe, S.: Stochastic differential equations and Diffusion Processes. North-Holland/Kodansha, Amsterdam-Oxford-New York Tokyo (1981).

[6] Itô, K. and McKean, H.: Diffusion Processes and their sample paths. Springer Verlag, Berlin-Heidelberg-New York (1974).

[7] Jacod, J.: Calcul Stochastique et Problèmes de Martingales, Lecture notes in Mathematics 714. Springer-Verlag, Berlin-Heidelberg-New York (1979).

[8] Jeulin, T.: Application de la Theorie du Grossissement a l'etude des temps locaux Browniens. Université Pierre et Marie Curie, Laboratoire de Probabilités (Report).

[9] Meyer, P.A.: Un cours sur les intégrales stochastiques, Séminaire de Probabilités X, Lecture notes in Mathematics 511, Springer Verlag, Berlin-Heidelberg-New York (1976), 246-400.

[10] Pitman, J. and Yor, M.: Bessel processes and infinitely divisible laws; Stochastic integrals, Proc. LMS Durham Symp. 1981, Lecture notes in Mathematics 851. Springer-Verlag, Berlin-Heidelberg-New York (1981), 285-370.

[11] Rao, M.: On decomposition theorems of Meyer. Mathematica Scandinavica 24 (1969), 66-78.

[12] Salminen, P.: One-dimensional diffusions and their exit spaces. To appear in Mathematica Scandinavica.

[13] Salminen, P.: Optimal stopping of one-dimensional diffusions. Submitted for publication.

[14] Walsh, J.B.: A diffusion with a discontinuous local time. Société Mathématique de France, Astérisque 52-53 (1978), 37-46.

[15] Williams, D.: Diffusions, Markov processes, and Martingales. John Wiley and Sons, Chichester-New York-Brisbane-Toronto (1979).

P. Salminen
Mathematical Institute
Åbo Akademi
SF-20500 Åbo 50
Finland

THE FIRST PASSAGE PROBLEM FOR GENERALIZED ORNSTEIN-UHLENBECK PROCESSES WITH NON-POSITIVE JUMPS *

Dimitar I. Hadjiev
Institute of Mathematics, Bulgarian Academy of Sciences
P.O.Box 373 1090-Sofia BULGARIA

1. Introduction. Let (Ω,F,P) be a probability space. We consider a cadlag stationary random process $S_t, t\geq 0$, with independent increments and non-positive jumps $\Delta S_t = S_t - S_{t-} = S_t - \lim_{s\uparrow t} S_s \leq 0$, that is defined on this space and satisfies $S_o = 0$. It is well known ([3]) that the characteristic function of S_t has the form

$$(1.1)\qquad E\exp(iuS_t) = \exp t\{ibu - cu^2 + \int_{(-\infty,0)} F(dx)(e^{iux}-1 - iux.1_{\{x\geq -1\}})\},$$

where $-\infty < b < \infty$, $c \geq 0$, and the Lévy measure $F(.)$ satisfies

$$(1.2)\qquad \int_{(-\infty,0)} F(dx)\; 1\wedge x^2 < \infty .$$

Following Skorokhod ([8]) one can use the analytical continuation of (1.1) to the half-plane $\mathrm{Re}(iu) > 0$ and obtain the Laplace transform of S_t by substituting u instead of iu. Thus, we have

$$(1.3)\qquad E\exp(uS_t) = \exp t\psi(u),\; u \geq 0,$$

where

$$(1.4)\qquad \psi(u) = bu + cu^2 + \int_{(-\infty,0)} F(dx)(e^{ux}-1 - ux.1_{\{x\geq -1\}}).$$

For arbitrary $\lambda>0$ and $-\infty < x < \infty$ we define the random process X_t, $t\geq 0$, by the formula

$$(1.5)\qquad X_t = e^{-\lambda t}(x + \int_{(0,t]} e^{\lambda v}\, dS_v),$$

the stochastic integral w.r.t. the semi-martingale S being understood in the usual sense.

Definition. The random process X will be called the starting at x generalized Ornstein-Uhlenbeck process with parameter $\lambda>0$.

---

* This paper was written during the author's visit to Laboratoire de Calcul des Probabilités, Université Paris VI. The author would like to thank Professor Neveu and his colleagues for their hospitality.

Certainly, the process X is characterized by the triplet (b,c,F(.)) as well. With $b = 0$, $c = 1/2$ and $F(.) = 0$ our definition yields the standard Wiener process S and the usual Ornstein-Uhlenbeck process X.

Given a real number $\mu > x$, let us introduce the first passage time

(1.6) $$T_\mu(x) = \inf \{t \geq 0 : X_t \geq \mu\}.$$

As far as $\Delta X_t = \Delta S_t \leq 0$, if $T_\mu(x) < \infty$ one gets immediately the equality $X_{T_\mu(x)} = \mu$.

The purpose of this paper is to determine the distribution of $T_\mu(x)$, $\mu > x$, by means of Laplace transform

(1.7) $$\gamma_\mu(\theta,x) = E \exp(-\theta T_\mu(x)), \quad \theta > 0.$$

It should be noted that generally speaking, we have no equation for the transition density of X and the usual Darling-Siegert approach to the first passage problem of diffusion processes ([2]) is not applicable in our case. Our approach is based on martingale techniques and depends essentially on the existence of suitable martingales on the process X (see Theorem 1 below). Besides the new generality of the explicit representation for $\gamma_\mu(\theta,x)$ (Section 4), this approach gives us in particular the possibility to obtain ones again and in a natural way the interesting result of Novikov ([6]) concerning the first passage times of a stable process S through one-sided non-linear boundaries. The basic tool in this special case is the suitable time-change (Section 6) that transfers the linear problems for X_t, $t \geq 0$, into some non-linear problems for S_t, $t \geq 0$, and conversely. We make use of the reconversion in order to give an example of optimal stopping problem that admits a solution in terms of $T_\mu(x)$.

2. The process X. For the next we need to calculate the conditional Laplace transforms of the process X that was defined in (1.5). Let us introduce the σ-algebras $F_t^X = \sigma(X_s, 0 \leq s \leq t)$; $t \geq 0$, and the functions $L(u;t,s) = E\{\exp(uX_t) | F_s^X\}, s < t, u > 0$.

Since the stochastic integral in (1.5) might be looked at as an integral taken in the sense of convergence in probability ([4]), a simple argument leads to the following result.

Proposition 1. For any $0 \leq s < t$ and $u \geq 0$ one has

$$L(u;t,s) = \exp\{e^{-\lambda(t-s)} X_s . u + \int_s^t \psi(u.e^{-\lambda(t-v)})\, dv\}. \tag{2.1}$$

Proof. With an arbitrary subdivision $s = t_0 < t_1 < \ldots < t_n = t$, $\varepsilon = \max_{i \leq n} |t_i - t_{i-1}|$ and $Y_t = \int_{(0,t]} e^{\lambda v}\, dS_v$, we get

$$E\{\exp(uY_t)|F_s^X\} = \exp(uY_s) . E\{\exp(u \int_{(s,t]} e^{\lambda v}\, dS_v)|F_s^X\}$$

$$= \exp(uY_s) \lim_{\varepsilon \downarrow 0} \prod_{i=1}^n E \exp(u.e^{\lambda t_{i-1}}.(S_{t_i} - S_{t_{i-1}}))$$

$$= \exp(uY_s) \lim_{\varepsilon \downarrow 0} \prod_{i=1}^n \exp\{\psi(u.e^{\lambda t_{i-1}})(t_i - t_{i-1})\}$$

$$= \exp(uY_s + \int_s^t \psi(u.e^{\lambda v})\, dv)$$

as a consequence of (1.3) and the independent increments property of S.

Now starting with (1.5) we have

$$L(u;t,s) = \exp(e^{-\lambda t}.xu)\, E\{\exp(u.e^{-\lambda t}.Y_t)|F_s^X\}$$

$$= \exp\{e^{-\lambda t}.xu + e^{-\lambda t}.Y_s u + \int_s^t \psi(u.e^{-\lambda(t-v)})\, dv\}$$

and the latter obviously implies (2.1).

Corollary 1. The Laplace transform of X_t has the form

$$E \exp(uX_t) = \exp\{e^{-\lambda t}.xu + \int_0^t \psi(u.e^{-\lambda(t-v)})\, dv\},\ u \geq 0.$$

Corollary 2. The process X is a cadlag Markov process. (Certainly, X has also the strong Markov property.)

3. The martingale M. We are going to introduce a martingale $M_t(\theta)$, $t \geq 0$, depending on the process X trajectories. To this end, one observes that because of (1.2) the quantity $F[-1,-z]$ is finite for every z, $0 < z \leq 1$. Thus, the measure

$$G(dz) = F[-1,-z]\, dz$$

on $(0, 1]$ is well defined. We need the following assumption.

Hypothesis G. Either $c > 0$ or the measure $G(.)$ satisfies the condition

$$\lim_{z\to 0+} z^{\kappa}.G(z,1] = C > 0 \tag{3.1}$$

for some constant κ, $0 < \kappa < 1$.

Next, one defines successively

$$g(y) = -\frac{1}{\lambda}\int_1^y \frac{\psi(u)}{u}\, du, \quad y > 0, \tag{3.2}$$

and

$$M_t(\theta) = e^{-\theta t}.\int_0^\infty y^{\frac{\theta}{\lambda}-1}.\exp\{X_t.y + g(y)\}\, dy, \quad t \geq 0. \tag{3.3}$$

The next statement is crucial because it permits an essential use of the martingale theory later on.

Theorem 1. Under the hypothesis G for any positive θ the random process $M_t(\theta)$, $t \geq 0$, is a martingale w.r.t. F_t^X, $t \geq 0$.

Proof. First, we observe that our hypothesis G implies the convergence of the integral in (3.3). In fact, we have

$$g(y) = -\frac{b}{\lambda}(y-1) - \frac{c}{2\lambda}(y^2-1) - \frac{1}{\lambda}g_1(y) - \frac{1}{\lambda}g_2(y),$$

where

$$g_1(y) = \int_1^y \frac{\psi_1(u)}{u}\, du, \qquad g_2(y) = \int_1^y \frac{\psi_2(u)}{u}\, du$$

and

$$\psi_1(u) = \int_{(-\infty,-1)} F(dx)(e^{ux}-1), \quad \psi_2(u) = \int_{[-1,0)} F(dx)(e^{ux}-1-ux), \quad u \geq 0.$$

The convergence of the integral at $y = 0$ is obvious, because $\infty > \lim_{y\downarrow 0} g(y) \geq -\infty$.

Now let us denote $d_1 = \int_{(-\infty,-1)} F(dx) \geq 0$, $d_2 = \int_{[-1,0)} F(dx)\, x^2 \geq 0$. In consequence of (1.2) one gets $0 \leq d_1 + d_2 < \infty$. Our function ψ_1 satisfies $0 \geq \psi_1(u) \downarrow -d_1$ and $0 \geq \frac{\psi_1(u)}{u} \uparrow 0$ as $u\uparrow\infty$. This means that $|g_1(y)| \leq \int_1^y \frac{|\psi_1(u)|}{u}\, du \leq d_1 \ln y$. On the other hand $0 < e^{ux} - 1 - ux \leq \frac{u x}{2}$, $u > 0$, $-1 \leq x < 0$, and in this way one obtains the inequalities $0 \leq \frac{\psi_2(u)}{u} \leq \frac{u}{2}.\, d_2 < \infty$ and $0 \leq g_2(y) \leq \frac{d_2}{4}(y^2-1)$.

If $c > 0$, the corresponding term $-\frac{c}{2\lambda}(y^2 - 1)$ in $g(y)$ ensures the convergence. If $c = 0$, by the equality $\frac{\psi_2(u)}{u} = \int_0^1 (1 - e^{-uz})\, G(dz)$, where obviously $0 \leq \int_0^1 z\, G(dz) = \frac{d_2}{2} < \infty$, the hypothesis (3.1) and the corollary of Theorem 4.15 in [1] one gets $\lim_{u\to\infty} u^{-\kappa} . \frac{\psi_2(u)}{u} \geq C.\Gamma(1 - \kappa) > 0$. Consequently, $\frac{\psi_2(u)}{u} \geq C_2 . u^{\kappa}$ for any C_2 belonging to the interval $(0, C.\Gamma(1 - \kappa))$ and $u \geq u_2(C_2) > 0$ (sufficiently large). This implies $g_2(y) \geq C_2 . y^{1+\kappa} + C_1$, $y > u_2(C_2)$, and the convergence of our integral too.

Secondly, applying Fubini's lemma and (2.1) for $0 \leq s \leq t$ (and with $z = ye^{-\lambda(t-s)}$) we get

$$E\{M_t(\theta) \mid F_s^X\} = e^{-\theta t} . \int_0^\infty y^{\frac{\theta}{\lambda} - 1}\, E\{\exp(X_t . y + g(y)) \mid F_s^X\} dy$$

$$= e^{-\theta s} . \int_0^\infty y^{\frac{\theta}{\lambda} - 1} \exp\{g(y) - \theta(t-s) + e^{-\lambda(t-s)} y . X_s + \int_s^t \psi(ye^{-\lambda(t-v)})\, dv\}\, dy$$

$$= e^{-\theta s} . \int_0^\infty z^{\frac{\theta}{\lambda} - 1} \exp\{zX_s + g(ze^{\lambda(t-s)}) + \int_0^{t-s} \psi(ze^{\lambda v})\, dv\}\, dz.$$

But the function $f(u,z) = g(ze^{\lambda u}) + \int_0^u \psi(ze^{\lambda v})\, dv$, $u \geq 0$, satisfies the condition

$$\frac{\partial f(u,z)}{\partial u} = g'(ze^{\lambda u}) . z\lambda e^{\lambda u} + \psi(ze^{\lambda u}) = g'(y) . \lambda y + \psi(y) \equiv 0$$

with $y = ze^{\lambda u}$, in view of (3.2). Therefore,

$$f(u,z) = \text{const} = f(0,z) = g(z)$$

and we get $E\{M_t(\theta) \mid F_s^X\} = X_s$, that completes the proof.

Remark 1. We emphasize the fact that Theorem 1 is valid for every process X with S containing a Gaussian component $(c > 0)$. If the process S has no Gaussian component $(c = 0)$, the condition (3.1) is nevertheless fulfilled for a class of measures $F(.)$ that includes the stable processes S with parameter α satisfying $1 < \alpha < 2$. Because of its importance, we consider this special case in Section 5.

4. The Laplace transform of $T_\mu(x)$. Now we are in a position to derive an explicite expression for the Laplace transform $\gamma_\mu(\theta,x)$. Due to the particular structure of

the martingale $M(\theta)$ we have the following result.

Theorem 2. Under the hypothesis G the next equality holds:

$$(4.1)\qquad \gamma_\mu(\theta,x) = \frac{\int_0^\infty y^{\frac{\theta}{\lambda}-1} \exp(xy + g(y))\, dy}{\int_0^\infty y^{\frac{\theta}{\lambda}-1} \exp(\mu y + g(y))\, dy}, \quad \theta > 0.$$

Proof. We put $T_\mu(x)\wedge t$ instead of t in (3.3) and we make use of the well known martingale property that

$$E\, M_{T_\mu(x)\wedge t}(\theta) = E\, M_0(\theta) = \int_0^\infty y^{\frac{\theta}{\lambda}-1} \exp(xy + g(y))\, dy.$$

Next, one observes that

$$0 \leqq M_{T_\mu(x)\wedge t}(\theta) \leqq \int_0^\infty y^{\frac{\theta}{\lambda}-1} \exp(\mu y + g(y))\, dy$$

and, moreover, when $T_\mu(x) = \infty$ then

$$0 \leq M_{T_\mu(x)\wedge t}(\theta) = M_t(\theta) \leqq e^{-\theta t} \int_0^\infty y^{\frac{\theta}{\lambda}-1} \exp(\mu y + g(y))\, dy$$

as well. Therefore,

$$\lim_{t\to\infty} E\, M_{T_\mu(x)\wedge t}(\theta) = E\, M_{T_\mu(x)} \cdot 1_{\{T_\mu(x) < \infty\}} = \int_0^\infty y^{\frac{\theta}{\lambda}-1} \exp(\mu y + g(y))dy \cdot \gamma_\mu(\theta,x).$$

The right-hand sides of our equalities give directly (4.1).

Remark 2. For the validity of Theorem 2 we need not (and we did not use) any fact about the finiteness of $T_\mu(x)$. It is well known that $T_\mu(x) < \infty$ P-a.s. if and only if $\lim_{\theta\downarrow 0} \gamma_\mu(\theta,x) = 1$. The latter equality is easily verified when there exists $\lim_{y\downarrow 0} g(y) > -\infty$ or when $\int_{(-\infty,-1)} F(dx)\,|x| < \infty$.

5. The case of stable process S with parameter $1 < \alpha \leq 2$. Now we turn to the particular case when the following hypothesis is satisfied.

Hypothesis H_α. Either $F(.) = 0$ and $c > 0$ (we characterize this by posing $\alpha = 2$), or $c = 0$ and $F(dx) = \frac{\sigma.dx}{|x|^{\alpha+1}} 1_{\{x < 0\}}$ for some $\sigma > 0$ and $1 < \alpha < 2$.

Using standard arguments (see [8], §25, Theorem 4) one obtains the equivalent form of H_α in the terms of our function ψ : H_α, $1 < \alpha \leqq 2$, means that

$$(5.1)\qquad \psi(u) = \overline{\psi}(u) = \overline{b}u + \overline{\sigma}u^\alpha$$

with some $\bar{b}$, $-\infty < \bar{b} < \infty$, and $\bar{\sigma} > 0$. In this situation by (3.2) we get

(5.2) $$g(y) = \bar{g}(y) = -\frac{\bar{b}}{\lambda}(y-1) - \frac{\bar{\sigma}}{\alpha\lambda}(y^{\alpha}-1),$$

and the martingale $M(\theta)$ is well defined via (3.3).

Following Novikov we introduce the function

$$H(\nu,\alpha,x) = \frac{1}{\Gamma(-\alpha\nu)} \int_0^{\infty} y^{-\alpha\nu-1} \exp(xy - \frac{1}{\alpha} y^{\alpha})\, dy,$$

which turns to be analytic in the half-plane $\mathrm{Re}\ \nu < 1$. All the essential properties of $H(\nu,\alpha,x)$ are collected in the supplement of [6].

Next we obtain a special case of Theorem 2.

Proposition 2. Under the hypothesis H_{α}, $1 < \alpha \leq 2$, the following equality holds for $\theta > 0$:

(5.3) $$\gamma_{\mu}(\theta,x) = \frac{H(-\frac{\theta}{\alpha\lambda}, \alpha, (\frac{\lambda}{\bar{\sigma}})^{\frac{1}{\alpha}}(x - \frac{\bar{b}}{\lambda}))}{H(-\frac{\theta}{\alpha\lambda}, \alpha, (\frac{\lambda}{\bar{\sigma}})^{\frac{1}{\alpha}}(\mu - \frac{\bar{b}}{\lambda}))}.$$

Moreover, this formula defines also an analytical continuation of the Laplace transform $\gamma_{\mu}(\theta,x)$ to the half-plane $\mathrm{Re}\ \theta > -\alpha\lambda.\nu_{\alpha}(\bar{\mu})$, where $\bar{\mu} = (\frac{\lambda}{\bar{\sigma}})^{\frac{1}{\alpha}}(\mu - \frac{\bar{b}}{\lambda})$ and $\nu_{\alpha}(z)$ is the smallest positive zero of $H(\nu,\alpha,z)$ with (α,z) fixed.

Proof. Applying the change of variables $y = (\frac{\lambda}{\bar{\sigma}})^{\frac{1}{\alpha}} z$ we see the formula (5.3) is another form of (4.1) for $\theta > 0$. As far as the right-hand side of (5.3) is analytic in θ in the half-plane $\mathrm{Re}\ \theta > -\alpha\lambda.\nu_{\alpha}(\bar{\mu})$ (see [6]), the left-hand side can be analytically continued in θ to this half-plane.

Corollary 3. Since $\lim_{\nu \to 0} H(\nu,\alpha,x) = 1$, $-\infty < x < \infty$, under the hypothesis H_{α} we get $\lim_{\theta \downarrow 0} \gamma_{\mu}(\theta,x) = 1$ and, consequently, $T_{\mu}(x) < \infty$ P-a.s.

6. The time change - two applications. Throughout this section we suppose the hypothesis H_{α} holds with some α, $1 < \alpha \leq 2$, and $\bar{b} = 0$ (see (5.1)). As a consequence we have

$$\psi(u) = \Psi(u) = \bar{\sigma}.u^{\alpha},\ 1 < \alpha \leq 2,$$

and the process X is stationary too (see (2.1)).

Let us introduce the real (increasing and continuous) function

$$\delta(t) = (\alpha\lambda)^{-1}(e^{\alpha\lambda t} - 1),\ t \geq 0,$$

which determines an one-to-one mapping of $[0,\infty)$ onto $[0,\infty)$, and the convers function

$$\rho(t) = (\alpha\lambda)^{-1}\ln(1 + \alpha\lambda t),\ t \geq 0.$$

Lemma 1. The distributions of S_t, $t \geq 0$, and of $\tilde{S}_t = \int_0^{\rho(t)} e^{\lambda v} dS_v$, $t \geq 0$, coinside.

Proof. As in Proposition 1 one calculates

$$E\exp(u\tilde{S}_t) = E\exp(uY_{\rho(t)}) = \exp\{\bar{\sigma}u^\alpha.\delta(\rho(t))\} = \exp(\bar{\sigma}u^\alpha t),\ u > 0.$$

But under the hypothesis stated (H_α and $\bar{b} = 0$) the latter term is just $E\exp(uS_t)$. The lemma is proved.

Now for any constants a, b and c such that $b \geq 0$ and $ab^{\frac{1}{\alpha}} + c > 0$, define the stopping time $\tau(a,b,c)$ w.r.t. F_t^S, $t \geq 0$, by the formula

$$\tau(a,b,c) = \inf\{t > 0 :\ S_t \geq a(t + b)^{\frac{1}{\alpha}} + c\} \tag{6.1}$$

and pose

$$\tau_\mu(x) = \tau(\mu(\alpha\lambda)^{\frac{1}{\alpha}},\ (\alpha\lambda)^{-1},\ -x),\ \mu > x. \tag{6.2}$$

The following simple fact is valid in our situation.

Theorem 3. The stopping time $T_\mu(x)$ has the same distribution as $\rho(\tau_\mu(x))$ does.

Proof. We define similarly $\tilde{\tau}(a,b,c)$ and $\tilde{\tau}_\mu(x)$ by replacing S_t by $\tilde{S}_t$ in (6.1) and (6.2). Next, starting with (1.6), we calculate

$$\begin{aligned} T_\mu(x) &= \inf\{t :\ x + Y_t \geq \mu e^{\lambda t}\} \\ &= \inf\{\rho(s) :\ Y_{\rho(s)} \geq \mu e^{\lambda\rho(s)} - x\} \\ &= \inf\{\rho(s) :\ \tilde{S}_s \geq \mu(1 + \alpha\lambda s)^{\frac{1}{\alpha}} - x\} = \rho(\tilde{\tau}_\mu(x)). \end{aligned}$$

The statement of the theorem follows from Lemma 1 which says the distribution of $\tilde{\tau}_\mu(x)$ coinsides with the distribution of $\tau_\mu(x)$.

From Theorem 3 and Proposition 2 we deduce the following result of A.Novikov (see [6], Theorem 1).

Theorem 4. For every a,b,c with $b \geq 0$, $ab^{\frac{1}{\alpha}} + c > 0$, one has

(6.3) $$E\,(\tau(a,b,c) + b)^{\nu} = b^{\nu}.\frac{H(\nu,\alpha,-cb^{-\frac{1}{\alpha}}.d)}{H(\nu,\alpha,\ ad)}\ , \quad \text{if}\ \ b > 0\ \text{ and }\ \nu < \nu_{\alpha}(ad),$$

and

(6.4) $$E\,(\tau(a,b,c)^{\nu}) = \begin{cases} \dfrac{(cd)^{\alpha\nu}}{H(\nu,\alpha,\ ad)}\ , & \text{if}\quad \nu < \nu_{\alpha}(ad), \\ +\infty\ , & \text{if}\quad \nu \geq \nu_{\alpha}(ad), \end{cases}$$

where $d = (\alpha\bar{\sigma})^{\frac{1}{\alpha}}$.

Proof. Assume $b > 0$ and put $x = -c$, $\lambda = (\alpha b)^{-1}$, $\mu = ab^{\frac{1}{\alpha}}$. Then

$$\mu - x = ab^{\frac{1}{\alpha}} + c > 0, \quad \bar{\mu} = (\frac{\lambda}{\sigma})^{\frac{1}{\alpha}}.\mu = ad$$

and by Proposition 2 with $\nu = -\frac{\theta}{\alpha\lambda}$ we get the equalities

$$E\,(\tau(a,b,c) + b)^{\nu} = E\,(\tilde{\tau}_{\mu}(x) + \frac{1}{\alpha\lambda})^{\nu}$$
$$= b^{\nu}.E\,(\alpha\lambda\tilde{\tau}_{\mu}(x) + 1)^{\nu} = b^{\nu}.E\exp\{\nu\ln(1 + \alpha\lambda\tilde{\tau}_{\mu}(x))\}$$
$$= b^{\nu}.E\exp\{-\theta\rho(\tilde{\tau}_{\mu}(x))\} = b^{\nu}.\frac{H(\nu,\alpha,-cb^{-\frac{1}{\alpha}}.d)}{H(\nu,\alpha,\ ad)}\ ,$$

provided that $\theta > -\alpha\lambda\nu_{\alpha}(ad)$ (or $\nu < \nu_{\alpha}(ad)$). The rest statements of the theorem follow from the properties of $H(\nu,\alpha,x)$, the case $b = 0$ being taken into account by letting $b \downarrow 0$ (or $\lambda \to +\infty$).

Remark 3. In the original theorem of Novikov (with $d = 1$, see [6]) one makes use of the fact that

$$(t + b)^{\nu}.\ H(\nu,\alpha,\frac{S_t - c}{(t + b)^{\frac{1}{\alpha}}}),\ t \geq 0,\ b > 0,$$

is a complex-valued martingale (w.r.t. F^S_t, $t \geq 0$) for every complex ν with $\mathrm{Re}\,\nu < 1$. This fact involves an analytical continuation in contrast to our Theorem 1.

As a second example we consider an optimal stopping problem originally treated in more general setting in [5], [7] and [9]. This problem admits a simple solution in terms of stopping times $T_{\mu}(x)$.

Under the hypothesis stated at the beginning of this section (H_α and $\bar{b} = 0$) the quantity

(6.5) $$v(x,b,\tau) = E\,\frac{x + S_\tau}{b + \tau},\ b > 0,\ -\infty < x < \infty\ ,$$

is to be maximized on stopping times $\tau = \tau(\omega)$ w.r.t. F_t^S, $t \geq 0$.

By Lemma 1 we have

$$v(x,b,\tau) = v(x,b,\tilde{\tau}) = E\,\frac{x + \tilde{S}_{\tilde{\tau}}}{b + \tilde{\tau}}\ ,$$

using $\tilde{S}_t = Y_{\rho(t)}$, $t \geq 0$, and $\tilde{\tau}$ in the place of S_t, $t \geq 0$, and τ. Now taking $\lambda = \frac{1}{\alpha b}$ and $t = \delta(s)$, $s \geq 0$, we get

$$\frac{x + \tilde{S}_t}{b + t} = \frac{x + Y_{\rho(t)}}{b + t} = \frac{e^{\lambda\rho(t)}.X_{\rho(t)}}{\frac{1}{\alpha\lambda} + t} = \frac{e^{\lambda s}.X_s}{\frac{1}{\alpha\lambda}e^{\alpha\lambda s}} = \alpha\lambda e^{-(\alpha - 1)\lambda s}.X_s\ .$$

Consequently, it is equivalent to consider the problem of maximizing the quantity

(6.6) $$V(x,b,T) = \frac{1}{b}\,E\,e^{-\beta T}.X_T\ ,\ \beta = \frac{\alpha - 1}{\alpha b} > 0,$$

on stopping times $T = T(\omega)$ w.r.t. F_s^X, $s \geq 0$, provided that $T = \rho(\tau)$, because $V(x,b,T) = v(x,b,\tau)$.

By [7] for $\alpha = 2$ and [5] for $1 < \alpha < 2$ one knows the solution of the original problem of maximizing (6.5) is one of the stopping times $\tau(a,b,-x)$ or the stopping time $\tau_0 = 0$.

Let us denote

$$\Psi(\mu) = \frac{\int_0^\infty y^{\alpha-2}\exp(\mu y - \bar{\sigma} b y^\alpha)\,dy}{\int_0^\infty y^{\alpha-1}\exp(\mu y - \bar{\sigma} b y^\alpha)\,dy}\ ,\ -\infty < \mu < \infty.$$

As far as $\Psi(\mu)$ is positive, decreasing and continuous and $\Psi(0) = \Gamma(\frac{\alpha-1}{\alpha}) > 0$, the equation $\mu = \Psi(\mu)$ has a unique solution $\tilde{\mu}$ (moreover, $0 < \tilde{\mu} < \Psi(0)$). The corresponding result in our case is given below without proof because it can be justified as in [5] and [7] (see also [9], Example 2, for the case $\alpha = 2$ and $\lambda = 1$).

<u>**Theorem 5.**</u> For every real x and $b > 0$, either the stopping time $T_{\tilde{\mu}}(x)$, or the stopping time $T_x(x) = 0$ maximizes the quantity (6.6). More precisely,

$$\sup_T V(x,b,T) = V(x,b,T_{\tilde{\mu}}) = \frac{\tilde{\mu}}{b}\gamma_{\tilde{\mu}}(\beta,x) \quad \text{if} \quad x \leqq \tilde{\mu},$$

and

$$\sup_T V(x,b,T) = V(x,b,0) = \frac{x}{b} \quad \text{if} \quad x > \tilde{\mu}.$$

Aknowledgement. I would like to express my gratitude to Jean Jacod for his kind attention and the helpful discussions on the subject.

References

1. J.-M. Bismut, Calcul des variations et processus de sauts, Z.Wahr.verw.Geb. 63 (1983),No.2,pp.147-236.
2. D.A.Darling and A.J.F.Siegert, The first passage problem for a continuous Markov process, Ann.Math.Statist. 24 (1953),pp.624-639.
3. J.Jacod, Calcul stochastique et problèmes de martingales, Lecture Notes in Math. vol.714, Springer-Verlag, 1979.
4. E.Lukacs, Stochastic convergence, Acad.Press, 1975.
5. V.Mackevicius, On some problems of optimal stopping of stable stochastic processes, Lietuvos Mat.Rink. 12 (1972),No.1,pp.173-180 (in Russian).
6. A.A.Novikov, Martingale approach to the firs passage time problems for nonlinear boundaries, Proc.Steklov Math.Inst. 158 (1981),pp.130-152 (in Russian).
7. L.A.Shepp, Explicit solutions to some problems of optimal stopping, Ann.Math. Statist. 40 (1969),No.3,pp.993-1010.
8. A.V.Skorokhod, Random processes with independent increments, Nauka, 1964 (in Russian).
9. H.M.Taylor, Optimal stopping in a Markov process, Ann.Math.Statist. 39 (1968), pp.1333-1344.

CONSTRUCTION DIRECTE D'UNE DIFFUSION SUR UNE VARIETE

Laurent SCHWARTZ

Centre de Mathématiques
Ecole Polytechnique
91128 Palaiseau Cedex (France)

"U.A. du CNRS n° 169"

TABLE DES MATIERES

Les chiffres (1), ... renvoient aux notes en fin d'article, les numéros de page *en italique* renvoient à l'article lui-même.

Ce texte a été dactylographié au Centre de Mathématiques de l'Ecole Polytechnique, U.A. du CNRS n° 169.

INTRODUCTION.

Le passage d'un espace vectoriel de dimension finie à une variété de dimension N, pour la construction d'une diffusion de générateur infinitésimal donné, a toujours été d'une certaine complication ; essentiellement parce qu'un espace vectoriel est parallélisable et qu'une variété ne l'est pas. Une des meilleurs méthodes a longtemps été celle de Courrège et Priouret (voir Priouret [1], chapitre VI, p. 102), utilisant des cartes de la variété, puis un recollage de processus de Markov à partir de temps d'arrêt. Un autre procédé très élégant (et probablement le meilleur) a été introduit récemment pas Ikeda et Watanabé(1), obtenu en enroulant le brownien normal d'un espace vectoriel sur la variété selon la connexion de Levi-Civita définie par le ds^2 associé au générateur infinitésimal ; l'enroulement se fait en passant par le fibré des repères tangents à la variété, ce qui, en quelque sorte, la rend parallélisable. J'en indique une nouvelle méthode ici ; une variété de dimension N est plongeable dans $\mathbb{R}^{2N}$ (Whitney), donc admet 2N champs de vecteurs tangents qui, en chaque point, engendrent l'espace tangent ; le remplacement d'un repère tangent de N vecteurs par ce système de 2N vecteurs, générateurs mais non indépendants, permet de traiter d'un seul coup le cas d'une variété, sans utiliser de connexion et sans même traiter d'abord le cas vectoriel. En outre, l'opérateur différentiel sera de rang constant r, non nécessairement maximum. Et tout est très simple !

§ 1. UN LEMME SUR LES APPLICATIONS BILINEAIRES SYMETRIQUES ≥ 0.

(1.0) Soit E un espace euclidien de dimension n, et soit $(e_k)_{k=1,\ldots,n}$ une base de E. Soit $\mathcal{A}$ (resp. $\overset{+}{\mathcal{A}}$, resp. $\overset{+}{\mathcal{A}}{}^r$) l'espace des opérateurs symétriques (hermitiens) de E (resp. des opérateurs symétriques $A\geq 0$, $(Ax|x)\geq 0$ pour tout x, resp. des opérateurs symétriques ≥ 0 de rang r). Soit 0^r le sous-espace ouvert de $\mathcal{A}$, formé des opérateurs de rang $\geq r$; comme l'ensemble des opérateurs de rang $\leq r$ est fermé, et aussi l'ensemble des opérateurs ≥ 0, $\overset{+}{\mathcal{A}}{}^r$ est fermé dans 0^r. Soit P l'ensemble des parties à r éléments de $\{1,2,\ldots,n\}$; pour $p\in P$, soit E_p le sous-espace vectoriel de E engendré par les e_k, $k\in p$, et soit 0^r_p l'ouvert de $\mathcal{A}$ formé des opérateurs A qui sont >0 sur E_p ($(Ax|x)>0$ pour $x\neq 0$ dans E_p).

Si $\overset{+}{\mathcal{A}}{}^r_p = \overset{+}{\mathcal{A}}{}^r \cap O^r_p$, $\overset{+}{\mathcal{A}}{}^r = \bigcup_{p\in P} \overset{+}{\mathcal{A}}{}^r_p$; car, si $A \in \overset{+}{\mathcal{A}}{}^r$, son noyau est de dimension n-r, donc il existe un E_p, $p \in P$, qui en est supplémentaire, et alors $A > 0$ sur E_p, donc $A \in O^r_p$. L'espace $\bigcup_{p\in P} O^r_p$ n'a pas de signification intrinsèque, indépendante de la base choisie pour E, mais c'est un voisinage ouvert de $\overset{+}{\mathcal{A}}{}^r$.

PROPOSITION (1.1) : Sur $\overset{+}{\mathcal{A}}{}^r$, la fonction $\sqrt{\ }: A \mapsto \sqrt{A}$ est la restriction d'une application C^∞ de O^r dans $\mathcal{A}$, à valeurs dans $\overset{+}{\mathcal{A}}$.

Démonstration : Soit $A \in O^r_p$. Soit $F^{n-r}(A)$ le sous-espace intersection des noyaux des formes linéaires $(Ae_k|.)$, $k \in p$; ces formes linéaires sont indépendantes parce que $A \in O^r_p$, donc $F^{n-r}(A)$ est de dimension n-r, et comme ces formes linéaires dépendent C^∞ de A, $A \mapsto F^{n-r}(A)$ est C^∞ de O^r_p dans la grassmannienne Gr(E) de E. Soient u_A, v_A les projecteurs orthogonaux de E, d'images $(F^{n-r}(A))^+$ (orthogonal de $F^{n-r}(A)$) et $F^{n-r}(A)$ respectivement ; $A \mapsto u_A$, $A \mapsto v_A$, sont des applications C^∞ de O^r_p dans $\mathcal{A}$. L'opérateur $u_A A^2 u_A + v_A$ dépend C^∞ de A sur O^r_p. Il est symétrique > 0 sur E. En effet, il laisse stables $(F^{n-r}(A))^+$ et $F^{n-r}(A)$; sur le deuxième, il est l'identité, et, si $x \in (F^{n-r}(A))^+$, $(u_A A^2 u_a x|x) = \|Au_A x\|^2 = \|Ax\|^2$, il est ≥ 0 et ne peut être nul que si $x \in \operatorname{Ker} A$; comme $\operatorname{Ker} A \subset F^{n-r}(A)$, $x = 0$, donc l'opérateur est bien > 0 sur $F^{n-r}(A)$ et $(F^{n-r}(A))^+$ donc sur E. Mais la racine quatrième $\sqrt[4]{\ }$ est une application C^∞ sur l'espace ouvert des opérateurs > 0, donc $A \to A^{\cdot} = u_A \sqrt[4]{u_A A^2 u_A + v_A}$ est C^∞ de O^r_p dans $\mathcal{A}$, à valeurs dans $\overset{+}{\mathcal{A}}$. Mais, sur $\overset{+}{\mathcal{A}}{}^r_p = \overset{+}{\mathcal{A}}{}^r \cap O^r_p$, c'est la fonction $\sqrt{\ }$, $A \mapsto \sqrt{A}$. En effet, si $A \in \overset{+}{\mathcal{A}}{}^r$, $\operatorname{Ker} A \subset F^{n-r}(A)$ et $\dim \operatorname{Ker} A = n-r$, donc $F^{n-r}(A) = \operatorname{Ker} A$; sur Ker A, $A^{\cdot} = 0$, et, sur $(\operatorname{Ker} A)^+$, $A^{\cdot} = \sqrt[4]{A^2} = \sqrt{A}$. Ensuite $O^r = (\bigcup_{p\in P} O^r_p) \cup (O^r \setminus \overset{+}{\mathcal{A}}{}^r)$, tous ouverts, et, dans chacun d'eux, il existe une application à valeurs dans $\overset{+}{\mathcal{A}}$, qui est C^∞ à valeurs dans $\mathcal{A}$, et qui vaut $\sqrt{\ }$ sur $\overset{+}{\mathcal{A}}{}^r$ (dans $O^r \setminus \overset{+}{\mathcal{A}}{}^r$, c'est la fonction nulle). Une partition C^∞ de l'unité donnera une application de O^r dans $\overset{+}{\mathcal{A}}$, C^∞ à valeurs dans $\mathcal{A}$, valant $\sqrt{\ }$ sur $\overset{+}{\mathcal{A}}{}^r$. ∎

PROPOSITION (1.2) : Si A symétrique ≥ 0 est une fonction C^2 d'un paramètre λ parcourant une variété de classe C^2, $\sqrt{A}$ est une fonction lipschitzienne de λ (lipschitz voudra toujours dire localement lipschitz).

Démonstration : Voir Marc YOR et P. PRIOURET [1], Appendice au chapitre III, théorème III, page 82. ■

Remarque : Par contre, $\sqrt{A}$ n'est pas en général fonction C^1 du paramère λ. En effet, prenons $n=1$, alors $\mathcal{A}=\mathbb{R}$, $\overset{+}{\mathcal{A}}=\mathbb{R}_+$. Prenons $\lambda=(u,v)\in\mathbb{R}^2$, $A=u^2+v^2$, fonction C^∞ sur $\mathbb{R}^2$. Alors $\sqrt{A}=\sqrt{u^2+v^2}$ n'est pas fonction C^1 de (u,v) au voisinage de $(0,0)$.

(1.3) Appelons $\overline{\mathcal{A}}, \overset{\mp}{\mathcal{A}}, \overset{\mp}{\mathcal{A}}^r, \overline{O}^r$ ce que nous appelions auparavant $\mathcal{A}$, $\overset{+}{\mathcal{A}}$, $\overset{+}{\mathcal{A}}^r$, O^r. Appelons alors $\mathcal{A}$ l'espace des formes bilinéaires A symétriques sur $E\times E$, $A(x,y)=A(y,x)$; $\overset{+}{\mathcal{A}}$ sera le sous-ensemble des formes bilinéaires ≥ 0, $A(x,x)\geq 0$ pour tout x ; A est de rang r si le sous-espace isotrope de A, c-à-d. l'ensemble des x A-orthogonaux à tout l'espace, $A(x,y)=0$ pour tout y, est de dimension $n-r$ (si $A\geq 0$, par l'inégalité de Schwarz, x est isotrope dès que $A(x,x)=0$) ; donc on aura des espaces $\overset{+}{\mathcal{A}}^r$, O^r, O^r ouvert, $\overset{+}{\mathcal{A}}^r$ fermé dans O^r. Par contre, pour $A\in\overset{+}{\mathcal{A}}$, $\sqrt{A}$ n'a pas de sens. Mais établissons sur E une structure euclidienne, et soit e_k, $k=1,2,\ldots,n$, une base orthonormée. On établit ainsi une correspondance bijective $A\mapsto\overline{A}$ entre formes bilinéaires et opérateurs, par $(\overline{A}x|y)=A(y,x)$; elle envoie bijectivement $\mathcal{A}, \overset{+}{\mathcal{A}}, \overset{+}{\mathcal{A}}^r$, O^r sur $\overline{\mathcal{A}}, \overset{\mp}{\mathcal{A}}, \overset{\mp}{\mathcal{A}}^r$, $\overline{O}^r$. Si A est défini par le tableau $(a_{i,j})_{i,j=1,2,\ldots,n}$, $\overline{A}$ est défini par la matrice $a=(a_{i,j})$, $(\overline{A}e_j|e_i)=A(e_i,e_j)=a_{i,j}$. Soit S une forme bilinéaire, $S(e_i,e_j)=\sigma_{i,j}$, $\overline{S}$ son opérateur associé. La relation $\overline{S}\,\overline{S}^*=\overline{A}$ (où $\overline{S}^*$ est le transposé de $\overline{S}$; cette relation s'écrit $\overline{S}^2=\overline{A}$ si $S\in\mathcal{A}$, $\overline{S}=\sqrt{\overline{A}}$ si $S\in\overset{+}{\mathcal{A}}$) s'écrit alors $a_{i,j}=\sum_{\ell=1}^{n}\sigma_{i,\ell}\,\sigma_{j,\ell}$. Appelons alors σ_ℓ la forme linéaire sur E, $\sigma_\ell\in E^*$, telle que $\sigma_\ell(e_k)=\sigma_{k,\ell}$, $\overline{S}\,\overline{S}^*=\overline{A}$ s'écrit, pour $x=\sum_{k=1}^{n}x_k\,e_k$,

$$A(x,x)=\sum_{i,j=1}^{n}a_{i,j}\,x_i\,x_j=\sum_{i,j,\ell=1}^{n}\sigma_{i,\ell}\,x_i\,\sigma_{j,\ell}\,x_j=$$

$$=\sum_{\ell=1}^{n}\Big(\sum_{k=1}^{n}\sigma_{k,\ell}\,x_k\Big)^2=\sum_{\ell=1}^{n}(\sigma_\ell(x))^2\quad,$$

ou une décomposition en carrés : $A=\sum_{\ell=1}^{n}\sigma_\ell^2$ (forme quadratique ≥ 0 = somme de n carrés de formes linéaires). Ceci est maintenant indépendant de toute structure euclidienne, et, de (1.1) et (1.2), on déduit une forme affaiblie (puisqu'on remplace $\overline{S}=\sqrt{\overline{A}}$ par

$\overline{A} = \overline{SS^*}$) :

PROPOSITION (1.4) : Soit E un espace vectoriel de dimension n. Il existe des applications $A \mapsto \sigma_\ell(A)$, où $\sigma_\ell = \sigma_\ell(A)$ est une forme linéaire sur E, $\sigma_\ell(A) \in E^*$, qui sont C^∞ de O^r dans E^*, telles que pour tout $A \in \overset{+}{\mathfrak{a}}{}^r$, forme bilinéaire symétrique $\geqslant 0$ de rang r,

$$A = \sum_{\ell=1}^{n} (\sigma_\ell(A))^2 \quad , \quad a_{i,j} = \sum_{\ell=1}^{n} \sigma_{i,\ell}\,\sigma_{j,\ell} \quad .$$

Si $A \in \overset{+}{\mathfrak{a}}$ dépend C^2 d'un paramètre λ parcourant une variété C^2, il existe une décomposition $A = \sum_{\ell=1}^{n} (\sigma_\ell(A))^2$, où les σ_ℓ sont des fonctions lipschitziennes de λ (lipschitz voudra toujours dire localement lipschitz), en général non C^1.

§ 2. CHAMPS DE VECTEURS REGULIERS ENGENDRANT EN CHAQUE POINT L'ESPACE 2-TANGENT SUR UNE VARIETE.

Soit V une variété de classe C^2-lipschitz, de dimension N. Elle n'est pas en général parallélisable, mais, si elle est de dimension N, elle est plongeable dans un espace vectoriel E de dimension n, qu'on peut choisir égal à 2N, donc son fibré tangent $T^1(V)$ est sous-fibré facteur direct du fibré trivial $V \times E$, et son fibré 2-tangent $T^2(V)$ du fibré trivial $V \times (E \oplus (E \odot E))$, donc il existe un système de n champs de vecteurs 1-tangents C^1-lipschitz et de $n + \frac{n(n+1)}{2}$ vecteurs 2-tangents lipschitz, engendrant en chaque point l'espace 1-tangent et l'espace 2-tangent respectivement ; le fait que n soit $\geqslant$ N et non égal à N est, comme on le verra, sans importance (lipschitz voudra toujours dire localement lipschitz).

PROPOSITION (2.1) : Supposons V plongée dans un espace vectoriel E, de dimension n. Il existe un morphisme $\overset{1}{\varpi}$, de classe C^1-lipschitz, du fibré trivial $V \times X$ sur le fibré $T^1(V)$, et un morphisme $\overset{2}{\varpi}$, lipschitz, du fibré trivial $V \times (E \oplus (E \odot E))$ sur le fibré $T^2(V)$, ayant les propriétés suivantes :

1) $\overset{1}{\varpi}$ et $\overset{2}{\varpi}$ sont des projections : $\overset{1}{\varpi}$ est l'identité sur $T^1(V) \subset V \times E$, $\overset{2}{\varpi}$ est l'identité sur $T^2(V) \subset V \times (E \oplus (E \odot E))$;

2) $\overset{2}{\varpi}$ induit $\overset{1}{\varpi}$ sur $V \times E$, et $\pi\overset{2}{\varpi} : V \times (E \odot E) \xrightarrow{\overset{2}{\varpi}} T^2(V) \xrightarrow{\pi} T^2(V)/T^1(V) = T^1(V) \odot T^1(V)$ est $\overset{1}{\varpi} \circledast \overset{1}{\varpi}$ (2). (π est la projection canonique).

3) Si V est C^{m+2}, on peut prendre $\overset{1}{\varpi}$ C^{m+1} et $\overset{2}{\varpi}$ C^m, $m \geqslant 0$.

<u>Démonstration</u> : Donnons-nous une structure euclidienne sur E, et, pour $v \in V$, soit $\varpi_1(v)$ la projection orthogonale de E sur $T^1(V;v)$; $\overset{1}{\varpi}$ est bien de classe C^1-lipschitz et c'est une projection. Alors $\overset{1}{\varpi}(v) \circledast \overset{1}{\varpi}(v)$ est une projection de $E \odot E$ sur $T^1(V;v) \odot T^1(V;v)$. Soit ρ un relèvement linéaire lipschitzien de $T^1(V) \odot T^1(V)$ dans $T^2(V)$: $\rho(v)$ est linéaire de $T^1(V;v) \odot T^1(V;v)$, et $\pi(v)\,\rho(v)$ est l'identité de $T^1(V;v) \odot T^1(V;v)$. Posons $\overset{2}{\varpi}{}' = \overset{1}{\varpi}$ sur E, $\rho(\overset{1}{\varpi} \circledast \overset{1}{\varpi})$ sur $E \odot E$. Il est linéaire lipschitzien de $V \times (E \oplus (E \odot E))$ sur $T^2(V)$, il induit $\overset{1}{\varpi}$ sur $V \times E$, et $\pi\rho(\overset{1}{\varpi} \circledast \overset{1}{\varpi}) = \overset{1}{\varpi} \circledast \overset{1}{\varpi}$. Mais $\overset{2}{\varpi}{}'$ n'est pas forcément l'identité sur $T^2(V)$, ce n'est pas forcément une projection. Cependant, $\overset{2}{\varpi}{}' = \overset{1}{\varpi}$ sur E, donc est l'identité sur $T^1(V)$; ensuite, envoyant $T^1(V)$ sur $T^1(V)$ et $T^2(V)$ sur $T^2(V)$, il envoie $T^2(V)/T^1(V) = T^1(V) \odot T^1(V)$ sur $T^1(V) \odot T^1(V)$, et est égal en tant que tel à $\overset{1}{\varpi} \circledast \overset{1}{\varpi} =$ identité . Donc $\overset{2}{\varpi}{}'$, restreint à $T^2(V) \to T^2(V)$, est inversible ; en effet, si $L \in T^2(V;v)$, et $\overset{2}{\varpi}{}'(v)L = 0$, d'abord $\pi(v)\overset{2}{\varpi}{}'(v)L = 0$, donc $\pi(v)L = 0$ puisque $\overset{2}{\varpi}{}'(v)$ est l'identité sur le quotient, donc $L \in T^1(V;v)$; puisque $\overset{2}{\varpi}{}'(v)$ est l'identité sur $T^1(V;v)$, $L = 0$. Soit $\theta(v) : T^2(V;v) \to T^2(V;v)$ l'inverse de cet opérateur inversible ; θ est linéaire lipschitzien de $T^2(V)$ sur $T^2(V)$, et il a les mêmes propriétés que $\overset{2}{\varpi}{}'$, il est l'identité sur $T^1(V)$ et sur $T^2(V)/T^1(V)$. Alors $\overset{2}{\varpi} = \theta\, \overset{2}{\varpi}{}'$ répond à la question. Si V est C^{m+2}, $\overset{1}{\varpi}$ est C^{m+1}, ρ peut être choisi C^m, alors $\overset{2}{\varpi}$ est C^m. ∎

<u>*COROLLAIRE (2.2)*</u> : Toute semi-martingale X sur V est solution globale d'une équation différentielle stochastique à champs lipschitziens si V est C^2-lipschitz, à champs C^m si V est C^{m+2}. (3)

<u>Démonstration</u> : Soit $(e_k)_{k=1,2,\ldots,n}$ une base de E ; X est une semi-martingale à valeurs dans E, soient $(Z_k)_{k=1,2,\ldots,n}$ ses coordonnées. Alors

$$\underline{dX} = \begin{pmatrix} dX \\ \\ \frac{1}{2}\, d[X,X] \end{pmatrix} = \sum_{k=1}^{n} e_k\, dZ^k + \frac{1}{2} \sum_{i,j=1}^{n} (e_i \odot e_j)\, d[Z^i, Z^j] \ .$$

Mais, X étant sur V, $\underline{dX} = \overset{2}{\varpi}(X)\underline{dX}$, donc

$$\underline{dX} = \sum_{k=1}^{n} \eta_k(X)\, dZ^k + \frac{1}{2} \sum_{i,j=1}^{n} \eta_{i,j}(X)\, d[Z^i, Z^j] \quad ,$$

où $\eta_k(X) = \overset{1}{\varpi}(X)\, e_k$, $\eta_{i,j}(X) = \overset{2}{\varpi}(X)\,(e_i \odot e_j)$; il résulte des propriétés de $\overset{2}{\varpi}$ que l'image $\pi(X)\, \eta_{i,j}(X)$ de $\eta_{i,j}(X)$ dans $T^2(V;X)/T^1(V;X)$ est $\eta_i(X) \odot \eta_j(X)$. ∎

Nous retiendrons pour la suite le fait fondamental que les η_k sont n champs de vecteurs 1-tangents à V engendrant en tout point l'espace vectoriel 1-tangent, les $\eta_{i,j}$ $n + \frac{n(n+1)}{2}$ champs de vecteurs 2-tangents engendrant en tout point l'espace 2-tangent, et que $\pi\, \eta_{i,j} = \eta_i \odot \eta_j$. Ils sont définis indépendamment de X ; seules les Z^k dépendent de X. Si X n'est définie que dans un intervalle stochastique $[0,\tau[$, les Z^k de même. Si V est C^{m+2}, on peut prendre les η_k de classe C^{m+1}, $\eta_{i,j}$ de classe C^m.

§ 3. MARTINGALES QUI SONT DES INTEGRALES STOCHASTIQUES PAR RAPPORT AU MOUVEMENT BROWNIEN.

Soient Ω, $\mathcal{O}$, $\mathfrak{T}$, $\mathbb{P}$, ayant la signification habituelle et dM une différentielle de martingale (4) à valeurs dans un fibré vectoriel (de dimension finie) G optionnel sur un intervalle stochastique $[0,\tau[$ de $\mathbb{R}_+ \times \Omega$, $0 < \tau \leq +\infty$. On appelle système n-élargi un système :

$$\overline{\Omega} = \Omega \times \Omega' \quad , \quad \overline{\mathcal{O}} = \mathcal{O} \otimes \mathcal{O}' \quad , \quad \overline{\mathfrak{T}} = (\overline{\mathfrak{T}}_t)_{t \in \overline{\mathbb{R}}_t}$$

avec

$$\overline{\mathfrak{T}}_t = \bigcap_{u>t} (\mathfrak{T}_u \otimes \mathfrak{T}'_u) \quad , \quad \overline{\mathbb{P}} = \mathbb{P} \otimes \mathbb{P}' \quad ,$$

$$d\overline{M}(\omega,\omega') = dM(\omega) \quad , \quad \overline{\tau}(\omega,\omega') = \tau(\omega) \quad ,$$

où $(\Omega', \mathcal{O}', \mathfrak{T}', \mathbb{P}')$ admet un mouvement brownien normal B' à valeurs dans un espace R^n, de base $e_1, e_2, \ldots, e_n$. Pour n donné, il y a une infinité de tels systèmes élargis, mais la loi $B'(\mathbb{P}')$ du brownien B' est toujours la même, sur $C([0,+\infty[;\mathbb{R}^n)$, c'est la mesure de Wiener ; on posera $\overline{B}'(\omega,\omega') = B'(\omega')$. S'il se trouve que Ω, $\mathcal{O}$, $\mathfrak{T}$, $\mathbb{P}$ porte un brownien B, alors il ne sera pas nécessaire d'introduire Ω', $\mathcal{O}'$, $\mathfrak{T}'$, $\mathbb{P}'$, et on prendra Ω, $\mathcal{O}$, $\mathfrak{T}$, $\mathbb{P}$, eux-mêmes au lieu de $\overline{\Omega}$, $\overline{\mathcal{O}}$, $\overline{\mathfrak{T}}$, $\overline{\mathbb{P}}$, B au lieu de B', $\overline{B}$ encore défini sur Ω par la même formule : il n'y a de "barre" ni de "prime" nulle part, sauf pour $\overline{B}$.

Soit ensuite σ un morphisme optionnel du fibré trivial $[0,\tau[\times \mathbb{R}^n$ dans G ; $\sigma(t,\omega)\in\mathcal{L}(\mathbb{R}^n;G(t,\omega))$. Son carré tensoriel $\sigma \circledast \sigma$ est un morphisme de $[0,\omega[\times(\mathbb{R}^n\odot\mathbb{R}^n)$ dans $G\odot G$. On posera $\overline{\sigma}(t,\omega,\omega')=\sigma(t,\omega)$. A la forme quadratique fondamentale sur $\mathbb{R}^n$ on peut associer sa forme duale sur $(\mathbb{R}^n)^*=\mathbb{R}^n$, correspondant à l'élément $\Theta=e_1\odot e_1+\ldots+e_n\odot e_n$ de $\mathbb{R}^n\odot\mathbb{R}^n$. La forme quadratique sur $(\mathbb{R}^n)^*$ est $\xi\mapsto\frac{1}{2}(\xi\odot\xi)\Theta$, Θ est l'opérateur différentiel Δ sur $\mathbb{R}^n$, Δ laplacien.

PROPOSITION (3.1) : Pour que

(3.2) $$d[M,M]^{(5)}=(\sigma\circledast\sigma)\Theta\, dt \quad \text{dans } [0,\tau[\quad ,$$

il faut et il suffit que

(3.3) $$d\overline{M}=\overline{\sigma}\, d\overline{B} \quad \text{dans } [0,\overline{\tau}[\quad ,$$

où $\overline{B}$ est un brownien normal sur $(\overline{\Omega}, \overline{\mathcal{O}}, \overline{\mathcal{C}}, \overline{\mathbb{P}})$ à valeurs dans $\mathbb{R}^n$, et alors on peut prendre $\overline{B}$ défini par (3.4).

Démonstration : Si l'on a (3.3), (3.2) est évident, car alors $d[\overline{M},\overline{M}]=(\overline{\sigma}\circledast\overline{\sigma})\, d[\overline{B},\overline{B}]=(\overline{\sigma}\circledast\overline{\sigma})\Theta\, dt$ dans $[0,\overline{\tau}[$, d'où (3.2) parce que $d\overline{M}$, $\overline{\sigma}$, $\overline{\tau}$, ne dépendent pas de ω'.

Inversement, supposons (3.2).

Cela entraîne que la différentielle dM soit tangente à Im σ, $dM(t,\omega)\in\sigma(t,\omega)(\mathbb{R}^n)$ (au sens symbolique de SCHWARTZ [2], avant proposition (2.5)). En effet, $d[M,M]$ est tangente à $\mathrm{Im}(\sigma\circledast\sigma)$; si alors ρ est un morphisme du fibré G dans un autre, de noyau Im σ (par exemple, relativement à une structure euclidienne optionnelle sur G, ρ projecteur orthogonal de G sur l'orthogonal $(\mathrm{IM}\,\sigma)^+$ de Im σ), $(\rho\circledast\rho)\, d[M,M]=(\rho\circledast\rho)(\sigma\circledast\sigma)\Theta\, dt=(\rho\sigma\circledast\rho\sigma)\Theta\, dt=0$; si $dN=\rho\, dM$, on voit que $d[N,N]=0$

donc $dN = \rho dM = 0$, dM est bien tangente à $\mathrm{Im}\,\sigma$. On pourra donc remplacer G par le fibré vectoriel $\mathrm{Im}\,\sigma$, et supposer que, pour tous $(t,\omega) \in [0,\tau[$, $\sigma(t,\omega) : \mathbb{R}^n \to G(t,\omega)$ est surjective. Elle est alors bijective de $(\mathrm{Ker}\,\sigma(t,\omega))^+$, orthogonal de $\mathrm{Ker}\,\sigma(t,\omega)$ dans $\mathbb{R}^n$, sur $G(t,\omega)$; soit $\sigma^{-1}(t,\omega) : G(t,\omega) \mapsto (\mathrm{Ker}\,\sigma(t,\omega))^+$ son inverse. Alors $\sigma^{-1}\sigma$ est le projecteur orthogonal de $\mathbb{R}^n$ sur $(\mathrm{Ker}\,\sigma)^+$, tandis que $\sigma\sigma^{-1}$ est l'identité de G. Nous définirons $\overline{B}$, si K est le projecteur orthogonal de $\mathbb{R}^n$ sur $\mathrm{Ker}\,\sigma$, $\sigma^{-1}\sigma = 1-K$, par :

$$(3.4) \qquad d\overline{B} = (\overline{\sigma}^{-1}\, d\overline{M} + \overline{K}\, d\overline{B}')\, 1_{[0,\overline{\tau}[} + d\overline{B}'\, 1_{[\overline{\tau},+\infty[} \quad .$$

Bien évidemment $d\overline{B}$ est une différentielle de martingale à valeurs dans $\mathbb{R}^n$. Calculons son crochet. Comme $(d\overline{M},\overline{\tau})$ et $d\overline{B}'$ sont indépendantes, $d[\overline{M},\overline{B}']=0$; le crochet de la première expression du 2nd membre est :

$$(\overline{\sigma}^{-1} \circledast \overline{\sigma}^{-1})\, d[\overline{M},\overline{M}]\, 1_{[0,\overline{\tau}[} + \overline{K} \circledast \overline{K}\, d[\overline{B}',\overline{B}']\, 1_{[0,\overline{\tau}[} =$$

$$= \text{(par (3.2))}\ (\overline{\sigma^{-1}\sigma \circledast \sigma^{-1}\sigma\, \Theta\, dt + K \circledast K\, \Theta\, dt})\, 1_{[0,\overline{\tau}]} \quad ;$$

il est indépendant de ω' ; et Θ peut s'écrire $\sum_{i=1}^{n} \varepsilon_i \circledast \varepsilon_i$, où $(\varepsilon_i)_{i=1,\dots,n}$ est n'importe quelle base orthonormée de $\mathbb{R}^n$, en particulier une base formée de vecteurs de $(\mathrm{Ker}\,\sigma)^+$ suivis de vecteurs de $\mathrm{Ker}\,\sigma$, et alors, comme $\sigma^{-1}\sigma = 1-K$, la parenthèse vaut Θ, et la première expression $\Theta\, 1_{[0,\overline{\tau}[}\, dt$. Ensuite $d[\overline{B}',\overline{B}']\, 1_{[\overline{\tau},+\infty[} = \Theta\, 1_{[\overline{\tau},+\infty[}\, dt$. Le crochet mixte des 2 termes du 2nd membre est nul, puisqu'il contient en facteur $1_{[0,\overline{\tau}[}\, 1_{[\overline{\tau},+\infty[}$. Finalement $d\overline{B} = \Theta\, dt$. Donc $\overline{B}$ est un brownien normal. [Ceci est connu pour $\overline{B}$ martingale (sous-entendu : locale continue), mais c'est vrai aussi pour $d\overline{B}$ différentielle de martingale. Cela repose sur le lemme : si N est une martingale <u>formelle</u>, et si $[N,N]$ est un <u>vrai</u> processus à variation finie, N est une <u>vraie</u> martingale. En effet, il existe une suite croissante $(A_n)_{n\in\mathbb{N}}$ de parties optionnelles de $\mathbb{R}_+ \times \Omega$, de réunion $\mathbb{R}_+ \times \Omega$, telle que $1_{A_n} . N$ soit une vraie martingale, et que N en soit la limite dans l'espace des martingales formelles. Mais elles forment une suite de Cauchy dans l'espace des vraies martingales, car, pour $n \geq m$:

$$[1_{A_n} \cdot N - 1_{A_m} \cdot N,\ 1_{A_n} \cdot N - 1_{A_m} \cdot N]_\infty$$

$$= (1_{A_n - A_m} \cdot [N,N]) \text{ et } [N,N] \text{ est un vrai processus } .\ ^{(6)}\ ]$$

D'autre part :

$$1_{[0,\bar{\tau}[}\ \bar{\sigma}\ d\bar{B} = (\overline{\sigma\sigma^{-1}}\ d\bar{M} + \overline{\sigma K}\ d\bar{B}')\ 1_{[0,\bar{\tau}[} = d\bar{M} \quad (\sigma\sigma^{-1} = 1, \quad K = 0) \quad ;$$

donc $\bar{\sigma}\ d\bar{B} = d\bar{M}$ dans $[0,\bar{\tau}[$. ■

Remarque : Le fait que G soit fibré au lieu d'être un vectoriel est une généralisation banale, puisqu'un fibré optionnel de dimension fixe finie est trivial.

§ 4. EXISTENCE ET UNICITE DE LA DIFFUSION SUR UNE VARIETE.

Soit V une variété C^2-lipschitz, L un opérateur différentiel d'ordre 2, sans terme d'ordre 0, à coefficients lipschitziens, semi-elliptique de rang constant r. En tout point v de V, $L(v) \in T^2(V;v)$ et son image $\pi(v)\ L(v)$ dans $T^1(V;v) \odot T^1(V;v)$ définit une forme bilinéaire $\geqslant 0$ de rang r sur $T^{1*}(V;v) \times T^{1*}(V;v)$.

Utilisons la situation du § 2, avec les mêmes notations. Le vecteur L(v) est dans $T^2(V;v) \subset E \oplus (E \odot E)$, donc s'écrit, d'une manière unique, dans ce dernier espace, sous la forme

$$\text{(4.1)} \qquad L(v) = \sum_{k=1}^{n} b^k(v)\ e_k + \frac{1}{2} \sum_{i,j=1}^{n} a^{i,j}(v)\ e_i \odot e_j \quad ,$$

$$a^{j,i} = a^{i,j} \quad . \qquad (7)$$

Comme il est dans $T^2(V;v)$, il s'écrit donc aussi

$$L(v) = \overset{2}{\varpi}(v)\ L(v) = \sum_{k=1}^{n} b^k(v)\ \eta_k(v) + \frac{1}{2} \sum_{i,j=1}^{n} a^{i,j}(v)\ \eta_{i,j}(v) \quad .$$

Ici l'écriture ne serait pas unique, mais peu importe, nous prenons celle-là, et les b^k, η^k, $a^{i,j}$, $\eta_{i,j}$ sont lipschitziens sur V, C^m si L est C^m et V C^{m+2}. Supprimons v :

$$(4.2)\qquad L = \sum_{k=1}^{n} \eta_k + \frac{1}{2} \sum_{i,j=1}^{n} a^{i,j}\, \eta_{i,j} .$$

Mais $(a^{i,j})_{i,j=1,\dots,n}$ est le tableau des coefficients d'une forme bilinéaire $\geqslant 0$ de rang constant r sur $\mathbb{R}^n \times \mathbb{R}^n$. D'après la proposition (1.4), il existe une décomposition en carrés, $a^{i,j} = \sum_{\ell=1}^{n} \sigma_\ell^i\, \sigma_\ell^j$, où les σ_ℓ^i sont des fonctions réelles lipschitziennes sur V, C^m si L est C^m. Si V est C^4 et L C^2, même de rang non constant, on peut faire de même, les σ_ℓ^k sont encore lispchitziennes, mais elles ne sont pas en général C^1.
Finalement

$$(4.3)\qquad L = \sum_{k=1}^{n} b^k\, \eta_k + \frac{1}{2} \sum_{i,j=1}^{n} \sum_{\ell=1}^{n} \sigma_\ell^i\, \sigma_\ell^j\, \eta_{i,j} ,$$

et l'image πL de L dans $T^1 \odot T^1$ est

$$(4.3\text{bis})\qquad \pi L = \frac{1}{2} \sum_{i,j=1}^{n} \sum_{\ell=1}^{n} \sigma_\ell^i\, \sigma_\ell^j\, \eta_i \odot \eta_j .$$

Si $\sigma(v)$ est l'application linéaire de $\mathbb{R}^n$ dans $T^1(V;v)$ qui, à l'élément ε_ℓ de la base canonique $(\varepsilon_1,\varepsilon_2,\dots,\varepsilon_n)$ de $\mathbb{R}^n$, fait correspondre $\sum_{k=1}^{n} \sigma_\ell^k(v)\, \eta_k(v)$, on voit que, toujours en appelant Θ l'élément $\sum_{\ell=1}^{n} \varepsilon_\ell \odot \varepsilon_\ell$ de $\mathbb{R}^n \odot \mathbb{R}^n$, l'image de L dans le quotient $T^1 \odot T^1$ est

$$(4.4)\qquad \pi L = \frac{1}{2} \sum_{i,j=1}^{n} \sum_{\ell=1}^{n} \sigma_\ell^i\, \sigma_\ell^j\, \eta_i \odot \eta_j = \frac{1}{2} (\sigma \circledast \sigma)\ \Theta .$$

On appelle $\hat{V}$ le compactifié d'Alexandroff $V \cup \{\infty\}$ de V, et $C^\cdot([0,+\infty[;\hat{V})$ le sous-espace de $C([0,+\infty[;\hat{V})$ formé des trajectoires continues à valeurs dans $\hat{V}$ qui, dès qu'elles atteignent ∞, y restent. On le munit des tribus naturelles, et du processus canonique θ, $\theta_t(w) = w_t$ pour $w \in C^\cdot([0,+\infty[;\hat{V})$. Le temps d'atteinte de ∞, $\zeta = \operatorname{Inf}\{t;\theta_t = \infty\}$ est appelé temps de mort. C'est un temps d'arrêt prévisible : si

$(K_n)_{n\in\mathbb{N}}$ est une suite croissante de compacts de V, telle que tout compact soit contenu dans l'un d'entre eux, et si ζ_n est le temps de sortie de θ du compact K_n, les $\zeta_n \wedge n$ annoncent ζ. On dit qu'une probabilité $\mathbb{P}^x$ sur $C^\cdot([0,+\infty[;\hat{V})$, $x \in V$, est une diffusion pour L, x, si $\mathbb{P}^x$ ps. $\theta_o = x$, et si le processus M :

$$M_{t,\varphi} = \varphi(\theta_t) - \int_{]0,t]} L\varphi(\theta_u) \quad du \quad ,$$

est une $\mathbb{P}^x$-martingale locale continue dans $[0,\zeta[$. Si ζ_n est défini comme ci-dessus, $\zeta_n < \zeta$ pour $\zeta < +\infty$, le processus arrêté M^{ζ_n}, prolongé à $[0,+\infty[\times C^\cdot([0,\infty[;\hat{V})$, est une martingale continue vraie sur $[0,+\infty[\times C^\cdot([0,+\infty[;\hat{V})$, car il est une martingale locale continue, bornée aux temps bornés. Il en est de même pour M elle-même, sans qu'il soit besoin de l'arrêter, si φ est à support compact, avec $\varphi(\infty) = L\varphi(\infty) = 0$, pour la même raison, car M est limite des M^{ζ_n}, toutes bornées aux temps bornés. Cette condition, restreinte aux φ à support compact, est équivalente à l'autre. Cette condition de martingale s'écrit aussi : pour $\mathbb{P}^x$, $\underline{d\tilde{\theta}} = L(\theta)\ dt$ [8]. En effet, elle exprime que $d(\varphi(\theta)) - (L\varphi)(\theta)dt$ est une différentielle de martingale scalaire ; mais, par Ito, $d(\varphi(\theta)) = ((D^2\varphi)(\theta)\,|\underline{d\theta})$, $(L\varphi)(\theta) = ((D^2\varphi)(\theta)\,|L(\theta))$, $(\ |\ )$ étant le produit scalaire de dualité entre $T^{2*}(V)$ et $T^2(V)$; donc, pour toute φ, $((D^2\varphi)(\theta)\,|\underline{d\theta} - L(\theta)dt)$ est une différentielle de martingale scalaire ; comme les $(D^2\varphi)(\theta)$ Opt-engendrent localement $\mathrm{Opt}(\mathbb{R}_+\times\Omega\ ;\theta;T^2(V))$ (voir Schwartz [1], démonstration de la proposition (2.7) p. 17), cela exprime que $\underline{d\tilde{\theta}} - L(\theta)dt$ est une différentielle de martingale, ou $\underline{d\tilde{\tilde{\theta}}} - L(\theta)dt = 0$.

PROPOSITION (4.5) : 1) Soit $(\Omega,\mathcal{O},\mathcal{T},\mathbb{P},B)$ un système habituel, où B est un brownien normal à valeurs dans $\mathbb{R}^n$. Soit X une semi-martingale à valeurs dans V, définie sur un intervalle stochastique $[0,\tau[$, τ temps d'arrêt, vérifiant, dans $[0,\tau[$, l'équation différentielle stochastique suivante, où L s'écrit (4.3) :

$$(4.6)\qquad \underline{dX} = \sum_{k=1}^{n}\sum_{\ell=1}^{n} \eta_k(X)\,\sigma_\ell^k(X)\,dB^\ell + L(X)\,dt$$

$$= \sum_{k=1}^{n}\sum_{\ell=1}^{n} \eta_k(X)(b^k(X)\,dt + \sigma_\ell^k(X)\,dB^\ell)$$

$$+\frac{1}{2}\sum_{i,j=1}^{n}\sum_{\ell=1}^{n} \sigma_\ell^i(X)\,\sigma_\ell^j(X)\,\eta_{i,j}(X)\,dt$$

$$= (\sum_{k=1}^{n} \eta_k(X)\,b^k(X))\,dt + \sum_{\ell=1}^{n}(\sum_{k=1}^{n} \eta_k(X)\,\sigma_\ell^k(X))\,dB^\ell$$

$$+\frac{1}{2}\sum_{\ell=1}^{n}(\sum_{i,j=1}^{n} \sigma_\ell^i(X)\,\sigma_\ell^j(X)\,\eta_{i,j}(X))\,dt$$

$$= (\sum_{k=1}^{n} \eta_k(X)\,b^k(X))\,dt + \sum_{\ell=1}^{n}\sum_{k=1}^{n} \eta_k(X)\,\sigma_\ell^k(X))\,dB^\ell$$

$$+\frac{1}{2}\sum_{\ell,\ell'=1}^{n}\sum_{i,j=1}^{n} \sigma_\ell^i(X)\,\sigma_{\ell'}^i(X)\,\eta_{i,j}(X))\,d[B^\ell,B^{\ell'}] \quad . \qquad (9)$$

Alors $\underline{d\tilde{X}} = L(X)\,dt$ dans $[0,\tau[$. Si les b^k et les σ_ℓ^k sont lipschitz, si X^x est la solution qui part de x à l'instant 0, si τ est son temps de mort ζ^x, et si on pose $X_t^x = \infty$ pour $t \geqslant \zeta^x$ si $\zeta^x < +\infty$, l'image $\mathbb{P}^x = X^x(\mathbb{P})$ dans $C^\cdot([0,+\infty[;\hat{V})$ est une diffusion pour L, x .

2) Inversement, soit $\mathbb{P}^x$ une diffusion pour L, x (c-à-d. pour le processus canonique θ sur $C^\cdot([0,+\infty[;V))$. Si on construit un système n-élargi (suivant le § 3), où $\overline{B}$ est défini suivant (3.4) (brownien pour $\overline{\mathbb{P}}^x = \mathbb{P}^x \otimes \mathbb{P}'$, sur $\overline{\Omega} = C^\cdot([0,+\infty[;\hat{V}) \times \Omega')$, alors $\overline{\theta}$ est la solution de (4.6) à valeurs dans $\hat{V}$, où X est remplacé partout par $\overline{\theta}$, avec la condition initiale x, $\overline{\theta}_o = x$ $\overline{\mathbb{P}^x}$ ps., et $\overline{\zeta}$ est son temps de mort ; $\mathbb{P}^x = \overline{\theta}(\overline{\mathbb{P}^x})$.

3) Si les b^k et σ_ℓ^k sont lipschitz, par exemple si $L \geqslant 0$ est lipschitz de rang constant r ou si $L \geqslant 0$ est C^2, il existe pour tout L et tout x, une diffusion $\mathbb{P}^x$ et une seule.

<u>Démonstration</u> : 1) Que (4.6) entraîne $\underline{d\tilde{X}} = L(X)\,dt$ est évident. Ensuite, $\mathbb{P}$ ps. $X_o^x = x$, et, quand $t < \tau = \zeta^x < +\infty$ tend vers ζ^x, X_t^x tend vers ∞, on peut donc poser $X_t^x = \infty$ si $t \geqslant \zeta^x$ et $\zeta^x < +\infty$, X^x reste $\mathbb{P}$-ps. continue, à valeurs dans $\hat{V}$, et reste en ∞

dès qu'elle l'a atteint ; alors $\mathbb{P}^x = X^x(\mathbb{P})$ est une probabilité sur $C^\cdot([0,+\infty[;\hat{V})$; $\mathbb{P}^x$ - ps. $\theta_o = x$; et, si $w = X^x(\omega)$, $w \in C^\cdot([0,+\infty[;\hat{V})$, $\zeta^x(\omega)$ est le temps de mort $\zeta(w)$. Pour vérifier la condition de diffusion, le plus simple ici est de l'écrire sous forme de problème des martingales. Puisque $\underline{d\widetilde{X}^x} - L(X)\,dt = 0$, pour $\mathbb{P}$, dans $[0,\zeta^x[$, pour toute fonction φ réelle C^2 sur V à support compact, $t \mapsto \varphi(X^x_t) - \int_{]0,t]} L\varphi(X^x_u)\,du$ est une $\mathbb{P}$-martingale dans $[0,+\infty[\times\Omega$, avec $\varphi(\infty) = L\varphi(\infty) = 0$; cela entraîne aussitôt que $t \mapsto \varphi(\theta_t) - \int_{]0,t]} L\varphi(\theta_u)\,du$ est une $\mathbb{P}^x$-martingale dans $[0,+\infty[\times C^\cdot([0,+\infty[;\hat{V})$.

2) Supposons inversement que $\mathbb{P}^x$ soit une diffusion pour L, x. De $\underline{d\widetilde{\theta}} - L(\theta)\,dt = 0$, on déduit, par (4.4), que

$$\frac{1}{2}\,d[\theta^c,\theta^c] = \frac{1}{2}\,d[\underline{\theta},\underline{\theta}] = \pi\,\underline{d\theta} = \pi\,\underline{d\widetilde{\theta}} = \pi\,L(\theta)\,dt$$

$$= \frac{1}{2}\,(\sigma(\theta)\circledast\sigma(\theta))\,\Theta\,dt \quad .$$

Il résulte alors aussitôt de la proposition (3.1) que, pour le processus élargi, $d\overline{\theta}^c = \sigma(\overline{\theta})\,d\overline{B}$; donc $\underline{d\overline{\theta}} = d\overline{\theta}^c + \underline{d\widetilde{\overline{\theta}}}$, ou $\underline{d\overline{\theta}} = \sigma(\overline{\theta})\,d\overline{B} + L(\overline{\theta})\,dt$, ce qui est (4.6), où l'on remplace Ω par $\overline{\Omega} = C^\cdot([0,+\infty];\hat{V}) \times \Omega'$, $\mathcal{O}$ et $\mathfrak{T}$ par $\overline{\mathcal{O}}$, $\overline{\mathfrak{T}}$, $\mathbb{P}$ par $\overline{\mathbb{P}^x} = \mathbb{P}^x \otimes \mathbb{P}'$, X par $\overline{\theta}$, B par $\overline{B}$ défini à (3.4) ; $\mathbb{P}^x$ est aussi bien la loi de θ que celle de $\overline{\theta}$.

3) Maintenant 1) entraîne l'existence de la diffusion pour L ,x. Pour l'unicité, si $(\mathbb{P}^x)_1$ et $(\mathbb{P}^x)_2$ sont deux solutions, elle sont, d'après 2), les lois des solutions $(\overline{\theta})_1$, $(\overline{\theta})_2$, de deux équations (4.6), sur <u>le même espace</u> $\overline{\Omega}$, les <u>mêmes</u> $\overline{\mathcal{O}}$, $\overline{\mathfrak{T}}$, deux browniens $(\overline{B})_1$, $(\overline{B})_2$, et deux probabilités $(\overline{\mathbb{P}^x})_1$, $(\overline{\mathbb{P}^x})_2$. Mais on sait que, pour des champs η_k, $\eta_{i,j}$, b^k, σ^k_ℓ, donnés, la loi de la solution de condition initiale x, c-à-d. $(\mathbb{P}^x)_1$ ou $(\mathbb{P}^x)_2$, ne <u>dépend</u> que de la loi des semi-martingales directrices, soit $(\overline{B}_1)(\overline{\mathbb{P}^x})_1$, ou $(\overline{B})_2(\overline{\mathbb{P}^x})_2$, qui sont les mêmes lois browniennes à valeurs dans $\mathbb{R}^n$, d'où l'unicité (voir Schwartz [4], théorème 2.4, p. 4).

<u>*EXTENSION (4.7)*</u> : Appelons ${}^s\mathbb{P}^x$ la loi de diffusion de départ en x à l'instant s ; cela veut dire que c'est toujours une probabilité sur $C^\cdot([0,+\infty[;\hat{V})$, mais que ${}^s\mathbb{P}^x$ ps., $\theta_t = x$ pour $0 \leq t \leq s$, et que $\underline{d\widetilde{\theta}} = L(\theta)\,d(t-s)_+$ pour ${}^s\mathbb{P}^x$, dans $[0,\zeta[$. (Ici

$\zeta > s$ ${}^s\mathbb{P}^x$ ps.) En termes de problème des martingales, $t \mapsto \varphi(\theta_t) - \int_{]s,t]} L\varphi(\theta_u)\, du$ est une martingale locale continue dans $[s,\zeta[$. Dans ce cas, l'équation différentielle stochastique (4.6) est à remplacer par une autre, où dB^ℓ est à remplacer par $d(B^\ell - (B^\ell)^s) = 1_{[s,+\infty[} dB^\ell$. (Le théorème utilisé pour l'unicité est toujours (3.1), mais (3.2) est à remplacer par $d[M,M] = \sigma \circledcirc \sigma\ \Theta\ d(t-s)_+$ dans $[0,\tau[$, (3.3) est à remplacer par $d\overline{M} = \overline{\sigma}\ d(\overline{B} - \overline{B}^s) = 1_{[s,+\infty[} \overline{\sigma}\ d\overline{B}$ dans $[0,\overline{\tau}[$, et (3.4) à remplacer par

$$d\overline{B} = 1_{[0,s[} d\overline{B}' + 1_{[s,\overline{\tau}[} (\overline{\sigma}^{-1}\ d\overline{M} + \overline{K}\ d\overline{B}') + 1_{[\overline{\tau},+\infty[} d\overline{B}') \quad .$$

A part cela, la démonstration de l'existence et de l'unicité de ${}^s\mathbb{P}^x$ est la même que ci-dessus. Mais on sait en outre qu'il existe un flot Φ relatif à (4.6), application de $\mathbb{R}_+ \times V \times \Omega$ dans l'espace Cadlag $([0,+\infty[;\hat{V})$, et ayant des propriétés remarquables de continuité, et que ${}^s\mathbb{P}^x = \Phi(s;x;.)(\mathbb{P})$ (10).

Si l'équation différentielle stochastique est fortement conservative, c-à-d. si, pout $\mathbb{P}$-presque tout ω, pour tous s, x, $\zeta(s;x;\omega) = +\infty$, on sait que, pour $\mathbb{P}$-presque tout ω, $(s,x) \mapsto \Phi(s;x;\omega)$ est continue à valeurs dans V, donc $(s,x) \mapsto {}^s\mathbb{P}^x$ est continue pour la topologie étroite des probabilités sur l'espace topologique $C([0,+\infty[;V)$. Il ne semble guère question qu'il y ait une conclusion analogue si $\zeta \not\equiv +\infty$. Mais on sait que $(s,x,\omega) \mapsto \Phi(s;x;\omega)$ est borélienne de $\mathbb{R}_+ \times V \times \Omega$ à valeurs dans l'espace $C^{\cdot\cdot}([0,+\infty[;\hat{V})$ des trajectoires admettant un temps de mort ζ, continues dans $[0,\zeta[$ à valeurs dans V, égales à ∞ dans $[\zeta,+\infty[$,mais peut-être discontinues à gauche en ζ ; $C^{\cdot\cdot} \supset C^{\cdot}$.
Donc $(s,x) \mapsto {}^s\mathbb{P}^x = \Phi(s;x;.)(\mathbb{P})$ est borélienne en tant que fonction à valeurs probabilités. Mais ${}^s\mathbb{P}^x$ est toujours portée par $C^{\cdot}$, donc elle est borélienne en tant que fonction à valeurs probabilités sur $C^{\cdot}([0,+\infty[;\hat{V})$, ou pour la topologie étroite des probabilités sur $C^{\cdot}([0,+\infty[,\hat{V})$.

<u>Remarques (4.8)</u> : 1) Puisque V est plongée dans $\mathbb{R}^n$, le champ L-lipschitzien de vecteurs 2-tangents $\geqslant 0$ sur V est prolongeable en un champ $\hat{L}$-lipschitzien de vecteurs 2-tangents $\geqslant 0$ sur $\mathbb{R}^n$ (c'est vrai au voisinage de tout point de V, donc partout par

partition de l'unité). Mais rien ne dit que $\hat{L}$ soit de rang r ni qu'il donne lieu à des diffusions. Mais on peut prolonger l'équation différentielle stochastique (4.6) en prolongeant les champs ou fonctions b^k, η^k, σ^k, $\eta_{i,j}$, en $\hat{b}^k$, $\hat{\eta}_k$, $\hat{\sigma}^k_\ell$, $\hat{\eta}_{i,j}$ de manière que la composante de $\hat{\eta}_{i,j}$ dans $E \odot E$ soit $\hat{\eta}_i \odot \hat{\eta}_j$. Alors on a un nouvel opérateur différentiel (ou champ de vecteurs 2-tangents) $\hat{L}$ (suivant (4.1), avec $\hat{a}^{i,j} = \sum_{\ell=1}^{n} \hat{\sigma}^i_\ell \hat{\sigma}^i_\ell$), qui est $\geqslant 0$ partout sur E, peut être pas de rang r, mais (en utilisant (4.6) ainsi prolongée à E) admettant une diffusion unique ${}^s\mathbb{P}^x$, pour $s \in \mathbb{R}_+$, $x \in E$, ayant toutes les propriétés précédentes, et qui redonne ${}^s\mathbb{P}^x$ déjà trouvé si $x \in V$.

2) D'après Ikeda-Watanabe, une diffusion de rang maximum sur une variété est la loi de l'enroulée d'un mouvement brownien, relativement à une connexion définie par le générateur infinitésimal (voir note (1) *p. 19*). Ici nous voyons que la différentielle de martingale $d\overline{\theta}^c$ (relativement à $\overline{\mathbb{P}^x}$) est l'image par $\sigma(\overline{\theta})$ d'une différentielle de mouvement brownien $(d\overline{B}^\ell)_{\ell=1,2,\dots,n}$, où σ est un morphisme d'espaces fibrés sur V, de $V \times \mathbb{R}^n$ dans $T^1(V)$.

3) Il était essentiel de pouvoir appliquer un théorème du type (1.4), avec un rang constant r non nécessairement maximum. En effet, même si L est de rang maximum N sur V, il n'est que de rang constant N dans E, de dimension $n \geqslant N$.

(4.9) LES ENSEMBLES POLAIRES.

Le fait que les ${}^s\mathbb{P}^x$ soient définies par une équation différentielle stochastique, à coefficients indépendants du temps, et que la semi-martingale directrice soit $(dt, d\overline{B})$, où $\overline{B}$ est markovienne homogène dans le temps, entraîne le caractère markovien, homogène dans le temps, de la diffusion. Mais les ensembles polaires ne sont pas clairement visibles ; on doit montrer, pour $r = N$, que ce sont ceux qu'on pense.

Un ensemble H de $\mathbb{R}^N$ est dit polaire s'il est contenu dans un ensemble $\{f = +\infty\}$, où f est surharmonique $\geqslant 0$; f surharmonique veut dire $< +\infty$ Lebesgue-ps., localement Lebesgue-intégrable, semi-continue inférieurement, et $\frac{1}{2}\Delta f \leqslant 0$ au sens des distributions. Comme $\{f = +\infty\}$ est un G_δ, un ensemble polaire est contenu dans un G_δ polaire. On sait alors que, si B est le brownien usuel (de générateur infinitésimal

$\frac{1}{2}\Delta$), de valeur initiale à répartition μ quelconque (μ probabilité sur $\mathbb{R}^N$), alors ps. B ne rencontre pas H aux temps >0. La polarité est une propriété locale, et on sait aussi que si, au lieu de $\frac{1}{2}\Delta$, on considère n'importe quel opérateur différentiel L C^∞ sur $\mathbb{R}^N$, $L=\sum_{k=1}^N b^k \partial_k + \frac{1}{2}\sum_{i,j=1}^N a^{i,j}\partial_i\partial_j$, $a^{j,i}=a^{i,j}$, à coefficients indépendants du temps, uniformément bornés, et uniformément elliptique, $\sum_{i,j=1}^N a^{i,j}\xi_i\xi_j \geqslant c\,|\xi|^2$, c constante, la diffusion correspondante à les mêmes ensembles polaires : H $\frac{1}{2}\Delta$-polaire est L-polaire, et vice-versa, et le mouvement L-brownien ps. ne rencontre pas H aux temps >0. (Pour simplifier nous commençons au temps 0, c'est sans importance.) D'où la possibilité de définir les ensembles polaires sur des variétés C^∞ par des cartes, en se ramenant aux ensembles polaires de $\mathbb{R}^N$ (11).

PROPOSITION (4.10) : Soit L un opérateur différentiel C^∞ sur une variété V C^∞, elliptique d'ordre 2 (sans terme d'ordre 0) (donc $\geqslant 0$ de rang $N=\dim V$). Soit $(\Omega,\mathcal{O},\mathcal{C},\mathbb{P})$, ayant la signification habituelle, et soit X une V-semi-martingale sur un ouvert A de $\mathbb{R}_+\times\Omega$, vérifiant $\underline{d\tilde{X}}=L(X)\,dt$. Si H est un ensemble polaire de V (localement par des cartes sur des ouverts de $\mathbb{R}^N$), $\mathbb{P}$ ps. X ne rencontre pas H aux temps >0.

Démonstration : Soit V' un ouvert relativement compact de V, tel qu'un voisinage de $\overline{V}'$ soit difféomorphe à un ouvert U de $\mathbb{R}^N$. Si on démontre que X ne rencontre pas H aux temps >0 dans $X^{-1}(V')$, le résultat sera démontré en recouvrant V par une suite d'ouverts tels que V'. Mais alors cela revient à supprimer V', à supposer que V est un ouvert relativement compact de $\mathbb{R}^N$, et que L est la restriction à V d'un opérateur analogue défini sur un voisinage U de $\overline{V}$; en appelant $(\alpha,1-\alpha)$ une partition de l'unité relative à U, $\complement\,\overline{V}$, et L par $\alpha L+(1-\alpha)\frac{1}{2}\Delta$, on est ramené au cas où $V=\mathbb{R}^N$, et où L est défini et C^∞ sur $\mathbb{R}^N$, uniformément borné, uniformément elliptique. Soit $s\in\mathbb{Q}_+$, et S le temps de sortie $\geqslant s$ de A ; si nous démontrons que, dans $]s,S[$, X ne rencontre pas H, le résultat sera montré, car $A\setminus(\{0\}\times\Omega)=\bigcup_{s\in\mathbb{Q}_+}]s,S[$. Cela revient à supposer que $A=]s,S[$, mais avec X défini dans $[s,S[$ et $\underline{d\tilde{X}}=L(X)\,dt$ dans $[s,S[$. On raisonnera désormais sur $[s,+\infty[\times\Omega$, ou plus simplement, en remplaçant s par 0, ce qui ne change rien, sur $\mathbb{R}_+ \times \Omega$ comme d'habitude, avec $A = [0,S[$. Ici $V = \mathbb{R}^N$, donc $n = N$, et, si $(e_k)_{k=1,2,\ldots,N}$ est la base canonique de $\mathbb{R}^N$, L est donné par (4.1), et $\eta_k = e_k$, $\eta_{i,j} = e_i \odot e_j$; $a^{i,j} = \sum_{\ell=1}^{N} \sigma_\ell^i \sigma_\ell^j$. Alors la méthode antérieure (proposition (4.5)) montre que, dans un système élargi,

$$\underline{d\overline{X}} = \begin{pmatrix} d\overline{X} \\ \\ \frac{1}{2}\, d[\overline{X},\overline{X}] \end{pmatrix} \in \begin{pmatrix} \mathbb{R}^N \\ \oplus \\ \mathbb{R}^N \odot \mathbb{R}^N \end{pmatrix} ,$$

et $d\overline{X}$ est solution dans $[0,\overline{S}[$ de l'équation différentielle stochastique :

$$\begin{aligned} d\overline{X} &= \sum_{k,\ell=1}^{N} e_k\, \sigma_\ell^k(\overline{X})\, \overline{dB^\ell} + \sum_{k=1}^{N} b^k(\overline{X})\, dt \\ &= \sigma(\overline{X})\, d\overline{B} + b(\overline{X})\, dt , \end{aligned}$$

avec la condition initiale $\overline{X}_0$ arbitraire, $\mathcal{T}_0$-mesurable ; en termes d'opérateurs ou de matrices dans $\mathbb{R}$ euclidien, $\sigma^2 = a$, σ elle-même symétrique > 0.

En fait, d'après l'uniformité lipschitz, cette équation n'a pas de temps de mort, $\overline{X}$ est prolongeable à $\mathbb{R}_+ \times \Omega$. Et $\overline{X}$ est un L-brownien, donc ne rencontre $\mathbb{P}$ ps. pas H aux temps > 0, donc X $\mathbb{P}$ ps. pas aux temps > 0. ■

Remarque : Ici, bien évidemment, cela s'impose d'utiliser une carte, étant donné le caractère local de l'énoncé.

***

N O T E S

(1), *p. 92* S. Ikeda - N. Watanabe [1], chapitre 5, § 4, p. 260.

Ce procédé est sans doute le meilleur parce qu'il est entièrement intrinsèque, et permet donc des estimations par les éléments intrinsèques de la variété riemannienne, courbure, etc., ce que ne permettent guère ni le recollement des morceaux de Courrège-Priouret, ni le plongement de la variété dans un espace vectoriel comme nous l'indiquerons plus loin. Par ailleurs, Stroock et Varadhan ont prouvé l'existence et l'unicité pour un opérateur différentiel de rang maximum N, avec des hypothèses de régularité beaucoup moindres, mais la méthode est bien plus complexe, et seul le recollement des morceaux de Courrège et Priouret paraît alors possible (voir P. Priouret [1], chapitre IV, p. 85 ; et D.W. Stroock - S.R.S. Varadhan [1]).

(2), *p. 96* Pour la géométrie différentielle du 2ème ordre, voir L. Schwartz [1], notamment le § 1. Ici π est le projecteur canonique de T^2 sur son quotient $T^2/T^1 = T^1 \odot T^1$.

(3), *p. 96* Ce théorème est énoncé à L. Schwartz [1], (4.20) p. 59 et (9.20) p. 115.

On l'a démontré alors sous la forme de Stratonovitch, nous le démontrons ici sous la forme d'Ito. Pour Stratonovitch, il suffit d'utiliser $\overset{1}{\otimes}$; la démonstration est alors triviale, si on la fait comme ici, celle de Schwartz [1] était trop lourde.

(4), *p. 97* Rappelons que différentielle de martingale veut dire différentielle de martingale continue formelle. Les notations employées sont celles de L. Schwartz [1], [2], [3].

(5), *p. 98* dM est une différentielle de martingale , élément de $\mathrm{Opt}(G) \otimes_{\mathrm{Opt}} \mathfrak{M}^c$, donc $d[M,M]$ est une différentielle de processus à variation finie, $d[M,M] \in \mathrm{Opt}(G \odot G) \otimes_{\mathrm{Opt}} \mathfrak{V}^c$. Voir notations de Schwartz [2], propositions (2.3), (2.5). Ici $A = \mathbb{R}_+ \times \Omega$ est omis. Pour les processus formels, voir Schwartz [3].

(6), *p. 100* Voir Schwartz [3], 2.5 p. 428 et 3.9 bis p. 446.

(7), *p. 100* Soit $A^{\cdot}$ une forme bilinéaire $\geqslant 0$ sur $F^{\cdot} \times F^{\cdot}$, où $F^{\cdot}$ est un quotient d'un espace vectoriel F. Alors on définit A, forme bilinéaire $\geqslant 0$ sur $F \times F$, par $A(x,y) = A^{\cdot}(x^{\cdot},y^{\cdot})$, où $x^{\cdot}$, $y^{\cdot}$ sont les images de $x,y \in F$ dans $F^{\cdot}$. Le rang de A est le rang de $A^{\cdot}$. En effet, $x \in F$ est A-isotrope ssi $A(x,x) = 0$, ou $A^{\cdot}(x^{\cdot},x^{\cdot}) = 0$, c-à-d. ssi $x^{\cdot}$ est $A^{\cdot}$-isotrope, et la codimension d'un sous-espace de $F^{\cdot}$ est celle de son image réciproque dans F. Ici $T^1{}^*(V;v)$ est un quotient de E^* ; donc le rang de $\pi(v)\ L(v) \in T^1(V;v) \odot T^1(V;v)$ est aussi son rang dans $E \odot E$; la matrice $(a^{i,j})$ bilinéaire symétrique $\geqslant 0$ est de rang r.

(8), *p. 102* J'ai déjà démontré cette formule dans Schwartz [1]. Les définitions $\underline{dY}$, dY^c, $\underline{d\widetilde{Y}}$, $d\ \frac{1}{2}[Y,Y]$ pour une semi-martingale sur une variété, sont données dans Schwartz [1] , voir § 3, et dans Schwartz [2], propositions (2.10) et suivantes.

(9), *p. 103* C'est bien une équation différentielle stochastique sous la forme canonique. Si on laisse tomber $H_o = \sum_{k=1}^{n} \eta_k\ b^k$, avec $dZ^o = dt$, qui ne contribue pas aux crochets, on a des $H_\ell(X)\ dB^\ell$, $H_\ell = \sum_{k=1}^{n} \eta_k\ \sigma^k$, et des $\frac{1}{2} H_{\ell,\ell'}(X)\ d[B^\ell, B^{\ell'}]$, $H_{\ell,\ell'} = \sum_{i,j=1}^{n} \sigma_\ell^i\ \sigma_{\ell'}^j\ \eta_{i,j}$, et l'image dans le quotient $T^1 \odot T^1$, $\pi H_{\ell,\ell'}$, est $\sum_{i,j=1}^{n} \sigma_\ell^i\ \sigma_{\ell'}^j\ \eta_i \odot \eta_j = H_\ell \odot H_{\ell'}$. Pour cette forme canonique, voir Schwartz [1], (8.4) p. 105.

(10), *p. 105* Le flot dépendant de s, x, ω et pas seulement x, ω, a été démontré, dans le cas brownien, par Kunita [1], théorème (4.3).
Pour le cas général, avec les complications qui s'y rattachent relativement à $C^{\cdot}$ et $C^{\cdot\cdot}$, voir L. Schwartz [4], théorème (5.5), 2) et 3).

(11), *p. 107* Bien que ces faits soient "connus", je n'ai que des références partielles, pas de référence précise pour cet énoncé. J'ai supposé les coefficients C^∞, je ne sais pas à partir de quelle régularité des coefficients le résultat subsiste.

INDEX BIBLIOGRAPHIQUE

N. IKEDA - S. WATANABE [1], Stochastic Differential Equations and Diffusion Processes, North Holland Kodansha, Amsterdam-Oxford New York, and Tokyo, 1981.

H. KUNITA [1], Stochastic Differential Equations, and Stochastic Flows of Diffeomorphisms, Cours d'été de Probabilités de Saint-Flour XII, 1982.

P. PRIOURET [1], Processus de diffusion et équations différentielles stochastiques, Ecole d'été de Probabilités de Saint-Flour III, 1973, Lect. Notes in Mathematics 390, Springer-Verlag, Berlin-Heidelberg-New York, 1974.

L. SCHWARTZ [1], Géométrie différentielle du 2ème ordre, semi-martingales et équations différentielles stochastiques sur une variété différentielle, Séminaire de Probabilités XVI, Strasbourg 1980-81, Supplément Géométrie différentielle et stochastique, Lect. Notes in Mathematics 921, Springer-Verlag, Berlin-Heidelberg-New York, 1982.

[2], Les gros produits tensoriels en analyse et probabilités, à paraître en 1984, North-Holland, Amsterdam-Oxford-New York, dans un livre en l'honneur de Leopoldo Nachbin.

[3], Les semi-martingales formelles, Séminaire de Probabilités XV, Strasbourg 1979-80, Lect. Notes in Mathematics 850, Springer-Verlag, Berlin-Heidelberg-New York, 1981.

[4], Calculs stochastiques directs sur les trajectoires, et propriétés de boréliens porteurs, Séminaire de Probabilités XVIII, Strasbourg 1982-83, Lect. Notes in Mathematics 1059, Springer-Verlag, Berlin-Heidelberg-New York-Tokyo, 1984.

INDEX TERMINOLOGIQUE

SUR LA THEORIE DE LITTLEWOOD-PALEY-STEIN
(d'après Coifman-Rochberg-Weiss et Cowling)

par P.A. Meyer

Cet exposé présente des démonstrations récentes des inégalités de Littlewood-Paley-Stein, utilisant le << procédé de transfert >> de Coifman et Weiss. Ces démonstrations permettent d'aller plus loin que les méthodes de Stein (et que les méthodes de martingales, qui sont de toute façon moins puissantes), en permettant surtout d'atteindre le cas sous-markovien, qui est tout à fait important dans les applications. J'ai essayé de mettre l'accent sur certains aspects de ces travaux que leurs auteurs, pressés d'accumuler beaucoup de résultats en peu de place, ont traités de manière assez rapide.

Voici le problème : soit μ une distribution tempérée sur $\mathbb{R}_+$, c'est à dire un élément du dual de l'espace des fonctions C^∞ sur $\mathbb{R}_+$ (y compris en 0), à décroissance rapide ainsi que leurs dérivées de tous ordres. Une telle distribution admet une transformée de Laplace holomorphe dans le demi-plan $\mathcal{R}z>0$

(1) $$m(z) = \int e^{-zs}\mu(ds)$$

(en notant la valeur de μ sur une fonction-test comme s'il s'agissait d'une mesure). Nous considérons ensuite un semi-groupe (P_t) comme on en rencontre en probabilités, sur un espace E, sous-markovien avec une mesure excessive η. Nous voulons donner un sens à l'expression

(2) $$P_\mu = \int_0^\infty P_s\mu(ds)$$

en tant qu'opérateur borné sur $L^p(\eta)$ pour certaines valeurs de p. Symboliquement, si l'on pose $P_t=e^{-tL}$, P_μ est l'opérateur $m(L)$. La méthode de transfert permet de faire cela pour des semi-groupes généraux. Ensuite, la méthode d'interpolation complexe permet d'atteindre des classes beaucoup plus larges de distributions μ dans le cas des semi-groupes sousmarkoviens symétriques. Quant à la théorie de Littlewood-Paley-Stein proprement dite, elle s'interprête comme un problème analogue, mais où la distribution μ est à valeurs dans un espace de Hilbert au lieu d'être réelle.

Comme les résultats anciens de Stein n'ont jamais été exposés dans ce séminaire, nous commençons par les présenter rapidement.

I. RAPPELS SUR LA THEORIE DE L-P-S .

La théorie de Stein suppose dès le début que le semi-groupe (P_t) est symétrique. Alors on a sur L^2 une représentation spectrale du semi-groupe

(3) $$P_t = \int_0^\infty e^{-\lambda t} dE_\lambda$$

et l'opérateur P_μ est borné sur L^2 dès que la fonction $m(z)$ est bornée sur l'axe réel, car on a simplement

(4) $$m(L) = P_\mu = \int_0^\infty m(\lambda) dE_\lambda$$

(noter en passant une petite difficulté : la fonction 1 n'est pas une fonction-test, donc $m(0)$ n'est pas définie, et 0 doit être exclu de l'intervalle d'intégration). Nous allons donner des exemples d'opérateurs de ce type, bornés sur les L^p pour $1<p<\infty$.

i) La décomposition de Littlewood-Paley. Pour k entier ≥ 1 (en fait, on pourrait prendre k réel > 0), on considère l'opérateur borné sur L^2

(5) $$U_t^{(k)} = \frac{1}{\Gamma(k)} \int_0^\infty \lambda^k t^k e^{-\lambda t} dE_\lambda$$

Pour k entier, c'est simplement $\frac{(-t)^k}{\Gamma(k)} D^k P_t$, où D représente d/dt. Il est immédiat de calculer sur (5)

(6) $$\int_0^\infty U_t^{(k)} \frac{dt}{t} = \int_{]0,\infty[} dE_\lambda = I - E_0$$

Notons L_0^2 le noyau de E_0 . La formule

(7) $$f = \int_0^\infty U_t^{(k)} f \frac{dt}{t} \quad \text{pour } f \in L_0^2$$

est appelée une décomposition de Littlewood-Paley de f . J'ai trouvé cette terminologie chez Y. Meyer, du moins pour $k=1$; Y. Meyer fait remarquer que c'est un substitut pour la formule d'inversion de Fourier, tandis que la formule suivante remplace le théorème de Plancherel

(8) $$< f,g > = c_k \int_0^\infty < U_t^{(k)} f, U_t^{(k)} g > \frac{dt}{t} \quad \text{pour } f,g \in L_0^2 .$$

La seule valeur de c_k méritant d'être retenue est $c_1=4$. Définissons maintenant les opérateurs de Stein : nous prenons une fonction $r(t)$ appartenant à L^∞ et nous posons

(9) $$T(k,r) = \int_0^\infty r(t) U_t^{(k)} \frac{dt}{t}$$

La fonction $m(z)$ correspondante est

(10) $$m(z) = \frac{1}{\Gamma(k)} \int_0^\infty r(t) z^k t^k e^{-zt} \frac{dt}{t}$$

et la distribution μ vaut $\frac{1}{\Gamma(k)}(-D)^k[t^{k-1}r(t)]$. Elle est donc localement d'ordre arbitrairement élevé.

ii). Inégalités de Littlewood-Paley. Pour établir que les T(k,r) sont bornés sur L^p, $1<p<\infty$, Stein introduit les fonctions de L-P : pour k entier ≥ 1

(11) $$g_k(f) = \left(\int_0^\infty |U_t^{(k)}f(.)|^2 \frac{dt}{t}\right)^{1/2} = \left(\int_0^\infty |t^k D^k P_t f(.)|^2 \frac{dt}{t}\right)^{1/2}$$

Le théorème de Littlewood-Paley-Stein est alors l'équivalence de normes

(12) $$c\|g_k(f)\|_p \leq \|f\|_p \leq c\|g_k(f)\|_p$$

l'inégalité de gauche étant vraie sur L^p, l'inégalité de droite seulement sur L_0^p , i.e. l'espace des éléments de L^p sans partie invariante au sens de la théorie ergodique. Montrons rapidement comment ces inégalités entraînent que les opérateurs T(k,r) sont bornés :

LEMME. Si $f\in L_0^2$, $u=T(k,r)f$, on a $g_1(u)\leq cg_{k+1}(f)$.

Ici c désigne une constante pouvant dépendre seulement de p,k,$\|r\|_\infty$. On écrit alors $\|u\|_p\leq c\|g_1(u)\|_p$ (12) $\leq c\|g_{k+1}(f)\|_p \leq c\|f\|_p$, et on a fini.

Démonstration du lemme. On écrit successivement, en supposant $|r|\leq 1$ pour fixer les idées

$$u = c\int s^k D^k P_s f\ r(s)\frac{ds}{s}$$

$$P_t u = c\int s^k D^k P_{t+s} f\ r(s)\frac{ds}{s}$$

$$\frac{d}{dt} P_t u = c\int s^k D^{k+1} P_{t+s} f\ r(s)\frac{ds}{s}$$

$$t\left|\frac{d}{dt}P_t u\right|^2 \leq ct\left(\int s^k |D^{k+1}P_{t+s}f|\frac{ds}{s}\right)^2 \leq ct\left(\int_t^\infty s^k|D^{k+1}P_s f|\frac{ds}{s}\right)^2$$

$$\leq ct\left(\int_t^\infty s^{2k+1}|D^{k+1}P_s f|^2\frac{ds}{s}\right)\left(\int_t^\infty s^{-1}\frac{ds}{s}\right) \quad \text{(Schwarz)}$$

Le dernier facteur vaut 1/t et disparaît avec t en tête, et il reste après intégration en t

$$g_1(u)^2 \leq c\int_0^\infty dt \int_t^\infty(\ldots)\frac{ds}{s} = c\int_0^\infty(\ldots)\frac{ds}{s}\int_0^s dt = cg_{k+1}(f)^2 \ . \ \square$$

iii) Un exemple important. La fonction

$$r(t) = t^{-i\alpha}/\Gamma(1-i\alpha)$$

appartient à L^∞, et sa transformée de Laplace vaut $z^{i\alpha-1}$. La distribution $\mu=-Dr$ = v.p. $t^{-i\alpha-1}/\Gamma(-i\alpha)$ est du type précédent, avec k=1, et sa transformée de Laplace est $z^{i\alpha}$ (sa transformée de Fourier $(-iu)^{i\alpha}$). Construire l'opérateur P_μ revient à définir symboliquement l'opérateur $L^{i\alpha}$. D'après le th. de Stein, celui-ci est borné sur L^p, $1<p<\infty$.

v) Indications sur la méthode de Stein. Le point crucial est la démonstration des inégalités (12). Pour cela, Stein introduit pour une fonction h de classe $\mathcal{C}^\infty$ sur $\mathbb{R}_+$ l'opérateur d'intégration fractionnaire

$$I^\alpha h(t) = \frac{1}{\Gamma(\alpha)} \int_0^t (t-s)^{\alpha-1} h(s)ds$$

que l'on peut aussi considérer comme distribution à valeurs vectorielles : $\mu(h)$ est la fonction $t \longmapsto I^\alpha h(t)$. On la définit d'abord pour $\mathcal{R}(\alpha)>0$, puis pour tout α complexe par prolongement analytique. On a $I^\alpha I^\beta = I^{\alpha+\beta}$ pour $\mathcal{R}(\beta)\geq 0$, I^0 est l'identité , $I^1 h$ est la primitive de h nulle en 0, $I^{-k}h = D^k h$ pour k entier ≥ 1 . On pose encore $M^\alpha h(t) = t^{-\alpha} I^\alpha h(t)$, et l'on introduit des « fonctions de Littlewood-Paley »

$$m_\alpha(f) = \left(\int_0^\infty t|DM^\alpha P_t f|^2 \, dt \right)^{1/2} \qquad (\alpha \text{ complexe})$$

Pour $\alpha=0,-1,-2\ldots$ ces fonctions sont liées aux $g_k(f)$, et l'on vérifie aisément que $\|m_\alpha(f)\|_2 \leq c_\alpha \|f\|_2$. Pour $\alpha=1$, Stein établit que $\|m_\alpha(f)\|_p \leq c_p \|f\|_p$. Après quoi, il étend ces inégalités aux valeurs complexes $\alpha=-k+iu$, (dans L^2) et $\alpha=1+iu$ (dans L^p), et utilise la méthode d'interpolation complexe : si k est pris assez loin, on obtient que pour $\mathcal{R}(\alpha) \leq 1$ arbitraire on a $\|m_\alpha(f)\|_p \leq c_{\alpha,p}\|f\|_p$, et en particulier, pour $\alpha=0,-1$, etc. on obtient les moitiés gauches des inégalités (12). Les moitiés droites s'établissent alors par dualité.

vi) Indications sur la méthode de Cowling. Le travail de Cowling étudie directement les opérateurs T(k,r) à partir de la propriété suivante des distributions μ considérées : la transformée de Laplace m(z) est bornée sur tout angle $|\arg z|\leq\omega$ avec $\omega<\pi/2$. Dans un tel angle, nous avons en effet $z=\lambda+iu$, $\lambda>0$ et $|u|\leq C\lambda$. Or en utilisant (10) nous avons

$$|m(\lambda+iu)| = \left|\frac{1}{\Gamma(k)}\int_0^\infty r(t)(\lambda+iu)^k t^k e^{-\lambda t} \frac{dt}{t}\right| \leq (1+C)^k \|r\|_\infty \ .$$

La méthode de Cowling va permettre de dire qu'une distribution μ dont la transformée de Laplace est bornée dans tout angle d'ouverture $<\Theta$ définit un opérateur P_μ borné sur L^p

- Pour tout p, $1<p<\infty$ si $\Theta=\pi/2$ (cas de Stein), avec deux faits nouveaux :

si $\Theta=\pi/2$, on n'a plus besoin que (P_t) soit markovien et η invariante : Θ peut être sous-markovien et η excessive ;

si $\Theta>\pi/2$, (P_t) n'a plus besoin d'être symétrique.

- Si $\Theta < \pi/2$, pour certaines valeurs de p (d'autant plus serrées autour de p=2 que Θ est plus petit).

II. LA METHODE DE TRANSFERT

La méthode de transfert est une généralisation, due à Coifman et Weiss [3], [4], [2], d'un procédé de Calderòn [1] utilisé pour l'étude de la « transformation de Hilbert ergodique » (introduite elle même par Cotlar). Coifman et Weiss en ont fait un outil pour l'étude des représentations des groupes. Nous reprenons leur démonstration en la rédigeant dans un langage plus proche de la théorie des semi-groupes.

LE THEOREME PRINCIPAL

On considère un semi-groupe G , polonais par exemple, avec une opération notée + mais qui n'est pas nécessairement commutative ($(x,y)\mapsto x+y$ est supposée continue). On munit G d'une mesure positive σ-finie ν , sous-invariante à droite

(13) $\int \nu(ds)f(s+t) \leqq \int \nu(s)f(s) \quad (t\in G,\ f\geqq 0)$.

Lorsque G est un groupe, ν est invariante, mais nous appliquerons cela aussi avec $G=\mathbb{R}_+$, ν étant la mesure dt .

On fait l'hypothèse suivante :

(14) $\forall C$ compact, $\forall\varepsilon>0$, il existe M de mesure finie tel que $\frac{\nu(M+C)}{\nu(M)} \leqq 1+\varepsilon$

Dans le cas des groupes, C-W imposent à M d'être un voisinage de l'élément neutre, et signalent que cette propriété (condition de Følner) caractérise les groupes moyennables .

On se donne une mesure bornée μ , de masse totale $\|\mu\|$, et l'on définit une convolution

(15) $$f*\mu(s) = \int_G f(s+t)\mu(dt)$$

On a alors en désignant par $\|\ \|_p$ la norme dans $L^p(\nu)$, et en supposant pour commencer que $\|\mu\|\leqq 1$

$$\|f*\mu\|_p^p = \int\nu(ds)|\int f(s+t)\mu(dt)|^p \leqq \int\nu(ds)(\int|f(s+t)||\mu(dt)|)^p$$
$$\leqq \int\nu(ds)\int|f(s+t)|^p|\mu(dt)| \quad (\text{ Jensen }) \leqq \|f\|_p^p$$

où l'on a utilisé la propriété (13) à la fin. Cela signifie que la convolution avec μ définit un opérateur borné sur L^p, de norme au plus $\|\mu\|$ (par homogénéité). Nous désignerons cette norme par $N_p(\mu)$.

On considère ensuite une représentation de G par des opérateurs bornés P_t d'un espace $L^p(E,\underline{\underline{E}},\eta)$ (on pourra supposer que $\underline{\underline{E}}$ est une tribu séparable). Représentation signifie que $P_sP_t=P_{s+t}$, et que $t\mapsto P_t$ est fortement continue. On suppose aussi que

(16) $\|P_tf\|_p \leqq c\|f\|_p$ (normes dans $L^p(\eta)$)

ce qui est tout à fait normal, mais aussi

(17) $\|f\|_p \leqq c\|P_t f\|_p$

ce qui est une conséquence immédiate de (16) dans le cas où G est un groupe, mais semble tout à fait anormal dans le cas des semi-groupes. Cependant, lorsque $G=\mathbb{R}_+$, une très belle astuce de Coifman-Weiss permettra de se débarrasser de cette hypothèse gênante, dans le cas des semi-groupes (P_t) vraiment intéressants.

THEOREME 1. La norme d'opérateur dans L^p de l'opérateur linéaire

$$P_\mu = \int_G P_s\mu(ds)$$

est au plus $c^2N_p(\mu)$.

Démonstration. 1) On se ramène au cas des mesures à support compact, en décomposant μ en $\mu'+\mu''$ (μ' à support compact, $\|\mu''\|<\varepsilon$) ; on utilise ici le minimum de régularité imposé à G . Alors $N_p(\mu')\leqq N_p(\mu)+\varepsilon$, donc si l'on a établi le résultat pour μ' on a $\|P_\mu\|_p\leqq c^2(N_p(\mu)+\varepsilon)+c\varepsilon$, et il ne reste qu'à faire tendre ε vers 0.

2) On suppose désormais que le support de μ est un compact C . Soit $f\in L^p$.

On choisit une version bimesurable $h(s,x)$ de $P_s f(x)$ (possible en raison de la continuité forte), et on montre que (en mettant x en indice pour plus de clarté)

$$P_\mu f(x) = \int h_x(s)\mu(ds) \quad \text{pour presque tout } x$$

$$P_tP_\mu f(x) = \int h_x(t+s)\mu(dx) \quad \text{pour presque tout } x \text{ (} t \text{ fixé)}$$

cette fonction étant bimesurable en (t,x). Pour voir cela, faire le produit scalaire avec $g\in L^q$. On prend alors le M de l'hypothèse du début et on écrit

$$I_M(t)P_tP_\mu f(x) = I_M(t)\int h_x(t+s)I_C(s)\mu(ds) \quad \text{(} \mu \text{ portée par C)}$$

$$= I_M(t)\int h_x(t+s)I_{M+C}(t+s)I_C(s)\mu(ds)$$

et le dernier I_C peut être supprimé : reste donc $I_M(t)((hI_{M+C})*\mu)(t)$. On élève à la puissance p et on intègre en x

$$I_M(t)\| P_tP_\mu f\|_p^p = I_M(t)\int_E |h_xI_{M+C}*\mu|^p(t)\eta(dx)$$

On intègre en t . A gauche, d'après (17) le résultat majore $c^{-p}\nu(M)\|P_\mu f\|_p^p$. A droite en enlevant le I_M on obtient au plus

$$N_p(\mu)^p\int\eta(dx)\|h_xI_{M+C}\|_p^p = N_p^p(\mu)\int\eta(dx)\int|P_tf(x)|^pI_{M+C}(t)dt$$

$$= N_p^p(\mu)\int dtI_{M+C}(t)\int\eta(dx)|P_tf(x)|^p$$

$$\leqq c^pN_p^p(\mu)\nu(M+C)\|f\|_p^p$$

et comme $\nu(M+C)/\nu(M) \leq 1+\varepsilon$ le théorème est établi.

COMMENTAIRES. a) Coifman et Weiss indiquent comment on peut transférer des propriétés de type faible (p,p). Nous laissons cela de côté.

b) On aura remarqué les hypothèses relativement faibles imposées à la mesure ν (sous-invariance, et (14)), de sorte que l'on pourra en général choisir ν de bien des manières. A vrai dire, la sous-invariance de ν ne nous a pas servi à grand chose : seulement à ramener les mesures bornées aux mesures à support compact. De quelle façon le résultat dépend t'il du choix de ν ?

Supposons que G soit un sous-semi-groupe d'un groupe E , avec une mesure de Haar à droite η . Nous définissons une représentation de G dans $L^p(\eta)$ en posant pour t∈G

$$P_t f(x) = f(x+t)$$

et comme η est invariante à droite, cette représentation satisfait à (16) et (17) avec c=1 . Donc, d'après le théorème lui même, on a $\|P_\mu\|_{L^p(\eta)} \leq N_p(\mu)$. Or P_μ est l'opérateur de convolution défini par μ sur E . Autrement dit, la norme de convolution de μ sur le groupe est au plus égale à la norme $N_p(\mu)$, calculée sur le semi-groupe par rapport à une mesure sous-invariante ν satisfaisant à (14).

Supposons ensuite que G soit de mesure non nulle dans H, et soit $\overline{\nu}$ la trace de la mesure de Haar η ; $\overline{\nu}$ est sous-invariante. Il est clair que la norme de convolution de μ calculée dans $L^p(\overline{\nu})$ est au plus la norme de convolution de μ calculée dans $L^p(\eta)$ sur le groupe entier. Donc cette norme est au plus égale à $N^p(\mu)$.

Supposons enfin que $\overline{\nu}$ satisfasse à (14). Alors nous obtenons deux résultats. 1) Il ne sert à rien de travailler avec d'autres mesures ν que la trace $\overline{\nu}$ de la mesure de Haar, car celle-ci donne la plus petite norme $N_p(\mu)$ possible. 2) La norme de convolution de μ pour $\overline{\nu}$ sur le semi-groupe et pour η sur le groupe entier sont les mêmes. Cela clarifie peut être la note en bas de la page 22 de Coifman et Weiss [3].

c) Soulignons les deux difficultés d'application de ce théorème, que nous lèverons l'une après l'autre : l'hypothèse (17) (triviale dans le cas des groupes, mais non dans celui des semi-groupes), et le passage des <u>mesures bornées</u> aux distributions, lorsque G=$\mathbb{R}$ ou $\mathbb{R}_+$.

En outre, nous aurons besoin de passer du cas où μ est réelle, au cas où μ est à valeurs hilbertiennes. Nous le ferons tout à la fin du paragraphe.

SUPPRESSION DE L'HYPOTHESE (17) LORSQUE G=$\mathbb{R}_+$

Lorsque l'on suppose que (P_t) est un semi-groupe de <u>contractions positives</u> d'un espace L^p, on peut se passer de l'hypothèse 17. Coifman et Weiss établissent cela, en s'appuyant sur des résultats délicats dus à

Akcoglu (cf. Canadian J. M. 27, 1975, p. 1075-1082 : A pointwise ergodic theorem in L^p spaces) et Akcoglu-Sucheston (Dilations of positive contractions in L^p spaces, Canadian Math. Bulletin , 19 , p.). En fait, Coifman-Rochberg-Weiss peuvent même atteindre certaines contractions complexes " presque" positives. Nous n'essaierons pas de présenter cette théorie générale, mais nous nous restreindrons à la situation intéressante pour les probabilistes.

Nous supposons désormais que (P_t) est un semi-groupe sous-markovien de noyaux sur E , admettant η comme mesure excessive, suffisamment bon pour que l'on puisse lui appliquer la théorie usuelle des processus de Markov (semi-groupe « droit »). Nous supposerons aussi que le semi-groupe adjoint (P_t^*) de (P_t) relativement à η possède les mêmes propriétés.

Du point de vue de la théorie de la mesure, il n'y a pas là de perte sérieuse de généralité : tout semi-groupe de contractions positives de L^1 et L^∞ peut être ramené, par un changement d'espace et une compactification, à une situation du type précédent.

a) Supposons d'abord que le semi-groupe (P_t) soit markovien $(P_t1=1)$ et la mesure η invariante. Désignons par Ω l'ensemble des applications continues à droite et pourvues de limites à gauche de $\mathbb{R}$ dans E (muni d'une topologie convenable...), par X_t l'application coordonnée d'indice t , par $\underline{\underline{F}}$ la tribu engendrée par les coordonnées, par Θ_t la translation ($X_s(\Theta_t\omega)=X_{s+t}(\omega)$; $t\in\mathbb{R}$), par $\overline{\eta}$ l'unique mesure sur Ω pour laquelle (X_t) est un processus de Markov, admettant (P_t) comme semi-groupe de transition et η pour loi à chaque instant t . Alors les Θ_t forment un groupe de transformations préservant la mesure $\overline{\eta}$, et le théorème 1 s'applique, l'hypothèse (17) étant automatiquement satisfaite avec c=1, et l'on voit que l'opérateur Θ_μ est borné sur $L^p(\overline{\eta})$, avec une norme $\leqq N_p(\mu)$.

Mais soit $f\in L^p(\eta)$; nous lui associons la fonction sur Ω $\overline{f}=f\circ X_0$, telle que $\|\overline{f}\|_{L^p(\overline{\eta})} = \|f\|_{L^p(\eta)}$. Puis nous remarquons que $P_tf(X_0)$ est l'espérance conditionnelle $E[f\circ X_t|X_0] = E[\overline{f}\circ\Theta_t|X_0]$. Comme l'espérance conditionnelle diminue la norme L^p, on a bien établi que

(18) $$\| \int_0^\infty P_tf\ \mu(dt) \|_p \leqq N_p(\mu)\|f\|_p \quad .$$

Or il n'y a aucune raison de s'arrêter en si bon chemin : soit μ une mesure bornée sur $\mathbb{R}$; construisons l'opérateur Θ_μ , et conditionnons par X_0 comme ci-dessus . Nous obtenons le résultat bien plus surprenant

(19) $$\| \int_{-\infty}^0 P_{-t}^*f\ \mu(dt) + \int_0^\infty P_tf\ \mu(dt) \|_p \leqq N_p(\mu)\|f\|_p$$

où (P_t^*) est le semi-groupe adjoint de (P_t). Autrement dit, P_t et P_t^* sont suffisamment proches pour que l'on ait une certaine << cancellation >> de ces deux intégrales. C'est un résultat inattendu, inaccessible aux méthodes du paragraphe I, qui sont très liées à la théorie spectrale des semi-groupes symétriques.

b) Lorsque (P_t) est sous-markovien, et la mesure η excessive au lieu d'être invariante, on a une construction analogue, mais bien moins évidente, due à J. Mitro (Dual Markov processes : construction of a useful auxiliary process ; ZW 47, 1979, p. 139-156). Ici Ω est l'espace des applications continues à droite à limites à gauche définies sur $\mathbb{R}$, à valeurs dans E , à <u>instant de naissance</u> α <u>et de mort</u> β <u>aléatoires</u>. Ainsi on a $X_t(\omega)\in E$ pour $\alpha\leqq t<\beta$, $X_t(\omega)=\partial$ (un point supplémentaire) pour $t<\alpha$ et $t\geqq\beta$. Si l'on rend markovien le semi-groupe (P_t) en posant $P_t(x,\{\partial\})=1-P_t(x,E)$, et si f est une fonction nulle au point ∂ , on peut construire sur Ω une mesure $\overline{\eta}$ <u>invariante par les</u> θ_t et possédant les propriétés suivantes

1) $\int_\Omega f(X_t)\overline{\eta} = <\eta,f>$ pour tout t

2) Sur l'ensemble $\{X_t\in E\}$, le processus $(X_{t+s})_{s\geq 0}$ est markovien, de semi-groupe de transition (P_t) et de mesure initiale η (de durée de vie $(\beta-t)^+$), et le processus $(X_{t-s})_{s\geq 0}$ markovien, de semi-groupe de transition (P_t^*) , mesure initiale η , et durée de vie $(t-\alpha)^+$.

On peut alors reproduire sur ce processus le raisonnement fait en a), avec les mêmes conclusions.

Du point de vue des résultats concrets, cette extension aux semi-groupes sousmarkoviens me semble être une amélioration très importante.

PASSAGE DES MESURES BORNEES AUX DISTRIBUTIONS. I .

Les questions que nous allons présenter ici ne sont mentionnées ni chez Cowling, ni dans l'article principal [3] de Coifman-Weiss. Elles sont traitées dans un autre article [4] de Coifman-Weiss. La rédaction m'a donné du mal, et une première version (qui a circulé) était complètement fausse.

Voici la situation : μ est une distribution sur $\mathbb{R}_+$, qui est un convoluteur de L^p ($\|f*\mu\|_p \leqq N_p(\mu)\|f\|_p$ pour les fonctions-test). Il est exclu d'approcher μ par des mesures bornées en norme $N_p(\cdot)$, mais on va réussir à l'approcher par des mesures bornées μ_n , <u>au sens des distributions</u>, de telle sorte que $N_p(\mu_n)\leq N_p(\mu)$. On sait alors que $\|P_{\mu_n}f\|_p$ reste majoré par $N_p(\mu)\|f\|_p$ pour $f\in L^p(\eta)$, et il reste à trouver suffisamment de fonctions f sur lesquelles $P_{\mu_n}f$ converge pour $n\to\infty$, au moins au sens faible dans L^p, pour pouvoir définir l'opérateur P_μ .

Qu'il y ait une difficulté se voit immédiatement sur le fait que, si f est une fonction invariante pour (P_t), $P_\mu f$ ne saurait avoir d'autre sens que $f\mu(1)$, alors que 1 n'est pas une fonction-test et que $\mu(1)$ n'est pas définie a priori. L'opérateur P_μ ne sera donc défini en général que sur L^p_0 , l'espace des $f\in L^p$ sans partie invariante.

Dans cette section, nous allons seulement décrire l'approximation de μ par les mesures bornées μ_n . Le transfert proprement dit sera fait dans la section suivante.

D'après les commentaires suivant le th.1, la mesure ν sur $\mathbb{R}_+$ peut être (et sera toujours) la mesure dx .

a) Soit μ_t la distribution définie par $\mu_t(f)=\int f(t+s)\mu(ds)$; on a $f*\mu_t(s) = f*\mu(t+s)$, donc $N_p(\mu_t) \leqq N_p(\mu)$. Si Θ est une mesure positive de masse 1 sur $\mathbb{R}_+$, la distribution $\int\mu_t\Theta(dt)$ est donc un convoluteur de L^p de norme $\leqq N_p(\mu)$. Prenons $\Theta(dt)= a_n(t)dt$, où a_n est une cloche positive C^∞ d'intégrale 1, nulle hors de l'intervalle $[0,1/n]$. Alors $\mu^n= \int a_n(t)\mu_t dt$ tend vers μ au sens des distributions.

Mais la distribution μ sur $\mathbb{R}_+$ peut être considérée comme une distribution tempérée sur $\mathbb{R}$, et μ^n (comme distribution sur $\mathbb{R}$) est une régularisée de μ : elle a une densité C^∞ à croissance polynômiale, nulle sur $]-\infty,0]$. En tant que distribution sur $\mathbb{R}_+$, μ^n a la même densité.

b) La distribution $m_u(dt) = e^{iut}\mu(dt)$ est telle que

$$f*m_u(s) = \int f(s+t)e^{iut}\mu(dt) = e^{-ius}((fe^{iu\cdot})*\mu)(s)$$

Donc m_u est un convoluteur de L^p de même norme que μ. Par conséquent, si Θ est une mesure de masse 1 sur $\mathbb{R}$, $(\int e^{iut}\Theta(du))\mu(dt)$ est un convoluteur de L^p de norme au plus $N_p(\mu)$.

Si l'on prend pour $\Theta(du)$ un noyau de Féjer $c\sin^2 nu\,du/u$, le convoluteur obtenu est à support compact. Mais nous n'aurons pas besoin de cela, et nous prendrons pour Θ une loi de Cauchy, de sorte que $\int\Theta(du)e^{iut}= e^{-c|t|}$. Ainsi, pour tout convoluteur $\mu(dt)$ de $L^p(\mathbb{R}_+)$, la distribution $e^{-ct}\mu(dt)$ sur $\mathbb{R}_+$ est un convoluteur de norme plus petite (d'où aussi le même résultat pour $e^{-zt}\mu(dt)$, $\Re(z)\geqq 0$).

c) La distribution μ dont on est parti est donc limite, au sens des distributions, des <u>mesures bornées</u> $e^{-ct}\mu_n(dt)$ (les μ_n en a) étant à croissance polynômiale) lorsque $n\to\infty$ et $c\to 0$. Ce sont des convoluteurs de $L^p(\mathbb{R}_+)$ de norme au plus $N_p(\mu)$, et on peut leur appliquer le théorème 1. On peut en déduire quelques conséquences, qui n'étaient pas évidentes a priori :

- μ est un convoluteur de $L^p(\mathbb{R})$, de même norme $N_p(\mu)$.
- Si p et q sont conjugués, on a $N_p(\mu)=N_q(\mu)$.

<u>Exemples</u>. a) Les distributions que nous avons considérées au paragraphe I (transformées de Laplace en (10)) <u>ne sont pas</u> des convoluteurs de $L^p(\mathbb{R}_+)$, bien qu'elles opèrent sur les semi-groupes symétriques. En effet, soit μ un convoluteur de $L^p(\mathbb{R}_+)$; la fonction e^{-zt} ($\mathcal{R}(z)>0$) étant une fonction-test, on a $\|e^{-z\cdot}*\mu\|_p \leq N_p(\mu)\|e^{-z\cdot}\|_p$, d'où $|m(z)|\leq N_p(\mu)$. Or les distributions considérées ont une transformée de Laplace non bornée dans le demi-plan de droite.

b) L'exemple le plus classique de multiplicateurs de Fourier pour L^p est fourni par le <u>théorème de Marcinkiewicz</u> en dimension 1 : si m(u) est une fonction bornée en module par M, dérivable pour $u\neq 0$ avec $|m'(u)|\leq M/|u|$, alors m(u) est transformée de Fourier d'un convoluteur de $L^p(\mathbb{R})$, de norme majorée par $c_p M$ (cf. Stein [8], p. 96). En fait, avec nos notations, m(z) désigne la transformée de Laplace de μ , et la transformée de Fourier est m(-iu), ce qui revient à un simple changement d'écriture.

Cela s'applique à $m(z)=z^{i\alpha}$ (l'« exemple important » du § I) : le transfert permettra donc de définir $L^{i\alpha}$ pour tout semi-groupe sous-markovien, symétrique ou non.

Cowling a fait remarquer aussi que cela s'applique à toute distribution μ sur $\mathbb{R}_+$, dont la transformée de Laplace m(z) peut être prolongée en une fonction holomorphe dans un angle $\Gamma_\Theta=\{|\arg(z)|<\Theta\}$ d'ouverture $\Theta=\frac{\pi}{2}+\varepsilon$, où elle est bornée par une constante M. En effet, la formule de Cauchy permet de calculer m'(iu) en un point de l'axe imaginaire, et de vérifier que $|m'(iu)|\leq cM/|u|\sin\varepsilon$, qui est une majoration du type précédent. Nous ferons au paragraphe suivant de l'interpolation complexe à partir de ce résultat.

PASSAGE DES MESURES BORNEES AUX DISTRIBUTIONS. II.

Soit g une fonction bornée sur E, nulle hors d'un ensemble de mesure finie ; g appartient à tous les L^r, $1\leq r\leq\infty$, et il en est de même de la fonction

(20) $$f = \int_0^\infty a(s)P_s g\, ds$$

où a(s) est une fonction C^∞ à support compact dans $]0,\infty[$. Les fonctions de ce type engendrent un sous-espace dense dans tous les L^p ($1\leq p<\infty$), et l'on a

(21) $$\frac{d^n}{dt^n}P_t f = (-1)^n \int_0^\infty P_s g\, D^n a(s-t)ds$$

aussi bien ponctuellement qu'au sens L^p . Pour tout x et tout c>0 la fonction $t\mapsto e^{-ct}P_t f(x)$ est une fonction-test sur $\mathbb{R}_+$. On peut donc définir en tout point x la valeur de la fonction

(22) $$P^c_\mu f(x) = \int_0^\infty e^{-ct} P_t f(x)\mu(dx)$$

qui est aussi limite simple (les mesures μ^n étant les régularisées de μ considérées dans la section précédente) des fonctions $P^c_{\mu^n} f = \int_0^\infty e^{-ct} P_t f(x)\mu^n(dx)$. Le théorème 1 et une application du lemme de Fatou nous donnent alors

(23) $$\|P^c_\mu f\|_p \leq N_p(\mu)\|f\|_p$$

pour les fonctions f du type (20), d'où un prolongement par densité à tout L^p .

D'autre part, si $h\in L^q$ la fonction $e^{-ct}<P_t f,h>$ est elle aussi une fonction-test, donc $P^c_{\mu^n} f$ (qui reste borné dans L^p) a une limite faible lorsque $n\to\infty$. Une suite faiblement convergente dans L^p qui converge en mesure converge fortement vers sa limite en mesure, donc en fait pour f du type (20), $P^c_{\mu^n} f$ converge fortement dans L^p vers $P_\mu f$. A nouveau, on étend ce résultat par densité à tout $f\in L^p$.

Le problème plus délicat consiste à faire tendre c vers 0. Nous réglons d'abord un cas facile.

Cas des semi-groupes symétriques. Soit d'abord $f\in L^2_0$, à spectre dans $[\varepsilon,\infty[$, $\varepsilon>0$: alors pour $h\in L^2$

$$< P_t f,h > = \int_\varepsilon^\infty e^{-\lambda t} d<E_\lambda f,h >$$

est une fonction-test, d'où il résulte sans peine que $P^c_\mu f$ converge faiblement dans L^2 vers $P_\mu f = \int_0^\infty m(\lambda)dE_\lambda f$. Comme les opérateurs sont uniformément bornés en norme L^2, on étend cette convergence à L^2_0 tout entier. On vérifie aisément que $\|P_\mu f\|_p \leq N_p\|f\|_p$ pour $f\in L^2_0$.

Soit ensuite L^p_0 l'ensemble des éléments de L^p sans partie invariante. Soit $f\in L^p_0$, et soit (h_n) une suite d'éléments de $L^2\cap L^p$ qui converge vers f fortement dans L^p . Alors les parties invariantes $i(h_n)$ appartiennent à $L^2\cap L^p$ et convergent vers 0 dans L^p. Donc on peut appliquer le résultat précédent aux $h_n - i(h_n) \in L^2_0$, et en déduire que $\|P_\mu f\| \leq N_p(\mu)\|f\|_p$ pour $f\in L^p_0$: le transfert est achevé.

Cas non symétrique. Nous allons revenir à la méthode qui nous a permis d'établir le théorème pour les semi-groupes, en les ramenant à un groupe de transformations Θ_t préservant la mesure, puis à une projection.

Nous utilisons le théorème de représentation de Stone pour le groupe à un paramètre Θ_t d'opérateurs unitaires (en écrivant $\Theta_t h$ pour $h\circ\Theta_t$)

(24) $$\Theta_t h = \int_{-\infty}^{+\infty} e^{-iut} dE_u h$$

après quoi il est facile de calculer $\Theta^c_\mu h = \int_0^\infty e^{-ct}\Theta_t h\ \mu(dt)$

$$\Theta_\mu^c h = \int_{-\infty}^{+\infty} m(c+iu)\, dE_u h \quad (h\in L^2(\Omega),\ c>0)$$

et le problème de la convergence dans L^2 lorsque $c\to 0$ se ramène à examiner si $m(c+iu)\to m(iu)$ p.p. pour la mesure $d\langle E_u h,h\rangle$. En fait, on s'intéresse seulement au cas où $h=f\circ X_0$ ($f\in L^2(\eta)$), l'existence de $\Theta_\mu h$ donnant alors l'existence de $P_\mu f$.

Ici Coifman et Weiss n'entrent plus dans les détails : ils supposent ([4], p. 295, lemme 3.5) que la fonction m est « normalisée », ce qui revient à peu près à dire que $m(c+iu)$ a une limite pour tout u lorsque $c\to 0$. Certainement, cette condition est trop forte ! Par exemple, dans l'exemple donné à la fin de la section précédente où m est holomorphe dans un angle d'ouverture $>\pi/2$, on sait que $m(c+iu)\to m(iu)$ pour $u\neq 0$, et cela suffit à établir le résultat pour $f\in L_0^2$, car la mesure spectrale $d\langle E_u h,h\rangle$ admet comme transformée de Fourier $t\mapsto \langle P_{|t|}f,f\rangle$, qui tend vers 0 à l'infini, et elle ne charge donc pas 0.

Il est vraisemblable qu'en fait aucune condition n'est nécessaire, comme le suggère le cas particulier suivant. Supposons que (P_t) soit markovien et admette η comme mesure invariante. Soit $\underline{\underline{F}}_t$ pour $t\in\mathbb{R}$ la tribu engendrée par les X_s, $s\leq t$, et soit $\underline{\underline{F}}_{-\infty} = \cap_t \underline{\underline{F}}_t$. Alors la v.a. $h=f\circ X_0$ admet une représentation de la forme

$$h = E[h|\underline{\underline{F}}_{-\infty}] + \Sigma_i \int_{-\infty}^{0} c_i(s)dZ_s^i$$

(cf. Sém. Prob. IX, Lecture Notes in M. 465, p. 55) où les Z^i sont des hélices du flot en quantité au plus dénombrable. Il en résulte que si le premier terme est nul, la mesure spectrale $d\langle E_u h,h\rangle$ est absolument continue (même réf., bas de la p.56), et comme $m(c+iu)\to m(iu)$ p.p. (valeur au bord d'une fonction holomorphe bornée : th. de Fatou) on a bien convergence de $\Theta_\mu^c h$ dans L^2 lorsque $c\to 0$. Mais pour $h=f(X_0)$ on a $E[h|\underline{\underline{F}}_{-t}] = P_t f\circ X_{-t}$, qui tend vers 0 dans L^2 pour $f\in L_0^2$, et donc $E[h|\underline{\underline{F}}_{-\infty}]$ est nulle.

Le passage de L_0^2 à L_0^p se fait comme dans le cas symétrique.

TRANSFERT POUR CERTAINES DISTRIBUTIONS HILBERTIENNES

Soit $\mu=(\mu_1,\ldots,\mu_j)$ un système fini de distributions, dont chacune est un convoluteur de L^p. Nous définirons $f*\mu$ comme le vecteur des $f*\mu_i$, $P_\mu h$ comme le vecteur des $P_{\mu_i}h$, et leurs normes comme

(25) $$\|f*\mu\|_p = \|(\Sigma_i|f*\mu_i|^2)^{1/2}\|_p\ ,\quad \|P_\mu h\|_p = \|(\Sigma_i|P_{\mu_i}h|^2)^{1/2}\|_p$$

et $N_p(\mu)$ est $\sup_{\|f\|_p\leq 1}\|f*\mu\|_p$. On a l'extension suivante du théorème de transfert

(26) $$\|P_\mu f\|_p \leqq N_p(\mu)\|f\|_p \qquad f\in L^p(\eta)$$

(f est scalaire, $P_\mu f$ est un vecteur), sous les mêmes conditions que dans le cas scalaire : sans restriction lorsque les μ_i sont des mesures bornées ; pour $f\in L^p_0$ si les μ_i sont des distributions et le semi-groupe (P_t) est symétrique ; avec un point d'interrogation pour de « mauvais » multiplicateurs dans le cas non symétrique.

La démonstration recopie celle du cas scalaire.

Bien entendu, lorsqu'on a traité le cas d'un nombre fini de distributions, le passage au cas dénombrable est immédiat. Autrement dit, on a étendu le théorème de transfert aux distributions sur $\mathbb{R}_+$ <u>à valeurs dans un espace de Hilbert</u> séparable $\mathcal{H}$. La seule différence est que la transformée de Laplace $m(z) = \int e^{-zs}\mu(ds)$ (et sa valeur au bord $m(-iu)$, la transformée de Fourier) sont maintenant à valeurs dans $\mathcal{H}$.

Ajoutons que le théorème de multiplicateurs de Marcinkiewicz mentionné plus haut, et la conséquence qu'en tire Cowling, s'appliquent au cas hilbertien[1]: si $m(z)$ est holomorphe bornée dans un cône d'ouverture $> \pi/2$, $P_\mu f$ appartient à $L^p_{\mathcal{H}}(E,\eta)$ pour toute fonction $f\in L^p_{\mathbb{C}}(\eta)$.

III. LA THEORIE DE LITTLEWOOD-PALEY

a) Nous commençons par interpréter les fonctions de Littlewood-Paley introduites au paragraphe I . Nous introduisons la distribution μ_k sur $\mathbb{R}_+$, à valeurs dans l'espace hilbertien $\mathcal{H} = L^2(\mathbb{R}_+, dt/t)$, qui associe à la fonction-test h l'élément de $\mathcal{H}$

(27) $$\mu_k(h) = (t \mapsto t^k D^k h(t))$$

Alors l'inégalité de L-P-S (12) (moitié gauche) $\|g_k(f)\|_p \leqq c_p\|f\|_p$ signifie simplement que l'opérateur P_{μ_k} est borné de $L^p(\eta)$ dans $L^p_{\mathcal{H}}(\eta)$.

La méthode que nous avons présentée consiste à regarder la transformée de Laplace $m_k(z)$ de μ_k , qui vaut

(28) $$m_k(z) = (t \mapsto (-1)^k t^k z^k e^{-zt})$$

et nous avons pour $z=\lambda+iu$ $\|m_k(z)\|_{\mathcal{H}} = c_k|z|^k/\lambda^k$: <u>la transformée de Laplace est donc bornée sur les cônes</u> $\Gamma_\theta = \{|\arg(z)|\leqq\theta\}$ <u>pour</u> $\theta<\pi/2$.

Cette propriété ne permet pas d'établir directement les inégalités (12), mais elle a une conséquence très intéressante : en fait, la fonction de L-P-S la plus importante en pratique est la fonction $g_k(f)$ relative, non au semi-groupe (P_t) lui même, mais au semi-groupe

1. La démonstration de Stein ([8],p.96) repose sur les inégalités de L-P classiques (pour le semi-groupe de Poisson) et celles-ci sont vraies dans le cas hilbertien. Il y a là un amusant va et vient entre les divers théorèmes, dû aux hasards pédagogiques.

(29) $$Q_t = \int \rho_t(ds)P_s$$

où (ρ_t) est le semi-groupe stable sur $\mathbb{R}_+$, de transformée de Laplace $\int \rho_t(ds)e^{-zs} = e^{-t\sqrt{z}}$. Calculer l'opérateur Q_{μ_k} revient à calculer P_{ν_k}, où ν_k est la distribution à valeurs dans $\mathcal{H}$ de transformée de Laplace $m_k(\sqrt{z})$. Mais celle-ci est holomorphe bornée sur <u>tout cône d'ouverture</u> $< \pi$, et le transfert s'applique, <u>même dans le cas</u> (sous-markovien et) <u>non-symétrique</u>. Ajoutons que l'inégalité est vraie dans L^p et non seulement dans L^p_0 .

[Cependant, pour passer des inégalités de gauche en (12) aux inégalités de droite, on a besoin de la dualité fournie par la symétrie du semi-groupe ; les inégalités dans le cas non-symétrique semblent donc dépourvues d'intérêt].

b) Nous allons maintenant rappeler les ingrédients analytiques dont nous aurons besoin. Le premier est le <u>théorème d'interpolation de Stein</u> (Stein [7], p. 69). On considère une famille (U_w) d'opérateurs linéaires, indexée par la bande $S_1 = \{w : 0 \leq \Re w \leq 1\}$, holomorphe au sens suivant : si f et g sont des fonctions simples (combinaisons linéaires finies d'indicatrices d'ensembles), la fonction $< U_w f, g >$ est continue bornée dans S_1 , holomorphe dans S_1° .

THEOREME 2 (Stein). <u>Supposons que pour</u> $\Re(w)=0$ <u>on ait</u> $\|U_w\|_{p_0} \leq M_0$, <u>et pour</u> $\Re(w)=1$ $\|U_w\|_{p_1} \leq M_1$. <u>Alors</u>

<u>pour</u> $\Re(w)=t$ <u>on a</u> $\|U_w\|_{p_t} \leq M_0^{1-t} M_1^t$, <u>où</u> $\frac{1}{p_t} = \frac{1-t}{p_0} + \frac{t}{p_1}$.

Ce théorème est à la base de la méthode de démonstration de Stein, rappelée sommairement au § I, v). Il est aussi à la base de la modification proposée par Coifman-Rochberg et Weiss : dans celle-ci, au lieu d'interpoler comme Stein entre les valeurs $\Re(\alpha)=-k$; L^2 et $\Re(\alpha)=1$, L^p , on va un peu plus loin vers la droite ($\Re(\alpha)>1$), ce qui permet d'utiliser le transfert au lieu des inégalités de martingales employées par Stein : d'où un gain appréciable en généralité.

c) Nous considérons une fonction $m(\lambda)$ sur l'axe réel, et nous supposons qu'elle est <u>prolongeable analytiquement en une fonction</u> $m(z)$ <u>holomorphe, bornée par une constante</u> M , <u>dans un cône</u> $\Gamma_\psi = \{|\arg(z)|<\psi\}$. Nous voulons montrer que l'opérateur $m(L)$ - bien défini sur L^2_0 par représentation spectrale, puisque (P_t) est supposé symétrique - <u>est borné sur</u> L^p <u>pour</u> $|\frac{1}{p}-\frac{1}{2}|<\frac{\psi}{\pi}$. Si $\psi>\pi/2$, le transfert résout la question, et il n'y a pas besoin de symétrie. Nous supposons donc $\psi \leq \pi/2$.

On choisit un angle $\Theta>\pi/2$, un paramètre $\delta<1$, assez près de 1 pour que $\delta\Theta+(1-\delta)\psi>\pi/2$, et on utilise le lemme suivant

LEMME. Il existe une famille de fonctions $m_w(\lambda)$ sur $]0,\infty[$, indexées par la bande $0\leqq\Re(w)\leqq\Theta$, et possédant les propriétés suivantes

1) Pour tout λ, $m_{\cdot}(\lambda)$ est holomorphe dans la bande ouverte, continue bornée sur la bande fermée, avec borne uniforme indépendante de λ.

2) Pour $\Re(w)=\varphi$, $m_w(.)$ est prolongeable analytiquement en une fonction holomorphe dans l'angle $\Gamma_{\delta\varphi+(1-\delta)\psi}$, bornée (indépendamment de $\mathrm{Im}(w)$) dans tout angle un peu plus petit.

3) $m_{\psi+i0}(\lambda)=m(\lambda)$.

Il est alors clair que l'on peut appliquer le théorème d'interpolation de Stein en prenant pour $0\leqq\Re(w)\leqq 1$ $U_w=m_{w\Theta}(L)$: pour $\Re(w)=0$ on a une borne uniforme dans L^2 obtenue par théorie spectrale, pour $\Re(w)=1$ une borne uniforme dans L^p obtenue par transfert ($(1-\delta)\psi+\delta\Theta>\pi/2$). D'où par interpolation un résultat pour $\Re(w)=\psi/\Theta$ qui s'applique à $m_\psi=m$. Prenant Θ près de $\pi/2$, δ près de 1, on obtient les bornes indiquées.

Le même raisonnement devrait, je suppose, s'appliquer à un multiplicateur à valeurs dans $\mathcal{H}$, donnant ainsi les inégalités de L-P-S. Mais le cas réel est déjà assez compliqué.

d) Démonstration du lemme (?). Cette démonstration est très sommairement indiquée par Cowling, ce qui m'a mis en rage contre les referees de Ann. of Math..

D'abord, il est plus facile, au lieu de travailler sur un angle Γ_ψ à élargir en un angle Γ_Θ, de travailler sur une bande $\{|\mathrm{Im}(z)|<a\}$, à élargir en une bande $\{|\mathrm{Im}(z)|<b\}$. On se donne donc une fonction $p(x)$ ($p(x)=m(e^x)$) bornée sur l'axe réel, prolongeable en une fonction holomorphe bornée $p(x+iy)$ pour $|y|\leqq a$ (et même si l'on veut, quitte à diminuer a, dans une bande plus large). Soit M sa borne.

La transformée de Fourier de la fonction bornée $p(x+iy)$ est $e^{-yu}\hat{p}(u)$ ($\hat{p}$ est ici une distribution). Le résultat est classique (Paley-Wiener : Fourier transforms in the complex domain, chap. I) lorsque $p(.+iy)$ est borné dans L^2. Pour passer au cas général, multiplier p par $e^{-\varepsilon z^2}$, puis faire tendre ε vers 0.

Donc $\hat{p}(u)\mathrm{Ch}(yu)$ est transformée de Fourier d'une fonction bornée pour $|y|\leqq a$. L'idée de la démonstration consiste à définir $p_w(x)$ par quelque chose du genre

$$p_w(.) = \mathcal{F}^{-1}(\hat{p}(u)\mathrm{Ch}(\delta u)^{a-w}) \qquad (\delta<1) .$$

Il est d'abord clair que $p_a=p$. Pour vérifier la condition de borne sur l'axe réel, on écrit la fonction

$$(\hat{p}(u)/Ch(au)).\ (Ch^{a-w}(\delta u)/Ch(au))$$

Le premier facteur est la transformée de Fourier d'une fonction bornée $q(x)$, le second appartient à $\underline{\underline{S}}$, donc est la transformée de Fourier d'une fonction $h_w(x) \in \underline{\underline{S}}$, et l'on a $p_w = q * h_w$. Pour obtenir des normes uniformes, il faut majorer la norme de h_w dans L^1, et une méthode pour faire cela consiste à majorer les normes dans L^2 de $h_w(x)$ et de $xh_w(x)$, ce qui revient à majorer les normes dans L^2 de $\hat{h}_w(u)$ et de sa dérivée. J'espère que ça marche. Après tout, ce n'est pas mon affaire.

Ensuite, le prolongement analytique : on a formellement

$$p_w(x+iy) = \mathcal{F}^{-1}(\ \hat{p}(u)Ch(\delta u)^{a-w}e^{-yu}\ )$$

et tout revient, comme ci-dessus, à voir si $Ch(\delta u)^{a-w}e^{-yu}/Ch(au)$ est dans $\underline{\underline{S}}$ et à estimer sa norme L^1. Lorsque $\Re(w)=v$, on voit apparaître la condition $|y|<(1-\delta)a+\delta v$.

En fait, Cowling utilise une fonction un peu plus subtile, qui lui évite le paramètre δ . Mais comme il dit simplement << by Fourier analysis, one sees that... >>, le lecteur ira regarder s'il en a envie.

REFERENCES

[1]. CALDERÓN (A.P.). Ergodic theory and translation invariant operators. Proc. Natl. Acad. Sci. USA 59, 1968, p. 349-353.

[2]. COIFMAN (R.R.), ROCHBERG (R.), WEISS (G.). Applications of transference : the L^p version of von Neumann's inequality and the Littlewood-Paley-Stein theory. <u>Linear spaces and approximation</u> p. 53-67. Birkhaueser 1978.

[3]. COIFMAN (R.R.) et WEISS (G.). Transference methods in analysis. CBMS regional conference series n°31. Amer. Math. Soc. 1977.

[4]. COIFMAN(R.R.) et WEISS (G.). Operators associated with amenable groups, singular integrals induced by ergodic flows, the rotation method and multipliers. Studia Math. 47, 1973, p. 285-303.

[5]. COWLING (M.G.). Harmonic analysis on semigroups. Ann. of M. 117, 1983.

[6]. COWLING (M.G.). On Littlewood-Paley-Stein theory. Suppl. Rend. Circ. Mat. Palermo, 1, 1981, p. 21-55.

[7]. STEIN (E.M.). Topics in harmonic analysis related to the Littlewood-Paley theory. Ann. Math. Studies 63, Princeton 1970.

[8]. STEIN (E.M.). Singular integrals and differentiability properties of functions. Princeton Univ. Press.

TRANSFORMATIONS DE RIESZ POUR LES SEMI-GROUPES SYMETRIQUES
PREMIERE PARTIE : ETUDE DE LA DIMENSION 1

par D. Bakry

Depuis le travail fondamental de Stein [10] sur les inégalités de Littlewood-Paley pour les semi-groupes symétriques, on dispose d'une notion générale de transformation de Riesz, qui peut se décrire ainsi : soit (P_t) un semi-groupe markovien, de générateur L , symétrique par rapport à une mesure μ , et soit V l'opérateur intégral $(-L)^{-1/2}$ sur un domaine convenable. Alors une <u>transformation de Riesz</u> pour le semi-groupe est un opérateur linéaire de la forme HV , où H est linéaire et tel que $|Hf|^2 \leqq \Gamma(f,f)$ (Γ est l'opérateur carré du champ : $\Gamma(f,g)= \frac{1}{2}(L(fg)-fLg-gLf)$). Le problème posé est de savoir si HV est borné en norme L^p $(1<p<\infty)$, et ce que l'on peut dire sur les cas limites ($p=1,\infty$) au moyen d'espaces du type H^1, BMO .

On dispose de nombreux résultats positifs, obtenus au début par les méthodes de Calderòn-Zygmund, plus tard grâce à l'axiomatisation des «espaces de type homogène » par Coifman et Weiss. Ces méthodes sont « extrinsèques » en théorie des semi-groupes, autrement dit font intervenir une structure spéciale sur l'espace où le semi-groupe opère. Par opposition, les méthodes probabilistes développées par Stein [10] et dans les travaux ultérieurs de Meyer [6],[7],[8] sont intrinsèques, i.e. ne font intervenir que le semi-groupe et les opérateurs de sa famille spectrale, et l'opérateur bilinéaire Γ . Comme exemple de résultats intrinsèques, on sait en principe (il y a encore à choisir un bon espace de fonctions-test sur lequel tous les opérateurs sont définis) que la transformation de Riesz HV opère dans L^p $(2 \leqq p<\infty)$ si H <u>commute</u> avec le semi-groupe (pour $1<p<\infty$ dans le cas des semi-groupes de diffusion), et le contenu général de la démonstration de [8] semble être que, si (P_t) est un semi-groupe de diffusion et le commutateur $[L,H]$ est égal à H , on a le même résultat.

Pour tenter de comprendre la théorie intrinsèque, nous appliquons les méthodes probabilistes à certains semi-groupes pour lesquels les résultats analytiques sont connus d'avance, en recherchant soigneusement quelles sont les égalités ou inégalités qui « font marcher » la démonstration. C'est ce que nous avons déjà fait dans [1] pour les mouvements browniens sphériques et leur théorie de H^1. Dans la première partie de ce travail, nous avons projeté le mouvement brownien sphérique sur un diamètre, ce qui revient à étudier l'opérateur ultrasphérique sur]-1,1[

$$L_n f(x) = (1-x^2)f''(x) - (n-1)xf'(x)$$

et plus généralement les opérateurs associés aux polynômes de Jacobi

(1) $$L_{\alpha,\beta} f(x) = (1-x^2)f''(x) -[(\alpha+\beta+2)x+(\alpha-\beta)]f'(x)$$

la mesure $\mu(dx)$ étant alors $(1-x)^\alpha(1+x)^\beta dx$ ($\alpha,\beta \geq 0$). Les transformations de Riesz pour L_n ont été étudiées dans L^p par Muckenhoupt et Stein [9], la théorie H^1 pour $L_{\alpha,\beta}$ faite par Coifman-Weiss [2], et notre propre travail sur les sphères nous a guidés du point de vue probabiliste. Il s'agit donc d'un exercice de style, mais très instructif, car il fait apparaître la structure même des démonstrations. En particulier, il permet de comprendre pourquoi la théorie L^p de l'opérateur d'Ornstein-Uhlenbeck est excellente, tandis que la théorie H^1 a résisté jusqu'à maintenant (et n'existe vraisemblablement pas). Notre étude achève donc pour l'essentiel le chapitre de Stein [10], p. 138-141 sur les transformations de Riesz pour les équations de Sturm-Liouville.

Les résultats que nous obtenons ainsi en dimension 1 permettent de dégager des conditions intrinsèques nouvelles, exprimées au moyen de gradients itérés, et que nous appliquerons à des semi-groupes généraux dans la seconde partie de ce travail. Les résultats que nous obtenons sont encore incomplets, mais la direction semble intéressante.

I. LE SEMI-GROUPE ASSOCIÉ AUX POLYNÔMES DE JACOBI

On désigne par L l'opérateur (1) ci-dessus, et par μ la loi de probabilité $c(1-x)^\alpha(1+x)^\beta dx$ sur]-1,1[. Nous supposerons $\alpha \geq 0$, $\beta \geq 0$, bien que les raisonnements marchent formellement pour $\alpha,\beta > -1/2$, afin d'éviter une discussion à la frontière étrangère à notre sujet principal (et pour laquelle, d'ailleurs, nous manquons de bonnes références).

Pour $\lambda_n = n(n+\alpha+\beta+1)$ l'équation $Lf+\lambda_n f=0$ admet une solution polynômiale J_n de degré n , que l'on normalise par la condition $\langle J_n, J_n\rangle_\mu = 1$, et que l'on appelle le n-ième <u>polynôme de Jacobi</u> . On peut montrer que les J_n forment une base orthonormale de $L^2(\mu)$.

On peut montrer que les opérateurs linéaires définis par

$$P_t J_n = e^{-t\lambda_n} J_n$$

forment un semi-groupe markovien sur]-1,1[, de générateur L . Il résulte alors de la théorie de la « subordination » que les opérateurs

$$Q_t J_n = e^{-t\sqrt{\lambda_n}} J_n$$

constituent aussi un semi-groupe markovien (le semi-groupe de Cauchy associé à (P_t) : $Q_t = \int P_s\, \mu_t(ds)$, où (μ_t) est le s.g. stable d'ordre

1/2 sur $\mathbb{R}_+$). Son générateur sera noté $C=-(-L)^{1/2}$, et son potentiel V est défini sur les polynômes d'<u>intégrale nulle</u> à partir de la formule $VJ_n = J_n/\sqrt{\lambda_n}$ pour $n \geq 1$. L'algèbre des polynômes constitue pour nous l'algèbre des fonctions-test, stable par tous les opérateurs $P_t, Q_t, L, C, \Gamma(.,.)$...

Il peut être intéressant pour le lecteur probabiliste de rappeler (d'après Dynkin) comment on construit une diffusion admettant L comme générateur. La méthode classique consiste à résoudre l'équation différentielle stochastique suivante, où W_t est un mouvement brownien tel que $d\langle W,W\rangle_t = 2dt$

$$X_t = x + \int_0^t (1-X_s^2)^{1/2} dW_s - \int_0^t ((\alpha+\beta+2)X_s + \alpha-\beta) ds$$

et à vérifier que le temps de vie $\zeta = \inf\{ s : X_s \notin]-1,1[\}$ est p.s. infini. On introduit pour cela les fonctions (où x est arbitraire)

$$p(y) = \int_x^y q(v)dv \qquad \text{avec} \qquad q(v) = \exp \int_x^y \frac{(\alpha+\beta+2)u+\alpha-\beta}{1-u^2} du$$

et l'on vérifie que $Lp=0$, et que p admet les limites $\pm\infty$ en ± 1 . Le processus $p(X_t)$ est une martingale locale sur $[0,\zeta[$, et l'on sait qu'une martingale locale continue ne peut jamais avoir une <u>limite</u> égale à $+\infty$ ou $-\infty$: elle ne peut qu'osciller entre ces deux valeurs. Avant l'instant ζ , X doit donc effectuer une infinité de voyages aller-retour indépendants entre x et un autre point x' fixé, et donc $\zeta=+\infty$.

PROPRIETES FONDAMENTALES

Nous allons maintenant faire une liste des propriétés qui seront utilisées dans les raisonnements probabilistes.

a) Nous utiliserons abondamment l'existence de l'algèbre des polynômes comme fonctions-test, et le fait que les polynômes d'intégrale nulle sont denses dans L^p_0 , l'espace des $f \in L^p$ telles que $Q_t f \underset{t\to\infty}{\longrightarrow} 0$ $(1<p<\infty)$.

2) Nous utiliserons le <u>caractère régularisant</u> des noyaux Q_t : d'après l p.158 de Szegö, Orthogonal polynomials, AMS Colloquium publications, New York 1939, on a

$$\|J_n\|_\infty \leq c(\alpha,\beta)n^{-k} \qquad , \quad k=\max(\alpha+1,\beta+1)$$

de sorte que l'on vérifie immédiatement que si $f \in L^2$, $f=\Sigma_n a_n J_n$ avec $\Sigma_n |a_n|^2 < \infty$, la série $\Sigma_n a_n e^{-t\sqrt{\lambda_n}} J_n$ converge uniformément et représente une fonction bornée (même continue sur $[-1,1]$); Q_t est continu de L^2 dans L^∞, par dualité de L^1 dans L^2, et par composition <u>applique L^1 dans</u> L^∞ (et même dans $C([-1,1])$).

3) L'opérateur carré du champ $\Gamma(f,g) = \frac{1}{2}(L(fg)-fLg-gLf)$ peut s'écrire

(2) $$\Gamma(f,g) = Hf\,Hg \qquad \text{avec} \qquad Hf(x) = \sqrt{1-x^2}\,f'(x) .$$

et on a en fait

(3) $$L = H^2 - aH \quad \text{avec} \quad a(x) = \frac{(\alpha+\beta+1)x+\alpha-\beta}{\sqrt{1-x^2}}$$

et nous notons que $a'(x) \geqq 0$, donc

(4) la fonction $h=H(a)$ est positive

ce qui, conjointement à la formule immédiate

(5) $$[L,H] = LH-HL = H(a)H = hH$$

fera marcher toute la théorie L^p, $1<p<\infty$. Cette condition correspond à l'hypothèse $a'(x) \leqq 0$ introduite par Stein , [10], p. 138.

L'opérateur HV défini sur les polynômes d'intégrale nulle (et prolongé aux L_0^p lorsqu'on aura établi sa continuité) est la transformation de Riesz associée au semi-groupe. On remarquera que H n'est pas n'importe quel opérateur linéaire tel que $|Hf|^2=\Gamma(f,f)$: si l'on multiplie H par une fonction de module 1, on perd la positivité du commutateur (5).

4) Pour faire marcher la théorie H^1 , il nous faut écrire explicitement la fonction h

$$h(x) = \frac{(\alpha-\beta)x+\alpha+\beta+1}{1-x^2}$$

et vérifier que

(6) $$h \geqq \gamma a^2 \quad \text{avec} \quad \gamma=1/(1+2\max(\alpha,\beta))$$

Cela interviendra de manière cruciale dans la démonstration du lemme de sous-harmonicité.

A titre d'exemple, si l'on avait pris pour L l'opérateur d'Ornstein-Uhlenbeck $Lf(x)=f''(x)-xf'(x)$, nous aurions eu $Hf(x)=f'(x)$, $a(x)=x$, $h=H(a)=1$, donc (4) mais non (6).

La proposition suivante résume les conséquences les plus utiles de (4),(5). On notera une autre hypothèse implicite (sous-entendue déjà dans (5)) : si f est un polynôme, Hf n'est pas un polynôme, mais est encore assez bonne pour que l'on puisse lui appliquer L .

PROPOSITION 1. Soit f un polynôme. Alors
1) $L(Hf)^2 \geqq 2(Hf)(HLf)$ ou $L\Gamma(f,f) \geqq 2\Gamma(f,Lf)$
2) $P_t(Hf)^2 \geqq (HP_tf)^2$ ou $P_t\Gamma(f,f) \geqq \Gamma(P_tf,P_tf)$
3) $Q_t(Hf)^2 \geqq (HQ_tf)^2$ ou $Q_t\Gamma(f,f) \geqq \Gamma(Q_tf,Q_tf)$

Preuve. Nous savons que l'on a toujours $L(g^2) \geqq 2gLg$ (positivité du Γ). Prenant $g=Hf$ on a $L(Hf)^2 \geqq 2Hf.LHf = 2Hf.HLf + 2Hf.[L,H]f = 2Hf.HLf + 2h.(Hf)^2 \geqq 2Hf.HLf$ puisque $h \geqq 0$.

2) Considérons la fonction $F_s=P_s(HP_{t-s}f)^2$ pour $0 \leqq s \leqq t$. La relation

à établir s'écrit $F_0 \leq F_t$, et il suffit de montrer que F est croissante. Si l'on se rappelle que $DP_s = P_s L$, on a

$$F'_s = P_s[\ L(HP_{t-s}f)^2 - 2HP_{t-s}f.HLP_{t-s}f\ ]$$

et le crochet est positif d'après 1). Enfin 3) se déduit de 2) en intégrant par rapport à la mesure $\mu_t(ds)$ du semi-groupe stable d'ordre 1/2

$$Q_t(Hf)^2 = \int P_s(Hf)^2 \mu_t(ds) \geq \int (HP_s f)^2 \mu_t(ds) \geq [H \int P_s f\ \mu_t(ds)]^2 = (HQ_t f)$$

On notera que les formes de droite des inégalités 1),2),3) sont intrinsèques.

Peut être la formule $H^* f = -Hf + af$ donnant l'adjoint de H mérite t'elle aussi d'être notée.

II. INEGALITES DE THEORIE DES MARTINGALES

Cette section est un rappel des inégalités utilisées dans les articles de Meyer [6],[7]. Son unique originalité consiste à travailler sur les martingales directement, sans jamais employer de fonctions de Littlewood-Paley. Comme très peu de structure est utilisée ici, nous écrivons E au lieu de $]-1,1[$, $\mathcal{D}$ pour les fonctions-test, et nous supposons seulement que (P_t) est un bon semi-groupe de diffusion à valeurs dans E (le mot diffusion signifie que toutes les martingales rencontrées sont continues), admettant μ comme loi invariante symétrique.

Nous désignons par Ω l'ensemble de toutes les applications continues de $\mathbb{R}_+$ dans $E\times\mathbb{R}$, par $Y_t=(X_t,B_t)$ l'application coordonnée d'indice t sur Ω, par P^a ($a\in]0,\infty[$) l'unique loi sur Ω pour laquelle

(X_t) est un processus de Markov de semi-groupe de transition (P_t), de mesure initiale μ ,

(B_t) est un mouvement brownien à valeurs dans $\mathbb{R}$, de générateur D^2 ($\langle B,B\rangle_t=2t$), de loi initiale ε_a ,

(X_t) et (B_t) sont indépendants .

L'espérance pour P^a est notée E^a, et l'on pose $\tau=\inf\{t : B_t=0\}$.

Soit f une fonction sur E , appartenant à un espace $L^p(\mu)$. On désigne par $\bar{f}(x,t)$ son "prolongement harmonique au demi-espace $E\times\mathbb{R}_+$" , $\bar{f}(x,t) = Q_t(x,f)$. On montre alors que

le processus $M_t(f) = \bar{f}(Y_{t\wedge\tau})$ est une martingale pour P^a

(c'est en fait la martingale $E^a[f(X_\tau)|\mathcal{F}_t]$). Nous omettrons souvent la mention de f . Cette martingale peut se décomposer en une projection orthogonale sur le sous-espace stable engendré par (B_t), dite « partie horizontale de M »

$$M^{\rightarrow}_t(f) = \int_0^{t\wedge\tau} D\bar{f}(Y_s)dB_s \qquad (\text{ où } D\bar{f}(x,t) = \frac{\partial\bar{f}(x,t)}{\partial t})$$

et la projection $M_t^{\uparrow}(f)$ (<< verticale >>) sur le sous-espace stable orthogonal. On peut montrer que

$$(7)\qquad \begin{aligned} <M^{\rightarrow},M^{\rightarrow}>_t &= 2\int_0^{t\wedge\tau}(D\bar{f}(Y_s))^2 ds \\ <M^{\uparrow},M^{\uparrow}>_t &= 2\int_0^{t\wedge\tau}\Gamma(f_t,f_t)(Y_s)ds \qquad (f_t=\bar{f}(.,t)) \end{aligned}$$

Une propriété fondamentale, qui se déduit de la symétrie du semi-groupe, est l'égalité

$$(8)\qquad \begin{aligned} E^a[<M^{\rightarrow}(f),M^{\rightarrow}(g)>_{\infty}] &= E^a[<M^{\uparrow}(f),M^{\uparrow}(g)>_{\infty}] \\ &= \tfrac{1}{2}\int fg d\mu - \tfrac{1}{2}\int Q_a f.Q_a g\, d\mu \end{aligned}$$

Nous définissons maintenant divers types de normes. Tout d'abord, la norme H^1 maximale de f :

$$(9)\qquad \|f\|_{H^1_{max}} = \sup_a E^a[\sup_s |M_s(f)|]$$

On peut montrer que ceci est en fait une fonction croissante de a , de sorte que l'on peut remplacer $\sup_a$ par $\lim_{a\to\infty}$. On a $\|f\|_{L^1} \leq \|f\|_{H^1_{max}}$. En remplaçant $M(f)$ par $M^{\rightarrow}(f)$ ou $M^{\uparrow}(f)$, pour $f\in L^2$ par exemple, on définit des normes notées $\|f\|_{H^{1\rightarrow}_{max}}$, $\|f\|_{H^{1\uparrow}_{max}}$. Comme d'habitude, ces normes sont équivalentes à des normes quadratiques, que nous n'expliciterons pas. On définit de la même manière des normes BMO de la façon suivante : comme la martingale $M_t(f)$ est continue, elle appartient à BMO sous la loi P^a si et seulement s'il existe c tel que

$$E^a[|M_{\infty}-M_t||\mathcal{F}_t]\leq c \text{ p.s. , ou } \quad Q_s(x,|Q_s f-f|) \leq c \quad \lambda_a^t\text{-p.p.}$$

où $\lambda_a^t(dx,ds)$ est la mesure $P^a\{X_t\in dx, B_t\in ds, I_{\{t<\tau\}}\}$. Ces mesures sont toutes équivalentes, et la norme BMO est donc indépendante de a (en s'appuyant sur la continuité des Q_t , on peut montrer que $f\in$BMO <=> $Q_t(|f-Q_t f|)$ est uniformément borné, mais nous n'aurons pas besoin de cela). Du point de vue quadratique, l'appartenance à BMO signifie que la fonction $(D\bar{f}(x,t))^2+\Gamma(f_t,f_t)$ a un potentiel de Green borné dans $E\times\mathbb{R}_+$; en séparant cette fonction en ses deux parties, on obtient les deux espaces $BMO^{\rightarrow}$ ($M^{\rightarrow}(f)\in BMO$) et $BMO^{\uparrow}$.

Nous établissons maintenant d'importantes inégalités. Soient f,g appartenant à deux espaces conjugués L^p,L^q avec $1<p<\infty$. Nous avons d'après (8) (les normes L^p sur Ω étant relatives à P^a)

$$(10)\qquad \begin{aligned} |\int fg\, d\mu| &\leq |\int Q_a f\, Q_a g\, d\mu| + 2E^a[|<M^{\rightarrow}(f),M^{\rightarrow}(g)>_{\infty}^{1/2}|] \\ &\leq |\ldots| + 2\|<M^{\rightarrow}(f),M^{\rightarrow}(f)>_{\infty}^{1/2}\|_p \|<M^{\rightarrow}(g),M^{\rightarrow}(g)>_{\infty}^{1/2}\|_q \\ &\qquad \text{(inégalité de Kunita-Watanabe)} \\ &\leq |\int Q_a f\, Q_a g\, d\mu| + c_p\|<M^{\rightarrow}(f),M^{\rightarrow}(f)>_{\infty}^{1/2}\|_p \|g\|_q \end{aligned}$$

(remplacer $M^{\rightarrow}$ par M dans le dernier terme, ce qui augmente le crochet, et appliquer les inégalités de Burkholder). On aurait des inégalités semblables en remplaçant $M^{\rightarrow}$ par $M^{\uparrow}$, M .

Lorsque f=g, remarquons explicitement l'équivalence de normes

(11) $\quad \|\langle M^{\rightarrow}(f),M^{\rightarrow}(f)\rangle_{\infty}^{1/2}\|_p \leq c_p\|f\|_p \leq c_p(\|Q_af\|_p+\|\langle M^{\rightarrow}(f),M^{\rightarrow}(f)\rangle_{\infty}^{1/2}\|_p)$

où l'on peut également remplacer $M^{\rightarrow}$ par $M,M^{\uparrow}$.

Dans le cas limite p=1, on procède comme en (10), en utilisant l'inégalité de Fefferman au lieu de l'inégalité de Kunita-Watanabe :

(12) $\quad |\int fg\, d\mu| \leq |\int Q_af\, Q_ag\, d\mu| + c\|f\|_{H^{1\rightarrow}} \|g\|_{BMO^{\rightarrow}}$

où l'on peut utiliser aussi les normes sans $^{\rightarrow}$ (ou avec $^{\uparrow}$). Un cas particulier important est celui où f par exemple appartient à L^p_0 . On remplace alors $|\int Q_afQ_agd\mu|$ par $|\int Q_{2a}f\, gd\mu|$, que l'on majore par $\|Q_{2a}f\|_p\|g\|_q$, et l'on fait tendre a vers $+\infty$; ce terme tend vers 0, et les formules ne font plus intervenir du côté droit que les martingales.

III. APPLICATION AUX TRANSFORMATIONS DE RIESZ

Nous allons appliquer les résultats précédents au semigroupe de la section I. Soit f un polynôme d'intégrale nulle, et soit

$$\varphi(x,t) = HQ_tf(x) \quad , \quad \Phi_t = \varphi(Y_{t\wedge\tau})$$

φ n'est pas le prolongement harmonique Q_tHf de Hf, mais on a

$$(D_t^2+L_x)\varphi(x,t) = -HLQ_tf + LHQ_tf \quad (\text{ puisque } D^2Q_t=-LQ_t)$$
$$= H(a)HQ_tf = h(x)\varphi(x,t)$$

d'où il résulte que $(D_t^2+\tilde{L}_x)\varphi = 0$ si l'on pose $\tilde{L}$ =L-hI , générateur d'un semi-groupe sousmarkovien symétrique $(\tilde{P}_t)$: φ est donc un prolongement harmonique, mais relatif à un autre semi-groupe. Nous allons un peu préciser cela.

Comme φ est une fonction C^{∞} sur $E\times\mathbb{R}_+$, bornée d'après la prop.1, 3), (Φ_t) est une semimartingale bornée de décomposition canonique

(13) $\quad \Phi_t = \Phi_0 + N_t + A_t \quad , \quad A_t = \int_0^{t\wedge\tau}(D_t^2+L_x)\varphi\circ Y_s ds = \int_0^{t\wedge\tau} h(X_s)\Phi_s ds$

Comme h est μ-intégrable, Φ borné, on voit que $\int_0^t|dA_s|$ est intégrable, donc $E^a[\sup_{s\leq t}|N_s|] < \infty$.

La relation $\Phi_t-\Phi_0-\int_0^{t\wedge\tau}h(X_s)\Phi_s ds = N_t$ se résout explicitement en

(14) $\quad \Phi_t = \Phi_0U_t\int_0^t U_s^{-1}dN_s$ où $U_t= \exp\int_0^{t\wedge\tau} h(X_s)ds$ est croissant .

En particulier, $|\Phi_t|$ est le produit d'un processus croissant par la valeur absolue d'une (vraie) martingale : c'est une sousmartingale.

Nous allons calculer le processus croissant $< N,N >$. Nous avons d'abord

$$< N,N >_t \geqq < N^{\to},N^{\to} >_t$$

où $N^{\to}$ est la projection de N sur le sous-espace stable engendré par le mouvement brownien B , et vaut

$$\int_0^{t\wedge\tau} D\varphi(X_s,B_s)dB_s \qquad (D=\partial/\partial s)$$

Cette dérivée vaut $H\frac{\partial}{\partial t}Q_t f = HQ_t Cf$, et son carré vaut $\Gamma(Q_t Cf,Q_t Cf)$, autrement dit

(15) $$< N^{\to},N^{\to} >_t = < M^{\uparrow}(Cf),M^{\uparrow}(Cf) >_t$$

D'autre part, nous avons en appliquant la formule d'intégration par parties au processus $|\Phi_t|$, et en remarquant que $[|\Phi|,|\Phi|]=[\Phi,\Phi]=[N,N]$

$$\Phi_t^2 = \Phi_0^2 + \int_0^t 2|\Phi_s|d|\Phi_s| + <N,N>_t$$

et comme le second processus est une sousmartingale, nous avons pour tout couple (S,T) de temps d'arrêt bornés tels que $S\leqq T$

(16) $$E[<N,N>_T-<N,N>_S] \leqq E[\Phi_T^2-\Phi_S^2] \leqq E[\Phi_T^{*2}I_{\{S<T\}}]$$

d'après le lemme de Lenglart-Lepingle-Pratelli ([4], p.29, lemme 1.1) on en déduit que pour tout p, $0<p<\infty$, on a

(16') $$E[<N,N>_\infty^{p/2}] \leqq c_p E[\Phi_\infty^{*p}]$$

[Peut être est il intéressant de noter le résultat analogue pour le morceau manquant du processus croissant :

(16") $$E[(\int_0^\tau h(X_s)\varphi^2(Y_s)ds)^{p/2}] \leqq c_p E[\Phi_\infty^{*p}] \qquad]$$

Nous avons maintenant tous les ingrédients nécessaires pour montrer que la transformation de Riesz HV opère dans L_0^p . Comme les applications C et V sont des bijections réciproques de l'ensemble des polynômes d'intégrale nulle (dense dans L_0^p) sur lui même, il suffit en fait de savoir comparer les normes dans L^p de Hf et de Cf .

THEOREME 2. Soit f un polynôme d'intégrale nulle. Il existe des constantes universelles telles que l'on ait, pour $1<p<\infty$

(17) $$k_p\|Cf\|_p \leqq \|Hf\|_p \leqq K_p\|Cf\|_p$$

Par << universelles >>, nous voulons dire que ce sont en fait des constantes de théorie des martingales, ne dépendant pas de la nature particulière du semi-groupe. Il n'en sera plus de même pour p=1.

Démonstration. Nous reprenons les notations ci-dessus : puisque $(|\Phi_t|)$ est une sousmartingale positive avec $|\Phi_\infty|=|Hf(X_\tau)|$, nous avons d'après l'inégalité de Doob

$$\|\Phi_\infty^*\|_p \leqq c_p\|Hf\|_p$$

Nous appliquons ensuite (15) et (16) pour obtenir (avec un autre c_p)

$$\| < M^{\uparrow}(Cf), M^{\uparrow}(Cf) >_{\infty}^{1/2} \|_p \leq c_p \|Hf\|_p$$

Ensuite, nous écrivons (11) pour $M^{\uparrow}$ au lieu de $M^{\rightarrow}$, en remarquant que la majoration précédente est indépendante du point initial a ; comme Cf est d'intégrale nulle, on peut choisir a assez grand pour que $\|Q_{2a}Cf\|_p$ soit très petit, et on obtient (sans avoir eu à supposer pour cette inégalité que $\int f d\mu = 0$)

(18) $$\|Cf\|_p \leq c_p \|Hf\|_p \ .$$

Pour obtenir l'inégalité en sens inverse, on procède par dualité selon un chemin bien connu. On prend deux polynômes f,g et l'on écrit

$$< Hf, Hg >_{\mu} = \int \Gamma(f,g) d\mu = - \int Lf.g d\mu = < Cf, Cg >_{\mu}$$

et par conséquent, d'après (18)

$$| < Hf, Hg >_{\mu} | \leq c_p \|Cf\|_p \|Hg\|_q$$

Pour établir que $\|Hf\|_p \leq c_p \|Cf\|_p$, il suffit donc de vérifier que l'on peut « tester » la norme dans L^p d'une fonction de la forme Hf , au moyen de fonctions du même type de norme 1 dans L^q . Or l'ensemble des fonctions de la forme $Hg(x) = \sqrt{1-x^2}\, g'(x)$, où g est un polynôme, est dense dans L^q (tout polynôme est la dérivée d'un polynôme).

REMARQUE. Cette partie de la démonstration ne pourra pas s'étendre en dimension supérieure à 1 : l'inégalité (17) comporte deux moitiés, et nous démontrons celle qui se " dualise " le moins bien.

IV. LES TRANSFORMATIONS DE RIESZ POUR p=1

Nous passons au cas p=1 , qui va reposer sur l'inégalité $h \geq \gamma a^2$ (6) . Dans tous les cas classiques, le théorie de l'espace H^1 utilise un « lemme de sous-harmonicité, et nous allons commencer par là, avec les notations suivantes. Nous prenons un polynôme f d'intégrale nulle Nous posons

$$\varphi(x,t) = HVQ_t f(x) \ , \quad \Phi_t = \varphi(Y_{t\wedge\tau})$$

$$\psi(x,t) = Q_t f(x) = \bar{f}(x,t) \ , \quad \Psi_t = \psi(Y_{t\wedge\tau})$$

Nous avons vu au début de cette section que (Φ_t) est, sous toute loi P^a, une semimartingale de classe H^1, tandis que (Ψ_t) est une martingale bornée. Voici le lemme de sous-harmonicité :

LEMME 3. <u>Il existe un</u> $p \in]0,1[$ <u>tel que</u> $(\Phi^2 + \Psi^2 + \varepsilon)^{p/2}$ <u>soit une sous-martingale pour tout</u> $\varepsilon > 0$, <u>sous toute loi</u> P^a.

<u>Preuve</u>. La formule d'Ito nous ramène à montrer qu'une partie à variation finie est croissante, ou encore à vérifier que $(D_t^2 + L_x)[\varphi^2 + \psi^2 + \varepsilon]^{p/2} \geq 0$. Il s'agit donc en principe d'un pur calcul analytique.

Ce calcul est assez lourd. Pour avoir de bonnes notations, nous écrirons φ_0, φ_1 au lieu de φ, ψ. Nous désignons par $\bar{L}$ l'opérateur $\frac{\partial^2}{\partial t^2}+L$, par $\bar{\Gamma}$ son carré du champ. Nous savons déjà

(i) $\bar{L}\varphi_0 = 0 \quad , \quad \bar{L}\varphi_1 = h\varphi_1$

Posons ensuite $\frac{\partial}{\partial t}\varphi_0 = p_0 \ , \quad \frac{\partial}{\partial t}\varphi_1 = q_0$

$H\varphi_1 = p_1 \ , \quad H\varphi_1 = q_1$

de sorte que

(ii) $\bar{\Gamma}(\varphi_0,\varphi_0) = p_0^2+p_1^2 \ , \quad \bar{\Gamma}(\varphi_0,\varphi_1) = p_0q_0+p_1q_1 \ , \ \bar{\Gamma}(\varphi_1,\varphi_1) = q_0^2+q_1^2$

Nous avons

$$\text{(iii)}\quad \begin{aligned} q_0 &= \tfrac{\partial}{\partial t}HQ_tVf = HQ_tCVf = -HQ_tf = -p_1 \\ q_1 &= H^2Q_tVf = (L+aH)Q_tVf = -CQ_tCVf+a\varphi_1 = p_0+a\varphi_1 \end{aligned}$$

L'étape suivante consiste à appliquer à la fonction $F=(x_0^2+x_1^2+\varepsilon)^{p/2}$ la « formule d'Ito » (il s'agit plutôt de calcul de Malliavin !), donnant $\bar{L}F(\varphi_0,\varphi_1)$. Pour simplifier les notations, nous écrivons F, F_0'.. au lieu de $F(\varphi_0,\varphi_1), F_0'(\varphi_0,\varphi_1)$...

(iv) $\bar{L}F = F_0'\,\bar{L}\varphi_0 + F_1'\,\bar{L}\varphi_1 + F_{00}''\,\bar{\Gamma}(\varphi_0,\varphi_0) + 2F_{01}''\,\bar{\Gamma}(\varphi_0,\varphi_1) + F_{11}''\,\bar{\Gamma}(\varphi_1,\varphi_1)$

Il faut ensuite calculer les dérivées. En posant $r^2 = x_0^2+x_1^2$, on a

(v) $F_i' = px_i(r^2+\varepsilon)^{-1}F \ , \quad F_{ij}'' = p[(p-2)x_ix_j+(r^2+\varepsilon)\delta_{ij}](r^2+\varepsilon)^{-2}F$

On reporte cela dans (iv), et l'on remplace les $\bar{L}$ et les $\bar{\Gamma}$ par leurs valeurs tirées de (i),(ii). Mettant en facteur $p(r^2+\varepsilon)^{-2}F$ (et désignant par r^2 cette fois $\varphi_0^2+\varphi_1^2$) on est ramené à montrer que l'expression suivante est positive pour certaines valeurs de $p \in]0,1[$

$$\text{(vi)}\quad h(r^2+\varepsilon)\varphi_1^2 + (p-2)[\varphi_0^2(p_0^2+q_0^2) + 2\varphi_0\varphi_1(p_0p_1+q_0q_1) + \varphi_1^2(p_1^2+q_1^2)] + (r^2+\varepsilon)[(p_0^2+q_0^2) + (p_1^2+q_1^2)]$$

Comme $h \geqq 0$, le coefficient de ε est positif, et nous pouvons oublier ε. Nous introduisons les vecteurs $U_0=\binom{p_0}{q_0}$ et $U_1=\binom{p_1}{q_1}$ et les nombres

$$T=|U_0|^2+|U_1|^2, \quad S=2U_0\wedge U_1=2(p_0q_1-p_1q_0)$$

de sorte que

(vii) $T \geqq |S| \ , \quad T-S = a^2\varphi_1^2$

le premier terme de la somme (vi) devient donc $\frac{h}{a^2}(T-S)r^2$, et notre hypothèse était $h/a^2 \geqq \gamma$. Le problème consiste donc à montrer que

(viii) $\gamma(T-S) + T \geqq (2-p)\,\frac{1}{r^2}\,|\varphi_0U_0+\varphi_1U_1|^2$

Soit θ l'angle des deux vecteurs U_0, U_1 ; on a $S^2=4|U_0|^2|U_1|^2\sin^2\theta$, et l'on a $\sup_{x_0^2+x_1^2=1} |x_0U_0+x_1U_1|^2 = \frac{1}{2}(T+\sqrt{T^2-S^2})$. La relation

$$\gamma(T-S)+T \geqq (1-\tfrac{p}{2})(T+\sqrt{T^2-S^2})$$

s'écrit en posant $x=S/T$, compris entre -1 et 1

$$\gamma(1-x)+1 \geqq (1-\tfrac{p}{2})[1+\sqrt{1-x^2}\,]$$

et comme le maximum m de la fonction $(1+\sqrt{1-x^2})/2(1+\gamma(1-x))$ sur l'intervalle $[-1,1]$ est <1 strictement[1] pour tout $\gamma>0$, l'intervalle $[2-1/m,\infty[$ des valeurs de p pour lesquelles cette inégalité est satisfaite contient des valeurs <1, ce qui établit le lemme.

THEORIE DE L'ESPACE H^1. Nous avons défini en (9) et un peu plus bas les espaces H^1 « probabilistes » H^1_{max} et $H^{1\uparrow}_{max}$. Nous les modifierons légèrement ces définitions, en nous restreignant désormais aux fonctions d'*intégrale nulle*. Nous désirons comparer ces espaces à un espace H^1 « analytique » défini formellement par les conditions $f\in L^1_0$, $HVf\in L^1$. Cependant, cette définition n'est pas correcte, car HV n'est pas défini sur L^1_0. Nous utilisons alors les propriétés régularisantes des noyaux Q_t, qui appliquent L^1_0 dans L^2_0 (même dans L^∞) pour définir H^1_{an} comme l'ensemble des $f\in L^1_0$ tels que

$$\|f\|_{H^1_{an}} = \|f\|_{L^1} + \sup_{t>0} \|HVQ_tf\|_{L^1} < \infty \ . \tag{19}$$

Nous préciserons un peu cela : nous avons signalé plus haut que, si g est un polynôme, on a $HQ_tg=\widetilde{Q}_tHg$, où $(\widetilde{Q}_t)$ est un semi-groupe sous-markovien symétrique par rapport à μ. Remplaçant g par Vf (f polynôme d'intégrale nulle) on voit que $HVQ_tf = \widetilde{Q}_tHVf$, d'où il résulte que $\|HVQ_tf\|_1$ est fonction *décroissante de* t ; cela s'étend alors à $f\in L^1_0$, et l'on peut remplacer $\sup_{t>0}$ par $\lim_{t\downarrow 0}$.

Notre objectif est la démonstration de l'énoncé suivant. Soulignons un point non résolu : nous ne savons pas montrer que la transformation de Riesz HV est bornée de H^1 dans lui même.

THEOREME 4. *Les trois espaces* H^1_{max}, $H^{1\uparrow}_{max}$, H^1_{an} *sont égaux, avec des normes équivalentes - on les désignera tous trois par* H^1. *De plus, si* $f\in H^1$, *on peut définir* $HVf\in L^1$ *par la formule*

$$HVf = \lim_{t\downarrow 0} HVQ_tf \quad (\text{ limite forte }) \tag{20}$$

et cet opérateur est borné de H^1 *dans* L^1.

Preuve. Nous suivons le même schéma que dans le cas des sphères, mais avec des différences d'ordre technique.

1. En fait ce maximum est égal à $(1+\gamma)/1+2\gamma$, et la valeur limite de p est $1/1+\gamma < 1$.

Première étape. $H^{1\uparrow}_{max} \subset H^1_{an}$. Nous allons commencer par montrer que l'on a $\|k\|_{H^1_{an}} \leq c\|k\|_{H^{1\uparrow}_{max}}$ lorsque $k \in L^2_0$. Alors HVk est bien défini, et il suffit de borner sa norme L^1. Celle ci peut être majorée par $2\sup_j |\langle k,j\rangle|$, j parcourant l'ensemble des fonctions bornées par 1 en module et d'intégrale nulle (la boule unité de L^∞_0). D'autre part, toute fonction de L^1 orthogonale aux HVg (g polynôme d'intégrale nulle) est constante - cf. la fin de la démonstration du th.2 - donc l'adhérence faible des HVg dans L^∞ est L^∞_0. Finalement

$$\|HVk\|_1 \leq 2\sup_g |\langle HVk,HVg\rangle_\mu| \quad \text{où } g \text{ est un polynôme d'intégrale nulle et } \|HVg\|_\infty \leq 1 .$$

Or on a $\langle HVk,HVg\rangle_\mu = \langle k,g\rangle_\mu$. Lorsque k est un polynôme d'intégrale nulle, cela résulte des égalités

$$\langle HVk,HVg\rangle_\mu = \int \Gamma(Vk,Vg)d\mu = \langle CVk,CVg\rangle_\mu = \langle k,g\rangle_\mu$$

et le théorème 2 permet alors de passer à $k \in L^2_0$. Nous appliquons alors la forme de (10) relative aux martingales $M^\uparrow$, en y faisant tout de suite tendre a vers $+\infty$: le côté droit se trouve majoré par

$$2\sup_a E^a[|\langle M^\uparrow(k),M^\uparrow(g)\rangle_\infty|] \leq c\|k\|_{H^{1\uparrow}_{max}} \|M^\uparrow(g)\|_{BMO}$$

Reste à évaluer cette dernière norme par $c\|HVg\|_\infty$. Posons $Vg=f$ pour pouvoir utiliser les notations du théorème 2 : $\varphi(x,t)=HQ_tf(x)$, etc. On a

$$\langle M^\uparrow(g),M^\uparrow(g)\rangle_t = \int_0^{t\wedge\tau} 2(HQ_.g(Y_s))^2ds$$

mais $HQ_tg = -HQ_tCf = -DHQ_tf$, donc $\langle M^\uparrow(g),M^\uparrow(g)\rangle = \langle \vec{N},\vec{N}\rangle_t$ (cf. (15), où ce raisonnement a déjà été fait). Ainsi d'après (16)

$$E^a[\langle M^\uparrow(g),M^\uparrow(g)\rangle_t^\infty |\mathcal{F}_t] \leq E[\Phi^2_\infty - \Phi^2_t|\mathcal{F}_t]$$

et en particulier, si $\Phi_\infty = Hf = HVg$ est borné, on obtient le résultat cherché.

Maintenant, il nous faut lever l'hypothèse $k \in L^2_0$. Nous supposons seulement que $k \in L^1_0$ est tel que la martingale $M(k)$ ait une partie verticale $M^\uparrow(k)$ satisfaisant à

$$\sup_a E^a[\,M^\uparrow(k)^*] < \infty .$$

Soit $\varepsilon>0$, $\tau_\varepsilon = \inf\{t : B_t=\varepsilon\}$, et $k_\varepsilon = Q_\varepsilon k$. La loi de la martingale $M^\uparrow_{t\wedge\tau_\varepsilon}(k)$ sous P^a est la même que celle de $M^\uparrow_t$ sous $P^{a-\varepsilon}$, donc k_ε appartient à $H^{1\uparrow}_{max}$ avec une norme plus petite que celle de k. D'autre part, les propriétés régularisantes de Q_ε entraînent que $k_\varepsilon \in L^2_0$. On peut donc lui appliquer le raisonnement précédent, et en déduire que

$$\|HVQ_\varepsilon k\|_1 \leq c\|k\|_{H^{1\uparrow}_{max}} \quad \text{pour tout } \varepsilon>0$$

Cela achève la première étape, par définition de H^1_{an} .

Seconde étape. $H^1_{an} \subset H^1_{max}$. Nous allons utiliser ici le lemme de sous-harmonicité (lemme 3). Soit d'abord f un polynôme d'intégrale nulle. En appliquant l'inégalité de Doob avec exposant $1/p > 1$ à la sous-martingale positive du lemme, nous obtenons

$$E^a[\Phi^*]\vee E^a[\Psi^*] \leq E^a[((\Phi^2+\Psi^2)^{1/2})^*] \leq cE^a[(\Phi^2_\infty+\Psi^2_\infty)^{1/2}]$$
$$\leq c(\|f\|_1+\|HVf\|_1) .$$

Considérons ensuite le cas où $f\in L^2_0$. Soit (f^n) une suite de polynômes d'intégrale nulle, telle que $\|f^n-f\|_2\leq 2^{-n}$. D'après le théorème 2, on a aussi $\|HV(f-f^n)\|_2 \leq c2^{-n}$, et les processus correspondants (Φ^n_t) sont tels que $\Sigma_n\ E^a[|\Phi^n-\Phi^{n+1}|^*] < \infty$. Il en résulte sans peine que :

-L'ensemble des N des (x,t) tels que $\varphi^n(x,t)$ ne converge pas vers une limite finie $\varphi(x,t)$ est polaire pour le processus (Y_t) (i.e. la probabilité sous P^a que la trajectoire $Y_.(\omega)$ tencontre N est nulle).
- Le processus $\Phi_t=\varphi(X_{t\wedge\tau},B_{t\wedge\tau})$ est continu, et l'on a encore l'inégalité précédente (application du lemme de Fatou).

Remarquons qu'en fait, on aurait pu appliquer l'inégalité de Doob avec un meilleur exposant - en utilisant le fait que $f\in L^2_0$ pour obtenir que $E^a[(\Phi^{n*})^2]$ est borné, mais par une quantité qui bien sûr ne dépend pas seulement de $\|f\|_{H^1_{an}}$. Utilisant (14), nous pouvons écrire $\Phi^n_t=U_tM^n_t$, où (U_t) est un processus croissant ≥ 1, et (M^n_t) est une martingale ; notre majoration des Φ^{n*} passe aux M^{n*}, donc $M=\lim_n M^n$ est une martingale uniformément intégrable.

Nous supposons simplement $f\in H^1_{an}$; alors pour tout $\varepsilon>0$, la théorie précédente s'applique à $f_\varepsilon=Q_\varepsilon f$, qui a une norme plus petite dans H^1_{an}, et nous en déduisons les propriétés suivantes :

i) On peut choisir pour chaque t une version de $\varphi(.,t)=HVQ_tf$, de sorte que le processus Φ_t <u>défini sur</u> $[0,\tau[$ comme $\varphi(Y_t)$ soit continu, et que l'on ait

$$E^a[\ \sup_{t\leq\tau_\varepsilon}|\Phi_t|] \leq c\|f\|_{H^1_{an}}$$

et de même en remplaçant φ_t par $\psi_t = Q_tf$.

ii) On peut écrire $\Phi_t=U_tM_t$, où (U_t) est le processus croissant ≥ 1 $\exp(\int_0^{t\wedge\tau}h(X_s)ds)$, et (M_t) est une martingale locale sur l'intervalle ouvert $[0,\tau[$.

Le résultat relatif à Ψ^* nous montre aussitôt que f appartient à H^1_{max} , et comme $H^1_{max}\subset H^{1\dagger}_{max}$, l'identité des trois espaces H^1.

Le résultat relatif à Φ^* entraîne que M^* est intégrable, donc M a une limite p.s. à l'instant τ ; donc Φ_t en a une aussi, et l'intégrabilité de Φ^* entraîne que l'on a aussi convergence dominée dans L^1. En particulier, la limite

$$\lim_{\eta\downarrow 0} \Phi(Y_{\tau_\eta}) = \lim_{\eta\downarrow 0} \varphi(X_{\tau_\eta},\eta)$$

existe p.s. et dans L^1. Mais le processus $(X_{\tau_\eta})_{\eta\geq 0}$ est un processus de Markov de semi-groupe de transition (Q_t), par rapport à sa filtration naturelle (que nous noterons $(\mathcal{G}_t)$) : il suffit de remarquer que le processus $(\tau_\eta)_{\eta\geq 0}$ est stable d'ordre 1/2 et indépendant de $(X_.)$. La limite ci-dessus appartenant à la tribu $\mathcal{G}_{0+}$, la loi 0-1 de Blumenthal entraîne que c'est une fonction de X_τ seulement, que l'on notera $\varphi(X_\tau,0)$. Si l'on se rappelle que $\varphi(.,t)$ est une version de HVQ_tf, il est naturel de poser $\varphi(.,0) = HVf$, et de l'appeler la <u>transformée de Riesz</u> de f.

La convergence dans L^1 entraîne que $E^a[|\varphi(X_{\tau_\eta},\eta)-\varphi(X_\tau,0)|]\rightarrow 0$. Conditionnant p.r. à X_{τ_η} , on voit que $\int|HVQ_\eta f-Q_\eta HVf|d\mu \rightarrow 0$. Mais par ailleurs, comme $HVf\in L^1$, $\int|Q_\eta HVf-HVf|d\mu \rightarrow 0$. D'où finalement l'assertion de l'énoncé : $HVQ_\eta f \rightarrow HVf$ dans L^1. Le fait que (Q_tf,HVQ_tf) tende vers (f,HVf) dans L^1 entraîne à son tour que Q_tf <u>tend fortement vers</u> f <u>dans</u> H^1_{an} <u>lorsque</u> $t\rightarrow 0$.

On en déduit diverses conséquences intéressantes : L^2_0 , ou les polynômes de moyenne nulle, sont denses dans H^1 . De même, la relation $HVQ_tf = \tilde{Q}_tHVf$, où $(\tilde{Q}_t)$ est le semi-groupe de Cauchy associé au semi-groupe (P_t) du début de la section III, passe des polynômes de moyenne nulle à H^1 tout entier. Il en résulte que HVQ_tf <u>converge en fait p.p.</u> vers HVf lorsque $t\rightarrow 0$.

REMARQUE. Il reste des points que nous ne sommes pas parvenus à éclaircir ; l'un d'eux a été déjà signalé avant l'énoncé. Un second point est le rôle de l'espace $H^{1\rightarrow}_{max}$: est il identique aux autres espaces H^1 et comment le montrer ? La clef se trouve sans doute dans une étude plus approfondie de la semi-martingale (Φ_t).

Enfin, nous ignorons si le dual de H^1 est BMO : la pièce manquante est ici la description du dual de H^1_{an} , du fait que la transformation de Riesz $R=HV$ a un adjoint peu maniable $R^*=V(aI-H)$.

REFERENCES

[1] BAKRY (D.). Etude probabiliste des transformées de Riesz et de l'espace H^1 sur les sphères. Sém. Prob. XVIII, Lecture Notes in M. 10 Springer-Verlag 1984.

[2] COIFMAN (R.) et WEISS (G.). Extensions of Hardy spaces and their use in analysis. Bull. A.M.S. 83, 1977, p. 137-192.

[3] FEFFERMAN (C.) et STEIN (E.M.). H^p spaces of several variables. Acta Math. 129, 1972, p. 137-192.

[4] LENGLART (E.), LEPINGLE (D.), PRATELLI (M.). Présentation unifiée de certaines inégalités de la théorie des martingales. Sém. Prob. XIV, p. 26-48. Lecture Notes in M. 784 Springer 1980.
(version améliorée par Barlow-Yor dans leur article :

[5] MEYER (P.A.) . Démonstration probabiliste de certaines inégalités de Littlewood-Paley. Sém. Prob. X, p. 125-183, Lecture Notes 511

[6] MEYER (P.A.). Le dual de $H^1(\mathbb{R}^\nu)$: démonstrations probabilistes. Sém. Prob. XI, p. 135-195, Lecture Notes in M. 581, Springer 1977

[7] MEYER (P.A.). Note sur les processus d'Ornstein-Uhlenbeck. Sém. Prob. XVI, p. 95-132, Lecture Notes in M. 920, Springer 1982.

[8] MEYER (P.A.). Transformations de Riesz pour les lois gaussiennes. Sém. Prob. XVIII, Lecture Notes in M. 10

[9] MUCKENHOUPT (B.) et STEIN (E.M.). Classical expansions and their relation to conjugate harmonic functions. Transactions AMS 118, 1965, p. 17-92.

[10] STEIN (E.M.). Topics in harmonic analysis related to the Littlewood Paley theory. Princeton University Press, 1970.

TRANSFORMATIONS DE RIESZ POUR LES SEMI-GROUPES SYMETRIQUES

SECONDE PARTIE : ETUDE SOUS LA CONDITION $\Gamma_2 \geqq 0$

par D. Bakry

La première partie de ce travail cherchait à dégager, en dimension 1, les hypothèses nécessaires pour le développement d'une bonne théorie des transformations de Riesz. Nous nous proposons ici de démontrer un certain nombre de résultats généraux sous ces hypothèses - en laissant toutefois de côté la théorie H^1.

Rappelons qu'il s'agit de démontrer des inégalités de normes dans L^p entre l'opérateur linéaire C (générateur de Cauchy) et l'opérateur non linéaire $\sqrt{\Gamma}$ (carré du champ). L'hypothèse qui remplace la condition $H(a) \geqq 0$ (formule (4) de la première partie) est la propriété << intrinsèque >> figurant dans la proposition 1, qui s'écrit sous forme intégrale $\Gamma(P_t f, P_t f) \leqq P_t \Gamma(f,f)$, et sous forme différentielle

$$2\Gamma_2(f,f) = L\Gamma(f,f) - 2\Gamma(f,Lf) \geqq 0$$

Lorsque L est un bon opérateur différentiel d'ordre 2, Γ_2 est une expression quadratique en les dérivées d'ordre $\leqq 2$ de f , et l'on peut s'interroger sur la signification géométrique d'une telle condition : Emery a montré (voir une note dans ce volume) que, lorsque L est le laplacien d'une variété riemannienne, cela correspond à une propriété de positivité de la courbure de Ricci (lorsque le laplacien est perturbé par un terme du premier ordre, l'interprétation est plus compliquée).

Depuis toujours, les inégalités d'intégrales singulières sont établies d'abord pour une classe $\mathcal{D}$ de bonnes fonctions (pour lesquelles tous les calculs formels que l'on peut faire sont légitimes) et prolongées ensuite par un argument de densité. Dans la première partie, le rôle de $\mathcal{D}$ était tenu par les polynômes. Ici, pour ne pas obscurcir les idées essentielles de la méthode par des complications techniques, nous avons pris le parti de rejeter celles-ci à la fin de l'article, en signalant par une marque ▌ chaque place où un calcul formel demande à être justifié. Provisoirement, le lecteur admettra que $\mathcal{D}$ est une algèbre de fonctions bornées, contenue dans tout $L^p(\mu)$ tel que $1<p<\infty$, dense dans L^p pour $1<p<\infty$, stable par L et les autres opérateurs considérés. Les hypothèses précises seront discutées plus tard, au §3.

Les notations sont les mêmes que dans la première partie : (P_t) est un semi-groupe markovien sur l'espace d'états E , symétrique par rapport à la mesure μ , admettant une réalisation par de bons processus de Markov (X_t) ; sa résolvante est (U_p) , (Q_t) est le semi-groupe de Cauchy associé, les générateurs des deux semi-groupes sont L et C . Contrairement à la première partie, nous considérerons des processus qui ne sont pas des diffusions (autrement dit, le générateur n'est pas nécessairement local, les martingales ne sont pas nécessairement continues).

Le travail comprend trois paragraphes : dans le premier, on établit la partie facile des inégalités, i.e. la domination de C par $\sqrt{\Gamma}$; dans le second, les inégalités inverses. Le troisième contient des résultats et justifications d'ordre technique.

Les notations $\Gamma(f,f)$, $\Gamma_2(f,f)$ avec deux arguments égaux seront parfois abrégées en $\Gamma(f)$, $\Gamma_2(f)$ par raison d'économie.

§ 1 . LA CONDITION $\Gamma_2 \geqq 0$. DOMINATION DE C PAR $\sqrt{\Gamma}$

La proposition 1 de la première partie suggère d'étudier les semi-groupe (P_t) pour lesquelles l'application bilinéaire

(1) $$2\Gamma_2(f,g) = L\Gamma(f,g) - \Gamma(f,Lg) - \Gamma(Lf,g) \quad \text{sur } \mathcal{B}\times\mathcal{B}$$

est positive. Lorsque f,g sont des éléments de $\mathcal{B}$, nous considérons $\Gamma(f,g)$, $\Gamma_2(f,g)$ comme des éléments de $\mathcal{B}$, i.e. des fonctions partout définies et non des classes, et la positivité doit avoir lieu partout.

EXEMPLES ET REMARQUES. a) La première partie a fourni des exemples de semi-groupes sur $[-1,1]$ satisfaisant à cette condition ; $\mathcal{B}$ était dans ce cas l'algèbre des polynômes. Un autre exemple est celui du semi-group d'Ornstein-Uhlenbeck sur $\mathbb{R}^n$, étudié par Meyer (on peut alors prendre pour $\mathcal{B}$ l'espace S de Schwartz). On prendra garde que notre Γ_2 n'est pas le même que celui de Meyer [8], qui n'est pas « intrinsèque » (celui-ci est une somme de carrés, et le nôtre, qui est plus grand, est positif a fortiori).

b) Dans cet exemple-ci, nous resterons très formels : nous prendrons $E=\mathbb{R}^n$, et L sera une extension convenable de l'opérateur $\frac{1}{2}\Delta f + \nabla p\cdot\nabla f$ où p est assez régulière ; la mesure invariante symétrique pour le semi-groupe correspondant est $\mu(dx)=e^{2p(x)}dx$, et l'on a

$$\Gamma(f) = \tfrac{1}{2}\Sigma_{ij} (D_{ij}f)^2 - \Sigma_{ij} D_{ij}p\, D_if\, D_jf$$

La positivité de Γ_2 est réalisée si et seulement si p est concave, autrement dit si la mesure μ a une densité logconcave.

c) Il arrive fréquemment que l'on ait une expression de Γ

(2) $$\Gamma(f,g) = \Sigma_n H_n f\, H_n g \quad (f,g \in \mathcal{D})$$

où les H_n sont des opérateurs linéaires de $\mathcal{D}$ dans $\mathcal{D}$, la somme étant ou finie (diffusions usuelles) ou convenablement convergente (cas des semi-groupes de convolution sur $\mathbb{R}^n$: Meyer [5], p. 178). Il est alors facile de calculer Γ_2 sur $\mathcal{D}$

$$2\Gamma_2(f,g) = 2\Sigma_n H_n^2 f\, H_n^2 g + \Sigma_n([L,H_n]f\, H_n g + H_n f\, [L,H_n]g)$$

En particulier, si les H_n <u>commutent</u> avec L, Γ_2 a la même forme que Γ, H_n étant remplacé par H_n^2, et tous les << gradients itérés >> que l'on peut construire par la formule

(3) $$2\Gamma_{n+1}(f,g) = L\Gamma_n(f,g) - \Gamma_n(f,Lg) - \Gamma_n(Lf,g)$$

ont la même forme, et sont positifs. Cette situation a été vue dans le cas de la convolution (Meyer [5]) et dans celui des laplaciens de groupes de Lie compacts et de sphères (notre travail [1]).

d) On a $\int\Gamma_2(f)d\mu = -\int\Gamma(f,Lf)d\mu = \int(Lf)^2 d\mu$, qui est <u>toujours</u> $\geqq 0$.

FORMES INTEGRALES DE LA CONDITION $\Gamma_2 \geqq 0$.

Comme dans la proposition 1 de la première partie, la condition $\Gamma_2 \geqq 0$ va entraîner que, pour $f \in \mathcal{D}$

(4) $$\Gamma(P_t f) \leqq P_t\Gamma(f) \quad , \quad \Gamma(Q_t f) \leqq Q_t\Gamma(f)$$

inégalités qui seront assez faciles à étendre hors de $\mathcal{D}$ ensuite. Notre justification ici sera formelle. La seconde inégalité se ramène à la première en rappelant que $Q_t f = \int \mu_t(ds)P_s f$ (noyaux stables d'ordre 1/2 sur $\mathbb{R}_+$: voir la première partie). Pour la première, on pose $g_s = P_s\Gamma(P_{t-s}f)$, alors $g_s' = P_s L\Gamma(P_{t-s}f) - 2P_s\Gamma(P_{t-s}f, LP_{t-s}f) = P_s\Gamma_2(P_{t-s}f) \geqq 0$, donc $\Gamma(P_t f) = g_0 \leqq g_t = P_t\Gamma(f)$. Inversement, d'ailleurs, si (4) a lieu on a $\Gamma_2(f) = \lim_{t\downarrow 0} \frac{1}{t}(P_t\Gamma(f) - \Gamma(P_t f)) \geqq 0$. Les formes intégrales (4) sont donc équivalentes à la forme différentielle (1) de l'inégalité.

Les inégalités (4), surtout la seconde, nous diront qu'un certain processus (Z_t) est une sousmartingale positive . En fait, dans beaucoup de cas on aura le résultat bien meilleur que le processus $(\sqrt{Z_t})$ est une sousmartingale positive (en analyse classique, non seulement le carré du gradient d'une fonction harmonique est sous-harmonique, mais la norme du gradient l'est). Cela correspond à des inégalités de la forme

(5) $$\sqrt{\Gamma(P_t f)} \leqq P_t(\sqrt{\Gamma(f)}) \quad , \quad \sqrt{\Gamma(Q_t f)} \leqq Q_t(\sqrt{\Gamma(f)})$$

Ces inégalités sont satisfaites chaque fois que l'on a comme en (2) $\Gamma(f) = \Sigma_n (H_n f)^2$, avec $P_t H_n = H_n P_t$, ou plus généralement $|H_n P_t f| \leqq |P_t H_n f|$ (cas des processus d'Ornstein-Uhlenbeck). Plus généralement, on a alors pour tout $\varepsilon>0$

(5') $$\sqrt{\varepsilon+\Gamma(P_t f)} \leqq P_t(\sqrt{\varepsilon+\Gamma(f)}) , \quad (\text{resp. } Q_t) ,$$

qui est un peu plus facile à vérifier, la fonction $\sqrt{\varepsilon+.}$ n'ayant pas de singularité en 0 .

La forme infinitésimale des relations (5') s'obtient en écrivant que $\lim_{t\downarrow 0} \frac{1}{t}(\sqrt{\varepsilon+\Gamma(P_t f)}-P_t(\sqrt{\varepsilon+\Gamma(f)}))\leqq 0$. Posons $u = \Gamma(f)+\varepsilon$. Nous avons

$$\frac{d}{dt}\sqrt{\varepsilon+\Gamma(P_t f)}\;|_{t=0} = \frac{\frac{d}{dt}\Gamma(P_t f)|_{t=0}}{2\sqrt{u}} = \frac{2\Gamma(f,Lf)}{2\sqrt{u}}$$

D'autre part, <u>si</u> (P_t) <u>est un semi-groupe de diffusion</u>, nous pouvons écrire la « formule d'Ito »

$$L(\sqrt{u}\,) = \frac{Lu}{2\sqrt{u}} - \frac{\Gamma(u)}{4u\sqrt{u}}$$

d'où l'inégalité (qui ne contient plus ε)

(6) $$4\Gamma_2(f)\Gamma(f) \geqq \Gamma(\Gamma(f)) \qquad (f\in\mathcal{D} \text{ ; diffusions }).$$

Inversement, on peut voir en considérant $g_s = P_s\sqrt{\varepsilon+\Gamma(P_{t-s}f)}$ et en calculant g_s' que (pour les diffusions) (6) entraîne (5') pour tout $\varepsilon\geqq 0$.

<u>Dans le cas des diffusions</u>, on a un résultat assez intéressant :

PROPOSITION 1. <u>La condition</u> $\Gamma_2\geqq 0$ <u>entraîne</u> (6), <u>et donc</u> (5').

<u>Démonstration</u>. Soient f_1,f_2 deux éléments de $\mathcal{D}$, P un polynôme sur $\mathbb{R}^2$. Nous allons calculer $\Gamma_2(P(f_1,f_2))$. Nous allons adopter des notations abrégées

$$X_i = \frac{\partial P}{\partial x_i}(f_1,f_2) \;;\; X_{ij} = \frac{\partial^2 P}{\partial x^i \partial x^j}(f_1,f_2) \quad (i=1,2)$$

$$(f,g)=\Gamma(f,g) \;;\; \mathcal{L}(f,g,h)= (g,(f,h))+(h,(f,g))-(f,(g,h))$$

(noter l'analogie avec les symboles de Christoffel de la géométrie riemannienne). On part de la « formule d'Ito » des diffusions

$$LP(f_1,f_2) = X_1 Lf_1+X_2 Lf_2 + \Sigma_{ij} X_{ij}(f_i,f_j)$$

et $$(P(f_1,f_2),g) = X_1(f_1,g) + X_2(f_2,g)$$

On obtient alors

$$\Gamma_2(P(f_1,f_2),h) = X_1\Gamma_2(f_1,h) + X_2\Gamma_2(f_2,h) + \Sigma_{ij} X_{ij}(h,f_i,f_j)$$

et d'autre part

$$(P(f_1,f_2),h,k) = X_1(f_1,h,k) + X_2(f_2,h,k) + \Sigma_{ij} X_{ij}(f_i,h)(f_j,k)$$

Finalement, en développant $\Gamma_2(P(f_1,f_2),P(f_1,f_2))$, on obtient une forme quadratique en les variables $X_1,X_2,X_{11},X_{12},X_{22}$ dont la matrice est (en écrivant f,g au lieu de f_1,f_2 pour des raisons d'encombrement)

$$M = \begin{vmatrix} \Gamma_2(f,f) & \Gamma_2(f,g) & (f,f,f) & 2(f,f,g) & (f,g,g) \\ & \Gamma_2(g,g) & (g,f,f) & 2(g,g,f) & (g,g,g) \\ & & (f,f)^2 & 2(f,f)(g,g) & (f,g)^2 \\ & & & 2(f,g)^2+2(f,f)(g,g) & 2(g,g)(f,g) \\ \text{SYMETRIE} & & & & (g,g)^2 \end{vmatrix}$$

En tout point, les valeurs X_i, X_{ij} peuvent être choisies arbitrairement : la positivité de Γ_2 en tout point entraîne celle de M. Donc

- En faisant $X_2=X_{12}=X_{22}=0$

a) $\quad (f,f)^2\Gamma_2(f,f) \geqq (f,f,f)^2 = \frac{1}{4}(f,(f,f))^2$.

- En faisant $X_2=X_{11}=X_{22}=0$,

b) $\quad 2\Gamma_2(f)((f,g)^2+(f,f)(g,g)) \geqq (g,(f,f))^2$

Ecrivant b) pour $g=(f,f)$, on obtient en posant $(g,g)=U$, $V=2(f,f)\Gamma_2(f)$

$$(g,g)^2 \leqq 2\Gamma_2(f)[(f,g)^2+(f,f)(g,g)] \qquad U^2 \leqq 2\Gamma_2(f)(f,g)^2+UV$$

Appliquant a), on a $(f,g)^2=(f,(f,f))^2 \leqq 4(f,f)^2\Gamma_2(f)$, donc $U^2 \leqq 2V^2+UV$ ou $(U+V)(2V-U) \geqq 0$; comme U et V sont positifs, on a $U \leqq 2V$, le résultat cherché.

DOMINATION DE C PAR $\sqrt{\Gamma}$

Nous arrivons à la première inégalité importante. Comme dans tout ce travail, nous supposons que $\Gamma_2 \geqq 0$ sur $\mathcal{B}$.

THEOREME 2. <u>Supposons que</u> (P_t) <u>soit un semi-groupe de diffusion. Alors on a</u>

(7) $$\|Cf\|_p \leqq c_p \|\sqrt{\Gamma(f)}\|_p \qquad (1<p<\infty ,\ f\in\mathcal{B})$$

<u>les</u> c_p <u>ne dépendant pas du semi-groupe considéré</u>.

<u>Démonstration</u>. Nous reprenons les notations probabilistes de la première partie : (X_t) pour le processus de Markov associé à (P_t), (B_t) pour le mouvement brownien, (Y_t) pour le couple (X_t,B_t), (Y_t^T) pour le même arrêté à la rencontre de $E\times\{0\}$, etc. Nous posons

$$\varphi(\cdot,t) = \Gamma(Q_tf) \ , \quad Z_t=\varphi(Y_t^T)$$

Nous avons

$$D_t\Gamma(Q_tf,Q_tf) = 2\Gamma(Q_tf,D_tQ_tf) = 2\Gamma(Q_tf,Q_tCf) \qquad \text{puis}$$

$$D_t^2\Gamma(Q_tf,Q_tf) = 2\Gamma(Q_tf,Q_tC^2f) + 2\Gamma(Q_tCf,Q_tCf)$$

Comme $C^2=-L$ on a

(8) $$(D_t^2+L_x)\varphi(\cdot,t) = 2\Gamma_2(Q_tf) + 2\Gamma(Q_tCf) \geqq 2\Gamma(Q_tCf) \geqq 0 \ .$$

Comme on a $\Gamma(Q_tf) \leqq Q_t\Gamma(f)$ d'après (4), le processus (Z_t) est borné, et la positivité de (8) entraîne aisément que c'est une sous-martingale . Ecrivons la décomposition de Z_t sous la forme $Z_0+M_t+A_t$, et posons $g=Cf$; le processus croissant associé à la partie verticale $M^\dagger(g)$ de la martingale $M(g)$ est $2\int_C^{t\wedge\tau}\Gamma(Q_. g)\circ Y_s ds$ (première partie, formule (7)). L'inégalité (8) nous dit donc que

$$A_t \geqq \langle M^\dagger(g),M^\dagger(g)\rangle_t$$

Or d'après l'inégalité (11) de la première partie, nous avons pour $1<p<\infty$

$$\text{(9)}\qquad \|g\|_p \leqq c_p(\|Q_a g\|_p + \|\langle M^\dagger(g),M^\dagger(g)\rangle_\infty^{1/2}\|_p)$$

Lorsqu'on fera tendre a vers l'infini, $g=Cf$ n'ayant pas de partie invariante, le premier terme disparaîtra. Reste à majorer le second, ce qui revient à majorer la norme dans L^p de $A_\infty^{1/2}$. Revenons à la décomposition $Z_t=Z_0+M_t+A_t$; comme la sousmartingale Z est bornée, M est une vraie martingale, et l'on peut écrire pour tout couple de temps d'arrêt bornés S,T avec $S\leqq T$

$$E[A_T-A_S] = E[Z_T-Z_S] \leqq E[Z_T^* I_{\{S<T\}}]$$

et donc, d'après le lemme de Lenglart-Lepingle-Pratelli comme dans la première partie

$$E[A_\infty^q] \leqq c_q E[Z_\infty^{*q}] \quad \text{pour} \quad 0<q<\infty .$$

Maintenant, nous utilisons la proposition 1 pour établir que $Z^{1/2}$ <u>est une sousmartingale</u> : cela résulte du calcul suivant, dans lequel on commence par introduire un $\varepsilon>0$ que l'on fera ensuite tendre vers 0 .

$$(D_t^2+L_x)(\varphi+\varepsilon)^{1/2} = \frac{1}{4}(\varphi+\varepsilon)^{-3/2}[2(\varphi+\varepsilon)(D_t^2+L_x)\varphi - (D_t\varphi)^2 - \Gamma(\varphi)]$$

L'expression entre crochets s'écrit

$$4\varphi\Gamma_2(Q_t f) - \Gamma(\varphi) + 4\varphi\Gamma(Q_t Cf) - (D_t\varphi)^2$$

et comme $D_t\varphi = -2\Gamma(Q_t f,Q_t Cf)$ on a

$$(D_t\varphi)^2 \leqq 4\Gamma(Q_t Cf)\Gamma(Q_t f) \text{ (inégalité de Minkowski)}$$
$$= 4\varphi\Gamma(Q_t f) .$$

La positivité de la fonction considérée se ramène donc à celle de

$$4\varphi\Gamma_2(Q_t f) - \Gamma(\varphi) = 4\Gamma_2(Q_t f)\Gamma(Q_t f) - \Gamma(\Gamma(Q_t f))$$

qui est du type étudié dans la proposition 1.

Ceci étant fait, nous appliquons l'inégalité de Doob à $Z^{1/2}$

$$E[A_\infty^{p/2}] \leqq c_p E[Z_\infty^{*p/2}] \leqq c_p E[Z_\infty^{p/2}] = c_p \int\Gamma(f)^{p/2}d\mu$$

et la démonstration est achevée.

REMARQUE. Où avons nous vraiment utilisé le fait que (P_t) est une diffusion ?

Si $p>2$, nous n'avons pas besoin d'appliquer l'inégalité de Doob à $Z^{1/2}$: il suffit de l'appliquer à Z . Nous n'avons pas besoin non plus d'appliquer le lemme fin de Lenglart-Lepingle-Pratelli pour $0<q<\infty$: il suffit d'avoir $q>1$, et d'utiliser le lemme de Garsia-Neveu, qui n'exige pas la continuité de Z (et d'ailleurs fournit directement une majoration par Z_∞ et non Z^*_∞). Mais malheureusement, l'inégalité (9) n'est pas établie pour des semi-groupes qui ne sont pas des diffusions : un argument que nous ne reproduirons pas permet de l'établir pour $p\leqq 2$, mais cela justement ne nous sert à rien.

Dans les bons cas, un argument de dualité permet en fait d'établir (7) pour $p\leqq 2$ sans hypothèse de diffusion, à partir des inégalités plus difficiles du paragraphe 2 (cf. aussi Sém. Prob. XV, p. 161, formule (6)), et il est vraisemblable qu'elle a lieu pour tout $p>1$.

§ 2. DOMINATION DE $\sqrt{\Gamma}$ PAR C .

La méthode utilisée dans ce paragraphe étant beaucoup plus compliquée que celle du paragraphe précédent, il est encore plus important de séparer les idées, et les justifications techniques (signalées par un ▌). En particulier, les innombrables intégrations par parties seront traitées de manière formelle dans ce paragraphe. De même, la méthode de Littlewood-Paley repose sur des évaluations faites sur le « mouvement brownien venant de l'infini » : on fait un calcul sous la mesure initiale $\mu\otimes\varepsilon_a$ avec a très grand (espérance notée E_a) , et on fait tendre ensuite a vers l'infini. Dans ce paragraphe, il nous arrivera parfois de désigner directement cette limite par E_∞, et de lui faire subir certaines manipulations formelles, justifiées au §3 .

Nous commençons par le calcul d'un certain nombre d'espérances et d'espérances conditionnelles indispensables.

CALCULS ELEMENTAIRES SUR LE MOUVEMENT BROWNIEN

Toute la théorie de Littlewood-Paley probabiliste repose sur le résultat élémentaire, concernant un mouvement brownien de processus croissant 2t et tué en 0

$$E^a\left[\int_0^\tau f(B_s)ds\right] = \int_0^\infty s\wedge a f(s)ds = \frac{1}{2}\int_0^\infty f(s)ds\int_{|a-s|}^{a+s} dt$$

Dans cette section, nous allons noter diverses formules plus précises, qui nous serviront plus tard. Puis nous les étendrons à $E\times\mathbb{R}_+$, et en déduirons divers calculs d'espérances conditionnelles.

La formule précédente donne le potentiel de Green de la demi-droite positive. Notons la formule donnant le λ-potentiel de Green. On peut la considérer comme classique aussi :

$$(10)\qquad E^a\left[\int_0^T e^{-\lambda s} f(B_s)ds\right] = \int_0^\infty \frac{\mathrm{Sh}\sqrt{\lambda}(a\wedge s)}{\sqrt{\lambda}} e^{-\sqrt{\lambda}(a\vee s)} f(s)ds$$
$$= \frac{1}{2}\int_0^\infty f(s)ds \int_{|a-s|}^{a+s} e^{-t\sqrt{\lambda}}dt$$

On en déduit une formule donnant le potentiel de Green dans l'espace-temps. Rappelons que le semi-groupe stable d'ordre 1/2 sur $\mathbb{R}^+$ est caractérisé par sa transformée de Laplace $\int \mu_t(dr)e^{-\lambda r} = e^{-t\sqrt{\lambda}}$.
Alors

$$(11)\qquad E^a\left[\int_0^T f(r,B_r)dr\right] = \frac{1}{2}\int_0^\infty ds \int_{|a-s|}^{a+s} dt \int_0^\infty \mu_t(dr)f(r,s)$$

La formule (10) nous donne cela lorsque $f(s,B_s)=e^{-\lambda s}f(B_s)$, et l'on passe au cas général par classes monotones. On a aussi une interprétation probabiliste directe de (11) : soit $L^s_\cdot$ le temps local de (B_t) au point s ; compte tenu de $\langle B,B\rangle_t=2t$, $L^\cdot_r$ est la demi-densité d'occupation de la trajectoire brownienne jusqu'à l'instant r (voir par ex. Azéma-Yor, <u>Temps locaux</u>, Astérisque 52-53, p. 13). Donc la formule (11) résultera de la formule plus précise

$$(12)\qquad E^a\left[\int_0^T f(r)dL^s_r\right] = \int_{|a-s|}^{a+s} dt \int_0^\infty \mu_t(dr)f(r)$$

qu'il suffit aussi de vérifier lorsque $f(r)=e^{-\lambda r}$, où elle est à peu près classique en théorie du temps local.

Avant de quitter le mouvement brownien tué, notons une formule qui servira en un autre endroit : soit $m>a$, et soit σ_m le temps de sortie du mouvement brownien de l'intervalle $[0,m]$. Alors on a

$$(13)\qquad E^a\left[\int_0^{\sigma_m} f(B_s)ds\right] = \int_0^\infty (s\wedge a-\tfrac{a}{m}s\wedge m)f(s)ds \quad .$$

APPLICATION A $E\times\mathbb{R}_+$

Nous allons appliquer ces formules pour le calcul d'espérances et d'espérances conditionnelles. Tout d'abord, on a un calcul explicite de la fonction de Green du semi-groupe produit dans $E\times\mathbb{R}_+$

$$(14)\qquad E^{x,a}\left[\int_0^T f(X_r,B_r)dr\right] = \frac{1}{2}\int_0^\infty ds \int_{|a-s|}^{a+s} Q_t(x,f_s)dt$$

qui s'obtient en remarquant que $P^{x,a}$ est une mesure produit sur $\Omega_X\times\Omega_B$. On intègre d'abord sur Ω_X , ce qui fait apparaître l'intermédiaire

$$E^a\left[\int_0^T g(r,B_r)dr\right] \quad \text{avec} \quad g(r,s) = \int P_r(x,dy)f(y,s)$$

Après quoi on a $\int \mu_t(dr)g(r,s)=Q_t(x,f_s)$, et on applique (11). Il est peut être intéressant aussi de donner la formule correspondant à (12)

$$E^{x,a}\left[\int_0^T f(X_r)dL^s_r\right] = \frac{1}{2}\int_{|a-s|}^{a+s} Q_t(x,f)dt \quad .$$

Nous déduisons de (14) le lemme suivant :

LEMME 3. <u>Soit</u> $\eta(x,t)$ <u>une fonction telle que</u> $(1+t^2)|\eta(x,t)|\leq C$. <u>Soit</u>

(15) $$K\eta(x,t) = \frac{1}{2}\int_0^{\infty} ds \int_{|t-s|}^{t+s} Q_u(x,\eta_s)du$$

<u>Alors on a</u> $|K\eta(x,t)|\leq C(1+t^2)$ <u>et le processus</u>

(15_a) $$N_t(\eta) = K\eta(Y_t^{\tau}) + \int_0^{t\wedge\tau}\eta(Y_s)ds = E[\int_0^{\tau}\eta(Y_s)ds|\mathcal{F}_t]$$

<u>est, sous toute loi</u> $P^{x,a}$, <u>une martingale uniformément intégrable, dont la projection sur le mouvement brownien</u> (B_t) <u>est</u>

(15_b) $$N_t^{\rightarrow}(\eta) = \int_0^{t\wedge\tau} K'\eta(Y_s)dB_s ,$$

$$K'\eta(.,t)= \frac{1}{2}[\int_0^{\infty} Q_{t+s}\eta_s ds + \int_t^{\infty} Q_{s-t}\eta_s ds - \int_0^t Q_{t-s}\eta_s ds]$$

<u>Démonstration</u>. Comme η est majorée par une fonction de t seulement, majorer $K\eta$ revient à majorer $\int_0^{\infty} C(1+s^2)^{-1} s\wedge t\, ds$, ce qui n'est pas trop difficile. On peut supposer $\eta\geq 0$, de sorte que $K\eta$ est une fonction excessive, $K\eta(Y_t^{\tau})$ une surmartingale positive dont (15_a) donne la décomposition. Evaluer la norme H^p de (N_t) revient à évaluer la norme L^p de $\sup_{t\leq\tau} K\eta(Y_t)$, i.e. celle de $(1+B_{\tau}^{*2})^p$, ou finalement de $\langle B,B\rangle_{\tau}^p$ ou τ^p : ceci vaut $+\infty$ pour p=2, est fini entre 1 et 2. Pour obtenir (15_b), il suffit de se représenter le domaine d'intégration pour (15) en (s,u), et de faire varier t :

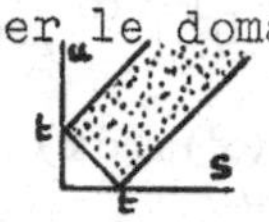

. Cela donne $K'(.,t)$, et le calcul de la projection est alors classique (Sém. X, p. 156).

CALCUL D'ESPERANCES CONDITIONNELLES

Le but est maintenant de calculer explicitement quatre espérances conditionnelles connaissant $X_{\tau}=x$: ce sont naturellement des fonctions de x , qui jouent le rôle de fonctions de Littlewood-Paley (ou plutôt de leur carré) dans les calculs qui suivent. Ces formules seront notées (A),(B),(C),(D), et deviendront le point de départ des calculs ultérieurs.

Pour alléger les notations, ici et dans toute la suite, nous adopteront les conventions suivantes :

a) Q_t' , Q_t'' désignent les noyaux (signés bornés) $CQ_t= C^2Q_t=-LQ_t$ pour $t>0$.

b) Les lettres <u>latines</u> f,g,h... désignent de « bonnes » fonctions sur E, et <u>aussi</u> leur prolongement harmonique f(x,t)... ; f' est la fonction $f'(.,t)=f_t'(.)=Q_t'f$ et de même f" (si f est dans le domaine de C ou L, ces fonctions se prolongeront jusqu'à t=0).

c) Les fonctions sur $E\times\mathbb{R}_+$ qui ne sont pas données comme prolongement harmoniques sont désignées par des lettres <u>grecques</u> .

Voici les premières espérances conditionnelles : elles sont classiques en théorie de Littlewood-Paley :

LEMME 4. Soit f une bonne fonction sur E . On a

(A) $E_a[\langle M^{\rightarrow}(f),M^{\rightarrow}(f)\rangle_\tau | X_\tau=\cdot] = 2\int_0^\infty s\wedge a\ Q_s(f_s'^2)\,ds$

(B) $E_a[\langle M^{\uparrow}(f),M^{\uparrow}(f)\rangle_\tau | X_\tau=\cdot] = 2\int_0^\infty s\wedge a\ Q_s\Gamma(f_s)\,ds$

(C) $E_a[\int_0^\tau M_s(f)dM_s^{\rightarrow}(f)\ | X_\tau=\cdot] = 2\int_0^\infty s\wedge a\ Q_s'(f_s f_s')\,ds$

Démonstration. Pour (A) et (B), on sait que $< M^{\rightarrow}(f),M^{\rightarrow}(f) >_\tau$ et l'analogue en (B) sont de la forme $\int_0^\tau \eta(Y_s)ds$, avec $\eta_t=2f_t'^2$ dans le premier cas, $\eta_t=2\Gamma(f_t)$ dans le second . On applique alors la formule fondamentale de la théorie de Littlewood-Paley probabiliste

(16) $E_a[\int_0^\tau \eta(Y_s)ds\ |X_\tau=\cdot] = 2\int_0^\infty s\wedge a\ Q_s(\eta_s)\,ds$

(Sém. Prob. X, p. 131, formule (17)). Il n'y a aucune vérification d'intégrabilité à faire, puisque tout est positif.

Pour (C), il faut faire plus attention. Nous supposerons par exemple que f est dans L^1 et L^∞ (donc dans tout L^p). Il n'y a alors aucune difficulté du côté gauche. Du côté droit, il y a une vérification d'intégrabilité absolue à faire, que nous renverrons en appendice comme toutes les autres vérifications de ce genre. Désignant alors par C(.) la fonction du côté droit, il nous suffit de prouver que l'on a pour toute fonction g sur E, elle aussi dans $L^1\cap L^\infty$, on a

$$E_a[g(X_\tau)\int_0^\tau M_s(f)dM_s^{\rightarrow}(f)] = \int g(x)C(x)\mu(dx) = 2\int_0^\infty s\wedge a\ \langle g,Q_s'(f_s f_s')\rangle_\mu\,ds$$

Or $< g,Q_s'(f_s f_s') > = < Q_s'g ,f_s f_s' > = \int g_s' f_s f_s'\,d\mu$. D'autre part, le premier membre vaut

$$E_a[< M(g),M(f)\cdot M^{\rightarrow}(f) >_\infty] = E_a[< M^{\rightarrow}(g),M(f)\cdot M^{\rightarrow}(f) >_\infty] =$$

$$E_a[\int_0^\infty M_s(f)d\langle M^{\rightarrow}(f),M^{\rightarrow}(g)\rangle_s] = E_a[2\int_0^\tau f(Y_s)f'(Y_s)g'(Y_s)ds] =$$

$$2\int_0^\infty s\wedge a\ \mu(g_s f_s f_s')\,ds .$$

C'est bien la même chose .

Le calcul suivant est plus compliqué, aussi n'énonçons nous que le résultat limite ($a\to\infty$) . Le résultat complet figure en (17).

LEMME 5. On a

(D) $E_\infty[\int_0^\tau M_s^{\rightarrow}(f)dM_s^{\rightarrow}(f)|X_\tau= \cdot] = \int_0^\infty (sQ_s'(f_s f_s')+s^2Q_s'(f_s'^2))ds$

Démonstration. Comme plus haut pour (C), il y aura une vérification à faire sur le côté droit, que nous rejetons en appendice. Cela mis à part, tout revient à calculer $E_a[g(X_\tau)\int_0^\tau M_s^{\rightarrow}(f)dM_s^{\rightarrow}(f)]$, g étant une fonction comme ci-dessus.

Comme $g(X_\tau)=M_\tau(g)$, on peut remplacer le produit par un crochet $< M(g),M^{\rightarrow}(f)\cdot dM^{\rightarrow}(f)>_\tau$, et comme la seconde martingale est horizontale, remplacer $M(g)$ par $M^{\rightarrow}(g)$. On notera qu'il n'y a aucune difficulté d'intégrabilité (f,g appartenant à tous les L^p par hypothèse). On écrit ce crochet $\int_0^\tau M_s^{\rightarrow}(f)d<M^{\rightarrow}(f),M^{\rightarrow}(g)>_s$. Or on a, d'après une transformation classique (Dellacherie-Meyer, Probabilités et Potentiel B, VI.57, (57.1)), en posant $A_t=<M^{\rightarrow}(f),M^{\rightarrow}(g)>_t = 2\int_0^{t\wedge\tau}\eta(Y_s)ds$, $\eta=f'g'$

$$E_a[\int_0^\tau M_s(f)dA_s] = E_a[M_\tau^{\rightarrow}(f)A_\tau] = E_a[<M^{\rightarrow}(f),N>_\tau]$$

où $N_.$ est la martingale $E[A_\tau|\mathcal{F}_.]$. Celle-ci a été calculée dans le lemme 3, ainsi que le crochet correspondant, et il nous reste

$$E_a[g(X_\tau)\int_0^\tau M_s^{\rightarrow}(f)dM_s^{\rightarrow}(f)] = E_a[\int_0^\tau 2f'(Y_t)K'(2\eta)(Y_t)dt]$$

Nous allons faire un calcul d'abord formel, que nous justifierons par la suite . Nous posons $s\wedge a=\alpha(s)=\beta'(s)$, où β est nulle en 0 . La dernière intégrale vaut (en recopiant (15_b) de façon plus concise)

$$4\int_0^\infty t\wedge a <f_t',K'(\eta)_t>dt \ , \quad K'(\eta)_t = \frac{1}{2}\int_0^\infty[Q_{t+s}+\mathrm{sgn}(s-t)Q_{|s-t|}]\eta_s ds$$

Nous utilisons la symétrie des Q_r pour les faire passer sur f_t' . Reste donc

$$2\int \alpha(t)< \eta_s,[Q_{t+s}- \mathrm{sgn}(t-s)Q_{|s-t|}]f_t' > dsdt$$

Nous remarquons que $Q_r f_t'=f_{r+t}'$. Reste donc en face de η_s dans le crochet

$$2\int_0^\infty \alpha(t)[f_{s+2t}' - I_{\{t\geq s\}}f_{2t-s}' + I_{\{t<s\}}f_s'] dt$$

Le dernier terme vaut simplement $2\beta(s)f_s'$. Dans le second, nous remplaçons t par s+t, donc f_{2t-s}' par f_{2t+s}' , et il nous reste

$$2\int_0^\infty f_{s+2t}'[\alpha(t)-\alpha(s+t)]dt = \int_s^\infty f_t'[\alpha(\tfrac{t-s}{2})-\alpha(\tfrac{t+s}{2})]dt$$

Remarquons que α est constante au voisinage de l'infini, donc le crochet est nul : on peut intégrer par parties et il reste en tout

(17) $$E_a[g(X_\tau)\int_0^\infty M_s^{\rightarrow}dM_s^{\rightarrow}] = \int_0^\infty < f_s'g_s' ,H_s^a > ds$$

$$H_s^a= 2\beta(s)f_s' + \alpha(s)f(s)+\frac{1}{2}\int_s^\infty [\alpha'(\tfrac{t+s}{2})-\alpha'(\tfrac{t-s}{2})]f(t)dt$$

En particulier, si l'on fait tendre a vers $+\infty$, $\alpha(s)=s$, $2\beta(s)=s^2$, le dernier terme tend vers 0, et il reste

$$\int^\infty < f_s'g_s' \ , \ sf_s+s^2f_s' >ds = < g, \int_0^\infty Q_s'(sf_sf_s'+s^2f_s'^2)ds >$$

d'où la formule annoncée en (D).

Contrairement à notre habitude, nous ne donnerons pas en appendice tous les détails (cf. la remarque après le lemme 6). Mais nous voudrions expliquer tout de suite la raison des notations $\alpha(s)$, $\beta(s)$ dans le calcul précédent : il est commode de remplacer dans la dernière partie de la démonstration $E_a[\int_0^\tau f'(Y_t)K'\eta(Y_t)dt]$ par une intégrale étendue à $[0,\sigma_m]$, le temps de sortie de $[0,m]$, et de faire tendre ensuite m vers l'infini. Dans ces conditions, le principe du calcul reste le même, simplement la fonction $\alpha(s)$ est remplacée par la fonction $s\wedge a-\frac{a}{m}s\wedge m$ de (13), et il est inutile de le modifier.

Dans l'énoncé suivant, seules les inégalités de la première colonne sont vraiment importantes, mais les autres apparaissent comme intermédiaires dans la démonstration, et la structure du théorème se comprend mieux si on les énonce explicitement. On remarquera que ce sont toutes des inégalités << horizontales >>, qui ne devraient pas exiger l'utilisation de l'opérateur << vertical >> Γ : la remarque suivant la démonstration montre qu'un tel raisonnement est possible.

LEMME 6. <u>Soit</u> f <u>une</u> << <u>bonne</u> >> <u>fonction, et soit</u> $p>2$. <u>Alors chacune des fonctions suivantes sur</u> E <u>est bien définie, et a une norme dans</u> $L^{p/2}$ <u>majorée par</u> $c_p\|f\|_p^2$:

$$a_1(f) = \int_0^\infty -Q_s(f_s f_s')ds^{(1)} \qquad a_5(f) = \int Q_s'(f^2)ds$$

$$a_2(f) = \int sQ_s(f_s'^2)ds \qquad a_6(f) = \int sQ_s'(f_s f_s')ds \qquad a_8(f) = \int sQ_s''(f^2)ds$$

$$a_3(f) = \int sQ_s(f_s f_s'')ds \qquad a_7(f) = \int s^2Q_s'(f_s'^2)ds$$

$$a_4(f) = \int -s^2Q_s(f_s' f_s'')ds$$

<u>Démonstration</u>. On remarquera d'abord la forme générale $s^kQ^{(\ell)}(f^{(m)}f^{(n)})$ avec $m+n+\ell=k+1$. Le numérotage est parfaitement arbitraire.

L'expression << bonne >> fonction ne représente pas simplement une condition de taille sur f : il faut que f soit << sans partie invariante >> en un sens assez fort pour que ces intégrales convergent absolument (par exemple, que f soit de la forme Cg : détails au § 3).

Pour abréger la notation, on dira que deux fonctions u,v dépendant de f sont <u>équivalentes</u> ($u\approx v$) si $\|u-v\|_{p/2} \leqq c_p\|f\|_p^2$. Avec ce langage, le lemme 4, le lemme 5 et les inégalités classiques de théorie des martingales nous donnent le point de départ

$$a_2\approx 0 \text{ (cf.(A))}, \quad a_6\approx 0 \text{ (cf.(C))}, \quad a_6+a_7\approx 0 \text{ (cf.(D))}$$

D'autre part, la condition (B) $\int sQ_s\Gamma(f_s)\approx 0$ s'écrit aussi $\int -sQ_s''(f_s^2) + 2\int sQ_s(f_s f_s'')ds \approx 0$, d'où $a_8\approx a_3$. Cela suffira pour tout démontrer.

Dans a_7, on écrit $Q_s'(f_s'^2)=DQ_s(f_s'^2)-2Q_s(f_s'f_s'')$ et on intègre par parties .

1. Ce signe - donne à a_1 une intégrale positive, et de même a_4.

Il vient $a_7=-2a_2-2a_3$. Comme $a_7\approx 0$, $a_2\approx 0$, on a $a_3\approx 0$. On a vu que $a_8 \approx 2a_3$, donc $a_8\approx 0$.

Dans a_8 on écrit $Q_s''(f^2)=DQ_s'(f^2)-2Q_s'(f_s f_s')$ et on intègre par parties. Il vient $a_8 = -a_5-2a_6$, donc $a_5\approx 0$.

Dans a_5 on écrit $Q_s'(f_s^2)=DQ_s(f_s^2)-2Q_s(f_s f_s')$, d'où $a_5= a_1$ et $a_1\approx 0$.

Dans a_2 on écrit $2sds=d(s^2)$, d'où $2a_2= -a_7+2a_4$ et $a_4\approx 0$.

REMARQUE. L'une des inégalités de Littlewood-Paley-Stein affirme que

$$\int s^3 f_s''^2 ds \approx 0$$

et il n'est pas difficile d'en déduire que

$$a_9 = \int s^3 Q_s(f_s''^{\,2})ds \approx 0 .$$

Nous ne connaissons pas de démonstration probabiliste de ce résultat. Voici comment on peut l'utiliser au lieu de l'estimation (D), assez pénible. On écrit d'abord une inégalité de Schwarz

$$|a_4| \leqq (\int Q_s(f'^2)sds)^{1/2}(\int s^2 Q_s(f_s''^2)sds)^{1/2} = \sqrt{a_2}\sqrt{a_9}$$

et comme on sait majorer $\sqrt{a_2}$ et $\sqrt{a_9}$ dans L^p, on majore a_4 dans $L^{p/2}$, autrement dit $a_4\approx 0$. La dernière intégration par parties de la démonstration précédente nous donne alors $a_7\approx 0$ connaissant le résultat pour a_4 et a_2. Enfin, la relation $a_7=-2a_2-2a_3$ nous donne que $a_3\approx 0$, et la relation $a_3= a_1-a_2-a_6$ (sachant que $a_6\approx 0$: cf. (C)) nous donne que $a_1\approx 0$.

On a donc retrouvé tous les résultats de la première colonne sans utiliser l'existence de Γ, ni l'estimation (D).

LES INEGALITÉS FONDAMENTALES

Nous avons introduit dans la formule (3) la famille des << gradients itérés >> Γ_n , commençant par $\Gamma_0(f,g)=fg$, continuant avec $\Gamma_1=\Gamma$, $\Gamma_2\ldots$ Nous prenons maintenant les quatre fonctions de la première colonne du lemme 6, et nous remplaçons les produits (Γ_0) par un Γ_1 .

(18)
$$A_1(f) = \int_0^\infty -Q_s\Gamma(f_s,f_s')ds$$
$$A_2(f) = \int sQ_s\Gamma(f_s')ds$$
$$A_3(f) = \int sQ_s\Gamma(f_s,f_s'')ds$$
$$A_4(f) = \int -s^2Q_s\Gamma(f_s',f_s'')ds .$$

Notre but va être de démontrer les propriétés suivantes, où f est une << bonne >> fonction, et où p est >2 (on utilisera pour cela la condition $\Gamma_2\geqq 0$)

(19_1)
$$\|A_2(f)\|_{p/2} , \|A_4(f)\|_{p/2} \leqq c_p\|Cf\|_p^2$$

(19_2)
$$\|A_1(f)\|_{p/2} \leqq c_p\|\sqrt{\Gamma}(f)\|_p^2$$

(19_3) $\qquad \|A_1(f)-A_2(f)-A_3(f)\|_{p/2} \leqq c_p\|Cf\|_p\|\sqrt{\Gamma}(f)\|_p$

(19_4) $\qquad 4A_1(f) \geqq \Gamma(f)$

(19_5) $\qquad (4A_1(f)-\Gamma(f))(2A_4(f)-A_2(f)) \geqq 2(A_1(f)-2A_2(f)-2A_3(f))^2$

Montrons tout de suite à quoi servent ces inégalités : nous ne parlons ici que de « bonnes » fonctions, mais il faudra au paragraphe 3, n°11, étendre cela à toute $f\in D_p(L)$ sans partie invariante.

THEOREME 7. Si f est une bonne fonction, p>2, on a $\|\sqrt{\Gamma}(f)\|_p \leqq c_p\|Cf\|_p$.

Démonstration. Comme f est une bonne fonction, ces normes sont a priori finies. Il suffit donc de montrer que $\|\Gamma(f)\|_{p/2} \leqq c_p\|Cf\|_p\|\sqrt{\Gamma}(f)\|_p$

Nous partons de la formule

$$A_1-2A_2-2A_3 = 2(A_1-A_2-A_3) - \tfrac{1}{4}(4A_1-\Gamma(f)) - \tfrac{1}{4}\Gamma(f)$$
$$\leqq 2(A_1-A_2-A_3) - \tfrac{1}{4}\Gamma(f) \quad (19_4)$$

Donc $\qquad \tfrac{1}{4}\Gamma(f) \leqq 2(A_1-A_2-A_3)-(A_1-2A_2-2A_3)$

Nous avons donc à majorer $\|A_1-A_2-A_3\|_{p/2}$ et $\|A_1-2A_2-A_3\|_{p/2}$. Le premier est donné par (19_3) . Pour le second, nous écrivons

$$|A_1-2A_2-2A_3| \leqq c\sqrt{4A_1-\Gamma(f)}\sqrt{2A_4-A_2} \leqq c\sqrt{A_1}\sqrt{A_4} \quad (19_5)$$

Dans le dernier terme, remarquer que $\Gamma(f)$ et A_2 sont positifs : comme $4A_1-\Gamma$ l'est, $2A_4-A_2$ l'est d'après (19_5). On utilise alors Hölder

$$c_p\|A_1-2A_2-A_3\|_{p/2} \leqq c\|\sqrt{A_1}\sqrt{A_4}\|_{p/2} \leqq c\|\sqrt{A_1}\|_p\|\sqrt{A_4}\|_p$$

et il ne reste plus qu'à appliquer (19_1) et (19_2).

Il faut maintenant établir les propriétés (19_1)-(19_5). La première inégalité (19_1), en fait, a déjà été vue : en effet, majorer la norme $L^{p/2}$ de $\int sQ_s\Gamma(f_s')ds$ en fonction de $\|Cf\|_p$ revient, en remplaçant Cf par f et en utilisant la notation du lemme 6, à vérifier que $\int sQ_s\Gamma(f_s)ds \approx 0$, ce qui était l'une des inégalités de départ (fournie par le lemme 4, (B)).

La seconde inégalité (19_1) est plus longue, mais se ramène aussi au lemme 6. Esquissons la démonstration. On écrit la définition de Γ

$$-2Q_s\Gamma(f_s',f_s'') = Q_s''(f_s'f_s'') - Q_s(f_s'f_s^{iv})-Q_s(f_s'''f_s'')$$

On transforme cette expression ainsi $Q_s''(f_s'f_s'')=DQ_s'(f_s'f_s'')-Q_s'(f_s'f_s''')$
$-Q_s'(f_s''^2) = D(Q_s'(f_s'f_s'')-Q_s(f_s',f_s''')-Q_s(f_s''^2))+ Q_s(f_s''f_s''')+Q_s(f_s'f_s^{iv})+2Q_s(f_s'''f_s'')$

Deux termes disparaissent, et il reste en intégrant par parties

$$2A_4(f) = -2\int s(Q_s'(f_s'f_s'')-Q_s(f_s',f_s''')-Q_s(f_s''^2))ds + 2\int s^2Q_s(f_s''f_s''')ds$$

Dans le dernier terme on reconnaît $-2a_4(Cf)$, dans les deux précédents $2a_2(Cf)$ et $2a_3(Cf)$, et le lemme 6 majore tout cela au moyen de $\|Cf\|_p$.

Enfin, le premier terme vaut $-2a_6(Cf)$, majoré par le lemme 6 de la même manière - mais il est bon, en vue de la suite, de remarquer directement qu'il se ramène aux termes $a_i(Cf)$ $(i=1,\ldots,4)$ en écrivant $Q'_s(..)=DQ_s(..)-\ldots$ et en intégrant par parties. En effet, un raisonnement analogue sera présenté (ou du moins esquissé) plus loin aux niveaux supérieurs (avec des Γ_n, $n>1$) et l'on ne disposera alors que des quatre fonctions d'indice $\leqq 4$.

Pour les autres inégalités, il faut utiliser vraiment l'hypothèse $\Gamma_2 \geqq 0$, en travaillant sur des (sous)martingales convenables.

DEMONSTRATION DE (19_2) ET (19_4)

Cela va résulter de la considération de la même sousmartingale qu'au paragraphe 1 : nous posons $\varphi(.,t)=\Gamma(f_t)$, $Z_t=\varphi(Y_t^\tau)=Z_0+M_t+A_t$, avec

$$A_t = \int_0^{t\wedge\tau} h(Y_s)ds \qquad h(.,t) = 2\Gamma_2(f_t)+2\Gamma(f'_t)$$

$$E[A_\infty \,|X_\tau=.] = 2\int sQ_s(\Gamma_2(f_s)+\Gamma(f'_s))ds = H(.)$$

et les inégalités classiques sur la décomposition d'une sousmartingale (nous omettons comme d'habitude les vérifications de détail : il faut raisonner sur E_a et faire tendre a vers $+\infty$) permettent de dire que $\|\int sQ_s(\Gamma_2(f_s)+\Gamma(f'_s))ds\|_{p/2} \leqq c_p\|Z_\infty \|_{p/2} = c_p\|\sqrt{\Gamma}(f)\|_p^2$. Reste à calculer explicitement cette intégrale.

On a $2Q_s\Gamma_2(f_s) = -Q''_s\Gamma(f_s)+2Q_s\Gamma(f_s,f''_s)$ par définition de Γ_2 . On écrit ensuite

$$\begin{aligned} -Q''_s\Gamma(f_s) &= -DQ'_s\Gamma(f_s)+2Q'_s\Gamma(f_s,f'_s) \\ &= \ldots\ldots \; +2DQ_s\Gamma(f_s,f'_s)-2Q_s\Gamma(f_s,f''_s)-2Q_s\Gamma(f'_s) \end{aligned}$$

Les deux derniers termes s'en vont, et il reste en intégrant par parties

$$H = \int Q'_s\Gamma(f_s)ds - 2\int Q_s\Gamma(f_s,f'_s)ds$$

On intègre le premier terme par parties : il vaut $DQ_s\Gamma(f_s)-2Q_s\Gamma(f_s,f'_s)$, et il reste simplement

$$H = -\Gamma(f) -4\int Q_s\Gamma(f_s,f'_s)ds = 4A_1(f)-\Gamma(f) .$$

Comme $H\geqq 0$, on obtient (19_4). D'autre part, on en déduit (19_1) sans aucune peine.

DEMONSTRATION DE (19_3). Nous introduisons la fonction $\psi(.,t)=\Gamma(f_t,f'_t)$ et la martingale

$$N_t = \int_0^{t\wedge\tau} \psi(Y_s)dB_s$$

Nous allons écrire une inégalité de Burkholder

$$E_a[\,|E[N_\tau|X_\tau]|^{p/2}] \leqq E_a[\,|N_\tau|^{p/2}] \leqq E_a[\langle N,N\rangle_\infty^{p/4}]$$

Il faudra faire tendre a vers $+\infty$, mais en fait nous laisserons les détails de côté . Le calcul d'une espérance conditionnelle comme nous en avons une du côté gauche a déjà été fait au lemme 4, formule (C), avec une fonction un peu différente : on a

$$E_a[g(X_\tau)\int_0^\tau \psi(Y_s)dB_s] = E_a[\int_0^\tau 2g'(Y_s)\psi(Y_s)ds] \qquad g'(.,s)=Q_s'g$$

$$\int s\wedge a<Q_s'g,\Gamma(f_s,f_s')>_\mu ds$$

et par conséquent

$$E_\infty[N_\tau|X_\tau=.] = 2\int_0^\infty sQ_s'\Gamma(f_s,f_s')ds$$

On écrit comme d'habitude $Q_s'\Gamma(f_s,f_s')=DQ_s\Gamma(f_s,f_s')-Q_s\Gamma(f_s')-Q_s\Gamma(f_s',f_s'')$, d'où en intégrant par parties l'expression de l'espérance conditionnelle, qui est

$$2A_1 - 2A_2 - 2A_3 ,$$

ce qu'il nous faut pour (19_3). Du côté droit, nous avons

$$<N,N>_\tau = \int_0^\tau 2\psi^2(Y_s)ds \qquad \psi_t^2=\Gamma(f_t,f_t')^2\leqq \Gamma(f_t)\Gamma(f_t') \leqq g_t\Gamma(f_t')$$

où l'on a posé $g=\Gamma(f)$, $g_t=Q_tg$. Ainsi, on a

$$< N,N >_t \leqq(\sup_s g(Y_s^\tau))\int_0^\tau 2\Gamma(f')\circ Y_s ds$$

et l'intégrale vaut $< M^\dagger(Cf),M^\dagger(Cf) >_\tau$. Désignant par A,B ces deux facteurs, on a

$$\|<N,N>^{1/2}\|_{p/2} \leqq\| \sqrt{A}\sqrt{B} \|_{p/2} \leqq \|\sqrt{A}\|_p\|\sqrt{B}\|_p$$
$$\leqq c_p\|\sqrt{\Gamma}(f)\|_p\|Cf\|_p$$

d'après les inégalités de Doob et de Burkholder ; (19_3) est établie.

DEMONSTRATION DE (19_5). On part de l'inégalité $\Gamma(Q_tg)\leqq Q_t\Gamma(g)$, on remarque que les deux côtés sont égaux pour t=0, et on en tire que $D_t\Gamma(Q_tg)\leqq D_tQ_t\Gamma(g)$ pour t=0, ce qui donne

(20) $$C\Gamma(g,g) \geqq 2\Gamma(g,Cg)$$

Nous appliquons Q_s aux deux membres, remplaçons g par $Q_sf+\lambda sQ_s'f$ (avec notre notation usuelle, $f_s+\lambda sf_s'$) et intégrons de 0 à $+\infty$. A droite, nous avons

$$2\int_0^\infty Q_s\Gamma(f_s+\lambda sf_s',f_s'+\lambda sf_s'')ds = 2[-A_1(f)+\lambda(A_2(f)+A_3(f))-\lambda^2A_4(f)]$$

A gauche, nous avons $\int Q_s'\Gamma(f_s+\lambda sf_s')ds$. On fait disparaître Q_s' en écrivant cela $DQ_s(\ldots)-2Q_s(f_s+\lambda sf_s',f_s'+\lambda f_s'+\lambda sf_s'')$. On a

$$-2\int_0^\infty Q_s\Gamma(f_s+\lambda sf_s',(1+\lambda)f_s'+\lambda sf_s'')ds = -2[-A_1(f)+\lambda(A_2(f)+A_3(f))-\lambda^2A_4(f)]$$
$$+2[\lambda A_1(f)-\lambda^2A_2(f)]$$

tandis que le premier terme vaut $-\Gamma(f,f)$. Par conséquent

$$\lambda^2(2A_4-A_2) + \lambda(A_1-2A_2-2A_3) + (2A_1-\tfrac{1}{2}\Gamma(f)) \geqq 0$$

ce qui nous donne (19_5), et nous redonne (19_4), ainsi d'ailleurs que la relation $2A_4\geqq A_2$.

§ 3 . RESULTATS TECHNIQUES

Ce paragraphe justifie les passages traités rapidement dans le corps du texte (passages marqués ❙). Il est divisé en courtes sections numérotées - d'abord de nature générale, puis concernant chaque point particulier à vérifier.

Sauf mention spéciale, la lettre p désigne un exposant fini > 1. Nous désignons par $D_p(L)$, $D_p(C)$ le domaine de L ou C dans L^p.

Nous supposons que la mesure invariante μ est une <u>mesure de référence</u> pour le processus (X_t), i.e., les ensembles μ-négligeables sont les mêmes que les ensembles de potentiel nul - en particulier, une inégalité établie μ-p.p. entre fonctions finement continues a lieu partout.

1. L'ALGEBRE $\mathcal{D}$. Nous désignons par $\mathcal{D}$ une algèbre de fonctions <u>bornées</u>, contenue et <u>dense</u> dans tout L^p, <u>stable</u> par le générateur L et le semi-groupe (P_t). Puisque les éléments de $\mathcal{D}$ appartiennent au domaine de L , ce sont automatiquement des fonctions <u>finement continues</u>.

> Si le lecteur veut s'épargner l'usage de cette notion, il pourra les supposer continues sur E polonais. Il sera utile (cf. note de P.A. Meyer) de savoir qu'une intégrale $f=\int f_t\lambda(dt)$ d'une famille de fonctions finement continues, mesurable et uniformément bornée, par rapport à λ bornée, est finement continue.

Pour $f\in\mathcal{D}$, la relation $P_tf=f+\int_0^t P_sLf\,ds$ (avec $Lf\in\mathcal{D}$) a lieu partout, et montre que la fonction $(x,t)\mapsto P_tf(x)$, uniformément bornée, finement continue en x pour t fixé, admet une dérivée en t qui possède les mêmes propriétés. Cela vaut pour les dérivées en t D^kP_tf de tous ordres.

Pour $(f,g)\in\mathcal{D}$, nous rencontrerons aussi des expressions non-linéaires telles que $\Gamma(P_uf,P_vg)$, $L\Gamma(P_uf,P_vg)$, $\Gamma(\Gamma(P_uf))$, se ramenant à l'application répétée de L et du produit sur des fonctions de la forme P_uf, $f\in\mathcal{D}$. Nous supposerons toujours que ces expressions sont <u>continues</u> en (u,v), <u>uniformément bornées</u> en (x,u,v) .

En revanche, nous ne supposerons pas que $\mathcal{D}$ soit stable par Q_t ou par C . Cela nous imposera un peu de travail supplémentaire, que le lecteur pourra s'épargner en première lecture en faisant cette hypothèse.

2. QUELQUES RAPPELS. On trouvera dans le livre de Stein [10] certaines propriétés analytiques des semi-groupes symétriques. En particulier, les propriétés suivantes nous seront utiles

- Si $f\in L^p$, la fonction $f^*=\sup_t P_t|f|$ appartient à L^p, avec une norme majorée par $c_p\|f\|_p$ (ce serait faux dans L^1).

- Si $f\in L^p$, la fonction $P_t f$ de $\mathbb{R}_+$ dans L^p est prolongeable analytiquement en une fonction holomorphe, bornée par $\|f\|_p$, dans l'angle $|\arg z| \leq \frac{\pi}{2}(1-|1-\frac{2}{p}|)$. En particulier, une application de la formule de Cauchy permet de démontrer que $D^k P_t f$ existe au sens L^p, avec

(3.1) $$\|D^k P_t f\|_p \leq c_k t^{-k}\|f\|_p \ .$$

3. SUR L'OPERATION Γ . Nous rappelons certains points présentés dans Meyer [5]. On suppose que (P_t) admet un opérateur carré du champ.

Soit h une fonction appartenant à $D_p(L)$. Alors tout d'abord il en existe une version « précisée », finement continue hors d'un ensemble polaire, et alors le processus

$$\mathfrak{m}_t^h = h(X_t)-h(X_0)- \int_0^t Lh(X_s)ds$$

est une martingale pour la mesure P^μ (et aussi pour P^x pour μ-presque tout x), bornée dans L^p sur tout intervalle fini, continue à droite (continue si X est une diffusion). Si cette martingale possède un crochet oblique (c'est toujours le cas si $p\geq 2$, ou si X est une diffusion) celui-ci est absolument continu, et l'on a

$$d\langle\mathfrak{m}^h,\mathfrak{m}^h\rangle_t = 2\Gamma(h)\circ X_s\, ds \ .$$

Le cas le plus simple est celui où $h\in D_2(L)$. Dans ce cas, on a $h^2\in D_1(L)$, $2\Gamma(h) = L(h^2)-2hLh$, $\|\Gamma(h)\|_1 = -\langle h,Lh\rangle \leq \|h\|_2\|Lh\|_2$, d'où il résulte que Γ <u>est une forme bilinéaire continue de</u> $D_2(L)\times D_2(L)$ dans L^1.

Le petit lemme suivant nous servira plus tard, mais peut être omis pour l'instant :

LEMME. Si $h\to 0$ dans $D_p(L)$, $p\geq 2$, $\Gamma(h)\to 0$ en mesure. Si (P_t) est une diffusion, on a le même résultat pour $1<p<2$ aussi.

<u>Démonstration</u>. Le cas p=2 est évident. Si p>2, soit θ une mesure bornée majorée par μ et équivalente à μ , et soit $\eta=\int_0^1 \theta P_s ds$, également majorée par μ et équivalente à μ . Nous allons montrer que $\Gamma(h)\to 0$ dans $L^1(\eta)$, d'où l'énoncé. Pour cela, on remarque que $\mathfrak{m}_1^h \to 0$ dans $L^p(P^\mu)$, donc dans $L^p(P^\theta)$, donc dans $L^2(P^\theta)$, donc $E^\theta[\langle\mathfrak{m}^h,\mathfrak{m}^h\rangle_1]=\langle\eta,\Gamma(h)\rangle \to 0$.

Si (P_t) est une diffusion, il n'y a pas lieu de distinguer crochet droit et oblique, et les inégalités de Burkholder nous disent que $E^\mu[\langle\mathfrak{m}^h,\mathfrak{m}^h\rangle_1^{p/2}]=E^\mu[(\int_0^1\Gamma(h)\circ X_s ds)^{p/2}] \to 0$. Si $p\leq 2$ on peut faire entrer le p/2 sous l'intégrale, et il vient que $\langle\mu, \Gamma(h)^{p/2}\rangle \to 0$.

APPLICATION. Avec les mêmes hypothèses sur p, si $f_n\to f$ et $g_n\to g$ dans $D_p(L)$ $\Gamma(f_n,g_n)\to\Gamma(f,g)$ en mesure.

En effet, $|\Gamma(f_n,g_n)-\Gamma(f,g)|\leq \sqrt{\Gamma(f-f_n)}\,\sqrt{\Gamma(g)} + \sqrt{\Gamma(g-g_n)}\,\sqrt{\Gamma(f_n)}$, le dernier facteur étant borné en mesure, puisque majoré par $\sqrt{\Gamma(f-f_n)}+\sqrt{\Gamma(f)}$

4. DERIVABILITE DE $\Gamma(P_t f)$. Nous allons montrer que, pour $f\in\mathcal{D}$, $g\in\mathcal{D}$, $\Gamma(P_t f,P_t g)$ est <u>dérivable</u> pour $t=0$, avec pour dérivée $\Gamma(f,Lg)+\Gamma(Lf,g)$. Comme $\mathcal{D}$ est stable pour (P_t), on en déduira que la fonction est partout dérivable à droite, avec dérivée $\Gamma(P_t f,P_t Lg)+\Gamma(P_t Lf,P_t g)$, continue et uniformément bornée : donc en fait $\Gamma(P_t f,P_t g)$ est <u>dérivable</u>. Par récurrence, on voit alors qu'elle est C^∞, avec dérivées de tous ordres uniformément bornées.

Ecrivons une formule de Taylor avec reste intégral en 0, pour la fonction C^∞ $P_t f$

$$P_t f = f + tLf + \int_0^t (t-u)P_u F\,du \qquad (F=L^2 f \in \mathcal{D})$$

et de même pour g. Alors

$$\Gamma(P_t f,P_t g) = \Gamma(f,g) + t(\Gamma(f,Lg)+\Gamma(Lf,g)) + t^2\Gamma(Lf,Lg) +$$
$$+ \Gamma(\int_0^t (t-u)P_u F\,du,\ P_t g)+\Gamma(f+tLf,\ \int_0^t (t-u)P_u G\,du)$$

et il s'agit de démontrer que les termes de la seconde ligne sont $O(t^2)$. On remarque que $\int_0^t (t-u)P_u F\,du = P_t f-f-tLf$ appartient à $\mathcal{D}$, et que $\Gamma(\int_0^t (t-u)P_u F\,du,P_t g) = \int_0^t (t-u)\Gamma(P_u F,P_t g)du$ p.p. : en effet, l'intégrale peut être interprétée au sens de $D_2(L)$, car $u\mapsto P_u F$ est continue de $\mathbb{R}_+$ dans $D_2(L)$ (continuité simple + domination dans L^2 par $F^*,(LF)^*$) et Γ est alors continu à valeurs dans L^1. Cette égalité p.p. entre fonctions finement continues a lieu partout, de même que la relation

$$|\Gamma(P_u F,P_t g)| \leqq \Gamma(P_u F)^{1/2}\Gamma(P_t g)^{1/2}$$

Le second membre étant uniformément borné, la conclusion en découle.

VARIANTE. Un résultat très voisin, utilisé pour l'étude de Γ_2, est la dérivabilité sur $[0,t]$ de la fonction

$g_s = P_s\Gamma(P_{t-s}f)$. On écrit pour $s<t$, $s\to s_0\leqq t$

$$g_s-g_{s_0} = (P_s-P_{s_0})\Gamma(P_{t-s_0}f) + P_s(\Gamma(P_{t-s}f)-\Gamma(P_{t-s_0}f))$$

L'étude que nous avons faite va régler le terme de droite : après division par $s-s_0$, la fonction sous le P_s va converger <u>uniformément</u> vers la dérivée, et alors l'application de P_s ne créera pas de problème. A gauche, c'est encore plus facile : $\Gamma(P_{t-s_0}f)$ appartient à $\mathcal{D}$. D'où pour $0<s\leqq t$ une dérivée

$$g'_s = L\Gamma(P_{t-s}f) - P_s\Gamma(P_{t-s}f,P_{t-s}Lf)$$

En 0, vérifions que $g_\varepsilon\to g_0=\Gamma(P_t f)$ dans L^1 : $P_{t-\varepsilon}f$ tend en effet vers $P_t f$ dans $D_2(L)$, donc $\Gamma(P_{t-\varepsilon}f)-\Gamma(P_t f)$ est petit dans L^1. Il en est de même de $P_\varepsilon(\Gamma(P_{t-\varepsilon}f)-\Gamma(P_t f))$, et aussi de $(P_\varepsilon-I)\Gamma(P_t f)$.

5. ETUDE DE Q_t ET DE C . Nous commençons par rappeler quelques formules explicites sur Q_t

(3.2) $$Q_t f = \int \mu_t(ds) P_s f \quad , \quad \mu_t(ds) = cte^{-t^2/4s} s^{-3/2} ds$$

d'où l'on déduit sans peine que, pour $f \in L^p$, $Q_t f$ appartient à $D_p(L)$, et même à $D_p(L^k)$ pour tout k. On a en fait

(3.3) $$D_t^k Q_t f = Q_t^{(k)} f = \int \mu_t^{(k)}(ds) P_s f \quad , \quad \mu_t^{(k)}(ds) = ct^{k+1} J_k(s/t^2) e^{-t^2/4s} s^{-3/2-k}$$

où J_k est un polynôme de degré $\leq k$. Ce qui en posant $s = ut^2$ nous donne

(3.4) $$D^k Q_t f = t^{-k} \int u^{-3/2-k} e^{-1/4u} J_k(u) P_{ut^2} f \, du = t^{-k} \int P_s f \, \theta_{k,t}(ds)$$

où la masse totale de $\theta_{k,t}$ ne dépend pas de t. En particulier, pour k=1, nous aurons un résultat utile : posons $Lf = g$, $P_s f - f = \int_0^s P_u g \, du$. Comme $\theta_{1,t}(1) = 0$, nous pouvons écrire

$$Q_t' f = \int c(P_s f - f)(1-2t^2) e^{-t^2/4s} s^{-3/2} ds$$

que nous coupons en $\int_0^1$ et $\int_1^\infty$, après quoi nous faisons tendre t vers 0. La seconde intégrale a une limite finie à cause du terme en $s^{-3/2}$. Dans la première, nous remplaçons $P_s f - f$ par $\int_0^s P_u g \, du$ et intervertissons les intégrations avant le passage à la limite. Il nous reste alors

(3.5) $$Cf = \int_0^1 P_s g \, \varepsilon(ds) + \int_1^\infty (P_s f - f) \eta(ds) \qquad g = Lf \ , \ \varepsilon, \eta \text{ bornées.}$$

D'où une majoration immédiate de $\|Cf\|_p$ en fonction de $\|f\|_p$, $\|Lf\|_p$.

Nous n'avons pas supposé $\mathcal{D}$ stable par C, Q_t , et ceci va nous créer quelques complications pour définir des quantités comme $\Gamma(Q_t f, Q_t g)$ ou $L\Gamma(Q_t f, Q_t g)$ pour $f, g \in \mathcal{D}$.

Nous avons p.p., d'après la continuité des applications $u \mapsto P_u f$, $v \mapsto P_v g$ de $\mathbb{R}_+$ dans $D_2(L)$, et la continuité de Γ de $D_2(L) \times D_2(L)$ dans L^1

(3.6) $$\Gamma(Q_t f, Q_t g) = \int \mu_t(du) \mu_t(dv) \Gamma(P_u f, P_v g)$$

Mais le côté droit est une fonction finement continue, en tant qu'intégrale de fonctions finement continues (appartenant à $\mathcal{D}$), uniformément bornées d'après la relation $|\Gamma(P_u f, P_v g)| \leq \Gamma(P_u f)^{1/2} \Gamma(P_v f)^{1/2}$ (qui a lieu p.p., et donc partout). Le côté droit est donc défini sans ambiguïté, et servira de définition partout au côté gauche. Ceci étant, on peut dériver en t le côté droit autant de fois qu'on le veut, et l'on voit que $D_t^k \Gamma(Q_t f, Q_t g)$ existe, et est uniformément borné en (x,t) continu en t . On a plus généralement le même résultat, par le même raisonnement, pour $D_t^k \Gamma(Q_t^{(i)} f, Q_t^{(j)} g)$).

Nous avons évidemment

(3.7) $$\begin{aligned} D_t \Gamma(Q_t f, Q_t g) &= \int \mu_t'(du) \mu_t(dv) \Gamma(P_u f, P_v g) + \int \mu_t(du) \mu_t'(dv) \Gamma(P_u f, P_v g) \\ &= \Gamma(Q_t Cf, Q_t g) + \Gamma(Q_t f, Q_t Cg) \end{aligned}$$

D'où l'on tire aussi, par une récurrence immédiate, le calcul des dérivées d'ordre supérieur.

Nous aurons besoin de savoir aussi que $L\Gamma(Q_tf,Q_tf)$ existe, et est borné uniformément en (x,t). Pour cela, on utilise les hypothèses faites au début du paragraphe, i.e. le fait que $L\Gamma(P_uf,P_vg)$ est borné en (x,u,v) : on a $P_r\Gamma(P_uf,P_vg)=\Gamma(P_uf,P_vg)+\int_0^r P_sL\Gamma(P_uf,P_vg)ds$, et assez de domination pour intégrer par rapport à $\mu_t(du)\mu_t(dv)$, d'où le résultat cherché. Sans cette hypothèse, on pourrait seulement montrer que, pour $\varepsilon>0$ fixé, $LQ_\varepsilon\Gamma(Q_tf,Q_tf)$ est uniformément borné.

6. MAJORATION DE Q_t . Le lemme suivant nous servira un grand nombre de fois, surtout pour justifier des intégrations par parties.

LEMME. Soient $f,g\in\mathcal{D}$. On a

(3.8) $$|Q_t\Gamma(Q_t^{(j)}f,Q_t^{(k)}g)|\leq t^{-j-k-2}C(f,g)$$

où $C(f,g)$ est uniformément bornée et appartient à tous les L^p .

Démonstration. Nous allons démontrer quelque chose d'un peu plus général que (3.8), en mettant Q_ε au lieu du premier Q_t (on peut plus généralement encore mettre $Q_\varepsilon^{(i)}$, mais nous ne traiterons pas ce cas). On écrit simplement la formule

$$\Gamma(Q_t^{(j)}fQ_t^{(k)}g) = L(Q_t^{(j)}fQ_t^{(k)}g) -Q_t^{(j)}f\ LQ_t^{(k)}g - LQ_t^{(j)}f\ Q_t^{(k)}g$$

On remplace $LQ_t^{(j)}f$ par $-Q_t^{(j+2)}f$, $LQ_t^{(k)}g$ par $-Q_t^{(k+2)}g$, et on applique (3.4)

$$|Q_t^{(j)}f|\leq ct^{-j}f^* \ , \ |Q_t^{(k+2)}g|\leq ct^{-k-2}g^* \ , \text{ etc .}$$

Les deux derniers termes sont donc majorés par $ct^{-j-k-2}f^*g^*$, et f^*g^* est à la fois bornée et dans tous les L^p. Cette propriété est préservée par application de Q_ε (et si l'on prend $\varepsilon=t$ variable, $\sup_t Q_t(f^*g^*)\leq (f^*g^*)^*$ est bornée et dans tous les L^p).

Reste le premier terme. Après application de Q_ε (légitime, car ce terme est borné par différence), il reste d'après (3.4)

$$|-Q_\varepsilon''(Q_t^{(j)}fQ_t^{(k)}g)|\leq c\varepsilon^{-2}(Q_t^{(j)}fQ_t^{(k)}g)^*$$

On remplace à droite $(\ldots)^*$ par sa valeur $\sup_s P_s(|Q_t^{(j)}fQ_t^{(k)}g|)\leq c\sup_s P_s(t^{-k-j}f^*g^*) = ct^{-k-j}(f^*g^*)^*$, qui est bornée et dans tout L^p.

Nous savons que la fonction $Q_t\Gamma(Q_tf,Q_tf)$ est bornée, mais on peut en donner une majoration explicite, en écrivant

$$|\Gamma(Q_tf,Q_tf)|\leq 2\Gamma(f)+2\Gamma(Q_tf-f) \quad , \quad Q_tf-f=\int_0^t Q_uCf\,du$$

Appliquer Q_t au premier terme fait apparaître un $\Gamma(f)^*$. Pour le second, posons $Cf=g$. On a - au sens L^1, donc p.p., puis partout

$$Q_t\Gamma(Q_tf,Q_tf) = \iint_{u,v\leq t} Q_t\Gamma(Q_ug,Q_vg)dudv$$

Après quoi on majore comme plus haut : $|Q_t\Gamma(Q_u g, Q_v g)| \leq ct^{-2}(Q_u g Q_v g)^* \leq ct^{-2}(g^{*2})^*$. Si $g \in L^p$, $p>2$, $(g^{*2})^*$ appartient à $L^{\bar{p}/2}$.

JUSTIFICATION DES RESULTATS RELATIFS A Γ_2

7. Soit $f \in \mathcal{D}$. D'après (3.6), nous avons partout

$$\Gamma(Q_t f, Q_t f) \leq (\int \mu_t(du)\sqrt{\Gamma(P_u f)})^2 \leq \int \mu_t(du)\Gamma(P_u f)$$

Si la première des inégalités (4) ou (5) a lieu, on en déduit la seconde

Nous avons vu en 4 que $\Gamma(P_t f)$ est continue et dérivable. La continuité en 0 entraîne que la fonction $P_t\Gamma(f)-\Gamma(P_t f)$ est nulle en 0 : si elle est positive, sa dérivée est aussi positive, d'où la positivité du Γ_2 . Le même raisonnement montrera que (5') entraîne (6).

Pour montrer que la positivité du Γ_2 entraîne (4), nous avons fait en 4 presque tout le travail : $g_s = P_s\Gamma(P_{t-s}f)$ est dérivable sur $]0,t]$ avec dérivée positive, donc croissante sur $]0,t]$. Comme $g_s \to g_0$ au sens L^1 en 0, on a $g_0 \leq g_t$ p.p., donc partout.

Proposition 1. La formule d'Ito nous permet de calculer l'effet d'une fonction de classe C^2 sur les opérateurs L et Γ, dans le cas des diffusions : le point à remarquer ici est que les égalités p.p. fournies par cette formule ont lieu entre éléments de $\mathcal{D}$, donc partout. De même, la positivité de Γ_2 a lieu partout. C'est important pour le raisonnement.

8. Voici un catalogue des propriétés valables pour $f \in \mathcal{D}$, sous l'hypothèse (répétée parmi elles) que $\Gamma_2 \geq 0$ sur $\mathcal{D}$. Le problème consiste à les étendre à d'autres fonctions f - par exemple, à $f=Q_t g$, $g \in \mathcal{D}$ ou $g \in L^2$.

(3.9) $\Gamma(P_{t+s}f) \leq P_t\Gamma(P_s f)$, $\Gamma(Q_{t+s}f) \leq Q_t\Gamma(Q_s f)$

(3.10) $\sqrt{\varepsilon+\Gamma(P_{t+s}f)} \leq P_t\sqrt{\varepsilon+\Gamma(P_s f)}$ (diffusions seulement : résulte de la proposition 1).

(3.11) $L\Gamma(f,f) \geq 2\Gamma(f,Lf)$ (c'est la condition $\Gamma_2 \geq 0$)

(3.12) $4\Gamma_2(f)\Gamma(f) \geq \Gamma(\Gamma(f))$.

Nous savons que (3.9) a lieu sur $\mathcal{D}$ (la seconde, par intégration comme en (3.6)). Etendons les à $f \in L^2$ en supposant $s>0$. Par exemple la seconde : nous approchons f dans L^2 par des $f_n \in \mathcal{D}$. Alors $Q_s f_n \to Q_s f$ dans $D_2(L)$, donc $\Gamma(Q_s f_n) \to \Gamma(Q_s f)$ dans L^1, et $Q_t\Gamma(Q_s f_n)$ de même tend vers $Q_t\Gamma(Q_s f)$. Même raisonnement du côté gauche, et l'inégalité passe à la limite (avec un «p.p.»). Si $f \in D_2(L)$, $Q_s f$ tend vers f dans $D_2(L)$ pour $s \to 0$, et l'inégalité (p.p.) vaut aussi pour $s=0$. Même raisonnement pour la première inégalité, en se rappelant que P_s est régularisant pour $s>0$ (analyticité L^2).

Même raisonnement encore pour l'inégalité (3.10) : elle s'étend p.p. à $f \in L^2$ pour $s>0$, à $f \in D_2(L)$ pour $s \geq 0$.

En particulier, prenons $f=Q_r g$, $r>0$, $g\in\mathcal{D}$. Les inégalités (3.9) et (3.10) ont lieu partout avec s=0, et en dérivant à l'origine nous établissons (3.11) et (3.12) sans avoir supposé $\mathcal{D}$ stable par Q_t .

Pour des fonctions $f\in L^p$, $p>2$, on peut établir une version affaiblie de (3.11) (que le lecteur peut omettre)

(3.13) $$Q_\varepsilon L\Gamma(Q_t f) \geqq 2Q_\varepsilon \Gamma(Q_t, LQ_t f) \text{ p.p.} \quad \text{pour } \varepsilon>0$$

Pour voir cela, on écrit

$$\begin{aligned}|Q_\varepsilon L\Gamma(Q_t f)-Q_\varepsilon L\Gamma(Q_t g)| &= |Q_\varepsilon L\Gamma(Q_t(f-g),Q_t(f+g)| \\ &\leqq c(\varepsilon,t)((f-g)^*(f+g)^*)^* \quad (\text{cf. } (6))\end{aligned}$$

Si f-g est petit dans L^p (p>2), f et g restant bornés dans L^p, le produit $(f-g)^*(f+g)^*$ est petit dans $L^{p/2}$, et cela subsiste après un nouveau *. De même

$$\begin{aligned}|Q_\varepsilon \Gamma(Q_t f,LQ_t f)-Q_\varepsilon \Gamma(Q_t g,LQ_t g)| \leqq &|Q_\varepsilon \Gamma(Q_t(f-g),LQ_t(f+g))| \\ &+|Q_\varepsilon \Gamma(LQ_t(f)g),Q_t(f+g))|\end{aligned}$$

est petit dans $L^{p/2}$. Approchant $f\in L^p$ par des $f_n\in\mathcal{D}$, on voit que $Q_\varepsilon \Gamma_2(Q_t f)$ est limite dans $L^{p/2}$ des $Q_\varepsilon \Gamma_2(Q_t f_n)$, donc est positif p.p.. On remarquera qu'une fonction de la forme $Q_\varepsilon h$ est finement continue hors d'un ensemble polaire, donc le <<p.p.>> peut être amélioré.

DEMONSTRATION DU THEOREME 2

9. Pour vérifier qu'un processus de la forme $f(Y_t^\tau)$ est une sous-martingale, et calculer le processus croissant associé, nous disposons des lemmes techniques de Meyer [5] [1]. Voici un énoncé précis.

LEMME. Soit f(x,t) une fonction sur $E\times\mathbb{R}_+$, <u>bornée</u>, telle que :

- Pour tout t fixé, $L_x f(x,t) = a(x,t)$ existe (convergence simple bornée des $(P_t-I)/t$), soit finement continue en x, uniformément bornée en (x,t) .
- Pour tout x fixé, $D_t^2 f(x,t)=b(x,t)$ existe, soit finement continue en x, uniformément bornée en (x,t), et telle que $t\mapsto b_t$ soit continue au sens de la convergence uniforme (il suffit pour ce dernier point que $D_t^3 f(x,t)$ soit uniformément bornée en (x,t)).

Alors le processus $f(Y_t^\tau) - \int_0^{t\wedge\tau}(a+b)(Y_s)ds$ est une martingale sous toute loi $P^{x,u}$.

1. Cet énoncé fait la synthèse du lemme 7 p. 156 (sur $E\times\mathbb{R}$) et de l'argument du bas de la page 157. Signalons quelques erreurs matérielles : p. 157, lignes 5 et 9, les dh manquent, et il faut lire a(y,r) au lieu de a(x,r). Ligne 4 du bas, lire Âu=r.

Dans l'application au théorème 2, la fonction $f(x,t)$ à laquelle on applique le lemme est la première fois $\Gamma(Q_t f)$, et la seconde fois $\sqrt{\varepsilon+\Gamma(Q_t f)}$, avec $f\in\mathcal{B}$. La condition $\Gamma_2 \geqq 0$ entraîne que $\Gamma(Q_t f) \leqq Q_t\Gamma(f)$ est uniformément bornée. Nous avons fait le nécessaire, dans les n^{os} précédents, pour montrer l'existence de $L\Gamma(Q_t f)$, le caractère borné en (x,t) de cette fonction (fin du n°5), étendre les inégalités de positivité sur Γ_2 (n°8)...

10. Peut on étendre le théorème 2 à des fonctions qui n'appartiennent pas à $\mathcal{B}$? Il est naturel de chercher à établir d'abord que

$$(3.14) \qquad \text{pour } \varepsilon>0,\ f\in L^p,\ \|CP_\varepsilon f\|_p \leqq c\|\sqrt{\Gamma(P_\varepsilon f)}\|_p$$

puis de faire ensuite tendre ε vers 0. Nous distinguerons les cas $p\leqq 2$ et $p>2$.

Cas $p\leqq 2$. Nous approchons $f\in L^p$ par des $f_n\in\mathcal{B}$. Alors $g_n=P_\varepsilon f_n$ tend vers $g=P_\varepsilon f$ dans $D_p(L)$, et $\sqrt{\Gamma(g_n-g)}$ tend vers 0 dans L^p (n°3), d'où il résulte sans peine que $\sqrt{\Gamma(g_n)}$ tend vers $\sqrt{\Gamma(g)}$ dans L^p, tandis qu'il est à peu près évident que Cg_n tend vers Cg dans L^p (cf. (3.5)).

Cas $p>2$. Nous utiliserons ici le théorème 7 (étendu à $D_p(L)$) qui domine $\|\sqrt{\Gamma}\|_p$ par $\|C\|_p$, et a fortiori ((3.5)) par la norme dans $D_p(L)$: alors, avec les mêmes notations que ci-dessus, on sait que $\sqrt{\Gamma(g_n-g)}$ tend vers 0 dans L^p et on peut conclure de la même manière.

DOMINATION DE $\sqrt{\Gamma}$ PAR C ($p>2$)

11. Dans ce paragraphe, il s'agit d'établir une inégalité de la forme

$$(3.15) \qquad \|\sqrt{\Gamma(f)}\|_p \leqq c_p\|Cf\|_p \qquad \text{pour } f\in D_p(L)\ ^{(1)} \text{ sans partie invariante}$$

et notre première question va être : pour quelles « bonnes fonctions » $f\in D_p(C)$ suffit-il d'établir une telle inégalité ?

Rappelons d'abord que P_ε ($\varepsilon>0$) applique L^p dans $D_p(L)$. Il suffit en fait d'établir que, pour $\varepsilon>0$,

$$\|\sqrt{\Gamma(P_\varepsilon f)}\|_p \leqq c_p\|CP_\varepsilon f\|_p \qquad (f\in L^p_0 : L^p \text{ sans partie invariante })$$

En effet, si $f\in D_p(L)$, $P_\varepsilon f \to f$ dans $D_p(L)$ pour $\varepsilon\to 0$, donc $CP_\varepsilon f\to Cf$ dans L^p (cf. n°5, formule (3.5)) tandis que $\sqrt{\Gamma(P_\varepsilon f)}$ tend en mesure vers $\sqrt{\Gamma(f)}$ (n°3), donc l'inégalité passe à la limite.

Ensuite, puisque f est sans partie invariante, $\lambda U_\lambda f$ tend vers 0 dans L^p lorsque $\lambda\to 0$, U_λ désignant la résolvante de (P_t). D'autre part on a $f-\lambda U_\lambda f = L(-U_\lambda f)$. Posant $g_\lambda=-U_\lambda f\in D_p(L)$ il nous suffit de montrer

---

1. On remarquera que $\Gamma(f)$ est défini pour $f\in D_p(L)$, mais non a priori sur $D_p(C)$: l'inégalité permettra ce prolongement.

que $$\|\sqrt{\Gamma(P_\varepsilon Lg_\lambda)}\|_p \leq c_p \|CP_\varepsilon Lg_\lambda\|_p$$
et de faire ensuite tendre λ vers l'infini. Mais alors, approchons g_λ dans L^p par des $f_n \in \mathcal{D}$; si la formule a été établie pour les f_n , elle passe bien à la limite comme ci-dessus. D'autre part, $P_\varepsilon L$ laisse $\mathcal{D}$ stable. Finalement

(3.16) <u>Il suffit d'établir le th</u>. 7 <u>lorsque</u> $f \in L(\mathcal{D}) \subset \mathcal{D}$

Ce sera là, pour toute la suite de la preuve, notre classe de « bonnes fonctions », pour laquelle nous allons justifier tous les calculs formels du texte.

CALCULS D'ESPERANCES CONDITIONNELLES

12. Nous avons à montrer (lemme 4 et lemme 5) que, si f est une « bonne fonction » au sens qui vient d'être défini, les intégrales
$$\int_0^\infty s|Q'_s(f_s f'_s)|ds \quad , \quad \int_0^\infty s^2|Q'_s(f'^2_s)|ds$$
existent, et appartiennent en fait à tous les L^p (p>1). Rappelons que f=Lg, avec $g \in \mathcal{D}$.

Tout d'abord, on sait (cf. (3.4)) que $|sQ'_s(h)| \leq ch^*$. Pour $s \leq 1$, nous écrivons
$$|f_s f'_s| = |f_s(Cf)_s| \leq f^*(Cf)^* \quad , \quad f'^2_s \leq (Cf)^{*2}$$
$$s|Q'_s(f_s f'_s)| \leq c[f^*(Cf)^*]^* \qquad s^2|Q'_s(f'^2_s)| \leq c[(Cf)^{*2}]^*$$
qui appartient bien à tous les L^p, y compris L^∞ . Pour s>1, on écrit encore (3.4), mais
$$|f_s| = |Q''_s g| \leq cs^{-2}g^* \ , \quad \text{et de même} \quad |f'_s| < cs^{-3}g^*$$
$$|sQ'_s(f_s f'_s)| \leq cs^{-5}(g^*)^* \quad |s^2 Q'_s(f'^2_s)| \leq cs^{-5}(g^*)^*$$
et avec une décroissance à l'infini en s^{-5}, on a presque honte d'être si riche (prendre f de la forme Cg au lieu de Lg suffirait déjà largement à tout faire converger).

LEMME 5. Puisque nous suggérons (remarque suivant le lemme 8) une méthode pour éviter l'inégalité (D), nous ne croyons pas nécessaire d'alourdir ce texte avec les vérifications de détail. Cependant, le passage par (D) a l'avantage de ne rien utiliser d'étranger à la théorie des martingales.

LEMME 6. La première marque ▌ signale le mot « bonne fonction » défini plus haut. En ce qui concerne la convergence des intégrales, on a
$$|Q_s(f_s f'_s)| \leq cs^{-5}(g^*)^* \ , |Q'_s(f^2)| \leq cs^{-5}g^* \ , \text{etc.}$$
Une telle décroissance justifie largement toutes les intégrations par parties de la démonstration (dernier ▌ de la page). Quant au ▌ d'avant,

il signale le recours à la proposition suivante, due à Stein, qui justifie aussi le passage de la remarque muni d'un [] :

12. LEMME. Soit (g_t) une famille de fonctions positives, telle que $Q_t g_s \geqq g_{t+s}$. Alors les normes dans L^p des fonctions

$$U = \int s^k g_s ds \quad \text{et} \quad V = \int s^k Q_s g_s ds$$

sont équivalentes pour $1 \leqq p < \infty$.

(Dans la première application on prend $g_t = \Gamma(f_t)$, et dans la seconde $g_t = f_t''^2$).

Démonstration. On a $Q_s g_s \geqq g_{2s}$, d'où l'on tire une inégalité ponctuelle du type $U \leqq cV$. C'est l'inégalité inverse qui est plus délicate.

Nous interprétons $\|U\|_p$ comme la norme dans $L^p(\mu)$ de l'application $x \mapsto g_.(x)$ à valeurs dans $L^1(\mathbb{R}_+, s^k ds)$, et de même pour $\|V\|_p$. Nous avons donc

$$\|V\|_p = \sup_h \int \mu(dx) \int_0^\infty s^k Q_s g_s(x)\, h_s(x) ds$$

h parcourant l'ensemble des fonctions boréliennes positives $h(x,s)$ telles que la v.a. $H(x) = \sup_s h(x,s)$ ait une norme $\leqq 1$ dans $L^q(\mu)$. On a donc

$$\|V\|_p = \sup_h \int_0^\infty s^k < Q_s g_s, h_s > ds = \sup_h \int_0^\infty s^k < g_s, Q_s h_s > ds$$

$$\leqq < \int_0^\infty s^k g_s \, ds, H^* > \leqq \|U\|_p \|H^*\|_q .$$

On utilise enfin le résultat $\|H^*\|_q \leqq c_q \|H\|_q$ (lemme maximal de Stein).

LES INEGALITES FONDAMENTALES

Comme plus haut pour les a_i, il faut vérifier que les intégrales définissant les A_i sont absolument convergentes, et que les fonctions en s qui y figurent décroissent assez vite pour justifier les intégrations par parties. On a d'après (3.8)

$$|Q_s \Gamma(f_s, f_s')| \leqq cs^{-3} f^{**}, \quad |sQ_s \Gamma(f_s', f_s')| \leqq cs^{-3} f^{**}$$

$$|sQ_s(f_s, f_s'')| \leqq cs^{-3} f^{**}, \quad |s^2 Q_s \Gamma(f_s', f_s'')| \leqq cs^{-3} f^{**}$$

de sorte que les quatre fonctions A_i ont un sens pour $f \in L^p$, $p > 1$, sans qu'il soit nécessaire de la supposer de la forme $f = Lg$ (nos << bonnes fonctions >> précédentes.

La première ▌ de la page 14 a été traitée au n°11.

DEMONSTRATION DE (19_2). Cette sous-martingale a été étudiée au n°9. Comme on n'a pas ici la partie délicate relative à $Z^{1/2}$, on pourrait s'épargner une hypothèse en travaillant sur $Q_\varepsilon \Gamma(f_t)$ au lieu de $\Gamma(f_t)$: Il serait alors plus facile de vérifier que $L_x \varphi$ est uniformément borné (condition nécessaire à l'application du lemme du n°9). Le résultat sur les processus stochastiques utilisé est le suivant :

Soit (Z_t) une sous-martingale positive uniformément intégrable (sur un espace de mesure finie d'abord : on commencera par les mesures $P^{x,u}$, puis on intégrera par rapport à $\mu\times\varepsilon_a$, puis on fera tendre a vers $+\infty$), et soit $Z_t=Z_0+M_t+A_t$ sa décomposition canonique. On a alors

$$E[A_\infty - A_T | \underline{\underline{F}}_T] = E[Z_\infty - Z_T | \underline{\underline{F}}_T] \leq E[Z_\infty | \underline{\underline{F}}_T]$$

et par conséquent (cf. Dellacherie-Meyer, chap.VI, n°99 ; on pourra aussi voir VI.22 pour le fait que Z appartient à la classe (D)), on a

$$E[A^p_\infty] \leq c_p E[Z^p_\infty] \quad \text{pour } 1 \leq p < \infty .$$

DEMONSTRATION DE (19_5). Le calcul de $D_t\Gamma(Q_t f)$ a été fait en (3.7).

§ 4. REMARQUES ET RESULTATS ADDITIONNELS

1. DUALISATION DU THEOREME 7.

Nous avons établi en toute généralité (th. 7) la domination de $\sqrt{\Gamma}$ par C pour $p\geq 2$. Par dualité, nous allons établir la domination de C par $\sqrt{\Gamma}$ si $p\leq 2$: ce résultat a été établi pour les semi-groupes de diffusion (th.2), mais nous l'étendons ainsi à des semi-groupes quelconques.

Voir la remarque à la fin de cette section, au sujet de la dualisation analogue du théorème 2 et des difficultés qu'elle présente.

Si f appartient à l'algèbre $\mathcal{A}$, notons I(f) sa projection dans L^2 sur l'espace des fonctions invariantes. Soit $p\geq 2$, et soit q l'exposant conjugué : f-I(f) <u>est limite dans</u> L^q <u>de fonctions de la forme</u> Cg , <u>avec</u> $g\in D_q(L)$. En effet, si V_λ est l'opérateur λ-potentiel du semi-groupe (Q_t), on a

$$f-\lambda V_\lambda f = C(-V_\lambda f) \quad , \text{ et } \quad V_\lambda f \text{ appartient à } D_q(C)$$

et d'autre part, lorsque $\lambda\to 0$, $\lambda V_\lambda f$ tend (dans L^2, dans L^q , et p.p.) vers I(f). Pour établir la phrase soulignée, il reste à montrer que $D_q(L)$ est dense dans $D_q(C)$, ce qui est clair : si U_λ est l'opérateur λ-potentiel de (P_t) et f appartient à $D_q(C)$, $\lambda U_\lambda f \in D_q(L)$ converge vers f dans $D_q(C)$.

Soit alors $f\in D_p(L)$, avec $1<p\leq 2$; on a

$$\|Cf\|_p = \sup_{g\in\mathcal{A},\ \|g\|_q\leq 1} < Cf,g > = \sup_{\dots} < Cf,\ g-I(g) >$$
$$= \sup_{h\in D_q(L),\ \|Ch\|_q\leq 1} < Cf,Ch >$$
$$= \sup_{\dots\dots} \int \Gamma(f,h)d\mu$$

Nous utilisons maintenant l'inégalité $|\Gamma(f,h)|\leq \Gamma(f,f)^{1/2}\Gamma(h,h)^{1/2}$, puis l'inégalité de Hölder, et enfin le théorème 7 qui nous majore $\|\sqrt{\Gamma(h,h)}\|_q$ par $c_q\|Ch\|_q \leq c_q$; nous obtenons que

(4.1) $\|Cf\|_p \leq c_q \|\sqrt{\Gamma(f)}\|_p$, $1<p\leqq 2$

le résultat cherché.

REMARQUE. Si nous pouvions dualiser de même le théorème 2, nous obtiendrions l'équivalence de norme entre C et $\sqrt{\Gamma}$ (pour les fonctions sans partie invariante), pour les diffusions, et dans tout l'intervalle $]1,\infty[$, alors que nous ne l'avons établie plus haut (th.2 et th. 7) que dans l'intervalle $[2,\infty[$. Mais pour faire un tel raisonnement par dualité, il faudrait savoir que, pour f assez bonne

$$\|\sqrt{\Gamma(f)}\|_p \leqq c_p \sup_{\|\sqrt{\Gamma(g)}\|_q \leqq 1} \int \Gamma(f,g)d\mu$$

Cela pose des problèmes, même dans les cas les plus élémentaires : prenons par exemple une diffusion sur $\mathbb{R}^n$ de générateur $\frac{1}{2}\Delta f + \nabla\rho.\nabla f$, symétrique par rapport à la mesure $\mu(dx)=e^{2\rho(x)}dx$, et qui satisfait à l'hypothèse $\Gamma_2 \geqq 0$ si ρ est logconcave . L'opérateur $\Gamma(f,g)$ vaut $\frac{1}{2}$gradf$\cdot$gradg . Quel est le dual de l'espace des fonctions dont le gradient est dans $L^p(\mu)$? C'est un problème d'espaces de Sobolev à poids dont nous ignorons la répons

Rappelons aussi que pour des semi-groupes qui ne sont pas des diffusions, on ne peut espérer établir l'équivalence de normes entre C et $\sqrt{\Gamma}$ dans tout l'intervalle $]1,\infty[$ (voir Stein, Singular Integrals..., p. 163, énoncé 6.13).

2. ITERATION DE LA METHODE DU TH. 7

Pour f,g appartenant à l'algèbre $\mathcal{D}$, nous itérons la construction de l'opérateur Γ_2 en définissant

(4.2) $$\Gamma_{n+1}(f,g) = \frac{1}{2}(L\Gamma_n(f,g) - \Gamma_n(Lf,g) - \Gamma_n(f,Lg))$$

On rencontre assez fréquemment des semi-groupes (semi-groupes de convolution sur $\mathbb{R}^n$, semi-groupe d'Ornstein-Uhlenbeck) pour lesquels toutes les formes bilinéaires Γ_n sont positives. Une démonstration en tout point analogue à celle du théorème 7 permet de montrer que

(4.3) Si tous les Γ_p $(1\leqq p\leqq n+1)$ sont positifs, on a pour $p\geqq 2$

$$\|\sqrt{\Gamma_n(f,f)}\|_p \leqq c_{p,n} \|C^n f\|_p \qquad (f\in\mathcal{D})$$

Voici le principe de la méthode. On introduit les quantités suivantes (toutes les intégrales étant convergentes en vertu des arguments du § 3)

$$A_1^n(f) = -\int_0^\infty Q_s\Gamma_n(f_s,f_s')ds \qquad A_2^n(f) = \int_0^\infty sQ_s\Gamma_n(f_s',f_s')ds$$

$$A_3^n(f) = \int_0^\infty sQ_s\Gamma_n(f_s,f_s'')ds \qquad A_4^n(f) = -\int_0^\infty s^2Q_s\Gamma_n(f_s',f_s'')ds .$$

On fait l'hypothèse de récurrence

$$\|A_i^{n-1}(f)\|_{p/2} \leqq c_{p,n-1} \ \|(C^{n-1}f)^2\|_{p/2}$$

$$\|\Gamma_{n-1}(f)\|_{p/2} \leqq c_{p,n-1} \ \|(C^{n-1}f)^2\|_{p/2}$$

On établit alors, comme dans le th. 7, les résultats suivants

1) $\|A_2^n(f)\|_{p/2}$, $\|A_4^n(f)\|_{p/2} \leqq c_{p,n}\|(C^nf)^2\|_{p/2}$

2) $\|A_1^n(f)\|_{p/2} \leqq c_{p,n}\|\Gamma_n(f)\|_{p/2}$

3) $4A_1^n(f) \geqq \Gamma_n(f)$

4) $[4A_1^n(f)-\Gamma_n(f)][2A_4^n(f)-A_2^n(f)] \geqq 2(A_1^n(f)-2A_2^n(f)-2A_3^n(f))^2$

(cf. les formules (18) et (19) du second paragraphe . Comme dans la démonstration du th. 7, on montre alors que

$$\|\Gamma_n(f)\|_{p/2} \leqq c_{p,n}\|(C^nf)^2\|_{p/2}$$

ce qui permet de démontrer $\|A_i^n(f)\|_{p/2} \leqq c_{p,n} \ \|(C^nf)^2\|_{p/2}$, et l'on est prêt à remonter d'un nouveau cran dans la récurrence.

3. EQUIVALENCE DE NORMES POUR p>1, POUR CERTAINES DIFFUSIONS

Nous avons dit au n°1 qu'on ne savait pas établit l'équivalence de normes entre C et $\sqrt{\Gamma}$ pour $1<p<\infty$, dans le cas des diffusions.

Il y a pourtant des cas où cette équivalence est connue : d'une part, le cas des mouvements browniens de toutes dimensions, d'autre part, celui du processus d'Ornstein-Uhlenbeck. Or ces deux cas ont un trait commun : l'opérateur $\Gamma(f,f)$ s'écrit $\Sigma_i \ (H_if)^2$, les opérateurs H_i laissant stable $\mathcal{D}$, et satisfaisant à

$$[L,H_i] = h\ H_i \tag{4.4}$$

où h est une fonction positive, <u>la même pour tous les indices</u> i . Dans le cas des mouvements browniens, h=0, et pour Ornstein-Uhlenbeck h=1.

Or pour les diffusions possédant cette propriété, nous savons établir l'équivalence de norme pour $1<p<\infty$ par une méthode complètement différente de celle qui a été utilisée plus haut. Elle utilise la théorie de Littlewood Paley-Stein pour les semi-groupes <u>sousmarkoviens</u> symétriques, due à Cowling, et présentée dans ce volume par Meyer.

Nous remarquons que l'on a dans ce cas

$$H_iP_tf = \hat{P}_tH_if \tag{4.5}$$

où $\hat{P}_t$ est le semi-groupe sousmarkovien symétrique de générateur $\hat{L}=L-hI$ (semi-groupe qui se construit à partir de (P_t) par une << formule de Feynman-Kac >>). Soit $(\hat{Q}_t)$ le semi-groupe de Cauchy associé, et soit $g_1(f)$

la fonction de Littlewood-Paley

$$g_1(f) = \left(\int_0^\infty t(D_t\hat{Q}_t f)^2 dt\right)^{1/2}$$

La théorie de Littlewood-Paley sousmarkovienne permet d'affirmer que l'on a une équivalence de normes $\|f\|_p \sim \|g_1(f)\|_p$ pour les fonctions f sans partie $\hat{Q}_\cdot$-invariante, et une équivalence analogue pour les fonctions $f=(f_n)$ à valeurs dans un espace de Hilbert ($g_1(f)^2 = \Sigma_n\, g_1(f_n)^2$) .

On a alors pour $f\in\mathcal{D}$

$$\|\sqrt{\Gamma(f)}\|_p = \|(\Sigma_i\ (H_i f)^2)^{1/2}\|_p$$

$$\leq c_p \|(\Sigma_i \int t(D_t\hat{Q}_t H_i f)^2 dt)^{1/2}\|_p \quad \text{(inégalité de L-P sousmarkovienne)}$$

On utilise la relation de commutation $\hat{Q}_t H_i = H_i Q_t$, puis $D_t Q_t f = Q_t Cf$, pour obtenir

$$\ldots \leq c_p \|(\int t\Gamma(Q_t Cf, Q_t Cf) dt)^{1/2}\|_p$$

$$\leq c_p \|Cf\|_p$$

cette dernièreinégalité étant une inégalités de martingales familière. On obtient donc sans peine l'inégalité désirée. On remarquera que c'est une inégalité du type de celle du th. 7 , qui se dualise bien (section 1) et nous donne l'équivalence de normes pour $1<p<\infty$.

Toutefois, le raisonnement précédent exige que l'on vérifie que chaque $H_i f$ est sans partie invariante pour $(\hat{P}_t)$. Or on a pour $f\in\mathcal{D}\subset L^2$

$$\|(\Sigma_i\ (\hat{P}_t H_i f)^2)^{1/2}\|_2^2 = \|\Gamma(P_t f, P_t f)^{1/2}\|_2^2 = - \langle LP_t f, P_t f \rangle$$

qui tend vers 0 pour $t\to\infty$. Cela entraîne que chaque $\hat{P}_t H_i f$ tend vers 0.

UNE REMARQUE SUR LES INEGALITES DE LITTLEWOOD-PALEY SOUS L'HYPOTHESE $\Gamma_2 \geqq 0$

par Dominique Bakry

Cette remarque fait suite à l'exposé précédent, auquel nous renvoyons pour les notations et les hypothèses. Il s'agit de préciser dans ce cadre les inégalités de Littlewood-Paley-Stein obtenues par Meyer dans [5]. Rappelons de quoi il retourne. Etant donnée une fonction f sans partie invariante, que nous supposons dans $\mathcal{D}$ pour simplifier, posons

$$f(x,t) = Q_t f(x) \ , \ g^{\rightarrow}(x,t)=(\tfrac{d}{dt}f(x,t))^2 \ , \ g^{\uparrow}(x,t)=\Gamma(Q_t f,Q_t f)(x)$$

$$g = g^{\rightarrow} + g^{\uparrow} .$$

On introduit ensuite les "fonctions de Littlewood-Paley"

$$G_f(x) = \left(\int_0^\infty t\, g(x,t)dt \right)^{1/2} \quad (\text{ de même } G_f^{\uparrow} \ , \ G_f^{\rightarrow})$$

$$H_f(x) = \left(\int_0^\infty tQ_t g(x,t)dt \right)^{1/2}$$

$$K_f(x) = \left(\int_0^\infty t(Q_t\sqrt{g(x,t)})^2 dt \right)^{1/2}$$

Un cas particulier de l'inégalité de Littlewood-Paley-Stein est l'équivalence de norme dans L^p $(1<p<\infty)$ entre f et $G_f^{\rightarrow}$. Stein a esquissé dans son livre la démonstration d'une équivalence de norme entre f et la fonction "complète" G_f, en dimension 1 et sous l'hypothèse qui correspond, dans ce cas, à la positivité de Γ_2. Nous allons traiter ici le cas général, ce qui se fait sans aucune difficulté au vu des résultats de l'exposé précédent. Malheureusement, en l'absence d'une équivalence de norme concernant la fonction $G_f^{\uparrow}$, on ne tire pas de résultat intéressant de ces inégalités.

Il s'agit bien sûr de vérifier que la norme de f dans L^p domine celle de G_f (l'inégalité inverse résultant de ce que $G_f^{\rightarrow} \leqq G_f$). Or dans [5], p. 168 et suivantes, Meyer établit

si $p \geqq 2$, $\|H_f\|_p \leqq c_p \|f\|_p$

si $1<p\leqq 2$ et L est un générateur de diffusion, $\|K_f\|_p \leqq c_p\|f\|_p$.

Tout revient donc à majorer G_f en fonction de H_f dans le premier cas, de K_f dans le second. Or sous l'hypothèse $\Gamma_2 \geqq 0$

- On a $\Gamma(Q_t f,Q_t f) \leqq Q_t \Gamma(f,f)$, donc $g(x,2t) \leqq Q_t(x,g(.,t))$, donc $G_f \leqq 2H_f$.
- Dans le cas des diffusions, on a $\sqrt{\Gamma(Q_t f,Q_t f)} \leqq Q_t\sqrt{\Gamma(f,f)}$, et de la même manière $G_f \leqq 2K_f$.

L'inégalité cherchée est donc immédiate : pour $p \geqq 2$ dans le cas général, pour $p>1$ dans celui des diffusions.

Université de Strasbourg
Séminaire de Probabilités 1983/84

UNE REMARQUE SUR LA TOPOLOGIE FINE

par P.A. Meyer

La remarque suivante est certainement « bien connue », mais elle mérite d'être rappelée de temps en temps.

Soit (X_t) un bon processus de Markov droit. Soit (f_t) une famille de fonctions presque boréliennes finement continues, dépendant mesurablement d'un paramètre t , et uniformément bornée. Soit $f = \int f_t \lambda(dt)$, où λ est une mesure bornée. Alors f est encore finement continue.

Sur un espace métrisable, ce serait évident : on prendrait des x_n tendant vers x , $f(x_n) = \int f_t(x_n)\lambda(dt)$ converge vers $f(x)$ par convergence dominée. Mais la topologie fine n'est pas métrisable, et n'admet en général aucune suite convergente.

On remplace ce raisonnement par le suivant : pour vérifier que f est finement continue en x, il suffit de vérifier que, pour toute suite (T_n) de t. d'a. qui tend en décroissant vers 0, $E^x[|f(X_{T_n})-f(x)|]$ tend vers 0. Or cette propriété a lieu pour les f_t , et il suffit d'intégrer en t et d'utiliser la convergence dominée comme ci-dessus.

DIFFUSIONS HYPERCONTRACTIVES

par D. Bakry et M. Émery

La notion d'hypercontractivité d'un semi-groupe d'opérateurs est née il y a une quinzaine d'années, dans des articles de théorie quantique des champs (Glimm, Gross, Nelson, Simon). Nous n'en aborderons que l'aspect probabiliste, qui décrit le comportement de semi-groupes de noyaux markoviens ; notre outil essentiel sera l'opérateur " carré du champ itéré " (pour les intimes : le Γ_2), déjà utilisé par le premier auteur dans un travail sur les transformations de Riesz (dans ce volume). Notre résultat principal est une condition suffisante (une forme forte de positivité de Γ_2) pour qu'un semi-groupe soit hypercontractif. Ceci fournit de nouveaux résultats d'hypercontractivité, mais aussi de nouvelles démonstrations simplifiant ou améliorant des résultats connus. Soulignons que la condition suffisante que nous obtenons est très loin d'être nécessaire : non seulement nous ne traitons que de diffusions, laissant ainsi échapper des cas aussi importants que le processus de Poisson sur l'espace à deux points, mais nous sommes loin de retrouver certains cas connus de diffusions hypercontractives, telles que les mouvements browniens sur toutes les variétés riemanniennes compactes.

Dans un premier paragraphe, nous expliciterons une hypothèse en vigueur dans toute la suite : le processus considéré est une diffusion. La seconde partie donnera la définition de Γ_2 et son calcul sur quelques exemples. Dans la troisième, nous ferons connaissance avec l'hypercontractivité ; dans la dernière, enfin, nous établirons le théorème que nous avons en vue.

DIFFUSIONS MARKOVIENNES

Tous les processus que nous rencontrerons dans la suite seront des diffusions. Nous allons d'abord préciser ce que nous entendons par là et expliciter l'équivalence entre cette hypothèse et une formule de changement de variable pour le générateur infinitésimal L , ou pour le carré du champ associé

$$\Gamma(f,g) = \tfrac{1}{2}[L(fg) - fLg - gLf] \ .$$

Cette section est donc consacrée à l'énoncé rigoureux et à la démonstration du fait suivant : Pour qu'un processus de Markov admettant un carré du champ Γ soit continu, il faut et il suffit que Γ soit une dérivation.

Tout ceci nous a été expliqué par Meyer, et semble faire plus ou moins partie du folklore de la théorie des processus markoviens et des espaces de Dirichlet. Si la proposition 2 présente quelque nouveauté, la paternité en revient à Meyer.

On suppose données une algèbre $\underline{\underline{A}}$ de fonctions sur l'espace d'états E , et une application linéaire L de $\underline{\underline{A}}$ dans $\underline{\underline{A}}$. Pour que les résultats de ce paragraphe soient faciles à étendre au cas sous-markovien, nous ne supposerons pas que $\underline{\underline{A}}$ contient les constantes (c'est un peu du luxe : l'étude de l'hypercontractivité, plus bas, restera toujours dans le cadre markovien). Nous ne supposons aucune propriété de densité de $\underline{\underline{A}}$, qui peut être réduite à $\{0\}$; mais bien sûr les résultats seront d'autant plus intéressants et exploitables que $\underline{\underline{A}}$ sera plus riche. On appelle opérateur carré du champ associé à L l'application bilinéaire symétrique de $\underline{\underline{A}} \times \underline{\underline{A}}$ dans $\underline{\underline{A}}$ donnée par $\Gamma(f,g) = \frac{1}{2}[L(fg) - fLg - gLf]$. On notera le coefficient $\frac{1}{2}$ (sa présence varie d'un article à l'autre), qui justifie son nom : si L est le laplacien dans $\mathbb{R}^n$, $\Gamma(f,g)$ est le produit scalaire $\operatorname{grad} f \operatorname{grad} g$. On remarquera aussi que tout opérateur bilinéaire symétrique sur $\underline{\underline{A}}$ n'est pas nécessairement le carré du champ associé à un L : des conditions de compatibilité de nature algébrique sont nécessaires, par exemple la symétrie en f, g et h de $\Gamma(f,gh) + f\Gamma(g,h)$.

Nous dirons que Γ est une dérivation si l'on a identiquement pour toutes f, g et h , $\Gamma(fg,h) = f\Gamma(g,h) + g\Gamma(f,h)$. Ceci équivaut, de manière purement algébrique, à une formule de changement de variable pour L .

LEMME 1. Les conditions qui suivent sont équivalentes :

(1a) Pour toute f dans $\underline{\underline{A}}$, $\Gamma(f^2,f) = 2f\Gamma(f,f)$.

(2a) Pour toute f dans $\underline{\underline{A}}$, $L(f^3) = 3fL(f^2) - 3f^2Lf$.

(1b) Pour toutes $f^1, \ldots, f^n$, g dans $\underline{\underline{A}}$ et tout polynôme u à n variables sans terme constant,

$$\Gamma(u(f^1, \ldots, f^n), g) = \sum_i D_i u(f^1, \ldots, f^n)\, \Gamma(f^i, g) \quad .$$

(2b) Pour toutes $f^1, \ldots, f^n$ dans $\underline{\underline{A}}$ et tout polynôme u à n variables sans terme constant,

$$L(u(f^1, \ldots, f^n)) = \sum_i D_i u(f^1, \ldots, f^n)\, L(f^i) + \sum_{i,j} D_{ij} u(f^1, \ldots, f^n)\, \Gamma(f^i, f^j).$$

Lorsque ces conditions sont réalisées, l'opérateur L est local au sens suivant : Si f et g sont deux fonctions de $\underline{\underline{A}}$, et si $f=0$ sur $\{g \neq 0\}$, alors $Lf = 0$ sur $\{g \neq 0\}$.

Pour $u(x,y) = xy$, (1b) exprime que Γ est une dérivation ; les formules $\Gamma(u(f),f) = u'(f)\Gamma(f,f)$ et $L(u(f)) = u'(f)Lf + u''(f)\Gamma(f,f)$ que l'on obtient pour $n=1$ sont très utiles dans la pratique. La formule $L(f^2) = 2fLf + 2\Gamma(f,f)$ n'est autre que la définition de Γ .

Démonstration du lemme. La formule (2a) peut être mise sous la forme

$$L(f^3) = 3f^2Lf + 6f\Gamma(f,f) \quad ;$$

c'est donc un cas particulier de (2b) ; de même, (1a) est un cas particulier de (1b). Puisque (1a) entraîne (2a) (remplacer Γ par sa définition), il reste à montrer que (2a) implique (1b) et (2b).

En remplaçant dans (2a) f par $af + bg + ch$ (a,b,c réels et f, g, h dans $\underline{\underline{A}}$), on obtient une identité polynômiale en a, b et c ; en identifiant le coefficient de $6abc$, on trouve

$$L(fgh) = fL(gh) + gL(hf) + hL(fg) - fgLh - ghLf - hfLg \quad ,$$

qui peut encore s'écrire $\Gamma(fg,h) = f\Gamma(g,h) + g\Gamma(f,h)$. La relation (1b) se vérifie inductivement sur le polynôme u : en écrivant

$$u(f^1, \ldots, f^n) = af^1 + f^1 v(f^1, \ldots, f^n) + w(f^2, \ldots, f^n)$$

où v et w sont des polynômes sans terme constant, on abaisse le degré de u en f^1 , et on se ramène à établir (1b) pour v et w , puis on recommence... La même méthode permet ensuite de vérifier (2b) ; l'équivalence est ainsi complètement établie.

Il reste maintenant à montrer que L est local : si $fg=0$, alors $gLf=0$. En utilisant le fait que Γ est une dérivation, on peut écrire

$$g^2L(fg) - 2g\Gamma(g,fg) = g^3Lf + g^2fLg + 2g^2\Gamma(f,g) - 2fg\Gamma(g,g) - 2g^2\Gamma(f,g)$$
$$= g^3Lf + g^2fLg - 2fg\Gamma(g,g) \quad .$$

Il est clair sur cette identité que $fg=0$ impose $g^3Lf=0$, d'où $gLf=0$. ∎

Nous allons maintenant établir l'équivalence annoncée entre ces formules de changement de variable pour le générateur d'un processus et le fait que celui-ci est une diffusion. En réalité, il ne s'agit pas tout-à-fait d'une équivalence : nous nous plaçons dans des cadres légèrement différents pour les deux sens d'implication (mais voir les remarques qui suivent les propositions 1 et 2). Le lecteur observera que l'une des difficultés rencontrées lorsqu'on établit qu'un processus est une diffusion, l'existence même du carré du champ, est ici complètement passée sous silence, puisque nous supposons d'emblée que L opère sur une algèbre.

a) Si L est un générateur de diffusion, Γ est une dérivation.

Nous supposons donc ici que L est le générateur infinitésimal d'une diffusion sur E , au sens suivant : Pour tout x de E , il existe un processus $(X_t)_{t\geq 0}$ défini sur un espace filtré $(\Omega,\underline{\underline{F}},P,(\underline{\underline{F}}_t)_{t\geq 0})$ pouvant dépendre de x , à valeurs dans E , tel que $X_0=x$ et que, pour chaque $f\in\underline{\underline{A}}$, le processus réel $f\circ X$ soit une semimartingale continue, de décomposition canonique

$$f\circ X_t = f(x) + M_t^f + \int_0^t Lf(X_s)\,ds$$

(où la martingale locale continue M^f dépend de x). La continuité de chaque $f\circ X$ exprime la continuité de X pour la topologie engendrée par $\underline{\underline{A}}$.

PROPOSITION 1. Sous ces hypothèses, Γ est une dérivation. Plus précisément, les formules de changement de variable (1b) et (2b) sont valides pour tous les $u, f^1, \ldots f^n, g$ tels que u soit une fonction C^2 et que $f^1, \ldots, f^n, g$ et $u(f^1, \ldots, f^n)$ soient dans l'algèbre. En outre, pour f et g dans $\underline{\underline{A}}$, le processus à variation finie $\langle M^f, M^g\rangle_t$ est dérivable en t, de dérivée $2\Gamma(f,g)(X_t)$.

Comme la fonction $\Gamma(f,g)$ est dans $\underline{\underline{A}}$, le processus $\Gamma(f,g)(X_t)$ est continu et la dernière phrase dit simplement que $\langle M^f, M^g\rangle_t = 2\int_0^t \Gamma(f,g)(X_s)\,ds$.

Démonstration. On écrit, pour u fonction C^2 telle que $u\circ f$ soit aussi dans $\underline{\underline{A}}$,

$$\begin{aligned} M_t^{u\circ f} + \int_0^t L(u\circ f)(X_s)\,ds &= u\circ f(X_t) - u\circ f(x) \\ &= \int_0^t u'\circ f(X_s)\, d(f\circ X)_s + \tfrac{1}{2}\int_0^t u''\circ f(X_s)\, d[f\circ X, f\circ X]_s \\ &= \int_0^t u'\circ f(X_s)\, dM_s^f + \int_0^t u'\circ f(X_s)\, Lf(X_s)\,ds \\ &\quad + \tfrac{1}{2}\int_0^t u''\circ f(X_s)\, d\langle M^f, M^f\rangle_s \ . \end{aligned}$$

En identifiant les parties à variation finie, cela donne

$$\int_0^t (L(u\circ f) - u'\circ f\, Lf)(X_s)\,ds = \tfrac{1}{2}\int_0^t u''\circ f(X_s)\, d\langle M^f, M^f\rangle_s \ .$$

Pour $u(x) = x^2$, ceci s'écrit $\langle M^f, M^f\rangle_t = 2\int_0^t \Gamma(f,f)(X_s)\,ds$; d'où le crochet $\langle M^f, M^g\rangle$ par polarisation. Pour u quelconque, on a alors

$$\int_0^t (L(u\circ f) - u'\circ f\, Lf - u''\circ f\,\Gamma(f,f))(X_s)\,ds = 0 \ .$$

L'expression sous le signe somme, de la forme $g(X_s)$ avec g dans $\underline{\underline{A}}$, est continue par rapport à s. En dérivant, on a donc $g(X_t) = 0$, d'où, pour $t = 0$, $g(x) = 0$. Comme x est arbitraire, la formule du changement de variable est établie pour $L(u\circ f)$. La formule $\Gamma(u\circ f, f) = u'\circ f\,\Gamma(f,f)$ s'en déduit sans peine, et le cas d'une fonction u de plusieurs variables se traite de même. ∎

REMARQUE. Si l'on s'était donné un seul processus, de loi initiale fixée, et non toute une famille, seul l'argument final serait en défaut ; on obtiendrait alors les mêmes formules de changement de variable, mais elles ne seraient valables que sur un complémentaire d'ensemble polaire.

b) Réciproquement, si Γ est une dérivation, le processus est continu.

Cette réciproque se place dans un cadre un peu moins strict : comme dans la remarque qui précède, nous n'aurons besoin que d'un processus, et non de toute une famille indexée par E.

PROPOSITION 2. Soit X un processus à valeurs dans E, défini sur un espace filtré $(\Omega,\underline{\underline{F}},P,(\underline{\underline{F}}_t)_{t\geq 0})$, tel que pour toute f dans $\underline{\underline{A}}$, le processus

$$M_t^f = f\circ X_t - f\circ X_0 - \int_0^t Lf\circ X_s\,ds$$

soit une martingale locale. Si Γ est une dérivation, alors pour f et g dans $\underline{\underline{A}}$ les semimartingales $f\circ X$ et M^f sont continues, et $\frac{d}{dt}\langle M^f,M^g\rangle_t = 2\Gamma(f,g)(X_t)$.

Démonstration. Elle repose sur un lemme de théorie générale des processus, directement inspiré d'un résultat très semblable de Meyer, Stricker et Zheng (voir Meyer-Zheng [5]). Nous noterons $H_n(x,a)$ les polynômes d'Hermite à deux variables définis par la série génératrice $\sum_{n\geq 0} H_n(x,a)z^n = \exp(xz-\frac{1}{2}az^2)$; ils diffèrent de la définition usuelle par un facteur $n!$ sans importance, sont de degré n en x, et vérifient $\frac{\partial}{\partial x}H_n = H_{n-1}$; $\frac{\partial}{\partial a}H_n = -\frac{1}{2}H_{n-2}$ (avec la convention $H_n=0$ pour $n<0$). Il est bien connu — et nous le redémontrerons au passage — que, si M est une martingale locale continue et $A=\langle M,M\rangle$ sa variation quadratique, alors, pour tout n, $H_n(M,A)$ est une martingale locale. Le lemme en est une réciproque.

LEMME 2. Soient M une martingale locale, A un processus à variation finie continu et nul en 0. On suppose que, pour $n\leq 4$, les semimartingales $H_n(M,A)$ sont des martingales locales. Alors M est continue et $A = \langle M-M_0, M-M_0\rangle$.

Ce lemme sera établi plus loin ; terminons d'abord de démontrer la proposition. Il suffit, par le lemme, de vérifier que, pour $f\in\underline{\underline{A}}$ et $n\leq 4$, la semimartingale $N = H_n(M^f,A^f)$ est une martingale locale, où l'on a posé $A_t^f = 2\int_0^t\Gamma(f,f)(X_s)\,ds$. Nous utiliserons pour cela l'identité suivante, qui découle de la formule de changement de variable $L(f^k) = kf^{k-1}Lf + k(k-1)f^{k-2}\Gamma(f,f)$ (où, par convention, que les constantes soient ou non dans l'algèbre, on a posé $L(f^0)=0$) :

$$(3)\qquad \sum_{k=0}^{n}\frac{1}{k!}\left[b_{n-k}L(f^k) - f^k(b_{n-k-1}Lf + b_{n-k-2}\Gamma(f,f))\right] = 0 ,$$

pour toute suite $(b_n)_{n\in\mathbb{Z}}$ de réels nuls pour $n<0$.

En appliquant la formule de Taylor

$$H_n(x+y\,,\,a) = \sum_{k\leq n} \frac{y^k}{k!} H_{n-k}(x,a)$$

on obtient pour N l'expression

$$N = \sum_k \frac{1}{k!} f^k\circ X_t\, H_{n-k}(-f\circ X_0 - \int_0^t Lf(X_s)\,ds\,,\,A_t^f) \quad .$$

Par la formule d'intégration par parties $d(YB)_t = B_t dY_t + Y_t dB_t$ (Y semimartingale, B processus à variation finie continu), on en déduit

$$dN_t = \sum_k \frac{1}{k!} [\,H_{n-k}(\ldots)(dM_t^{f^k} + L(f^k)(X_t)\,dt\,)^{(*)}$$

$$+ f^k\circ X_t\,(H_{n-k-1}(\ldots)(-Lf(X_t))dt - \tfrac{1}{2} H_{n-k-2}(\ldots)\,2\,\Gamma(f,f)(X_t)dt)\,]$$

$$= \sum_k \frac{1}{k!} H_{n-k}(\ldots)\, dM_t^{f^k} \quad \text{en vertu de l'identité (3)} \quad .$$

Ainsi N est une martingale locale, le lemme s'applique, et on obtient donc la continuité de M^f et $f\circ X$, ainsi que la formule $\langle M^f,M^f\rangle_t = A_t^f = 2\int_0^t \Gamma(f,f)(X_s)\,ds$. ∎

REMARQUE. Puisque Γ est une dérivation, les formules de changement de variable ont lieu pour les polynômes sans terme constant. La remarque qui suit la proposition 1 montre qu'elles s'étendent aux autres fonctions, mais seulement hors d'un ensemble polaire. On pourrait lever cette difficulté en supposant comme dans le a) que nous disposons de toute une famille de processus, indexés par leur valeur initiale ; dans ce cadre, on obtiendrait une équivalence complète entre continuité du processus et formules de changement de variable.

Il reste maintenant à établir le lemme 2. Puisque $H_0(x,a) = 1$, $H_1(x,a) = x$ et $H_2(x,a) = \frac{1}{2}(x^2 - a)$, pour $n=0$ l'hypothèse ne dit rien ; pour $n=1$ elle répète que M est une martingale locale et pour $n=2$ elle dit que M est localement de carré intégrable, de variation quadratique prévisible $\langle M,M\rangle = A$. Le véritable contenu du lemme, c'est que, si de plus $H_3(M,A)$ et $H_4(M,A)$ sont des martingales locales, alors M est continue. En réalité, la démonstration utilisera seulement l'hypothèse un peu plus faible : $H_4(M_t,A_t) - \int_0^t M_{s-}\,d(H_3(M_s,A_s))$ est une martingale locale.

(*) Que les constantes soient ou non dans l'algèbre, $dM_t^{f^k} + L(f^k)(X_t)\,dt = d(f^k\circ X)_t$ doit être pris par convention égal à zéro pour $k=0$.

Démonstration du lemme 2. Pour $n \leq 4$, nous savons que $H_n(M,A)$ est une martingale locale. Or

$$H_n(M_t,A_t) - H_n(M_0,A_0)$$
$$= \int_0^t H_{n-1}(M_{s-},A_s)\,dM_s + \tfrac{1}{2}\int_0^t H_{n-2}(M_{s-},A_s)\,d(\langle M^c,M^c\rangle - A)_s$$
$$+ \sum_{s\leq t} [H_n(M_s,A_s) - H_n(M_{s-},A_s) - H_{n-1}(M_{s-},A_s)\Delta M_s]$$
$$= \int_0^t H_{n-1}(M_{s-},A_s)\,dM_s + \tfrac{1}{2}\int_0^t H_{n-2}(M_{s-},A_s)\,d([M,M]-A)_s$$
$$+ \sum_{s\leq t} [H_n(M_s,A_s)-H_n(M_{s-},A_s)-H_{n-1}(M_{s-},A_s)\Delta M_s-\tfrac{1}{2}H_{n-2}(M_{s-},A_s)\Delta M_s^2].$$

Par hypothèse, $M^2 - A = 2H_2(M,A)$ est une martingale locale. Donc $[M,M]-A$ aussi, et ceci établit que

$$\sum_{s\leq t} [H_n(M_s,A_s) - H_n(M_{s-},A_s) - H_{n-1}(M_{s-},A_s)\Delta M_s - \tfrac{1}{2}H_{n-2}(M_{s-},A_s)\Delta M_s^2]$$

en est également une. Mais, par la formule de Taylor, cette dernière peut s'écrire

$$\sum_{s\leq t} [\sum_{k=3}^{n} \frac{1}{k!} H_{n-k}(M_{s-},A_s)\,\Delta M_s^k] \quad ;$$

pour $n = 3$ et 4, on obtient que $K_t = \sum_{s\leq t}\Delta M_s^3$ et $L_t = \sum_{s\leq t}(4M_{s-}\Delta M_s^3 + \Delta M_s^4)$ sont aussi des martingales locales, donc $\sum_{0<s\leq t}\Delta M_s^4 = L_t - 4\int_0^t M_{s-}\,dK_s$ est elle aussi une martingale locale. Ceci entraîne que M est continue. ∎

L'énoncé du lemme semble curieux : pourquoi $n \leq 4$? La seule chose que nous sachions est que les hypothèses $H_1(M,A)$, $H_2(M,A)$ et $H_3(M,A)$ martingales locales ne suffisent pas à entraîner la continuité de M. Voici un contre-exemple : Soient $N'_t - t$ et $N''_t - t$ deux processus de Poisson compensés indépendants, et M la martingale non continue $N' - N''$. Puisque $[M,M] = N' + N''$ est compensé par le processus croissant $A = 2t$, $H_1(M,A) = M$ et $H_2(M,A) = \frac{1}{2}(M^2 - A)$ sont des martingales. Quant à $H_3(M,A)$, il résulte de la preuve du lemme que c'est une martingale si et seulement si $K_t = \sum_{s\leq t}\Delta M_s^3$ en est une ; or ceci est vrai puisque, M variant uniquement par sauts d'amplitude ± 1, on a $K = M$.

LE CARRÉ DU CHAMP ITÉRÉ

Cette section met en scène l'acteur principal : le carré du champ itéré Γ_2 . C'est l'opérateur bilinéaire symétrique sur $\underline{\underline{A}}$ défini à partir de L et Γ par

$$\Gamma_2(f,g) = \tfrac{1}{2}[\,L\Gamma(f,g) - \Gamma(Lf,g) - \Gamma(f,Lg)\,] .$$

(On pourrait itérer cette définition et introduire des opérateurs Γ_n pour tout n . Nous ne les utiliserons pas ; remarquons seulement que ceci conduirait à poser $\Gamma_1 = \Gamma$, $\Gamma_0(f,g) = fg$: Γ_2 est à Γ ce que celui-ci est au produit.)

Exemples. Voici maintenant l'expression de Γ_2 pour quelques générateurs L de processus markoviens.

a) Si $E = \mathbb{R}$, $Lf = af'' + bf'$ pour deux fonctions a et b , alors $\Gamma(f,f) = af'^2$ et $\Gamma_2(f,f) = a^2f''^2 + aa'f'f'' + \frac{1}{2}(\,aa'' + a'b - 2ab'\,)\,f'^2$. Cette expression se simplifie lorsque L est non dégénéré : il se met alors sous la forme $L = H^2 + bH$, où $H(f) = \alpha f'$, et on a alors $\Gamma(f,f) = (Hf)^2$ et $\Gamma_2(f,f) = (H^2f)^2 - H(b)(Hf)^2$. On remarque tout de suite que, contrairement à Γ qui est toujours positif dans le cas probabiliste $a \geq 0$, $\Gamma_2(f,f)$ ne l'est pas nécessairement.

b) Si $E = \mathbb{R}^n$ et si L est le laplacien, alors $\Gamma(f,g)$ est le produit scalaire $\operatorname{grad} f \operatorname{grad} g$ et $\Gamma_2(f,g) = \sum_{i,j} D_{ij}f\, D_{ij}g$. C'est de là que lui vient le nom de "gradient itéré" parfois employé, mais trompeur, car $\Gamma_2(f,f)$ est quadratique en l'argument f .

c) Plus généralement, sur un espace E quelconque, soit L un opérateur de la forme $\sum_i D_i^2 + X$, où X et chaque D_i sont des dérivations ($D_i(fg) = fD_ig + gD_if$). Alors, $\Gamma(f,g) = \Sigma\, D_if\, D_ig$ (car $D_i^2(fg) = fD_i^2g + gD_i^2f + 2\,D_if\, D_ig$) ; réciproquement, cette expression de Γ entraîne que $L - \Sigma\, D_i^2$ est une dérivation. Si, en outre, $[L,D_i]$ ($= LD_i - D_iL$, commutateur de L et D_i) est égal à aD_i pour tout i , avec une fonction a quelconque, mais indépendante de i , alors

$$\Gamma_2(f,g) = \sum_{i,j} D_iD_jf\, D_iD_jg + a\,\Gamma(f,g) ,$$

car $L\Gamma(f,g) = \Sigma(\,D_if\, LD_ig + D_ig\, LD_if + 2\Gamma(D_if,D_ig)\,)$ et $\Gamma(f,Lg) + \Gamma(Lf,g) = \Sigma(\,D_if\, D_iLg + D_ig\, D_iLf\,)$.

Ceci permet de calculer Γ et Γ_2 pour le laplacien sur la sphère n-dimensionnelle, c'est-à-dire la partie orthoradiale du laplacien dans $\mathbb{R}^{n+1}$ écrite pour les fonctions définies sur la sphère unité $E = S^n$ de $\mathbb{R}^{n+1}$ (nous en verrons un autre calcul dans l'exemple d). L'opérateur différentiel défini dans $\mathbb{R}^{n+1}$ par

$$R_{ij} = x_i D_j - x_j D_i \qquad (1 \leq i < j \leq n+1)$$

est un vecteur tangent à S^n (quand on le calcule en un point de S^n), c'est donc une dérivation sur les fonctions de S^n , et le laplacien sphérique n'est autre que $L = \sum_{i,j} (R_{ij})^2$. Comme L commute avec les rotations de S^n , il commute aussi avec les R_{ij} , qui sont des générateurs infinitésimaux de groupes de rotations. Donc ici $a = 0$, et

$$\Gamma(f,f) = \sum_{i,j} (R_{ij}f)^2 \quad ;$$

$$\Gamma_2(f,f) = \sum_{i,j,k,\ell} (R_{ij} R_{k\ell} f)^2 \quad .$$

La même méthode s'applique aux générateurs du type Ornstein-Uhlenbeck. Dans ce cas, l'algèbre $\underline{\underline{A}}$ est graduée : $\underline{\underline{A}} = \oplus_{n \geq 0} \underline{\underline{A}}_n$ et L opère sur $\underline{\underline{A}}_n$ par multiplication par $-n$; on a en outre $L = \Sigma D_i^2 + X$ où chaque D_i envoie $\underline{\underline{A}}_{n+1}$ dans $\underline{\underline{A}}_n$. Il est clair que l'on a alors $[L, D_i] = D_i$, d'où

$$\Gamma_2(f,g) = \sum_{i,j} D_i D_j f \, D_i D_j g + \Gamma(f,g) \quad .$$

Ceci s'applique, en particulier, au générateur $L = (\frac{d}{dx})^2 - x\frac{d}{dx}$ sur $\mathbb{R}$: prendre $D = \frac{d}{dx}$, $X = -xD$, $\underline{\underline{A}}$ = algèbre des polynômes, $\underline{\underline{A}}_n$ = sous-espace de dimension 1 engendré par le $n^{\text{ième}}$ polynôme d'Hermite. La même formule vaut aussi, pour la même raison au fond, pour le processus d'Ornstein-Uhlenbeck introduit par Malliavin sur l'espace de Wiener $C([0,\infty[)$: voir Meyer [3], formule (83).

d) Étendons l'exemple a) au cas où $E = \mathbb{R}^n$, ou, plus généralement, E variété C^∞ à n dimensions. On suppose que L est un opérateur différentiel d'ordre 2 , sans terme constant, à coefficients réguliers : dans un système de coordonnées locales,

$$Lf(x) = \alpha^{ij}(x) \, D_{ij} f(x) + \beta^i(x) \, D_i f(x) \quad .$$

Nous ferons le calcul sous l'hypothèse d'<u>ellipticité</u> de L : pour chaque x , la matrice symétrique α^{ij} (tenseur deux fois contravariant) est définie positive. Sous cette condition, il existe une unique structure riemannienne sur E telle que, si

Δ désigne le laplacien sur E associé à cette structure riemannienne (opérateur de Beltrami), $L-\Delta$ soit du premier ordre : puisque dans une carte locale on a toujours $\Delta = g^{ij}(D_{ij} - \Gamma_{ij}^k D_k)$, l'unique métrique répondant au problème est donnée par $g^{ij} = \alpha^{ij}$, c'est-à-dire $g_{ij} = (\alpha^{ij})^{-1}$. (Tout ceci est bien familier aux probabilistes : c'est simplement le truc, classique depuis Itô, consistant à écrire la diffusion de générateur L à l'aide d'équations différentielles stochastiques browniennes.) On est ainsi ramené au cas où $L = \Delta + b$, avec b champ de vecteurs (opérateur différentiel d'ordre 1). Dans les cas qui nous intéresseront, b sera un champ de gradients ; ceci revient à dire que L est symétrique pour une mesure invariante μ , qui est alors liée à b par la relation de Kolmogorov $b = \operatorname{grad} \operatorname{Log} \frac{d\mu}{dr}$, où r est la mesure riemannienne.

PROPOSITION 3. Sur une variété riemannienne (ou pseudo-riemannienne), soient b un champ de vecteurs, Δ le laplacien, et L l'opérateur $\Delta + b$. Le carré du champ et le carré du champ itéré associés à L sont donnés par

$$\Gamma(f,g) = (\operatorname{grad} f | \operatorname{grad} g)$$

(4a)
$$\Gamma_2(f,g) = (\operatorname{Hess} f | \operatorname{Hess} g) + (\operatorname{Ric} - \nabla^{\mathrm{sym}} b)(\operatorname{grad} f, \operatorname{grad} g) \quad ;$$

lorsque b est un champ de gradients, $b = \operatorname{grad} h$, ceci s'écrit

(4b)
$$\Gamma_2(f,g) = (\operatorname{Hess} f | \operatorname{Hess} g) + (\operatorname{Ric} - \operatorname{Hess} h)(\operatorname{grad} f, \operatorname{grad} g) \quad .$$

Pour $b = 0$, c'est la formule de Bochner-Lichnerowicz-Weitzenböck (voir Berger-Gauduchon-Mazet [1] p. 131 — qui comporte une coquille : $|\Delta f|^2$ doit y être remplacé par $(d(\Delta f), df)$). La notation $\operatorname{Hess} f$ désigne la forme hessienne $\nabla \operatorname{grad} f$, c'est-à-dire le tenseur symétrique deux fois contravariant dont l'action sur les vecteurs est donnée par $\operatorname{Hess} f(U,V) = (\nabla_U \operatorname{grad} f | V)$; en coordonnées locales, $(\operatorname{Hess} f)_{ij} = (D_{ij} - \Gamma_{ij}^k D_k) f$, où Γ_{ij}^k sont les symboles de Christoffel. Les parenthèses $(\ |\ )$ forment le produit scalaire local des vecteurs ou des tenseurs ; ainsi, $(\operatorname{Hess} f | \operatorname{Hess} g) = g^{ik} g^{j\ell} (\operatorname{Hess} f)_{ij} (\operatorname{Hess} g)_{k\ell}$. Enfin, Ric désigne le tenseur de courbure de Ricci de la variété riemannienne (avec la convention de signe qui le rend positif pour les variétés à courbure positives !) et $\nabla^{\mathrm{sym}} b$ n'est autre que la dérivée covariante symétrique du champ de vecteurs b :

$$\nabla^{\mathrm{sym}} b(U,V) = \tfrac{1}{2} [(\nabla_U b | V) + (\nabla_V b | U)] \quad .$$

<u>Démonstration de la proposition 3</u>. Il est clair que $\nabla^{sym}\operatorname{grad} h = \operatorname{Hess} h$, donc (4b) découle de (4a). La formule donnant Γ n'est autre que l'identité

$$\Delta(fg) = f\Delta g + g\Delta f + 2(\operatorname{grad} f|\operatorname{grad} g) ,$$

jointe au fait que, b étant une dérivation, Γ ne dépend pas de b . Il nous reste à établir (4a).

Nous utiliserons pour cela la formule suivante : si F et G sont deux champs de gradients sur E ,

$$(5) \qquad \operatorname{grad}(F|G) = \nabla_F G + \nabla_G F \quad .$$

(Pour une formule plus générale, voir Meyer [4] formule $(55)_c$.) En effet, si $F = \operatorname{grad} f$ et $G = \operatorname{grad} g$, alors pour tout champ de vecteurs Z ,

$$(Z|\nabla_F G + \nabla_G F) = F(G|Z) + G(F|Z) - Z(F|G) + ([Z,F]|G) + ([Z,G]|F)$$

(voir [1] page 25)

$$= FZg + GZf - Z(F|G) + (ZF - FZ)g + (ZG - GZ)f$$

$$= Z[Fg + Gf - (F|G)] = Z(F|G) = (Z|\operatorname{grad}(F|g)) \quad .$$

La relation (5) est établie, nous allons maintenant démontrer (4a). <u>Nous nous plaçons d'abord dans le cas où</u> b <u>est nul</u> : $L = \Delta$.

Posons $F = \operatorname{grad} f$, $G = \operatorname{grad} g$; nous allons établir (4a) en un point x fixé dans la suite. Choisissons une base orthonormée (e_i) de l'espace tangent $T_x E$ (dans le cas pseudo-riemannien, $(e_i|e_i) = \pm 1$), et définissons un champ de repères orthonormés au voisinage de x en décidant que $e_i(y)$ est obtenu à partir de $e_i(x) = e_i$ par transport parallèle le long de la géodésique qui joint x et y . Ceci entraîne $\nabla_U e_i = 0$ en x pour tout $U \in T_x$. Le calcul de Γ_2 est alors le suivant :

$$\Delta\Gamma(f,g) = \operatorname{div}\operatorname{grad}(F|G) = \operatorname{div}(\nabla_F G + \nabla_G F) \quad \text{grâce à (5)}$$

$$= \sum_i (e_i|\nabla_{e_i}\nabla_F G) + \sum_i (e_i|\nabla_{e_i}\nabla_G F)$$

$$\Gamma(\Delta f,g) = (\operatorname{grad}\operatorname{div} F\,|\,G) = G(\operatorname{div} F) = \sum_i G(e_i|\nabla_{e_i}F)$$

$$= \sum_i (\nabla_G e_i|\nabla_{e_i}F) + \sum_i (e_i|\nabla_G\nabla_{e_i}F) \underset{\boxed{\text{en } x}}{=} \sum_i (e_i|\nabla_G\nabla_{e_i}F) \quad .$$

$$\Gamma_2(f,g) = \tfrac{1}{2}\sum_i (e_i|\nabla_{e_i}\nabla_F G + \nabla_{e_i}\nabla_G F - \nabla_G\nabla_{e_i}F - \nabla_F\nabla_{e_i}G)$$

$$= \tfrac{1}{2}\sum_i (e_i|\nabla_{[e_i,F]}G + \nabla_{[e_i,G]}F + R(F,e_i)G + R(G,e_i)F) \ ,$$

formule valable au point x , où R représente le tenseur de courbure riemannienne. Les deux derniers termes, sommés en i , donnent

$$\tfrac{1}{2}[\,\mathrm{Ric}(F,G) + \mathrm{Ric}(G,F)\,] = \mathrm{Ric}(F,G) .$$

Restent les deux premiers termes. Il suffit de calculer le premier, le second s'en déduira par échange de f et g . Il vient

$$\sum_i (e_i|\nabla_{[e_i,F]}G) = \sum_i \mathrm{Hess}\,g\,(e_i,[e_i,F]) = \sum_i (\nabla_{e_i}G|[e_i,F])$$

(symétrie de la hessienne)

$$= \sum_i (\nabla_{e_i}G|\nabla_{e_i}F) - \sum_i (\nabla_{e_i}G|\nabla_F e_i)$$

$$= \sum_i (\nabla_{e_i}G|\nabla_{e_i}F) \quad \text{au point } x$$

$$= \sum_{i,j} (\nabla_{e_i}F|e_j)(\nabla_{e_j}G|e_j) = \sum_{i,j} \mathrm{Hess}\,f\,(e_i,e_j)\,\mathrm{Hess}\,g$$

$$= \sum_{i,j} \mathrm{Hess}\,f\,(e_i,e_j)\,\mathrm{Hess}\,g\,(e_i,e_j) = (\mathrm{Hess}\,f|\mathrm{Hess}\,g) .$$

En définitive, pour $L = \Delta$,

$$\Gamma_2(f,g) = (\mathrm{Hess}\,f|\mathrm{Hess}\,g) + \mathrm{Ric}(\mathrm{grad}\,f,\mathrm{grad}\,g) ,$$

et (4a) est établie dans ce cas.

Nous n'avons plus, pour le cas général, qu'à <u>évaluer le terme correctif dû à la présence de</u> b . Il vaut

$$\tfrac{1}{2}\,[b(\mathrm{grad}\,f|\mathrm{grad}\,g) - (\mathrm{grad}\,b(f)|\mathrm{grad}\,g) - (\mathrm{grad}\,f|\mathrm{grad}\,b(g))]$$

$$= \tfrac{1}{2}\,[b(F|G) - G(b|F) - F(b|G)]$$

$$= \tfrac{1}{2}\,[(\nabla_b F|G) + (F|\nabla_b G) - (\nabla_G b|F) - (b|\nabla_G F) - (\nabla_F b|G) - (b|\nabla_F G)]$$

$$= \tfrac{1}{2}\,[\mathrm{Hess}\,f\,(b,G) + \mathrm{Hess}\,g\,(b,F) - (\nabla_G b|F) - \mathrm{Hess}\,f\,(G,b) - (\nabla_F b|G) - \mathrm{Hess}\,g\,(F,b)\,]$$

$$= -\nabla^{sym}b(F,G) \quad . \quad \blacksquare$$

Dans le cas où $b = \mathrm{grad}\,h$, ce dernier calcul fournit une formule liant la hessienne, c'est-à-dire au fond la connection riemannienne, au carré du champ Γ : sur une variété riemannienne, ou pseudo-riemannienne, on a toujours

(6) $$\mathrm{Hess}\,h\,(\mathrm{grad}\,f,\mathrm{grad}\,g) = \tfrac{1}{2}\,[\Gamma(\Gamma(h,f),g) + \Gamma(f,\Gamma(h,g)) - \Gamma(h,\Gamma(f,g))] .$$

Ceci n'est autre que l'expression classique des symboles de Christoffel Γ^i_{jk} en fonction des dérivées du tenseur métrique :

$$\Gamma^{jik} = g^{j\ell}g^{km}\Gamma^{i}_{lm} = \tfrac{1}{2}\,[g^{i\ell}D_\ell g^{jk} - g^{j\ell}D_\ell g^{ik} - g^{k\ell}D_\ell g^{ij}] \ .$$

Nous l'avons écrite à l'envers, avec tous les indices en haut ; elle est bien sûr équivalente à la formule traditionnelle. Sous cette forme, elle a l'avantage de garder un sens dans le cas dégénéré où on se donne un L non nécessairement elliptique : la formule (6) permet encore de définir $\mathrm{Hess}\,h(\mathrm{grad}\,f,\mathrm{grad}\,g)$ bien qu'on dispose alors seulement de la "co-métrique" g^{ij} (forme quadratique sur l'espace cotangent), mais non de g_{ij} pour abaisser les indices. Dans ce cas, on peut toujours écrire $(\mathrm{Hess}\,h)^{ij} = g^{i\ell}g^{jm}D_{\ell m}h - \Gamma^{ikj}D_k h$, mais $(\mathrm{Hess}\,h)_{ij}$ n'a aucun sens.

Notons aussi, au passage, une formule équivalente à (6) quand Γ est une dérivation (ce qui est le cas ici) :

$$\mathrm{Hess}\,h(\mathrm{grad}\,f,\mathrm{grad}\,g) = \tfrac{1}{2}\,[\Gamma_2(fg,h) - f\Gamma_2(g,h) - g\Gamma_2(f,h)] \quad ;$$

elle exprime précisément ce qui manque à Γ_2 pour en être aussi une.

e) Ni cet exemple, ni les suivants, ne sont des diffusions : Γ n'est pas une dérivation. Sur $E = \{-1,1\}$, le générateur $Lf(x) = f(-x) - f(x)$ (correspondant au processus qui change de site à des instants poissonniens) donne lieu à

$$\Gamma_2(f,f) = 2\,\Gamma(f,f) = (Lf)^2 \ .$$

f) Si μ est une mesure de probabilité sur un espace E quelconque, et si L est donné par $Lf(x) = \mu(f) - f(x)$, on a $L^2 = -L$,

$$\Gamma(f,f) = \tfrac{1}{2}\,[\mu(f^2) - \mu(f)^2 + (Lf)^2] = \tfrac{1}{2}\,[\mathrm{var}\,f + (Lf)^2] \quad ,$$

$$\Gamma_2(f,f) = \tfrac{1}{2}\,[\mathrm{var}\,f + \Gamma(Lf,Lf)] = \tfrac{1}{2}\,[\mathrm{var}\,f + \Gamma(f,f)] \quad .$$

g) Ce dernier exemple est un cas particulier d'une situation étudiée par Surgailis [12] (voir aussi Ruiz de Chavez [11]). On se donne un ensemble S muni d'une mesure m positive, finie et diffuse ; E est l'ensemble de toutes les parties finies de S , et, pour $x \in E$, $Lf(x)$ est défini par

$$Lf(x) = \int_{u\in S} [f(x\cup\{u\}) - f(x)]\, m(du) + \sum_{u\in x} [f(x-\{u\}) - f(x)] \ .$$

Ce générateur correspond au processus à valeurs dans E décrivant l'existence de particules dans S qui naissent à des instants poissonniens (les naissances forment un processus de Poisson d'intensité $m \times dt$ dans l'espace-temps), restent durant toute leur existence au point où elles sont nées, et disparaissent après une durée de vie exponentielle ; il admet comme mesure invariante réversible la probabilité sur E qui est la loi du processus ponctuel de Poisson d'intensité m sur S . En posant $D_u^+ f(x) = f(x \cup \{u\}) - f(x)$ et, pour $u \in x$, $D_u^- f(x) = f(x - \{u\}) - f(x)$ (ce ne sont pas des dérivations), le calcul du carré du champ et du carré du champ itéré donne

$$2\,\Gamma(f,f)\,(x) = \int [D_u^+ f(x)]^2\, m(du) + \sum_{u\in x} [D_u^- f(x)]^2 \quad ;$$

$$\begin{aligned} 4\,\Gamma_2(f,f)\,(x) &= \iint [D_u^+ D_v^+ f(x)]^2\, m(du)\, m(dv) \\ &\quad + 2\int \sum_{v\in x} [D_u^+ D_v^- f(x)]^2\, m(du) \\ &\quad + \sum_{\substack{v\in x \\ u\in x-\{v\}}} [D_u^- D_v^- f(x)]^2 \\ &\quad + 3\int [D_u^+ f(x)]^2\, m(du) + \sum_{u\in x} [D_u^- f(x)]^2 \,. \end{aligned}$$

DÉFINITION DE L'HYPERCONTRACTIVITÉ

De quoi s'agit-il ? Si X et Y sont deux variables aléatoires à valeurs dans un espace quelconque E, on a toujours

$$\|E[f(Y)|X]\|_{L^p} \leq \|f(Y)\|_{L^p} \leq \infty \quad :$$

c'est la propriété de contractivité de l'espérance conditionnelle (ici et dans toute la suite, les exposants p, q, ... sont dans $[1,\infty[$). Mais il peut se faire que, pour certains couples $p<q$, on ait

(7) pour toute f, $\|E[f(Y)|X]\|_{L^q} \leq \|f(Y)\|_{L^p}$;

il est naturel d'appeler cela hypercontractivité du vecteur (X,Y) (bien que n'interviennent ici en fait que les tribus $\sigma(X)$ et $\sigma(Y)$). En suivant Neveu [ ], on peut mettre ceci sous une forme plus symétrique, en introduisant l'exposant q' conjugué de q :

(7') $\forall f, g$ $E[g(X)f(Y)] \leq \|g(X)\|_{L^{q'}} \|f(Y)\|_{L^p}$,

la condition $q>p$ devenant maintenant $(q'-1)(p-1)<1$.

Par exemple, l'hypercontractivité du semi-groupe d'Ornstein-Uhlenbeck (due à Nelson [7] ; nous verrons cela plus loin) signifie que si (X,Y) est un vecteur gaussien de coefficient de corrélation ρ, alors (7') a lieu pour tout couple p,q' tel que $(q'-1)(p-1) \geq \rho^2$ (Neveu [8] a donné de cette propriété une éblouissante démonstration à l'aide d'intégrales stochastiques).

Quand $\rho^2=1$, (7') se réduit à l'inégalité de Hölder usuelle, toujours vraie (contractivité) ; à l'opposé, quand $\rho=0$, (7') écrite écrite pour $p=q'=1$ exprime l'indépendance de X et Y. Ainsi, la relation $(q'-1)(p-1) \geq \rho^2 \Rightarrow (7')$, ou, de façon équivalente, $q \leq 1+(p-1)\rho^2 \Rightarrow (7)$, est une sorte de mesure de dépendance, les variables X et Y étant d'autant plus indépendantes que ρ est petit.

Nous dirons qu'un processus aléatoire $(X_t)_{t\geq 0}$ à valeurs dans un espace E est hypercontractif si la dépendance des variables X_0 et X_t au sens ci-dessus décroît exponentiellement avec le temps t ("exponentiellement hypercontractif" serait préférable, d'autant plus qu'on rencontre d'autres formes d'hypercontractivité, plus faibles que celle-ci ; par exemple en n'exigeant pas une décroissance exponentielle, ou en autorisant une constante dans l'équation (7)).

DÉFINITION. Le processus X est hypercontractif s'il existe une constante $\lambda > 0$ (dite constante d'hypercontractivité) telle que, pour tous $p \geq 1$, $q \geq 1$, $t \geq 0$,

(8) $$q-1 \leq (p-1)e^{\lambda t} \Rightarrow \forall f \quad \|E[f(X_t)|X_0]\|_{L^q} \leq \|f(X_t)\|_{L^p} .$$

Lorsque X est un processus de Markov stationnaire, de semi-groupe de transition $(P_t)_{t\geq 0}$ et de loi invariante μ , ceci s'écrit simplement

(9) $$q-1 \leq (p-1)e^{\lambda t} \Rightarrow \forall f \quad \|P_t f\|_{L^q(\mu)} \leq \|f\|_{L^p(\mu)} .$$

Plus la constante λ est grande, plus le semi-groupe est hypercontractif ; si λ est une constante d'hypercontractivité, il en va de même de toute constante plus petite.

La décroissance exponentielle de la dépendance, c'est-à-dire le facteur $e^{\lambda t}$ dans (8) et (9), est alors justifié par sa compatibilité parfaite avec la propriété de semi-groupe : si P_s contracte L^p dans L^q pour $q-1 = (p-1)e^{\lambda s}$, et si P_t contracte L^q dans L^r pour $r-1 = (q-1)e^{\lambda t}$, alors P_{s+t} contracte L^p dans L^r pour $r-1 = (p-1)e^{\lambda(s+t)}$.

Nous allons maintenant indiquer diverses formulations équivalentes à l'hypercontractivité lorsque le processus est une diffusion. La plus importante d'entre elles est l'inégalité (ou plutôt les inégalités) de Sobolev logarithmique, due à Gross [2] (Gross se place dans un cadre bien plus général que celui des diffusions markoviennes).

Nous nous donnons une algèbre $\underline{\underline{A}}$ de fonctions bornées sur E , sur laquelle opèrent les fonctions de classe $\mathcal{C}^\infty$ (en particulier, $\underline{\underline{A}}$ contient les constantes). Sur $\underline{\underline{A}}$ agissent un opérateur L et un semigroupe $(P_t)_{t\geq 0}$ d'opérateurs markoviens, engendré par L : pour $f \in \underline{\underline{A}}$ et $x \in E$, $P_t f(x)$ est dérivable en t , de dérivée $\frac{d}{dt}P_t f(x) = LP_t f(x) = P_t Lf(x)$. Le caractère markovien des P_t entraîne la positivité de $\Gamma(f,f) = \frac{d}{dt}\Big|_{t=0} [\frac{1}{2}(P_t(f^2) - (P_t f)^2)]$. [Ces hypothèses techniques (fonctions bornées, stabilité par les fonctions C^∞ , stabilité par P_t , dérivation de P_t

identiquement en tout point) sont déraisonnables ; elles nous serviront à justifier tous les calculs formels (commutation d'intégrales et de passages à la limite, dérivation sous le signe somme, ...). Dans la pratique, le plus souvent, on dispose de plusieurs espaces de fonctions sur E , possédant chacun quelques unes de ces hypothèses, et il faut, dans les démonstrations, passer constamment d'un espace à l'autre. D'ailleurs, la plupart des démonstrations qui suivent n'emploient chacune qu'une partie des hypothèses ; nous ne cherchons pas à trier ce qui est utilisé ici ou là.]

Nous ferons également des hypothèses de nature probabiliste sur le comportement du processus :

<u>Diffusion</u>. Le carré du champ Γ est une dérivation, les formules de changement de variable du lemme 1 sont en vigueur, comme dans la proposition 1, pour toute fonction u de classe C^∞ .

<u>Stationnarité, réversibilité</u>. Il existe une loi de probabilité μ sur E (la loi de X_t pour tout t) telle que $\underline{\underline{A}}$ soit incluse dans $L^2(E,\mu)$ (donc aussi dans tous les L^p) et que, pour f et g dans $\underline{\underline{A}}$, on ait $\langle Lf,g\rangle = \langle f,Lg\rangle$ (nous notons $\langle f,g\rangle$ l'intégrale $\int fg\,d\mu$; nous emploierons aussi $\langle f\rangle = \int f\,d\mu$; $\|f\|_p$ désignera la norme de f dans $L^p(\mu)$). Ceci implique que, pour $s\in[0,t]$, on a
$\frac{d}{ds}\langle P_{t-s}f,P_sg\rangle = \langle P_{t-s}f,LP_sg\rangle - \langle LP_{t-s}f,P_sg\rangle = 0$, donc $\langle P_tf,g\rangle = \langle f,P_tg\rangle$.
Les formules d'intégration par parties $\langle\Gamma(f,g)\rangle = -\langle f,Lg\rangle$ et $\langle\Gamma_2(f,g)\rangle = \langle Lf,Lg\rangle$ (qui résultent de $L1=0$) seront abondamment utilisées par la suite. Nous supposerons aussi que $\underline{\underline{A}}$ est dense dans tous les espaces L^p , et nous poserons

$$\|P_t\|_{p,q} = \sup_{f\in L^p} \|P_tf\|_q/\|f\|_p = \sup_{f\in \underline{\underline{A}}^+} \|P_tf\|_q/\|f\|_p ,$$

$\underline{\underline{A}}^+$ désignant les fonctions de $\underline{\underline{A}}$ telles que $\inf f>0$ (ou, ce qui revient au même, les fonction positives dont le logarithme est dans $\underline{\underline{A}}$).

PROPOSITION 4. <u>Soit</u> $\lambda>0$. <u>Les six conditions suivantes sont équivalentes</u> (elles traduisent toutes l'hypercontractivité) :

(9) <u>Pour tous</u> $p>1$, $t\geq 0$, $1\leq q\leq 1+(p-1)e^{\lambda t}$, <u>on a</u> $\|P_t\|_{p,q} \leq 1$.
(10) <u>Pour un</u> $p>1$, <u>et pour tous</u> $t\geq 0$, $1\leq q\leq 1+(p-1)e^{\lambda t}$, <u>on a</u> $\|P_t\|_{p,q} \leq 1$.
(11) <u>Pour tous</u> $t>0$, $1\leq q\leq e^{\lambda t}$, $f\in\underline{\underline{A}}^+$, <u>on a</u> $\|\exp P_t \operatorname{Log} f\|_q \leq \|f\|_1$.

(12) <u>En posant</u> $U(x) = x \operatorname{Log} x$, <u>on a, pour tous</u> $t \geq 0$ <u>et</u> $f \in \underline{\underline{A}}^+$

$$\langle U \circ P_t f\rangle \leq e^{-\lambda t}\langle U \circ f\rangle + (1-e^{-\lambda t})U(\langle f\rangle) \quad .$$

(13) <u>Pour un</u> $p \geq 1$ <u>et toute</u> $f \in \underline{\underline{A}}^+$

$$\langle f^p, \operatorname{Log} f\rangle \leq \langle f^p\rangle \operatorname{Log} \|f\|_p + \frac{p}{\lambda}\langle f^{p-2}, \Gamma(f,f)\rangle \quad .$$

(14) <u>Même condition, pour tout</u> $p \geq 1$.

Les inégalités (13) et (14) sont les " inégalités de Sobolev logarithmiques " de Gross ; pour $p=2$, elles montrent que f est dans $L^2 \operatorname{Log} L$ dès que f et $(\Gamma(f,f))^{\frac{1}{2}}$ sont dans L^2 , fournissant aux inégalités de Sobolev usuelles un substitut qui ne dépend pas de la dimension. Le point important dans cette proposition est l'équivalence entre ces inégalités de Sobolev logarithmiques et l'hypercontractivité exprimée par (9) ou (10) (théorème de Gross [2]). Le terme $\frac{p}{\lambda}\langle f^{p-2},\Gamma(f,f)\rangle$ de l'inégalité (13) peut, par changement de variable et intégration par parties, être réécrit sous la forme $-\frac{p}{\lambda(p-1)}\langle f^{p-1}, Lf\rangle$ (pour $p=1$: $-\frac{1}{\lambda}\langle \operatorname{Log} f, Lf\rangle$) .

<u>Démonstration</u>.

<u>(13) ⇔ (14)</u> : En remplaçant dans (13) f par $f^{r/p}$, on obtient

$$\frac{r}{p}\langle f^r, \operatorname{Log} f\rangle \leq \frac{r}{p}\langle f^r\rangle \operatorname{Log}\|f\|_r + \frac{p}{\lambda}\langle f^{r-2\frac{r}{p}}, (\frac{r}{p}f^{\frac{r}{p}-1})^2\Gamma(f,f)\rangle$$

qui n'est autre que la même inégalité écrite pour r ; ces inégalités, énoncées pour les différentes valeurs de p , sont donc toutes équivalentes entre elles (ceci reste vrai pour p plus petit que 1).

<u>(9) ⇒ (10) ⇒ (13), (14) ⇒ (9)</u> : Pour $q(t) = 1+(p-1)e^{\lambda t}$, en calculant la dérivée $\frac{d}{dt}\operatorname{Log}\|P_t f\|_{q(t)}$, on trouve, en posant pour abréger $h = P_t f$,

$$-\frac{q'}{q^2}\log\langle h^q\rangle + \frac{1}{q\langle h^q\rangle}[\langle qh^{q-1}, Lh\rangle + \langle q'h^q, \operatorname{Log} h\rangle]$$

où $q' = q'(t) = \lambda(q-1)$. [Les dérivations sous le signe somme sont justifiées par nos lourdes hypothèses, qui assurent que tout est borné. On pourrait s'en tirer à moindres frais, par exemple en contrôlant les quantités de la forme $\sup_t P_t g$ à l'aide du lemme de Rota.] Ceci peut se mettre sous une forme faisant apparaître l'inégalité de Sobolev logarithmique :

$$\frac{\lambda(q-1)}{q}\ \frac{1}{\langle h^q\rangle}\ [\langle h^q, \mathrm{Log}\, h\rangle - \langle h^q\rangle \mathrm{Log}\, \|h\|_q + \frac{q}{\lambda(q-1)} \langle h^{q-1}, Lh\rangle] \quad .$$

Si l'on a l'hypercontractivité sous la forme (10), cette dérivée pour $t=0$ ne peut être que négative, d'où (13). Réciproquement, si l'on a (14), cette dérivée est négative pour tout t, la quantité $\|P_t f\|_{q(t)}$ est fonction décroissante de t pour f dans $\underline{\underline{A}}^+$, d'où l'inégalité $\|P_t f\|_{q(t)} \leq \|f\|_{q(0)} = \|f\|_p$ vraie pour f dans $\underline{\underline{A}}^+$, donc aussi pour toute f dans L^p, et (9) est établie.

<u>(11) ⇒ (13)</u>, <u>(14) ⇒ (11)</u> : L'argument est très semblable. En posant $q(t) = \exp(\lambda t)$ et $\exp(q(t)P_t \,\mathrm{Log}\, f) = h$, on écrit

$$\frac{d}{dt} \mathrm{Log}\, \| \exp P_t \,\mathrm{Log}\, f \|_{q(t)} = \frac{d}{dt}\left(\frac{1}{q} \mathrm{Log}\, \langle h\rangle\right)$$

$$= -\frac{q'}{q^2} \mathrm{Log}\, \langle h\rangle + \frac{1}{q\langle h\rangle} \langle h, q'P_t \,\mathrm{Log}\, f + qLP_t \,\mathrm{Log}\, f\rangle$$

$$= \frac{\lambda}{q\langle h\rangle} [-\langle h\rangle \mathrm{Log}\, \langle h\rangle + \langle h, \mathrm{Log}\, h\rangle + \frac{1}{\lambda} \langle h, L\, \mathrm{Log}\, h\rangle] \quad ;$$

le terme $\langle h, L\,\mathrm{Log}\, h\rangle$ s'intègre par parties et donne $\langle Lh, \mathrm{Log}\, h\rangle$, ce qui fait apparaître l'inégalité de Sobolev logarithmique correspondant à $p=1$, et permet, comme ci-dessus, de conclure à l'équivalence.

<u>(12) ⇒ (13)</u>, <u>(14) ⇒ (12)</u> : La méthode est encore la même, en utilisant cette fois

$$\frac{d}{dt} [e^{\lambda t} (\langle U\circ P_t f\rangle - U(\langle f\rangle))]$$

$$= e^{\lambda t} [\lambda(\langle U\circ P_t f\rangle - U(\langle f\rangle)) + \langle U'\circ P_t f, LP_t f\rangle]$$

$$= \lambda\, e^{\lambda t} [\langle P_t f, \mathrm{Log}\, P_t f\rangle - \langle f\rangle \mathrm{Log}\, \langle f\rangle + \frac{1}{\lambda} \langle \mathrm{Log}\, P_t f, LP_t f\rangle] \quad .$$

Puisque $\langle f\rangle = \langle P_t f\rangle$, on est encore ramené à l'inégalité de Sobolev logarithmique pour $p=1$. La proposition est ainsi entièrement démontrée. ∎

CONDITION SUFFISANTE D'HYPERCONTRACTIVITÉ

Nous restons dans le cadre qui nous a permis d'établir la proposition 4 (une grande algèbre fourre-tout) avec en particulier les hypothèses de diffusion et de stationnarité et réversibilité du processus, auxquelles nous ajoutons

Ergodicité : Pour f dans $\underline{\underline{A}}$, $Lf = 0 \Rightarrow f = \text{constante}$. Ceci entraîne que, pour toute f, $P_t f$ tend vers $\langle f\rangle$ μ-presque partout (et donc dans tous les L^p) quand t tend vers l'infini.

Avant de continuer, nous groupons sous forme de lemmes des bribes de calculs qui resserviront plusieurs fois.

LEMME 3. La formule de changement de variable pour Γ_2 (en vigueur, bien sûr, dès que Γ est une dérivation) s'énonce

$$\Gamma_2(u\circ f,u\circ f) = (u'\circ f)^2\Gamma_2(f,f) + (u'\circ f)(u''\circ f)\,\Gamma(f,\Gamma(f,f)) + (u''\circ f)^2\,\Gamma^2(f,f) \quad . \tag{15}$$

Démonstration. Posons, pour simplifier la typographie, $U' = u'\circ f$; $U'' = u''\circ f$; $U''' = u'''\circ f$. Il vient

$$\begin{aligned}\Gamma_2(u\circ f,u\circ f) &= \tfrac{1}{2} L[U'^2\,\Gamma(f,f)] - \Gamma(u\circ f\,,\,U'Lf + U''\Gamma(f,f))\\ &= \tfrac{1}{2} U'^2 L\Gamma(f,f) + \tfrac{1}{2}\Gamma(f,f)\,L(U'^2) + \Gamma(U'^2,\Gamma(f,f))\\ &\qquad - U'\,\Gamma(f\,,\,U'Lf + U''\Gamma(f,f))\\ &= \tfrac{1}{2} U'^2 L\Gamma(f,f) + U'U''Lf\,\Gamma(f,f) + (U'U''' + U''^2)\,\Gamma^2(f,f)\\ &\qquad + 2\,U'U''\,\Gamma(f,\Gamma(f,f))\\ &\qquad - U'^2\,\Gamma(f,Lf) - U'U''\,Lf\,\Gamma(f,f) - U'U''\,\Gamma(f,\Gamma(f,f))\\ &\qquad - U'U'''\,\Gamma^2(f,f)\quad ,\end{aligned}$$

d'où le résultat. ∎

LEMME 4. Soient u une fonction de classe C^∞ sur un intervalle ouvert I de $\mathbb{R}$, f une fonction de $\underline{\underline{A}}$ prenant ses valeurs dans un compact de I. Alors

$$\langle u\circ f,\Gamma(f,Lf)\rangle = -\langle u\circ f,\Gamma_2(f,f)\rangle - \tfrac{1}{2}\langle u'\circ f,\Gamma(f,\Gamma(f,f))\rangle \ ; \tag{16}$$

$$\langle u'\circ f, Lf\,\Gamma(f,f)\rangle = -\langle u'\circ f,\Gamma(f,\Gamma(f,f))\rangle - \langle u''\circ f,\Gamma^2(f,f)\rangle \ ; \tag{17}$$

$$\langle u\circ f,(Lf)^2\rangle = \langle u\circ f,\Gamma_2(f,f)\rangle + \tfrac{3}{2}\langle u'\circ f,\Gamma(f,\Gamma(f,f))\rangle + \langle u''\circ f,\Gamma^2(f,f)\rangle \ . \tag{18}$$

<u>Démonstration</u>. Elle se fait par changements de variable (qu'il est facile de justifier en remplaçant u par une fonction C^∞ sur toute la droite, et qui coïncide avec u sur l'image de f) et par intégrations par parties.

$$<u\circ f,\Gamma(f,Lf)> \;=\; -<u\circ f,\Gamma_2(f,f)> \;+\; \tfrac{1}{2}<u\circ f,L\Gamma(f,f)>$$
$$=\; -<u\circ f,\Gamma_2(f,f)> \;-\; \tfrac{1}{2}<\Gamma(u\circ f,\Gamma(f,f))> \;,\quad \text{d'où (16).}$$

Nous conservons les notations U' , U" de la démonstration précédente.

$$<U',Lf\,\Gamma(f,f)> \;=\; <Lf,U'\Gamma(f,f)> \;=\; -<\Gamma(f,U'\Gamma(f,f))>$$
$$=\; -<U',\Gamma(f,\Gamma(f,f))> \;-\; <\Gamma(f,f),\Gamma(f,U')> \;,\quad \text{d'où (17).}$$

$$<u\circ f,(Lf)^2> \;=\; <Lf\,,\,u\circ f\,Lf> \;=\; -<\Gamma(f\,,\,u\circ f\,Lf)>$$
$$=\; -<u\circ f,\Gamma(f,Lf)> \;-\; <U',Lf\,\Gamma(f,f)> \quad ,$$

et (18) résulte de (16) et (17). ∎

Nous sommes maintenant en mesure de donner une condition suffisante d'hypercontractivité, condition technique apparemment invérifiable. La suite sera consacrée à la recherche d'hypothèses maniables assurant cette condition.

PROPOSITION 5. <u>Soient</u> $\lambda > 0$, U <u>une fonction convexe</u> C^∞ <u>définie sur un intervalle ouvert</u> I , <u>et</u> $u = U'' \geq 0$ <u>sa dérivée seconde</u>. <u>On suppose que</u>, <u>pour toute fonction</u> f <u>de</u> $\underline{\underline{A}}$ <u>à valeurs dans un compact de</u> I , <u>on ait</u>

(19) $$<u\circ f,\Gamma_2(f,f)-\tfrac{\lambda}{2}\Gamma(f,f)> + <u'\circ f,\Gamma(f,\Gamma(f,f))> + \tfrac{1}{2}<u''\circ f,\Gamma^2(f,f)> \;\geq\; 0 \;.$$

<u>Alors on a aussi</u>

(20) $$<U\circ f> \;-\; U(<f>) \;\leq\; \frac{1}{\lambda}<u\circ f,\Gamma(f,f)>$$

<u>et</u>, <u>pour tout</u> $t \geq 0$,

(21) $$<U\circ P_t f> \;\leq\; e^{-\lambda t}<U\circ f> \;+\; (1-e^{-\lambda t})\,U(<f>) \;.$$

<u>Démonstration</u>. Les conclusions (20) et (21) — qui expriment l'hypercontractivité lorsque $U = x\,\mathrm{Log}\,x$ — sont équivalentes : cela se vérifie exactement comme l'équivalence (12) ⇔ inégalité de Sobolev logarithmique dans la proposition 4.

Les formules (16) et (17) permettent de remplacer l'hypothèse par

$$<u'\circ f,\,Lf\,\Gamma(f,f)> + 2<u\circ f,\Gamma(f,Lf)> + \lambda<u\circ f,\Gamma(f,f)> \;\leq\; 0 \;;$$

en y substituant $P_t f$ à f , on obtient

$$\frac{d}{dt}<u\circ P_t f,\Gamma(P_t f,P_t f)> \;+\; \lambda<u\circ P_t f,\Gamma(P_t f,P_t f)> \;\leq\; 0 \quad ,$$

ou encore $\frac{d}{dt}[\, e^{\lambda t} \langle u\circ P_t f, \Gamma(P_t f, P_t f)\rangle \,] \leq 0$. On en déduit

$$\langle u\circ P_t f, \Gamma(P_t f, P_t f)\rangle \leq e^{-\lambda t} \langle u\circ f, \Gamma(f,f)\rangle \quad ,$$

ce qui permet d'écrire

$$\begin{aligned}
\langle U\circ f\rangle - U(\langle f\rangle) &= \langle U\circ P_0 f\rangle - \langle U\circ P_\infty f\rangle = -\int_0^\infty \left(\frac{d}{dt}\langle U\circ P_t f\rangle\right) dt \\
&= -\int_0^\infty \langle U'\circ P_t f, LP_t f\rangle\, dt = \int_0^\infty \langle \Gamma(U'\circ P_t f, P_t f)\rangle\, dt \\
&= \int_0^\infty \langle u\circ P_t f, \Gamma(P_t f, P_t f)\rangle\, dt \\
&\leq \langle u\circ f, \Gamma(f,f)\rangle \int_0^\infty e^{-\lambda t}\, dt = \frac{1}{\lambda}\langle u\circ f, \Gamma(f,f)\rangle \quad ,
\end{aligned}$$

et la proposition est démontrée. ∎

Les deux critères que nous allons en tirer sont probablement bien plus importants que les raffinements qui vont suivre.

COROLLAIRE 1. Si l'on a, pour toute f dans $\underline{\underline{A}}$,

(22) $$\langle e^f, \Gamma_2(f,f) - \frac{\lambda}{2}\Gamma(f,f)\rangle \geq 0 \quad ,$$

alors a lieu l'hypercontractivité avec constante λ .

Démonstration. La formule de changement de variable (15) pour $f = \mathrm{Log}\, g$ donne

$$\begin{aligned}
& e^f\, [\Gamma_2(f,f) - \frac{\lambda}{2}\Gamma(f,f)] \\
&= g\, [g^{-2}(\Gamma_2(g,g) - \frac{\lambda}{2}\Gamma(g,g)) - g^{-3}\Gamma(g,\Gamma(g,g)) + g^{-4}\Gamma^2(g,g)\,] \quad ,
\end{aligned}$$

donc l'hypothèse (19) de la proposition est vérifiée avec $I =]0,\infty[$, $u = \frac{1}{x}$ et $U = x\,\mathrm{Log}\, x$. Dans ce cas, la conclusion (20) n'est autre que l'inégalité de Sobolev logarithmique avec $p = 1$. ∎

COROLLAIRE 2. Si l'on a, pour toute f dans $\underline{\underline{A}}$,

(23) $$\Gamma_2(f,f) \geq \frac{\lambda}{2}\Gamma(f,f) \quad ,$$

alors l'hypercontractivité a lieu, avec constante λ .

C'est une conséquence immédiate du précédent.

Exemples. a) Processus d'Ornstein-Uhlenbeck. Nous avons vu plus haut que les générateurs du type d'Ornstein-Uhlenbeck vérifient

$$\Gamma_2(f,f) - \Gamma(f,f) = \sum_{i,j} (D_i D_j f)^2 \geq 0 \quad ;$$

ils admettent donc, lorsque nos calculs sont justifiés, 2 pour constante d'hypercontractivité. Par exemple, le semi-groupe sur $\mathbb{R}$, de générateur $L = D^2 - xD$, est symétrique par rapport à la loi gaussienne standard μ ; il opère sur les polynômes d'Hermite H_n (ce sont ici les polynômes d'Hermite usuels, à une variable) par $LH_n = -nH_n$. Le semi-groupe est défini dans $L^2(\mu)$ par $P_t H_n = e^{-nt} H_n$; il est explicitement donné par le noyau $p_t(x,y) = [2\pi(1-e^{-t})]^{-\frac{1}{2}} \exp - \frac{(y-e^{-t}x)^2}{2(1-e^{-t})}$. Ici, l'algèbre naturelle serait celle des polynômes, mais elle ne vérifie pas nos hypothèses ; il est plus commode de travailler sur l'algèbre des fonctions de la forme $a+s$, où a est une constante et s une fonction de Schwartz. Le corollaire 2 s'applique dans ce cadre, et l'hypercontractivité a lieu.

b) Mouvements browniens sur les sphères n-dimensionnelles. (Nous les prendrons de générateur Δ et non $\frac{1}{2}\Delta$; pour retrouver le cas probabiliste usuel, le lecteur devra donc diviser par 2 nos constantes d'hypercontractivité.) Dans ce cas, l'algèbre est constituée de toutes les fonctions C^∞, et, puisque le tenseur de courbure de Ricci vaut $Ric_{ij} = (n-1)r^{-2}g_{ij}$ (où r est le rayon de la sphère), on a, par la proposition 3, $\Gamma_2(f,f) \geq \frac{n-1}{r^2}\Gamma(f,f)$, ce qui fournit la constante d'hypercontractivité $\lambda = 2(n-1)r^{-2}$. Ceci n'est pas optimal : la meilleure constante est connue (Mueller-Weissler [6]) et vaut $2nr^{-2}$. Nous allons voir bientôt comment on peut retrouver ce résultat à l'aide de la proposition 5 ; remarquons pour l'instant que le cas du cercle $(n=1)$ nous échappe, puisque nous trouvons $\lambda = 0$. C'est dû au fait que l'hypothèse utilisée (23) est locale, alors que l'hypercontractivité du brownien circulaire est une propriété globale (la constante d'hypercontractivité dépend du rayon r, et tend vers zéro avec $\frac{1}{r}$; donc aucune méthode purement locale ne suffit). Ceci suggère d'essayer plutôt d'employer le corollaire 1 ; dans cet ordre d'idées, nous avons seulement réussi à établir $\langle e^f, f''^2 - \frac{1}{2}f'^2\rangle \geq 0$ (ici, $E = S^1 = \mathbb{R}/2\pi\mathbb{Z}$), qui fournit l'hypercontractivité avec $\lambda = 1$; alors que l'on sait (Rothaus [9], Weissler [13]) que la valeur optimale est 2 . S'il existait des fonctions f sur S^1 ne vérifiant pas l'inégalité $\langle e^f, f''^2 - f'^2\rangle \geq 0$, cela montrerait que la condition suffisante (22) du corollaire 1 n'est pas nécessaire.

Voici un résultat un peu plus précis que le corollaire 2 : il fournit, comme la proposition 5, une gamme d'inégalités incluant l'hypercontractivité, et améliore un peu les constantes. La démonstration consistera à vérifier l'hypothèse technique (19) de la proposition 5.

THEOREME. 1) On suppose que, pour deux constantes $a>0$ et $b\in[0,1[$, on ait, pour toute f de $\underline{\underline{A}}$,

(24) $$\Gamma_2(f,f) \geq a\,\Gamma(f,f) + b\,(Lf)^2 \quad .$$

Alors, si U est une fonction C^∞ et convexe définie sur un intervalle ouvert I , dont la dérivée seconde $u=U''$ est strictement positive et d'inverse $\frac{1}{u}$ concave, on a, pour toute f de $\underline{\underline{A}}$ à valeurs dans un compact de I ,

(20) $$\langle U\circ f\rangle - U(\langle f\rangle) \leq \frac{1}{\lambda}\langle u\circ f,\Gamma(f,f)\rangle \quad ,$$

avec $\lambda = \frac{2a}{1-b}$. En particulier, pour $U(x) = x\operatorname{Log} x$, l'hypercontractivité a lieu.

2) Le même résultat subsiste si l'hypothèse (24) est remplacée par

(25) $$\Gamma_2(f,f) \leq -a\,\Gamma(f,f) + b\,(Lf)^2$$

avec des constantes $a>0$, $b\in\,]1,4]$. La constante obtenue est dans ce cas $\lambda = \frac{2a}{b-1}$.

REMARQUE. Les hypothèses $b<1$ dans le premier cas et $b>1$ dans le second sont automatiquement satisfaites : elles découlent de $\Gamma(f,f)\geq 0$ et de $\langle\Gamma_2(f,f)\rangle = \langle(Lf)^2\rangle$ (intégrer sur E (24) et (25)). Par contre la limitation $b\leq 4$ nous semble artificielle, et plus probablement due à notre méthode de calcul qu'à la nature des choses.

Démonstration. Premier cas (hypothèse (24)). Cette hypothèse appliquée à $v\circ f$ (où v est un polynôme du second degré) donne, par la formule (15) de changement de variable pour Γ_2 ,

$$(v'\circ f)^2\Gamma_2(f,f) + (v'\circ f)(v''\circ f)\Gamma(f,\Gamma(f,f)) + (v''\circ f)^2\Gamma^2(f,f)$$
$$\geq a(v'\circ f)^2\Gamma(f,f) + b\,[(v'\circ f)Lf + (v''\circ f)\Gamma(f,f)]^2 \quad .$$

Fixons $x\in E$ et $f\in\underline{\underline{A}}$. Les deux nombres $v'\circ f(x)$ et $v''\circ f(x)$ peuvent, par un choix approprié de v , être pris égaux à deux réels α et β donnés arbitrairement a priori. Donc la forme quadratique en α et β

$$A\alpha^2 + B\alpha\beta + C\beta^2 = \alpha^2\Gamma_2(f,f)(x) + \alpha\beta\Gamma(f,\Gamma(f,f))(x) + \beta^2\Gamma^2(f,f)(x) - \alpha^2 a\Gamma(f,f)(x) - b[\alpha(Lf(x))^2 + \beta\Gamma(f,f)(x)]^2$$

est positive, ce qui revient à dire que la matrice $\begin{pmatrix} A & \frac{1}{2}B \\ \frac{1}{2}B & C \end{pmatrix}$ est de type positif.

Mais, par concavité de $\frac{1}{u}$, $uu'' \geq 2u'^2$, donc, pour k et ξ réels, la matrice $\begin{pmatrix} u(\xi) & ku'(\xi) \\ ku'(\xi) & \frac{1}{2}k^2u''(\xi) \end{pmatrix}$ est aussi de type positif. Il en résulte

$$Au(\xi) + kBu'(\xi) + \tfrac{1}{2}k^2Cu''(\xi) \geq 0 \quad ,$$

comme trace du produit de deux matrices de type positif. Prenant $\xi = f(x)$, ceci démontre que la fonction

$$g = (u\circ f)\Gamma_2(f,f) + k(u'\circ f)\Gamma(f,\Gamma(f,f)) + \tfrac{1}{2}k^2(u''\circ f)\Gamma^2(f,f) - a(u\circ f)\Gamma(f,f) - b\,[\,(u\circ f)(Lf)^2 + 2k(u'\circ f)\,Lf\,\Gamma(f,f) + \tfrac{1}{2}k^2(u''\circ f)\Gamma^2(f,f)\,]$$

est positive au point fixé x. Elle est donc positive partout, et ceci entraîne $\langle g\rangle \geq 0$. L'utilisation des formules (17) et (18) permet d'écrire

$$\frac{1}{1-b}\langle g\rangle = \langle u\circ f,\Gamma_2(f,f)\rangle - \frac{a}{1-b}\langle u\circ f,\Gamma(f,f)\rangle + r(b,k)\,\langle u'\circ f,\Gamma(f,\Gamma(f,f))\rangle + s(b,k)\,\langle u''\circ f,\Gamma^2(f,f)\rangle \geq 0$$

où les coefficients valent respectivement $r = \frac{1}{1-b}(k - \frac{3}{2}b + 2kb)$ et $s = \frac{1}{2}k^2 + \frac{b}{1-b}(2k-1)$. Cette inégalité a lieu pour tout k ; en lui fixant la valeur $k = (1+\frac{b}{2})/(1+2b)$, on obtient $r = 1$, d'où

$$\langle u\circ f,\Gamma_2(f,f) - \tfrac{\lambda}{2}\Gamma(f,f)\rangle + \langle u'\circ f,\Gamma(f,\Gamma(f,f))\rangle + s\langle u''\circ f,\Gamma^2(f,f)\rangle \geq 0 \, .$$

Ceci est presque l'hypothèse (19) de la proposition 5 : nous avons le coefficient s au lieu de $\frac{1}{2}$ devant le dernier terme. Mais ce terme $\langle u''\circ f,\Gamma^2(f,f)\rangle$ est toujours positif, car la concavité de $\frac{1}{u}$ implique que u est convexe. D'autre part, la valeur choisie pour k donne, par un calcul aisé, $s \leq \frac{1}{2}$, ce qui entraîne a fortiori la condition (19). Il ne reste plus qu'à appliquer la proposition 5.

<u>Deuxième cas</u> (hypothèse (25)). On procède de façon tout-à-fait semblable. La dernière étape ramène aussi à vérifier que, pour $k = (1+\frac{b}{2})/(1+2b)$, le coefficient $s = \frac{1}{2}k^2 + \frac{b}{b-1}(1-2k)$ est majoré par $\frac{1}{2}$; ceci n'est vrai que pour $b \leq 4$, d'où la restriction. ∎

Puisque le théorème donne des résultats pour d'autres fonctions convexes que $U = x \operatorname{Log} x$, il est tentant de l'appliquer aux fonctions puissance. De fait, on vérifie que $U(x) = x^p$ satisfait les conditions du théorème pour $1 < p \leq 2$, sur $I =]0,\infty[$ ($I = \mathbb{R}$ pour $p = 2$). Sous la forme intégrée (21), la conclusion peut s'énoncer

$$<(P_t f)^p> - <f>^p \leq e^{-\lambda t}(<f^p> - <f>^p) \qquad (f \geq 0 \text{ ou } p = 2) .$$

Pour $p = 2$, c'est presque une trivialité : cette inégalité exprime que, pour f d'intégrale nulle (i.e. orthogonale aux constantes, qui forment le noyau de L), $\|P_t f\|_2$ décroît exponentiellement vers zéro, en $e^{-\frac{1}{2}\lambda t}$; ceci traduit simplement un trou entre 0 et $\frac{1}{2}\lambda$ dans le spectre de $-L$. Or ceci s'obtient directement en intégrant sur E l'hypothèse (24) ou (25), car l'inégalité $<\Gamma_2(f,f)> \geq \frac{\lambda}{2} <\Gamma(f,f)>$ équivaut elle aussi à cette lacune spectrale.

Comme nous l'avions annoncé, ce théorème permet de retrouver la constante d'hypercontractivité optimale pour le semi-groupe brownien sur une sphère n-dimensionnelle ($n \geq 2$) : on a dans ce cas, par la proposition 3,

$$\Gamma_2(f,f) = \|\operatorname{Hess} f\|^2 + \operatorname{Ric}(\operatorname{grad} f, \operatorname{grad} f) \quad ;$$

nous avons vu que le terme de courbure est égal à $(n-1)r^{-2}\Gamma(f,f)$; puisque Δf est la trace de $\operatorname{Hess} f$, on a $\|\operatorname{Hess} f\|^2 \geq \frac{1}{n}(\Delta f)^2$ (c'est simplement l'identité $\sum_{i,j}(H_{ij})^2 \geq \frac{1}{n}(\sum_i H_{ii})^2$), et le théorème s'applique avec $a = (n-1)r^{-2}$ et $b = \frac{1}{n}$, d'où $\lambda = \frac{2a}{1-b} = 2nr^{-2}$ (après simplification par $n-1$: ceci ne donne toujours pas l'hypercontractivité du cercle — d'ailleurs, nous avons vu qu'elle n'est pas du ressort de nos méthodes locales).

Plus généralement, les mêmes considérations montrent que <u>sur une variété n-dimensionnelle compacte dont la courbure de Ricci a toutes ses valeurs propres minorées par</u> $\varepsilon > 0$, <u>le mouvement brownien est hypercontractif</u>, <u>avec</u> $\lambda = \frac{2\varepsilon}{1-1/n}$. Nos méthodes ne permettent pas de sortir du cas où la courbure est positive, contrairement à Rothaus [10] qui prouve l'hypercontractivité sur toutes les variétés riemanniennes compactes. En revanche, elles donnent une estimation géométrique simple de λ et sont relativement robustes : si l'on ajoute à Δ un champ de gradients suffisamment lipschitzien, le résultat subsiste.

Un autre exemple est l'hypercontractivité des semi-groupes ultrasphériques, étudiée par Mueller et Weissler [6] : le laplacien de la sphère n-dimensionnelle projeté sur l'intervalle $[-1,1]$ (considéré comme diamètre de cette sphère) devient l'opérateur

$$Lf(x) = (1-x^2)f''(x) - nxf'(x) \quad .$$

défini sur $C^\infty([-1,1])$. Cet opérateur peut être écrit pour n non entier (il perd alors son interprétation géométrique) ; nous supposerons $n>0$ pour que L soit symétrique par rapport à la mesure de probabilité $\mu(dx) = C(n)(1-x^2)^{\frac{n}{2}-1}dx$. Nous avons ici

$$\Gamma(f,f) = (1-x^2)f'^2(x) \quad ;$$
$$\Gamma_2(f,f) = [(1-x^2)f''(x) - xf'(x)]^2 + (n-1)f'^2(x) \quad ,$$

d'où

$$\Gamma_2(f,f) \geq (n-1)\Gamma(f,f) + \frac{1}{n}(Lf)^2 \qquad \text{si } n>1 \quad ,$$
$$\Gamma_2(f,f) \leq -(1-n)\Gamma(f,f) + \frac{1}{n}(Lf)^2 \qquad \text{si } 0<n<1 \quad .$$

Si $(J_k)_{k\geq 0}$ désigne la suite des polynômes de Jacobi (polynômes orthogonaux pour μ , normalisés dans $L^2(\mu)$), alors $LJ_k = -\lambda_k J_k$ pour $\lambda_k = k(k+n-1)$. Le semi-groupe est défini sur $L^2(\mu)$ par $P_t J_k = e^{-\lambda_k t} J_k$; on a évidemment $P_t 1 = 1$, et le problème est de vérifier la positivité des P_t à partir de celle de Γ . Rappelons brièvement la méthode de Mueller et Weissler. On montre tout d'abord que, pour tout polynôme f , $<|P_t f|> \leq <|f|>$ de la façon suivante : si $\varphi_k(x)$ est une suite de fonctions positives, C^∞ , convexes, qui croît vers $|x|$,

$$\frac{d}{dt} <\varphi_k \circ P_t f> = <\varphi_k' \circ P_t f, LP_t f> = -<\Gamma(\varphi_k' \circ P_t f, P_t f)>$$
$$= -<\varphi_k'' \circ P_t f, \Gamma(P_t f, P_t f)> \leq 0 \quad ,$$

d'où $<\varphi_k \circ P_t f> \leq <\varphi_k \circ f>$, et, à la limite, $<|P_t f|> \leq <|f|>$. La positivité de $P_t f$ pour $f \geq 0$ découle alors de $<|P_t f|> \leq <|f|> = <f> = <P_t f>$.

Pour vérifier l'hypercontractivité, on a le choix quant à l'algèbre $\underline{\underline{A}}$: on peut prendre $C^\infty([-1,1])$, mais il faut alors établir qu'elle est stable par P_t (en fait, Mueller et Weissler démontrent, dans leur lemme 1.16, que pour $t>0$, P_t envoie $L^2(\mu)$ dans $C^\infty([-1,1])$). On peut aussi prendre l'algèbre plus petite des polynômes, mais elle n'est pas stable par composition avec les fonctions C^∞ , ce qui oblige à passer constamment d'une algèbre à l'autre dans les démonstrations, mais présente l'avantage d'éviter le recours au lemme analytique de Mueller et Weissler.

En tout état de cause, à l'aide des estimations précédentes sur Γ_2, le théorème donne l'hypercontractivité avec $\lambda = 2n$, les deux cas $n > 1$ et $n < 1$ étant couverts séparément par les deux parties du théorème (le cas $n = 1$ s'obtient par passage à la limite dans l'équation (19), ou plus facilement, dans (22) qui lui est équivalente ; remarquons qu'il s'agit là de l'hypercontractivité du mouvement brownien sur l'intervalle $[-\frac{\pi}{2}, \frac{\pi}{2}]$ réfléchi aux deux extrémités). Mais, en raison de la restriction $b \leq 4$ dans le théorème, ceci ne marche que pour $n \geq \frac{1}{4}$, et, pour les petites "dimensions" $0 < n < \frac{1}{4}$, nous ne retrouvons pas le résultat de Mueller et Weissler.

C'est aussi l'occasion de remarquer que l'hypothèse (25) que nous venons d'utiliser ($\Gamma_2(f,f) \leq -a\Gamma(f,f) + b(Lf)^2$, $b > 1$) est spécifique de la dimension un ; plus précisément, si (25) est satisfaite pour un générateur du second ordre non dégénéré sur une variété, alors, en appliquant la proposition 3 à une fonction de gradient nul en x, mais de hessienne arbitraire, on trouve une majoration du carré de la hessienne $\|\text{Hess}\, f\|^2$ par le carré de sa trace $(\Delta f)^2$ à une constante près, ce qui n'est possible qu'en dimension 1.

Nous avons systématiquement utilisé les formules de changement de variable, qui expriment la continuité du processus. Sans cette hypothèse, la situation est bien moins claire. Le cas de l'espace à deux points (exemple e) du deuxième paragraphe) pourrait faire croire que le théorème se laisse généraliser aux processus à sauts, car $\Gamma_2 = 2\Gamma$ et on vérifie, par un calcul direct (Gross [2]), l'inégalité de Sobolev logarithmique et l'hypercontractivité. Mais l'exemple g) qui suit exhibe le phénomène inverse : bien que Γ_2 soit minoré par $\frac{1}{2}\Gamma$, Surgailis [12] a établi que le processus n'est pas hypercontractif. Ceci se voit facilement sur les fonctions "exponentielles" sur E, de la forme

$$f_a(x) = \exp[-\int a\, dm] \prod_{u \in x} (1 + a(u))$$

où a est une fonction sur S. Sur ces fonctions, le semi-groupe est donné par $P_t f_a = f_{ae^{-t}}$; en prenant pour a une fonction constante, que l'on fait tendre vers l'infini, il apparaît que, pour tous $t>0$ et $1\leq p<q$, on a $\|P_t\|_{p,q}=\infty$ (où les normes sont calculées pour la probabilité μ sur E qui est la loi du processus ponctuel de Poisson d'intensité m) ; on observe aussi que, sous la forme faisant intervenir L (ainsi que, pour $p\geq 2$, sous la forme faisant intervenir Γ), les inégalités de Sobolev logarithmiques sont invalides.

RÉFÉRENCES

[1] M. Berger, P. Gauduchon et E. Mazet. Le spectre d'une variété riemannienne. Lecture Notes in Math. 194, Springer.

[2] L. Gross. Logarithmic Sobolev Inequalities. Amer J. Math. 97, 1975.

[3] P. A. Meyer. Note sur les processus d'Ornstein-Uhlenbeck. Sém. Prob. XVI, Lecture Notes in Math. 920, Springer.

[4] P. A. Meyer. Géométrie différentielle stochastique (bis). Sém. Prob. XVI B, Lecture Notes in Math. 921, Springer.

[5] P. A. Meyer et W. A. Zheng. Tightness criteria for laws of semimartingales. Ann. I.H.P. (à paraître).

[6] C. Mueller et F. Weissler. Hypercontractivity for the Heat Semigroup for Ultraspheric Polynomials and on the n-Sphere. J. Func. Anal. 48, 1982.

[7] E. Nelson. The free Markov Field. J. Funct. Anal. 12, 1973.

[8] J. Neveu. Sur l'espérance conditionnelle par rapport à un mouvement brownien. Ann. I.H.P. 2, 1976.

[9] O. Rothaus. Logarithmic Sobolev inequalities and the spectrum of Sturm-Liouville operators. J. Func. Anal. 39, 1980.

[10] O. Rothaus. Diffusion on compact Riemannian manifolds and logarithmic Sobolev inequalities. J. Func. Anal 42, 1981.

[11] J. Ruiz de Chavez. Thèse de troisième cycle. Strasbourg (à paraître).

[12] D. Surgailis. On Poisson multiple stochastic integrals and associated equilibrium Markov processes. Proc. IFIP-ISI international conf. on random fields, Bangalore 1982. Lect. Notes in Inf. Control 49, Springer.

[13] F. Weissler. Logarithmic Sobolev inequalities and hypercontractive estimates on the circle. J. Func. Anal. 37, 1980.

DEMONSTRATION PROBABILISTE DU THEOREME DE d'ALEMBERT

par NORIO KÔNO

1. B.Davis [1] a donné une démonstration probabiliste du théorème de Picard utilisant les propriétés du mouvement brownien plan. Dans cet exposé nous donnons une démonstration très simple du théorème de d'Alembert utilisant la même idée que lui.

Théorème. - Quels que soient $a_0, \dots, a_n \in \mathbb{C}$ (nombres complexes $a_0 \neq 0$ et $n \geq 1$) il existe $z \in \mathbb{C}$ tel que

$$a_0 z^n + a_1 z^{n-1} + \dots + a_n = 0.$$

2. Avant notre démonstration, nous rappelons les propriétés bien connues du mouvement brownien à valeurs dans $\mathbb{C}$ noté par $b(t, \omega)$; $0 \leq t < +\infty$, $\omega \in \Omega$ avec $b(0, \omega) = 0$ sur un espace probabilisé $(\Omega, \mathcal{F}, P)$.

(i) ([2], pp. 236-237)

$$\forall \varepsilon > 0, \forall z_0 \in \mathbb{C} \quad P(\omega ; \exists t_n \uparrow +\infty \; , |b(t_n, \omega) - z_0| < \varepsilon \;) = 1.$$

(ii) (le théorème de P.Lévy, [3], pp. 108-109). Soit $f(z)$ une fonction entière non constante. On pose

$$k(t, \omega) = \int_0^t |f'(b(s, \omega))|^2 \, ds.$$

On a alors

(a) $k(t, \omega)$ est une fonction strictement croissante et $\lim_{t \to \infty} k(t, \omega) = +\infty$ p.s.

(b) $x(t, \omega) = f(b(k^{-1}(t, \omega)))$ est un nouveau mouvement brownien plan avec $x(0, \omega) = f(0)$, où k^{-1} est la fonction inverse de k.

3. Démonstration du théorème. Considérons un polynôme

$$f(z) = a_0 z^n + a_1 z^{n-1} + \dots + a_n \quad (a_0 \neq 0 \text{ et } n \geq 1).$$

Évidemment on a

(iii) $\lim_{z \to \infty} f(z) = \infty$.

Maintenant posons $A(\varepsilon) = \{ z \in \mathbb{C} \; ; \; |f(z)| \leq \varepsilon \}$ $(\varepsilon > 0)$. Alors $A(\varepsilon)$ est un ensemble compact grâce à (iii) et non vide grâce à (i) et (ii). Si bien que $z \in \bigcap_{\varepsilon > 0} A(\varepsilon)$ résout l'équation $f(z) = 0$. Q.E.D. !

Nous désirons consacrer cet article pour les souvenirs de M. Takehiko Miyata, mon devancier.

BIBLIOGRAPHIE

[1] B.J.Davis. Picard's theorem and Brownian motion, Trans. Amer. Math. Soc. 213(1975), 353-362.

[2] K.Ito-H.McKean. Diffusion processes and their sample paths, Springer,1965.

[3] H.McKean. Stochastic integrals, Academic press,1969.

Institute of Mathematics
Yoshida College
Kyoto University
Kyoto, Japan.

Loi de semimartingales et critères de compacité .

Christophe Stricker
Université de Franche-Comté, CNRS
Equipe de Mathématiques , U.A. 741
25030 Besançon Cedex

Cet article est un complément à celui de Meyer et Zheng qui doit paraître dans les Annales de l'I.H.P. . Ces auteurs ont introduit une nouvelle topologie faible sur l'espace $\mathbb{D}$ des applications continues à droite ayant des limites à gauche de $\mathbb{R}^+$ dans $\mathbb{R}$ (l'extension à $\mathbb{R}^d$ est laissée au lecteur) . Ils ont ainsi obtenu des critères de compacité plus agréables , notamment lorsqu'il s'agit de lois de quasimartingales sur $\mathbb{D}$. Après avoir rappelé les résultats essentiels de Meyer et Zheng , nous donnons un nouveau critère de compacité des lois de semimartingales . Nous dégagerons aussi un critère de compacité pour la classe $\mathcal{S}$ étudiée dans [6] .

PSEUDO-TRAJECTOIRES .

Pour les détails concernant la notion de pseudo-trajectoire nous renvoyons le lecteur intéressé au livre [1] , chapitre IV , n° 40-46 .

Soit $\lambda(dt)$ la mesure $e^{-t}dt$ sur $\mathbb{R}^+$. Soit $w(t)$ une fonction borélienne de $\mathbb{R}^+$ dans $\mathbb{R}$. Par définition , la pseudo-trajectoire de w est la loi de probabilité image sur $[0,+\infty]\times\overline{\mathbb{R}}$ par l'application$(t\to(t,w))$. On note ψ l'application qui à w associe sa pseudo-trajectoire . ψ est injective sur $\mathbb{D}$, si bien que $\mathbb{D}$ peut être plongé grâce à ψ dans l'espace compact $\overline{\mathcal{P}}$ de toutes les lois de probabilités sur le compact $[0,+\infty]\times\overline{\mathbb{R}}$. Désormais $\mathbb{D}$ sera muni de la topologie induite et on peut montrer que cette topologie n'est autre que la topologie de la convergence en mesure sur $\mathbb{D}$ (voir [2]) .

UNE CARACTERISATION DE D .

Soit $\mu\in\overline{\mathcal{P}}$. On pose $\mu^* = \inf\{c,\ \mu \text{ est portée par } [0,+\infty]\times[-c,c]\}$. Si μ est une pseudo-trajectoire, c'est-à-dire si $\mu = \psi(w)$, $\mu^* = \operatorname{ess\,sup}_t |w(t)|$.

Soit $\mathcal{R}$ l'ensemble des couples de rationnels (u,v) avec $u < v$. Si τ est une subdivision finie de $[0, +\infty]$, on définit pour $\mu \in \overline{\mathcal{P}}$ un entier $N_\tau^{uv}(\mu)$ par la condition :

$N_\tau^{uv}(\mu) \geq k$ si et seulement s'il existe des éléments de τ notés $0 \leq t_{i_1} < t_{i'_1} < t_{i_2} < t_{i'_2} < \dots < t_{i_k} < t_{i'_k} < +\infty$ tels que μ charge chacun des ensembles ouverts (dans $[0,+\infty] \times \overline{\mathbf{R}}$) $]t_{i_1}, t_{i_1+1}[\times [-\infty, u[$, $]t_{i'_1}, t_{i'_1+1}[\times]v, +\infty]$, $]t_{i_2}, t_{i_2+1}[\times]-\infty, u[$ ... On pose $N^{uv} = \sup_\tau N_\tau^{uv}$. Lorsque μ est la pseudo-trajectoire de w, $N^{uv}(\mu)$ est égal au nombre de montées de w par dessus $[u,v]$.

Voici la caractérisation promise [2] :

THEOREME 1. La loi de probabilités $\mu \in \overline{\mathcal{P}}$ appartient à $\mathbb{D}$ si et seulement si $\mu^* < +\infty$, $\forall (u,v) \in \mathcal{R}$, $N^{uv}(\mu) < +\infty$ et la projection de μ sur $[0,+\infty]$ est $\lambda(dt)$.

COROLLAIRE. Tout sous-ensemble A de $\mathbb{D}$ tel que $\sup_{\mu \in A} \mu^* < \infty$, $\sup_{\mu \in A} N^{uv}(\mu) < +\infty$ pour $(u,v) \in \mathcal{R}$ est relativement compact dans $\mathbb{D}$.

LOIS DE SEMIMARTINGALES.

Soit (X^n) une suite de processus càdlàg, adaptés, définis sur des espaces probabilisés filtrés $(\Omega^n, \mathcal{F}^n, (\mathcal{F}_t^n), P^n)$. On dit que la suite (X^n) vérifie <u>la condition</u> $(\star)$ si $\lim_{c \to \infty} P^n [\,|(j^n \cdot X^n)_\infty| > c\,] = 0$, la convergence étant uniforme lorsque n décrit $\mathbb{N}$ et j_n l'ensemble des processus $(\mathcal{F}_t^n)$-prévisibles élémentaires bornés par 1. Dans l'énoncé et la démonstration du théorème suivant nous supposerons X^n à valeurs dans $\mathbf{R}$ mais tout se transpose aisément aux semimartingales à valeurs dans $\mathbf{R}^d$.

THEOREME 2. On note P_n la loi de X^n sur $\mathbb{D}$. Si la suite (X^n) vérifie la condition $(\star)$ ci-dessus, alors les lois P_n sont des lois de semimartingales tendues sur $\mathbb{D}$ et toutes les lois limites de la suite (P_n) sont des lois de semimartingales.

DEMONSTRATION . D'après le théorème 1 et son corollaire, il suffit, pour que P_n soit tendue sur $\mathbb{D}$, de montrer que $P_n[N^{uv} > c]$ et que $P_n[X^* > c]$ tendent <u>uniformément</u> vers 0 lorsque c tend vers $+\infty$. Soit $T = \inf\{t, |X_t| \geq c\}$. On a $\{X^* \geq c\} = \{|(1_{[0,T]} \cdot X)_\infty| \geq c\}$. Soit (T_n) une suite de temps d'arrêt tendant en décroissant vers T et ne prenant qu'un nombre fini de valeurs. $1_{[0,T_n]}$ est un processus prévisible élémentaire borné par 1, si bien que

$$\lim_{c \to \infty} P_n[|(1_{[0,T_k]} \cdot X)_\infty| \geq c] = 0$$ <u>uniformément par rapport à n et k</u>. En vertu de la continuité à droite de X, $P_n[X^* > c]$ tend aussi uniformément vers 0 lorsque c tend vers $+\infty$. Enfin si on pose $S_1 = \inf\{t, X_t \leq u\}$, $T_1 = \inf\{t > S_1, X_t \geq v\}$, $S_2 = \inf\{t > T_1, X_t \leq u\}$, etc ..., on a $\{N^{uv} > c\} \subset \{((\sum_i 1_{]S_i, T_i]}) \cdot X)_\infty > u^+ + (v-u)c\}$. On approche à nouveau S_i et T_i par des temps d'arrêt ne prenant qu'un nombre fini de valeurs, et compte-tenu de l'hypothèse du théorème ci-dessus, $P_n[N^{uv} > c]$ tend uniformément vers 0 lorsque c tend vers $+\infty$. Ainsi la suite P_n est tendue sur $\mathbb{D}$.
Il reste à vérifier que si P est une loi limite de la suite (P_n), P est aussi une loi de semimartingales. Soit $\mathcal{J}$ l'ensemble des processus prévisibles élémentaires bornés par 1 de la forme $j = \sum_{i=1}^{p} \varphi_{t_i} 1_{]t_i, t_{i+1}]}$ où φ_{t_i} est une application continue de $\mathbb{D}$ dans $\mathbb{R}$. D'après le critère de Dellacherie-Mokobodzki (voir [5] pour une démonstration simple), X est une semimartingale sous la loi P si et seulement si $\{(j.X)_\infty, j \in \mathcal{J}\}$ est borné dans $L^0(P)$. La condition ($\star$) entraîne que $\{(j.X)^*, j \in \mathcal{J}\}$ est uniformément borné dans $L^0(P_n)$. Or $\{(j.X)^* > c\}$ un ouvert de $\mathbb{D}$, si bien que $P[(j.X)^* > c] \leq \liminf_{n \to +\infty} P_n[(j.X)^* > c]$. Donc $\{(j.X)^*, j \in \mathcal{J}\}$ est borné dans $L^0(P)$ et X est une semimartingale sous P.

COROLLAIRE 1 . Si (X^n) est une suite de processus càdlàg définis sur des espaces probabilisés $(\Omega^n, \mathcal{F}^n, P^n)$ tels que pour tout $\varepsilon > 0$ il existe $c > 0$ vérifiant $P^n[\int_0^\infty |dX_s^n| > c] \leq \varepsilon$ pour tout n, alors les lois P_n de X^n sur $\mathbb{D}$ sont tendues sur $\mathbb{D}$ et X est un processus à variation finie pour toute loi limite P de la suite (P_n) sur $\mathbb{D}$.

DEMONSTRATION. C'est une conséquence immédiate du théorème 2. En effet soit P une fonction borélienne bornée de $\mathbb{R}^{\mathbb{N}}$ dans $\mathbb{R}$ telle que $f((X_t)_{t \in \mathbb{Q}^+})$ engendre la tribu $\mathcal{F}_\infty$ sur $\mathbb{D}$. On applique alors le théorème 2 à la suite de semi-martingales $((X_t^n), tf((X_t^n))_{t \in \mathbb{Q}^+})$ à valeurs dans $\mathbb{D} \times \mathbb{D}$.

COROLLAIRE 2. Sous les hypothèses du théorème 2, les lois des semimartingales $(X^n, [X^n, X^n])$ sont tendues sur $\mathbb{D} \times \mathbb{D}$.

DEMONSTRATION. Il suffit de remarquer que $P^n[(X^n)^* > c]$ tend uniformément vers 0 lorsque c tend vers $+\infty$ et que $[X^n, X^n]_t = (X_t^n)^2 - 2\int_0^t X_{s^-}^n \, dX_s^n$. Il est facile de vérifier que $P^n[(X_-^n \cdot X^n)^* > c]$ tend aussi uniformément vers 0 lorsque c tend vers $+\infty$, si bien que le couple $(X^n, [X^n, X^n])$ vérifie les hypothèses du théorème 2 et les lois de ces couples sont tendues sur $\mathbb{D} \times \mathbb{D}$.

REMARQUE. Grâce à la formule d'intégration par parties et à la démonstration ci-dessus, on peut améliorer le théorème 2 : si une suite (X^n) vérifie la condition $(\star)$, pour tout $p \geq 1$ la suite $((X^n)^p)$ vérifie aussi $(\star)$.

THEOREME 3. Soit (X^n) une suite de quasimartingales définies sur des espaces probabilisés filtrés $(\Omega^n, \mathcal{F}^n, (\mathcal{F}_t^n), P^n)$. S'il existe une constante α telle que $\operatorname{Var} X^n \leq \alpha$ pour tout n, alors (X^n) vérifie la condition $(\star)$ du théorème 2.

DEMONSTRATION. En ce qui concerne les résultats généraux sur les quasi-martingales, le lecteur intéressé pourra se reporter à [1], [3] et [4].
Si X est une quasimartingale, il existe deux surmartingales positives X' et X'' telles que $\operatorname{Var} X = E[X'_0 + X''_0]$ et $X = X' - X''$. Soit $T_p = \inf\{t, |X_t| \geq p\}$.
D'après la décomposition de Doob-Meyer d'une surmartingale positive, il existe une martingale locale M et un processus prévisible à variation intégrable A tels que $X = M + A$. Or $(M^{T_p})^* \leq p + |X_{T_p}| + \int_0^\infty |dA_s|$, si bien que

$$E[(M^{T_p})^*] \leq p + E|X_{T_p}| + E[\int_0^\infty |dA_s|] \leq p + \operatorname{Var} X + \operatorname{Var} X .$$

Comme M^{T_p} est dans $\mathcal{H}^1$, il existe une constante K telle que pour tout processus prévisible j borné par 1 on ait :

$$E[\,|(j.X)_{T_p}|\,] \le K(E[(M^{T_p})^*] + E[\int_0^\infty |dA_s|\,]) \le K(p + 3\,\mathrm{Var}\,X) .$$

Or $pP[X^* \ge p] \le \mathrm{Var}\,X$, si bien que

$$P[\,|(j.X)_\infty| \ge c\,] \le \frac{\mathrm{Var}\,X}{p} + \frac{K}{c}(p + 3\,\mathrm{Var}\,X) .$$

Cette inégalité montre que la suite (X^n) vérifie bien les hypothèses du théorème 2 . On retrouve ainsi le théorème 7 de [2] qui devient un corollaire immédiat des théorèmes 2 et 3 .

THEOREME 4 . On suppose que P_n est la loi sur $\mathbb{D}$ d'une semimartingale X^n définie sur un espace probabilisé filtré $(\Omega^n, \mathcal{F}^n, P^n, (\mathcal{F}^n_t))$. Si pour tout $\varepsilon>0$, il existe une quasimartingale Y^n sur Ω^n telle que $P^n[(X^n - Y^n)^* > 0] \le \varepsilon$ et $\mathrm{Var}\,Y^n$ soit bornée uniformément en n , alors la suite P_n est tendue sur $\mathbb{D}$ et si P est une loi limite , X est une semimartingale sous P .

CRITERE DE COMPACITE DES LOIS D'UNE CERTAINE CLASSE DE SEMI - MARTINGALES .

Comme la mesure de Lebesgue λ n'est pas bornée sur $[0, +\infty]$, tous les processus considérés dans ce paragraphe sont indexés par $[0,1]$.

Notons $\mathcal{S}$ la classe des semimartingales continues Y , nulles en 0 , dont la décomposition canonique $Y = M + A$ possède la propriété suivante :

$d\langle M,M\rangle_t = m_t\,dt$, $dA_t = a_t\,dt$ où (m_t) et (a_t) sont prévisibles , m_t étant de plus localement borné et $\int_0^1 a_s^2\,ds < +\infty$. Cette classe a été étudiée dans [6] et joue un rôle important dans les travaux de Zheng et Meyer . Dans ce paragraphe nous nous proposons de dégager un critère de compacité et de stabilité pour la classe $\mathcal{S}$ analogue à celui du théorème 2 . Or dans [6] nous avions montré qu'une semimartingale continue Y appartient à $\mathcal{S}$ si et seulement si l'ensemble $\{(H.Y)_1$, H prévisible , élémentaire , borné vérifiant $\int_0^1 H_s^2\,ds \le 1\}$ est borné dans L^0 .

Soit (X^n) une suite de semimartingales continues définies sur des espaces probabilisés filtrés $(\Omega^n, \mathcal{F}^n, (\mathcal{F}^n_t), P^n)$ et soit $\mathcal{J}^p$ l'ensemble des processus prévisibles élémentaires bornés j sur $\mathbb{D}$ muni de sa filtration canonique tels que $\int_0^1 |j_s|^p ds \le 1$. On dit que la suite (P_n) des lois de X^n sur $\mathbb{D}$ vérifie (**) si $\{(j.X)_1 , j \in \mathcal{J}^2\}$ est borné uniformément dans $L^o(P_n)$.

THEOREME 5 . Si la suite (P_n) vérifie (**), la suite (P_n) est tendue sur $\mathbb{D}$ et si P est une loi limite , X est une semimartingale appartenant à $\mathcal{S}$ sous P .

Avant de passer à la démonstration du théorème 5 , établissons quelques lemmes. Nous supposerons toujours $p \ge 1$.

LEMME 1 . Soit (P_n) une suite de lois sur $\mathbb{D}$ telles que X soit continu à variation finie et que $\{(j.X)_1 , j \in \mathcal{J}^p\}$ soit uniformément borné dans $L^o(P_n)$. Alors la suite (P_n) est tendue et si P est une loi limite, il existe un processus prévisible a tel que sous P , $X_t = \int_0^t a_s ds$ et $\int_0^1 |a_s|^q ds < +\infty$ avec $\frac{1}{p} + \frac{1}{q} = 1$ si $p > 1$ (resp. a est localement borné si $p = 1$) .

DEMONSTRATION . Le fait que (P_n) est tendue résulte immédiatement du théorème 2 et de la condition (*) de ce théorème . Passons à l'existence de a sous la loi limite P . Soit $\mathcal{H}^p$ l'ensemble des processus h $\mathcal{F}_\infty$-mesurables, élémentaires , bornés vérifiant $\int_0^1 |h_s|^p ds \le 1$. Montrons que $\{(h.X)_1^* , h \in \mathcal{H}^p\}$ est borné uniformément dans $L^o(P_n)$. Si $h \in \mathcal{H}^p$, nous noterons h' la projection prévisible de h sous P_n (h' dépend de n mais évitons d'alourdir les notations) . Comme $E_n[|h'|^p] \le E_n[|h|^p]$ et que $\int_0^1 |h_s|^p ds \le 1$, pour tout $\varepsilon > 0$ il existe c indépendant de n et de $h \in \mathcal{H}^p$ tel que $P_n[\int_0^1 |h'|^p ds > c] \le \varepsilon$. Il en résulte que $\{(h'.X)_1 , h \in \mathcal{H}^p\}$ est borné uniformément dans $L^o(P_n)$. Soit $T_r^n = \inf\{t, |(h'.X)_t| \ge r\}$. Comme $(h'.X)_{T_r^n} = ((h' 1_{[0,T_r^n]}).X)_1$,

$P_n[(h'.X)_{T_r^n} \ge r]$ tend uniformément vers 0 lorsque r tend vers $+\infty$.

Par ailleurs $E_n[|(h.X)_{T_r^n}|] = E_n[|(h'.X)_{T_r^n}|] \le r$ car X est à variation finie et prévisible sous P_n. Ainsi $P_n[(h.X)_{T_r^n} > c]$ tend aussi uniformément vers 0 lorsque c tend vers $+\infty$ et que r est fixé. Or

$$P_n[(h.X)_1 > c] \le P_n[(h.X)_{T_r^n} > c] + P_n[T_r^n < 1]$$

$$\le P_n[(h.X)_{T_r^n} > c] + P_n[(h'.X)_{T_r^n} \ge r].$$

Donc $P_n[(h.X)_1 > c]$ tend uniformément vers 0 lorsque c tend vers $+\infty$. Reprenant l'argument développé au début de la démonstration du théorème 2, on voit aisément que $\{(h.X)_1^*, h \in \mathcal{H}^p\}$ est aussi uniformément borné dans $L^0(P_n)$. Or si $h = \sum_i \varphi_{t_i} 1_{]t_i, t_{i+1}]}$ où φ_{t_i} est une fonction continue de $\mathbb{D}$ dans $\mathbb{R}$, $\{(h.X)_1^* > c\}$ est un ouvert de $\mathbb{D}$ et $P[(h.X)_1^* > c] \le \liminf_{n \to \infty} P_n[(h.X)_1^* > c]$. Ainsi $\{(h.X)_1^*, h \in \mathcal{H}^p$ et h_t continue pour tout t $\}$ est borné dans $L^0(P)$. Grâce au théorème des classes monotones, il en est de même pour $\{(h.X)_1^*, h \in \mathcal{H}^p\}$. D'après les lemmes 4 et 5 de [6] appliqués à X et à la filtration constante $(\mathcal{F}_\infty)$, il existe un processus $\mathcal{F}_\infty$ mesurable a tel que $X_t = \int_0^t a_s \, ds$ P p.s. et $\int_0^1 |a_s|^q \, ds < +\infty$ avec $\frac{1}{p} + \frac{1}{q} = 1$ (resp. a est localement borné).

En particulier X est continu sous P, si bien que les lemmes 4 et 5 appliqués cette fois à X et à la filtration $(\mathcal{F}_t)$ montrent l'existence du processus prévisible a vérifiant les conditions du lemme 1.

Pour démontrer le théorème 5 nous avons aussi besoin d'une version améliorée d'un lemme dû à Yor.

LEMME 2. Soient X une martingale locale et A un processus croissant continu adapté. Si pour tout $\lambda \in \mathbb{R}$, le processus $Z_t^\lambda = \exp(\lambda X_t - \frac{\lambda^2}{2} A_t)$ est une surmartingale, alors X est une martingale locale continue.

DEMONSTRATION . Soient φ un homéomorphisme croissant de $[0,1]$ sur $[0,+\infty]$ et $V_t = A_t + \varphi(t)$, qui est continu, strictement croissant et tend vers $+\infty$ avec t. Si $\tau_t = \inf\{s, V_s > t\}$, et si $t > s$ $A_{\tau_t} - A_{\tau_s} = (t-s) - \varphi(\tau_t) - \varphi(\tau_s) \leq t-s$.

Comme Z_t^λ est une surmartingale, $E[Z_t^\lambda / Z_s^\lambda] \leq 1$, si bien que $E[\exp(\lambda(X_{\tau_t} - X_{\tau_s}))] \leq \exp(\frac{\lambda^2}{2}(t-s))$. Remplaçant t par $-t$, nous obtenons $E[\exp(\lambda |X_{\tau_t} - X_{\tau_s}|)] \leq 2\exp(\frac{\lambda^2}{2}(t-s))$. Le théorème de Kolmogorov implique que (X_{τ_t}) est continu ; donc X_t est aussi continu. Par arrêt nous pouvons supposer que X et A sont bornés. D'après la formule d'Ito,
$Z_t^\lambda - 1 = \lambda\int_0^t Z_s^\lambda dX_s - \frac{\lambda^2}{2}\int_0^t Z_s^\lambda d(A_s - \langle X, X\rangle_s)$. Ceci est une surmartingale et le reste si on divise par $\lambda > 0$. Faisant tendre λ vers 0, on en déduit que X est aussi une surmartingale. De même en prenant $\lambda < 0$, $-X$ est aussi une surmartingale, donc X est une martingale locale continue.

REMARQUE. Nous remercions P.A. Meyer d'avoir corrigé une version antérieure de ce lemme : en général le processus A n'est pas égal à $\langle X, X\rangle$. Pour s'en convaincre il suffit de prendre $X = 0$ ...

Grâce au lemme 2 nous retrouvons un résultat de Meyer et Zheng :

THEOREME 6. Soit (X^n) une suite de martingales locales continues avec $\langle X^n, X^n\rangle = A^n$. Si (A_1^n) est une suite de variables aléatoires uniformément bornée dans $L^0(P_n)$ et si P_n est la loi de (X^n, A^n) sur $\mathbb{D}^2$, P_n est tendue sur $\mathbb{D}$. En outre si (X, A) désigne le processus canonique sur $\mathbb{D}^2$ et si P est une loi limite telle que A soit continu, alors X est une martingale locale continue sous P.

DEMONSTRATION. La suite P_n est tendue car (X^n, A^n) vérifie la condition (*) du théorème 2. Soit P une loi limite telle que A soit continue. Les processus $\exp(\lambda X^n - \frac{\lambda^2}{2}A^n)$ sont des surmartingales positives dont l'espérance est majorée par 1. On vérifie aisément qu'il en est de même pour $\exp(\lambda X - \frac{\lambda^2}{2}A)$ sous la loi P, si bien que X est une martingale locale continue sous P.

DEMONSTRATION DU THEOREME 5 . Toute la difficulté vient du fait que nous ignorons a priori si X est continue sous P . D'après le théorème 2 , la suite (P_n) est tendue et si P est une loi limite , X est une semimartingale sous P . En outre on vérifie aisément que $\{(j\cdot X)^*,\ j\in\mathcal{J}^2\}$ est uniformément borné dans $L^0(P_n)$ et même borné dans $L^0(P)$, si bien que X appartient à $\mathcal{S}$ sous P si X est continue sous P . Or $[X,X]=X^2-2X_-\cdot X$; donc $\{(j^2\cdot[X,X])_1,\ j\in\mathcal{J}^2\}$ est aussi uniformément borné dans $L^0(P_n)$. Soit $X=M^n+A^n$ la décomposition canonique de la semimartingale continue X sous la loi P_n . Pour $j\in\mathcal{J}^2$, on pose $T_r^n=\inf\{t,\ (j^2\cdot\langle M^n,M^n\rangle)_t\geq r\}$. Or

$$P_n[(j\cdot M^n)_1^*>c]\leq P_n[(j\cdot M^n)^*_{T_r^n}>c]+P_n[T_r^n<1]$$

$$\leq\frac{r}{c^2}+P_n[T_r^n<1]$$

en vertu de l'inégalité de Doob . Mais $P_n[T_r^n<1]$ tend uniformément vers 0 lorsque r tend vers $+\infty$ car $\{(j^2\cdot[X,X])_1=(j^2\cdot\langle M^n,M^n\rangle)_1,\ j\in\mathcal{J}^2\}$ est uniformément borné dans $L^0(P_n)$. Donc $\{(j\cdot M^n)_1^*,\ j\in\mathcal{J}^2\}$ et par différence $\{(j\cdot A^n)_1^*,\ j\in\mathcal{J}^2\}$ sont aussi bornés uniformément dans $L^0(P_n)$. La continuité de X sous la loi P découle alors du lemme 1 et du théorème 6 , si bien que X appartient à $\mathcal{S}$, ce qu'il fallait démontrer .

REFERENCES

[1] DELLACHERIE C. , MEYER P.A. : Probabilités et Potentiel , volumes A et B , Hermann , Paris .

[2] MEYER P.A. , ZHENG W.A. : Tightness criteria for laws of semimar - tingales . A paraître dans Annales de l' I.H.P.

[3] STRICKER C. : Quasimartingales , martingales locales , semimartingales et filtration naturelle . Z. W. 39 (1977) 55-64 .

[4] STRICKER C. : Mesure de Föllmer en théorie des quasimartingales . Sém. Prob. IX , Lecture Notes in M. 465 , 408-419 , Springer , 1975 .

[5] STRICKER C. : Une caractérisation des semimartingales . Sém. Prob. XVIII , Lecture Notes in M. 1059 , 148-153, Springer, 1984 .

[6] STRICKER C. : Quelques remarques sur les semimartingales gaussiennes et le problème de l'innovation . Proceedings of the CNET ENST Colloquium , Lecture Notes in Control and Information Sciences 61 , 260-276 , Springer , 1984 .

Une remarque sur une certaine classe de semimartingales

Par C. STRICKER

Soit $(\Omega, \mathcal{F}, (\mathcal{F}_t), P)$ un espace probabilisé filtré vérifiant les conditions habituelles. Dans [2] nous avions étudié la classe des semimartingales continues X de décomposition canonique $M+A$ satisfaisant à la condition :

(1) $d\langle M,M\rangle_s = m_s\, ds$, $d A_s = a_s\, ds$, le processus prévisible (m_s) est localement borné et $\int_0^t a_s^2\, ds < +\infty$ pour tout $t > 0$.

Nous avions montré que cette condition (1) était équivalente à :

(2) Si $\mathcal{E}$ désigne l'ensemble des processus prévisibles élémentaires bornés vérifiant $\int_0^t H_s^2\, ds \leq 1$ pour tout $t \geq 0$, alors $\{(H.X)_t, H \in \mathcal{E}\}$ est borné dans L^0 pour tout $t \geq 0$.

Notons, toujours d'après [2], que la condition (2) est aussi équivalente à :

(3) Tout processus prévisible H vérifiant $\int_0^t H_s^2\, ds < +\infty$ pour tout $t > 0$, est X-intégrable, c'est-à-dire $\int_0^t H_s\, dX_s$ existe pour tout $t > 0$.

Comme la condition (2) est invariante par changement de loi dans une même classe d'équivalence, il en est de même pour (1). On est tenté d'affaiblir (1) en considérant des semimartingales non <u>nécessairement continues</u> mais spéciales vérifiant :

(1') $[M,M]$ est localement intégrable, la projection duale de $[M,M]$, notée $\langle M,M\rangle$ est de la forme $d\langle M,M\rangle_s = m_s\, ds$, $dA_s = a_s\, ds$, le processus prévisible (m_s) est localement borné et $\int_0^t a_s^2\, ds < +\infty$ pour tout $t \geq 0$.

Montrons que (1') implique (2).

PROPOSITION 1. Si X est une semimartingale spéciale vérifiant (1'), elle vérifie aussi (2).

DEMONSTRATION. Soit $t > 0$ fixé. Par arrêt nous pouvons supposer qu'il existe une constante C telle que $|m_s| \leq C$ et $\int_0^t a_s^2\, ds \leq C$. Si H est un processus prévisible vérifiant $\int_0^t H_s^2\, ds \leq 1$, $E[(H.M)_t^2] = E[(H^2.[M,M])_t] = E[(H^2.\langle M,M\rangle)_t] \leq C$ et $E[(H.A)_t^2] \leq E[\int_0^t H_s^2\, ds \int_0^t a_s^2\, ds] \leq C$. Donc X vérifie (2).

La réciproque de cette proposition est fausse et voici un contre-exemple qui montrera en même temps que la classe des semimartingales spéciales vérifiant (1') n'est pas invariante par changement de loi dans une même classe d'équivalence. Soit $\Omega = \mathbb{R}^+$, $\mathcal{F}$ la tribu borélienne, S l'application identité sur Ω, $(\mathcal{F}_t)$ la filtration naturelle du processus $(S\wedge t)$, P_1 la loi exponentielle de paramètre 1 et P_2 une loi de densité continue $f > 0$ telle que $f(u) = o(u)$ au voisinage de 0. D'après Dellacherie [1] on sait que si P est une loi diffuse sur l'espace probabilisable ci-dessus, la projection duale prévisible $\widetilde{A}^P$ du processus croissant $A = 1_{[S,+\infty[}$ est définie par $\widetilde{A}_t^P = -\mathrm{Log}(1 - F(S\wedge t))$ où F désigne la fonction de répartition de P. Par ailleurs, si f est une fonction borélienne telle que f(S) soit P intégrable, la projection duale prévisible de $\left(\int_0^t f(u)\, dA_u\right)$ est $\left(\int_0^t f(u)\, d\widetilde{A}_u^P\right)$. Soit $X_t = \frac{1}{\sqrt{S}}\, 1_{[S,+\infty[}(t) - \int_0^t \frac{1}{\sqrt{u}}\, d\widetilde{A}_u^{P_2}$. X est une P_2 martingale, $[X,X] = \frac{1}{S}\, 1_{[S,+\infty[}$, $\widetilde{[X,X]}_t^{P_2} = \int_0^{t\wedge S} \frac{f(u)}{u(1-F_2(u))}\, du$. Donc X vérifie (1') sous P_2. Or la décomposition canonique de X sous P_1 est :

$$X_t = \left(\frac{1}{\sqrt{S}}\, 1_{[S,+\infty[}(t) - \int_0^t \frac{du}{\sqrt{u}}\right) + \int_0^t \frac{1}{\sqrt{u}}\, d\left(u + \widetilde{A}_u^{P_2}\right).$$

Ainsi X ne vérifie pas (1') sous P_1. Toutefois X vérifie (1') et donc (2) sous P_2. Mais la condition (2) étant invariante par changement de loi dans une même classe d'équivalence, X vérifie aussi (2) sous P_1, si bien que (2) n'entraine pas (1'), même si la semimartingale X est spéciale.

REMARQUES.

i) Bien entendu, on pourrait modifier la loi P_1 dans l'exemple ci-dessus pour que X ne soit même plus spéciale.

ii) Notons que la densité $\frac{dP_1}{dP_2}$ n'est pas bornée. En effet la formule de Girsanov et les résultats de [2] montrent que si X est une semimartingale spéciale vérifiant (1') sous la loi P, elle vérifie aussi (1') sous toute loi Q absolument continue par rapport à P et ayant une densité $\frac{dQ}{dP}$ bornée.

PROPOSITION 2. Si X est une semimartingale telle que $(H.X)_t = 0$ pour tout processus prévisible borné H vérifiant $\int_0^t |H_s|\, ds = 0$ alors :

i) les sauts de X sont totalement inaccessibles.

ii) $\left(H^2.[X,X]\right)_t = 0$

iii) lorsque X est une semimartingale spéciale, la partie à variation finie est absolument continue et $(H.[M,M])_t = 0$, M étant la partie martingale locale de la décomposition canonique de X.

DEMONSTRATION.

i) si T est un temps d'arrêt prévisible et si $H = 1_{[T]}$, on a $\int_0^t H_s\, ds = 0$ pour tout t et $H.X = \Delta X_T\, 1_{[T,+\infty[}$. Donc $\Delta X_T = 0$ et X n'a que des sauts totalement inaccessibles.

ii) d'après la formule d'Ito, $(H.X)_t^2 = \int_0^t (H.X)_{s-}\, H_s\, dX_s + \left(H^2.[X,X]\right)_t$. Ainsi $\left(H^2.[X,X]\right)_t = 0$ si $\int_0^t |H_s|\, ds = 0$.

iii) cette assertion est établie dans notre article [2].

REMARQUE. Notons que l'hypothèse de la proposition 2 n'entraine pas que X est une semimartingale spéciale. En effet soit N un processus de Poisson standard, S le premier instant de saut et $\left(\mathcal{F}_t\right)$ la filtration naturelle de N. Alors si H est un processus prévisible borné, $E[H_S] = E[(H.N)_S] = E[\int_0^S Hu\, du]$.
En particulier si H est positif et $\int_0^\infty Hu\, du = 0$, $H_S = 0$. Posons $Y = \frac{1}{S}\, 1_{[S,+\infty[}$.
On a $H.Y = 0$ mais Y n'est pas localement intégrable car si T est un temps d'arrêt, T est constant sur $\{T < S\}$. Ainsi Y n'a pas de projection duale prévisible et ne peut donc être spéciale.

Ces calculs montrent aussi, comme nous l'avions annoncé dans [2], que <u>la martingale purement discontinue</u> $M_t = N_{t\wedge S} - t\wedge S$ vérifie les hypothèses de la proposition 2.

REFERENCES.

[1] DELLACHERIE C. : Capacités et processus stochastiques. Ergebnisse der Math. 67, Springer Verlag, 1972.

[2] STRICKER C. : Quelques remarques sur les semimartingales gaussiennes et le problème de l'innovation. Proceedings of the ENST-CNET Colloquium, Lecture Notes in Control and Information Sciences 61, 260-276, Springer Verlag, 1984.

Université de Franche-Comté
Faculté des Sciences
Laboratoire de Mathématiques
(U. A. n°741)
25030 BESANCON CEDEX

QUELQUES RESULTATS SUR LES MAISONS DE JEUX ANALYTIQUES

par C. Dellacherie

Nous apportons ici quelques compléments aux fondements de la théorie des maisons de jeux présentés dans le troisième volume de "Probabilités et Potentiel" (en abrégé, le "livre brun", le "livre rose" désignant le premier volume) : analyticité du balayage d'ordre un, définition et analyticité du produit de deux maisons analytiques, analyticité du catalogue des stratégies, etc. L'exposé a été rédigé pour être lisible sans avoir à se reporter constamment au livre brun ; on a cependant omis de rappeler les propriétés élémentaires des opérateurs analytiques (début du chapitre XI du livre brun).

On travaille sur un espace métrisable compact E, de tribu borélienne $\underline{\underline{E}}$ et on désigne par E^{+}(qui se lit "E dièse") l'ensemble des mesures de masse ≤ 1 sur $(E,\underline{\underline{E}})$ qui est un espace métrisable compact pour la topologie de la convergence vague. On appelle <u>maison de jeu</u> toute partie J de $E\times E^{+}$ (on ne suppose pas, comme dans le livre brun, que les coupes de J sont non vides ni qu'elles sont constituées de lois de probabilités : cela amènera plus de souplesse, mais aussi quelques petites difficultés, plus loin). La maison de jeu J est dite <u>quittable</u> si, pour tout $x\in E$, la mesure de Dirac ε_x appartient à la coupe $J(x)$; à la différence du livre brun, nous ne supposerons pas en général que nos maisons sont quittables. Un noyau P de E dans E sera dit <u>permis</u> dans la maison J s'il est universellement mesurable (en abrégé : u.m.) et si, pour tout $x\in E$, on a $\varepsilon_x P = 0$ si $J(x) = \emptyset$ et $\varepsilon_x P\in J(x)$ si $J(x)\neq\emptyset$. Le théorème de section de Jankov-Von Neumann (cf livre rose III-81) assure qu'il y a beaucoup de noyaux permis dans une maison analytique. Enfin, à toute maison de jeu J est associé un <u>opérateur sous-linéaire</u> N_J (notation du livre brun : J^*) défini sur toutes les fonctions positives f sur E par

$$N_J f(x) = \sup_{\mu\in J(x)} \mu^*(f) \qquad (\sup_{\emptyset} = 0)$$

où μ^* est l'intégrale supérieure relative à μ ; il résulte immédiatement de la définition que N_J est un opérateur analytique si J est analytique.

Nous passons maintenant à l'étude du balayage d'ordre un, notion naturelle qui n'apparait pas dans le livre brun centré sur l'étude du balayage qu'on pourrait qualifier "d'ordre indéterminé".

BALAYAGE D'ORDRE UN

Etant donné une maison de jeu J et deux éléments λ,μ de E^+, nous dirons que μ est une balayée première de μ s'il existe un noyau P permis dans J tel que $\mu=\lambda P$; on notera cela $\lambda \underset{J}{\Dashv} \mu$ et on appellera balayage d'ordre un associé à J la relation $\underset{J}{\Dashv}$ ainsi définie sur E^+. La relation obtenue en remplaçant "$\mu=\lambda P$" par "$\mu \leq \lambda P$", que nous noterons $\underset{J}{>\!\!|}$, est aussi intéressante (son étude sera d'ailleurs une étape de celle de $\underset{J}{\Dashv}$), mais elle n'est autre que la relation de balayage d'ordre un associée à la maison héréditaire J' engendrée par J (on a $\nu \varepsilon J'(x)$ ssi il existe $\mu \varepsilon J(x)$ telle que $\nu \leq \mu$). Nous allons voir que, lorsque J est analytique, alors (le graphe de) $\underset{J}{\Dashv}$ est analytique ; on peut alors montrer que la relation de balayage habituelle $\underset{J}{\dashv}$ s'obtient en saturant $\underset{J}{\Dashv}$ pour diverses opérations : hérédité des coupes, transitivité, forte convexité des coupes, et adhérence pour la norme (cela résulte d'un théorème de Mokobodzki exposé dans le livre brun, et que nous n'utiliserons pas ici).

Nous allons montrer mieux que l'analyticité de $\underset{J}{\Dashv}$ (resp $\underset{J}{>\!\!|}$) pour J analytique : nous allons voir que l'opération Φ (resp Ψ) qui à J partie de $E\times E^+$ associe $\underset{J}{\Dashv}$ (resp $\underset{J}{>\!\!|}$) partie de $E^+\times E^+$ est une opération analytique (nous commettons ici un abus de langage habituel : nous montrerons seulement que nos opérations coincident avec des opérations analytiques sur les parties analytiques, ce qui revient pratiquement au même). Ce "mieux" n'est pas sans intérêt : c'est lui qui nous permettra d'étudier aisément le produit de deux maisons de jeux. Nous allons commencer par étudier Ψ car l'étude "analytique" d'une égalité (cf $\mu=\lambda P$) est toujours plus délicate que celle d'une inégalité. L'idée de départ est d'écrire

$$(\lambda,\mu)\varepsilon\Psi(J) \Leftrightarrow \exists P \ (P\varepsilon \mathbf{J} \text{ et } \mu \leq \lambda P)$$

où $\mathbf{J}$ désigne l'ensemble des noyaux permis dans J. Mais, pour que la projection $\exists P\varepsilon\mathbf{J}$ soit un opérateur analytique, il faut que $\mathbf{J}$ soit un "bon" sous-ensemble d'un "bon" espace lorsque J est analytique, condition qui n'est manifestement pas satisfaite. On améliore un peu la situation en remplaçant le noyau u.m. P dans $\mu=\lambda P$ par un noyau borélien Q égal λ-p.p. à P, ce qui est manifestement possible (nous laissons au lecteur le soin de définir ce qu'est un noyau λ-p.p. permis). Mais, ce qu'il nous faudrait, c'est pouvoir prendre Q de graphe compact : le bon espace serait alors l'ensemble K des parties compactes de $E\times E^+$, qui est métrisable compact pour la topologie de Hausdorff. Comme il n'est évidemment pas possible en général de remplacer un graphe borélien par un graphe compact même avec du "λ-p.p.", il va nous falloir pour mettre en oeuvre notre idée à la fois considérer des graphes partiels (i.e. de projection sur E non égale à E), et approcher un graphe borélien par une suite croissante de graphes partiels compacts. Nous écrivons maintenant tout cela plus formellement.

Pour simplifier le langage, nous appellerons <u>seminoyau</u> de E dans E toute application P définie sur une partie D(P) de E et à valeur dans E^+ ; un tel seminoyau P sera prolongé en un noyau, encore noté P quand cela ne crée pas de confusion, en posant $\varepsilon_x P = 0$ pour $x \notin D(P)$, et sera dit u.m. ou borélien si son prolongement l'est. Le seminoyau P est dit <u>autorisé</u> dans la maison de jeu J s'il est u.m. et si, pour tout $x \in D(P)$, l'on a $J(x) \neq \emptyset$ et $\varepsilon_x P \in J(x)$. On vérifie sans peine que, pour J analytique, on a $(\lambda,\mu) \in \Psi(J)$ ssi il existe un seminoyau borélien P autorisé dans J tel que l'on ait $\mu \leqq \lambda P$. Enfin, nous dirons que le seminoyau P est <u>fellerien</u> si son graphe dans $D(P) \times E^+$ est compact (P est alors un noyau fellerien au sens habituel de D(P) dans E, mais son prolongement à E n'en est pas forcément un). Il est clair que, pour tout seminoyau borélien P et toute sous-probabilité λ, il existe une suite (P_n) de seminoyaux felleriens vérifiant les conditions suivantes : le graphe de chaque P_n est contenu dans celui de P, la suite des graphes des P_n est croissante, et la réunion des $D(P_n)$ est λ-p.p. égale à D(P). Ainsi, pour J analytique, on a finalement $(\lambda,\mu) \in \Psi(J)$ ssi il existe une suite (P_n) de seminoyaux felleriens autorisés dans J telle que la suite des graphes des P_n soit croissante et que la mesure μ soit majorée par la limite croissante des mesures λP_n. Cette caractérisation va nous permettre de démontrer sans trop de peine l'analyticité de Ψ (il reste un écueil à éviter : l'ensemble des compacts contenus dans un ensemble analytique n'est pratiquement jamais un ensemble analytique).

PROPOSITION 1.- <u>L'opération Ψ est une opération analytique</u>.

<u>D</u>/ Encore quelques notations afin de pouvoir écrire commodément notre caractérisation de Ψ (ou, plutôt, une variante de celle-ci pour éviter l'écueil précité) de manière symbolique. On désigne par K l'ensemble des parties compactes de $E \times E^+$ muni de la topologie de Hausdorff et par G le sous-espace de K constitué des graphes des seminoyaux felleriens ; il est bien connu (et pas difficile à montrer) que G est une partie $\underline{\underline{G}}_\delta$ de K. Enfin, on désigne par S le sous-espace de $K^{\mathbb{N}}$ constitué des suites croissantes d'éléments de G ; on vérifie sans peine que S est une partie $\underline{\underline{G}}_\delta$ de $K^{\mathbb{N}}$. Par ailleurs, on se donne une suite (f_n) de fonctions continues de E dans [0,1] suffisamment riche pour que l'on ait, pour tout $\mu,\nu \in E^+$, $\mu \leqq \nu$ ssi on a $\forall n\ \mu(f_n) \leqq \nu(f_n)$. On a alors, pour J analytique dans $E \times E^+$,

$$(\lambda,\mu) \in \Psi(J) \iff \exists (g_m) \in S\ \forall n\ [\mu(f_n) \leqq \sup_m \lambda(N_{J \cap g_m} f_n)]$$

où, comme la maison $J \cap g_m$ est un graphe (partiel), l'opérateur $N_{J \cap g_m}$ associé n'est autre que le prolongement à E du seminoyau de graphe $J \cap g_m$.

Nous allons décortiquer maintenant l'expression obtenue en y faisant apparaitre divers opérateurs analytiques. D'abord, pour chaque entier n, nous définissons un opérateur capacitaire U_n à un argument ensembliste J partie de $E\times E^+$ et à valeur $U_n(J)$ fonction positive sur $E^+\times K$ comme suit : si λ (resp k) est un élément générique de E^+ (resp K), on pose

$$U_n((\lambda,k),J) = \lambda(N_{J\cap k}f_n)$$

où $U_n((\lambda,k),J)$ désigne la valeur de la fonction $U_n(J)$ en (λ,k). Puis, pour chaque entier n, un opérateur analytique V_n à un argument ensembliste J partie de $E\times E^+$ et à valeur $V_n(J)$ fonction positive sur $E^+\times K^{\mathbb{N}}$ par

$$V_n((\lambda,(k_m)),J) = \sup_m U_n((\lambda,k_m),J)$$

On a alors

$$(\lambda,\mu)\in\Psi(J) \Leftrightarrow \exists(g_m)\in S\ \forall n\ [\mu(f_n) \leqq V_n((\lambda,(g_m)),J)]$$

d'où l'on déduit immédiatement que $\Psi(J)$ est analytique si J l'est. Pour obtenir l'analyticité de l'opération Ψ elle-même, il faut travailler un tout petit peu plus. On définit un (dernier) opérateur analytique W à un argument ensembliste J partie de $E\times E^+$ et à valeur W(J) fonction positive sur $E^+\times E^+\times K^{\mathbb{N}}$ en posant

$$W((\mu,\lambda,(k_m)),J) = \inf_n[1+V_n((\lambda,(k_m)),J)-\mu(f_n)]$$

où le "1" sert à assurer que W(J) est positive. Et l'on a finalement

$$(\lambda,\mu)\in\Psi(A) \Leftrightarrow \exists(g_m)\in S\ W((\mu,\lambda,(g_m)),J) \geqq 1$$

Ainsi, Ψ s'obtient en composant W avec l'opérateur analytique $f\to\{f\geqq 1\}$ (f fonction positive sur $E^+\times E^+\times K^{\mathbb{N}}$), puis avec l'intersection avec l'ensemble analytique $E^+\times E^+\times S$ et finalement avec la projection sur $E^+\times E^+$. Ouf !

Nous passons maintenant à l'étude de l'opération Φ, grandement facilitée par celle de Ψ

THEOREME 1.- <u>L'opération Φ qui à une maison J partie de $E\times E^+$ associe sa relation de balayage d'ordre un $\dashv_J$ partie de $E^+\times E^+$ est une opération analytique</u>.

<u>D</u>/ Si les coupes de J étaient non vides et constituées de probabilités, on aurait, pour J analytique,

$$(\lambda,\mu)\in\Phi(J) \Leftrightarrow (\lambda,\mu)\in\Psi(J) \text{ et } \lambda(1) = \mu(1)$$

d'où l'analyticité de $\Phi(J)$ à partir de celle de $\Psi(J)$. On va ramener la démonstration de l'analycité de l'opération Φ à ce schéma grâce au procédé habituel pour rendre markovien quelquechose qui n'est que sous-markovien. On rajoute un point isolé δ à E, on pose $\hat{E} = E\cup\{\delta\}$ et on définit une opération capacitaire M à un argument J partie de $E\times E^+$ et à valeur $M(J) = \hat{J}$ partie de $\hat{E}\times\hat{E}^+$ par

$$(x,\nu)\in\hat{J} \Leftrightarrow [(x=\delta \text{ ou } J(x)=\emptyset) \text{ et } \nu=\varepsilon_\delta] \text{ ou } [\exists\mu\ (x,\mu)\in J \text{ et } \nu = \mu+(1-\mu(1))\varepsilon_\delta]$$

où la mesure μ sur E est confondue avec son image sur $\hat{E}$. Maintenant, si on désigne par $\hat{\Phi}$ l'opération de type Φ relative à $\hat{E}$, on voit aisément que l'on a pour J analytique

$$(\lambda,\mu)\varepsilon\Phi(J) \Leftrightarrow \exists\hat{\mu}\varepsilon\hat{E}^{+}\ [(\lambda,\hat{\mu})\varepsilon\hat{\Phi}(M(J)) \text{ et } \lambda(1)=\hat{\mu}(1) \text{ et } \mu=1_{E}\hat{\mu}]$$

et on tire de là, sans autre peine que celle de l'écrire (que nous nous épargnerons), une écriture de Φ comme composée de M, $\hat{\Phi}$ et d'opérations analytiques élémentaires.

PRODUIT DE DEUX MAISONS DE JEUX

En théorie des jeux, la donnée d'un noyau permis P dans la maison J s'interprète comme le choix d'un joueur d'une mesure $P(x,dy)$ dans $J(x)$ pour chaque état x possible du joueur, ce dernier se retrouvant après coup dans l'état y avec probabilité $P(x,dy)$. Ainsi, J s'interprète comme une famille de noyaux, celle de ceux permis dans J, et il est alors naturel de définir le produit de deux maisons de jeux comme suit

DEFINITION 1.- <u>Le produit de deux maisons de jeux</u> J <u>et</u> K <u>est la maison de jeu</u> $L=JK$ <u>égale à la réunion des graphes des produits de noyaux</u> PQ <u>quand</u> P (<u>resp</u> Q) <u>parcourt l'ensemble des noyaux permis dans</u> J (<u>resp</u> K).

Notez que, si J et K sont des graphes (les opérateurs N_J et N_K sont alors des noyaux de graphes respectifs J et K), alors JK est, si N_J et N_K sont u.m., le graphe du noyau composé correspondant, à savoir N_JN_K. On est en droit d'espérer qu'en général on a $N_{JK}=N_JN_K$, et nous allons voir que c'est pratiquement le cas : si J et K sont deux maisons analytiques, alors N_{JK} et N_JN_K coincident sur les fonctions positives analytiques, si bien que, par abus de langage, nous dirons qu'ils sont égaux.

Avant tout, faisons une remarque simple mais importante sur la définition du produit JK : si J est analytique (ce qui assure pour tout $(x,\lambda)\varepsilon J$ l'existence d'un noyau P permis dans J tel que $\varepsilon_x P=\lambda$), alors (x,μ) est élément de JK ssi il existe une mesure λ telle que $(x,\lambda)\varepsilon J$ et un noyau Q permis dans K tels que $\mu=\lambda Q$; autrement dit, si J est analytique, on a $(x,\mu)\varepsilon JK$ ssi il existe $(x,\lambda)\varepsilon J$ tel que $\mu \underset{K}{\dashv} \lambda$.

PROPOSITION 2.- <u>Si</u> J <u>et</u> K <u>sont deux maisons analytiques et si</u> JK <u>est leur produit</u>, <u>on a</u> $N_{JK}=N_JN_K$.

<u>D/</u> D'abord, on a $N_{JK}\leqq N_JN_K$. En effet, pour $(x,\mu)\varepsilon JK$, on a $\mu=\lambda Q$ avec $(x,\lambda)\varepsilon J$ et Q permis dans K, d'où pour f analytique positive sur E

$$\mu(f)\leqq\lambda(N_Kf)\leqq N_JN_Kf(x)$$

Pour l'autre sens, rappelons (cf livre brun X-17) qu'une application simple du théorème de section de Jankov-Von Neumann assure que, si L est une maison analytique et f une fonction analytique positive bornée sur E, il existe pour tout $\nu\varepsilon E^{+}$ et tout $\varepsilon>0$ un noyau S permis dans L tel qu'on ait

$\nu(Sf) \geq \nu(N_L f)-\varepsilon$. On en déduit aisément (cf livre brun X-18) que $N_J N_K f$ est, pour f analytique positive, l'enveloppe supérieure des fonctions PQf quand P (resp Q) parcourt l'ensemble des noyaux permis dans J (resp K), d'où la conclusion.

L'égalité $N_{JK} = N_J N_K$ pour J,K analytiques implique que N_{JK} est alors un opérateur analytique. Malgré cela, l'opération produit n'aurait que peu d'intérêt si elle ne préservait pas l'analyticité car on ne pourrait alors guère parler de la maison JK elle-même.

THEOREME 2.- <u>L'opération qui à deux maisons de jeux associe leur produit est une opération analytique</u>.

<u>D</u>/ La démonstration est très simple à partir du théorème 1 : il suffit d'écrire que l'on a pour J,K analytiques dans $E \times E^+$

$$(x,\mu) \varepsilon JK \Leftrightarrow \exists (x,\lambda) \ (x,\lambda) \varepsilon J \text{ et } \mu \underset{K}{\dashv} \lambda$$

Comme application des théorèmes 1 et 2, nous allons donner les grandes lignes d'une démonstration de l'analyticité de la relation de balayage associée à une maison analytique, distincte de celle du livre brun (mais suggérée dans le dit brun livre en petits caractères). Rappelons d'abord, brièvement, de quoi il s'agit. Etant donnée une maison analytique J que nous supposerons quittable pour simplifier les notations, on définit d'une part la relation de balayage entre mesures par $\lambda \underset{J}{\dashv} \mu$ ssi $\lambda(f) \geq \mu(f)$ pour toute f J-surmédiane (i.e. f est u.m. positive et on a $N_J f \leq f$) et d'autre part l'opérateur de réduite R_J sur les fonctions positives en posant $R_J f = \lim_k N_J^k f$ (comme J est quittable, les N_J^k croissent avec k) si bien que, pour f analytique, $R_J f$ est la plus petite fonction J-surmédiane majorant f. Il s'agit alors de prouver d'une part que la maison $L = \{(x,\mu) : \varepsilon_x \underset{J}{\dashv} \mu\}$ est analytique et qu'on a $N_L = R_J$ (sur les fonctions analytiques), et que d'autre part la relation $\underset{J}{\dashv}$ est analytique. Or, d'après le théorème 2, la puissance k-ième J^k de J est analytique ainsi donc que la limite K de la suite croissante (J^k). Il résulte de la proposition 2 qu'on a $K \subseteq L$ et $N_K = R_J$; comme l'inégalité $N_L \leq R_J$ est triviale, on en déduit $N_L = R_J$, et aussi l'analyticité de L à partir de celle de K grâce au théorème de Mokobodzki évoqué plus haut. Passons à l'analyticité du balayage. Comme K est analytique, toujours d'après le théorème de Mokobodzki il nous suffit de prouver que pour λ fixée et f analytique positive on a

$$\sup \{\mu(f), \ \mu \underset{K}{\models} \lambda\} = \sup \{\mu(f), \ \mu \underset{J}{\vdash} \lambda\}$$

L'inégalité dans le sens $\leq$ est triviale (on a $N_K = R_J$) ; pour l'autre sens on remarque que, K étant analytique, on a

$$\sup \{\mu(f), \ \mu \underset{K}{\models} \lambda\} = \sup \{\lambda(Pf), \ P \text{ permis dans } K\} = \lambda(N_K f)$$

(pour le dernière égalité, cf la démonstration de la proposition 2), et, comme $\lambda(N_K f) = \lambda(R_J f)$ majore évidemment $\sup\{\mu(f), \mu \models_J \lambda\}$, on a finalement l'égalité désirée.

STRATEGIES ET PSEUDOSTRATEGIES

Une stratégie σ pour une maison de jeu J est, selon le livre brun, une suite $(S_n)_{n\geq 0}$ de noyaux S_n de E^{n+1} dans E, permis dans J au sens suivant : S_n est u.m. et, pour tout $\mathbf{x}_n = (x_0,\ldots,x_n)$, on a $S_n(\mathbf{x}_n, dy) = 0$ si $J(x_n) = \emptyset$ et $S_n(\mathbf{x}_n, dy) \varepsilon J(x_n)$ si $J(x_n) \neq \emptyset$. Posons $\Omega = \hat{E}^{\mathbf{N}}$ où, comme plus haut, on a pris $\hat{E} = E \cup \{\delta\}$, δ point isolé, pour rendre markovien ce qui n'est que sous-markovien, et munissons Ω de ses coordonnées $(X_n)_{n\geq 0}$, de la filtration $(\underline{\underline{F}}_n)_{n\geq 0}$ engendrée par celles-ci, et de sa tribu borélienne produit $\underline{\underline{F}}$. Pour toute J-stratégie σ, il existe alors, pour toute probabilité λ sur E, une unique probabilité $\mathbf{P}^{\lambda}_{\sigma}$ sur Ω (notée $\mathbf{P}^x_{\sigma}$ si $\lambda = \varepsilon_x$) telle que l'on ait pour tout $B \varepsilon \underline{\underline{\hat{E}}}$ et tout n

$$\mathbf{P}^{\lambda}_{\sigma}\{X_0 \varepsilon B\} = \lambda(B) \qquad \mathbf{P}^{\lambda}_{\sigma}\{X_{n+1} \varepsilon B | \underline{\underline{F}}_n\} = \hat{S}_n(\mathbf{X}_n, B)$$

où $\mathbf{X}_n = (X_0,\ldots,X_n)$ et où le noyau $\hat{S}_n$ de $\hat{E}^{n+1}$ dans $\hat{E}$ est défini comme il se doit par $\hat{S}_n(\mathbf{x}_n, dy) = \varepsilon_\delta$ si l'une des coordonnées de $\mathbf{x}_n$ vaut δ et, sinon, par $\hat{S}_n(\mathbf{x}_n, dy) = S_n(\mathbf{x}_n, dy) + (1 - S_n(\mathbf{x}_n, 1))\varepsilon_\delta$. On voit sans peine que le noyau $(\mathbf{P}^x_{\sigma})_{x\varepsilon E}$ de E dans Ω est u.m. et que $\mathbf{P}^{\lambda}_{\sigma}$ est l'image de λ par ce noyau.

Du point de vue probabiliste, deux J-stratégies α et β sont équivalentes si les noyaux $(\mathbf{P}^x_{\alpha})_{x\varepsilon E}$ et $(\mathbf{P}^x_{\beta})_{x\varepsilon E}$ de E dans Ω sont égaux. Nous dirons qu'une probabilité $\mathbf{P}$ sur Ω est une J-pseudostratégie partant de x s'il existe une J-stratégie σ telle que $\mathbf{P} = \mathbf{P}^x_{\sigma}$, et nous appellerons catalogue des J-pseudostratégies l'ensemble $\Theta(J)$ des couples $(x, \mathbf{P}) \varepsilon E \times \Omega^{*}$ tels que $\mathbf{P}$ soit une J-pseudostratégie partant de x. Nous laissons au lecteur le soin de définir ce qu'est un noyau permis dans $\Theta(J)$.

PROPOSITION 3.- Soient J une maison de jeu et $\Theta(J)$ le catalogue associé. Un noyau $(\mathbf{P}^x)_{x\varepsilon E}$ de E dans Ω est permis dans $\Theta(J)$ ssi il existe une J-stratégie σ telle que $(\mathbf{P}^x)_{x\varepsilon E} = (\mathbf{P}^x_{\sigma})_{x\varepsilon E}$.

D/ La suffisance est triviale. Pour la nécessité, remarquons que, pour tout $x\varepsilon E$, il existe une stratégie $\sigma(x) = (S^x_n)_{n\geq 0}$ telle que $\mathbf{P}^x = \mathbf{P}^x_{\sigma(x)}$: si, pour chaque n, le noyau $(S^x_n)_{x\varepsilon E}$ de $E\times E^{n+1}$ dans E était u.m., il n'y aurait plus qu'à poser, pour tout $\mathbf{x}_n \varepsilon E^{n+1}$, $S_n(\mathbf{x}_n, dy) = S^x_n(\mathbf{x}_n, dy)$, où x est la première coordonnée de $\mathbf{x}_n$, pour obtenir la stratégie $\sigma = (S_n)_{n\geq 0}$ désirée. Il s'agit donc, somme toute, d'un problème de régularisation de noyau et nous ne donnerons que les grandes lignes de sa solution, les techniques étant familières. D'abord, pour $n\varepsilon\mathbf{N}$ et $B\varepsilon\underline{\underline{\hat{E}}}$ fixés, si $\underline{\underline{E}}^*$ désigne la tribu des parties u.m. de E, il existe d'après une application classique de la théorie des martingales (cf livre bleu V-58) une fonction

$(x,\omega) \to q_n^x(\omega,B)$ sur $E\times\Omega$, $\underline{\underline{E}}^*\times\underline{\underline{F}}_n$-mesurable, telle que $q_n^x(.,B)$ soit une version de $\mathbb{P}^x\{X_{n+1}\in B|\underline{\underline{F}}_n\}$ et soit donc $\mathbb{P}^x$-p.s. égale à $\hat{S}_n^x(\mathbf{X}_n,B)$. Maintenant, pour x fixé et B variable, $q_n^x(.,B)$ définit un $\mathbb{P}^x$-pseudonoyau de $(\Omega,\underline{\underline{F}}_n)$ dans $(\hat{E},\hat{\underline{\underline{E}}})$, et la démonstration du théorème de régularisation des pseudonoyaux (cf livre brun IX-11) nous fournit un vrai noyau Q_n^x de $(\Omega,\underline{\underline{F}}_n)$ dans $(\hat{E},\hat{\underline{\underline{E}}})$ tel qu'on ait $Q_n^x(.,B)=q_n^x(.,B)$ $\mathbb{P}^x$-p.s. pour tout x et que la fonction $(x,\omega)\to Q_n^x(\omega,B)$ soit $\underline{\underline{E}}^*\times\underline{\underline{F}}_n$-mesurable, pour tout $B\in\hat{\underline{\underline{E}}}$. Et, comme on peut évidemment identifier $(\Omega,\underline{\underline{F}}_n)$ et $(\hat{E}^{n+1},\hat{\underline{\underline{E}}}^{n+1})$, on obtient ainsi une version de $(S_n^x)_{x\in E}$ qui soit un noyau u.m. de $E\times E^{n+1}$ dans E. C'est fini.

Enfin, le résultat suivant assure en particulier que le catalogue $\Theta(J)$ de la maison J est analytique si J l'est

THEOREME 3.- <u>L'opération Θ qui à la maison J partie de $E\times E^+$ associe le catalogue $\Theta(J)$ des J-pseudostratégies, partie de $E\times\Omega^+$, est analytique</u>.

<u>D</u>/ Remarquons d'abord (mieux vaut tard que jamais !) que, dans l'énoncé du théorème 1 et sa démonstration, on pouvait dissocier E^+ de E et obtenir ainsi l'énoncé suivant où F et G sont des espaces métrisables compacts : est analytique l'opération Φ qui à J partie de $F\times G^+$ associe la partie $\Phi(J)$ de $F^+\times G^+$ constituée des couples (λ,μ) tels que $\lambda \underset{J}{\dashv} \mu$, i.e. tels qu'il existe un noyau P de F dans G permis dans J de sorte que $\mu=\lambda P$ (on laisse au lecteur le soin de définir "permis" !). Nous appliquerons cela au cas où l'on a $F=\hat{E}^{n+1}$ et $G=\hat{E}$. Conservant les notations déjà introduites plus haut, nous en introduisons maintenant d'autres encore pour rendre lisible la définition symbolique de $\Theta(J)$. D'abord, pour J partie de $E\times E^+$, nous notons J_n l'ensemble des $((x_0,\dots,x_n),\mu)\in E^{n+1}\times E^+$ tels que $(x_n,\mu)\in J$, et $\hat{J}_n$ la partie de $\hat{E}^{n+1}\times\hat{E}^+$ correspondante en "rendant les choses markoviennes" : l'opération $J\to\hat{J}_n$ est capacitaire. Puis, nous nous donnons pour chaque n une algèbre de Boole dénombrable $(A_k^n)_{k\in\mathbb{N}}$ engendrant la tribu $\underline{\underline{F}}_n$ et, identifiant $(\Omega,\underline{\underline{F}}_n)$ à $(\hat{E}^{n+1},\hat{\underline{\underline{E}}}^{n+1})$ encore noté $(\Omega_n,\underline{\underline{F}}_n)$, nous définissons pour chaque n,k une application f_k^n de Ω^+ dans Ω_n^+ et une application g_k^n de Ω^+ dans $\hat{E}^+$ en posant pour $\mathbf{Q}\in\Omega^+$, $A\in\underline{\underline{F}}_n$ et $B\in\hat{\underline{\underline{E}}}$

$$f_k^n(\mathbf{Q})(A)=\mathbf{Q}(A_k^n\cap A) \qquad g_k^n(\mathbf{Q})(B)=\mathbf{Q}(A_k^n\cap\{X_{n+1}\in B\})$$

On peut alors écrire

$$(x,\mathbb{P})\in\Theta(J) \Leftrightarrow \forall n\ \forall k\ \exists\lambda\ \exists\mu\ [\lambda=f_k^n(\mathbb{P}) \text{ et } \mu=g_k^n(\mathbb{P}) \text{ et } (\lambda,\mu)\in\Phi(\hat{J}_n)]$$

On en déduit sans peine que l'opération Θ est analytique.

Nous laissons au lecteur le soin d'établir un résultat analogue pour le catalogue des J-pseudostratégies markoviennes (au sens de "propriété de Markov") et pour celui, un peu plus délicat (il faut remonter à la démonstration de la proposition 1), des J-pseudostratégies markoviennes stationnaires.

ESPACES DE FOCK POUR LES PROCESSUS DE WIENER ET DE POISSON

par J. Ruiz de Chavez

Soit f une fonctionnelle de carré intégrable du mouvement brownien à une dimension, et soit $f = \Sigma_n f_n$ son développement suivant les chaos de Wiener . Il est bien connu que si l'on pose

$$P_t f = \Sigma_n e^{-nt} f_n$$

on définit un opérateur sur L^2 qui est, non seulement une contraction au sens hilbertien, mais un opérateur <u>markovien</u> ($P_t 1=1$; $f\geq 0 \Rightarrow P_t f \geq 0$) . En fait, P_t peut être considéré comme un vrai noyau sur l'espace de Wiener (et les P_t constituent le <u>semi-groupe d'Ornstein-Uhlenbeck</u>, qui admet la mesure de Wiener comme mesure invariante symétrique).

Dans un article publié dans les Proceedings du congrès de Bangalore [3], D. Surgailis a annoncé que les mêmes résultats étaient vrais pour les fonctionnelles du processus de Poisson. La démonstration de Surgailis n'est parue qu'en 1984, et n'est pas très accessible, les matériaux nécessaires étant répartis dans plusieurs articles.

Notre but dans ce travail est de présenter systématiquement ces questions, dans un langage aussi familier que possible. Cela nous a amenés à reprendre aussi des résultats sur l'espace de Fock, plus connus sans doute des physiciens que des probabilistes[1].

Ce travail ne contient pas de résultats nouveaux. Dans un second exposé, nous traitons un autre aspect des travaux de Surgailis, celui des <u>produits de Wick</u>, auquel nous avons pu apporter une contribution originale. On le trouvera à la suite de celui-ci.

I. MESURES ALEATOIRES GAUSSIENNES .

1. Soit $(E,\underline{\underline{E}})$ un espace mesurable lusinien, muni d'une mesure μ , et soit X_B $(B\in\underline{\underline{E}})$ une mesure aléatoire gaussienne à accroissements indépendants, de variance μ . Rappelons en la définition : sur un espace probabilisé $(\Omega,\underline{\underline{A}},P)$, on se donne une famille de v.a. X_B indexée par les $B\in\underline{\underline{E}}$ de mesure finie ; X_B est gaussienne centrée de variance $\mu(B)$; les v.a. correspondant à des ensembles disjoints sont indépendantes ; enfin, pour toute décomposition $B = \cup_n B_n$ de $B\in\underline{\underline{E}}$ en ensembles disjoints, on a $X_B = \Sigma_n X_{B_n}$ p.s.. Pour fixer les idées, nous supposerons que μ est de masse totale infinie (mais bien entendu elle est σ-finie).

D'après un théorème classique de théorie de la mesure, il existe un isomorphisme entre l'espace mesurable $(E,\underline{\underline{E}})$ et l'espace $(\mathbb{R}_+,\underline{\underline{B}}(\mathbb{R}_+))$, qui

1. Pour le cas gaussien, on pourra consulter Neveu [5].

transforme la mesure μ en la mesure de Lebesgue. Identifiant alors E à $\mathbb{R}_+$, le processus $X_t=X_{[0,t]}$ <u>est un mouvement brownien</u> (dont on peut choisir une version continue) et X_B est l'intégrale stochastique $\int I_B(s)dX_s$. On ne perd donc aucune généralité en travaillant sur l'espace du mouvement brownien, au moyen de méthodes de théorie des martingales : il faudra cependant énoncer les résultats finaux sous forme « intrinsèque », c. à d. invariante par une bijection de $\mathbb{R}_+$ préservant la mesure. Rien ne nous empêche, pour fixer les idées, de prendre pour Ω l'espace canonique du mouvement brownien, $\underline{\underline{A}}$ étant engendrée par les coordonnées X_t.

Nous rencontrerons exactement la même situation au paragraphe II, au sujet du processus de Poisson.

2. Nous désignons par $\underline{\underline{H}}$ l'espace de Hilbert $L^2(\mu)$; à tout élément f de $\underline{\underline{H}}$ nous associons la v.a.

$$\tilde{f} = J_1(f) = \int f_s dX_s \quad \text{(intrinsèque)}$$

et la martingale $M_t^f = \int_0^t f_s dX_s$ (non intrinsèque). L'application J_1 est un isomorphisme de $\underline{\underline{H}}$ sur un sous-espace gaussien de $L^2(\Omega)$ qui engendre la tribu $\underline{\underline{A}}$: le <u>premier chaos de Wiener</u> noté W_1 (c'est le sous-espace fermé engendré par les v.a. X_B, il est donc intrinsèque). Nous identifierons souvent $\underline{\underline{H}}$ et W_1 par l'isomorphisme J_1.

Nous associons à f la v.a. suivante, qui admet des moments de tous ordres

(1) $$\mathcal{E}(f) = \exp[\ \int f_s dX_s - \tfrac{1}{2}\int f_s^2 ds\ ] = \exp(\tilde{f} - \tfrac{1}{2}\|f\|^2)$$

On reconnaît la v.a. terminale de la martingale exponentielle de Doléans $\mathcal{E}(M_t^f)$. On a $E[\mathcal{E}(f)]=1$ et

(2) $$\mathcal{E}(f)\mathcal{E}(g) = \mathcal{E}(f+g)e^{\langle f,g\rangle}\ ,\ E[\mathcal{E}(f)\mathcal{E}(g)] = e^{\langle f,g\rangle}\ .$$

Il est classique aussi que l'ensemble des $\mathcal{E}(f)$, $f\in\underline{\underline{H}}$, est total dans $L^2(\Omega)$.

<u>Intégrales stochastiques multiples</u>. Soit C_n le sous-ensemble $\{s_1<\dots<s_n\}$ de $\mathbb{R}_+^n$. Soit (M_t) une martingale de carré intégrable, admettant un processus croissant <u>déterministe</u> $\langle M,M\rangle_t=m(t)$. Pour toute fonction borélienne g sur C_n, satisfaisant à la condition

(3) $$\|g\|^2 = \int_{C_n} g^2(s_1,\dots,s_n)dm_{s_1}\dots dm_{s_n} < \infty$$

on peut définir l'intégrale stochastique multiple

(4) $$I_n(g) = \int_{C_n} g(s_1,\dots,s_n)dM_{s_1}\dots dM_{s_n}\ .$$

C'est une v.a. de carré intégrable, telle que $E[I_n(g)^2] = \|g\|^2$. D'autre part, si $m\neq n$ deux intégrales $I_m(g)$, $I_n(h)$ sont orthogonales. Sur tout cela, voir par ex. Sém. Prob. X, p. 325-327.

Lorsque $g(s_1,\dots,s_n)=a_1(s_1)\dots a_n(s_n)$, l'intégrale multiple se calcule très simplement par itération : on pose

$$M_t^1 = \int_0^t a_1(s)dM_s \ , \ M_t^2 = \int_0^t a_2(s)M_{s-}^1 dM_s \ \dots \ M_t^n = \int_0^t a_n(s)M_{s-}^{n-1}dM_s$$

et alors $I_n(g) = M_\infty^n$. En particulier, <u>si</u> M <u>est continue</u>, on a

$$(5) \qquad \int_{s_1<s_2\dots<s_n\leq t} dM_{s_1}\dots dM_{s_n} = \frac{1}{n!}\, m(t)^{n/2} H_n(M(t)/\sqrt{m(t)})$$

où H_n est le n-ième polynôme d'Hermite (Sém. Prob. X, p. 319). Un autre résultat important est le développement de l'exponentielle de Doléans

$$(6) \qquad \mathcal{E}(\lambda M_t) = \Sigma_n \lambda^n \int_{s_1<s_2\dots<s_n\leq t} dM_{s_1}\dots dM_{s_n}$$

(Sém. Prob. X, p. 318), qui n'exige pas la continuité de M.

Maintenant, nous prenons $M_t=X_t$, le mouvement brownien : nous remarquons que l'intégration sur C_n n'est pas intrinsèque, car elle fait intervenir l'ordre de $\mathbb{R}_+$. L'idée utilisée par Ito pour la rendre intrinsèque consiste à intégrer des fonctions $g(s_1,\dots,s_n)$ sur $\mathbb{R}_+^n$, <u>symétrique</u> en l'ensemble des variables, en convenant que

$$(7) \qquad \int_{\mathbb{R}_+^n} g(s_1,\dots,s_n)dX_{s_1}\dots dX_{s_n} = n! \int_{C_n} g(s_1,\dots,s_n)dX_{s_1}\dots dX_{s_n}$$

Nous noterons $J_n(g)$ cette intégrale, et nous verrons dans un instant qu'elle est intrinsèque. On a

$$(8) \qquad E[J_n(g)^2] = n!\ \|g\|^2 \quad (\text{ norme dans } L^2(\mathbb{R}_+^n))$$

Rappelons que l'on note $f_1\otimes\dots\otimes f_n$ la fonction $(s_1,\dots,s_n)\mapsto f_1(s_1)\dots f_n(s_n)$; si toutes les f_i sont identiques, on obtient une fonction <u>symétrique</u> $f^{\otimes n}$, et la formule (6) s'écrit, pour $f\in L^2(\mathbb{R}_+)$

$$(9) \qquad \mathcal{E}(\lambda f) = \Sigma_n \frac{\lambda^n}{n!} J_n(f^{\otimes n}) \qquad (\text{ série convergente dans } L^2)$$

Cela montre que les $J_n(f^{\otimes n})$ ont un sens intrinsèque. On peut montrer que les $f^{\otimes n}$ $(f\in L^2(\mathbb{R}_+))$ forment un ensemble total dans le sous-espace $L^2_{sym}(\mathbb{R}_+^n)$ de $L^2(\mathbb{R}_+^n)$ - nous le verrons plus bas. Il en résulte bien que $J_n(g)$ est « intrinsèque ».

L'espace des intégrales stochastiques multiples d'ordre n $J_n(g)$ est le <u>n-ième chaos de Wiener</u> $\underline{\underline{W}}_n$; on convient que $\underline{\underline{W}}_0$ est l'espace des v.a. constantes, et l'on a

$$L^2(\Omega) = \oplus_n \underline{\underline{W}}_n \quad (\text{ somme directe hilbertienne })$$

Considérons n éléments de $\underline{\underline{W}}_1$, $\tilde{f}_1,\dots,\tilde{f}_n$; on appelle <u>produit de Wick</u> de ces v.a. , et on note $:\tilde{f}_1\dots\tilde{f}_n:$, la projection du produit ordinaire $\tilde{f}_1\dots\tilde{f}_n$ sur le n-ième chaos $\underline{\underline{W}}_n$. Il est clair que l'application $(\tilde{f}_1,\dots,\tilde{f}_n)$ est n-linéaire symétrique ; pour la déterminer, il suffit donc de polariser la puissance de Wick $\tilde{f} \mapsto :\tilde{f}^n:$ Or appliquons (5) à la martingale continue M_t^f, pour laquelle $<M^f,M^f>_t = m(t) = \int_0^t f_s^2 ds$; il vient (pour $t=\infty$) que $\|f\|^n H_n(\tilde{f}/\|f\|)$ est une intégrale stochastique itérée, donc appartient au n-ième chaos de Wiener : plus précisément

(10) $$J_n(f^{\otimes n}) = \|f\|^n H_n(\tilde{f}/\|f\|) .$$

est la traduction exacte de (5) pour la martingale M^f. La différence $\tilde{f}^n - \|f\|^n H_n(\tilde{f}/\|f\|)$ est un polynôme en $\tilde{f}$ de degré $<n$ (car le terme dominant de $H_n(x)$ est x^n), donc une combinaison linéaire de polynômes d'Hermite en $\tilde{f}/\|f\|$ de degré $<n$, donc orthogonale à $\underline{\underline{W}}^n$. On a donc établi

(11) $$:\tilde{f}^n: = \|f\|^n H_n(\tilde{f}/\|f\|)$$

Il est possible de démontrer que, si $f_1,\ldots,f_p$ sont des éléments de $\underline{\underline{H}}$, orthogonaux et de norme 1, on a

(12) $$:\tilde{f}_1^{k_1}\ldots\tilde{f}_n^{k_n}: = H_{k_1}(\tilde{f}_1)\ldots H_{k_n}(\tilde{f}_n)$$

La formule (9) s'énonce simplement en disant que $\mathcal{E}(f)$ est l'<u>exponentielle de Wick</u> $:e^{\tilde{f}}:$.

3. <u>Espace de Fock</u>. La construction précédente est de nature probabiliste, mais elle peut se mettre sous une forme abstraite, qui a été introduite par Fock pour les besoins de la mécanique quantique. Rappelons que, si $\underline{\underline{H}}$ est un espace de Hilbert abstrait, on peut définir sa n-ième puissance tensorielle $\underline{\underline{H}}^{\otimes n}$: c'est un espace de Hilbert, muni d'une application n-linéaire $(x_1,\ldots,x_n) \longmapsto x_1\otimes\ldots\otimes x_n$ de $\underline{\underline{H}}\times\ldots\times\underline{\underline{H}}$ dans $\underline{\underline{H}}^{\otimes n}$ satisfaisant à

$$< x_1\otimes\ldots\otimes x_n , y_1\otimes\ldots\otimes y_n > = <x_1,y_1>\ldots<x_n,y_n>$$

et engendré par l'image de cette application - de sorte que si (e_i) est une base orthonormale de $\underline{\underline{H}}$, les $e_{i_1}\otimes\ldots\otimes e_{i_n}$ forment une base orthonormale de $\underline{\underline{H}}^{\otimes n}$. Par exemple, si $\underline{\underline{H}}$ est un espace $L^2(E,\mu)$, $\underline{\underline{H}}^{\otimes n}$ s'identifie à $L^2(E^n,\mu^n)$, l'application $\otimes$ étant naturellement donnée par

$$f_1\otimes\ldots\otimes f_n(x_1,\ldots,x_n) = f_1(x_1)\ldots f_n(x_n)$$

Une permutation σ des indices $1,\ldots,n$ donne lieu naturellement à un automorphisme U_σ de $\underline{\underline{H}}^{\otimes n}$ tel que

$$U_\sigma(x_1\otimes\ldots\otimes x_n) = x_{\sigma(1)}\otimes\ldots\otimes x_{\sigma(n)}$$

Cet automorphisme préserve le produit scalaire. Cela permet de définir le sous-espace fermé $\underline{\underline{H}}^{\otimes n}_{sym}$ des <u>tenseurs symétriques</u> . Le projecteur orthogonal sur ce sous-espace est

$$S = \frac{1}{n!} \Sigma_\sigma U_\sigma$$

et l'on pose $x_1\circ\ldots\circ x_n = S(x_1\otimes\ldots\otimes x_n)$: cette application n-linéaire symétrique est aussi la polarisée de $x \mapsto x^{\otimes n}$.

Nous désignerons par $\underline{\underline{H}}^{\circledcirc n}$ l'espace $\underline{\underline{H}}^{\otimes n}_{sym}$, mais avec une norme modifiée de la manière suivante : si T est un tenseur symétrique

$$\|T\|^2_{\underline{\underline{H}}^{\circledcirc n}} = n!\|T\|^2_{\underline{\underline{H}}^{\otimes n}}$$

Cela tient à la formule (8) : avec ce choix de normes, et lorsque $\underline{\underline{H}}=L^2(\mathbb{R}_+)$, $\underline{\underline{H}}^{\otimes n}= L^2(\mathbb{R}^n_+)$, l'application $g\longmapsto J_n(g)$ est une isométrie de $\underline{\underline{H}}^{\circledcirc n}$ sur le n-ième chaos de Wiener $\underline{\underline{W}}_n$.

On voit maintenant comment on peut mettre la construction probabiliste précédente sous forme abstraite : étant donné un espace de Hilbert abstrait $\underline{\underline{H}}$, on appelle espace de Fock construit sur $\underline{\underline{H}}$ la somme directe hilbertienne

(13) $$\Phi(\underline{\underline{H}}) = \oplus_n \underline{\underline{H}}^{\circledcirc n} \qquad (\underline{\underline{H}}^{\circledcirc 0}=\mathbb{R} \text{ par convention })$$

Lorsque $\underline{\underline{H}}$ est interprété comme $L^2(\mathbb{R}_+)$, nous avons interprété $\Phi(\underline{\underline{H}})$ comme $L^2(\Omega)$.

4. Prolongement d'opérateurs linéaires. Soient A et B deux opérateurs bornés sur un espace de Hilbert $\underline{\underline{H}}$. Il existe un opérateur unique $A\otimes B$ sur l'espace $\underline{\underline{H}}\otimes\underline{\underline{H}}$ (provisoirement non complété) tel que $A\otimes B(x\otimes y)=(Ax)\otimes(By)$. Le lemme suivant permet en particulier de prolonger cet opérateur au produit tensoriel hilbertien (complété).

LEMME. $\|A\otimes B\| \leqq \|A\|\|B\|$.

Il suffit de raisonner séparément sur $A\otimes I$ et $I\otimes B$. Soit un élément de $\underline{\underline{H}}\otimes\underline{\underline{H}}$; nous pouvons l'écrire $z=\Sigma_i\, x_i\otimes y_i$, et grâce au procédé d'orthogonalisation usuel nous pouvons supposer que les y_i forment un système orthonormal. Alors les $x_i\otimes y_i$ forment un système orthogonal, et nous avons $\|z\|^2 = \Sigma_i\, \|x_i\|^2$. De même, $(A\otimes I)z=\Sigma_i\, Ax_i\otimes y_i$, donc $\|(A\otimes I)z\|^2 = \Sigma_i\, \|Ax_i\|^2$. La conclusion est alors immédiate.

En particulier, si A est un opérateur borné sur $\underline{\underline{H}}$, nous pouvons définir sa puissance tensorielle $A^{\otimes n}$ sur $\underline{\underline{H}}^{\otimes n}$, qui est un opérateur de norme au plus $\|A\|^n$. Par restriction à l'espace des tenseurs symétriques, nous définissons l'opérateur $A^{\circledcirc n}$ sur $\underline{\underline{H}}^{\circledcirc n}$.

DEFINITION. Soit A une contraction de $\underline{\underline{H}}$. On note $\Phi(A)$ l'unique opérateur sur l'espace de Fock $\Phi(\underline{\underline{H}})$ dont la restriction à $\underline{\underline{H}}^{\circledcirc n}$ est $A^{\circledcirc n}$ pour tout n (I sur $\underline{\underline{H}}^{\circledcirc 0}=\mathbb{R}$, A sur $\underline{\underline{H}}^{\circledcirc 1}=\underline{\underline{H}}$).

Il est clair que $\Phi(A)$ est aussi une contraction (c. à d. diminue la norme) de $\Phi(\underline{\underline{H}})$. Par exemple, si $Ax=e^{-t}x$, $\Phi(A)$ opère sur le n-ième espace $\underline{\underline{H}}^{\circ n}$ par homothétie de facteur e^{-nt} ; dans l'interprétation probabiliste, c'est l'opérateur d'Ornstein-Uhlenbeck P_t de l'introduction.

Plaçons nous dans l'interprétation probabiliste : $\underline{\underline{H}}^{\circ n}=\underline{\underline{W}}^n$, $\Phi(A)$ est une contraction de $L^2(\Omega)$ telle que $\Phi(A)1=1$, préservant l'intégrale (en effet, si $f\in L^2(\Omega)$ admet le développement $f=\Sigma_n f_n$ suivant les chaos, l'intégrale est simplement la constante f_o), ce qui s'écrit aussi sous la forme $\Phi(A)^*1=1$.

Nous empruntons à B. Simon [1] la démonstration du résultat suivant, qui fournit un critère général de positivité pour des opérateurs définis << chaos par chaos >> et s'applique en particulier aux P_t .

THEOREME 1. $\Phi(A)$ <u>est un opérateur positif sur</u> $L^2(\Omega)$.

<u>Démonstration</u>. Soit $(f_1,\dots,f_n)$ un système fini d'éléments de $\underline{\underline{H}}$, et soit $\tilde{f}$ la v.a. vectorielle $(\tilde{f}_1,\dots,\tilde{f}_n)$. Nous allons montrer que pour toute fonction positive K sur $\mathbb{R}^n$, appartenant à l'espace $\underline{\underline{S}}$ de Schwartz, on a $\Phi(A)(K\circ\tilde{f}) \geqq 0$. L'extension à des v.a. positives quelconques est alors facile. Ecrivons la formule d'inversion de Fourier

$$K(x) = \int e^{-iu.x}\,\hat{K}(u)\,đu \qquad (đu = du/(2\pi)^{n/2})$$

donc

$$\Phi(A)(K\circ\tilde{f}) = \int \Phi(A)e^{-iu.\tilde{f}}\,\hat{K}(u)\,đu$$

D'autre part, la formule (9) nous donne

$$(14) \qquad \Phi(A)\mathcal{E}(\lambda h) = \mathcal{E}(\lambda Ah)$$

aussi pour λ <u>complexe</u> : prenons $\lambda=i$, $h=u_1f_1+\dots+u_nf_n$, posons $Af_i=g_i$. Il vient

$$\Phi(A)e^{-iu.\tilde{f}}\,e^{\|h\|^2/2} = e^{-iu.\tilde{g}}\,e^{\|Ah\|^2/2}$$

Or l'expression $\|h\|^2-\|Ah\|^2$, considérée comme fonction de u , est une forme quadratique <u>positive</u>, parce que A est une contraction. Donc la fonction $\exp\frac{1}{2}(\|Ah\|^2-\|h\|^2)$ de u est <u>de type positif</u>, et il en est de même de son produit par la fonction de type positif $\hat{K}(u)$, produit qui est encore dans l'espace $\underline{\underline{S}}$ de Schwartz. Il reste finalement

$$\int e^{-iu\tilde{g}}\,e^{(\|Ah\|^2-\|h\|^2)(u)}\,\hat{K}(u)đu \geqq 0$$

qui est le résultat désiré.

Surgailis a établi un résultat analogue (plus faible) pour les mesures de Poisson. On trouvera dans Simon [1] d'autres propriétés des opérateurs $\Phi(A)$ lorsque $\|A\|<1$ strictement (hypercontractivité, amélioration de la positivité) importantes pour les applications à la théorie quantique des champs. Nous n'en parlerons pas ici . Surgailis a montré que l'hypercontractivité ne s'étend pas au cas du processus de Poisson.

II. MESURES ALEATOIRES DE POISSON

1. Dans ce paragraphe, la mesure aléatoire gaussienne (X_B) $(B\in\underline{\underline{E}})$ va être remplacée par une mesure aléatoire de Poisson (N_B) de moyenne μ (comme plus haut, μ sera diffuse, de masse totale $+\infty$, et σ-finie). Comme au début, on ne perd pas de généralité en supposant que l'espace d'états E est $\mathbb{R}_+$, et que μ est la mesure de Lebesgue, ce qui nous permettra, chaque fois que nous le désirerons, d'utiliser le calcul stochastique ordinaire. Le processus $N_t=N_{[0,t]}$ est alors un processus de Poisson usuel. Nous désignerons par (X_t) le processus de Poisson compensé correspondant N_t-t ($X_B = N_B-\mu(B)$).

La situation est à bien des égards plus simple que dans le cas gaussien. Par exemple, on peut construire une réalisation de la mesure aléatoire, sur un espace probabilisé $(\Omega,\underline{\underline{A}},P)$, dont les ≪ trajectoires ≫ sont de vraies mesures, de la forme

$$(1)\qquad N_B(\omega) = \Sigma_{s\in S(\omega)}\, I_B(s) \qquad (N_B(\omega,dt) = \Sigma_{s\in S(\omega)}\, \varepsilon_s(dt))$$

Du point de vue des processus, $S(\omega)$ est l'ensemble des instants de saut de la trajectoire $N_{\bullet}(\omega)$. Nous supposerons dans toute la suite que la tribu $\underline{\underline{A}}$ est engendrée par la mesure aléatoire.

Comme dans le cas gaussien, nous posons $\underline{\underline{H}}=L^2(\mu)$, et nous identifions $\underline{\underline{H}}$ au <u>premier chaos de Poisson</u> $\underline{\underline{P}}_1$, par l'intégrale stochastique

$$(2)\qquad \text{si } f\in\underline{\underline{H}}\ ,\ J_1(f) = \tilde{f} = \int_0^{\infty} f_s dX_s$$

qui, si f est bornée à support dans un ensemble μ-intégrable[1] (nous abrégerons cela par la suite en disant que f est <u>bien bornée</u>) prend la forme

$$(2')\qquad J_1(f) = \tilde{f} = \Sigma_{s\in S(.)}\, f(s) - \mu(f)$$

Comme dans le cas gaussien encore, pour $f\in L^2_{sym}(E^n)$ on peut définir l'i.s. multiple

$$(3)\qquad J_n(f) = \int_{E^n} f(s_1,\dots,s_n)dX_{s_1}\dots dX_{s_n}$$

qui, si l'on identifie E à $\mathbb{R}_+$ vaut aussi

$$(4)\qquad J_n(f) = n!\int_{s_1<s_2\dots<s_n} f(s_1,\dots,s_n)dX_{s_1}\dots dX_{s_n}$$

L'application J_n est une isométrie de $\underline{\underline{H}}^{\circledast n}=L^2_{sym}(E^n)$ - avec norme modifiée comme dans le cas gaussien - sur le <u>n-ième chaos de Poisson</u> $\underline{\underline{P}}_n$. Si $\underline{\underline{P}}_0$ désigne l'espace des v.a. constantes, il est classique que l'on a

1. Si on identifie E à $\mathbb{R}_+$, il pourra être plus commode de supposer f à support <u>compact</u>.

$$L^2(\Omega) = \oplus_n \underline{\underline{P}}_n$$

de sorte que l'on a trouvé une <u>seconde interprétation probabiliste</u> de la notion algébrique d'espace de Fock $\Phi(\underline{\underline{H}})$ construit sur $\underline{\underline{H}}=L^2(\mu)$. Si A est une contraction de $\underline{\underline{H}}$, l'opérateur $\Phi(A)$ sur l'espace de Fock se traduit comme l'opérateur borné sur $L^2(\Omega)$ opérant sur les chaos de Poisson par

$$\Phi(A)J^n(f^{\otimes n}) = J_n((Af)^{\otimes n})$$

$\Phi(A)$ étant une contraction de l'espace de Fock est aussi une contraction de $L^2(\Omega)$, préservant le chaos $\underline{\underline{P}}_0$ (donc préservant à la fois les constantes et l'intégrale de $f\in L^2(\Omega)$). En revanche, l'étude faite dans la première partie ne nous dit rien quant à la <u>positivité</u> de $\Phi(A)$, celle-ci n'étant pas une propriété << algébrique >>, mais dépendant de l'interprétation probabiliste de l'espace de Fock.

Soit $f\in\underline{\underline{H}}$. Comme dans le cas gaussien, interprétant E comme $\mathbb{R}_+$, nous construisons l'exponentielle de Doléans de la martingale $\int_0^t f_s dX_s$, et sa v.a. terminale

(5) $$\mathcal{E}(f) = e^{\tilde{f}} \prod_{s\in S(.)} (1+f(s))e^{-f(s)}$$

Si f est bien bornée, cette expression se simplifie en

(6) $$\mathcal{E}(f) = e^{-\mu(f)} \prod_{s\in S(.)} (1+f_s) \qquad (\ f_s \text{ pour } f(s))$$

La formule (6) du paragraphe I nous dit, comme dans le cas gaussien, que

(7) $$\mathcal{E}(\lambda f) = \Sigma_n \frac{\lambda^n}{n!} J_n(f^{\otimes n})$$

série convergente dans L^2 si f est bien bornée. On en déduit que

(8) $$\Phi(A)\mathcal{E}(f) = \mathcal{E}(Af) .$$

2. Dans ce n°, avant de nous occuper de la positivité de l'opérateur $\Phi(A)$, nous allons présenter quelques différences importantes avec le cas gaussien.

Soit f une fonction sur E^n, symétrique, bornée, nulle hors d'un ensemble de mesure finie (ici encore, nous dirons <u>bien bornée</u> pour abréger). Dans ce cas, l'intégrale multiple

$$\int f(s_1,\dots,s_n)dX_{s_1}\dots dX_{s_n} = I_n(f)$$

existe <u>au sens de Stieltjes</u>, et cette intégrale diffère de l'intégrale stochastique multiple (3) : en effet, d'après (4), il manque à $J_n(f)$ l'<u>intégrale de Stieltjes</u> $\int_U f(s_1,\dots,s_n)dX_{s_1}\dots dX_{s_n}$ <u>étendue à l'ensemble</u> U <u>des points de</u> E^n <u>ayant au moins deux coordonnées égales</u>.

Nous allons utiliser cette remarque pour calculer $J_n(f^{\otimes n})$ pour $n=2$ et $n=3$. Il est clair que le procédé s'étend à toutes les valeurs de n. Nous en déduirons quelques conséquences intéressantes.

Nous supposons f bien bornée sur E.

Cas n=2. Nous avons $\tilde{f}^2 = \int f_s f_t dX_s dX_t$ (intégrale de Stieltjes) = $J_2(f\circ f) + \int_{s=t} f_s f_t dX_s dX_t$. Cette dernière intégrale vaut $\int f_s^2 dN_s = \int f_s^2 (dX_s + ds)$. Ainsi

(9) $$J_2(f\circ f) = (\tilde{f})^2 - (f^2)^{\sim} - \mu(f^2)$$

Nous en déduisons :

a) $J_2(f\circ f) - \tilde{f}^2$ appartient à $\underline{\underline{P}}_1 + \underline{\underline{P}}_0$; donc $J_2(f\circ f)$ est la projection orthogonale de $\tilde{f}^2$ sur $\underline{\underline{P}}_2$. Par polarisation, $J_2(f_1\circ f_2)$ est la projection de $\tilde{f}_1\tilde{f}_2$ sur $\underline{\underline{P}}_2$, comme dans le cas gaussien : cela justifierait la notation $:f_1f_2:$ pour désigner $J_2(f_1\circ f_2)$. Néanmoins, nous ne l'utiliserons pas dans la suite de cet exposé, car elle est en conflit avec une autre notion de « produit de Wick » (cf. exposé suivant).

b) Contrairement au cas gaussien, le côté droit de (9) n'est pas exprimable en fonction de $\tilde{f}$ et $\|f\|$ seulement. C'est le cas cependant si $f^2=f$, i.e. si f est une indicatrice. Alors $J_2(f^{\circ 2})$, et plus généralement $J_n(f^{\circ n})$, se calcule au moyen des polynômes de Charlier (cf. Sém. Prob. X, p. 320).

c) Identifions E à $\mathbb{R}_+$, et soit f une fonction localement bornée, appartenant à L^2 mais non à L^4. Si $f_n = fI_{[0,n]}$, la norme de $(f_n^2)^{\sim}$ dans L^2 tend vers $+\infty$, tandis que $\mu(f_n^2)$ et la norme de $J_2(f_n\circ f_n)$ restent bornées. Donc la norme de $(\tilde{f}_n)^2$ tend vers $+\infty$, donc la martingale $M_t^f = \int_0^t f_s dX_s$ n'est pas bornée dans L^4, et finalement la v.a. $\tilde{f}\in\underline{\underline{P}}_1$ n'appartient pas à L^4. C'est une différence essentielle avec le cas gaussien, où les v.a. d'un chaos donné appartenaient à tout L^p.

Cas n=3. La différence $\tilde{f}^3 - J_3(f^{\circ 3})$ est somme de trois intégrales du type $\int_{u=s\neq t} f_s f_t f_u dX_s dX_t dX_u$ et de l'intégrale $\int_{s=t=u} f_s f_t f_u dX_s dX_t dX_u$.

Commençons par la première : elle vaut $\int_{s\neq t} f_s^2 f_t dN_s dX_t = \int_{s\neq t} f_s^2 f_t dX_s dX_t$ $+(\int f_s^2 ds)(\int f_t dX_t) = \frac{1}{2}J_2(f^2\circ f) + \mu(f^2)J_1(f)$

La dernière vaut $\int f_s^3 dN_s = J_1(f^3) + \mu(f^3)$. Ainsi $\tilde{f}^3 - J_3(f^{\circ 3})$ appartient à $\underline{\underline{P}}_0 + \underline{\underline{P}}_1 + \underline{\underline{P}}_2$, justifiant l'interprétation de $J_3(f^{\circ 3})$ comme projection de $\tilde{f}^3$ sur $\underline{\underline{P}}_3$, comme dans le cas gaussien.

3. Nous revenons maintenant à la positivité de $\Phi(A)$: Surgailis montre que celle-ci a lieu si A est un noyau sousmarkovien de E dans E, tel que $\mu A \leq \mu$ (nous allons indiquer ci-dessous sa démonstration), et montre aussi (nous ne le ferons pas) que cette condition suffisante est essentiellement nécessaire. Ainsi la situation est très différente de cell

de la première partie. Cependant, il reste vrai que l'opérateur $\Phi(A)$ associé à l'opérateur $Af=e^{-t}f$ est positif : $\Phi(A)$ opère sur le n-ième chaos de Poisson comme l'homothétie de rapport e^{-nt}, et correspond donc exactement au semi-groupe d'Ornstein-Uhlenbeck dans le cas gaussien. La description de $\Phi(A)$ donnée par Surgailis permet aussi de comprendre comment évolue le << processus d'Ornstein-Uhlenbeck >> correspondant.

Revenons à la formule (8) : il n'est pas difficile de vérifier que les v.a. $\mathcal{E}(f)$, où f est bien bornée, ont des moments de tous les ordres et forment un ensemble total dans L^2. Pour montrer que $\Phi(A)$ est positif, nous allons construire un opérateur positif T (en fait, un opérateur d'espérance conditionnelle sur un espace $\overline{\Omega}$ plus gros que Ω) tel que $T\mathcal{E}(f)=\mathcal{E}(Af)$; de plus, nous saurons que $\Phi(A)=T$, donc est une contraction de tout L^p, etc.

Nous construisons deux espaces probabilisés auxiliaires. Le premier, que nous désignerons par W , contient une collection de v.a. notées U_s, $s\in E$, <u>indépendantes entre elles</u>, chaque U_s prenant ses valeurs dans l'espace E augmenté d'un << cimetière >> ∂ , avec pour loi

$$\mathrm{Prob}\{U_s\in B\} = A(s,B) \qquad \mathrm{Prob}\{U_s=\partial\} = 1-A(s,E).$$

Le second, Θ, porte une mesure aléatoire de Poisson N' de moyenne $\mu-\mu A$, mesure positive par hypothèse.

Nous désignons par $\overline{\Omega}$ l'espace probabilisé produit $\Omega\times W\times\Theta$. Si $\overline{\omega} = (\omega,w,\theta)$, nous définissons une mesure $\overline{N}(\overline{\omega},dt)$ à valeurs dans E , comme

(10) $$\Sigma_{s\in S(\omega)}\, \varepsilon_{U_s(w)}(dt) I_{\{U_s(w)\neq\partial\}} + \Sigma_{s\in S'(\theta)}\, \varepsilon_s(dt)$$

Intuitivement : nous tirons d'abord l'ensemble $S(\omega)$ suivant la première mesure de Poisson. Puis, pour chaque point s de $S(\omega)$, nous tirons un point U_s suivant la loi $A(s,.)$ (avec probabilité $1-A(s,E)$ de ne rien tirer du tout). D'après un théorème de Doob (Stochastic Processes, p. 404 ; voir aussi J.G. Wang, Sém. Prob. XV p. 630 pour une interprétation en termes de processus), l'ensemble des points U_s obtenus est l'ensemble des sauts d'une mesure de Poisson de moyenne $\mu A\leq\mu$: on compense la perte de masse $\mu-\mu A$ en ajoutant une mesure de Poisson indépendante, et ainsi $\overline{N}(\overline{\omega},.)$ <u>est à nouveau une mesure de Poisson de moyenne</u> μ .

Par exemple, si $Af=cf$ ($c=e^{-t}$; $0<c<1$), la première construction consiste à supprimer certains points de $S(\omega)$ (chaque point étant conservé avec probabilité c , supprimé avec probabilité $1-c$), ce qui laisse une mesure de Poisson de moyenne $c\mu$, et à compenser la perte en superposant une mesure de Poisson indépendante, de moyenne $(1-c)\mu$.

Soit $\overline{S}(\overline{\omega})$ l'ensemble des sauts (support) de $\overline{N}(\overline{\omega},.)$, réunion de l'ensemble des points $U_s(w)$ $(s\in S(\omega))$ p.s. distincts, et de $S'(\theta)$, p.s.

disjoint de la réunion précédente. Si f est une fonction bien bornée sur E, nous poserons

(11) $$\overline{\mathcal{E}}(f) = e^{-\mu(f)}\prod_{s\in\overline{S}}(1+f_s)$$

v.a. sur $\overline{\Omega}$ (alors que $\mathcal{E}(f)$, produit analogue sur $s\in S(\omega)$, peut être interprétée soit comme v.a. sur Ω , soit comme v.a. sur $\overline{\Omega}$ dépendant seulement de la première projection de $\overline{\omega} = (\omega,w,\theta)$). Nous allons prouver, d'après Surgailis, que

(12) $$E[\overline{\mathcal{E}}(f)|\omega] = \mathcal{E}(Af)$$

Soit $\underline{\underline{\overline{A}}}$ la tribu engendrée par la mesure aléatoire $\overline{N}$: comme N et $\overline{N}$ sont toutes deux des mesures de Poisson de moyenne μ , il existe un isomorphisme de $L^2(\underline{\underline{A}})$ sur $L^2(\underline{\underline{\overline{A}}})$, préservant les constantes et la positivité, et transformant $\mathcal{E}(g)$ en $\overline{\mathcal{E}}(g)$ pour $g\in\underline{\underline{H}}$. Notons le J , et remarquons que les v.a. $\mathcal{E}(f)$ forment un ensemble total dans $L^2(\underline{\underline{A}})$; d'après (8), la formule (12) nous donne alors

(13) $$E[J(h)|\omega] = \Phi(A)h \qquad \text{pour } h=\mathcal{E}(f), \text{ puis pour } h\in L^2(\underline{\underline{A}})$$

d'où la positivité cherchée pour $\Phi(A)$.

<u>Démonstration de (12)</u> . On écrit

$$\overline{\mathcal{E}}(f) = e^{-\mu(f)}\prod_{s\in S(\omega)}(1+f(U_s(w))\prod_{s\in S'(\theta)}(1+f(s))$$

La désintégration de la loi sur $\overline{\Omega}$ connaissant ω est connue par construction, aussi le calcul de l'espérance conditionnelle est celui d'une intégrale ordinaire, tous les facteurs étant indépendants. Le produit à droite nous donne un facteur $e^{(\mu-\mu A)(f)}$. Chacun des facteurs $(1+f(U_s(w))$ nous donne un facteur $(1+Af(s))$. Pour finir, il reste

$$e^{-\mu A(f)}\prod_{s\in S(\omega)}(1+Af(s)) = \mathcal{E}(Af)(\omega). \qquad \square$$

Nous terminerons cette section en remarquant que, si A est un noyau sousmarkovien de E dans E, tel que $\mu A\leq A$, il admet un noyau dual A' possédant les mêmes propriétés , tel que $< Af,g >_\mu = < f,A'g >_\mu$, et alors l'opérateur adjoint de $\Phi(A)$ est $\Phi(A')$. En particulier, si A est μ-symétrique, $\Phi(A)$ est P-symétrique . D'où le caractère symétrique du « processus d'Ornstein-Uhlenbeck » associé à la mesure de Poisson.

4. Pour terminer, nous donnerons une description probabiliste plus intuitive du « processus d'Ornstein-Uhlenbeck » .

Sur un espace probabilisé Ω , construisons une mesure aléatoire de Poisson à valeurs dans $E\times\mathbb{R}_+$, de moyenne $(\mu\times\varepsilon_0) + (\mu\times\lambda)$, où λ est la mesure de Lebesgue $\lambda(dt)=dt$. Si nous appelons Y_t la projection sur E de la mesure $I_{(E\times[0,t])}.N$, nous obtenons un processus à valeurs mesures, dont la loi à l'instant t est celle d'une mesure de Poisson de moyenne

$(1+t)\mu$. De plus, ce processus est à accroissements indépendants, donc markovien.

Ensuite, nous compensons cette création continuelle de masse en attribuant à chaque point créé une durée de vie exponentielle de paramètre 1, les durées de vie des différents points étant indépendantes (cela exige un élargissement de Ω , que nous laissons au lecteur le soin de formaliser). Dans ces conditions, on obtient précisément le << processus d'Ornstein-Uhlenbeck à valeurs mesures >> décrit par Surgailis, dont la loi à chaque instant est celle de la mesure de Poisson sur E de moyenne μ .

Une description plus intuitive encore, due à M. Emery, consiste à construire une trajectoire du processus indexée par $t\in\mathbb{R}$: l'axe horizontal représente l'axe des temps , l'axe vertical l'espace des états.

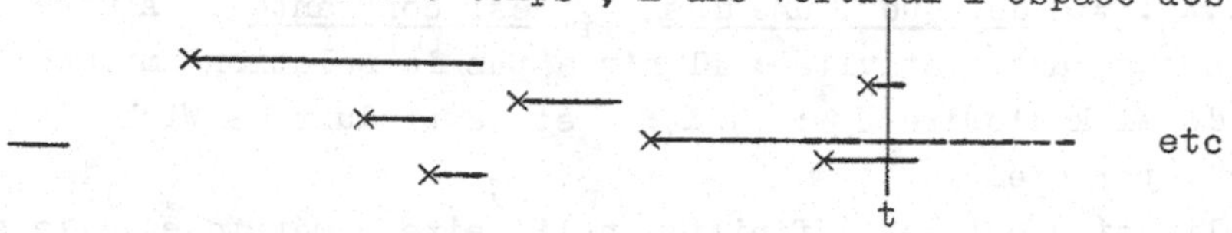

les points × sont tirés suivant une mesure de Poisson de paramètre $\mu(dx)dt$, les intervalles — ont des longueurs indépendantes de loi exponentielle. La coupe représente la configuration à l'instant t .

REMARQUE. Nous avons essayé de savoir dans quelle mesure ce processus d'Ornstein-Uhlenbeck est un objet connu des probabilistes. Il l'est assez peu : l'<u>objet</u> lui même est familier aux spécialistes des particules en interaction (pour lesquels il représente une interaction triviale). La manière dont il opère sur les chaos de Poisson fait partie du << folklore >> du sujet (communication de W. von Waldenfels), mais il est difficile de donner une référence précise. Cette remarque ne concerne bien sûr que le processus mentionné à la fin de l'exposé, et non le reste du travail de Surgailis.

REFERENCES

[1]. SIMON (B.). The $P(\phi)_2$ euclidean quantum field theory. Princeton university press, 1974.

[2]. SURGAILIS (D.). On multiple Poisson stochastic integrals and associated Markov semi-groups. Probability and Math. Stat.[(1)] 3, 1984, 217-239.

[3]. SURGAILIS (D.). On Poisson multiple stochastic integrals and associated equilibrium Markov processes.
Proc. IFIP-ISI conference on random fields, Bangalore 1982. Lecture Notes in Control and Inf. 49, Springer.

[4]. NELSON (E.). The free Markoff field. J. Funct. An. 12, 1973, 211-227.

[5]. NEVEU (J.). Processus aléatoires gaussiens. Presses de l'Université de Montréal., 197 .

(1) Revue Polonaise

COMPENSATION MULTIPLICATIVE ET << PRODUITS DE WICK >>

par J. Ruiz de Chavez

1. Dans son article [1], D. Surgailis propose (à la suite de travaux de physique théorique) une définition générale de << produit de Wick >> $:X_1X_2\ldots X_n:$ de variables aléatoires X_i , définies sur un même espace probabilisé $(\Omega,\underline{\underline{F}},P)$, et possédant suffisamment de moments - pour simplifier la discussion, nous les supposerons ici <u>bornées</u>.

L'idée générale d'un tel << produit >> est celle d'un calcul qui néglige les moyennes : l'application $(X_1,\ldots,X_n)\longmapsto :X_1\ldots X_n:$ est n-<u>linéaire symétrique</u> , à valeurs dans l'espace des v.a. <u>de moyenne nulle</u>. D'autre part, le résultat ne dépend que des v.a. $X_i-E[X_i]$, ce qui revient à dire que $:X_1\ldots X_n: = 0$ <u>dès que l'une des</u> X_i <u>est constante</u> . A noter que l'on n'exige aucune associativité : il n'y a pas de relation imposée entre le produit de Wick d'ordre 3 $:X_1X_2X_3:$ et le produit de Wick d'ordre 2 $:(X_1X_2)X_3:$, par exemple.

Puisque l'application est par définition n-linéaire symétrique, elle se ramène par polarisation au calcul des << puissances de Wick >> $:X^n:$, et la définition proposée par Surgailis est la suivante

$$(1)\qquad \frac{e^{\lambda X}}{E[e^{\lambda X}]} = \Sigma_n \frac{\lambda^n}{n!} :X^n: \qquad\qquad :X^n: = \frac{\partial^n}{\partial\lambda^n}\frac{e^{\lambda X}}{E[e^{\lambda X}]}\Big|_{\lambda=0}$$

qui donne par polarisation la formule

$$(1')\qquad :X_1\ldots X_n: = \frac{\partial^n}{\partial\lambda_1\ldots\partial\lambda_n}\frac{e^{\lambda_1X_1+\ldots\lambda_nX_n}}{E[e^{\lambda_1X_1+\ldots\lambda_nX_n}]}\Big|_{\lambda_1=\ldots\lambda_n=0}$$

mais nous ne nous occuperons pas de (1'). Nous ne nous occuperons pas non plus d'examiner si (1) est l'unique définition acceptable des puissances de Wick. Nous résumerons d'après Surgailis quelques-unes des propriétés des produits ainsi définis, et l'objet principal de cette note consistera à étendre cette notion à un espace probabilisé <u>filtré</u> .

- Désignons par m_i le i-ième moment de X ($m_0=1$, $m_i=E[X^i]$). Alors la formule (1) prend la forme

$$\Sigma_n \frac{\lambda^n}{n!} X^n = (\Sigma_i \frac{\lambda^i}{i!}m_i)(\Sigma_j \frac{\lambda^j}{j!} :X^j:)$$

d'où l'on tire sans peine que $:X^j:$ est un polynôme $P_j(X)$, de terme dominant X^j , et dont les coefficients dépendent de $m_1,\ldots,m_j$. Par exemple

(2)
$$P_1(X) = X-m_1$$
$$P_2(X) = X^2-2m_1P_1(X)-m_2 = X^2-2m_1X+(2m_1^2-m_2)$$
$$P_3(X) = X^3-3m_1P_2-3m_2P_1-m_3 = X^3-3m_1X^2+3(2m_1^2-m_2)X -6m_1^3+6m_2m_1-m_3$$

(si $m_1=0$: X , X^2-m_2 , $X^3-3m_2X-m_3$) . Le calcul peut être allégé par la remarque de Surgailis que $P'_n = nP_{n-1}$ pour tout n , ce qui ramène le calcul de P_n à celui de son terme constant, déterminé par la relation $E[P_n(X)]=0$.

Les physiciens théoriciens sont amenés à faire des calculs de produits de Wick de v.a. gaussiennes, pour lesquels ils ont développé un procédé combinatoire. L'un des objets principaux du travail de Surgailis consiste à étendre ce procédé aux produits de Wick d'un nombre quelconque de v.a., mais nous ne reproduirons pas ici cette méthode de calcul.

2. Notre point de départ sera le suivant : munissons $(\Omega,\underline{\underline{F}},P)$ de la filtration discrète triviale pour laquelle $\underline{\underline{F}}_0$ est la tribu dégénérée, et $\underline{\underline{F}}_1=\underline{\underline{F}}$. Alors si X est une v.a. bornée - que nous supposons pour simplifier d'espérance nulle - le processus $\xi=(0,X)$ est une martingale, dont le processus $(1, e^X/E[e^X])$ est en quelque sorte une « martingale exponentielle » ; notons la $\varepsilon(\xi)$ pour la distinguer de l'exponentielle de Doléans, qui est ici simplement $\mathcal{E}(\xi)=(1,1+X)$. Les puissances de Wick sont alors définies par le développement de $\varepsilon(\lambda X)$ en puissances de λ . On voit tout de suite que l'exponentielle de Doléans ne donne aucun résultat intéressant.

Nous nous proposons d'étendre l'« exponentielle ε » en temps continu. A cet effet, nous remarquons que le processus $(1,e^X)$ est une <u>sousmartingale positive</u>, le processus $(1,E[e^X])$ un <u>processus croissant prévisible</u>, et que le quotient du premier processus par le second est une martingale. Autrement dit, si maintenant $(\Omega,\underline{\underline{F}},(\underline{\underline{F}}_t),P)$ est un espace probabilisé filtré , si (M_t) est une martingale locale nulle en 0 (à sauts bornés pour fixer les idées), on est amené à décomposer la sousmartingale locale e^{M_t} en un produit d'un processus croissant prévisible A_t par une martingale locale positive N_t ($A_0=N_0=1$) , et à poser $\varepsilon(M)=N$; les « puissances de Wick » $:M^n:$ seront alors les martingales locales définies par

(3)
$$\varepsilon(\lambda M) = \Sigma_n \frac{\lambda^n}{n!} :M^n:$$

Si l'on remplaçait ici ε par l'exponentielle de Doléans $\mathcal{E}$, on trouverait ainsi des intégrales stochastiques itérées de M (Sém. X p. 318). Il se trouve que, lorsque la martingale (M_t) est quasi-continue à gauche, l'exponentielle ε coincide avec la seconde exponentielle de la théorie des martingales, étudiée par de nombreux auteurs (Kunita-Watanabe, Jacod, Yor... on consultera spécialement l'article de ce dernier auteur dans Sém. Prob. X). Mais il nous semble que le cas général - nécessaire pour inclure la filtration triviale considérée plus haut - n'a jamais été traité explicitement dans la littérature probabiliste.

3. Notre outil principal sera la décomposition multiplicative des sous-martingales positives, donnée par Yoeurp et Meyer dans le Sém. Prob. X , p. 501-505. Nous allons commencer par rappeler leur résultat, et par l'exprimer autrement.

Nous désignons par $(\Omega,\underline{\underline{F}},P)$ un espace probabilisé complet, avec une filtration $(\underline{\underline{F}}_t)$ qui satisfait aux conditions habituelles. Nous considérons une <u>sousmartingale positive</u> U , telle que $U_0=1$, localement bornée inférieurement. Nous désignons par

$$U = 1 + V + H \tag{4}$$

sa décomposition canonique : V est une martingale locale, H un processus croissant prévisible, nul en 0 . Nous posons

$$N_t = \int_{]0,t]} \frac{dV_s}{\dot{U}_s} \quad (\dot{U} \text{ est la projection prévisible de } U) \tag{5}$$

qui est une martingale locale, et

$$B_t = \int_{]0,t]} \frac{dH_s}{\dot{U}_s} \tag{6}$$

qui est un processus croissant prévisible nul en 0 . Nous poserons aussi

$$\hat{\mathcal{E}}(B)_t = 1/\mathcal{E}(-B)_t = e^{B^c_t} \prod_{s\leq t} (1-\Delta B_s)^{-1} \tag{7}$$

où (B^c_t) est la partie continue du processus croissant (B_t) . Alors $\hat{\mathcal{E}}(B)$ est un processus croissant prévisible égal à 1 en 0 , et la décomposition multiplicative de U est

$$U = \mathcal{E}(N)\hat{\mathcal{E}}(B) \tag{8}$$

(Sém. Prob. X, p. 502, formule (8)).

Nous allons modifier un peu cette expression. En un temps d'arrêt prévisible T , nous avons

$$\dot{U}_T = E[U_T|\underline{\underline{F}}_{T-}] \quad , \quad \Delta H_T = E[U_T|\underline{\underline{F}}_{T-}]-U_{T-} \quad , \quad \Delta B_T = 1 - \frac{U_{T-}}{E[U_T|\underline{\underline{F}}_{T-}]}$$

Soit P la réunion d'une suite de graphes prévisibles disjoints T_n , contenant tous les sauts prévisibles de U . On a pour la partie martingale de la décomposition multiplicative - celle qui nous intéresse - l'expression

$$\mathcal{E}(N)_t = U_t e^{-B^c_t} \prod_{\substack{s\leq t \\ s\in P}} U_{s-}/\dot{U}_s \tag{9}$$

4. Nous considérons une martingale X nulle en 0 , et supposons par exemple que X est à sauts bornés, de sorte que $U=e^X$ est une sousmartingale locale, à laquelle s'applique la théorie précédente. Nous avons d'après la formule d'Ito

$$U_t = 1 + \int_0^t e^{X_{s-}} dX_s + \frac{1}{2}\int_0^t e^{X_{s-}} d\langle X^c,X^c\rangle_s + \Sigma_{s\leq t}\, e^{X_{s-}} e(\Delta X_s)$$

en posant $e(x)=e^x-1-x$. Il nous faut écrire la décomposition canonique de U : la première intégrale stochastique est une martingale, la seconde intégrale est un processus croissant continu, mais la dernière somme est un processus croissant non prévisible en général. Plus précisément, si nous posons

(10) $$\Sigma_t = \Sigma_{s\leq t}\, e(\Delta X_s) \qquad C_t = \frac{1}{2}\langle X^c,X^c\rangle_s$$

et désignons par $\widetilde{\Sigma}$ le compensateur prévisible de S , nous avons

$$U_t = 1+\int_0^t U_{s-}dX_s + \int_0^t U_{s-}d(C+\Sigma)_s = 1+\int_0^t U_{s-}d(X+\overset{c}{\Sigma})_s + \int_0^t U_{s-}d(C+\widetilde{\Sigma})_s$$

$$= 1 + \quad V_t \quad + \quad H_t$$

où $\overset{c}{\Sigma}$ est la martingale locale $\Sigma-\widetilde{\Sigma}$, et ceci est la décomposition canonique (4). Il faut calculer $\widetilde{\Sigma}$; or Σ_t est la somme de deux termes : le premier vaut

$$\Sigma'_t = \Sigma_{T_n\leq t}\, e(\Delta X_{T_n}) \quad \text{(somme sur des temps prévisibles } T_n \text{)}$$

et le second vaut

$$\Sigma''_t = \Sigma_{R_n\leq t}\, e(\Delta X_{R_n}) \quad \text{(somme sur des temps totalement inaccessibles } R_n \text{)}$$

Pour le second terme, la compensation est donnée par la théorie de la mesure de Lévy (Sém. X, p.)

(11) $$\widetilde{\Sigma}''_t = \int_0^\infty (e^x-1-x)\nu_t(\omega,dx)$$

Pour le premier, nous avons

$$\widetilde{\Sigma}'_t = \Sigma_{T_n\leq t} E[e^{\Delta X_{T_n}}-1-\Delta X_{T_n} | \underline{\underline{F}}_{T_n-}]$$

dont nous n'avons pas besoin de connaître la valeur exacte pour appliquer (9) : il nous suffit de noter que ce processus croissant est purement discontinu : nous pouvons alors identifier H^c

$$H^c_t = \int_0^t U_{s-}d(C+\widetilde{\Sigma}'')_s = \int_0^t \dot{U}_s d(C+\widetilde{\Sigma}'')_s$$

(12) $$B^c_t = \int_0^t dH^c_s/\dot{U}_s = C_t+\widetilde{\Sigma}''_t$$

D'autre part, en un temps prévisible T_n nous avons

$$\dot{U}_{T_n}/U_{T_n-} = E[e^{X_{T_n}}|\underline{\underline{F}}_{T_n-}]/e^{X_{T_n-}} = E[e^{\Delta X_{T_n}}|\underline{\underline{F}}_{T_n-}]$$

d'où finalement l'exponentielle $\varepsilon(X)$ que nous cherchons

$$(13)\qquad \varepsilon(X)_t = \frac{\exp[X_t - \frac{1}{2}<X^c,X^c>_t - \int_0^\infty (e^x-1-x)\nu_t(dx)]}{\prod_{T_n\leqq t} E[e^{\Delta X_{T_n}}|\underline{\underline{F}}_{T_n-}]} \quad (1)$$

Si la martingale X est quasi-continue à gauche, cette formule se réduit au numérateur, et l'on retrouve la seconde exponentielle classique. Si X est une v.a. d'intégrale nulle, et la filtration est discrète à la façon du §2 , on retrouve simplement $e^X/E[e^X]$, notre point de départ.

5. Si X est une martingale locale nulle en 0 et satisfaisant à des conditions d'intégrabilité locales convenables (à sauts bornés, par ex.), nous définissons formellement les puissances de Wick $:X^n:$ par la formule

$$(14)\qquad \varepsilon(\lambda X) = \Sigma_n \frac{\lambda^n}{n!} :X^n:$$

Par définition, le calcul de Wick est un calcul qui ignore les moyennes. Donc, si X est une semi-martingale spéciale quelconque, de décomposition canonique $X=X_0+M+A$, nous conviendrons que

$$(15)\qquad :X^n: = :M^n: \text{ pour tout } n .$$

Le calcul des puissances de Wick semble très compliqué. Cependant, soit (X_t) un <u>processus à accroissement indépendants</u>, non nécessairement homogène dans le temps, nul en 0 , de moyenne nulle et satisfaisant à des conditions d'intégrabilité convenables. Alors aussi bien le crochet $<X^c,X^c>$ que la mesure de Lévy ν sont déterministes, et de plus le dénominateur de (13) est 1 s'il n'y a pas de discontinuités fixes, ce que nous supposerons. Alors $\varepsilon(X)_t$ est de la forme $\exp(X_t-c_t)$, où c_t est une constante. Comme $\varepsilon(X)$ est une martingale locale égale à 1 à l'origine, toujours en supposant une intégrabilité suffisante, on a $E[\varepsilon(X)]=1$, donc

$$\varepsilon(X)_t = e^{X_t}/E[e^{X_t}]$$

Il en résulte que, dans ce cas, les produits de Wick $:X^n:_t$ se réduisent aux produits de Wick élémentaires $:(X_t)^n:$, calculés comme variables aléatoires, sans faire intervenir de filtration.

Un cas particulier intéressant est celui où $X_t = N_t-ct$, N_t étant un processus de Poisson de paramètre c . Dans ce cas

---

1. On peut écrire au dénominateur $E[e^{\Delta X_T}|\underline{\underline{F}}_{T-}] = 1 + E[e^{\Delta X_T}-1-\Delta X_T|\underline{\underline{F}}_{T-}]$, ce qui montre la convergence du produit.

$$\varepsilon(\lambda X)_t = e^{\lambda X_t} / e^{ct(e^\lambda-1-\lambda)} \qquad \mathcal{E}(\mu X)_t = (1+\mu)^{X_t+ct} e^{-\mu ct}$$

et les deux exponentielles coïncident si $1+\mu=e^\lambda$; mais les puissances de Wick ne coincident pas avec les intégrales itérées d'Ito, qui correspondent au développement de l'exponentielle suivant les puissances de μ , et non de λ .

Par exemple, on a $E[X_t]=0$, $E[X_t^2]=E[X_t^3]=ct$, donc en appliquant (2)

$$:(X_t)^3: = X_t^3-3ctX_t-ct$$

tandis que le 3e polynôme de Charlier (Sém. X, p.320) est $\frac{1}{6}(x^3-3x^2-3xy+2x+2y)$, de sorte que la 3e intégrale stochastique itérée d'Ito est

$$6\iiint_{s_1<s_2<s_3\leq t} dX_{s_1} dX_{s_2} dX_{s_3} = X_t^3-3X_t^2-3ctX_t+2X_t+2ct$$
$$= :(X_t)^3: -3(X_t^2-ct)$$

Donc le produit de Wick $:(X_t)^3:$ n'est pas la projection de X_t^3 sur le troisième chaos de Poisson.

CALCULS EXPLICITES. Les premières << puissances de Wick >> d'une martingale locale X sont

$$:X_t^2: = X_t^2-\langle \overset{c}{X},\overset{c}{X}\rangle_t-\int_{\mathbb{R}} x^2\nu_t(dx) - \Sigma_{T_n\leq t} E[\Delta X_{T_n}^2 | \underline{\underline{F}}_{T_n-}]$$

$$:X_t^3: = X_t^3 - 3X_t(\langle \overset{c}{X},\overset{c}{X}\rangle_t+\int x^2\nu_t(dx) + \Sigma_{T_n\leq t}E[\Delta X_{T_n}^2 | \underline{\underline{F}}_{T_n-}])$$
$$-\int x^3\nu_t(dx) - \Sigma_{T_n\leq t} E[\Delta X_{T_n}^3 | \underline{\underline{F}}_{T_n-}] .$$

REFERENCES

[1]. SURGAILIS (D.). On Poisson multiple stochastic integrals and associated equilibrium Markov processes. Proc. IFIP-ISI international conf. on random fields, Bangalore 1982. Lect. Notes in Inf. Control. 49, Springer Verlag.

SUR LES INTEGRALES STOCHASTIQUES MULTIPLES

par J. Ruiz de Chavez

Les intégrales stochastiques multiples de Wiener et Ito sont un outil important dans la théorie du mouvement brownien. Elles ont été utilisées aussi pour la représentation des v.a. de la tribu engendrée par un processus de Poisson. Dans la théorie classique, il s'agit toujours d'i.s. multiples de fonctions <u>déterministes</u> par rapport à une <u>martingale</u> de carré intégrable. Mais dans le Séminaire de Probabilités X, p. 325-331, P.A. Meyer a introduit la notion de <u>processus prévisible à n dimensions</u>, et d'i.s. d'un tel processus par rapport à une martingale de carré intégrable (M_t) dont le crochet oblique est t :

$$\int_{0<t_1<\ldots<t_n\leq t} f(\omega,t_1,\ldots,t_n)dM_{t_1}dM_{t_2}\ldots dM_{t_n}$$

Dans ce travail, nous nous proposons de faire mieux comprendre le rôle joué par la condition $\langle M,M\rangle_t=t$, d'étendre la théorie traitée par Meyer au cas où l'on considère n martingales différentes, ou même n semi-martingales différentes satisfaisant à certaines conditions assez restrictives. Toutefois, il est <u>nécessaire</u> d'imposer, sinon nos restrictions, du moins certaines restrictions : Ed. Perkins vient en effet de donner un exemple[1] de martingale de carré intégrable (M_t), telle que l'intégrale double $\int_{0<t_1<t_2} f(t_1,t_2)dM_{t_1}dM_{t_2}$ ne puisse pas être prolongée comme mesure stochastique en probabilité sur la tribu des processus prévisibles à deux dimensions.

Nous nous bornerons la plupart du temps à l'étude de l'intégrale double, afin d'alléger les notations.

NOTATIONS GENERALES

On désigne par $(\Omega,\underline{\underline{F}},P,(\underline{\underline{F}}_t))$ un espace probabilisé filtré satisfaisant aux conditions habituelles.

1. Dans ce volume.

On désigne par C^n le cône dans $\mathbb{R}^n_+$ formé des points $(u_1,\dots,u_n)$ tels que $0<u_1\dots<u_n$ et par C^n_t l'ensemble analogue défini par les inégalités $0<u_1\dots<u_n\leq t$. On appelle processus n-dimensionnel une fonction $X(\vec{u},\omega) = X(u_1,\dots,u_n,\omega)$ définie sur $C^n\times\Omega$. Un processus $H(\vec{u},\omega)$ est dit prévisible élémentaire s'il est de la forme suivante

(1) $$H(\vec{u},\omega) = h(\omega)I_{]a_1,b_1]}(u_1)\dots I_{]a_n,b_n]}(u_n)$$

avec $a_1<b_1<a_2<b_2\dots<a_n<b_n<\infty$, et $h(.)$ étant $\underline{\underline{F}}_{a_1}$ -mesurable. Une combinaison linéaire finie de processus prévisibles élémentaires est un processus dit prévisible simple. Enfin, la tribu prévisible $\mathcal{P}^n$ est engendrée sur $C^n\times\Omega$ par les processus prévisibles élémentaires. Un processus prévisible $H(\vec{u},\omega)$ est adapté en un sens très restrictif : $H(u_1,u_2,.)$ est $\underline{\underline{F}}_{u_1}$ -mesurable. Comme dans la théorie à une dimension, on vérifie que la tribu prévisible est engendrée par les processus adaptés continus à gauche.

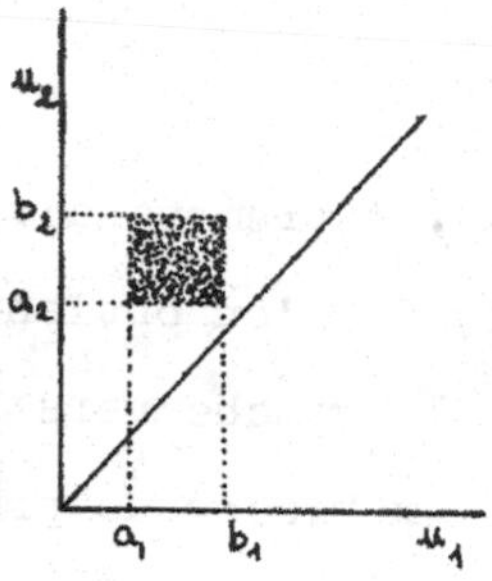

Soient $X^1,\dots,X^n$ n semimartingales, continues à droite et nulles en 0. Nous définissons pour tout processus prévisible élémentaire H de la forme (1)

(2) $$J(H)=J_\infty(H)=\int_{C^n} H(u_1,\dots,u_n)dX^1_{u_1}\dots dX^n_{u_n}$$
$$= h(.)(X^1_{b_1}-X^1_{a_1})\dots(X^n_{b_n}-X^n_{a_n}) \quad .$$

Plus généralement, le processus $H(\vec{u},.)I_{\{u_n\leq t\}}$ est élémentaire, et pour ce processus l'intégrale multiple précédente vaut

(3) $$\int_{C^n_t} H(u_1,\dots,u_n)dX^1_{u_1}\dots dX^n_{u_n} =$$
$$= h(.)(X^1_{b_1}-X^1_{a_1})\dots(X^{n-1}_{b_{n-1}}-X^{n-1}_{a_{n-1}})(X^n_{t\wedge b_n}-X^n_{t\wedge a_n})$$

D'autre part, on vérifie immédiatement que l'on peut prolonger l'application définie, à valeurs dans L^0 pour (2) et à valeurs dans l'espace S^0 des semimartingales pour (3), en une application linéaire sur l'espace des processus prévisibles simples.

Le problème de l'intégrale stochastique multiple consiste à étendre cette application à tous les processus prévisibles bornés, comme <u>mesure à valeurs dans</u> L^0 (dans S^0), en analogie avec la théorie de l'i.s. à une dimension. Un trait fondamental de la théorie n-dimensionnelle est l'idée de calculer l'intégrale multiple comme <u>intégrale itérée</u> : si $H(\vec{u},.)$ est le processus élémentaire (1), l'intégrale stochastique

$$H'(u_2,\dots,u_n,.) = \int_0^\infty H(u_1,\dots,u_n,.)dX^1_{u_1}$$

(en réalité étendue de 0 à u_2) vaut

$$h(.)(X^1_{b_1}-X^1_{a_1})I_{]a_2,b_2]}(u_2)\dots I_{]a_n,b_n]}(u_n) ,$$

le premier facteur étant $\underline{\underline{F}}_{a_2}$-mesurable puisque $b_1 \leqq a_2$. Autrement dit, on retombe ici sur un processus prévisible élémentaire, et l'on obtient l'i.s. multiple en itérant cette opération n fois de la gauche vers la droite. Par combinaison linéaire, le résultat s'étend aux processus prévisibles simples.

CONSTRUCTION DE L'INTEGRALE DOUBLE. I.

Nous allons étudier ici le cas de <u>deux martingales de carré intégrable</u> M et N . Meyer a étudié le cas où $M=N$ et $\langle M,M\rangle_t=t$. Une extension presque évidente concerne le cas où M et N peuvent être différentes, mais ont des crochets obliques <u>déterministes</u> $\mu(t)$ et $\nu(t)$. Nous nous intéresserons à une autre extension, très facile, mais plus intéressante dans laquelle les crochets obliques <u>ont des densités bornées</u> $d\langle M,M\rangle_t = m_t dt$, $d\langle N,N\rangle_t= n_t dt$, avec $|m_t| \leqq \theta$, $|n_t| \leqq \theta$.

THEOREME 1. <u>Soit</u> $H(u,v,\omega)$ <u>un processus prévisible simple</u> . <u>Alors la v.a.</u> $J_t(H)= \int_{u<v\leqq t} H_{uv}dM_u dN_v$ <u>appartient à</u> L^2, <u>avec une norme majorée par</u>

$$E\Big[\int_{u<v\leqq t} H^2_{uv}dudv \Big]^{1/2} \tag{4}$$

<u>En conséquence</u> , <u>l'i.s. double</u> (sur $[0,t]$) <u>peut être étendue aux processus prévisibles</u> H <u>pour lesquels l'expression</u> (4) <u>est finie</u>.

En effet, nous pouvons calculer l'i.s. double d'un processus simple comme intégrale itérée :

$$J_t(H) = \int_0^t K_v dN_v \quad \text{avec} \quad K_v = \int_0^\infty H_{uv} dM_u$$

Par conséquent nous avons, d'après la théorie des intégrales à une dimension

$$E[J_t(H)^2] = E[\int_0^t K_v^2 d\langle N,N\rangle_v] = E[\int_0^t K_v^2 n_v dv] \leq CE[\int_0^t K_v^2 dv]$$

$$= C\int_0^t E[K_v^2]dv = C\int_0^t E[\int_0^\infty H_{uv}^2 d\langle M,M\rangle_s]dv$$

$$= CE[\int H_{uv}^2 d\langle M,M\rangle_u dv] .$$

Nous nous arrêtons un instant pour remarquer que cette formule suffit à prolonger l'intégrale aux processus prévisibles bornés, <u>sans supposer</u> que $d\langle M,M\rangle_t = m_t dt$. Pour une intégrale n-uple, il faudrait cependant supposer que tous les crochets obliques sauf le premier ont des densités bornées, et cette condition n'a aucun intérêt.

Si l'on suppose maintenant que $d\langle M,M\rangle_u \leq Cdu$, le théorème en résulte immédiatement.

REMARQUE. Il n'y a aucune difficulté à étendre à cette situation le théorème 49 du Sém. Prob. X, p. 329, sur le calcul d'intégrales doubles (en fait quadruples dans cet énoncé...) comme intégrales itérées, sous la condition $E[\int_{u<v\leq t} H_{uv}^2 dudv]<\infty$. Nous y renverrons le lecteur.

DIGRESSION .

Cette section ne contient que des remarques sur le cas particulier où les crochets $\langle M,M\rangle$ et $\langle N,N\rangle$ sont déterministes, considéré par Meyer dans le Sém. Prob. X . Elle peut être omise sans inconvénient.

Dans ce cas, on a non seulement une majoration de la norme L^2, mais une <u>isométrie</u>

$$(5) \qquad E[J_t(H)^2] = E[\int_{u<v\leq t} H_{uv}^2 d\langle M,M\rangle_u d\langle N,N\rangle_v]$$

ce qui offre l'avantage de permettre le calcul, par « polarisation » d'un produit scalaire $E[J_t(H)J_t(K)]$.

En réalité, le cas traité dans le théorème 1 se ramène à celui du Sém. Prob. X par un raisonnement purement probabiliste, qui peut être généralisé à toutes les dimensions. Pour simplifier, supposons que C=1. Soit (Q_t) un processus de Poisson compensé de paramètre λ, indépendant de la filtration $(\underline{\underline{F}}_t)$, et soit $(\overline{\underline{\underline{F}}}_t)$ la filtration obtenue en adjoignant (Q_t) à celle-ci. Alors on a $\langle Q,Q\rangle_t=\lambda t$, et par conséquent les processus

$$M'_t = M_t + \frac{1}{\sqrt{\lambda}}\int_0^t \sqrt{1-m_s}\, dQ_s \quad , \quad N'_t = N_t + \frac{1}{\sqrt{\lambda}}\int_0^t \sqrt{1-n_s}\, dQ_s$$

sont des $(\overline{\underline{\underline{F}}}_t)$-martingales avec $\langle M',M'\rangle_t=\langle N',N'\rangle_t = t$. Par conséquent, si (H_{uv}) est prévisible simple pour $(\underline{\underline{F}}_t)$, on peut définir l'i.s. double $\int_{u<v\leqq t} H_{uv}\, dM'_u dN'_v = J'_t(H)$, qui satisfait à

$$E[J'_t(H)^2] = E[\int_{u<v\leqq t} H^2_{uv} dudv] \quad .$$

Nous faisons tendre λ vers 0 : la différence M'_t-M_t vaut

$$\frac{1}{\sqrt{\lambda}}\Sigma_{s\leqq t\ ,\Delta Q_s\neq 0} \sqrt{1-m_s} - \sqrt{\lambda}\int_0^t \sqrt{1-m_s}\, ds$$

et elle tend vers 0 en probabilité. Comme H est un processus simple, ce résultat et le résultat analogue pour N montrent que $J'_t(H)$ tend vers $J_t(H)$ en probabilité. Alors le lemme de Fatou entraîne la majoration de $E[J_t(H)^2]$ par (4).

CONSTRUCTION DE L'INTEGRALE DOUBLE . II (SEMIMARTINGALES).

Ayant traité le cas des martingales, nous passons au cas de deux semimartingales nulles en 0 X et Y , admettant des décompositions

$$X = M + A \qquad ; \quad Y = N + B$$

sur lesquelles nous ferons les hypothèses

(6)
$$d\langle M,M\rangle_t = m_t dt \ ,\ d\langle N,N\rangle_t = n_t dt \ ,\ dA_t = a_t dt \ ,\ dB_t = b_t dt$$
$$\text{avec } 0\leqq m_t,n_t \leqq C \ ,\ \int_0^t a_s^2 ds \ ,\ \int_0^t b_s^2 ds \leqq C \ .$$

Ces hypothèses peuvent sembler très fortes, mais nous verrons plus tard qu'elles peuvent être élargies par localisation.

THEOREME 2. <u>Soit</u> (H_{st}) <u>un processus prévisible simple</u>. <u>On a sous les conditions précédentes</u>

$$(7) \qquad E[(\int_{s<t} H_{st}dX_s dY_t)^2] \leqq 16C^2 E[\int_{s<t} H_{st}^2 \, dsdt] .$$

En effet, tout se ramène à vérifier que les quatre intégrales suivantes sont majorées par $C^2E[\int_{s<t} H_{st}^2 \, dsdt]$

$$\text{i)} \; E[(\int H_{st}dM_s dN_t)^2] \qquad \text{ii)} \; E[(\int H_{st}dA_s dN_t)^2]$$

$$\text{iii)} \; E[(\int H_{st}dM_s dB_t)^2] \qquad \text{iv)} \; E[(\int H_{st}dA_s dB_t)^2] \quad .$$

Pour i), le travail a déjà été fait dans le théorème 2.
Pour ii), nous l'interprétons comme une intégrale stochastique itérée, à laquelle nous appliquons le calcul usuel :

$$\text{ii)} = E[\int_0^\infty d\langle N,N\rangle_t \, (\int_0^t H_{st}dA_s)^2] \leqq CE[\int_0^\infty dt \, (\int_0^t H_{st}dA_s)^2]$$

Nous écrivons que $dA_s = a_s ds$, et l'inégalité de Schwarz

$$(\int_0^t H_{st}a_s ds)^2 \leqq (\int_0^t H_{st}^2 ds)(\int_0^t a_s^2 ds) \leqq C\int_0^t H_{st}^2 ds$$

et aussitôt l'inégalité cherchée.

Pour iii), nous écrivons d'abord l'inégalité de Schwarz

$$\text{iii)} = E[(\int_0^\infty b_t(\int_0^t H_{st}dM_s)dt)^2] \leqq E[(\int_0^\infty b_t^2 dt)(\int_0^\infty dt(\int_0^t H_{st}dM_s)^2)]$$

$$\leqq C \int_0^\infty E[(\int_0^t H_{st}dM_s)^2]dt \leqq C^2 \int_0^\infty E[\int_0^t H_{st}^2 ds]dt$$

et aussitôt l'inégalité cherchée.

Enfin, iv) résulte immédiatement du théorème de Fubini. ▯

Bien entendu, le théorème 2 permet l'extension de l'intégrale double aux processus prévisibles (H_{st}) tels que le côté droit de (7) soit fini. Ici encore, il existe une version du calcul de l'intégrale multiple comme intégrale itérée, que nous laisserons de côté.

Le problème est maintenant, comme dans le cas de l'intégrale stochastique ordinaire, de remplacer les conditions d'intégrabilité par des conditions locales, si possible invariantes par changement de loi.

L'idée la plus naturelle consiste à utiliser l'outil des <u>changements de temps</u>, très fructueuse pour les intégrales stochastiques simples : si $X_t = M_t+A_t$ est une semimartingale telle que $\langle M,M\rangle$ et A soient continus, il existe un changement de temps (τ_t) continu et strictement croissant tel que la semimartingale $X'_t = X_{\tau_t} = M_{\tau_t}+N_{\tau_t} = M'_t+A'_t$ de la filtration $\underline{\underline{F}}'_t=\underline{\underline{F}}_{\tau_t}$ satisfasse à

$$d\langle M',M'\rangle_t \leqq dt \quad , \; dA'_t \leqq dt \quad .$$

et il n'y a aucune difficulté à faire cela simultanément pour un nombre fini de semimartingales. Mais cette méthode ne peut être utilisée, car si (H_{st}) est un processus prévisible , le processus $(H_{\tau_s\tau_t})$ <u>n'est pas prévisible</u> par rapport à $(\underline{\underline{F}}'_{st})$ en général ($H_{\tau_s\tau_t}$ n'est pas $\underline{\underline{F}}_{\tau_s}$ -mesurable).

On va donc se borner à une simple localisation. Soit T un temps d'arrêt : si X et Y satisfont aux hypothèses (6), il en est évidemment de même des semimartingales arrêtées X^T,Y^T. Soit (H_{uv}) un processus prévisible simple ; introduisons les deux processus, manifestement continus à droite et adaptés

(8) $\quad J_t(H) = \int_{u<v\leqq t} H_{uv}dX_u dY_v \quad , \quad J_t^{(T)}(H) = \int_{u<v\leqq t} H_{uv}dX_u^T dY_v^T$

On a évidemment $J_t=J_t^{(T)}$ pour $t\leqq T$, et $J_T=J_\infty^{(T)}$. Toutefois, le second ne peut s'interpréter comme l'intégrale stochastique double, par rapport à $dX_u dY_v$, du processus $(H_{uv}I_{\{v\leqq T\}})$: en effet, ce processus n'est pas prévisible.

Si l'on considère un processus prévisible (H_{uv}) non nécessairement simple, mais tel que $E[\int_{u<v} H_{uv}^2 dudv] < \infty$, on peut définir simultanément les deux processus continus à droite $J_t(H)$ et $J_t^{(T)}(H)$, et il est très facile de vérifier, à partir des remarques précédentes, que l'on a encore $J_t=J_t^{(T)}$ pour $t\leqq T$. Nous allons utiliser cette propriété pour <u>localiser</u> l'intégrale stochastique double.

DEFINITION. <u>Nous disons qu'une semimartingale</u> X , <u>nulle en</u> 0, <u>appartient à la classe</u> (S) (ou classe de Stricker, qui a étudié ces processus dans le cas continu) <u>si</u> X <u>est spéciale</u>, <u>et admet une décomposition canonique</u> X=M+A , <u>avec</u>

$$d\langle M,M\rangle_t = m_t dt \text{ , où } (m_t) \text{ est prévisible localement borné,}$$
$$dA_t = a_t dt \text{ , où } (a_t) \text{ est prévisible localement dans } L^2.$$

Stricker a établi <u>dans le cas continu</u> le résultat (nullement évident sur les formules de changement de loi) que cette classe est invariante par changement de loi. En effet, pour une semimartingale continue, l'appartenance à la classe (S) signifie que l'intégrale stochastique généralisée $H\cdot X$ a un sens pour tout processus prévisible (H_t) qui est localement de carré intégrable par rapport à la mesure dt.

THEOREME 3. <u>Si les semimartingales</u> X <u>et</u> Y <u>appartiennent à la classe</u> (S), <u>l'intégrale stochastique double</u> $\int_{u<v} H_{uv} dX_u dY_v$ <u>peut être définie par localisation</u>, <u>pour tout processus prévisible</u> (H_{uv}) <u>tel que la v.a.</u>

$$\int_{u<v} H^2_{uv} du dv$$

<u>soit p.s. finie</u>.

La démonstration est à peu près évidente : il suffit de construire une suite croissante de temps d'arrêt T_n, telle que

$$P\{T_n<\infty\} \downarrow 0 \text{ , } \int_{u<v\leqq T_n} H^2_{uv} du dv \leqq n$$

$$\text{sup ess}_{t\leqq T_n} m_t \leqq n \text{ , sup ess}_{t\leqq T_n} n_t \leqq n$$
$$\int_0^{T_n} a_t^2 \, dt \leqq n \text{ , } \int_0^{T_n} b_t^2 \, dt \leqq n$$

où l'on a posé $X=M+A$, $d\langle M,M\rangle_t=m_t dt$, $dA_t = a_t dt$, et de même $Y=N+B$...

On définit l'i.s. par recollement des i.s.

$$J^n_t(H) = \int_{u<v\leqq t} H_{uv} dX^{T_n}_u \, dY^{T_n}_v$$

qui existent d'après le théorème 2, et qui sont compatibles en ce sens que $J^{n+1}_t = J^n_t$ pour $t\leqq T_n$. Nous laissons les détails au lecteur.

LE CONTRE-EXEMPLE DE PERKINS (FORME ELEMENTAIRE)

Nous remercions M. E. Perkins de nous avoir communiqué ce contre-exemple, et autorisé à le reproduire ici.

Nous nous donnons sur un espace probabilisé Ω une suite $\varepsilon_1,\ldots,\varepsilon_n\ldots$ ε_∞ de v.a. de Bernoulli indépendantes. Nous nous donnons aussi une suite $0<s_1<s_2\ldots$ d'éléments de $[0,1[$, telle que $\lim_n s_n=1$. Nous définissons une filtration $(\underline{\underline{F}}_t)$, d'abord pour $0\leqq t<1$

pour $t<s_1$, $\underline{\underline{F}}_t$ est triviale ;

pour $s_1\leqq t<s_2$, $\underline{\underline{F}}_t$ est engendrée par ε_1 ;

pour $s_2\leqq t<s_3$, $\underline{\underline{F}}_t$ est engendrée par $\varepsilon_1,\varepsilon_2$; etc.

Notre première martingale de carré intégrable sera

$$M_t = \Sigma_{s_n\leqq t}\ \varepsilon_n/n \quad \text{pour } t\in\mathbb{R} .$$

Pour définir la filtration au delà de 1, et la seconde martingale, nous posons $x_n = (1+\varepsilon_n)/2$ (à valeurs dans $\{0,1\}$) et

$$T = 1+\Sigma_i\, x_i 2^{-i} \quad (\text{ aussi } T_n = 1+\Sigma_{i\leqq n}\, x_i 2^{-i})$$

Cette v.a. est $\underline{\underline{F}}_1$-mesurable, à valeurs dans l'intervalle $[1,2]$ avec une répartition uniforme. Nous posons pour tout $t\in\mathbb{R}$

$$N_t = \varepsilon_\infty I_{\{t\geqq T\}}$$

On a donc $N_t=0$ pour $t\leqq 1$, $N_t=\varepsilon_\infty$ pour $t\geqq 2$, et nous désignons par $\underline{\underline{F}}_t$ pour $t\geqq 1$ la filtration continue à droite engendrée par $\underline{\underline{F}}_1$ et par le processus (N_t). Il est facile de voir que (N_t) est une martingale de carré intégrable, avec $[N,N]_t=\langle N,N\rangle_t=I_{\{t\geqq T\}}$.

Considérons un processus de la forme

$$H^n_{uv}(\omega) = I_{]s_{n-1},s_n]}(u) I_{]T_{n-1}(\omega),T_{n-1}(\omega)+2^{-n}]}(v)$$

Il est très facile de vérifier que ce processus est adapté et continu à gauche, donc prévisible (T_{n-1} est $\underline{\underline{F}}_{s_{n-1}}$-mesurable ; H^n_{uv} n'est pas un processus prévisible élémentaire , mais <u>simple</u>) . On a

$$\int H^n_{uv}dM_u dN_v = (M_{s_n}-M_{s_{n-1}})(N_{T_{n-1}+2^{-n}} - N_{T_{n-1}})$$
$$= \frac{1}{n}\varepsilon_n \cdot \varepsilon_\infty I_{\{x_n=0\}} \qquad \text{p.s.}$$

(p.s., car il faut exclure l'ensemble de mesure nulle $x_{n+1}=x_{n+2}=\dots=0$). Cela vaut simplement $\frac{1}{n}\varepsilon_\infty$ (p.s.) , et l'on voit que, bien que la série $\Sigma_n\, H^n_{uv}$ converge vers l'indicatrice d'un ensemble prévisible, la série des v.a. $\int H^n_{uv}dM_u dN_v$ ne converge pas en probabilité. Il n'existe donc pas de définition raisonnable de l'intégrale double, ni en moyenne quadratique ni en aucun autre sens[1].

On trouvera dans ce volume une forme plus élaborée de ce contre-exemple, dans laquelle la martingale (M_t) qui ne permet pas la construction d'intégrales stochastiques doubles est une <u>intégrale stochastique brownienne</u>.

1. On remarquera que (N_t) est à variation totale égale à 1, donc l'exemple montre aussi les difficultés à construire des i.s. doubles mixtes (martingale × processus à variation intégrable). Dans ce cas ε_∞ est inutile.

Multiple Stochastic Integrals -- A Counter Example

by

Edwin Perkins

In this note we give an example of a continuous square integrable martingale M such that $d\langle M,M\rangle_t \ll dt$ (in fact M is an Itô integral) but for which the multiple stochastic integral

$$\iint_{\{0<s<t<\infty\}} f_{st}\, dM_s\, dM_t$$

does not exist as an L^0-integrator on the space of bounded predictable integrands.

We work on a filtered probability space $(\Omega,\mathcal{F},\mathcal{F}_t,P)$, satisfying the usual conditions. Let

$$C_2 = \{(s,t)\,|\,0<s<t<\infty\}.$$

A simple predictable set is a set of the form

$$\{(s,t,\omega) \in C_2 \times \Omega\,|\; S(\omega)<s\leq T(\omega) \text{ and } U(\omega)<t\leq V(\omega)\}$$

where S and T are stopping times, and U and V are non-negative $\mathcal{F}_S$-measurable random variables such that $T(\omega)\leq U(\omega)$ for all ω. A simple predictable process is a linear combination of indicator functions of simple predictable sets.

<u>Definition. The predictable σ-field, $\mathcal{P}$, on $C_2 \times \Omega$ is the σ-field generated by the elementary predictable sets.</u>

Note that, according to these definitions, a simple predictable process is not the same as "un processus prévisible simple", as defined in (3). The definition of $\mathcal{P}$, however, does agree with that in (2,3), as the reader can easily check.

If M is a square integrable martingale, then $\iint_{C_2} f(s,t)\,dM_s\,dM_t$ may be defined for simple predictable processes in the obvious way. Meyer (2) showed that if $\langle M,M\rangle_t = t$ then this multiple stochastic integral extends uniquely as an L^2-integrator to

$$\{f(s,t,\omega)\,|\; f \text{ predictable},\; E(\iint_{C_2} f^2(s,t,\omega)\,ds\,dt) < \infty\}.$$

This result was extended by Ruiz de Chavez (3) to the case when

(1) $$\langle M,M\rangle_t - \langle M,M\rangle_s \leq m(t) - m(s) \quad \text{for all } 0 \leq s < t$$

for some deterministic m.

At first glance it seems that, at least if M is continuous, there should be no problem in defining $\iint_{C_2} f(s,t)dM_s dM_t$ by the iterated integral

$$\int_0^\infty \left(\int_0^t f(s,t)dM_s\right) dM_t .$$

The above integrand, however, is only uniquely defined for each t up to a null set and one is therefore faced with the task of selecting a predictable version of this process. This done in (2) when $\langle M,M\rangle_t = t$. It is natural to ask if a condition like (1) is really needed to handle this measurability problem and extend the multiple stochastic integral as an L^0 integrator to the bounded predictable process. The following examples show that the answer is "yes" even if M is an Itô integral. Although we have tried to disguise it by working with a Brownian filtrat ion, the discerning reader will note that this example is closely related to (and was inspired by) an example of a martingale measure that is not a stochastic integrator due to Bakry (1).

Assume B_t is an $\mathcal{F}_t$-Brownian motion. Choose $\alpha\varepsilon(0,1/2)$ and $\delta_p \downarrow 0$ such that $\sum_{p=1}^{\infty} \delta_p^2 < \infty$ but $\sum_{p=1}^{\infty} \delta_p p^{-\alpha} = \infty$. Define a sequence of stopping times $\{T_p\}$ by

$$T_0 = 0$$
$$T_p = \inf \{t > T_{p-1} \mid |B_t - B_{T_{p-1}}| = \delta_p\}.$$

Then $T_p \uparrow T_\infty$, and since $T_\infty = \Sigma_{p=1}^{\infty} \delta_p^2 S_p$ where $\{S_p\}$ are i.i.d. copies of $\inf\{t \mid |B_t| = 1\}$, it is easy to see that $T_\infty \varepsilon L^q, \forall q > 0$. Define a random variable, U, uniformly distributed on (0,1), by

$$U = \sum_{p=1}^{\infty} I(B(T_p) < B(T_{p-1}))2^{-p},$$

and a sequence of Bernoulli random variables by

$$e_p(U) = \begin{cases} 0 & \text{if } B(T_p) > B(T_{p-1}) \\ 1 & \text{if } B(T_p) < B(T_{p-1}) \end{cases} .$$

In addition let $U_n(U) = \Sigma_{p=1}^n e_p(U)2^{-p}$, $V_n = U_n+T_\infty$, $V = U+T_\infty$ and choose $f(t) \geq 0$ such that

$$\int_0^t f^2(s)ds = (\log \tfrac{1}{t})^{-\alpha} \equiv \Phi(t), \quad 0 \leq t \leq 1/2$$

Our continuous martingale is

$$M_t = \int_0^t (I_{(0,T_\infty)}(s) + I_{(V,V+1/2)} f(s-V))dB_s.$$

Then $\langle M,M\rangle_\infty \varepsilon L^q \ \forall q > 0$. If

$$H_n = \bigcup_{p=1}^n \{(s,t,\omega) | T_{p-1}(\omega) < s \leq T_p(\omega),\ V_{p-1}(\omega) < t \leq V_{p-1}(\omega) + 2^{-p}\},$$

then I_{H_n} is a simple predictable process and $I_{H_n} \uparrow I_H$ as $n \to \infty$,where $H \varepsilon \mathcal{P}$. We claim, however, that $\iint_{C_2} I_{H_n} dM_s dM_t$ does not converge in probability. Note that

$$M(V_{p-1}+2^{-p}) - M(V_{p-1}) = I(e_p = 0) \int_V^{V_{p-1}+2^{-p}} f(s-V)dB_s,$$

so that

$$\iint_{C_2} I_{H_n}(s,t)dM_s dM_t = \sum_{p=1}^n (M(T_p)-M(T_{p-1}))(M(V_{p-1}+2^{-p})-M(V_{p-1}))$$

$$(2) \qquad = \sum_{p=1}^n \delta_p I(e_p(U)=0)\int_0^\infty I(s \leq U_{p-1}(U)+2^{-p}-U)f(s)d\tilde{B}_s,$$

where $\tilde{B}_s = B(V+s) - B(V)$ is a Brownian motion independent of $\mathcal{F}_V$. Conditional on $U = u$, (2) has a mean zero normal distribution with variance

$$\sigma_n^2(u) = \sum_{p=1}^n \delta_p^2\ I(e_p(u) = 0)\ \Phi(U_{p-1}(u)+2^{-p}-u)$$

$$+2 \sum\sum_{1 \leq p<q \leq n} \delta_p\delta_q\ I(e_p(u) = e_q(u) = 0)\ \Phi(U_{q-1}(u)+2^{-q}-u).$$

Therefore

(3) $$E\{\exp\{i\lambda \iint_{C_2} I_{H_n}(s,t)dM_s dM_t\}\} = \int_0^1 \exp\{-\lambda^2\sigma_n^2(u)/2\}du.$$

We claim that

(4) $$\lim_{n\to\infty} \sigma_n^2(u) = \infty \text{ for Lebesgue - a.a.u.}$$

Fix $p\varepsilon$. Then

$$\sum_{p<q\leq n} \delta_q I(e_q(u)=0)\left[\Phi(U_{q-1}(u)+2^{-q}-u) - 2^q\int_0^{2^{-q}} \Phi(s)ds\right]$$

$$= \sum_{p<q\leq n} \delta_q I(e_q(u)=0)\left[\Phi(U_q(u)+2^{-q}-u) - 2^q\int_0^{2^{-q}} \Phi(s)ds\right]$$

$\xrightarrow{a.s.}$ as $n\to\infty$ (w.r.t. Lebesgue measure on $[0,1]$),

by the martingale convergence theorem, as the conditional distribution of $U_q(u)+2^{-q}-u$ given $\sigma(U_r(u)\mid r\leq q)$ is uniform on $[0,2^{-q}]$. As $e_p(u)=0$ for infinitely many p a.s. $[du]$, (4) will follow if for each p

(5) $$\lim_{n\to\infty} \sum_{p<q\leq n} \delta_q I(e_q(u)=0)2^q \int_0^{2^{-q}} \Phi(s)ds = \infty \quad \text{a.s.}[du].$$

The above expression is bounded below by

$$\lim_{n\to\infty} \sum_{p<q\leq n} \delta_q I(e_q(u)=0)\,\Phi(2^{-q-1}) \qquad (\Phi \text{ is concave})$$

$$\geq \lim_{n\to\infty} c \sum_{p<q\leq n} \delta_q q^{-\alpha} I(e_q(u)=0) = \infty \quad \text{a.s.} \quad [du].$$

The last by the choice of $\{\delta_q\}$. This proves (5) and hence (4). (3) and (4) together show

$$\lim_{n\to\infty} E\{\exp\{i\lambda\iint_{C_2} I_{H_n}(s,t)dM_s dM_t\}\} = I(\lambda=0)$$

so that $\iint_{C_2} I_{H_n}(s,t)dM_s dM_t$ cannot converge in distribution as $n\to\infty$, as required.

Acknowledgement. I would like to thank P.A. Meyer for posing this problem and D. Bakry for pointing out his related work (1).

References

(1) D. Bakry, Une remarque sur les semimartingales à deux indices, Séminaire de Probabilités XV, Lect. Notes 850, p.671-672 (1981).

(2) P.A. Meyer, Un cours sur les intégrales stochastiques, appendice au chapitre IV, Séminaire de Probabilités X, Lect. Notes 511, p. 321-331 (1976).

(3) J. Ruiz de Chavez, Sur les intégrales stochastiques multiples, ce volume, p. 248

Math Department
U. of British Columbia
Vancouver, B.C.
Canada V6T 1Y4

ESTIMATION DANS $L^p(\mathbb{R}^n)$ DE LA LOI DE CERTAINS PROCESSUS A ACCROISSEMENTS INDEPENDANTS

Rémi LEANDRE

Bismut , dans [B] , étudie la loi d'un processus à accroissements indépendants , X_t , à valeurs dans $\mathbb{R}^n$. Sa mesure de Lévy $d\mu(x)$ est définie par :

(0-1) $d\mu(x) = g(x)\, dx$.

Il démontre que si la " concentration " en petits sauts de X_t est assez forte , la loi de X_t possède une densité C^∞ pour $t > 0$. Si la " concentration " est un peu moins forte , le processus est " lentement régularisant " :
pour tout entier p , il existe un temps t_p tel que pour $t > t_p$, X_t possède une densité de classe C^p .

L'idée de la preuve est d' effectuer une variation du processus X_t .
Grâce à une exponentielle de Girsanov $G_z(t)$ ([J]) , il obtient la relation fondamentale :

(0-2) $E[G_z(t)\, f(X_t(z))] = E[f(X_t)]$

si $X_t(z)$ est le processus perturbé . La fin de la démonstration consiste à <u>dériver</u> cette relation , ce qui donne lieu à des calculs difficiles (Dans un cadre plus général , on trouve une présentation plus simple de ceux-ci dans [B-J]).

Nous nous proposons de montrer que l'on peut obtenir des estimations dans $L^p(\mathbb{R}^n)$ de la densité de X_t en <u>intégrant</u> (0-2) .

I. NOTATIONS ET ENONCES DES THEOREMES .

Soit $\mathcal{D}[\mathbb{R}^+, \mathbb{R}^n]$ l'espace canonique de Skorohod ([J]), c'est-à-dire l'espace des fonctions continues à droite , limitées à gauche , de $\mathbb{R}^+$ dans $\mathbb{R}^n$.

ω est la trajectoire canonique .

Soit g une fonction définie sur $\mathbb{R} - \{0\}$, positive , continue , telle que :

(1-1) $$\int_{\mathbb{R}^n - \{0\}} (\|x\|^2 \wedge 1) \, g(x) \, dx < \infty .$$

Soit P l'unique probabilité sur $\mathcal{D}[\mathbb{R}^+, \mathbb{R}^n]$ qui fasse du processus canonique X_t un processus à accroissements indépendants , de fonction caractéristique égale à :

(1-2) $$\psi_t(\alpha) = \exp\left[t \int \Big(\exp[-i \langle \alpha, x \rangle] - 1 + i \, 1_{[0,1]}(\|x\|) \langle \alpha, x \rangle \Big) g(x) \, dx \right]$$

Soit $\nu(x)$ une fonction C^∞ , à support compact dans $\{g > 0\}$ telle que $\frac{\partial \nu}{\partial x}(0) = 0$ et telle que :

(1-3) $$x \xrightarrow{H_z} x + \nu(x) \, z$$

soit un difféomorphisme de $\mathbb{R}^n$ pour tout z de la boule unité B(0, 1) de $\mathbb{R}^n$.

<u>De plus $\nu(x)$ appartient à $\mathbb{R}^+$</u> .

Posons :

(1-4) $$C_z(x) = \left| \det \frac{\partial H_z(x)}{\partial x} \right| \frac{g(H_z(x))}{g(x)} - 1$$

et considérons l'unique martingale locale , somme compensée de $C_z(\Delta X_s)$.

Soit $G_z(t)$ l'exponentielle de Doléans-Dade associée à la martingale locale précédente ([J]) .

Nous en possédons une expression explicite :

(1-5) $$G_z(t) = \exp\left[\sum_{s \le t}^{c} C_z(\Delta X_s) \right] \times \prod_{\substack{s \le t \\ \Delta X_s \ne 0}} \exp[-C_z(\Delta X_s)] \, [1 + C_z(\Delta X_s)] .$$

Nous supposerons dans toute la suite que $G_z(t)$ est uniformément bornée dans tous les L^p lorsque z décrit $B(0,1)$.

Nous avons alors les deux théorèmes suivants :

THEOREME I . Si pour tout $t > 0$, $\left(\sum_{s \le t} \nu(\Delta X_s)\right)^{-1}$ est dans tous les $L^p(P)$, alors X_t possède une densité appartenant à $L^p(\mathbb{R}^n)$, pour tout p .

Si il existe $p_o > 1$, $t_o > 0$ tel que $\left(\sum_{s \le t_o} \nu(\Delta X_s)\right)^{-1}$ soit dans $L^{p_o}(P)$, alors pour tout $p > 1$, il existe un réel $t_p > 0$, tel que pour $t > t_p$, X_t possède une densité dans $L^p(\mathbb{R}^n)$. Quand $p \to 1$, $t_p \to 0$.

Nous démontrerons dans la partie II ce théorème . Donnons en d'abord une application .

THEOREME II . Si il existe $\alpha \in]0,2[$ tel que

$$\lim_{r \to 0} r^{\alpha} \int_{\nu(x) > r} g(x)\,dx > 0 \tag{1-6}$$

alors pour $t > 0$, X_t possède une densité dans tous les $L^p(\mathbb{R}^n)$.

Si

$$\lim_{r \to 0} \left[\operatorname{Log} \frac{1}{r}\right]^{-1} \int_{\nu(x) > r} g(x)\,dx > 0 \tag{1-7}$$

alors pour tout $p > 1$, il existe un réel t_p tel que pour $t > t_p$, X_t possède une densité dans $L^p(\mathbb{R}^n)$. De plus quand $p \to 1$, $t_p \to 0$.

Preuve : Elle est identique à celle de [B] , page 202 .

Γ est la fonction d'Euler . On a :

$$E\left[\left(\sum_{s \le t} \nu(\Delta X_s)\right)^{-p}\right] = \frac{1}{\Gamma(p)} \int_0^{\infty} \beta^{p-1} E\left[\exp\left[-\beta \sum_{s \le t} \nu(\Delta X_s)\right]\right] d\beta \tag{1-8}$$

soit :

(1-9) $$\tau(\beta) = \int (1 - \exp[-\beta\, \nu(x)])\, g(x)\, dx \, .$$

Soit $Y_t(\beta)$ le processus :

(1-10) $$Y_t(\beta) = \exp\Big[-\beta \sum_{s \le t} \nu(\Delta X_s) + t\, \tau(\beta) \Big] .$$

D'après [J] et [S], on sait que $Y_t(\beta)$ est une martingale positive de carré intégrable.

(1-8) implique alors :

(1-11) $$E\Big[\Big(\sum_{s \le t} \nu(\Delta X_s) \Big)^{-p} \Big] = \frac{1}{\Gamma(p)} \int_0^\infty \beta^{p-1} \exp[-t\, \tau(\beta)]\, d\beta \, .$$

Le théorème résulte alors des théorèmes Taubériens de [B], p. 210 :

Si $\displaystyle \varliminf_{r \to 0} r^{\alpha} \int_{\nu(x) > r} g(x)\, dx > 0$, alors :

(1-12) $$\varliminf_{\beta \to \infty} |\beta|^{-\alpha}\, \tau(\beta) > C \, .$$

Si $\displaystyle \varliminf_{r \to 0} \Big[\mathrm{Log}\Big(\frac{1}{r}\Big) \Big]^{-1} \int_{\nu(x) > r} g(x)\, dx > 0$, alors

(1-13) $$\varliminf_{\beta \to \infty} (\mathrm{Log}\, \beta)^{-1}\, \tau(\beta) > C \, .$$

REMARQUE. Si on suppose en plus que g est de classe C^1 sur $\mathbb{R}^n$, et que pour tout $\epsilon > 0$:

(1-14) $$\int_{|x| \ge \epsilon} \frac{|\mathrm{grad}\, g(x)|^2}{g(x)}\, dx < \infty$$

et que :

(1-15) $$\int_{|x| \le 1} \frac{|\mathrm{grad}\, \nu(x)\, g(x)|^2}{g(x)}\, dx < \infty$$

il résulte des techniques du calcul des variations de [B] que X_t possède une densité C^∞ à dérivées bornées dès que (1-6) est vérifiée et que X_t est " lentement régularisant " dès que (1-7) l'est.

II. DEMONSTRATION DU THEOREME .

PREMIERE ETAPE : VARIATION DU PROCESSUS .

Considérons le processus :

$$(2\text{-}1)\qquad X_t(z) = X_t + \Big(\sum_{s \le t} \nu(\Delta X_s) \Big) z$$

pour un élément , z , de la boule unité $B(0,1)$.

La mesure de Lévy de $X_t(z)$, $d\mu_z$, vérifie :

$$(2\text{-}2)\qquad \int_{\mathbf{R}^n - \{0\}} f(x)\, d\mu_z(x) = \int_{\mathbf{R}^n - \{0\}} f(H_z(x))\, g(x)\, dx$$

(H_z a été défini en (1-3)) .

Il résulte de (1-4) que :

$$(2\text{-}3)\qquad \int_{\mathbf{R}^n - \{0\}} f(H_z(x))\,(C_z(x)+1)\, g(x)\, dx = \int_{\mathbf{R}^n - \{0\}} f(x)\, g(x)\, dx \ .$$

Remarquons que $(z,x) \to C_z(x)$ est mesurable .
Donc l'ensemble des (ω, z) tels que la limite définissant $\sum\limits_{s\le t}^{c} C_z(\Delta X_s)$ n'existe pas , c'est-à-dire ,

$$(2\text{-}4)\qquad \sum_{s \le t}^{c} C_z(\Delta X_s) = \lim_{\epsilon \downarrow\downarrow 0} \Big(\sum_{s\le t} C_z(\Delta X_s) - \int_0^t ds \int_{|x| > \epsilon} C_z(x)\, g(x)\, dx \Big)$$

est mesurable dans $\mathcal{D}[\mathbf{R}^+, \mathbf{R}^n] \times B(0,1)$. De même , l'ensemble des (ω, z) tels que le produit infini défini dans (1-5) n'existe pas est mesurable .

Aussi , posons lorsque l'un des deux termes figurant dans (1-5) ou (2-4) n'est pas défini :

$$(2\text{-}5)\qquad \tilde{G}_z(t) = 0 \ .$$

Alors $(\omega, z) \to \tilde{G}_z(t)$ est mesurable à valeurs dans $\mathbf{R}^+$.

De plus , à z fixé , $t \to \tilde{G}_z(t)$ est une martingale uniformément bornée dans tous les $L^p(P)$.

De (2-3) et de la formule de Girsanov pour les processus de sauts ([J] , [B]) , il s'ensuit que :

(2-6) $E[f(X_t(z))\, \widetilde{G}_z(t)] = E[f(X_t)]$

pour toute fonction mesurable positive .

DEUXIEME ETAPE : INTEGRATION DE LA VARIATION .

Appliquons le théorème de Fubini . (2-6) implique que :

$$\text{vol } B(0,1)\, E[f(X_t)] = E\Big[\int_{B(0,1)} \widetilde{G}_z(t)\, f\Big(X_t + \sum_{s\le t} \nu(\Delta X_s)\, z\Big)\, dz\Big] . \tag{2-7}$$

Utilisons la formule du changement de variable et l'inégalité de Hölder ; nous obtenons :

$$E[f(X_t)] \le C\, E\Big[\, \|\widetilde{G}_z(t)\|_{L^p(B(0,1))} \Big(\sum_{s\le t} \nu(\Delta X_s)\Big)^{-\frac{n}{q}}\Big]\, \|f\|_{L^q(\mathbb{R}^n)} \tag{2-8}$$

avec $\frac{1}{p} + \frac{1}{q} = 1$.

PREMIER CAS : $\Big(\sum_{s\le t} \nu(\Delta X_s)\Big)^{-1}$ <u>est dans tous les</u> $L^p(P)$.

L'inégalité de Hölder implique que :

$$E\Big[\, \|\widetilde{G}_z(t)\|_{L^p(B(0,1))} \Big(\sum_{s\le t} \nu(\Delta X_s)\Big)^{-\frac{n}{q}}\Big] \le$$

$$\Big(E\Big[\int_{B(0,1)} \widetilde{G}_z^p(t)\, dz\Big]\Big)^{\frac{1}{p}} \Big(E\Big[\Big(\sum_{s\le t} \nu(\Delta X_s)\Big)^{-n}\Big]\Big)^{\frac{1}{q}} . \tag{2-9}$$

Réappliquant le théorème de Fubini , on trouve que :

$$E\Big[\int_{B(0,1)} \widetilde{G}_z^p(t)\, dz\Big] \le \int_{B(0,1)} E[G_z(t)]\, dz < C . \tag{2-10}$$

De (2-8) et (2-9) , il résulte alors que :

$$E[f(X_t)] \le C\, \|f\|_{L^q(\mathbb{R}^n)} . \tag{2-11}$$

DEUXIEME CAS : <u>il existe</u> $p_o > 1$ <u>et</u> $t_o > 0$ <u>tel que</u> $\Big(\sum_{s\le t_o} \nu(\Delta X_s)\Big)^{-1}$ <u>soit dans</u> $L^{p_o}(P)$.

Par hypothèse ,

$$(2\text{-}12)\quad P\Big\{\sum_{s\le t_o}\nu(\Delta X_s)\le\lambda\Big\}\le C\,\lambda^{p_o}\qquad(\lambda\to 0)\ .$$

Or , <u>comme</u> ν <u>est positive</u> ,

$$(2\text{-}13)\quad \begin{aligned} P\Big\{\sum_{s\le 2t_o}\nu(\Delta X_s)\le\lambda\Big\} &\le P\Big\{\sum_{s\le t_o}\nu(\Delta X_s)\le\lambda\ ;\ \sum_{t_o\le s\le 2t_o}\nu(\Delta X_s)\le\lambda\Big\}\\ &=\Big(P\Big\{\sum_{s\le t_o}\nu(\Delta X_s)\le\lambda\Big\}\Big)^2\le C\,\lambda^{2p_o}\end{aligned}$$

car $\sum_{s\le t}\nu(\Delta X_s)$ est un processus à accroissements indépendants stationnaires.

Donc , pour tout $p>p_o$, il existe t_p tel que $\Big(\sum_{s\le t}\nu(\Delta X_s)\Big)^{-1}$ soit dans $L^p(P)$.

Réutilisons (1-11) . Nous obtenons :

$$\int_1^\infty \beta^{p_o-1}\exp[-t_o\,\tau(\beta)]\,d\beta<\infty$$

et l'inégalité de Hölder implique que :

$$(2\text{-}14)\quad \int_1^\infty \beta^{\frac{p_o-1}{p}}\exp\Big[-\frac{t_o}{p}\,\tau(\beta)\Big]\frac{d\beta}{\beta}<\infty\ .$$

Donc , lorsque t tend vers zéro , il existe un réel $p(t)$ tendant vers 0_+ tel que $\Big(\sum_{s\le t}\nu(\Delta X_s)\Big)^{-p(t)}$ soit dans $L^1(P)$, toujours en vertu de (1-11) .

Revenons à (2-8) . L'inégalité de Hölder implique :

$$(2\text{-}15)\quad \begin{aligned} &E\Big[\|\tilde G_z(t)\|_{L^p(B(0,1))}\Big(\sum_{s\le t}\nu(\Delta X_s)\Big)^{-\frac{n}{q}}\Big]\le\\ &\Big(E\Big[\Big(\int_{B(0,1)}\tilde G_z^p(t)\,dz\Big)^{\frac{r}{p}}\Big]\Big)^{\frac1r}\Big(E\Big[\Big(\sum_{s\le t}\nu(\Delta X_s)\Big)^{-\frac{n}{q}r'}\Big]\Big)^{\frac{1}{r'}}\end{aligned}$$

pour $r>p$ et $\frac1r+\frac1{r'}=1$ (Donc $r'<q$) .

Or $r>p$. Il découle de la formule de Jensen que :

$$(2\text{-}16)\quad \Big(\int_{B(0,1)}\tilde G_z^p(t)\,dz\Big)^{\frac{r}{p}}\le C\int_{B(0,1)}\tilde G_z^r(t)\,dt$$

et donc :

$$(2\text{-}17)\qquad \left(E\left[\left(\int_{B(0,1)} \tilde{G}_z^p(t)\,dz\right)^{\frac{r}{p}}\right]\right)^{\frac{1}{r}} < \infty .$$

On sait alors qu'il existe $t_{\frac{nr'}{q}}$ tel que :

$$(2\text{-}18)\qquad E\left[\left(\sum_{s\le t_{\frac{nr'}{q}}} \nu(\Delta X_s)\right)^{-\frac{nr'}{q}}\right] < \infty$$

De plus, quand $q \to \infty$, on peut choisir r' pour que $\frac{nr'}{q} \to 0$ et donc quand $q \to \infty$, on peut choisir $t_{\frac{nr'}{q}}$ pour qu'il tende vers 0 .

En résumé, pour $t > t_{\frac{nr'}{q}}$, on a :

$$(2\text{-}19)\qquad E[f(X_t)] \le C\,\|f\|_{L^q(\mathbb{R}^n)}$$

d'après (2-8), (2-15), (2-17) et (2-18) .

BIBLIOGRAPHIE

[B] BISMUT J.M. : Calcul des variations stochastique et processus de sauts. Z. Wahrscheinlichkeitstheorie verw. Gebiete 63, 2, 147-235 (1983) .

[B-J] BICHTELER K. - JACOD J. : A paraître .

[J] JACOD J. : Calcul stochastique et problèmes de martingales . Springer , Lect. Notes in Math. 714 (1979).

[S] STROOCK D.W. : Diffusion processes associated with Levy generators . Z. Wahrscheinlichkeitstheorie verw. Gebiete 32 , 209-244 (1975).

Laboratoire de Mathématiques
Faculté des Sciences
25030 BESANCON CEDEX

FLOT D'UNE EQUATION DIFFERENTIELLE STOCHASTIQUE AVEC SEMI-MARTINGALE DIRECTRICE DISCONTINUE

par R. LEANDRE

Ce travail a pour but de compléter les résultats sur l'existence de flots stochastiques, présentés par P.A. Meyer (d'après Kunita et Varadhan) dans le volume XV du Séminaire de Probabilités, Lecture Notes in M. 850, p. 103-117. Cet article, auquel nous nous référerons constamment, sera désigné par [M] dans la suite. Meyer remarque, p. 111, que l'on ne peut établir en général l'existence d'un flot de difféomorphismes lorsque la semimartingale directrice est discontinue, comme le montre l'exemple de l'équation exponentielle à une dimension $X_t=x+\int_0^t X_{s-}dZ_s$: si Z admet à l'instant T un saut égal à -1, les trajectoires issues des différents points x confluent en 0 à partir de T. Nous allons montrer que cet exemple est vraiment typique : l'existence d'un flot de difféomorphismes dépend seulement d'une condition (déterministe) sur la nature des sauts de Z.

Nous ferons usage à plusieurs reprises d'un théorème de Hadamard [1] : si f est une application C^∞ de $\mathbb{R}^n$ dans $\mathbb{R}^n$, qui est propre et étale (sa différentielle ne dégénère jamais), alors f est un difféomorphisme.

HYPOTHESES ET NOTATIONS

Nous considérons une é.d.s. de la forme

$$(1)\qquad X_t = x+\int_0^t F(X_{s-})dZ_s$$

X_t et x sont des éléments de $\mathbb{R}^n$; la semimartingale directrice Z est nulle en 0, à valeurs dans $\mathbb{R}^m$; F est une application de $\mathbb{R}^n$ dans l'espace des matrices à n lignes et m colonnes, de classe C^∞, admettant des dérivées bornées de tous ordres. Si z est un élément de $\mathbb{R}^m$, $F(x)z$ et $D_iF(x)z$ (dérivée partielle de $F(x)$ par rapport à la i-ième coordonnée de x) sont des éléments de $\mathbb{R}^n$, et nous désignons par $F'(x)z$ la matrice (n,n) dont les colonnes sont les vecteurs $D_iF(x)z$.

D'après Kunita (voir [M]), on peut choisir une version $X_t(x,\omega)$ de la solution de (1), possédant pour (presque) tout ω la propriété suivante : $X_t(.,\omega)$ est pour tout t une application C^∞ de $\mathbb{R}^n$ dans lui même ; les dérivées partielles en x de cette application sont des fonctions continues de (t,x). Si $U_t(x)=X_t'(x,\omega)$ est la matrice jacobienne de l'application $X_t(.,\omega)$, U_t est solution de l'équation linéaire

(2) $$U_t = I + \int_0^t dL_s U_{s-}$$

où L_t est la matrice carrée semimartingale $\int_0^t F'(X_{s-})dZ_s$.

Il nous faut aussi rappeler la méthode d'Emery pour résoudre l'é.d.s. (1). On se donne une suite de temps d'arrêt (bornés pour fixer les idées) $0=T_0<T_1<T_2\dots$, tendant vers l'infini, tels que les semimartingales

(3) $$Z^i = Z^{T_i-} - Z^{T_{i-1}} \quad (i=1,2,\dots)$$

aient une norme $<\varepsilon$ dans l'espace $\underline{\underline{H}}^{\infty}$ introduit par Emery (ZW 41, 1978, p. 241-262), où ε est un nombre suffisamment petit. Cela impose en particulier que le crochet $[Z^i,Z^i]_{\infty}$ soit majoré par ε , donc que les sauts de Z^i soient majorés par ε : les grands sauts de Z figurent donc parmi les instants T_i . On désigne par $X^i_t(x)$ la solution de (1) avec semimartingale directrice Z^i , de sorte que

(4) $$X^i_t(x) = x \text{ pour } t\leqq T_{i-1}\ ,\quad X^i_t(x) = X^i_{T_i-}(x) \text{ pour } t\geqq T_i$$

D'autre part, on définit les opérateurs de raccordement en posant

(5) $$H^i(x) = x+ F(x)\Delta Z_{T_i}$$

La construction de la solution de (1) se fait alors ainsi pour tout ω : on regarde dans quel intervalle $[T_n,T_{n+1}[$ se trouve t , puis l'on forme

(6) $$\begin{array}{ll} x_{1-} = X^1_{T_1-}(x)=X^1_{T_1}(x)\ , & x_{1+} = H^1(x_{1-}) \\ x_{2-} = X^2_{T_2-}(x_{1+})\ , & x_{2+} = H^2(x_{2-}) \ \dots \text{ jusqu'à } x_{n+} \\ X_t(x) = X^{n+1}_{t-T_n}(x_{n+}) & \end{array}$$

On voit donc que, pour montrer que $X_t(.,\omega)$ est un difféomorphisme (resp. est injective) il suffit de montrer que les applications

$$X^i_{T_i}(.,\omega)\ ,\quad X^{n+1}_{t-T_n}(.,\omega)\ ,\quad H^i(.,\omega)$$

sont des difféomorphismes (resp. sont injectives). Etudier les deux premières fonctions revient à étudier l'équation (1) lorsque la semimartingale directrice $Z=Z^i$ a une norme petite dans $\underline{\underline{H}}^{\infty}$

FLOT DE DIFFEOMORPHISMES

Nous commençons par traiter le cas des deux premières fonctions : nous pouvons omettre l'indice i . D'autre part, puisque nous travaillons à ω fixé, nous pouvons remplacer T_i ou $t-T_n$ simplement par t . Nous allons montrer que, si la semimartingale directrice Z a une norme assez petite dans $\underline{\underline{H}}^{\infty}$, l'application $X_t(.)$ (dont on sait déjà qu'elle est C^{∞}) est <u>propre</u> et <u>étale</u>.

Le premier point est déjà traité dans [M] (remarque du haut de la page 116). Pour le second, nous utilisons le lemme suivant, qui étend les formules de Karandikar (Sém. Prob. XVI, p. 385) au cas discontinu.

LEMME. *Soit* (U_t) *une semimartingale matricielle, solution de l'é.d.s.*

(7) $$U_t = I + \int_0^t dL_s U_{s-}$$

(cf. (2)). *Supposons que pour tout* s, *la matrice* $I+\Delta L_s$ *soit inversible. Alors la semimartingale* (V_t) *solution de l'é.d.s.*

(8) $$V_t = I + \int_0^t V_{s-} dM_s \quad , \quad M_t = -L_t + \langle L^c, L^c\rangle_t + \Sigma_{s\leq t} \frac{\Delta L_s^2}{I+\Delta L_s}$$

(*où* $\langle L^c, L^c\rangle_j^i = \Sigma_k \langle L_k^{ic}, L_j^{kc}\rangle$) *est telle que* $V_t U_t = I$ *pour tout* t.

DEMONSTRATION. Elémentaire (calculer $d(V_t U_t)$ au moyen de la formule d'intégration par parties stochastique).

On remarquera que $I+\Delta L_s$ est toujours inversible si $|\Delta L_s|$ est assez petit, et qu'on a alors une majoration explicite de $|(I+\Delta L_s)^{-1}|$: la définition du troisième terme de M_t ne pose donc aucun problème.

REMARQUE. Meyer signale dans [M] que la démonstration de Kunita s'étend sans changement au cas des semimartingales discontinues, à norme dans $\underline{\underline{H}}^{\infty}$ suffisamment petite (remarques p. 114 et 116 , et dernières lignes avant l'appendice). Il nous semble que la méthode présentée ci-dessus (pour le cas C^{∞}) est plus simple.

On voit donc que la discussion est complètement ramenée à celle des opérateurs de raccordement H^i .

Nous désignerons par D (resp. I) l'ensemble des $z\in\mathbb{R}^m$ tels que l'application

(9) $$H(x) = x+F(x)z$$

soit un difféomorphisme (resp. soit injective). On a évidemment $D\subset I$. D'autre part, D contient un voisinage de 0 dans $\mathbb{R}^m$. En effet, F est lipschitzienne, donc à croissance au plus linéaire, donc pour z assez petit on a $|F(x)z| \leq |x|/2$ et $|H(x)| \geq |x|/2$ pour $|x|$ grand, de sorte que H est <u>propre</u> , et d'autre part $H'(x)=I+F'(x)z$ est <u>inversible</u> pour tout x pour $|z|$ petit puisque $F'(x)$ est bornée.

THEOREME. *Pour que l'équation* (1) *définisse un flot de difféomorphismes (resp. ait des trajectoires non-confluentes) il faut et il suffit que les sauts de* Z *appartiennent tous à* D (*resp. à* I).

DEMONSTRATION. Si les sauts de Z appartiennent tous à D (resp. I), les opérateurs de raccordement H^i sont des difféomorphismes (resp. sont injectifs), et $X_t(.,\omega)$ est alors un difféomorphisme (est injectif) par composition.

Inversement, supposons qu'avec probabilité positive, les sauts de Z appartiennent à D^c (I^c) . D'après les remarques précédant le théorème, il existe $\varepsilon>0$ tels que tous les sauts de longueur $\leq\varepsilon$ appartiennent à D . Donc si la subdivision T_i a été choisie assez fine, les sauts $\Delta Z_t \in D^c$ ont tous lieu aux instants T_i . Il existe alors un entier i tel que, avec probabilité positive, ΔZ_{T_j} appartienne à D pour tout $j<i$, mais ΔZ_{T_j} appartienne à D^c (resp. I^c). Dans ces conditions, $X_{T_i -}(.)$ est un difféomorphisme, mais H^i n'en est pas un (resp. n'est pas injective), donc pour $t=T_i$ $X_t(.)$ n'est pas un difféomorphisme (n'est pas injective).

REFERENCES

[1]. DIEUDONNE (J.). Eléments d'analyse, t.III, chap. XVI, p. 82, exerc. 1

R. LEANDRE
Université de Besançon
Département de Mathématiques
25030-Besançon Cedex, France

A COUNTEREXAMPLE RELATED TO A_p-WEIGHTS IN MARTINGALE THEORY

N. Kazamaki

Given a continuous local martingale M, set $Z=\exp(M-\langle M,M\rangle/2)$. Let a(M) be the infimum of the set of $p>1$ for which the condition

$$(A_p) \qquad E[(\frac{Z_t}{Z_\infty})^{\frac{1}{p-1}}|F_t] \leqq K$$

holds for every $t\geqq 0$, with a constant K depending only on p. We note that the condition (A_p) plays an important role in various weighted norm inequalities for martingales (see [6] for example) and that $BMO = \{ M : a(M)<\infty \}$ (see [3]). Recall that on the space BMO a norm can be defined by $||M||_{BMO} = \sup_t ||E[|M_\infty - M_t||F_t]||_\infty$. The class L^∞ of all bounded martingales is obviously contained in BMO, but BMO is not just L^∞. Quite recently, it is proved in [4] that, if $p > \max\{ a(M), a(-M)\}$, then $d(M,L^\infty)<8(\sqrt{p}-1)$ where d(,) denotes the distance on BMO deduced from the norm by the usual process. Now, is it true that $a(M)=a(-M)$ in general? Unfortunately the author did not know the answer. As is noted above, it turns out that $a(M)=a(-M)=\infty$ for $M\notin BMO$. And so, in order to consider the question, we may assume that $M\in BMO$. The aim of this short note is to exemplify that the answer is negative.

For that purpose, let (Ω,F,Q) be a probability space which carries a one dimensional Brownian motion $B=(B_t,F_t)$ with $B_0=0$, and we use the stopping time $\tau = \min\{t : |B_t|=1 \}$. Then B^τ is a bounded martingale with respect to Q, so that $E_Q[\exp(B_\tau - \tau/2)]=1$ where $E_Q[\ ]$ denotes expectation with respect to Q. That is to say, $dP =\exp(B_\tau - \tau/2)\, dQ$ is a probability measure on Ω. By Girsanov's theorem on such a change of law, the process $M = \langle B^\tau,B^\tau\rangle - B^\tau$ is a continuous martingale with respect to P and further $\langle M,M\rangle = \langle B^\tau, B^\tau\rangle$ under either probability measure. Let now $1<p<\infty$ and $\frac{1}{p}+\frac{1}{q}=1$. Noticing $|B^\tau|\leqq 1$, we find that

$$E[(\frac{Z_t}{Z_\infty})^{\frac{1}{p-1}}|F_t] = E_Q[\exp\{q(B_\tau - B_{t\wedge\tau}) - \frac{q}{2}(\tau - t\wedge\tau)\}|F_t] \leqq \exp(2q).$$

This implies $a(M)=1$, since $p>1$ is arbitrary.
Next, to estimate $a(-M)$, let $Z^{(-1)} = \exp(-M - \langle M,M\rangle/2)$. If $1<p\leqq 2$, we have

$$\begin{aligned} E[\{\frac{Z_t^{(-1)}}{Z_\infty^{(-1)}}\}^{\frac{1}{p-1}}|F_t] &= E_Q[\exp\{\frac{p-2}{p-1}(B_\tau - B_{t\wedge\tau}) + \frac{4-p}{2(p-1)}(\tau - t\wedge\tau)\}|F_t] \\ &\geqq \exp\{-\frac{2(2-p)}{p-1}\} E_Q[\exp\{\frac{4-p}{2(p-1)}(\tau - t\wedge\tau)\}|F_t]. \end{aligned}$$

On the other hand, we know that $E_Q[\exp(\lambda\tau)]=\infty$ for $\lambda>\pi^2/8$ (see Proposition 8.4 in [5]). Let now $1<p<(16+\pi^2)/(4+\pi^2)$. Then, noticing $p<2$ and $(4-p)/\{2(p-1)\}>\pi^2/8$, we can find that $a(-M) \geqq (16+\pi^2)/(4+\pi^2)$. Thus $a(-M) \neq a(M)$.

Now, when is it true that $a(-M) = a(M)$? In the following, we assume that any martingale adapted to the underlying filtration (F_t) is continuous.

PROPOSITION. If $M \in \overline{L^\infty}$, then $a(-M) = a(M)$.

PROOF. It suffices to show that $p \geqq a(-M)$ whenever $p>a(M)$. First let $\alpha(M)$ be the supremum of the set of α for which

$$\sup_t \| E[\exp\{\alpha|M_\infty - M_t|\}|F_t]\|_\infty < \infty.$$

In [2] Emery proved the following :

$$\frac{1}{4d(M,L^\infty)} \leqq \alpha(M) \leqq \frac{4}{d(M,L^\infty)} .$$

Observe that $M \in \overline{L^\infty}$ if and only if $\alpha(M)=\infty$. Now, let $p>a(M)$. Then, letting $0<\varepsilon<p-a(M)$ and using Hölder's inequality with exponents $(p-1)/\varepsilon$ and $(p-1)/(p-\varepsilon-1)$, we find

$$E[\{\frac{Z_t^{(-1)}}{Z_\infty^{(-1)}}\}^{\frac{1}{p-1}}|F_t] = E[\exp\{\frac{2}{p-1}(M_\infty - M_t)\}(\frac{Z_t}{Z_\infty})^{\frac{1}{p-1}}|F_t]$$

$$\leqq E[\exp\{\frac{2}{\varepsilon}(M_\infty - M_t)\}|F_t]^{\frac{\varepsilon}{p-1}} E[(\frac{Z_t}{Z_\infty})^{\frac{1}{p-\varepsilon-1}}|F_t]^{\frac{p-\varepsilon-1}{p-1}}.$$

So, noticing $\alpha(M)=\infty$, it turns out that the first conditional expectation on the right hand side is bounded by some constant. Furthermore, the second one is also bounded by some constant, since Z satisfies $(A_{p-\varepsilon})$. Thus we have $p \geqq a(-M)$.

From this result it follows that the example given at the beginning of this paper does not belong to $\overline{L^\infty}$. More generally, it is proved in [1] that $BMO \neq \overline{L^\infty}$ if $BMO \neq L^\infty$.

REFERENCES

[1] C. Dellacherie, P. A. Meyer and M. Yor, Sur certaines propriétés des espaces de Banach H^1 et BMO, Sém. de Prob. XII, Lecture Notes in Math. 649, 1978, 98-113

[2] M. Emery, Le théorème de Garnett-Jones d'après Varopoulos, Sém. de Prob. XV, Lecture Notes in Math. 850, 1981, 278-284

[3] N. Kazamaki, A characterization of BMO-martingales, Sém. de Prob. X, Lecture Notes in Math. 511, 1976, 536-538

[4] N. Kazamaki and Y. Shiota, Remarks on the class of continuous martingales with bounded quadratic variation, Tôhoku Math. J., (to appear)

[5] S. C. Port and C. T. Stone, Brownian Motion and Classical Potential Theory, Academic Press 1978

[6] T. Sekiguchi, Weighted norm inequalities on the martingale theory, Math. Rep. Toyama Univ., 3 (1980), 37-100.

Department of Mathematics
Toyama University
Gofuku, Toyama, 930
Japan.

Predictable Representation of Martingale Spaces and Changes of Probability Measure

Darrell Duffie

Graduate School of Business
Stanford University
Stanford, California 94305, USA

ABSTRACT

We study the predictable representation of martingale spaces under a change of probability measure. The canonical decomposition of special semimartingales provides a simple route to the identity and cardinality of a minimal generating subset of martingales under a change of probability.

1. Introduction

Certain "high"- dimensional spaces of martingales can be generated by a fixed vector of martingales via predictable representations. This property has found application, for example, in stochastic control [1], filtering [11], and more recently in the economics of security trading [5]. The classic study by Kunita and Watanabe [9] of square-integrable martingales has been widely extended; a book [8] and paper [7] by Jean Jacod cover much of the theory I am aware of.

Here we characterize an association between martingale subspaces under different probability measures, in particular the identity and cardinality of minimal generating subsets of martingales. This cardinality has been termed *multiplicity* [2], and more generally, *q-dimension* [8]. Under regularity conditions on the change of probability measure, the q-dimension of the space of q-integrable martingales is invariant. A generating vector of local martingales under one probability measure maps to a generating vector of local martingales under a new probability measure via the transformation specified by "Girsanov's Theorem".

This paper was instigated by a study of multiperiod security markets [4], a setting in which the predictable representation property under a change of probability plays an important role [6].

I would like to thank Ruth Williams and Jean Jacod for comments. An early draft appeared as an appendix to my dissertation. For the dissertation in general, I would like to acknowledge the guidance of David Luenberger, David Kreps, and Kenneth Arrow.

2. Preliminaries

Let $(\Omega, \mathcal{F}, P)$ be a complete probability space and $F = \{\mathcal{F}_t; t \in R_+\}$ be a filtration of sub–tribes of $\mathcal{F}$ satisfying the usual conditions. We work exclusively on the filtered probability space $(\Omega, \mathcal{F}, F, P)$ for this section.

It is well known that any special semimartingale[1] X has a unique decomposition of the form: $X = X^{\triangleleft} + X^{\triangleright}$, where $X^{\triangleleft}$ denotes the local martingale part and $X^{\triangleright}$ denotes the predictable finite variation null–at–zero part. Similarly, if $X = (X_1, \ldots, X_n)$ is an R^n–valued process whose components are special semimartingales, we write $X^{\triangleleft}$ for $(X_1^{\triangleleft}, \ldots, X_n^{\triangleleft})$, and so on. If $\mathcal{X}$ is a set of special semimartingales, we use $\mathcal{X}^{\triangleleft}$ to denote the set of local martingales $\{X^{\triangleleft};\ X \in \mathcal{X}\}$.

The following general conditions for the existence of real–valued stochastic integrals with respect to R^n–valued semimartingales were developed by Jacod [8]. I use a presentation similar to that of Memin [12].

First, let M be an R^n–valued local martingale. Then there is an increasing finite variation real–valued process C and an optional $n \times n$ positive semi–definite matrix valued process $c = (c_{ij})$ such that $[X_i, X_j] = c_{ij} \cdot C$, where as usual $[\cdot, \cdot]$ denotes quadratic variation (optional compensator) and the raised dot notation $A \cdot B$ is used for the path–by–path Stieltjes integral of A with respect to B (and soon for stochastic integrals as well). Let $L(M)$ denote the set of R^n–valued predictable processes $H = (H_1, \ldots, H_n)$ such that $((\sum_{i,j} H_i c_{ij} H_j) \cdot C)^{1/2}$ is locally integrable. If $H \in L(M)$ the *stochastic integral* $H \cdot M$ is defined as the unique local martingale satisfying

$$[H \cdot M, N] = (\sum_i H_i K_i) \cdot C,$$

for every real valued local martingale N, where K_i denotes the optional process satisfying $[M_i, N] = K_i \cdot C$.

In the case of an R^n–valued RCLL finite variation process $A = (A_1, \ldots A_n)$, there is an increasing real–valued finite variation process V and an optional process $v = (v_1, \ldots, v_n)$ such that $A_i = v_i \cdot V$. If A is predictable, we can choose v and V to be predictable. Let $L(A)$ denote the set of R^n–valued predictable processes $H = (H_1, \ldots, H_n)$ such that $| \sum_i H_i v_i | \cdot V$ is a finite variation process. For $H \in L(A)$, the *stochastic integral* $H \cdot A$ is defined as the Stieltjes integral $(\sum_i H_i v_i) \cdot V$.

Finally, let X be an R^n–valued semimartingale. Let $L(X)$ denote the set of R^n–valued predictable processes H such that there exists a decomposition of X as the sum of an R^n–valued local martingale M and an R^n–valued finite variation process A with $H \in L(M) \cap L(A)$. The stochastic integral $H \cdot X$, defined as the sum of $H \cdot M$ and $H \cdot A$

[1] The definitions of a special semimartingale and other standard concepts used in this paper may be found in Jacod [8], or Dellacherie and Meyer [3].

does not depend on the particular decomposition chosen for X. This definition extends that for the sum of component stochastic integrals $\sum_i H_i \cdot X_i$, which may not exist for all $H \in L(X)$.

For any $q \in [1, \infty)$ define the positive extended real-valued functional $\| \cdot \|_q$ on the space of semimartingales by

$$\| X \|_q \quad = \quad \| \, sup_{t \geq 0} [X, X]_t^{1/2} \, \|_{L^q(\Omega, \mathcal{F}, P)}$$

for any semimartingale X. Let $\mathcal{M}^q$ denote the subspace of local martingales M such that $M_0 = 0$ and $\| M \|_q < \infty$. We restricition our attention to the null-at-zero merely for convenience. Extensions of our results to the general case are easily deduced from Lemma 4.8 of Jacod [8]. As is well known, $\mathcal{M}^q$ is a Banach space under the norm $\| \cdot \|_q$, taking an element of $\mathcal{M}^q$ to be an equivalence class of indistinguishable processes. A *stable subspace* of $\mathcal{M}^q$ is a $\| \cdot \|_q$-closed vector subspace $\mathcal{M}$ of $\mathcal{M}^q$ such that $1_A M^T \in \mathcal{M}$ for every $M \in \mathcal{M}$, $A \in \mathcal{F}_0$, and stopping time T. This is equivalent to stability under stochastic integration, in the sense that $\mathcal{M}$ is a stable subspace of $\mathcal{M}^q$ if and only if, for any vector local martingale M whose components are elements of $\mathcal{M}$,

$$\mathcal{L}^q(M) \equiv \{H \cdot M \in \mathcal{M}^q; H \in L(M)\} \subset \mathcal{M}.$$

This is a trivial extension of Jacod [8;(4.3)]. For any set $\mathcal{M}$ of local martingales let $\mathcal{L}^q(\mathcal{M})$ denote the smallest stable subspace of $\mathcal{M}^q$ containing $\mathcal{L}^q(M)$ for all $M \in \mathcal{M}$. In fact, $\mathcal{L}^q(\mathcal{M})$ is the closure of $\bigcup_{M \in \mathcal{M}} \mathcal{L}^q(M)$ [8;(4.5)]. Of course $\mathcal{L}^q(M)$ is itself a stable subspace of $\mathcal{M}^q$ for any vector M of local martingales.

For any set $\mathcal{A}$ of adapted processes let $\mathcal{A}_{loc}$ denote the set of processes which are "locally" in $\mathcal{A}$. That is, $A \in \mathcal{A}_{loc}$ if there is an increasing sequence of stopping times (T_n) such that $T_n \to \infty$ *a.s.* and $A^{T_n} \in \mathcal{A}$ for all n.

For any vector M of local martingales, let $\mathcal{L}(M) = \{H \cdot M; H \in L(M)\}$.

LEMMA 2.1. *For any vector M of local martingales,* $\mathcal{L}(M)_{loc} = \mathcal{L}(M)$.

PROOF: Let $X \in \mathcal{L}(M)_{loc}$ and (T_n) be an increasing sequence of stopping times converging to infinity such that there exist $H_n \in L(M)$ with $X^{T_n} = H_n \cdot M$ for all $n \geq 1$. Define a sequence (Y_n) of processes in $L(M)$ as follows. Let $Y_1 = H_1$. Let $Y_{n+1} = Y_n$ on $[\![0, T_n]\!]$ and $Y_{n+1} = H_{n+1}$ on $]\!]T_n, \infty[\![$. Since $Y_{n+1}^{T_n} = Y_n$, the processes (Y_n) "paste together" to form a process Y, which is predictable since $Y = \lim_n Y_n$. Then $Y \in L(M)$ and $X = Y \cdot M$ since $X^{T_n} = (Y \cdot M)^{T_n}$ for all n. ∎

If $\mathcal{M}$ is a stable subspace of $\mathcal{M}^q$, a *q-generator* of $\mathcal{M}$ is a vector M of local martingales whose components are elements of $\mathcal{M}_{loc}$ such that $\mathcal{L}^q(M) = \mathcal{M}$. If $M = (M_1, \ldots, M_n)$ is a q-generator of $\mathcal{M}$ and there is no q-generator of fewer components, the *q-dimension* of $\mathcal{M}$ is n and M is a *q-basis* for $\mathcal{M}$. Many examples are given by Jacod [7,8]. If $\mathcal{M}$ has no (finite) q-generator, its q-dimension is defined to be infinite. If $\mathcal{M} = \{0\}$, its q-dimension is defined to be zero. This covers all cases, although it is possible to distinguish countably infinite from uncountably infinite q-dimension [8;Chapter 4].

The following result shows that the q-dimension of a stable subspace $\mathcal{M} \subset \mathcal{M}^q$ is in fact the minimum dimension of a vector of martingales M which generates $\mathcal{M}$ (or $\mathcal{M} \subset \mathcal{L}(M)$), *whether or not the components of M are in $\mathcal{M}_{loc}$*.

LEMMA 2.2. *Suppose, for some $q \in [1, \infty)$, that $\mathcal{M}$ is a stable subspace of $\mathcal{M}^q$ and $M = (M_1, \dots, M_n)$ is a vector of local martingales such that $\mathcal{M} \subset \mathcal{L}(M)$. Then q-dim$(\mathcal{M}) \leq n$.*

PROOF: Choose any vector martingale $N = (N_1, \dots, N_m)$ whose components are in $\mathcal{M}$, with associated *dimension process* ς^N, as defined by Jacod [8,p.147]. Let ς^M denote the dimension process associated with M. By assumption, there exists an $m \times n$ matrix valued process K whose rows are elements of $L(M)$ such that $N = K \cdot M$, in the obvious sense. Since the components of both M and N are elements of $\mathcal{M}^1_{loc}$, Jacod's Proposition (4.71) applies for $q = 1$ and $\varsigma^N \leq \varsigma^M \leq n$ almost surely. Then Jacod's Theorem (4.74) can be applied to complete the proof. ∎

COROLLARY. *Suppose $1 \leq q \leq p < \infty$. Then p-dim$(\mathcal{M}^p) \leq q$-dim$(\mathcal{M}^q)$.*

PROOF: This follows from the fact that $\mathcal{M}^p \subset \mathcal{M}^q$. ∎

3. Change of Probability

Let Q be any probability measure on $(\Omega, \mathcal{F})$ absolutely continuous with respect to P. When defining concepts under Q we work on the filtered probability space $(\Omega, \mathcal{F}^Q, F^Q, Q)$, where $\mathcal{F}^Q$ and F^Q denote completions for Q. We distinguish definitions for the two filtered probability spaces $(\Omega, \mathcal{F}, F, P)$ and $(\Omega, \mathcal{F}^Q, F^Q, Q)$ by augmenting the notation with "P" or "Q", as in $L_P(X)$ and $L_Q(X)$, $\|\cdot\|_{qP}$ and $\|\cdot\|_{qQ}$, $X^{\triangleleft P}$ and $X^{\triangleleft Q}$, $H \overset{P}{\cdot} X$ and $H \overset{Q}{\cdot} X$, $\mathcal{M}^q_P$ and $\mathcal{M}^q_Q$, and so on. Let $\mathcal{S}(P)$ and $\mathcal{S}_p(P)$ denote the spaces of semimartingales and special semimartingales, respectively, under P, and similarly define $\mathcal{S}(Q)$ and $\mathcal{S}_p(Q)$. We use the facts that $\mathcal{S}(P) \subset \mathcal{S}(Q)$ and that the quadratic variation of a semimartingale under P is a Q-version of its quadratic variation under Q. See, for example, Chapter 7 of [8].

Let the P-martingale ξ denote the *density process* [8, Chapter 7] for the Radon-Nikodym derivative $\frac{dQ}{dP}$, equating $\xi(t)$ with the restriction of $\frac{dQ}{dP}$ to $\mathcal{F}_t$ for all $t \geq 0$. For reference, we identify the mapping $M \mapsto M^{\triangleleft Q}$ and its domain of definition, the P-local martingales in $\mathcal{S}_p(Q)$. This identification is known as Girsanov's Theorem, due to Lenglart [10] in this generality. The following form of the theorem is from [8,(7.29)].

THEOREM 3.1. *Let $M \in \mathcal{M}^1_{P,loc}$. Then $M \in \mathcal{S}_p(Q)$ if and only if $[M, \xi]$ is locally of integrable variation, in which case $M^{\triangleright Q} = (\xi^{-1})_- \cdot \langle M, \xi\rangle^P$ and $M^{\triangleleft Q} = M - M^{\triangleright Q}$.*

The condition on $[M, \xi]$ may be difficult to verify. The following sufficient condition is a trivial consequence of [3;VII.39]. As usual, $\mathcal{M}_P^\infty$ denotes the space of P-essentially bounded martingales.

LEMMA 3.1. *Let $q \in [1, \infty)$ and $q* \in (1, \infty]$ satisfy $\frac{1}{q} + \frac{1}{q*} = 1$. If $\xi - \xi_0 \in \mathcal{M}^{q*}_{P,loc}$ then $\mathcal{M}^q_{P,loc} \subset S_p(Q)$.*

The following result is due to Memin [12].

PROPOSITION 3.1. *Let X be any R^n-valued P-semimartingale. If $H \in L_P(X)$ then $H \in L_Q(X)$ and $H \overset{P}{\cdot} X$ is a Q-version of $H \overset{Q}{\cdot} X$.*

The next lemma is a technical aid. We write $X^{\triangleleft P \triangleleft Q}$ for $(X^{\triangleleft P})^{\triangleleft Q}$ whenever the operations are defined, and so on for other combinations.

LEMMA 3.2. *For any $M \in \mathcal{M}^1_{Q,loc} \bigcap S_p(P)$, both $M^{\triangleleft P}$ and $M^{\triangleright P}$ are in $S_p(Q)$, and:*

(a) $M^{\triangleleft P \triangleleft Q} = M$

(b) $M^{\triangleleft P \triangleright Q} = -M^{\triangleright P}$

(c) $M^{\triangleright P \triangleright Q} = M^{\triangleright P}$

(d) $M^{\triangleright P \triangleleft Q} = 0$

PROOF: Since $M^{\triangleright P}$ is predictable, finite variation, and null-at-zero under P, and $Q \ll P$, the same properties hold under Q, proving $M^{\triangleright P} \in S_p(Q)$ as well as (c) and (d). Since $M^{\triangleleft P} = M - M^{\triangleright P}$ forms the canonical decomposition of $M^{\triangleleft P}$ under Q, the remaining claims follow immediately. ∎

PROPOSITION 3.2. *Suppose the components of $M = (M_1, \ldots, M_n)$ are elements of $\mathcal{M}^1_{P,loc} \cap S_p(Q)$ and $H \in L_P(M)$. If $H \overset{P}{\cdot} M \in S_p(Q)$ then $H \in L_Q(M^{\triangleleft Q})$ and $(H \overset{P}{\cdot} M)^{\triangleleft Q}$ is a Q-version of $H \overset{Q}{\cdot} M^{\triangleleft Q}$.*

PROOF: For the case $n = 1$, [8,(7.26(a))] shows that $H \in L_Q(M^{\triangleleft Q})$ and that $(H \overset{P}{\cdot} M) - (\xi^{-1})_- \cdot \langle H \overset{P}{\cdot} M, \xi \rangle$ is a Q-version of $H \overset{Q}{\cdot} M^{\triangleleft Q}$. A proof of this result for $n > 1$ is a straightforward extension of Jacod's proof of [8, (7.26(a))]. Then the result follows from Theorem 3.1. ∎

We have a preliminary result showing the basic relationship between stable subspaces under a change of probability.

PROPOSITION 3.3. *Suppose $\frac{dQ}{dP}$ is essentially bounded. For any $q \in [1, \infty)$ and any set $\mathcal{M}$ of local martingales, $\mathcal{L}^q_P(\mathcal{M})^{\triangleleft Q} \subset \mathcal{L}^q_Q(\mathcal{M}^{\triangleleft Q})$. If, in addition, $\frac{dP}{dQ}$ exists and is essentially bounded, then $\mathcal{L}^q_P(\mathcal{M})^{\triangleleft Q} = \mathcal{L}^q_Q(\mathcal{M}^{\triangleleft Q})$.*

PROOF: Only the first assertion is proved here. The proof of the second is clear given the proof below.

Let $X \in \mathcal{L}^q_P(\mathcal{M})$, implying a sequence (X_n) converging to X in $\|\cdot\|_{qP}$, and thus also converging in $\|\cdot\|_{qQ}$, such that, for all n, $X_n = H_n \overset{P}{\cdot} M_n \in \mathcal{M}^q_P$, where $M_n \in \mathcal{M}$, and $H_n \in L_P(M_n)$. By Proposition 3.2 and Lemma 3.1, $H_n \in L_Q(M_n)$ and $(H_n \overset{P}{\cdot} M_n)^{\triangleleft Q} = H_n \overset{Q}{\cdot} M_n^{\triangleleft Q}$. By Dellacherie and Meyer [3], (VII.95, Remark (c)),

$$\| X^{\triangleleft Q} - H_n \overset{Q}{\cdot} M_n^{\triangleleft Q} \|_{qQ} \quad \leq \quad K_q \| X - H_n \overset{Q}{\cdot} M_n \|_{qQ} \tag{A}$$

for a given constant K_q depending only on q. Thus $H_n \overset{Q}{\cdot} M_n^{\triangleleft Q} \to X^{\triangleleft Q}$ in $\|\cdot\|_{qQ}$. Since $\mathcal{L}^q_Q(\mathcal{M}^{\triangleleft Q})$ is $\|\cdot\|_{qQ}$–closed, $X^{\triangleleft Q} \in \mathcal{L}^q_Q(\mathcal{M}^{\triangleleft Q})$. ∎

The following may be considered the main result. As a reminder, necessary and sufficient conditions for a local martingale to be a special semimartingale under a change of measure are given by Theorem 3.1, with convenient sufficient conditions for a q–generator given by Lemma 3.1. It may be worth noting that a semimartingale with locally bounded jumps is a special semimartingale under any absolutely continuous change of probability measure.

THEOREM 3.2. *Suppose $M = (M_1, \ldots, M_m)$ is a q-generator of $\mathcal{M}^q_P$ whose components are Q–special semimartingales, and $\frac{1}{\xi}$ is locally (P–essentially) bounded, then:*

(a) $\mathcal{L}^q_Q(\mathcal{M}^{\triangleleft Q}) = \mathcal{M}^q_Q$

(b) $q\text{-dim}(\mathcal{M}^q_Q) \leq q\text{-dim}(\mathcal{M}^q_P) \leq m.$

PROOF: *[Part (a)] By definition, $\mathcal{L}^q_Q(\mathcal{M}^{\triangleleft Q}) \subset \mathcal{M}^q_Q$. Suppose $X \in \mathcal{M}^q_Q$. Let (T_n) be an increasing sequence of stopping times such that $T_n \to \infty$ P–almost surely and $(\frac{1}{\xi})^{T_n}$ is (P–essentially) bounded for all n. Then $X^{T_n} \in S_p(P)$ for all n, and by [3, VII.26], $X \in S_p(P)$. For any n, the quadratic variation $[X,X]^Q$ is a P-version of $[X,X]^P$ on $[\![0,T_n]\!]$. Thus, for any n,*

$$\| (X^{\triangleleft P})^{T_n} \|_{qP} \;\leq\; K_q \| X^{T_n} \|_{qP} \;\leq\; B \| X^{T_n} \|_{qQ} < \infty,$$

where B is an essential upper bound on $(\frac{1}{\xi})^{T_n}$ and K_q is as given in relation (A). (We have not assumed $P \ll Q$, but for the last claim we can restrict ourselves to $(\Omega, \mathcal{F}^Q_{T_n})$ and apply the results of Jacod [8], Chapter 7, in particular Theorem 7.2.) Thus $X^{\triangleleft P} \in \mathcal{M}^q_{P,loc}$, and by Lemma 2.2 there exists $H \in L(M)$ such that $X^{\triangleleft P} = H \overset{P}{\cdot} M$. By Proposition 3.2 and Lemma 3.2 we have $X = H \overset{Q}{\cdot} M^{\triangleleft Q}$, proving part (a).

[Part (b)] This follows from Lemma 2.2. ∎

Remark: *For the case $q = 1$, the assumption that $1/\xi$ is locally bounded may be replaced by the assumption that $\mathcal{M}^1_Q \subset S_p(P)$.*

The following corollary is verified by applying symmetry and the bound K_q used in expression (A).

COROLLARY 1. *Suppose Q and P are equivalent and ξ as well as $\frac{1}{\xi}$ are locally (essentially) bounded. Then q-dim$(\mathcal{M}^q_Q) = q$-dim$(\mathcal{M}^q_P)$. If M is a q-generator (q-basis) for $\mathcal{M}^q_P$ then $M^{\triangleleft Q}$ is a q-generator (q-basis) for $\mathcal{M}^q_Q$.*

References

1. BISMUT, J., *Theorie Probabiliste du Control des Diffusions, Memoirs of The American Mathematical Society* **4** *(1976), .*

2. DAVIS, M.H. AND P. VARAIYA, *The Multiplicity of an Increasing Family of σ-Fields, The Annals of Probability* **2** *(1974), 958 - 963.*

3. DELLACHERIE, C. AND P. MEYER, *Probabilities and Potential B: Theory of Martingales, North-Holland Publishing Company, New York, 1982.*

4. DUFFIE, D., *"Stochastic Equilibria: Existence, Spanning Number, and The 'No Expected Gain From Trade' Hypothesis," Research Paper , Graduate School of Business, Stanford University, July 1984.*

5. DUFFIE, D. AND C. HUANG, *"Implementing Arrow-Debreu equilibria by continuous trading of few long lived securities," Working Paper , Graduate School of Business, Stanford University, February (Revised: July, 1984) 1983.*

6. HARRISON, J. AND D. KREPS, *Martingales and arbitrage in multiperiod securities markets, Journal of Economic Theory* **20** *(June 1979), 381–408.*

7. JACOD, J., *A general theorem of representation for martingales, Proceedings of the Symposia in Pure Mathematics* **31** *(1977), 37–53.*

8. ————, *Calcul Stochastique et Problemes de Martingales, Lecture Notes in Mathematics, No. 714, Berlin: Springer Verlag., 1979.*

9. KUNITA, H. AND S. WATANABE, *On square-integrable martingales, Nagoya Mathematics Journal* **30** *(1967), 209-245.*

10. LENGLART, E., *Transformation des martingales locales par changement absolument continu de probabilities, Zeitschrift fur Wahrscheinlichkeitstheorie* **39** *(1977), 65-70.*

11. LIPTSER, R. AND A. SHIRYAYEV, *Statistics of Random Processes I: General Theory, Springer-Verlag, New York, 1977.*

12. MEMIN, JEAN, *Espaces de semi-martingale et changement de probabilite, Zeitschrift fur Wahrscheinlichkeitstheorie* **52** *(1980), 9-39.*

WEAK COMPACTNESS IN THE SPACE H^1 OF MARTINGALES

Nicolae Dinculeanu
University of Florida
Gainesville, Florida 32611

1. Introduction

Let $(\Omega, \mathcal{F}, P)$ be a probability space and $(\mathcal{F}_t)_{t \in [0,+\infty]}$ a filtration satisfying the usual conditions. Let H^1 be the space of right continuous martingales M satisfying $E(M^*) < \infty$. Two martingales which are indistinguishable will be identified. With the norm $\|M\|_{H^1} = E(M^*)$, H^1 is a Banach space.

The classical characterization of weak compactness in L^1 has been extended to the space H^1 by Dellacherie, Meyer and Yor [2]. In this note we use [2] to give a new characterization of weak compactness in H^1, in terms of uniform weak convergence of conditional expectations. This extends results in [1] and [4].

2. The Main Results

Let $\mathcal{G}$ be a sub σ-algebra of $\mathcal{F}$. For every martingale M we denote by $E(M|\mathcal{G})$ or $E_{\mathcal{G}}M$ a right continuous version of the martingale $(E(M_t|\mathcal{G}))_{t>0}$ and call it the conditional expectation of M with respect to $\mathcal{G}$. We have $(E_{\mathcal{G}}M)^* \leq E(M^*|\mathcal{G})$, hence, $\|E_{\mathcal{G}}M\|_{H^1} \leq \|M\|_{H^1}$, therefore $E_{\mathcal{G}}$ is a continuous linear mapping of H^1 into itself and $\|E_{\mathcal{G}}\| \leq 1$.

Here is the main weak compactness criterion:

<u>Theorem 1</u>: <u>Let $(\mathcal{G}_n)$ be an increasing sequence of σ-algebras generating $\mathcal{F}$. A set $K \subset H^1$ is relatively weakly compact iff:</u>

1.) <u>Each $E_{\mathcal{G}_n}K$ is relatively weakly compact;</u>

2.) $\lim_n E_{\mathcal{G}_n}M = M$ <u>weakly in H^1, uniformly for</u> $M \in K$.

In case we have a net (rather than a sequence) of σ-algebras, we can still use it to characterize weak compactness in H^1:

Theorem 2. Let $(\mathcal{G}_\alpha)$ be an increasing net of sub σ-algebras generating $\mathcal{F}$. A set $K \subset H^1$ is relatively weakly compact iff:

1'.) Each $E_{\mathcal{G}_\alpha} K$ is relatively weakly compact;

2'.) For each separable subset $K_0 \subset K$ there is an increasing sequence (α_n) such that $\lim_n E_{\mathcal{G}_{\alpha_n}} M = M$ weakly in H^1 uniformly for $M \in K_0$.

The proof of the above theorems will follow from lemmas 9 and 10 below.

If $\mathcal{G}_\alpha$ are σ-algebras generated by finite partitions, then the sets $E_{\mathcal{G}_\alpha} K$ are finite dimensional, hence, conditions 1) and 1') in the above theorems are superfluous and we get the following corollaries:

Corollary 3. Assume $\mathcal{F}$ is separable and let (π_n) be an increasing sequence of finite partitions generating $\mathcal{F}$. For each n let E_{π_n} be the conditional expectation corresponding to the σ-algebra generated by π_n.

A set $K \subset H^1$ is relatively weakly compact iff $\lim_n E_{\pi_n} M = M$ weakly in H^1, uniformly for $M \in K$.

Corollary 4. A set $K \subset H^1$ is relatively weakly compact iff for each separable subset $K_0 \subset K$, there exists an increasing sequence (π_n) of finite partitions such that $\lim_n E_{\pi_n} M = M$ weakly in H^1, uniformly for $M \in K_0$.

3. Properties of conditional expectations of martingales

We shall need a few simple properties of H^1, in the proof of the main lemmas 9 and 10.

Lemma 5. Let (M^α) be a net in H^1 and $M \in H^1$ satisfying the following conditions:

(i) $\lim_\alpha M_\infty^\alpha = M_\infty$ stongly in L^1;

(ii) there is $f \in L^1$ such that $(M^\alpha)^* \le f$, a.s. for each α.

Then $\lim_\alpha M^\alpha = M$ strongly in H^1.

Proof. Using Doob's inequality, we deduce from (i) that $\lim_\alpha (M^\alpha)^* = M^*$ in probabilty. From (ii) we deduce then that $\lim_{P(A)\to 0} \int_A (M^\alpha)^* dP = 0$ uniformly with respect to α. The conclusion follows by using Vitali's convergence theorem.

Lemma 6. The bounded martingales are dense in H^1.

Proof. Let $M \in H^1$ and for every natural number n set $T_n = \inf\{t;\ M_t^* > n\}$. Then T_n is a stopping time and $T_n \uparrow +\infty$ a.s. The martingale M^{T_n-} is bounded in absolute value by n, and we have $(M - M^{T_n-})^* \le 2M^* \in L^1$ and $(M - M^{T_n-})^* = \sup_{t \ge T_n} |M_t - M_{T_n-}| \to 0$ a.s. as $n \to \infty$, hence $\|M - M^{T_n-}\|_{H^1} \to 0$. (see also [3], VII, 71).

Lemma 7. If $\mathcal{F}$ is separable then H^1 is separable.

Proof. L^1 is separable. Let R_∞ be a countable set of bounded random variables dense in L^1. We can assume that $f \in R_\infty$ implies $f \wedge n \in R_\infty$ for every n. Let R be the set of martingales $M \in H^1$ such that $M_\infty \in R_\infty$. By the preceding lemma it is enough to prove that R is dense in the set of bounded martingales of H^1.

Let $M \in H^1$ be a bounded martingale and let (M^n) be a sequence from R such that $M_\infty^n \to M_\infty$ in L^1 and pointwise a.s. Replacing M_∞^n by $M_\infty^n \wedge \|M_\infty\|_\infty$ if necessary, we can assume that $|M_\infty^n| \le \|M_\infty\|_\infty$ a.s. for every n. Then $(M^n)^* \le \|M_\infty\|_\infty$ for every n, therefore, by lemma 5, $M^n \to M$ in H^1.

Lemma 8. Let $(\mathcal{G}_\alpha)$ be an increasing net of sub σ-algebras of $\mathcal{F}$ and let $\mathcal{G}$ be the σ-algebra generated by this net. For every martingale $M \in H^1$ we have $\lim_\alpha E_{\mathcal{G}_\alpha} M = E_{\mathcal{G}} M$ strongly in H^1.

Proof. Let $M \in H^1$ be a bounded martingale. We have $\lim_\alpha E(M_\infty | \mathcal{G}_\alpha) = E(M_\infty | \mathcal{G})$ strongly in L^1 and $(E_{\mathcal{G}_\alpha} M)^* \le \|M_\infty\|_\infty$ a.s. for each α.

The conclusion follows from lemma 5, for M bounded, and it remains valid for arbitrary $M \in H^1$, by using the Banach-Steinhauss theorem.

Remark. Consider the increasing net (π) of all finite partitions of $\mathcal{F}$. The corresponding increasing net (E_π) of conditional expectations consists of finite rank operators and $\lim_\pi E_\pi M = M$ strongly in H^1. By Phillips' lemma ([5], IV.5.2) the limit is uniform on every compact subset of H^1. It follows that H^1 has the bounded approximation property. Corollary 3 states that if $\mathcal{F}$ is separable, then H^1 has the "weak approximation property".

Lemma 9. Let $(\mathcal{G}_\alpha)$ be an increasing net of sub σ-algebras of $\mathcal{F}$ and $\mathcal{G}$ the σ-algebra generated by this net. Let $K \subset H^1$ be a relatively weakly compact set. Then:

1. Each $E_{\mathcal{G}_\alpha} K$ is relatively weakly compact;
2. $\lim_\alpha E_{\mathcal{G}_\alpha} M = E_{\mathcal{G}} M$ weakly in H^1, uniformly for $M \in K$;
3. for every separable subset $K_0 \subset K$ there is an increasing sequence (α_n) such that $\lim_n E_{\mathcal{G}_{\alpha_n}} M = E_{\mathcal{G}} M$ weakly in H^1, uniformly for $M \in K_0$.

Proof. The first assertion follows from the continuity of $E_{\mathcal{G}_\alpha}$.

To prove the second assertion, consider the set K_b consisting of all bounded martingales $M \in H^1$ such that $M^* \leq N^*$ for some $N \in K$. Since the set $K^* = \{M^*;\ M \in K\}$ is uniformly integrable ([2], theorem 1), we deduce that the set $K_b^* = \{M^*;\ M \in K_b\}$ is uniformly integrable. The set K_b is dense in K for the strong topology of H^1. We shall first prove assertion 2 for K_b. Let $\mathcal{J}$ be a continuous linear functional on H^1 and let $Y \in BMO$ be a martingale such that $\mathcal{J}(M) = E(M_\infty Y_\infty)$ for any bounded martingale $M \in H^1$ ([3], VII, 77). For $M \in K_b$ the martingales $E_{\mathcal{G}_\alpha} M$ and $E_{\mathcal{G}} M$ are bounded, therefore,

$$|\mathcal{J}(E_{\mathcal{G}_\alpha} M - E_{\mathcal{G}} M)| = |E\,[((E_{\mathcal{G}_\alpha} M)_\infty - (E_{\mathcal{G}} M)_\infty)Y_\infty]| =$$

$$= |E[(E(M_\infty|\,\mathcal{G}_\alpha) - E(M_\infty|\,\mathcal{G}))Y_\infty]| = |E[M_\infty(E(Y_\infty|\,\mathcal{G}_\alpha) - E(Y_\infty|\,\mathcal{G}))]| \leq$$

$$\leq |E[M_\infty I_{\{M^*>\lambda\}}\, E(Y_\infty|\,\mathcal{G}_\alpha)]| + |E[M_\infty I_{\{M^*>\lambda\}}\, E(Y_\infty|\,\mathcal{G})]| +$$

$$+ \left| E[M_\infty I_{\{M^*<\lambda\}} (E(Y_\infty | \mathcal{G}_\alpha) - E(Y_\infty | \mathcal{G}))] \right| \leq 20 \, \|Y\|_{BMO_1} \, E[M^* I_{\{M^*>\lambda\}}] +$$

$$+ \lambda \, E \left| E(Y_\infty | \mathcal{G}_\alpha) - E(Y_\infty | \mathcal{G}) \right|.$$

Given $\varepsilon > 0$, we first choose λ such that the first term is smaller than $\frac{\varepsilon}{2}$ (λ is independent of $M \in K_b$ since K_b^* is uniformly integrable), then we take α_ε such that for $\alpha \geq \alpha_\varepsilon$ the second term is smaller than $\frac{\varepsilon}{2}$. This proves 2) for $M \in K_b$. Then 2) remains valid for $M \in K$, by the Banach Steinhauss theorem, since K_b is dense in K and $\sup_\alpha \|E_{\mathcal{G}_\alpha}\| \leq 1$.

To prove 3) let K_0 be a separable subset of K, and let Σ_0 be a separable sub σ-algebra of $\mathcal{F}$, such that for every martingale $M = (M_t)$ from K_0, each M_t is Σ_0-measurable. We can consider the probability space (Ω, Σ_0, P) with the filtration $\Sigma_t = \Sigma_0 \cap \mathcal{F}_t$ for $t \geq 0$, and denote by $H^1(\Sigma_0)$ the subspace of H^1 consisting of the martingales adapted to (Σ_t). The space $H^1(\Sigma_0)$ is separable and contains K_0. By a diagonal process we can find an increasing sequence (α_n) such that $\lim_n E_{\mathcal{G}_{\alpha_n}} M = E_{\mathcal{G}} M$ strongly, for M in a countable dense set of $H^1(\Sigma_0)$, and then, by the Banach-Steinhauss theorem, for all $M \in H^1(\Sigma_0)$. If we denote $\mathcal{H}_\alpha = \mathcal{G}_\alpha \cap \Sigma_0$ and $\mathcal{H} = \mathcal{G} \cap \Sigma_0$ we have $E_{\mathcal{H}_\alpha} M = E_{\mathcal{G}_\alpha} M$ and $E_{\mathcal{H}} M = E_{\mathcal{G}} M$ for $M \in H^1(\Sigma_0)$, therefore, $\lim_n E_{\mathcal{H}_{\alpha_n}} M = E_{\mathcal{H}} M$, strongly, for $M \in H^1(\Sigma_0)$.

It follows that $\mathcal{H}$ is the σ-algebra generated by the sequence $(\mathcal{H}_{\alpha_n})$. By 2) we have then $\lim_\alpha E_{\mathcal{H}_{\alpha_n}} M = E_{\mathcal{H}} M$, weakly in $H^1(\Sigma_0)$ uniformly for $M \in K_0$ and 3) follows by noticing that the weak topology of $H^1(\Sigma_0)$ is equal to that induced by the weak topology of H^1.

<u>Lemma 10</u>. <u>Let</u> $(\mathcal{G}_n)$ <u>be an increasing sequence of sub</u> σ-<u>algebras of</u> $\mathcal{F}$ <u>and</u> $\mathcal{G}$ <u>the</u> σ-<u>algebra generated by this sequence</u>. <u>Let</u> $K \subset H^1$. <u>If each</u> $E_{\mathcal{G}_n} K$ <u>is relatively weakly compact and if</u> $\lim_n E_{\mathcal{G}_n} M = E_{\mathcal{G}} M$, <u>weakly in</u> H^1, <u>uniformly for</u> $M \in K$, <u>then</u> $E_{\mathcal{G}} K$ <u>is relatively weakly compact</u>.

Proof. Let S be a positive random variable on Ω. The mapping $M \to M_S$ of H^1 into L^1 is linear and continuous: $E|M_S| \leq E(M^*)$. Then, for each n, the set $(E_{\mathcal{G}_n} K)_S := \{(E_{\mathcal{G}_n} M)_S; M \in K\}$ is relatively weakly compact in L^1 and $\lim_n (E_{\mathcal{G}_n} M)_S = (E_{\mathcal{G}} M)_S$ weakly in L^1, uniformly for $M \in K$. By lemma 6 in [1], and since L^1 is weakly sequentially complete, the set $(E_{\mathcal{G}} K)_S$ is relatively weakly compact in L^1. Then, by lemma 5 in [2], the set $E_{\mathcal{G}} K$ is relatively weakly compact in H^1.

Bibliography

1. J.K. Brooks and N. Dinculeanu, Weak compactness in spaces of Bochner integrable functions and applications, Advances in Math. 24 (1977), 172-188.

2. C. Dellacherie, P.A. Meyer and M. Yor, Sur certaines propriétés des espaces de Banach H^1 et BMO, Séminaire de Probabilités XII (1976-77), Springer Lecture Notes 649, 98-113.

3. C. Dellacherie and P.A. Meyer, Probabilities and Potential, Nord-Holland, 1978, 1983.

4. N. Dinculeanu, Weak compactness and uniform convergence of operators in spaces of Bochner integrable functions, Journal of Math. Analysis and Applications (to appear).

5. N. Dunford and J. Schwartz, Linear operators, Part I, Interscience, New York, 1957.

Note. In the proof of lemma 6, we denoted $M_t^* = \sup_{s<t} |M_s|$; then $(M_t^*)_{t\geq 0}$ is left continuous, hence T_n is predictable, therefore $M^{T_n -}$ is a martingale.

COMPARAISON ENTRE TEMPS D'ATTEINTE ET TEMPS DE SEJOUR DE CERTAINES DIFFUSIONS REELLES.

par Ph. BIANE

1. Introduction :

Soient X un processus de Bessel de dimension n issu de 0, et Z un processus de Bessel de dimension $n+2$, également issu de 0, c'est-à-dire que X et Z sont des diffusions de générateurs infinitésimaux respectifs

$$\frac{1}{2}\frac{d^2}{dx^2} + \frac{n-1}{2x}\frac{d}{dx}, \quad \frac{1}{2}\frac{d^2}{dx^2} + \frac{n+1}{2x}\frac{d}{dx},$$

n étant un réel ≥ 1. Ciesielski et Taylor [1] ainsi que Getoor et Sharpe [3] ont remarqué que les deux variables

$$S_y = \int_0^\infty 1_{\{Z_s < y\}}\, ds \qquad \text{et} \qquad T_y = \inf\{t \,/\, X_t > y\}$$

ont même loi, pour tout réel positif y.

Nous allons voir que des résultats de ce type subsistent pour des couples de diffusions plus généraux.

2. Cas général :

Dans la suite, Z désigne une diffusion régulière sur un intervalle (A,B) de $\overline{\mathbb{R}}$, de mesure de rapidité m, et d'échelle s, deux fois dérivable. On fait sur Z les hypothèses suivantes :

i) $s(A) = -\infty$.

ii) $s(B) < \infty$ (on prendra, à partir de maintenant, $s(B) = 0$).

iii) Z est tuée en B si $B < +\infty$.

iv) $m(dx) = m'(x)dx$ où m' est positive, dérivable sur (A,B).

v) $s(x)\, m'(x) \xrightarrow[s \to A]{} 0$ si $A > -\infty$

$$\int_{-\infty} s^2(x)\, m'(x)dx = \infty \text{ si } A = -\infty.$$

Alors, si ζ est le temps de vie de la diffusion, $Z_t \underset{t\to\zeta}{\longrightarrow} B$ (voir [2], [4]). Le générateur infinitésimal de Z est $\Gamma = \frac{1}{2}\frac{d}{dm}\frac{d}{ds}$. Soient y_0, $y \in [A,B]$ vérifiant $-\infty < y_0 \leq y < +\infty$. Nous allons calculer la loi de $S_y = \int_0^\zeta 1_{\{Z_s < y\}} ds$ sous P_{y_0} loi de Z issuede y_0. Soit $\lambda > 0$; appelons F_λ la solution positive croissante sur (A,B) de $(\Gamma-\lambda)F_\lambda = 0$, telle que $F_\lambda(A) = 1$.

Si $f_\lambda(x) = F_\lambda(x)$, pour $x < y$

$$= s(x)\frac{F'_\lambda(y)}{s'(y)} + F_\lambda(y) - \frac{S(y)}{S'(y)} F'_\lambda(y) \quad \text{pour} \quad y < x,$$

alors f_λ est solution croissante de $\Gamma f_\lambda = \lambda 1_{(A,B)} \cdot f_\lambda$,

D'après la formule d'Itô $f_\lambda(Z_t) \exp\{-\lambda\int_0^t 1_{\{Z_s<y\}} ds\}$ est une martingale bornée.

On a donc la formule de Feynman - Kac :

$$E_{y_0}\left[\exp - \lambda \int_0^\zeta 1_{\{Z_s<y\}} ds\right] = \frac{f_\lambda(y_0)}{f_\lambda(B)} = \frac{F_\lambda(y_0)}{F_\lambda(y) - \frac{s(y)}{s'(y)} F_\lambda(y)}$$

Remarquons que le dénominateur de cette expression, en tant que fonction de y, s'écrit : $s^2 \frac{d}{ds}(-\frac{F_\lambda}{s}) = \frac{d}{dv}(v F_\lambda)$, où $v = -\frac{1}{s}$. Soit $\bar\Gamma$ l'opérateur différentiel défini par $\bar\Gamma f = \frac{1}{s} F(sf)$, opérant sur les f telles que sf est dans le domaine de Γ.

On a immédiatement $\bar\Gamma = \frac{1}{2}(\frac{1}{s^2}\frac{d}{dm})(s^2\frac{d}{ds})$, soit, en posant $v = -\frac{1}{s}$ et $dn = s^2 dm$:

$$\bar\Gamma = \frac{1}{2}(\frac{d}{dn}\frac{d}{dv}).$$

<u>Remarque</u> : $\bar\Gamma$ est le générateur de la diffusion d'échelle v, de mesure de rapidité n sur (A,B). D'après Sharpe [2], si $L_z = \sup\{t \,/\, Z_t = z\}$ le processus $(Z_{L_z-t}, t \geq 0)$ est une diffusion de générateur $\bar\Gamma$, issu de z.

De $\Gamma = s\,\bar\Gamma(\frac{1}{s}\,\cdot) = \frac{1}{v}\bar\Gamma(v\cdot)$ on tire :

$$\Gamma = \frac{1}{2}(\frac{1}{v}\frac{d}{dn}(\frac{d}{dv}(v\cdot)) = \frac{1}{2} PQ \text{ où } P = \frac{1}{v}\frac{d}{dm} \text{ et } Q = \frac{d}{dv}(v\cdot)$$

Posons $H_\lambda = QF_\lambda$. Alors : $\frac{1}{2}QPH_\lambda = \frac{1}{2}Q(PQF_\lambda) = \lambda\frac{1}{2}QF_\lambda = \lambda H_\lambda$.

Ceci nous amène donc à considérer la diffusion X de générateur infinitésimal $\frac{1}{2} QP = \frac{1}{2} \frac{d}{dv} \frac{d}{dn}$ sur (A,B). D'après v), on a :

1) si $A > -\infty$, $H'_\lambda(x) = 2\lambda m'(x)\, s'(x)\, F_\lambda(x) \xrightarrow[x\to A]{} 0$. Donc, si on impose à X d'être réfléchi en A, si $X_0 < y_0$, X atteint presque sûrement tout point de (y_0,B), et donc :

$$E[\exp -\lambda\, T_y/X_0] = \frac{H_\lambda(X_0)}{H_\lambda(y)} \qquad (T_y = \inf\{t \,/\, X_t > y\}).$$

2) si $A = -\infty$, l'échelle de la diffusion X vaut $-\infty$ en A, donc X atteint presque sûrement tout point de (y_0,B) si $X_0 < y_0$. On a donc :

$$E[\exp - \lambda\, T_y/X_0] = \frac{H_\lambda(X_0)}{H_\lambda(y)}.$$

Pour retrouver la transformée de Laplace de S_y, il faut donner à X une loi initiale μ convenable, de sorte que $E_\mu[H_\lambda(X_0)] = F_\lambda(y_0)$. Si on prend pour $\mu(dx) = 1_{\{A\ x\ y_0\}}\,(-s(y_0))dv(x)$

$$E[H_\lambda(X_0)] = \int_A^{y_0} H_\lambda(x)\,(-s(y_0))dv(x) = \int_A^{y_0} (-s(y_0))\, \frac{d}{dv}(v\, F_\lambda)(x)\, dv(x)$$

$$= F_\lambda(y_0).$$

Remarque' : Si $Z_0 = y_0 > A$, la loi μ est exactement la loi de $I = \inf_{0<s<\zeta} \{Z_s\}$.

Si $Z_0 = A > -\infty$, il suffit de prendre $X_0 = A$. On a finalement le

Théorème : Soit Z une diffusion régulière sur (A,B) vérifiant les propriétés i)...v) et admettant pour générateur infinitésimal $\frac{1}{2} \frac{d}{dm} \frac{d}{ds}$. Soit X la diffusion sur (A,B) de générateur $\frac{1}{2} \frac{d}{dv} \frac{d}{dn}$ $(v = -\frac{1}{s},\ dn = s^2\, dm)$ réfléchie en A si $A > -\infty$, et $|n(A)| < \infty$.

Alors, pour tout $y \in (A,B)$, tout $y_0 \in (A,y)$, si P_{y_0} est la loi de Z issue de y_0, et $P'_{\mu(y_0)}$, la loi de X, de loi initiale $\mu(y_0)$ avec $\mu(y_0)(dx) = -1_{(A<x<y_0)}\, s(y_0) dv(x)$, alors $\int_0^\zeta 1_{\{Z_s<y\}} ds$ a même loi sous P_{y_0} que $T_y = \inf\{t \,/\, X_t > y\}$ sous $P'_{\mu(y_0)}$.

3) Quelques exemples :

a) Si Z est un processus de Bessel de dimension $n+2 \geq 3$, issu de 0, on retrouve le résultat de l'introduction (on a $A = 0$, $B = +\infty$). Si $Z_0 = y_0 > 0$, on peut obtenir le résultat du théorème d'une autre façon : soient β, γ des processus de Bessel indépendants de dimensions respectives n et 2, issus de 0 ; alors alors $\delta = \sqrt{\beta^2 + \gamma^2}$ est un processus de Bessel de dimension $n+2$ issu de 0. Soit $\tau_{y_0} = \inf\{t \,/\, \delta_t \geq y_0\}$. La loi de $\beta_{\tau_{y_0}}$ est $n \frac{x^{n-1}}{y_0^n} dx \, 1_{\{0 < x \leq y_0\}}$ c'est aussi la loi de $I_{y_0} = \inf\{\delta_t, t \geq \tau_{y_0}\}$.

D'après le résultat connu lorsque $Z_s = 0$, et l'indépendance des temps τ_{y_0} et $\int_{\tau_{y_0}}^{\infty} 1_{\{\delta_s \leq y\}} ds$ d'une part, et τ_{y_0} et $T_y - \tau_{y_0}$ ($T_y = \inf\{t \,/\, \beta_t \geq y\}$) on retrouve le résultat.

b) Si Z est un mouvement Brownien avec drift $\mu > 0$, alors $A = -\infty$, $B = +\infty$, $S(x) = e^{-2\mu x}$, $m(dx) = \frac{1}{2\mu} e^{2\mu x} dx$. On trouve que X est un mouvement Brownien avec drift μ. Si $Z_0 = 0$, le minimum de Z, I est tel que $-I$ a une loi exponentielle de paramètre 2μ.

Dans ce cas particulier, l'égalité en loi du théorème a une interprétation en termes de la trajectoire du mouvement Brownien avec drift μ : soit $Z_t = B_t + \mu t$ un mouvement Brownien avec drift μ. Ecrivons la formule de Tanaka ; L^0 étant le temps local de Z en 0 :

$$Z_t^+ = \int_0^t 1_{\{Z_s > 0\}} dB_s + \mu \int_0^t 1_{\{Z_s > 0\}} ds + \frac{1}{2} L_t^0 .$$

Soit $\tau_t = \inf\{u : \int_0^u 1_{\{Z_s > 0\}} ds \geq t\}$; on a :

$$Z_{\tau_t}^+ - \frac{1}{2} L_{\tau_t}^0 = \gamma_t + \mu t$$

où γ est un mouvement Brownien

$$U_t = Z_{\tau_t}^+ - L_{\tau_t}^0 = Z_{\tau_t} - L_{\tau_t}^0$$

est un mouvement Brownien avec drift μ, et une comparaison de sa trajectoire avec celle de Z montre que :

$$\int_0^\sigma 1_{\{Z_s > 0\}} ds \qquad (\text{où } \sigma = \sup\{t \ / \ Z_t = 0\}$$

est l'instant où sa trajectoire passe par son minimum.

D'après le théorème de Williams sur la décomposition de la trajectoire d'une diffusion en son minimum, (voir [4]) l'instant où un mouvement Brownien avec drift μ, Z, atteint son minimum a même loi que le premier instant où il atteint une variable indépendante de loi exponentielle de paramètre 2μ. En retranchant cette variable exponentielle de Z_0, on obtient le résultat de la proposition, en remarquant que

$$\int_0^\sigma 1_{\{Z_s > 0\}} ds \quad \text{et} \quad \int_0^\infty 1_{\{Z_s > 0\}} ds$$

ont même loi si Z est un mouvement Brownien avec drift μ issu de 0.

c) Prenons pour Z un mouvement Brownien réel tué en 0, issu de $y_0 > 0$ (ici, on $A = +\infty > B = 0$, il faut renverser l'ordre dans l'intervalle (A,B)).

Le processus X obtenu dans le théorème est un processus de Bessel dimension -1. Si on prend $y = 0$, on obtient le résultat suivant : soit Z un mouvement Brownien issu de $y_0 > 0$, X un processus de Bessel de dimension -1, de loi initiale $y_0 \frac{dx}{x^2} 1_{\{x > y_0\}}$; alors, les temps d'atteinte de 0 par X et Z ont même loi.

4) <u>Remarque</u> : On peut généraliser les résultats ci-dessus à des lois de variables de type $\int_0^\zeta g(Z_s)\, 1_{\{Z_0 < y\}} ds$ où $Z_s = y_0$, g est une fonction > 0, de classe C^1 sur (A,B).

Le même calcul qu'au §2 nous donne alors le résultat suivant : si X est la diffusion sur (A,B) de générateur infinitésimal $\frac{1}{2}(gQ)(\frac{1}{g}P)$, et si g est telle que, partant de $z_0 \in (A,B)$ X passe presque sûrement par tous les points de (z_0,B), alors, $\int_0^\zeta g(Z_s) 1_{\{Z_s < y\}}$ et $\int_0^{T_y} g(X_s) ds$ ont même loi si $Z_0 = y_0$ et X_0 a pour loi la loi du minimum de Z.

Dans le cas particulier où $g = \frac{1}{s^2}\frac{ds}{dm}$, on a : $\frac{1}{2}(gQ)(\frac{1}{y}P) = \frac{1}{2}\frac{d}{dm}\frac{d}{ds}$; X et Ƶ ont donc même générateur. En fait, ce résultat s'obtient à partir du §3; b), en remarquant que d'après la formule d'Itô :

$$\mathrm{Log}|s(Z_t)| = \int_0^t \sqrt{g(Z_s)}\,d\beta_s + \int_0^t g(Z_s)ds + \mathrm{Log}|s(y_0)|$$

(β = mouvement Brownien) donc, $\mathrm{Log}|s(Z_t)|$ changé de temps par l'inverse de la fonctionnelle additive $\int_0^t g(Z_s)ds$ est un mouvement Brownien avec drift, et le résultat découle du §3, b), par changement de temps.

REFERENCES :

[1] Ƶ. CIESIELSKI, S. TAYLOR : First passage time and sojourn density for Brownian Motion in Space and the exact Hausdorff Measure of the sample path. T.A.M.S 103 (1962), p. 434-450.

[2] M.J. SHARPE : Some transformations of diffusions by time reversal. Ann. Proba. 8 (1980), p. 1157-1162.

[3] R. GETOOR, M. SHARPE : Excursions of Brownian Motion and Bessel Processes. Ƶ.W. 47 (1979), p. 83-106.

[4] D. WILLIAMS : Path decompositions and continuity of local times for one dimensional diffusions. Proc. London Math. Soc. 3, 28, p. 738-768, 1974.

Adresse de l'auteur :

E.N.S. Ulm

45, rue d'Ulm

75230 PARIS CEDEX 05

SUR LA MESURE DE HAUSDORFF
DE LA COURBE BROWNIENNE

J.F. LE GALL

0. Introduction.

Soit B un mouvement brownien à valeurs dans l'espace $\mathbb{R}^d$ $(d \geq 2)$, issu de 0. On note Γ la trajectoire de B entre les instants 0 et 1. De nombreux auteurs ont cherché à déterminer une "bonne" fonction de mesure pour la courbe Γ, i.e. une fonction h telle que, P p.s.

(0-a) $$0 < h\text{-}m(\Gamma) < \infty$$

où $h\text{-}m$ désigne la mesure de Hausdorff associée à h.

Ciesielski et Taylor [1], pour $d \geq 3$, et Taylor [10] pour $d=2$ ont obtenu (0-a) avec la fonction h définie par :

(0-b) $$h(a) = \begin{cases} a^2 \log \log \frac{1}{a} & \text{si } d \geq 3 \\ a^2 \log \frac{1}{a} \log \log \log \frac{1}{a} & \text{si } d = 2. \end{cases}$$

La preuve de (0-a) passe par la démonstration de théorèmes limites pour les temps d'occupation. On note pour tout $a > 0$:

(0-c) $$V(a) = \begin{cases} \int_0^{\infty} 1_{(|B_s|<a)} ds & \text{si } d \geq 3, \\ \int_0^{T_1} 1_{(|B_s|<a)} & \text{si } d = 2, \end{cases}$$

où $T_1 = \inf\{s \,;\, |B_s| = 1\}$.

Ciesielski et Taylor, pour $d \geq 3$, et Ray, pour $d=2$, ont montré l'existence d'une constante C_d strictement positive telle que, h étant toujours définie par (0-b) :

(0-d) $$\limsup_{a\to 0} \frac{V(a)}{h(a)} = C_d \qquad P \text{ p.s.}$$

A l'aide de résultats généraux sur les mesures de Hausdorff dûs à Rogers et Taylor [9] on déduit facilement de (0-d) une minoration de la h-mesure de Hausdorff de Γ. Il semble malheureusement beaucoup plus difficile d'obtenir la majoration correspondante. Les résultats généraux de Rogers et Taylor permettent seulement de majorer la h-mesure de Hausdorff d'une partie de la trajectoire correspondant à un ensemble de temps de mesure pleine. Pour majorer la mesure de Hausdorff de l'ensemble complémentaire il est nécessaire d'obtenir des résultats plus précis que (0-d), de la forme suivante ; on note pour tout $k \geqslant 1$:

$$a_k = \begin{cases} 2^{-k} & \text{si} \quad d \geqslant 3, \\ 2^{-2^k} & \text{si} \quad d = 2. \end{cases}$$

Alors on peut choisir $\varepsilon > 0$ assez petit et un entier n_0 assez grand tels que, pour tout $n \geqslant n_0$:

$$\text{(0-e)} \qquad P\left[\bigcap_{k=n_0}^{n} \{V(a_k) \leqslant \varepsilon h(a_k)\}\right] \leqslant \exp(-C(n-n_0)^{\beta})$$

où C et β sont des constantes positives.

L'objet du présent travail est de donner une démonstration unifiée, aussi simple que possible, de ces résultats. Nous espérons que cette simplification des méthodes sera utile pour traiter des problèmes plus difficiles, comme par exemple la détermination de la "bonne" fonction de mesure pour l'ensemble des points doubles du mouvement brownien plan. Dans la partie 1 nous utilisons une représentation du processus des temps locaux du processus de Bessel de dimension d pour démontrer des inégalités de la forme (0-e). Il est ensuite facile d'en déduire (0-d). On obtient ainsi une preuve de (0-d) assez différente des preuves originales. Dans le cas $d \geqslant 3$ la preuve de Ciesielski et Taylor reposait sur un calcul explicite de la loi de $V(a)$, alors que pour $d=2$, Ray [8] utilisait une approximation par des marches aléatoires. L'inconvénient de notre approche est qu'elle ne permet pas d'identifier les constantes C_d pour $d \geqslant 3$. Dans la partie 2 nous passons à l'étude de la h-mesure de Hausdorff de Γ. Notre méthode est ici assez proche de celle employée par Taylor [10] dans le cas d=2. Cependant nous utilisons les résultats généraux de Rogers et Taylor [9] à la fois pour minorer et pour majorer la h-mesure de Hausdorff de Γ, alors que Taylor [10] construisait "à la main" les recouvrements conduisant à une majoration.

1. *Théorèmes limites pour les temps d'occupation.*

On reprend les notations de l'introduction et on pose, pour tout $t \geq 0$, $R_t = |B_t|$, de sorte que R est un processus de Bessel de dimension d issu de 0. On note $(L_t^a(R)\ ;\ a \in \mathbb{R},\ t \geq 0)$ la famille des temps locaux du processus R. On a

$$V(a) = \begin{cases} \int_0^a L_\infty^b(R)\, db & \text{si } d \geq 3 \\ \int_0^a L_{T_1}^b(R)\, db & \text{si } d = 2. \end{cases} \tag{1-a}$$

Proposition 1.1 :

Il existe un processus de Bessel de dimension 3 issu de 0, noté X, tel que :

(i) si $d \geq 3$, pour tout $t > 0$:

$$(R_t)^{2-d} = X_{\sup\{u\ ;\ (d-2)^{-2} \int_u^\infty X_s^{-2\left(\frac{d-1}{d-2}\right)} ds > t\}} \tag{1-b}$$

(ii) si $d = 2$, pour tout $T_1 \geq t > 0$:

$$\log \frac{1}{R_t} = X_{\sup\{u\ ;\ \int_u^\infty \exp(-2X_s) ds > t\}}. \tag{1-c}$$

En conséquence il existe un carré de processus de Bessel de dimension 2, noté U, tel que :

(i) si $d \geq 3$, pour tout $b \geq 0$:

$$L_\infty^b(R) = (d-2)^{-1}\, b^{d-1}\, U_{b^{2-d}}, \tag{1-d}$$

(ii) si $d = 2$, pour tout $1 \geqslant b \geqslant 0$:

(1-e) $$L^b_{T_1}(R) = b\, U_{\log \frac{1}{b}} .$$

Preuve.

Montrons par exemple (1-c). Supposons d'abord que R est issu de $r > 0$. Le calcul stochastique montre l'existence d'un mouvement brownien réel β tel que :

$$\log \frac{1}{R_t} = \log \frac{1}{r} + \int_0^t \frac{d\beta_s}{R_s} .$$

On en déduit qu'il existe un mouvement brownien γ issu de $\log \frac{1}{r}$ tel que

(1-f) $$\log \frac{1}{R_t} = \gamma_{\int_0^t \frac{ds}{R_s^2}} = \gamma_{\inf\{u \,;\, \int_0^u \exp(-2\gamma_s)ds > t\}}$$

soit $\tau_0 = \inf\{s; \gamma_s = 0\}$. Posons pour $0 \leqslant t \leqslant \tau_0$: $Y_t = \gamma_{\tau_0 - t}$.

Les résultats de retournement de Williams ([11]) montrent que Y est un processus de Bessel de dimension 3 issu de 0 et arrêté au dernier instant, noté σ_r, où il se trouve en $\log \frac{1}{r}$. (1-f) entraîne alors, pour tout $0 \leqslant t \leqslant T_1$:

$$\log \frac{1}{R_t} = Y_{\sup\{u,\, \int_u^{\sigma_r} \exp(-2Y_s)ds > t\}} .$$

On obtient la représentation (1-c) en faisant tendre r vers 0. La preuve de (1-b) est exactement similaire . (1-d) et (1-e) sont alors des conséquences faciles de (1-b) et (1-c) et de l'identité en loi des processus $(L^b_\infty(X),\, b \geqslant 0)$ et $(U_b,\, b \geqslant 0)$ (voir par exemple Williams [12] p. 38). □

Remarque. On peut également obtenir les représentations (1-d) et (1-e) à l'aide d'une forme généralisée des théorèmes de Ray-Knight sur les temps locaux du mouvement brownien linéaire : voir par exemple M c Gill [6].

Théorème 1.2 :

Soit pour tout $k \geq 1$: $a_k = \begin{cases} 2^{-k} & \text{si } d \geq 3 \\ 2^{-2^k} & \text{si } d = 2 \end{cases}$.

La fonction h étant définie par (0-b) on pose pour $\varepsilon > 0$ et $k \geq 1$:

$$E_k(\varepsilon) = \{V(a_k) \leq \varepsilon h(a_k)\}.$$

Alors, pour tout $\beta < 1$, on peut choisir ε assez petit de façon qu'il existe une constante $c > 0$ et un entier n_0 tels que, pour tout $n \geq n_0$

$$P\left[\bigcap_{k=n_0}^{n} E_k(\varepsilon)\right] \leq \exp(-c(n-n_0)^\beta). \tag{1-g}$$

Preuve.

Commençons par le cas $d \geq 3$ qui est un peu plus facile. On note $\delta = d-2$. La représentation (1-b) montre que :

$$V(a_k) \geq \int_{\sigma(a_k^{-\delta})}^{\infty} \delta^{-2}(X_s)^{-2(\frac{\delta+1}{\delta})}\, ds,$$

où on note : $\sigma(a) = \sup\{s \; ; \; X_s = a\}$.

Posons pour $k \geq 1$

$$Y_k = \int_{\sigma(a_k^{-\delta})}^{\sigma(a_{k+1}^{-\delta})} \delta^{-2}\, X_s^{-2(\frac{\delta+1}{\delta})}\, ds.$$

Les Y_k sont indépendantes ; un changement d'échelle montre :

$$Y_k \overset{(d)}{=} a_k^2 \int_{\sigma(1)}^{\sigma(2^\delta)} \delta^{-2}(X_s)^{-2(\frac{\delta+1}{\delta})} ds \geq a_k^2\, \delta^{-2} \int_0^{2^\delta-1} (1+u)^{-2(\frac{\delta+1}{\delta})} U_u du$$

où U est comme dans la proposition 1.1, on a utilisé le fait que $(X_{\sigma(1)+u^{-1}} \; ; \; u \geq 0)$ a même loi que X.

Des minorations très grossières montrent l'existence d'une constante b_δ telle que, pour tout $\theta > 0$:

$$P[Y_k \geq \theta a_k^2] \geq P[\delta^{-2} \int_0^{2^\delta-1} (1+u)^{-2(\frac{\delta+1}{\delta})} U_u du \geq \theta] \geq \exp(-b_\delta \theta).$$

L'indépendance des Y_k entraîne alors

$$P\left[\bigcap_{k=n_o}^{n} E_k(\varepsilon)\right] \leqslant \prod_{k=n_o}^{n} P\left[Y_k < \varepsilon\, \alpha_k^2 \log\log \frac{1}{\alpha_k}\right]$$
$$\leqslant \prod_{k=n_o}^{n} \left(1-(k \log 2)^{-\varepsilon b_\delta}\right)$$

d'où :

$$\log P\left[\bigcap_{k=n_o}^{n} E_k(\varepsilon)\right] \leqslant \sum_{k=n_o}^{n} \log\left(1-(k \log 2)^{-\varepsilon b_\delta}\right)$$
$$\leqslant -\sum_{k=n_o}^{n} (k \log 2)^{-\varepsilon b_\delta}$$
$$\leqslant -c_\delta (n-n_o)^{1-\varepsilon b_\delta},$$

pour une certaine constante c_δ. On obtient le résultat voulu en prenant ε assez petit pour que $1-\varepsilon b_\delta > \beta$.

Passons maintenant au cas $d=2$. On utilise la représentation (1-c) pour écrire :

$$V(a_k) = \int_{\tau(\log \frac{1}{a_k})}^{\infty} \exp(-2X_s) 1_{(X_s > \log \frac{1}{a_k})} ds,$$

où on note : $\tau(a) = \inf\{s \geqslant 0 \,;\, X_s = a\}$.

Posons pour $k \geqslant 1$:

$$Y_k = \int_{\tau(\log \frac{1}{a_k})}^{\tau(\log \frac{1}{a_{k+1}})} \exp(-2X_s) 1_{(X_s > \log \frac{1}{a_k})} ds.$$

A nouveau les Y_k sont indépendantes. Rappelons maintenant l'identité en loi, U désignant toujours un carré de processus de Bessel de dimension deux issu de 0 :

(1-h) $$\left(L^u_{\tau(a)}(X) \,;\, 0 \leqslant u \leqslant a\right) \overset{(d)}{=} \left(u^2\, U_{\frac{1}{u}-\frac{1}{a}} \,;\, 0 \leqslant u \leqslant a\right)$$

(voir par exemple Pitman Yor [7], on peut aussi montrer (1-h) en utilisant les mêmes techniques que pour la *proposition 1.1*).

On en déduit :

$$Y_k \overset{(d)}{=} \int_{\log \frac{1}{a_k}}^{\log \frac{1}{a_{k+1}}} \exp(-2b)b^2\, U_{(b^{-1}-(\log \frac{1}{a_{k+1}})^{-1})}\, db.$$

Le changement de variable $u=b - \log \frac{1}{a_k}$ donne :

$$Y_k \overset{(d)}{=} \int_0^{\log \frac{a_k}{a_{k+1}}} \exp(-2(u+\log \frac{1}{a_k}))\,(u+\log \frac{1}{a_k})^2 \quad \dots$$

$$\dots \quad U_{(\log \frac{a_k}{a_{k+1}} -u)(\log \frac{1}{a_{k+1}})^{-1}(\log \frac{1}{a_k}) +u)^{-1}}\, du.$$

$$\overset{(d)}{=} a_k^2 \log \frac{1}{a_k} Z_k,$$

à condition de poser :

$$Z_k = \int_0^{\log \frac{a_k}{a_{k+1}}} du \exp(-2u)(\log \frac{1}{a_k} + u)^2 \quad \dots$$

$$\dots \quad (\log \frac{1}{a_k})^{-1}(\log \frac{1}{a_{k+1}})^{-1}\, U_{(\log\frac{a_k}{a_{k+1}} -u)(\log \frac{1}{a_k} +u)^{-1}}\, du.$$

Maintenant, compte tenu du choix de la suite (a_k) on voit que, pour tout $\theta > 0$:

$$P[Y_k \geqslant \theta a_k^2 \log \frac{1}{a_k}] = P[Z_k \geqslant \theta] \xrightarrow[k\to\infty]{} P[U_1 \geqslant 4\theta].$$

On obtient ainsi, pour tout $\gamma > 0$ et tout k assez grand :

$$P[Y_k \geqslant \theta a_k^2 \log \frac{1}{a_k}] \geqslant \exp(-(2+\gamma)\theta).$$

On écrit ensuite :

$$P[\bigcap_{k=n_o}^{n} E_k(\varepsilon)] \leqslant P[\bigcap_{k=n_o}^{n} \{Y_k < \varepsilon a_k^2 \log \frac{1}{a_k} \log\log\log \frac{1}{a_k}\}]$$

$$\leqslant \prod_{k=n_o}^{n} (1-(k \log 2 + \log\log 2)^{-\varepsilon(2+\gamma)})$$

La fin de la preuve est tout à fait semblable à celle du cas $d \geq 3$. □

Remarque. Dans le cas $d=2$ la preuve ci-dessus donne des résultats plus précis que l'énoncé du théorème. On obtient que pour tout $\varepsilon < \frac{1}{2}$ on peut trouver $\beta > 0$ et $c > 0$ tels que :

$$P\,[\bigcap_{k=n_0}^{n} E_k(\varepsilon)\,] \leq \exp\,(-c(n-n_0)^{\beta}).$$

On aurait pu faire mieux en modifiant la suite (a_k). Prenons pour $k \geq 1$ et $\eta > 1$:

$$a_k = 2^{-\eta^k}.$$

La même méthode montre que pour tout $\varepsilon < \frac{\eta-1}{\eta}$ on peut trouver $\beta > 0$ et $c > 0$ avec :

$$P\,[\bigcap_{k=n_0}^{n} E_k(\varepsilon)] \leq \exp\,(-c(n-n_0)^{\beta})$$

En prenant η grand on voit que $\limsup_{a \to 0} \frac{V(a)}{h(a)} \geq 1$.

Corollaire 1.3.

Il existe une constante $C_d > 0$ telle que, P p.s. :

$$\limsup_{a \to 0} \frac{V(a)}{h(a)} = C_d.$$

On a : $C_2 = 1$.

Preuve.

Le *théorème 1.2* montre que, P p.s. :

$$\limsup_{a \to 0} \frac{V(a)}{h(a)} > 0.$$

Compte-tenu de la loi du tout ou rien il suffit pour montrer la première assertion du *corollaire* d'établir que, P p.s. :

$$\limsup_{a \to 0} \frac{V(a)}{h(a)} < \infty.$$

Or cette majoration résulte facilement des représentations (1-d) et (1-e) et de la loi du logarithme itéré pour les processus de Bessel (voir Ito-Mc Kean [3] p. 61). Par exemple pour $d=2$, on a pour tout $\varepsilon > 0$ et $a > 0$ assez petit :

$$V(a) = \int_0^a b\, U_{\log \frac{1}{b}}\, db$$

$$\leq (1+\varepsilon) \int_0^a b(2 \log \frac{1}{b} \log\log\log \frac{1}{b})db$$

$$\leq (1+2\varepsilon)a^2 \log \frac{1}{a} \log\log\log \frac{1}{a} .$$

On voit même, toujours dans le cas $d=2$:

$$\limsup_{a \to 0} \frac{V(a)}{h(a)} \leq 1.$$

A l'aide des remarques suivant la preuve du *théorème 1.2* on en déduit $C_2 = 1$. □

Remarques. Il n'était pas nécessaire de passer par le *théorème 1.2* pour établir le *corollaire 1.3*. En travaillant directement à partir des formules (1-d) et (1-e) et en utilisant la loi du logarithme itéré pour les processus de Bessel on aurait assez facilement établi le résultat du *corollaire 1.3*, y compris l'identification de la constante C_2.

Il semble que les méthodes ci-dessus ne permettent pas d'identifier les constantes C_d pour $d \geq 3$. Ciesielski et Taylor [1] ont montré que :

$$C_d = \frac{2}{P_d^2}$$

où P_d est le premier zéro positif de la fonction $J_\mu(z)$ avec $\mu = \frac{d}{2} - 2$.

2. *Etude de la mesure de Hausdorff de la courbe brownienne :*

Nous commencerons par rappeler un résultat dû à Rogers et Taylor [9], sur les propriétés d'absolue continuité d'une mesure par rapport à une mesure de Hausdorff.

Proposition 2.1 : ([9] lemmes 2 et 3).

Soient ν une mesure positive finie sur la boule unité $B(0,1)$ de $\mathbb{R}^d$ et g une fonction continue strictement croissante de $\mathbb{R}_+$ dans $\mathbb{R}_+$ telle que $g(0) = 0$.

On pose pour $\lambda > 0$:

$$E(\lambda) = \{ x \in \mathbb{R}^d \ ; \ \limsup_{a \to 0} \frac{\nu(B(x,a))}{g(2\sqrt{d}a)} > \lambda \}$$

$$F(\lambda) = \{ x \in \mathbb{R}^d \ ; \ \limsup_{a \to 0} \frac{\nu(B(x,a))}{g(a)} \leqslant \lambda \},$$

où $B(x,a)$ désigne la boule de centre x de rayon a.

Il existe deux constantes universelles γ_1 et γ_2 (dépendant de d) telles que :

(i) $\quad g\text{-}m(E(\lambda)) \leqslant \frac{\gamma_1}{\lambda} \nu(B(0,1))$

(ii) Si E est une partie borélienne de $F(\lambda)$:

$$g\text{-}m(E) \geqslant \frac{\gamma_2}{\lambda} \nu(E).$$

Pour des raisons qui apparaîtront plus loin, il est un peu plus simple d'étudier au lieu de la courbe Γ la courbe Γ_1 qui sera la trajectoire de B entre les instants 0 et $T_1 = \inf \{ s \ ; \ |B_s| = 1\}$. Il est équivalent de montrer (0-a) pour Γ ou pour Γ_1.

Corollaire 2.2 :

Soit pour $\varepsilon > 0$:

$$R(\varepsilon) = \{ z \in \Gamma_1 \ ; \ \limsup_{a \to 0} \frac{\int_0^{T_1} 1_{(|B_s - z| > a)} ds}{h(a)} > \varepsilon \}$$

Alors si $\varepsilon < 2C_d$ on a, P p.s. :

(2-a) $$0 < h\text{-}m(R(\varepsilon)) < \infty.$$

Preuve :

On applique la *proposition 2.1* à la mesure ν définie par :

$$\nu(A) = \int_0^{T_1} 1_{(B_s \in A)}\, ds$$

La propriété (i) montre immédiatement que :

$$h\text{-}m(R(\varepsilon)) \leq \frac{4d\gamma_1}{\varepsilon} T_1.$$

On pose ensuite :

$$E = \{ z \in \Gamma_1 \ ; \ \limsup_{a \to 0} \frac{\nu(B(z,a))}{h(a)} = 2C_d \}$$

Le *corollaire 1.3* entraîne $\nu(E) = T_1$. En utilisant la propriété (ii) on obtient :

$$h\text{-}m(R(\varepsilon)) \geq h\text{-}m(E) \geq \frac{\gamma_2}{2C_d} T_1. \qquad \square$$

Proposition 2.3 :

Posons pour $\varepsilon > 0$:

$$I(\varepsilon) = \Gamma_1 - R(\varepsilon).$$

Alors, P p.s., pour ε assez petit :

(2-b) $$h\text{-}m(I(\varepsilon)) = 0.$$

Preuve :

On note, pour $z \in \Gamma_1$ et $a > 0$:

$$V(z,a) = \int_0^{T_1} 1_{(|B_s - z| < a)}\, ds.$$

On utilise à nouveau la suite $(a_k \ ; \ k \geq 1)$ introduite dans la partie 1 et on pose, pour $\delta > 0$ et $k \geqslant 1$:

$$I(\varepsilon,\delta,k) = \{ z \in \Gamma_1 \cap B(0,1-2\delta) \ ; \ V(z,a) \leqslant \varepsilon h(a) \text{ pour tout } a \leqslant a_k \}.$$

Il suffit pour montrer (2-b) d'établir que, dès que ε est assez petit on a, pour tous δ,k ;

$$\text{(2-c)} \qquad h\text{-}m(I(\varepsilon,\delta,k)) = 0.$$

Précisons maintenant le choix de ε. On prend ε_o assez petit pour que le *théorème 1.2* soit vérifié pour $\beta = \frac{1}{2}$ et $\varepsilon = \varepsilon_o$. Un raisonnement simple utilisant la propriété de Markov au temps $T_\delta = \inf\{ s \ ; \ |B_s| = \delta\}$ montre que l'énoncé de ce théorème reste vrai, qui à changer les constantes C et n_o, lorsqu'on remplace $V(a_k)$ par :

$$V_\delta(a_k) = \int_0^{T_\delta} 1_{(|B_s| < a_k)} \, ds.$$

En particulier le choix de ε peut se faire indépendamment de δ. On pose :

$$\varepsilon_1 = (d+2)^{-2} \, \varepsilon_o.$$

Nous allons montrer (2-c) avec $\varepsilon = \varepsilon_1$. On note, pour $n \geqslant 1$, Ω_n l'ensemble des cubes de l'espace de la forme $\{ p_i a_n \leqslant x_i < (p_i+1)a_n \ ; \ 1 \leqslant i \leqslant d\}$ où $p_1,\dots p_n$ sont des entiers. Soit N_n le nombre de cubes de Ω_n que rencontre Γ_1.

<u>*Lemme 2.4*</u> :

<u>Il existe une constante</u> η_d <u>telle que</u> :

$$E[N_n] \leqslant \begin{cases} \eta_d \dfrac{1}{a_n^2} & \text{\underline{si}} \quad d \geqslant 3 \\[2ex] \eta_2 \dfrac{1}{a_n^2 \log \dfrac{1}{a_n}} & \text{\underline{si}} \quad d = 2. \end{cases}$$

Preuve du lemme.

Traitons par exemple le cas $d=2$. On pose pour $\varepsilon > 0$:

$$S^{\varepsilon} = \{ z \in B(0,1) \ ; \ \inf\{ |B_s - z| \ ; \ 0 \leq s \leq T_1 \} < \varepsilon \}$$

Alors $a_n^2 N_n \leq m(S^{\sqrt{2}\, a_n})$ (m désigne la mesure de Lebesgue).

Il suffit donc pour établir le lemme de montrer que pour une certaine constante K :

$$E[\, m(S^{\varepsilon})\,] \leq \frac{K}{\log \frac{1}{\varepsilon}}$$

Or on voit facilement que :

$$P[\, z \in S^{\varepsilon}\,] \leq \frac{\log(1+|z|) - \log|z|}{\log(1+|z|) - \log\varepsilon} \wedge 1.$$

D'où

$$E[\, S^{\varepsilon}\,] \leq 2\pi \int_0^1 \rho d\rho \left(\frac{\log(1+\rho) - \log \rho}{\log(1+\rho) - \log \varepsilon} \wedge 1 \right) \leq \frac{K}{\log \frac{1}{\varepsilon}} . \qquad \square$$

Revenons à la preuve de la *proposition 2.3.* On note M_n le nombre de cubes de Ω_n que rencontre $I(\varepsilon_1, \delta, k)$. On a :

(2-d) $$E[M_n] = E\Big[\sum_{A \in \Omega_n} 1_{(A \cap \Gamma_1 \neq \emptyset)} \, P[\, A \cap I(\varepsilon_1, \delta, k) \neq \emptyset / A \cap \Gamma_1 \neq \emptyset \,] \Big]$$

Pour $A \in \Omega_n$ on note $T_A = \inf\{ s \ ; \ B_s \in A\}$. Compte tenu du choix de ε_1 on a pour $n \geq k+d$ et $A \in \Omega_n$:

(2-e) $$\{ A \cap I(\varepsilon_1, \delta, k) \neq \emptyset\} \subset \{ A \cap \Gamma_1 \neq \emptyset\} \cap \Big(\bigcap_{p=k+d}^{n} \{ V(B_{T_A}, a_p) \leq \varepsilon_o \, h(a_p)\}\Big)$$

(remarquer que pour $y \in A$: $V(B_{T_A}, a_p) \leq V(y, a_p + d a_n)$).

Si $A \cap I(\varepsilon_1, \delta, k) \neq \emptyset$ et si n est assez grand pour que $d\, a_n \leq \delta$ on a : $|B_{T_A}| \leq 1-\delta$. La propriété de Markov au temps T_A montre que :

(2-f) $$P\Big[\bigcap_{p=k+d}^{n} \{ V(B_{T_A}, a_p) \leq \varepsilon_o \, h(a_p)\} \Big] \leq P\Big[\bigcap_{p=k+d}^{n} V_{\delta}(a_p) \leq \varepsilon_o \, h(a_p) \Big] \leq \exp(-c(n-k-d)^{\frac{1}{2}})$$

d'après le *théorème 1.2* et le choix de ε_0.

(2-e) et (2-f) entraînent, pour n assez grand et $A \in \Omega_{n_1}$:

$$P\,[A\cap I(\varepsilon_1,\delta,k) \neq \emptyset / A\cap \Gamma_1 \neq \emptyset\,] \leqslant \exp(-c(n-k-d)^{\frac{1}{2}}).$$

D'où, en revenant à (2-d) :

$$E\,[M_n\,] \leqslant \exp(-c(n-k-d)^{\frac{1}{2}})\;E\,[N_n\,].$$

Pour conclure on remarque d'après la définition d'une mesure de Hausdorff que :

$$h\text{-}m(I(\varepsilon_1,\delta,k)) \leqslant \liminf_{n\to\infty} M_n\;h(da_n).$$

Le lemme de Fatou entraîne :

$$E\,[\,h\text{-}m(I(\varepsilon_1,\delta,k))\,] \leqslant \liminf_{n\to\infty} E\,[M_n\,]\;h(da_n)$$
$$\leqslant \liminf_{n\to\infty} \exp(-c(n-k-d)^{\frac{1}{2}})h(da_n)E\,[N_n\,]$$

Les majorations du *lemme 2.4* montrent :

$$E\,[\,h\text{-}m(I(\varepsilon_1,\delta,k))\,] = 0. \qquad \square$$

En regroupant les résultats du *corollaire 2.2* et de la *proposition 2.3* on obtient le :

Théorème 2.5 :

P p.s., $\quad 0 < h\text{-}m(\Gamma_1) < \infty.$

Remarques :

a) La preuve de la *proposition 2.3* montre en fait un peu plus que ce qui nous était nécessaire. Par exemple pour $d \geqslant 3$ posons :

$$g_\alpha(x) = x^2 \exp\left(\left(\log \frac{1}{x}\right)^\alpha\right)$$

Alors la même preuve montre, pour tout $\alpha < 1$ et pour ε assez petit

$$g_\alpha\text{-}\,m(I(\varepsilon)) = 0.$$

La même remarque vaut pour le cas $d=2$ en remplaçant g_α par :

$$f_\alpha(x) = x^2 \exp((\log \log \frac{1}{x})^\alpha).$$

b) C'est Lévy [5] qui le premier a obtenu la partie majoration du *théorème 2.5*, dans le cas $d \geq 3$. La méthode de Lévy consiste à recouvrir indépendamment par des boules les parties de la trajectoire correspondant à des "petits" intervalles dyadiques disjoints. Il apparait un certain nombre d'intervalles "exceptionnels" que Lévy recouvre en utilisant la loi globale du logarithme itéré. Cette méthode ne fournit pas le meilleur résultat en dimension $d=2$, c'est pourquoi nous avons préféré nous inspirer de la méthode de Taylor [10] qui elle s'applique aussi bien en dimension $d \geq 3$.

c) Un problème encore ouvert consiste à trouver la "bonne" fonction de mesure pour l'ensemble des points doubles de la trajectoire du mouvement brownien plan. On peut commencer par étudier l'ensemble I des points d'intersection des trajectoires de deux mouvements browniens plans indépendants. La notion de temps local de confluence (voir [2]) permet de construire une mesure μ portée par I, qui est l'analogue de la mesure ν considérée dans la preuve du *corollaire 2.2*. Il semble alors plausible qu'il existe une fonction de mesure g telle que :

(2-g) $\quad \mu(dy)$ p.s. $\quad 0 < \limsup_{a\to 0} \frac{\mu(B(y,a))}{g(a)} < \infty$

La fonction g serait alors la bonne fonction de mesure pour I. Un premier pas en direction de (2-d) est accompli dans [4] où on montre que :

si $\quad h_\alpha(x) = x^2(\log \frac{1}{x})^\alpha$

(2-h) $\quad \mu(dy)$ p.s. $\quad \limsup_{a\to 0} \frac{\mu(B(y,a))}{h_\alpha(a)} = 0 \quad$ si $\alpha > 2$.

On peut déduire de (2-h) que :

$h_\alpha\text{-}m(I) = \infty \qquad$ si $\alpha > 2$, P p.s.

D'autre part on montre assez facilement que :

$h_\alpha\text{-}m(I) = 0 \qquad$ si $\alpha \leq 2$, P p.s.

REFERENCES :

[1] Z. Ciesielski et S.J. Taylor : First passage times and sojourn times for Brownian motion in space and the exact Hausdorff measure of the sample path. Trans. American Math. Soc. 103 (1962), 434-450.

[2] D. Geman, J. Horowitz et J. Rosen : A local time analysis of intersections of Brownian paths in the plane. Ann. Prob. 12 (1984), 86-107.

[3] K. Ito et H.P. Mc Kean : Diffusion processes and their sample paths. Springer, New-York (1974).

[4] J.F. Le Gall : Sur la saucisse de Wiener et les points multiples du mouvement brownien. En préparation (octobre 1984).

[5] P. Lévy : La mesure de Hausdorff de la courbe du mouvement brownien. Giorn. Ist. Ital. Attuari 16 (1953), 1-37.

[6] P. McGill : A direct proof of the Ray-Knight theorem. Séminaire de Probabilités XV. Lecture Notes in Maths 850. Springer, Berlin (1981).

[7] J.W. Pitman et M. Yor : A decomposition of Bessel bridges. Z. Wahrsch. verw. Gebiete 59 (1982) 425-457.

[8] D. Ray : Sojourn times and the exact Hausdorff measure of the sample path for planar Brownian motion. Trans. American Math. Soc. 106 (1963), 436-444.

[9] C.A. Rogers et S.J. Taylor : Functions continuous and singular with respect to a Hausdorff measure. Mathematika 8 (1961), 1-31.

[10] S.J. Taylor : The exact Hausdorff measure of the sample path for planar Brownian motion. Proc. Cambridge Philos. Soc. 60 (1964), 253-258.

[11] D. Williams : Path decomposition and continuity of local time for one-dimensional diffusions, I. Proc. London Math. Soc. 28 (1974), 738-768.

[12] D. Williams : Diffusions, Markov processes and martingales. Wiley, New York (1979).

Laboratoire de Probabilités
Université Paris VI
4, Place Jussieu - Tour 56
75230 PARIS CEDEX 05-FRANCE.

SUR LE TEMPS LOCAL D'INTERSECTION DU MOUVEMENT BROWNIEN PLAN ET LA METHODE DE RENORMALISATION DE VARADHAN.

J.F. LE GALL.

0. *Introduction* :

Soit W un mouvement brownien plan. Une façon d'étudier les recoupements de la trajectoire de W avec elle-même consiste à introduire l'intégrale formelle

(0-a) $$\int_0^1 \int_0^1 \delta_0(W_s - W_t)\,ds\,dt.$$

Ici δ_0 désigne la mesure de Dirac au point 0 du plan. L'expression formelle (0-a) joue un rôle important dans l'approche par Symanzik [8] de la théorie quantique des champs. Dans son appendice au livre de Symanzik, Varadhan [9] décrit une méthode qui permet de donner un sens à l'intégrale formelle (0-a) ; soit $(g_k, k \geq 1)$ la suite de fonctions sur le plan définies par :

$$g_k(x) = (k/2\pi)\exp(-k\,|x|^2/2)$$

La suite (g_k) converge, au sens de la convergence étroite des mesures, vers δ_0. Il est alors tentant de définir l'intégrale (0-a) comme la limite, quand k tend vers l'infini des intégrales :

(0-b) $$\int_0^1 \int_0^1 g_k(W_s - W_t)\,ds\,dt.$$

Varadhan [9] observe que cette limite est presque surement infinie mais qu'on peut obtenir une convergence vers une variable aléatoire finie, à condition de "renormaliser" la suite des intégrales (0-b) ; plus précisément il existe une suite de constantes $(c_k, k \geq 1)$ telle que :

(0-c) $$\int_0^1 \int_0^1 g_k(W_s - W_t)ds\, dt - c_k \underset{k\to\infty}{\longrightarrow} . \qquad \text{dans } L^2(P).$$

L'un des buts de ce travail est de retrouver sans calculs le résultat de Varadhan. Pour cela nous utiliserons la notion de temps local d'intersection introduite par Geman, Horowitz et Rosen [2] (voir aussi Wolpert [11]) pour deux mouvements browniens plans indépendants, et étendue par Rosen [5] au cas d'un seul mouvement brownien plan. Décrivons brièvement notre méthode ; si B est une partie borélienne de $[0,1]^2$, le temps local d'intersection $(\alpha(y,B), y \in \mathbb{R}^2 - \{0\})$ satisfait, pour toute fonction g borélienne bornée :

(0-d) $$\iint_B g(W_s - W_t)ds\, dt = \int_{\mathbb{R}^2} g(y)\alpha(y,B)dy.$$

On peut choisir une "bonne" version de $\alpha(y,B)$ qui soit continue en la variable d'espace y, sur $\mathbb{R}^2 - \{0\}$. La difficulté vient de ce qu'il n'est pas en général possible d'étendre $\alpha(y,B)$ à $\mathbb{R}^2$ tout entier (c'est possible si B est "loin de la diagonale"). En particulier on a :

(0-e) $$\alpha(y, [0,1]^2) \underset{y\to 0}{\longrightarrow} \infty \qquad P \text{ p.s.}$$

La renormalisation de Varadhan suggère d'introduire, pour $y \neq 0$:

$$\gamma(y,B) = \alpha(y,B) - E[\alpha(y,B)].$$

Nous montrons dans la partie 2 que $\gamma(y,B)$ se prolonge en une fonction continue sur $\mathbb{R}^2$. On déduit alors de (0-d) :

$$\int_0^1\int_0^1 g_k(W_s - W_t)ds\, dt - E\left[\int_0^1\int_0^1 g_k(W_s - W_t)ds\, dt\right]$$

$$= \int_{\mathbb{R}^2} g_k(y)\gamma(y, [0,1]^2)dy.$$

D'où :

$$\int_0^1\int_0^1 g_k(W_s-W_t)ds\,dt - E\,[\int_0^1\int_0^1 g_k(W_s-W_t)ds\,dt\,]$$

$$\xrightarrow[k\to\infty]{} \gamma(0,[0,1]^2) \qquad \text{p.s. et dans } L^2(P).$$

On retrouve ainsi le résultat de Varadhan (0-c). Signalons que l'idée d'appliquer la notion de temps local d'intersection à la renormalisation de Varadhan a déjà été utilisée par Rosen [6] mais avec des méthodes très différentes des notres.

Dans la partie 1 nous reprenons les résultats de Geman, Horowitz et Rosen [2] pour construire le temps local d'intersection $\alpha(y,B)$. Notre but est là surtout pédagogique ; nous montrons comment à partir du cas plus simple de deux mouvements browniens plans indépendants on construit le temps local d'intersection pour un seul mouvement brownien, et surtout on met en évidence les difficultés inhérentes à ce cas. La partie 2 est consacrée à l'étude de la version "renormalisée" $\gamma(y,B)$. Enfin dans la partie 3 nous donnons une interprétation de $\gamma(0,[0,1]^2)$ liée à l'étude asymptotique de la saucisse de Wiener. Pour $\varepsilon > 0$ la saucisse de Wiener de rayon ε associée à W est définie par :

$$S^{\varepsilon} = \{y \in \mathbb{R}^2 \ ; \ \inf(|W_s-y| \ ; \ s \leq 1) < \varepsilon\}$$

Il est intuitivement clair que plus la trajectoire de W se recoupe elle-même, plus la mesure de Lebesgue de S^{ε} sera petite. Nous montrons que si m désigne la mesure de Lebesgue sur $\mathbb{R}^2$, il existe une constante K telle que :

$$(\log\frac{1}{\varepsilon})((\log\frac{1}{\varepsilon})m(S^{\varepsilon})-\pi) \xrightarrow[\varepsilon\to 0]{} K - \frac{\pi^2}{2}\gamma(0,[0;1]^2)$$

avec convergence dans $L^2(P)$.

1. *Rappels sur le temps local d'intersection du mouvement brownien plan :*

Nous commencerons par rappeler, sous une forme adaptée à nos applications, certains résultats de Geman, Horowitz et Rosen [2] relatifs au temps local d'intersection pour deux mouvements browniens plans indépendants. Soient donc W, W' deux mouvements browniens plans indépendants. Le temps local d'intersection de W et W' est la famille $(\beta(y,.)\ ;\ y \in \mathbb{R}^2)$ de mesures (aléatoires) positives bornées sur $[0,1]^2$ qui satisfait P p.s. les deux propriétés suivantes :

(i) Pour toute partie borélienne B de $[0,1]^2$ et toute fonction $g : \mathbb{R}^2 \to \mathbb{R}$ borélienne bornée :

$$\text{(1-a)} \qquad \iint_B g(W_s - W'_t)ds\, dt = \int_{\mathbb{R}^2} g(y)\beta(y,B)dy.$$

(ii) L'application $y \to \beta(y,.)$ est étroitement continue.

Remarquons que (i) et (ii) assurent l'unicité de β (à indistingabilité près). On a de plus la propriété suivante :

pour tout $p \geq 1$ et tout $\varepsilon > 0$ il existe une constante $C(p,\varepsilon)$ telle que, pour tous $y,z \in \mathbb{R}^2$ et toute partie borélienne B de T :

$$\text{(1-b)} \qquad E\,[\,|\beta(y,B)-\beta(z,B)|^p\,] \leq C(p,\varepsilon)\ |y-z|^{p-\varepsilon}.$$

Si maintenant nous nous intéressons aux intersections de la trajectoire d'un seul mouvement brownien plan W avec elle-même, nous chercherons à construire une famille de mesures $(\alpha(y,.),\ y \in \mathbb{R}^2)$ qui satisfasse la propriété (0-d) à la place de (1-a). Pour des raisons de symétrie évidentes on peut se limiter à une étude sur le triangle

$$T = \{\,(s,t)\ ;\ 0 \leq s < t \leq 1\}.$$

Il est alors facile de se ramener à la situation ci-dessus. On pose pour tout entier $n \geq 1$ et $1 \leq k \leq 2^{n-1}$:

$$A_k^n = [\,(2k-2)2^{-n}\ ;\ (2k-1)2^{-n}\,[\ \times\ ]\,(2k-1)2^{-n}\ ;\ (2k)2^{-n}\,].$$

On remarque que : $\quad T = \bigcup_{n=1}^{\infty} \Big(\bigcup_{k=1}^{2^{n-1}} A_k^n \Big).$

De plus les A_k^n sont deux à deux disjoints. Sur chaque carré A_k^n on est ramené à la situation de deux mouvements browniens indépendants issus du même point. Les résultats rappelés plus haut entraînent donc l'existence pour chaque couple (n,k) d'une famille $(\beta_k^n(y,.), y \in \mathbb{R}^2)$ de mesures positives finies sur A_k^n telles que :

(i) Pour toute partie borélienne B de A_k^n et toute fonction $g : \mathbb{R}^2 \to \mathbb{R}$ borélienne bornée :

$$\iint_B g(W_s - W_t)ds\, dt = \int_{\mathbb{R}^2} g(y)\beta_k^n(y,B)dy.$$

(ii) L'application $y \to \beta_k^n(y,.)$ est étroitement continue.

Nous pouvons maintenant énoncer le résultat principal de cette partie :

Théorème 1.1 :

Il existe une famille, unique à indistingabilité près, $(\alpha(y,.), y \in \mathbb{R}^2 - \{0\})$ de mesures (aléatoires) positives finies sur le triangle T qui satisfait les deux propriétés suivantes :

(i) Pour toute partie borélienne B de T et toute fonction $g : \mathbb{R}^2 \to \mathbb{R}$ borélienne bornée :

$$\iint_B g(W_s - W_t)ds\, dt = \int_{\mathbb{R}^2 - \{0\}} g(y)\alpha(y,B)dy.$$

(ii) L'application $y \to \alpha(y,.)$ est étroitement continue.

Preuve :

On pose : $\alpha(y,.) = \sum_{n=1}^{\infty} \sum_{k=1}^{2^{n-1}} \beta_k^n(y,.)$.

La propriété (i) est évidente. Pour montrer (ii) on choisit $\varepsilon > 0$ et on remarque que P p.s. il existe un entier $N(\omega)$ tel que :

pour tout couple $(s,t) \in T$ avec $t-s \leq 2^{-N(\omega)}$

$$|W_t - W_s| < \varepsilon.$$

On en déduit, si $|y| > \varepsilon$:

$$\text{(1-c)} \qquad \alpha(y,.) = \sum_{n=1}^{N(\omega)} \sum_{k=1}^{2^{n-1}} \beta_k^n(y,.).$$

La finitude des mesures $\alpha(y,.)$, et la continuité étroite de l'application $y \to \alpha(y,.)$ résultent alors de (1-c) et des propriétés correspondantes pour les β_k^n. □

On aurait pu aussi définir :

$$\alpha(0,.) = \sum_{n=1}^{\infty} \sum_{k=1}^{2^{n-1}} \beta_k^n(0,.).$$

$\alpha(0,.)$ ainsi définie est une mesure positive σ-finie sur T. La difficulté vient de ce que, à la différence des $\alpha(y,.)$ pour $y \neq 0$, $\alpha(0,.)$ n'est pas finie.

Proposition 1.2 :

$$\alpha(0,T) = +\infty \qquad P \ \underline{\text{p.s.}}$$

Preuve :

On note pour simplifier $\ell_k^n = \alpha(0,A_k^n)$ et $\ell^n = \sum_{k=1}^{2^{n-1}} \ell_k^n$. Pour n fixé les ℓ_k^n $(1 \leq k \leq 2^{n-1})$ sont indépendantes et équidistribuées. Un changement d'échelle montre :

$$\ell_k^n \overset{(d)}{=} 2^{1-n} \, \ell_1^1.$$

On en déduit l'existence de constantes K_1 et K_2 telles que :

$$E[\ell^n] = K_1 \quad \text{et} \quad E[(\ell^n - E[\ell^n])^2] = K_2 \, 2^{-n}.$$

La série $\sum_{n=1}^{\infty} (\ell^n - E[\ell^n])$ converge p.s. Finalement :

$$\alpha(0,T) = \sum_{n=1}^{\infty} \ell^n = \sum_{n=1}^{\infty} E[\ell^n] + \sum_{n=1}^{\infty} (\ell^n - E[\ell^n]) = +\infty. \qquad \square$$

Remarque :

L'ensemble des résultats de cette partie reste valable pour le mouvement brownien à valeurs dans R^3. Il n'en sera pas de même pour la partie suivante.

2. *La renormalisation de Varadhan* :

Le résultat de Varadhan [9] et la preuve de la *proposition 1.2* suggèrent d'étudier une forme "renormalisée" du temps local d'intersection. On pose pour $y \in R^2 - \{0\}$ et pour toute partie borélienne B de T :

$$\gamma(y,B) = \alpha(y,B) - E[\alpha(y,B)].$$

Pour $y=0$ on adopte la même définition, à ceci près qu'il faut se restreindre aux parties B telles que $E[\alpha(0,B)] < \infty$.

Remarquons qu'on a, pour tout $y \in R^2$ et toute partie B :

$$\text{(2-a)} \qquad E[\alpha(y,B)] = \frac{1}{2\pi} \iint_B \frac{ds\,dt}{t-s} \exp\left(-\frac{|y|^2}{2(t-s)}\right)$$

La formule (2-a) s'obtient facilement à l'aide de la formule de densité de temps d'occupation (formule (i) du *théorème 1.1*).

Proposition 2.1 :

L'application $B \to \gamma(0,B)$ définie pour les parties B telles que $E[\alpha(0,B)] < \infty$ admet un unique prolongement à la tribu borélienne de T qui satisfait la condition suivante : si B est réunion d'une suite croissante $(B_n, n \geq 1)$, alors

$$\gamma(0,B) = \lim_{n\to\infty} \gamma(0,B_n) \quad \text{avec convergence dans } L^2(P).$$

Preuve :

On reprend les notations de la partie précédente et on pose, pour tout entier $n \geqslant 1$:

$$A^n = \bigcup_{k=1}^{2^{n-1}} A_k^n .$$

Alors, pour toute partie borélienne B de T :

$$\begin{aligned} & E\,[\,(\alpha(0,B \cap A^n)-E\,[\alpha(0,B \cap A^n)\,])^2\,] \\ & = \sum_{k=1}^{2^{n-1}} E\,[\,(\alpha(0,B \cap A_k^n)-E\,[\alpha(0,B \cap A_k^n)\,])^2\,] \\ & \leqslant 2^{n-1} \,.\, 2^{2(1-n)}\, E\,[\,(\alpha(0,A_1^1))^2] \\ & \leqslant \text{Cst.}\ 2^{-n}. \end{aligned}$$

Ceci permet de définir :

$$\gamma(0,B) = \sum_{n=1}^{\infty} (\alpha(0,B \cap A^n)-E\,[\alpha(0,B \cap A^n)\,]).$$

La série converge dans L^2 uniformément quand B décrit la tribu borélienne de T. Si $E\,[\alpha(0,B)\,]<\infty$ il est clair que les deux définitions de $\gamma(0,B)$ coïncident. Pour vérifier la condition de l'énoncé on utilise le fait que la série définissant $\gamma(0,B)$ converge uniformément en B. Enfin l'unicité du prolongement est évidente. □

Remarque :

Posons pour $\varepsilon > 0$: $T_\varepsilon = \{(s,t) \in T\ ;\ t-s > \varepsilon\}$.

La proposition entraîne :

$$\gamma(0,T_\varepsilon) \xrightarrow[\varepsilon\to 0]{} \gamma(0,T) \quad \text{avec convergence dans } L^2(P).$$

D'autre part, (2-a) montre que :

$$E\,[\alpha(0,T_\varepsilon)\,] = \frac{1}{2\pi}\left(\log\frac{1}{\varepsilon} + 1-\varepsilon\right)$$

On a donc :

(2-b) $$\alpha(0,T_\varepsilon) - \frac{1}{2\pi}\log\frac{1}{\varepsilon} \xrightarrow[\varepsilon\to 0]{} \gamma(0,T) - \frac{1}{2\pi} \quad \text{dans } L^2(P).$$

(2-b) fournit une nouvelle illustration du fait que la mesure $\alpha(0,.)$ est de masse totale infinie.

Théorème 2.2 :

Pour toute partie borélienne B de T l'application $y \to \gamma(y,B)$ est continue de R^2 dans $L^2(P)$.

Plus précisément, pour tout entier p pair et tout $\varepsilon > 0$ il existe une constante $K(p,\varepsilon)$ telle que, pour tous $y,z \in R^2$ et toute partie B :

$$E[(\gamma(y,B)-\gamma(z,B))^p] \leq K(p,\varepsilon)\,|y-z|^{p-\varepsilon}.$$

En particulier, pour toute partie borélienne B de T, il existe une version continue de l'application $y \to \gamma(y,B)$.

Preuve :

On a :

$$\gamma(y,B) = \sum_{n\geq 1} (\alpha(y,B\cap A^n)-E[(\alpha(y,B\cap A^n)]).$$

Les arguments de la preuve de la *proposition 2.1* montrent que la série converge dans $L^2(P)$ uniformément quand y décrit R^2 et B la tribu borélienne de T. D'autre part chacun des termes est une fonction continue de y à valeurs dans $L^2(P)$. Ceci suffit à prouver la première assertion du théorème.

On écrit ensuite :

$$E[(\gamma(y,B)-\gamma(z,B))^p]^{\frac{1}{p}} \leq \sum_{n=1}^{\infty} E[(\gamma(y,B\cap A^n)-\gamma(z,B\cap A^n))^p]^{\frac{1}{p}}$$

Pour n fixé on a : $\gamma(y,B\cap A^n)-\gamma(z,B\cap A^n) = \sum_{k=1}^{2^{n-1}} X_k$, à condition de poser :

$$X_k = \gamma(y,B \cap A_k^n)-\gamma(z,B \cap A_k^n).$$

Les variables X_k $(1 \leqslant k \leqslant 2^{n-1})$ sont indépendantes. Un changement d'échelle montre :

$$X_k \overset{(d)}{=} 2^{1-n}(\gamma(2^{\frac{n-1}{2}} y, B_k)-\gamma(2^{\frac{n-1}{2}} z, B_k))$$

pour une certaine partie B_k de A_1^1.

(1-b) entraîne alors :

$$E [(X_k)^p] \leqslant 2^{p(1-n)} \bar{C}(p,\varepsilon)|2^{\frac{n-1}{2}} y-2^{\frac{n-1}{2}} z|^{p-\varepsilon}$$

$$\leqslant \bar{C}(p,\varepsilon)2^{(p+\varepsilon)(\frac{1-n}{2})} |y-z|^{p-\varepsilon}.$$

Le fait que les X_k soient indépendantes et centrées entraîne pour une certaine constante $C'(p)$ ne dépendant pas de n :

$$E [(\sum_{k=1}^{2^{n-1}} X_k)^p] \leqslant C'(p)\, 2^{p(\frac{n-1}{2})} \sup(E [X_k^p] ; 1 \leqslant k \leqslant 2^{n-1}).$$

On en deduit :

$$E [(\gamma(y,B \cap A^n)-\gamma(z,B \cap A^n))^p] \leqslant C'(p)\, \bar{C}(p,\varepsilon)\, 2^{(\frac{1-n}{2})\varepsilon} |y-z|^{p-\varepsilon}.$$

On trouve finalement :

$$E [(\gamma(y,B)-\gamma(z,B))^p]^{\frac{1}{p}} \leqslant (C'(p)\, \bar{C}(p,\varepsilon))^{\frac{1}{p}} \sum_{n=1}^{\infty} 2^{\frac{(1-n)\varepsilon}{2p}} |y-z|^{1-\frac{\varepsilon}{p}},$$

d'où la deuxième assertion du théorème.

Le lemme de Kolmogorov (voir par exemple Ikeda et Watanabe [3] p. 20) entraîne alors l'existence d'une version continue en y de $\gamma(y,B)$. □

Corollaire 2.3 :

Soit C la constante d'Euler. On a :

(2-c) $$\alpha(y,T) - \frac{1}{\pi} \log \frac{1}{|y|} \xrightarrow[y\to 0]{} \gamma(0,T) + \frac{1}{2\pi} (\log 2-1-C).$$

la convergence ayant lieu p.s. et dans $L^2(P)$.

Preuve.

On applique le théorème après avoir remarqué que :

$$E[\alpha(y,T)] = \frac{1}{2\pi}\iint_T \exp\left(-\frac{|y|^2}{2(t-s)}\right)\frac{ds\,dt}{t-s}$$

$$= \frac{1}{2\pi}\int_0^{\frac{2}{|y|^2}} \left(1-\frac{u|y|^2}{2}\right)\exp\left(-\frac{1}{u}\right)\frac{du}{u}$$

d'où : $E[\alpha(y,T)] - \frac{1}{\pi}\log\frac{1}{|y|} \xrightarrow[y\to 0]{} \frac{1}{2\pi}(\log 2-1-C)$. □

Corollaire 2.4 :

Soient B une partie borélienne de T et $(g_n\ ;\ n \geq 1)$ une suite de fonctions bornées définies sur R^2 telle que la suite de mesures $g_n(y)dy$ converge étroitement vers δ_0. Alors :

$$\iint_B g_n(W_s-W_t)ds\,dt - E\left[\iint_B g_n(W_s-W_t)ds\,dt\right] \xrightarrow[n\to\infty]{} \gamma(0,B)$$

la convergence ayant lieu p.s. et dans $L^2(P)$.

Dans le cas particulier $B=T$ on a :

$$\iint_T g_n(W_s-W_t)ds\,dt - \frac{1}{\pi}\int_{R^2} g_n(y)\log\frac{1}{|y|}dy$$

$$\xrightarrow[n\to\infty]{} \gamma(0,T)+\frac{1}{2\pi}(\log 2-1-C)$$

Preuve :

On écrit :

$$\iint_B g_n(W_s-W_t)ds\,dt - E\left[\iint_B g_n(W_s-W_t)ds\,dt\right]$$

$$= \int_{R^2} g_n(y)\gamma(y,B)dy.$$

Ensuite on applique le *théorème 2.2*. La convergence presque sûre résulte de l'existence d'une version continue en y de $\gamma(y,B)$. Pour le cas particulier $B=T$ on utilise le *corollaire 2.3*. □

Remarques :

a) L'expression $\gamma(0,T)$ apparaît de façon naturelle dans l'étude des "mesures de polymères" (voir Edwards [1] ou Westwater [10]). On appelle mesure de polymères en dimension d toute probabilité ν sur l'espace des fonctions continues de $[0;1]$ dans R^d qui s'écrit formellement :

$$(2\text{-d}) \qquad \nu(d\omega) = L^{-1} \exp(-c \int_0^1 \int_0^1 \delta_0(\omega(s)-\omega(t))ds\, dt)\mu(d\omega)$$

où μ est la mesure de Wiener en dimension d, c une constante positive et L une constante de normalisation.

La formule (2-d) doit être interprétée de la manière suivante. On choisit une suite (g_n) convergeant étroitement vers δ_0 et on définit les probabilités ν_n par :

$$\nu_n(d\omega) = L_n^{-1} \exp(-c \int_0^1 \int_0^1 g_n(\omega(s)-\omega(t))ds\, dt)\mu(d\omega).$$

Les valeurs d'adhérence de la suite ν_n sont appelées mesures de polymères. Le *corollaire 2.4* montre que toutes les mesures de polymères en dimension deux sont de la forme :

$$\nu = L^{-1} \exp(-c\gamma(0,T)).\mu$$

On peut vérifier que $\gamma(0,T)$ possède des moments exponentiels de tous ordres.

b) Il n'existe pas à notre connaissance d'analogue de la renormalisation de Varadhan en dimension trois. Cependant Westwater [10] a montré l'existence de mesures de polymères non triviales en dimension trois. A la différence du cas de la dimension deux, les mesures construites par Westwater sont étrangères à la mesure de Wiener.

3. Une autre interprétation de $\gamma(0,T)$:

Pour $\varepsilon > 0$ on note S^{ε} la "saucisse de Wiener" de rayon ε associée à W sur l'intervalle $[0;1]$:

$$S^{\varepsilon} = \{ y \in R^2 \ ; \ \inf(|W_s - y| \ ; \ s \leq 1) < \varepsilon \}$$

Pour $y \neq 0$ on peut interpréter $\alpha(y,T)$ à l'aide de S^{ε} et de sa translatée par y ; m désignant la mesure de Lebesgue sur R^2 on a le résultat suivant ([4]) :

(3-a) $$(\log \frac{1}{\varepsilon})^2 \, m(S^{\varepsilon} \cap (y+S^{\varepsilon})) \xrightarrow[\varepsilon \to 0]{} \pi^2(\alpha(y,T)+\alpha(-y,T))$$

avec convergence dans $L^2(P)$.

Pour $y=0$ le résultat de convergence (3-a) n'est plus vérifié. On sait (voir [4]) que :

(3-b) $$(\log \frac{1}{\varepsilon}) \, m(S^{\varepsilon}) \xrightarrow[\varepsilon \to 0]{} \pi \qquad \text{p.s. et dans } L^2(P).$$

Il est cependant possible de faire intervenir $\gamma(0,T)$ à condition d'aller "au second ordre".

Théorème 3.1 :

(3-c) $$(\log \frac{1}{\varepsilon})((\log \frac{1}{\varepsilon}) \, m(S^{\varepsilon}) - \pi) \xrightarrow[\varepsilon \to 0]{} \frac{\pi}{2}(1+C-\log 2) - \pi^2 \gamma(0,T)$$

où C désigne toujours la constante d'Euler et la convergence a lieu dans $L^2(P)$.

Lemme 3.2 :

Soit, pour $\varepsilon > 0$: $H^{\varepsilon} = (\log \frac{1}{\varepsilon})((\log \frac{1}{\varepsilon})\, m(S^{\varepsilon}) - \pi)$.

La famille $(H^{\varepsilon},\ 0 < \varepsilon < \frac{1}{2})$ est bornée dans $L^2(P)$.

Preuve :

Spitzer ([7] *théorème 2*) a montré, dans un cadre bien plus général :

(3-d) $$E[H^{\varepsilon}] \xrightarrow[\varepsilon\to 0]{} \frac{\pi}{2}(1+C-\log 2)$$

La famille $(E[H^{\varepsilon}],\ 0 < \varepsilon < \frac{1}{2})$ est donc bornée.

Pour $0 \leq u < v \leq 1$ soit $S^{\varepsilon}(u,v)$ la saucisse de Wiener de rayon ε associée à W sur l'intervalle $[u;v]$; on a :

(3-e) $$H^{\varepsilon} = H_1^{\varepsilon} + H_2^{\varepsilon} - (\log \frac{1}{\varepsilon})^2\, m(S^{\varepsilon}(0,\tfrac{1}{2}) \cap S^{\varepsilon}(\tfrac{1}{2},1))$$

où $$H_1^{\varepsilon} = (\log \frac{1}{\varepsilon})((\log \frac{1}{\varepsilon})m(S^{\varepsilon}(0,\tfrac{1}{2})) - \frac{\pi}{2}),$$

$$H_2^{\varepsilon} = (\log \frac{1}{\varepsilon})((\log \frac{1}{\varepsilon})m(S^{\varepsilon}(\tfrac{1}{2},1)) - \frac{\pi}{2}).$$

H_1^{ε} et H_2^{ε} sont indépendantes de même loi. Un changement d'échelle montre:

$$H_1^{\varepsilon} \overset{(d)}{=} \frac{1}{2}(\log \frac{1}{\varepsilon})((\log \frac{1}{\varepsilon})m(S^{\varepsilon\sqrt{2}}) - \pi)$$

$$\overset{(d)}{=} \frac{1}{2} H^{\varepsilon\sqrt{2}} + \frac{1}{2}(\log \sqrt{2})((\log \frac{1}{\varepsilon\sqrt{2}})m(S^{\varepsilon\sqrt{2}}) - \pi)$$

$$+ \frac{1}{2}(\log \frac{1}{\varepsilon})(\log \sqrt{2})m(S^{\varepsilon\sqrt{2}})$$

En utilisant (3-b) on voit qu'il existe une constante K telle que :

(3-f) $$E[(H_1^{\varepsilon})^2]^{\frac{1}{2}} \leq \frac{1}{2} E[(H^{\varepsilon\sqrt{2}})^2]^{\frac{1}{2}} + K.$$

D'après [4] la famille des variables $(\log \frac{1}{\varepsilon})^2 m(S^{\varepsilon}(0,\frac{1}{2}) \cap S^{\varepsilon}(\frac{1}{2},1))$ est bornée dans $L^2(P)$. (3-e), (3-f) et (3-d) entraînent alors, pour une certaine constante k' : $E[(H^{\varepsilon})^2]^{\frac{1}{2}} \leq \frac{1}{\sqrt{2}} E[(H^{\varepsilon\sqrt{2}})^2]^{\frac{1}{2}} + k'$.

Cela suffit à établir le résultat du lemme. □

Preuve du théorème 3.1 :

Pour tout entier $n \geq 1$ on a :

$$(3\text{-g}) \qquad m(S^{\varepsilon}) = \sum_{k=1}^{2^n} m(S^{\varepsilon}((k-1)2^{-n},k2^{-n})) - \sum_{i=1}^{n} \sum_{k=1}^{2^{i-1}} m(S^{\varepsilon}((2k-2)2^{-i},(2k-1)2^{-i}) \cap S^{\varepsilon}((2k-1)2^{-i},2k2^{-i}))$$

D'autre part les résultats de [4] entraînent, pour tout couple (i,k) :

$$(\log \frac{1}{\varepsilon})^2 m(S^{\varepsilon}((2k-2)2^{-i},(2k-1)2^{-i}) \cap S^{\varepsilon}((2k-1)2^{-i},2k2^{-i})) \xrightarrow[\varepsilon \to 0]{} \pi^2 \alpha(0,A_k^i)$$

avec convergence dans $L^2(P)$.

On déduit alors de (3-g) :

$$(\log \frac{1}{\varepsilon})^2 (m(S^{\varepsilon}) - \sum_{k=1}^{2^n} m(S^{\varepsilon}((k-1)2^{-n},k2^{-n}))) \xrightarrow[\varepsilon \to 0]{} -\pi^2 \sum_{i=1}^{n} \alpha(0,A^i)$$

avec convergence dans $L^2(P)$.

On calcule facilement $E[\alpha(0,A^i)] = \log 2/2\pi$, d'où

$$(3\text{-h}) \qquad (\log \frac{1}{\varepsilon})^2 (m(S^{\varepsilon}) - \sum_{k=1}^{2^n} m(S^{\varepsilon}((k-1)2^{-n},k2^{-n}))) + \frac{\pi \log 2}{2} n \xrightarrow[\varepsilon \to 0]{} -\pi^2 \sum_{i=1}^{n} \gamma(0,A^i)$$

avec convergence dans $L^2(P)$.

Soit, pour $0 < a < 1$: $H^{\varepsilon}(a) = (\log \frac{1}{\varepsilon})((\log \frac{1}{\varepsilon}) m(S^{\varepsilon}(0,a)) - \pi a)$.

Le même changement d'échelle que dans la preuve du lemme montre que :

$$(3\text{-i}) \qquad H^{\varepsilon}(a) \overset{(d)}{=} a\, H^{\frac{\varepsilon}{\sqrt{a}}} + R^{\varepsilon}(a)$$

où le "reste" $R^{\varepsilon}(a)$ vérifie :

$$(3\text{-j}) \qquad R^{\varepsilon}(a) + \pi a \log a/2 \xrightarrow[\varepsilon \to 0]{} 0 \quad \text{dans } L^2(P).$$

n étant fixé on a, pour $1 \leqslant k \leqslant 2^n$:

$$(\log \frac{1}{\varepsilon})^2 m(S^\varepsilon((k-1)2^{-n},k2^{-n}))=\pi 2^{-n} \log \frac{1}{\varepsilon} + H_k^\varepsilon(2^{-n})$$

où les variables $H_k^\varepsilon(2^{-n})$ sont indépendantes et de même loi que $H^\varepsilon(2^{-n})$.

(3-i) permet maintenant d'écrire, pour $1 \leqslant k \leqslant 2^n$:

$$(\log \frac{1}{\varepsilon})^2 m(S^\varepsilon((k-1)2^{-n},k2^{-n}))=\pi 2^{-n} \log \frac{1}{\varepsilon} +2^{-n} H_k^{\varepsilon 2^{n/2}} + R_k^\varepsilon(2^{-n})$$

où les variables $H_k^{\varepsilon 2^{n/2}}$ (respectivement $R_k^\varepsilon(2^{-n})$) sont indépendantés de même loi que $H^{\varepsilon 2^{n/2}}$ (resp. $R^\varepsilon(2^{-n})$).

On obtient ainsi :

$$\text{(3-k)} \quad (\log \frac{1}{\varepsilon})^2 (m(S^\varepsilon) - \sum_{k=1}^{2^n} m(S^\varepsilon((k-1)2^{-n},k2^{-n}))) + \frac{\pi \log 2}{2} n =$$

$$= H^\varepsilon - 2^{-n} \sum_{k=1}^{2^n} H_k^{\varepsilon 2^{n/2}} - \sum_{k=1}^{2^n} R_k^\varepsilon (2^{-n}) + \frac{\pi \log 2}{2} n.$$

(3-j) entraîne :

$$\text{(3-l)} \quad \sum_{k=1}^{2^n} R_k^\varepsilon(2^{-n}) - \frac{\pi \log 2}{2} n \underset{\varepsilon\to 0}{\longrightarrow} 0 \quad \text{dans } L^2(P)$$

En regroupant (3-h), (3-k) et (3-l) on trouve :

$$\text{(3-m)} \quad H^\varepsilon - 2^{-n} \sum_{k=1}^{2^n} H_k^{\varepsilon 2^{n/2}} \underset{\varepsilon\to 0}{\longrightarrow} -\pi^2 \gamma(0, \bigcup_{k=1}^{n} A^i)$$

avec convergence dans $L^2(P)$.

Il suffit alors d'utiliser la *proposition 2.1*, le résultat de Spitzer (3-d) ainsi que le *lemme 3.2* pour déduire de (3-m) le théorème. □

Remarques :

Il serait intéressant d'obtenir un analogue du *théorème 3.1* pour le mouvement brownien en dimension trois. On sait que, W étant maintenant un mouvement brownien à valeurs dans R^3 et S^ε la "saucisse de Wiener" de rayon ε associée à W sur l'intervalle [0;1], on a :

$$\varepsilon^{-1} m(S^{\varepsilon}) \xrightarrow[\varepsilon\to 0]{} 2\pi \qquad \text{p.s. et dans } L^2(P).$$

Spitzer [7] a montré que :

$$\varepsilon^{-1} E[\varepsilon^{-1} m(S^{\varepsilon}) - 2\pi] \xrightarrow[\varepsilon\to 0]{} \sqrt{2\pi}.$$

Peut-on renforcer le résultat de Spitzer en montrant la convergence des variables aléatoires $\varepsilon^{-1}(\varepsilon^{-1} m(S^{\varepsilon}) - 2\pi)$? Ce problème semble très lié à l'existence d'une "bonne renormalisation" pour le temps local d'intersection en dimension trois (voir les remarques de la fin de la partie 2).

— — — — — — —

Je voudrais ici remercier Marc Yor pour de nombreuses et fructueuses discussions.

— — — — — — —

Laboratoire de Probabilités
4, Place Jussieu - Tour 56
75230 PARIS CEDEX 05

Références :

[1] Edwards, S.F. : The statistical mechanics of polymers with excluded volume. Proc. Phys. Sci. 85, 613-624 (1965).

[2] Geman, D., Horowitz, J., Rosen, J. : The local time of intersections for Brownian paths in the plane. Ann. Prob. 12, 86-107 (1984).

[3] Ikeda, N., Watanabe, S. : Stochastic differential equations and diffusion processes. North Holland mathematical library. Kodansha (1981).

[4] Le Gall, J.F. : Sur la saucisse de Wiener et les points multiples du mouvement brownien. Preprint (novembre 1984).

[5] Rosen, J. : A local time approach to the self intersections of Brownian paths in the plane. Commun. Math. Phys. 88, 327-338 (1983).

[6] Rosen, J. : Tanaka's formula and renormalisation for intersections of planar Brownian motion. Preprint University of Massachusetts (1984).

[7] Spitzer, F. : Electrostatic capacity, heat flow, and Brownian motion. Z. Wahrsch. Verw. Gebiete 3, 110-121 (1964).

[8] Symanzik, K. : Euclidean quantum field theory. In : Local Quantum Theory. Jost, R. (ed) New-York : Academic Press (1969).

[9] Varadhan, S.R.S. : Appendix to Euclidean quantum field theory. By K. Symanzik, in : Local Quantum Theory. Jost, R. (ed) New-York : Academic Press (1969).

[10] Westwater, J. : On Edwards' model for long polymer chains. Commun. Math. Phys. 72, 131-174 (1980).

[11] Wolpert, R. : Wiener path intersections and local time. J. Funct. Anal. 30, 329-340 (1978).

COMPLEMENTS AUX FORMULES DE TANAKA-ROSEN.

Marc YOR

1. Introduction :

(1.1) Soit $(B_t, t \geq 0)$ mouvement Brownien à valeurs dans $\mathbb{R}^n$, $n = 2$, ou 3, issu de 0. Considérons, pour tout ensemble Γ borélien, borné, de $\mathbb{R}_+^2$, la mesure $\lambda_\Gamma(dx)$, définie sur $(\mathbb{R}^n, \mathcal{B}(\mathbb{R}^n))$ par :

$$(1.a) \qquad \lambda_\Gamma(g) = \iint_\Gamma ds\, du\, g(B_s - B_u),$$

pour toute fonction $g : \mathbb{R}^n \to \mathbb{R}_+$, borélienne.

D'après Rosen [5], $\lambda_\Gamma(dx)$ est absolument continue par rapport à la mesure de Lebesgue (dx). Plus précisément, il existe une fonction $\alpha(x ; \Gamma)$ continue sur $\mathbb{R}^n \setminus \{0\}$, telle que :

$$(1.b) \qquad \lambda_\Gamma(g) = \int dx\, g(x)\, \alpha(x ; \Gamma).$$

On appellera $(\alpha(x ; \Gamma),\ \Gamma \in \mathcal{B}(\mathbb{R}_+^2))$ le temps local d'intersection au point x du mouvement Brownien $(B_t, t \geq 0)$.

Le Gall [4] montre que l'on peut construire très simplement ces temps locaux d'intersection à partir des temps locaux d'intersection associés à deux mouvements Browniens indépendants $(B_s, s \geq 0)$ et $(B'_u, u \geq 0)$; ces derniers temps locaux - dont l'existence a été obtenue par Geman - Horowitz - Rosen [3] - sont définis de la même façon que ci-dessus à partir de la formule (1.a), où l'on a changé $(B_s - B_u)$ en $(B_s - B'_u)$. De plus, lorsque $n = 2$, Le Gall [4] montre que pour tout ensemble borné $\Gamma \in \mathcal{B}(\mathbb{R}_+^2)$, la fonction $(\gamma(x ; \Gamma) \overset{\text{déf}}{=} \alpha(x ; \Gamma) - E(\alpha(x ; \Gamma))\ ;\ x \neq 0)$ se prolonge en une fonction continue sur tout le plan, ce qui lui permet d'obtenir la convergence en probabilité, lorsque $k \to \infty$, de :

$$(1.c) \qquad k^2 \iint_\Gamma ds\, du \{g(k(B_s - B_u)) - E[g(k(B_s - B_u))]\}$$

vers $\gamma(0 ; \Gamma)$, pour toute fonction $g : \mathbb{R}^2 \to \mathbb{R}_+$, continue, à support compact, et d'intégrale 1.

Cette convergence a été démontrée initialement - pour l'essentiel - par Varadhan [8] pour $\Gamma = [0,1]^2$, et la soustraction de l'espérance effectuée en (1.c) est souvent appellée renormalisation de Varadhan.

(1.2) De son côté, Rosen [6] a dégagé, en dimension 2, une "formule de Tanaka" :

$$\int_0^t ds\ \{K(B_t-B_s-y) - K(y)\}$$

(1.d)

$$= \int_0^t (dB_u\ ; \int_0^u ds\ \nabla K(B_u-B_s-y)) + \int_0^t ds \int_s^t du\ K(B_u-B_s-y) + \alpha(y\ ;\ T_t)$$

où $T_t = \{(s,u)\in \mathbb{R}_+^2 : 0 < s < u < t\}$, K est une certaine fonction solution de $(\frac{1}{2}\Delta-1)K = -\delta_0$, et $y\in\mathbb{R}^2\setminus\{0\}$ (précisément, $K(z) \equiv \frac{1}{\pi}K_0(\sqrt{2}|z|)$; noter $K(z) \underset{z\to 0}{\simeq} \frac{1}{\pi}\log\frac{1}{|z|}$).

L'objet principal de ce travail est de montrer que l'on peut remplacer la fonction $K(z)$ par $\log|z|$; la formule (1.d) devient alors :

$$\int_0^t ds\ \{\log|B_t-B_s-y| - \log|y|\}$$

(1.e)

$$= \int_0^t (dB_u\ ; \int_0^u ds \frac{B_u-B_s-y}{|B_u-B_s-y|^2}) + \pi\alpha(y\ ;\ T_t) \qquad (y \neq 0).$$

On déduit ensuite aisément de la formule (1.e) - que nous appellerons formule de Tanaka - Rosen - la convergence dans L^2 de

$$\pi\alpha(y\ ;\ T_t) - t\log\frac{1}{|y|}\ ,\ \text{lorsque}\ |y| \to 0,$$

résultat que Rosen ([7]) obtient également, avec un peu plus de difficulté, à partir de (1.d) ; le lien avec les résultats de Varadhan et Le Gall est ainsi établi pour $\Gamma = T_t$.

(1.3) Remarquons maintenant que la formule (1.e) a un air de parenté évident avec la formule de Tanaka :

(1.f) $$|B_t-a| = |B_0-a| + \int_0^t \mathrm{sgn}(B_s-a)dB_s + L_t^a,$$

où (B_t) désigne un mouvement Brownien réel, et (L_t^a) son temps local en $a \in \mathbb{R}$. Toutefois, une différence essentielle entre les deux formules est que l'intégrand qui figure dans l'intégrale stochastique en (1.e) possède une singularité en $1/r$, alors que celui qui figure en (1.f) est borné, quoique discontinu. Cette remarque nous a amené à remplacer dans la formule (1.e) la fonction $(\log r)$ par $\phi(r)$, pour une classe générale de fonctions ϕ, par analogie avec ce qui a été fait en dimension 1, où plusieurs auteurs (Fukushima [2], Yamada [9], Yamada - Oshima [10], Yor [11]) ont remplacé dans la formule (1.f), la fonction $|x|$ par une fonction dont la dérivée, au sens des distributions, appartient à $L^2_{loc}(dx)$.

(1.4) La généralisation ainsi obtenue de la formule (1.e) peut encore être étendue en toute dimension $n \geq 3$. Remarquons en particulier que, pour $n \geq 3$, la formule (1.e) devient :

$$(1.g)\quad \begin{aligned}&\int_0^t ds\, \{\log|B_t-B_s-y| - \log|y|\}\\ &= \int_0^t (dB_u\, ;\, \int_0^t ds\, \frac{B_u-B_s-y}{|B_u-B_s-y|^2}) + \nu \int_0^t ds \int_s^t du\, \frac{1}{|B_u-B_s-y|^2},\end{aligned}$$

où $\nu = \frac{n-2}{2}$, et $y \in \mathbb{R}^n \setminus \{0\}$.

Nous étendons encore la formule (1.g), en dimension $n = 3$, à une classe de fonctions $\phi(r)$, qui vérifient (entre autres) la condition $|\phi'(r)| < \frac{C}{r^2}$ au voisinage de 0.

On dégage en particulier, en s'inspirant de Rosen ([6]), la formule :

$$(1.h)\quad \begin{aligned}&\int_0^t ds\, \{\frac{1}{|B_t-B_s-y|} - \frac{1}{|y|}\}\\ &= - \int_0^t (dB_u\, ;\, \int_0^u ds\, \frac{B_u-B_s-y}{|B_u-B_s-y|^3}) - 2\pi\alpha(y\, ;\, T_t) \qquad (y \neq 0)\end{aligned}$$

(la seule différence, par rapport à Rosen [6], est que l'on explicite ici l'intégrand qui figure dans l'intégrale stochastique).

(1.5) Pour terminer cette introduction, indiquons les propriétés de continuité des temps locaux d'intersection, en dimension $n = 2$ ou 3, qui jouent un rôle important dans les démonstrations ci-dessous :

(1.i) pour tout $t > 0$, l'application : $y \to \alpha(y\ ;\ T_t)$ est localement lipschitzienne, d'ordre $(\frac{1}{2} - \varepsilon)$, pour tout $\varepsilon > 0$, lorsque y décrit $\mathbb{R}^n \setminus \{0\}$.

(1.j) pour tous $t > 0$, et $\delta < t$, l'application : $y \to \alpha(y\ ;\ T_t^\delta)$ est localement lipschitzienne, d'ordre $\frac{1}{2} - \varepsilon$, pour tout $\varepsilon > 0$, lorsque y décrit $\mathbb{R}^n$.

(on note T_t^δ l'ensemble $\{(s,u) \in \mathbb{R}_+^2 : 0 \leq s \leq u-\delta \leq t-\delta\}$).

En fait, lorsque $n = 2$, on peut remplacer, dans les deux cas, $(\frac{1}{2} - \varepsilon)$ par $(1-\varepsilon)$, mais nous n'utiliserons pas ce raffinement.
Ces résultats ont été obtenus respectivement par Le Gall [4] et Rosen [5].

2. Etude en dimension 2.

(2.1) Le résultat principal de ce travail est le

***Théorème 1** : Soit* $\phi :]0,\infty[\to \mathbb{R}$, *fonction de classe* C^2, *telle qu'il existe* $\alpha > 0$, *pour lequel* $\int_{0+} du\, u^{3/2-\alpha} |\phi''(u)| < \infty$. *Alors :*

(i) On a, pour tout $y \neq 0$:

$$\int_0^t ds\ \{\phi(|B_t - B_s - y|) - \phi(|y|)\}$$

(2.a)

$$= \int_0^t \left(dB_u\ ;\ \int_0^u ds\ \frac{B_u - B_s - y}{|B_u - B_s - y|}\ \phi'(|B_u - B_s - y|)\right) + \Phi_y(t),$$

où $\Phi_y(t) \equiv \lim_{\varepsilon \to 0} p.s. \left[\int_0^t ds \int_0^t du\ \frac{1}{2}\ \Delta_\varepsilon \phi(|B_u - B_s - y|) + \pi\varepsilon\phi'(\varepsilon)\ \alpha(y\ ;\ T_t)\right]$

avec $\Delta_\varepsilon \phi(r) = 1_{(r \geq \varepsilon)} \{\frac{\phi'(r)}{r} + \phi''(r)\}$.

(ii) D'autre part, pour tout $\delta > 0$, *et* $t \geq \delta$, *on a :*

$$\int_0^{t-\delta} ds\{\phi(|B_t-B_s|) - \phi(|B_{s+\delta}-B_s|)\}$$

(2.b)

$$= \int_\delta^t (dB_u, \int_0^{u-\delta} ds \frac{B_u-B_s}{|B_u-B_s|} \phi'(|B_u-B_s|)) + \Phi^\delta(t),$$

où : $\Phi^\delta(t) \equiv \lim_{\varepsilon\to 0} p.s. \int_0^{t-\delta} ds \int_{s+\delta}^t du \frac{1}{2} \Delta_\varepsilon \phi(|B_u-B_s|) + \pi\varepsilon\phi'(\varepsilon)\, \alpha(0 ; T_t^\delta)$.

Les démonstrations des points (i) et (ii) sont tout à fait semblables ; on ne donnera donc les détails que pour l'assertion (i).
On considère tout d'abord la fonction $F_\varepsilon(x) = \phi(\varepsilon + |x-y|)$, et on applique la formule d'Itô au processus $(F_\varepsilon(B_t-B_s), t \geq s)$. Il vient :

$$\text{(2.c)} \qquad F_\varepsilon(B_t-B_s) - F_\varepsilon(0) = \int_s^t (dB_u ; \nabla F_\varepsilon(B_u-B_s)) + \frac{1}{2}\int_s^t du\, \Delta F_\varepsilon(B_u-B_s).$$

On intègre ensuite les deux membres de cette identité par rapport à (ds), sur $(0,t)$. Il reste enfin à faire tendre ε vers 0. On décompose la démonstration en 3 étapes, qui concernent respectivement le membre de gauche de (2.a), et les 2 expressions figurant dans le membre de droite de (2.a).

Étape 1 : Le membre de gauche obtenu à partir de (2.c) est :

$$\int_0^t ds\{\phi(\varepsilon + |B_t-B_s-y|) - \phi(\varepsilon + |y|)\}.$$

Le processus $(|B_t-B_s-y| ; 0 \leq s \leq t)$ ne s'annulant presque sûrement pas, l'expression ci-dessus converge, lorsque $\varepsilon \to 0$, vers le membre de gauche de (2.a).

Etape 2 : Nous commençons par établir une inégalité a priori concernant

$$M_t^{(h)} \equiv \int_0^t (dB_u ; \int_0^u ds \frac{B_u-B_s-y}{|B_u-B_s-y|} h(|B_u-B_s-y|)),$$

en supposant tout d'abord $h : [0,\infty[\to \mathbb{R}_+$, continue, bornée.
On obtient aisément :

$$E[(M_t^{(h)})^2] \leq E\Big[\int_0^t du \,(\int_0^u ds\, h(|B_u-B_s-y|))^2\Big]$$

(2.d)

$$\leq t\, E\Big[(\int_0^t ds\, h(|B_s-y|))^2\Big].$$

Considérons maintenant le processus de Bessel $R_t = |B_t - y|$, et remarquons que l'on a, d'après la formule d'Itô :

$$(2.e) \qquad g(R_t) = g(R_0) + \int_0^t d\beta_s \, g'(R_s) + \int_0^t ds \, h(R_s),$$

avec (β_t) mouvement Brownien réel, nul en 0, et g la fonction nulle en 0, définie par :

$$(2.f) \qquad g'(r) = \frac{2}{r} \int_0^r du \, uh(u)$$

(g est solution de l'équation : $\frac{1}{2}(\frac{g'(r)}{r} + g''(r)) = h(r)$).

Utilisons l'identité (2.e) pour estimer (2.d). Il vient, si l'on note $\ell_t^a(y)$ le temps local en a du processus (R_t), et $\mu_t = 1 + \sup_{s \leq t} |B_s|$:

$$E[(M_t^{(h)})^2] \leq Ct\{E\left[\int_0^t ds(g'(|B_s - y|))^2\right] + E\left[(g(|B_t - y|) - g(|y|))^2\right]\}$$

$$\leq Ct \, \{E\left[\int_0^{\mu_t} da(g'(a))^2 \, \ell_t^a(y) + (\int_0^{\mu_t} da \, g'(a))^2\right]\}$$

$$\leq Ct \, E\left[(\ell_t^*(y) + \mu_t) \int_0^{\mu_t} da(g'(a))^2\right] \qquad (\ell_t^*(y) \equiv \sup_a \ell_t^a(y))$$

$$\leq Ct \, \|\ell_t^*(y) + \mu_t\|_2 \, \|\int_0^{\mu_t} da(g'(a))^2\|_2$$

On utilise maintenant l'inégalité de Hardy dans L^2 : pour tout $A > 0$, et toute fonction $f \in L^2(0,A)$,

$$\int_0^A ds \, \frac{1}{x^2} \, (\int_0^x du \, f(u))^2 \leq 4 \int_0^A du \, f^2(u)$$

pour obtenir, à l'aide de l'expression de g' en fonction de h (égalité (2.f)) le

<u>Lemme</u> : *<u>Il existe</u> $\gamma : \mathbb{R}_+ \to \mathbb{R}_+$ <u>telle que, pour toute fonction</u> h <u>continue</u>, $h : \mathbb{R}_+ \to \mathbb{R}$, <u>on ait, pour tout</u> y <u>tel que :</u> $|y| \leq 1$:*

$$E[(M_t^{(h)})^2] \leq \gamma(t) \, \|\int_0^{\mu_t} dr \, r^2 \, h^2(r)\|_2 .$$

Ainsi, l'application : $h \to M_t^{(h)}$ se prolonge par continuité en une application de $L^2([0,1], r^2\,dr)$ dans $L^2(\Omega)$ (on se restreint ici aux fonctions h à support dans $[0,1]$). Si $\phi :]0,\infty[\to \mathbb{R}$ est de classe C^2, et vérifie :

$\int_{0+} dr\, r^{3/2-\alpha}\, |\phi''(r)| < \infty$, pour certain $\alpha > 0$, alors $h = \phi'|_{]0,1[}$ appartient

à $L^2([0,1],r^2\,dr)$. En effet, on a :

$$\int_0^1 dr\, r^2 \left(\int_r^1 du\, |\phi''(u)|\right)^2 \leq \left(\int_0^1 du\, u^{3/2-\alpha}\, |\phi''(u)|\right)^2 \int_0^1 \frac{dr}{r^{1-2\alpha}} < \infty.$$

Finalement, l'intégrale stochastique obtenue à partir de (2.c) :

$$\int_0^t ds \int_s^t (dB_u ; \nabla F_\varepsilon(B_u - B_s)) = \int_0^t (dB_u ; \int_0^u ds\, \nabla F_\varepsilon(B_u - B_s))$$

converge bien en probabilité, lorsque $\varepsilon \to 0$, vers l'intégrale stochastique qui figure en (2.a) (et lorsque ϕ est à support compact, cette convergence a lieu dans $L^2(\Omega)$).

<u>Etape 3</u> : Il s'agit maintenant d'étudier la convergence, lorsque $\varepsilon \to 0$, du dernier terme provenant de (2.c), qui est :

$$\frac{1}{2}\int_0^t ds \int_s^t du \left\{\frac{\phi'(\varepsilon+r)}{r} + \phi''(\varepsilon + r)\right\}\Big|_{r=|B_u - B_s - y|}$$

$$= \frac{1}{2}\int_{\mathbb{R}^2} dx\, \alpha(x ; T_t) \left\{\frac{\phi'(\varepsilon+r)}{r} + \phi''(\varepsilon + r)\right\}\Big|_{r=|x-y|}$$

$$= \pi \int_0^\infty dr\, r\left\{\frac{\phi'(\varepsilon+r)}{r} + \phi''(\varepsilon + r)\right\} \bar{\alpha}(r ; T_t),$$

où $\bar{\alpha}(r ; T_t) = \frac{1}{2\pi}\int_0^{2\pi} d\theta\, \alpha(y + re^{i\theta} ; T_t)$.

Posons $J_{(a,b)}(\varepsilon) = \int_a^b dr\, r\left\{\frac{\phi'(\varepsilon+r)}{r} + \phi''(\varepsilon + r)\right\} \bar{\alpha}(r ; T_t)$.

La fonction : $r \to \bar{\alpha}(r ; T_t)$ étant continue sur $]0,\infty[$, et à support borné, la convergence de $J_{(1,\infty)}(\varepsilon)$, lorsque $\varepsilon \to 0$, ne pose pas de problème. En ce qui concerne $J_{(0,1)}(\varepsilon)$, on écrit :

$$J_{(0,1}(\varepsilon) = \int_0^1 dr\, r\{\frac{\phi'(\varepsilon+r)}{r} + \phi''(\varepsilon+r)\}(\overline{\alpha}(r\ ;\ T_t) - \alpha(y\ ;\ T_t))$$

(2.g)

$$+ \alpha(y\ ;\ T_t) \int_0^1 dr\, \{\phi'(\varepsilon+r) + r\,\phi''(\varepsilon+r)\}.$$

A l'aide de l'inégalité : $|\overline{\alpha}(r\ ;\ T_t) - \alpha(y\ ;\ T_t)| < C_\omega\ r^{1/2-\alpha}$, valable pour r suffisamment petit (d'après (1.i)), on montre aisément que la première intégrale qui figure en (2.g) converge, lorsque $\varepsilon \to 0$, vers :

$$\int_0^1 dr\, r\{\frac{\phi'(r)}{r} + \phi''(r)\}\ [\overline{\alpha}(r\ ;\ T_t) - \alpha(y\ ;\ T_t],$$

intégrale qui est absolument convergente.

D'autre part, après intégration par parties, on voit que la seconde intégrale converge lorsque $\varepsilon \to 0$, vers $\phi'(1)$. Finalement, on a obtenu la convergence de $J_{(0,\infty)}(\varepsilon)$, lorsque $\varepsilon \to 0$, vers la quantité suivante :

$$J_{(0,\infty)}(0+) \equiv \int_1^\infty dr\, r\{\frac{\phi'(r)}{r} + \phi''(r)\}\ \overline{\alpha}(r\ ;\ T_t)$$

$$+ \int_0^1 dr\, r\{\frac{\phi'(r)}{r} + \phi''(r)\}\ [\overline{\alpha}(r\ ;\ T_t) - \alpha(y\ ;\ T_t)] + \alpha(y\ ;\ T_t)\ \phi'(1).$$

Les mêmes arguments permettent de démontrer que $\Phi_y(t) \equiv \pi J_{(0,\infty)}(0+)$, ce qui termine la démonstration de la formule (2.a).

(2.2) Plutôt que de donner dès maintenant des exemples d'application des formules (2.a) et (2.b), nous comparons les comportements asymptotiques de $\Phi_y(t)$ et $\Phi^\delta(t)$, lorsque y et δ tendent vers 0. On a le :

__Théorème 2__ : __Soit__ $t > 0$, __et__ $\phi :]0,\infty[\to \mathbb{R}$, __fonction de classe__ C^2, __telle que__ :

a) __il existe__ $\alpha > 0$ __tel que__ $\int_{0+} dr\, r^{3/2-\alpha}\ |\phi''(r)| < \infty$

b) __il existe__ $\varepsilon > 0$ __tel que__ : $\int^\infty dr\, r\, \phi^2(r) e^{-r^2/2\varepsilon} < \infty$

__Alors__ :

$$\lim_{|y|\to 0} \{\Phi_y(t) + t\,\phi(|y|)\} = \lim_{\delta\to 0} \{\Phi^\delta(t) + t\,E[\phi(|B_\delta|)]\},$$

les deux limites étant des limites en probabilité [1].

Démonstration : D'après le lemme dégagé dans l'étape 2, chacune des intégrales stochastiques qui figurent dans les formules (2.a) et (2.b) converge en probabilité, lorsque $|y| \to 0$, et $\delta \to 0$, vers la même limite. On a donc, d'après ces 2 formules:

$$\lim_{|y|\to 0} \{\varphi_y(t) + t\,\phi(|y|)\} = \lim_{\delta\to 0} \{\varphi^\delta(t) + \int_0^{t-\delta} ds\, \phi(|B_{s+\delta}-B_s|)\}$$

Remarquons maintenant que, à l'aide de b), on a :

$$\text{(2.h)} \qquad \delta\, E[\phi^2(|B_\delta|)] \xrightarrow[\delta\to 0]{} 0.$$

En effet, $\delta\, E[\phi^2(|B_\delta|)] = \int_0^\infty dr\, r\, \phi^2(r) e^{-r^2/2\delta} \xrightarrow[\delta\to 0]{} 0$, par convergence dominée.

A l'aide de (2.h) principalement, on montre maintenant :

$$\text{(2.i)} \qquad \int_0^{t-\delta} ds\, \phi(|B_{s+\delta}-B_s|) - t\, E[\phi(|B_\delta|)] \xrightarrow[\delta\to 0]{L^2} 0$$

ce qui terminera la démonstration du théorème 2.

D'après (2.h), on peut remplacer, en (2.i), $\int_0^{t-\delta} ds\, \phi(|B_{s+\delta} - B_s|)$ par

$\int_0^t ds\, \phi(|B_{s+\delta}-B_s|)$. Posons maintenant $\overline{\phi}_\delta = E[\phi(|B_\delta|)]$, et $\tilde{\phi}_\delta(r) = \phi(r) - \overline{\phi}_\delta$.

On a :

$$E[(\int_0^t ds\, (\phi(|B_{s+\delta}-B_s|) - \overline{\phi}_\delta))^2]$$

$$= 2\int_0^t ds \int_s^t ds'\, E[\tilde{\phi}_\delta(|B_{s+\delta}-B_s|)\, \tilde{\phi}_\delta(|B_{s'+\delta}-B_{s'}|)]$$

$$\overset{(*)}{=} 2\int_0^t ds \int_s^{s\wedge(s+\delta)} ds'\, E[\tilde{\phi}_\delta(|B_{s+\delta}-B_s|)\, \tilde{\phi}_\delta(|B_{s'+\delta}-B_{s'}|)]$$

$$\leq 2\int_0^t ds \int_s^{s+\delta} ds'\, E[\phi^2(|B_\delta|)] = 2t\delta\, E[\phi^2(|B_\delta|)],$$

---

(1) dans la suite, sauf précision contraire, toutes les limites de v.a sont des limites en probabilité.

et, d'après (2.h), cette dernière expression tend vers 0, lorsque $\delta \to 0$. (Soulignons que l'identité (*) provient de ce que les accroissements du mouvement Brownien sont indépendants).

(2.3) Nous donnons maintenant quelques exemples d'applications particulièrement intéressantes des théorèmes 1 et 2.

① $\underline{\phi(r)=\log r}$. On a alors $\Delta_\varepsilon \phi(r) = 0$, pour tout $\varepsilon > 0$, et la formule (1.a) devient :

$$\int_0^t ds\{\log|B_t-B_s-y| - \log|y|\}$$

(2.j)

$$= \int_0^t \left(dB_u \; ; \int_0^u ds \frac{B_u-B_s-y}{|B_u-B_s-y|^2}\right) + \pi\alpha(y \; ; T_t).$$

De plus, d'après le théorème 2, $\gamma(T_t) \equiv \lim_{|y|\to 0} \left[\pi\alpha(y \; ; T_t) - t \log \frac{1}{|y|}\right]$ existe, en probabilité, et l'on a :

$$\text{(2.k)} \qquad \int_0^t ds \log|B_t-B_s| = \int_0^t \left(dB_u \; ; \int_0^u ds \frac{B_u-B_s}{|B_u-B_s|^2}\right) + \gamma(T_t).$$

Remarquons que la formule (2.j) permet également de donner une interprétation de $\alpha(y \; ; T_t)$ comme limite de temps locaux. Pour cela, notons $\lambda_t^a(z)$ le temps local au niveau a de la martingale locale $\log|B_t-z|$. On a alors la

Proposition : Les identités suivantes sont satisfaites :

1) $\pi\alpha(y \; ; T_t) = \lim_{N\to\infty} \frac{1}{2} \int_0^t ds\{\lambda_t^{-N}(B_s+y) - \lambda_s^{-N}(B_s+y)\}$

2) $\pi\alpha(0 \; ; T_t^\delta) = \lim_{N\to\infty} \frac{1}{2} \int_0^{t-\delta} ds\{\lambda_t^{-N}(B_s) - \lambda_{s+\delta}^{-N}(B_s)\}.$

Démonstration : Pour montrer 1), par exemple, on utilise la formule de Tanaka :

$$((\log|B_t-B_s-y|) + N)^+ - (\log|y| + N)^+ = \int_s^t \left(dB_u \; ; \frac{B_u-B_s-y}{|B_u-B_s-y|^2}\right) 1_{(|B_u-B_s-y| > e^{-N})}$$

$$+ \frac{1}{2} (\lambda_t^{-N}(B_s-y) - \lambda_s^{-N}(B_s+y)).$$

On intègre ensuite les deux membres par rapport à (ds) sur (0,t), puis on fait tendre N vers $+\infty$.

② $\underline{\phi(r)=(\log r)^2}$. On a alors : $\frac{1}{2}\Delta_\varepsilon\phi(r) = 1_{(r\geq\varepsilon)}1/r^2$, et, d'après les théorèmes 1 et 2,

$$\Phi_y(t) \equiv \lim_{\varepsilon\to 0}\int_0^t ds\int_s^t du\,\frac{1_{|B_u-B_s-y|\geq\varepsilon}}{|B_u-B_s-y|^2} - 2\pi(\log\frac{1}{\varepsilon})\,\alpha(y\;;\;T_t)$$

existe, ainsi que : $\lim_{y\to 0}\{\Phi_y(t) + t(\log|y|)^2\}$.

③ $\underline{\phi(r)=r^{-\beta}}$. Lorsque $0 \leq \beta < \frac{1}{2}$, ϕ satisfait les hypothèses du théorème 1. On a alors :

$$\Phi_y(t) \equiv \lim_{\varepsilon\to 0}\left[\int_0^t ds\int_s^t du\,\frac{\beta^2}{2|B_u-B_s-y|^{\beta+2}} - \frac{\pi\beta}{\varepsilon^\beta}\,\alpha(y\;;\;T_t)\right]$$

et $\lim_{|y|\to 0}(\Phi_y(t) + t/|y|^\beta)$ existe.

3. Etude en dimension $n \geq 3$:

(3.1) Le cas des dimensions $n \geq 4$ pose beaucoup moins de problèmes que celui des dimensions $n = 2$, ou 3, car la trajectoire Brownienne n'admet p.s. pas de points doubles (en fait, on utilise aussi la propriété : pour $y \neq 0$, il n'existe pas de réels $s,u \geq 0$ tels que $B_u-B_s=y$).

Soit donc $\phi :]0,\infty[\to \mathbb{R}$, fonction de classe C^2. On obtient alors sans difficulté les variantes suivantes des identités (1.a) et (1.b) :

$$\int_0^t ds\{\phi(|B_t-B_s-y|) - \phi(|y|)\}$$

(3.a)

$$= \int_0^t \left(dB_u\;;\;\int_0^u ds\,\frac{B_u-B_s-y}{|B_u-B_s-y|}\,\phi'(|B_u-B_s-y|)\right) + \Phi_y(t), \qquad (y \neq 0)$$

où $\Phi_y(t) = \int_0^t ds\int_s^t du\,\frac{1}{2}\left\{\frac{(n-1)\phi'(r)}{r} + \phi''(r)\right\}\Big|_{r=|B_u-B_s-y|}$ ainsi que :

$$\int_0^{t-\delta} ds\{\phi(|B_t-B_s|) - \phi(|B_{s+\delta}-B_s|)\}$$

(3.b)

$$= \int_\delta^t (dB_u\ ;\ \int_0^{u-\delta} ds \frac{B_u-B_s}{|B_u-B_s|} \phi'(|B_u-B_s|)) + \Phi^\delta(t), \qquad (\delta > 0)$$

où $\Phi^\delta(t) = \int_0^{t-\delta} ds \int_{s+\delta}^t du \frac{1}{2} \{\frac{(n-1)\phi'(r)}{r} + \phi''(r)\}\Big|_{r=|B_u-B_s|}.$

Remarquons ensuite que le lemme qui figure dans l'étape 2 ci-dessus est encore valable, sous la même forme, et ceci même en dimension $n = 3$.
La démonstration est seulement modifiée par le fait que g' est maintenant solution de :

$$\frac{1}{2} \{\frac{(n-1)}{r} g'(r) + g''(r)\} = h(r),$$

et l'on prend :

$$g'(r) = \frac{2}{r^{n-1}} \int_0^r du\, u^{n-1} h(u),$$

puis on utilise ensuite l'inégalité de Hardy dans L^2, sous une forme légèrement différente, pour obtenir l'inégalité voulue.
Le lemme étant donc toujours valable, on a la variante suivante du théorème 2.

Théorème 2': *$(n \geq 4)$: Soit $t > 0$, et $\phi :]0,\infty[\to \mathbb{R}$, fonction de classe C^2 telle que*

a') $\int_{0+} dr\, r^2(\phi'(r))^2 < \infty$, *et*

b') *il existe* $\varepsilon > 0$ *tel que* $\int^\infty dr\, r^{n-1} \phi^2(r) e^{-r^2/2\varepsilon} < \infty.$

Alors : $\lim_{|y|\to 0} \{\Phi_y(t) + t\,\phi(|y|)\} = \lim_{\delta\to 0} \{\Phi^\delta(t) + t\,E[\phi(|B_\delta|)]\}$, *les deux limites ayant lieu en probabilité.*

(3.2) Le cas de la dimension $n = 3$ est beaucoup plus semblable à celui de la dimension $n = 2$. Cependant, on peut, pour $n = 3$, aller "plus loin" qu'en dimension 2, en établissant la validité des identités (3.a) et (3.b) pour une classe de fonctions ϕ telles que la singularité permise à ϕ' au voisinage de $r = 0$

soit de l'ordre de $1/r^2$ (en dimension 2, la singularité permise à ϕ' au voisinage de $r = 0$ est, grosso modo, de l'ordre de $1/r$). De façon précise, on a le

Théorème 3 : Soit $\phi :]0,\infty[\to \mathbb{R}$ *fonction de classe* C^2, *telle que :*

c) *Soit :* (c.1) $\int_{0+} dr\, r^2\, \phi'(r)^2 < \infty$, *soit :* (c.2) $|\phi'(r)| < \frac{C}{r^2}$, *dans un voisinage de* 0.

et :

d) *il existe* $\alpha > 0$ *tel que* $\int_{0+} dr\, r^{5/2-\alpha} |\phi''(r)| < \infty$.

Alors, les formules (2.a) et (2.b) sont satisfaites avec :

$$\Phi_y(t) \equiv \lim_{\varepsilon\to 0} \int_0^t ds \int_s^t du\, \frac{1}{2}\, \Delta_\varepsilon \phi(|B_u - B_s - y|) + 2\pi\varepsilon^2 \phi'(\varepsilon)\, \alpha(y\, ;\, T_t)$$

où :

$$\Delta_\varepsilon \phi = 1_{(r>\varepsilon)} \left\{ \frac{(n-1)\phi'(r)}{r} + \phi''(r) \right\},$$

et :

$$\Phi^\delta(t) \equiv \lim_{\varepsilon\to 0} \int_0^{t-\delta} ds \int_{s+\delta}^t du\, \frac{1}{2}\, \Delta_\varepsilon \phi(|B_u - B_s|) + 2\pi\varepsilon^2 \phi'(\alpha)\, \alpha(0\, ;\, T_t^\delta)$$

En outre, sous les hypothèses (c.1) et (d), on a :

$$\lim_{|y|\to 0} \{\Phi_y(t) + t\, \phi(|y|)\} = \lim_{\delta\to 0} \{\Phi^\delta(t) + t\, E\, \phi(|B_\delta|)\},$$

les deux limites ayant lieu en probabilité.

Démonstration : On utilise la même méthode qu'en dimension 2. Examinons comment les détails des arguments des 3 étapes sont modifiés :

- l'étape 1 ne nécessite pas de modification.

- pour l'étape 2, la validité du lemme, remarquée plus haut, permet de passer à la limite, dans l'intégrale stochastique, lorsque $\varepsilon \to 0$, sous l'hypothèse (c.1). Sous l'hypothèse (c.2), on utilise un argument de convergence dominée, après avoir remarqué que, quitte à supposer : $|\phi'(r)| < \frac{C}{r^2}$ sur tout $\mathbb{R}_+$ (ce qui est possible par localisation), le crochet de la martingale locale

$$\int_0^t (dB_u\, ;\, \int_0^u ds\, \frac{B_u - B_s - y}{|B_u - B_s - y|} \phi'(\varepsilon + |B_u - B_s - y|))$$

est majoré par : $\int_0^t du \left(\int_0^u ds \frac{C}{|B_u-B_s-y|^2}\right)^2$, expression dont l'espérance est elle-même majorée par :

$$t\, C^2\, E\left[\left(\int_0^t \frac{ds}{|B_s-y|^2}\right)^2\right] < \infty$$

(en fait, on montre aisément à l'aide de la formule :

$$\log|B_t-y| - \log|y| = \int_0^t \frac{d\beta_u}{|B_u-y|} + \nu \int_0^t \frac{du}{|B_u-y|^2}, \quad \text{où } \nu = \frac{n-2}{2},$$

que, pour $y \neq 0$, $\int_0^t \frac{ds}{|B_s-y|^2}$ possède des moments de tous ordres).

- pour l'étape 3, on passe, comme en dimension 2, en coordonnées polaires, d'où l'apparition de la mesure (sur $\mathbb{R}_+$) $4\pi r^2\, dr$.

Enfin, une intégration par parties fournit le terme de correction $2\pi\varepsilon^2\phi'(\varepsilon)\,\alpha(y\,;T_t)$ dans l'expression de $\Phi_y(t)$.

(3.3) De même que pour la dimension 2, nous développons maintenant quelques exemples particulièrement importants.

① $\underline{\phi(r)=\log r}$. En toute dimension $n \geq 3$, on a:

$$\Phi_y(t) \equiv \nu \int_0^t ds \int_s^t du \frac{1}{|B_u-B_s-y|^2}, \quad \text{où } \nu = \frac{n-2}{2},$$

et, d'après le théorème 2',

(3.c) $$\lim_{|y|\to 0} \{\Phi_y(t) - t \log \frac{1}{|y|}\} \quad \text{existe.}$$

Des résultats voisins ont été obtenus par Kusuoka en dimension 4 (voir [1]).

Soulignons ici que l'existence de la limite (3.c) est remarquable. En effet, on a, d'après la formule d'Itô :

(3.d) $$\log|B_t-B_s-y| - \log|y| = \int_s^t \left(dB_u\,;\frac{B_u-B_s-y}{|B_u-B_s-y|^2}\right) + \nu \int_s^t \frac{du}{|B_u-B_s-y|^2}.$$

En divisant les 2 membres par $\log \frac{1}{|y|}$, on obtient sans difficulté la convergence en probabilité de $\frac{\nu}{\log \frac{1}{|y|}} \int_s^t \frac{du}{|B_u - B_s - y|^2}$ vers 1, lorsque $|y| \to 0$. Mais, il n'est pas vrai que $\nu \int_s^t \frac{du}{|B_u - B_s - y|^2} - \log \frac{1}{|y|}$ converge.

En fait, on a, grâce à (3.d) :

$$\text{(3.e)} \qquad \frac{1}{\sqrt{\log \frac{1}{|y|}}} \left(\nu \int_s^t \frac{du}{|B_u - B_s - y|^2} - \log \frac{1}{|y|}\right) \xrightarrow[|y|\to 0]{(d)} \nu^{-1/2} . N,$$

où N est une variable gaussienne, centrée, réduite.

Ce résultat est à comparer avec (3.c), où la normalisation en $\frac{1}{\log \frac{1}{|y|}}$ a disparu.

On peut expliquer partiellement cette disparition par la remarque suivante : pour $t > 0$ fixé, et $s < t$, notons $X_s(y)$ le membre de gauche de (3.e).

En utilisant la propriété d'indépendance des accroissements du mouvement Brownien, il n'est pas difficile de renforcer (3.e) en :

$$\text{(3.e')} \qquad (X_s(y), X_{s'}(y)) \xrightarrow[|y|\to 0]{(d)} \nu^{-1}(N, N')$$

où $s \neq s'$, et N et N' sont deux variables gaussiennes, centrées, réduites, indédantes.

On en déduit aisément que :

$$\frac{1}{\sqrt{\log \frac{1}{|y|}}} \left(\Phi_y(t) - t \log \frac{1}{|y|}\right) \equiv \int_0^t ds\, X_s(y)$$

converge dans L^2 vers 0, résultat qui est bien évidemmenten accord avec (3.c).

② $\phi(r) = (\log r)^2 - \frac{1}{\nu}(\log r)$. En toute dimension $n \geq 3$, on a alors :

$$\Phi_y(t) = 2\nu \int_0^t ds \int_s^t du \frac{\log |B_u - B_s - y|}{|B_u - B_s - y|^2},$$

et $\Phi_y(t) + t\{(\log \frac{1}{|y|})^2 + \frac{1}{\nu} \log \frac{1}{|y|}\}$ converge en probabilité, lorsque $y \to 0$.

③ $\underline{\phi(r)=r^{-\beta}}$.

- Lorsque $0 < \beta < \frac{1}{2}$, on a, en toute dimension $n \geq 3$:

$$\Phi_y(t) = \frac{\beta(\beta+2-n)}{2} \int_0^t ds \int_s^t du \frac{1}{|B_u-B_s-y|^{\beta+2}},$$

et
$$\lim_{|y|\to 0} (\Phi_y(t) + t/_{|y|^\beta}) \text{ existe.}$$

- Lorsque $\frac{1}{2} < \beta < 1$, et $n = 3$, les conditions (c.2) et d) du théorème 3 sont satisfaites, et on a :

$$\Phi_y(t) = \lim_{\varepsilon\to 0} \left[\frac{\beta(\beta-1)}{2} \int_0^t ds \int_s^t du \frac{1}{|B_u-B_s-y|^{\beta+2}} + \frac{2\pi}{\varepsilon^{\beta-1}} \alpha(y ; T_t)\right].$$

Notons en particulier que, dans le cas $\beta = 1$, la formule (3.a) devient :

$$\int_0^t ds \{\frac{1}{|B_t-B_u-y|} - \frac{1}{|y|}\}$$

(3.f)

$$= - \int_0^t (dB_u ; \int_0^u ds \frac{B_u-B_s-y}{|B_u-B_s-y|^3}) - 2\pi\alpha(y ; T_t),$$

ce qui complète la formule obtenue par J. Rosen en [6], où l'intégrand de (dB_u) n'était pas tout à fait explicité.

De même que pour la dimension 2, on déduit aisément de la formule (3.f) une approximation de $\alpha(y ; T_t)$ à l'aide des temps locaux de $(\frac{1}{|B_t-z|}, t \geq 0)$.

Proposition : *Pour tout $z \in \mathbb{R}^3 \setminus \{0\}$, et tout $a \in \mathbb{R}_+$, notons $\lambda_t^a(z)$ le temps local au niveau a de la martingale locale $\frac{1}{|B_t-z|}$. On a alors, pour tout $\delta > 0$, et $t > 0$:*

$$1)\ 2\pi\alpha(y ; T_t) = \lim_{N\to\infty} \frac{1}{2} \int_0^t ds\{\lambda_t^N(B_s+y) - \lambda_s^N(B_s+y)\}$$

$$2)\ 2\pi\alpha(0 ; T_t^\delta) = \lim_{N\to\infty} \frac{1}{2} \int_\delta^t ds\{\lambda_t^N(B_s) - \lambda_{s+\delta}^N(B_s)\}.$$

On utilise, pour la démonstration de cette propostion, la formule de Tanaka qui permet de développer $\{(\frac{1}{|B_t-B_s-y|} - N)^-, t \geq s\}$, ce qui fournit la décomposition canonique de la semi-martingale :

$$\int_0^t ds \{(\frac{1}{|B_t-B_s-y|} - N)^- - (\frac{1}{|y|} - N)^-\}$$

puis on fait tendre N vers $+\infty$.

(3.4) Indiquons enfin que l'étude asymptotique de : $2\pi\alpha(y ; T_t) - \frac{1}{|y|}$, lorsque $|y| \to 0$, est menée en [12], à l'aide de (3.f). On utilise d'ailleurs dans la démonstration des arguments analogues à (3.e').

REFERENCES :

[1] S. ALBEVERIO, Ph. BLANCHARD, R. HØEGH-KROHN : Newtonian diffusions and planets, with a remark on non-standard Dirichlet forms and polymers. A paraître in Proc. L.M.S. Symposium, Swansea (1983). L.N. in Maths. (Springer).

[2] M. FUKUSHIMA : A decomposition of additive functionals of of finite energy. Nagoya Math. J. 74 (1979), 137-168.

[3] D. GEMAN, J. HOROWITZ, J. ROSEN : A local time analysis of intersections of Brownian paths in the plane. Annals of Proba., 12 (1984), 86-107.

[4] J.F. LE GALL : Sur le temps local d'intersection du mouvement Brownien plan et la méthode de renormalisation de Varadhan. Dans ce volume.

[5] J. ROSEN : A local time approach to the self-intersections of Brownian paths in space. Comm. Math. Phys. 88, 327-338 (1983).

[6] J. ROSEN : A representation for the intersection local time of Brownian motion in space. Preprint (1984).

[7] J. ROSEN : Tanaka's formula and renormalization for intersections of planar Brownian motion. Preprint (1984).

[8] S. VARADHAN : Appendice à "Euclidean quantum field theory", par K. Symanzik, in : Local quantum theory, R. Jost (ed.), Academic Press (1969).

[9] T. YAMADA : On some representations concerning stochastic integrals. A paraître dans Prob. Math. Stat. 4.

[10] T. YAMADA, Y. OSHIMA : On some representations of continuous additive functionals locally of finite energy. J. Math. Soc. Japan 36, n° 2, 1984.

[11] M. YOR : Sur la transformée de Hilbert des temps locaux Browniens, et une extension de la formule d'Itô. Sém. Proba. XVI, Lect. Notes 920. Springer (1982).

[12] M. YOR : Renormalisation et convergence en loi pour les temps locaux d'intersection du mouvement Brownien dans $\mathbb{R}^3$. Dans ce volume.

Je voudrais remercier J.Y. Calais, M. Génin et J.F. Le Gall pour de nombreuses discussions au sujet de cet article.

RENORMALISATION ET CONVERGENCE EN LOI POUR LES TEMPS LOCAUX D'INTERSECTION DU MOUVEMENT BROWNIEN DANS $\mathbb{R}^3$.

M. YOR

1. Introduction et énoncé des résultats.

Soit $(B_t, t \geq 0)$ mouvement Brownien à valeurs dans $\mathbb{R}^d$ ($d = 2$, ou 3), issu de 0. Notons par ailleurs, pour tout $t > 0$, $T_t = \{(s,u) \in \mathbb{R}_+^2 : 0 \leq s \leq u \leq t\}$.

D'après Rosen [2], il existe une fonction : $(y,t) \to \alpha(y\ ;\ T_t)$ continue sur $(\mathbb{R}^d \setminus \{0\}) \times \mathbb{R}_+$ telle que, pour toute fonction $f : \mathbb{R}^d \to \mathbb{R}_+$, borélienne, on ait :

$$\int_0^t ds \int_s^t du\, f(B_u - B_s) = \int dy\, f(y)\, \alpha(y\ ;\ T_t).$$

$\alpha(y\ ;\ T_t)$ est la mesure donnée à l'ensemble T_t par le temps local d'intersection de $B_\cdot$, au point y (pour la définition complète de ce temps local, voir Rosen [2] et Le Gall [1]).

On montre aisément que, pour tout $t > 0$ fixé, $\alpha(y\ ;\ T_t) \xrightarrow[y\to 0]{(P)} \infty$; cette "explosion" est dûe aux recoupements immédiats de la trajectoire Brownienne $(B_{u+v}\ ;\ v \geq 0)$, considérée à partir de n'importe quel réel $u \geq 0$, avec elle-même.

En dimension $d = 2$, Varadhan [5] a montré que, néanmoins :

$$\pi\alpha(y\ ;\ T_t) - t \log \frac{1}{|y|} \quad \text{converge dans } L^2, \text{ lorsque } y \to 0\ ;$$

ce résultat, que l'on désigne souvent sous le terme de "renormalisation de Varadhan" a été très récemment expliqué de différentes manières (voir Rosen [3], Le Gall [1], Yor [6]).

L'objet principal du présent travail est de démontrer la modification suivante du résultat de Varadhan, pour la dimension $d = 3$.

Théorème : On a :

$$(1.a) \qquad \left(B_t\ ;\ \frac{1}{\sqrt{\log \frac{1}{|y|}}}\left\{2\pi\alpha(y\ ;\ T_t) - \frac{t}{|y|}\right\};\ t \geq 0\right) \xrightarrow[y\to 0]{(d)} (B_t\ ;\ 2\beta_t\ ;\ t \geq 0)$$

où $(\beta_t, t \geq 0)$ *désigne un mouvement Brownien réel issu de* 0, *indépendant de* B, *et* (d) *indique la convergence en loi associée à la topologie la convergence compacte sur l'espace canonique* $C(\mathbb{R}_+ ; \mathbb{R}^4)$.

Le théorème admet diverses variantes et extensions que nous énonçons maintenant.

Proposition 1 : Soit $f : \mathbb{R}^3 \to \mathbb{R}$, *continue, à support compact. Alors le processus à valeurs dans* $\mathbb{R}^4$:

$$(B_t ; \frac{1}{\sqrt{\log n}} \{n^3 \int_0^t ds \int_s^t du\, f(n(B_s - B_u)) - \frac{tn}{2\pi} \int \frac{dy}{|y|} f(y)\} ; t \geq 0)$$

converge en loi vers :

$$(B_t ; \frac{1}{\pi} (\int f(y)dy)\beta_t ; t \geq 0),$$

le couple (B,β) *étant distribué comme dans le théorème.*

Nous étudions maintenant les distributions asymptotiques de $(\alpha(0 ; T_t^\delta), t \geq 0)$ où $T_t^\delta = \{(s,u) \in \mathbb{R}_+^2 : 0 < s < u-\delta < t-\delta\}$.

Proposition 2 : Posons, pour tout $t \geq 0$, $y \neq 0$, $\delta > 0$:

$$\Phi_y(t) = 2\pi\alpha(y ; T_t) - \frac{t}{|y|} ; \Phi^\delta(t) = 2\pi\alpha(0 ; T_t^\delta) - \frac{t}{\sqrt{\delta}} E(\frac{1}{|B_1|}).$$

Alors, pour tout $t > 0$,

$$(1.b) \qquad \frac{1}{\sqrt{\log \frac{1}{|y|}}} |\Phi_y(t) - \Phi^{|y|^2}(t)| \xrightarrow[y \to 0]{(P)} 0.$$

En conséquence,

$$(B_t ; \frac{1}{\sqrt{\log \frac{1}{\delta}}} (2\pi\alpha(0 ; T_t^\delta) - \frac{t}{\sqrt{\delta}} E(\frac{1}{|B_1|})) \xrightarrow[\delta \to 0]{(d.f)} (B_t ; \sqrt{2} \cdot \beta_t ; t \geq 0)$$

le couple (B,β) *étant distribué comme dans le théorème, et* $(d.f)$ *indiquant la convergence en loi des marginales de rang fini.*

Remarque : Il devrait être possible de remplacer, dans l'énoncé de la proposition, (d.f) par (d), comme dans l'énoncé du théorème. Cependant, une difficulté technique (mineure ?) nous empêche de le faire ; voir le paragraphe (3.2), pour les détails.

Nous présentons enfin une troisième variante du théorème, en considérant, pour le mouvement Brownien (B_t) à valeurs dans $\mathbb{R}^d$ $(d \geq 4)$, une quantité qui joue le rôle de $2\pi\alpha(y\ ;\ T_t) - \frac{t}{|y|}$ pour la dimension $d = 3$.

Proposition 3 : Soit $(B_t\ ;\ t \geq 0)$ *mouvement Brownien à valeurs dans* $\mathbb{R}^d$, $d \geq 4$. *Alors :*

$$\left(B_t\ ;\ \frac{1}{\sqrt{\log \frac{1}{|y|}}}\left\{\frac{d-3}{2}\int_0^t ds \int_s^t du \frac{1}{|B_u - B_s - y|^3} - \frac{t}{|y|}\right\}\ ;\ t \geq 0\right)$$

converge en loi vers : $\left(B_t\ ;\ \left[\frac{8}{(d-1)(d-2)}\right]^{1/2}\beta_t\ ;\ t \geq 0\right)$, *où* $(\beta_t,\ t \geq 0)$ *désigne un mouvement Brownien réel indépendant de* B.

En conclusion de cette Introduction, rappelons que J. Westwater (Comm. Math. Physics, 72, 131-174, 1980) a montré que, en dimension $d = 3$, pour tout $g > 0$, et $t > 0$ fixés, les probabilités

$$\pi_g^{(y)} \equiv \frac{\exp - g\alpha(y\ ;\ T_t)}{E[\exp - g\alpha(y\ ;\ T_t)]} \cdot W$$

(où W désigne la mesure de Wiener restreinte à $\sigma\{B_u\ ;\ u \leq t\}$) convergent étroitement, l'espace $C([0,t]\ ;\ \mathbb{R}^3)$ étant muni de la topologie de la convergence uniforme. Les probabilités limites π_g ainsi obtenues sont étrangères entre elles ainsi qu'à W. Il serait très intéressant de relier ces résultats et le théorème ci-dessus.

2. Démonstration du théorème :

(2.1) Nous montrerons, dans un premier temps, la convergence en loi des marginales de rang fini des processus considérés en (1.a), puis, dans un deuxième temps, que les lois de ces processus sont tendues, lorsque $y \to 0$.

Les deux parties de la démonstration reposent sur la formule de Tanaka - Rosen suivante :

$$(2.a)\qquad \int_0^t ds\left\{\frac{1}{|B_t-B_s-y|}-\frac{1}{|y|}\right\} = -\int_0^t (dB_u\ ;\ S_o^u(y)) - 2\pi\alpha(y\ ;\ T_t),$$

où :

$$(2.b)\qquad S_a^b(y) \equiv \int_a^b ds\, \frac{B_b-B_s-y}{|B_b-B_s-y|^3}\qquad (a < b),$$

et $(\ ;\ )$ indique le produit scalaire usuel dans $\mathbb{R}^3$.

(voir Rosen [4] pour la démonstration d'origine de la formule (2.a), et Yor [6] pour quelques précisions supplémentaires).

(2.2) (i) Considérons, pour l'instant, $t > 0$ fixé.

Lorsque $y \to 0$, le terme $\int_0^t \frac{ds}{|B_t-B_s-y|}$ converge en probabilité vers $\int_0^t \frac{ds}{|B_t-B_s|}$.

On en déduit, en notant dorénavant $\rho(r) = \sqrt{|\log r|}$ $(r > 0)$:

$$(2.c)\qquad \frac{1}{\rho(|y|)}\left\{2\pi\alpha(y\ ;\ T_t) - \frac{t}{|y|}\right\} \underset{y\to 0}{\sim} \frac{-1}{\rho(|y|)}\int_0^t (dB_u\ ;\ S_o^u(y)),$$

où le signe $\underset{y\to 0}{\sim}$ signifie que la différence des deux termes ci-dessus converge en probabilité vers 0, lorsque $y \to 0$.

Montrons maintenant l'existence d'une limite en loi, pour $u > 0$ fixé, de :

$$(2.d)\qquad \frac{1}{\rho(|y|)} S_o^u(y) \overset{(d)}{=} \frac{1}{\rho(|y|)}\int_0^u ds\, \frac{B_s-y}{|B_s-y|^3} \overset{(d)}{=} \frac{1}{\rho(|y|)}\int_0^{u/|y|^2} ds\, \frac{B_s-1}{|B_s-1|^3},$$

les deux identités en loi étant conséquences des propriétés classiques d'invariance en loi du mouvement Brownien.

(ii) Pour simplifier l'écriture, (B_t) désigne, dans les calculs qui suivent, un mouvement Brownien issu de -1. On a, d'après la formule d'Itô :

$$\text{(2.e)} \qquad \frac{B_t}{|B_t|} = \frac{B_o}{|B_o|} + \int_0^t \frac{\sigma^{o,1}(B_u)\cdot dB_u}{|B_u|} - \int_0^t dv\, \frac{B_v}{|B_v|^3},$$

où l'on a adopté la notation de Krylov ([9], p. 21) pour le champ de matrices $(\sigma^{o,1}(x)\ ;\ x \in \mathbb{R}^3 \setminus \{0\})$ défini par :

$$\sigma^{o,1}_{i,j}(x) = \delta_{ij} - \frac{x_i x_j}{|x|^2} \qquad (1 \leq i,j \leq 3).$$

La matrice $\sigma^{o,1}(x)$ est caractérisée par :

$$\sigma^{o,1}(x)\cdot x = 0\ ; \qquad \sigma^{o,1}(x)\cdot y = y, \quad \text{si } (x;y) = 0$$

On a, d'après la formule (2.e) :

$$\text{(2.f)} \qquad \frac{1}{\rho(t)} \int_0^t dv\, \frac{B_v}{|B_v|^3} \underset{(t\to\infty)}{\sim} \frac{1}{\rho(t)} \int_0^t \frac{\sigma^{o,1}(B_u)\cdot dB_u}{|B_u|}.$$

Notons $\{X_t = (X_t^i\ ;\ i = 1,2,3)\ ;\ t \geq 0\}$ la martingale tri-dimensionnelle :

$$X_t = \int_0^t \frac{\sigma^{o,1}(B_u)\cdot dB_u}{|B_u|}.$$

On a alors :

$$\langle X^i\rangle_t = \int_0^t \frac{du}{|B_u|^2}\, \sigma^{o,1}_{i,i}(B_u) = \int_0^t \frac{du}{|B_u|^2}\left(1 - \frac{(B_u^i)^2}{|B_u|^2}\right),$$

et, pour $i \neq j$:

$$\langle X^i, X^j\rangle_t = \int_0^t \frac{du}{|B_u|^2}\, \sigma^{o,1}_{i,j}(B_u) = \int_0^t \frac{du}{|B_u|^2}\,(-1)\,\frac{B_u^i\, B_u^j}{|B_u|^2}.$$

Nous montrons maintenant le

Lemme 1 :

1) $\dfrac{1}{\log t} \langle X^i\rangle_t \xrightarrow[t\to\infty]{p.s.} 2/3$ et $\dfrac{1}{\log t} \langle X^i, X^j\rangle_t \xrightarrow[t\to\infty]{p.s.} 0 \qquad (i \neq j).$

2) $\frac{1}{\sqrt{\log t}} X_t \xrightarrow[t\to\infty]{(d)} (\frac{2}{3})^{1/2} N_3$,

où N_3 *désigne une variable gaussienne, à valeurs dans* $\mathbb{R}^3$, *centrée, et ayant pour covariance la matrice identité.*

Démonstration : a) Remarquons tout d'abord que, si l'on note $C_t = \int_0^t \frac{ds}{|B_s|^2}$, on a :

(2.g) $\frac{1}{\log t} C_t \xrightarrow[t\to\infty]{p.s.} 1.$

On se ramène aisément à montrer que, si (B_t) est issu de 0, $\frac{1}{\log t} \int_1^t \frac{ds}{|B_s|^2} \xrightarrow[t\to\infty]{p.s.} 1.$

Soit $a > 1$. On peut appliquer le théorème ergodique à l'expression :

$$\frac{1}{N} \int_1^{a^N} \frac{ds}{|B_s|^2} = \frac{1}{N} \sum_{k=0}^{N-1} C \circ T^k,$$

où $C = \int_1^a \frac{ds}{|B_s|^2}$, et $B_s(T\omega) \equiv \frac{1}{a^{1/2}} B_{as}$ $(s > 0)$, ce qui implique (2.g).

b) D'après la décomposition en skew-product du mouvement Brownien (B_t) (cf : Itô - Mc Kean [7], p. 270), il existe un mouvement Brownien standard $(\theta_t, t > 0)$ sur la sphère S_2, tel que :

$$B_t = |B_t| \theta_{C_t}.$$

On en déduit :

$$\frac{1}{\log t} \langle X^i \rangle_t = \frac{1}{\log t} \int_0^{C_t} du\, [1 - (\theta_u^i)^2].$$

A l'aide de (2.g), on peut se ramener à considérer, lorsque $T(= \log t) \to \infty$, l'expression : $\frac{1}{T} \int_0^T du\, [1 - (\theta_u^i)^2]$ qui, d'après le théorème ergodique, converge p.s. vers $\int \sigma(d\theta)\ [1 - (\theta^i)^2]$, où $\sigma(d\theta)$ désigne la probabilité uniforme sur la sphère S_2.

On a, par symétrie : $\int \sigma(d\theta)\ (\theta^i)^2 = \frac{1}{3}$, et donc : $\int \sigma(d\theta)\ [1 - (\theta^i)^2] = \frac{2}{3}$.

La première partie de l'assertion 1) est démontrée.

Le même raisonnement et l'égalité : $\int \sigma(d\theta)\ \theta^i\ \theta^j = 0$ $(i \neq j)$ impliquent la seconde partie de l'assertion 1).

c) La seconde assertion du lemme découle maintenant aisément de la première, et d'une version asymptotique du théorème de représentation - dû à F. Knight [8] - d'un nombre fini de martingales continues orthogonales comme mouvements Browniens réels indépendants changés de temps.

Remarque : La méthode développée ci-dessus pour parvenir à la conclusion du lemme 1 n'est qu'un exemple - particulièrement explicite - d'application de la méthode générale de Papanicolaou - Stroock - Varadhan [10].

(iii) Revenons à la formule (2.c). On trouve, à l'aide de l'équivalence (2.d) :

$$\text{(2.h)} \qquad \frac{1}{\rho(|y|)} S_0^u(y) \xrightarrow[y\to 0]{(d)} [2\cdot(\tfrac{2}{3})]^{1/2} N_3$$

(à partir de maintenant, (B_t) désigne à nouveau un mouvement Brownien issu de 0).

Remarquons ensuite que, pour $u_1 < u_2 < \ldots < u_n$, on a :

$$\text{(2.i)} \qquad \frac{1}{\rho(|y|)} (S_0^{u_1}(y), S_0^{u_2}(y), \ldots, S_0^{u_n}(y)) \xrightarrow[|y|\to 0]{(d)} \left[2\cdot(\tfrac{2}{3})\right]^{1/2} (N_3^{(1)}, \ldots, N_3^{(n)})$$

où $(N_3^{(i)}\ ;\ 1 \leq i \leq n)$ sont n variables gaussiennes indépendantes, chacune d'elles étant distribuée comme N_3.

En effet, il est immédiat que le membre de gauche de (2.i) est $\underset{y\to 0}{\sim}$ à :

$$\frac{1}{\rho(|y|)} (S_0^{u_1}(y), S_{u_1}^{u_2}(y), \ldots, S_{u_{n-1}}^{u_n}(y)),$$

vecteur qui est composé de n variables réelles indépendantes.

Le résultat (2.i) découle alors immédiatement de (2.h).

Nous utilisons maintenant (2.i), avec $n = 2$, pour étudier le comportement asymptotique de l'intégrale stochastique qui figure en (2.a), c'est-à-dire :

$$\text{(2.j)} \qquad M_t(y) \equiv \frac{1}{\rho(|y|)} \int_0^t (dB_u\ ;\ S_0^u(y)).$$

Montrons tout d'abord que, pour t fixé, le processus croissant :

$$<M_{\bullet}(y)>_t \equiv \frac{1}{\log \frac{1}{|y|}} \int_0^t du\, |S_0^u(y)|^2$$

converge dans L^2 vers une constante (précisément, vers $(4t)$).

En effet, on a :

(2.k) $$E[<M_{\bullet}(y)>_t] = \frac{1}{\log \frac{1}{|y|}} \int_0^t du\, E[|S_0^u(y)|^2] \longrightarrow t(\tfrac{4}{3})\, E(|N_3|^2) = 4t$$

et :

(2.ℓ) $$E[(<M_{\bullet}(y)>_t)^2] = \frac{2}{(\log \frac{1}{|y|})^2} \int_0^t du \int_u^t dv\, E[|S_0^u(y)|^2\, |S_0^v(y)|^2] \longrightarrow (4t)^2$$

à l'aide de (2.i) [voir (2.3), (i), pour la justification des passages à la limite].

De la même façon, on montre que, pour tout $t > 0$:

$$<M_{\bullet}(y), B^i>_t = \frac{1}{\rho(|y|)} \int_0^t (S_0^u(y))^i\, du$$

converge vers 0 dans L^2, ce dont on déduit aisément :

$$(B_t\ ;\ M_t(y)\ ;\ t \geq 0 \xrightarrow[y \to 0]{(d.f)} (B_t\ ;\ 2\beta_t\ ;\ t \geq 0)$$

avec (β_t) mouvement Brownien réel indépendant de (B_t), où (d.f) indique la convergence en loi des marginales de rang fini. Ainsi la convergence en loi des marginales de rang fini des processus considérés en (1.a) est démontrée, à l'aide de l'équivalence (2.c).

(2.3) (i) Avant de commencer la seconde partie de la démonstration du théorème, il nous faut déjà justifier les passages à la limite en (2.k) et (2.ℓ). Ces passages à la limite peuvent être justifiés grâce au théorème de convergence dominée d'une part, et au résultat de convergence en loi (2.i) d'autre part, à l'aide des majorations suivantes :

Lemme 2 : On a :

1) pour tout $k > 0$, $$\sup_{t \geq 2} E\Big[\Big(\frac{1}{\log t} \int_0^t \frac{ds}{|B_s - 1|^2}\Big)^k\Big] < \infty$$

2) pour tout $k > 0$, *et* $T > 0$,

$$\sup_{u \leq T\ ;\ |y|^2 \leq \frac{T\wedge 1}{2}} E\left[\left|\frac{1}{\rho(|y|)} S_o^u(y)\right|^k\right] < \infty.$$

Démonstration : 1) Il existe, d'après la formule d'Itô, un mouvement Brownien réel $(\beta_u, u \geq 0)$ tel que :

$$\text{(2.m)} \qquad \log|B_t - 1| = \int_0^t \frac{d\beta_s}{|B_s - 1|} + \frac{1}{2}\int_0^t \frac{ds}{|B_s - 1|^2}.$$

Posons $C_t = \int_0^t \frac{ds}{|B_s-1|^2}$. On montre aisément, à l'aide de (2.m), que, pour tout $k>0$, $E[C_t^k] < \infty$, puis, toujours à l'aide de (2.m), et des inégalités de Burkholder - Gundy, on obtient :

$$E[C_t^k] \leq c_k\{E[|\log|B_t-1||^k] + E[C_t^{k/2}]\}$$

$$\leq c_k\{E[|\log|B_t-1||^k] + E[C_t^k]^{1/2}\}.$$

En résolvant cette inégalité du second degré en $x \equiv E[C_t^k]^{1/2}$, on obtient finalement : $E[C_t^k] = O((\log t)^k)$ $(t \to \infty)$.

2) On obtient de même, à partir de la formule (2.e), dans laquelle on remplace (B_t) par $(B_t - y)$, avec l'aide des inégalités de Burkholder - Gundy :

$$E\left[\left|\frac{1}{\rho(|y|)} S_o^u(y)\right|^k\right] \leq c_k\left\{\frac{1}{\rho(|y|)^k} + \frac{1}{\rho(|y|)^k} E\left[\left(\int_0^u \frac{ds}{|B_s - y|^2}\right)^{k/2}\right]\right\}$$

$$\leq \frac{c_k}{\left(\log\left(\frac{1}{|y|}\right)\right)^{k/2}}\left\{1 + \left(\log\frac{T}{|y|^2}\right)^{k/2}\right\},$$

d'après la première partie du lemme. La seconde assertion est maintenant démontrée.

(ii) Pour terminer la démonstration du théorème, il suffit de montrer que, pour tout $T > 0$, les lois des processus

$$M_t(y) \equiv \frac{1}{\rho(|y|)} \int_0^t (dB_u\ ;\ S_o^u(y)) \qquad (0 \leq t \leq T)$$

et $R_t(y) \equiv \frac{1}{\rho(|y|)} \int_0^t \frac{ds}{|B_t-B_s-y|}$ $(0 < t < T)$

sont tendues, lorsque $y \to 0$. Nous montrons en fait que ces deux familles de processus satisfont le critère de Kolmogorov.

En effet, on a, pour $0 < s < t < T$, et $k > 2$:

$$E[|M_t(y) - M_s(y)|^k] < \frac{c_k}{\rho(|y|)^k} E\left[\left(\int_s^t du |S_0^u(y)|^2\right)^{k/2}\right]$$

$$< \frac{c_k}{\rho(|y|)^k} (t-s)^{\frac{k}{2}-1} \int_s^t du\, E[|S_0^u(y)|^k]$$

$$< c_k(t-s)^{k/2},$$

d'après la seconde assertion du lemme 2, appliquée avec y suffisamment petit.

D'autre part, on a :

$$E[|R_t(y) - R_s(y)|^k]$$

$$\text{(2.n)} \qquad < \frac{c_k}{\rho(|y|)^k} \left\{E\left[\left(\int_s^t \frac{du}{|B_t-B_u-y|}\right)^k\right] + E\left[\left(\int_0^s du\left\{\frac{1}{|B_t-B_u-y|} - \frac{1}{|B_s-B_u-y|}\right\}\right)^k\right]\right\}.$$

La première espérance est égale à : $E\left[\left(\int_0^{t-s} \frac{du}{|B_u-y|}\right)^k\right]$, expression qu'il est aisé de majorer par $c_k(t-s)^{k/2}$, indépendamment de y, grâce à la formule :

$$\text{(2.o)} \qquad |B_t-y| = |y| + \beta_t + \int_0^t \frac{du}{|B_u-y|},$$

avec (β_t) mouvement Brownien réel issu de 0.

Ensuite, on réécrit la seconde espérance qui figure en (2.n) sous la forme :

$$\delta_k(y\ ;\ s,t) \equiv E\left[\left|\int_0^s du \left\{\frac{1}{|B'_u-(y+z)|} - \frac{1}{|B'_u-y|}\right\}\right|^k\right]$$

où l'on a posé : $z = -B_t + B_s$, variable aléatoire indépendante du mouvement Brownien $B'_u = B_s - B_{s-u}$ $(u < s)$.

Réécrivons maintenant l'expression (2.o) de façon développée, en remplacant $|B_t - y|$ par $|B'_s - (y+z)|$ d'une part, puis $|B'_s - y|$ d'autre part. Il vient :

(2.p)
$$|B'_s - (y+z)| - |B'_s - y| = \int_0^t \left(dB'_u \; ; \; \frac{B'_u-(y+z)}{|B'_u-(y+z)|} - \frac{B'_u-y}{|B'_u-y|}\right) + \int_0^s du \left\{\frac{1}{|B'_u-(y+z)|} - \frac{1}{|B'_u-y|}\right\}.$$

Pour estimer l'intégrand qui figure dans l'intégrale stochastique ci-dessus, on utilise l'inégalité élémentaire :

$$\left|\frac{a}{|a|} - \frac{b}{|b|}\right| \leq \frac{2|a-b|}{|a|}.$$

On a alors, à l'aide de (2.p), et des inégalités de Burkholder - Gundy :

$$\begin{aligned}\delta_k(y\; ;\; s,t) &\leq c_k\, E\left[|z|^k + \left(\int_0^s du \frac{|z|^2}{|B'_u - y|^2}\right)^{k/2}\right] \\ &\leq c_k\, E(|z|^k)\, E\left(1 + \left(\int_0^{s/|y|^2} du \frac{1}{|B'_u - 1|^2}\right)^{k/2}\right) \\ &\leq c_k (t-s)^{k/2} \left(1 + \left(\log \frac{T}{|y|^2}\right)^{k/2}\right),\end{aligned}$$

d'après la première partie du lemme 2.

Finalement, en reportant ces inégalités en (2.n), on obtient :

$$E(|R_t(y) - R_s(y)|^k) \leq c_k (t-s)^{k/2},$$

indépendamment de y, choisi suffisamment petit (en fonction seulement de T). Ceci termine complètement la démonstration du théorème.

3. Démonstration des propositions.

Les trois paragraphes ci-dessous sont consacrés aux démonstrations respectives des propositions 1, 2, 3.

(3.1) Réécrivons l'expression :

$$\frac{1}{\sqrt{\log n}} \left\{ n^3 \int_0^t ds \int_s^t du\, f(n(B_s - B_u)) - \frac{tn}{2\pi} \int \frac{dy}{|y|} f(y) \right\}$$

sous la forme :

(3.a) $\frac{1}{2\pi}\int dy\ f(y)\ \frac{1}{\sqrt{\log n}}\ \{2\pi\alpha(\frac{y}{n}\ ;\ T_t) - \frac{t}{|\frac{y}{n}|}\}.$

A l'aide de la formule de Tanaka - Rosen, et des notations utilisées en (2.3), (ii), on a :

$$2\pi\alpha(\frac{y}{n}\ ;\ T_t) - \frac{t}{|\frac{y}{n}|} = -\int_0^t (dB_u\ ;\ S_o^u(\frac{y}{n})) - \sqrt{|\log \frac{n}{|y|}|}\, R_t(\frac{y}{n}).$$

Pour tout $y \neq 0$, on a : $E\left[\sup_{t<T} |R_t(\frac{y}{n})|\right] \xrightarrow[(n\to\infty)]{} 0$, à l'aide des majorations faites en (2.3), (ii) ; d'autre part $E\left[\sup_{t<T} |R_t(y)|\right]$ est bornée, lorsque y reste dans un voisinage de 0.

D'après le théorème de convergence dominée , on a donc :

$$\int dy\ |f(y)|\ \frac{1}{\sqrt{\log n}}\ \sqrt{|\log \frac{n}{|y|}|}\ E\left[\sup_{t<T}|R_t(\frac{y}{n})|\right] \xrightarrow[(n\to\infty)]{} 0.$$

Nous pouvons donc remplacer l'expression (3.a) par :

(3.a') $\frac{-1}{2\pi}\int dy\ f(y)\ \frac{1}{\sqrt{\log n}}\int_0^t (dB_u\ ;\ S_o^u(\frac{y}{n})),$

et, à l'aide de la fin de (2.2), (ii), la proposition 1 sera démontrée dès que l'on aura prouvé :

(3.b) $\int dy|f(y)|\ \frac{1}{\sqrt{\log n}}\ E\left[\sup_{t<T} \left|\int_0^t (dB_u\ ;\ S_o^u(\frac{y}{n}) - S_o^u(\frac{1}{n}))\right|\right] \xrightarrow[n\to\infty]{} 0.$

On majore cette expression, à l'aide des inégalités de Burkholder - Gundy, par :

(3.b') $c\int dy\ |f(y)|\left|\int_0^t du(\frac{1}{\log n}\ E[|S_o^u(\frac{y}{n}) - S_o^u(\frac{1}{n})|^2])\right.^{1/2}.$

Remarquons maintenant que par scaling, on a, pour u et y fixés :

$$S_o^u(\frac{y}{n}) - S_o^u(\frac{1}{n}) \overset{(d)}{=} \int_0^{nu} ds(\frac{B_s-y}{|B_s-y|^3} - \frac{B_s-1}{|B_s-1|^3}),$$

et il est facile de voir que cette intégrale (en ds) est absolument convergente lorsque $n \to \infty$.

Ainsi, $\frac{1}{\sqrt{\log n}}\,(S_o^u(\frac{y}{n}) - S_o^u(\frac{1}{n}))$ converge en probabilité vers 0 lorsque $n \to \infty$.
On déduit des majorations de la partie 2 du lemme 2 que cette convergence a lieu, en fait, dans tout L^p, et, à l'aide du théorème de convergence dominée, que l'expression (3.b') converge vers 0, lorsque $n \to \infty$.

(3.2) Le rôle joué par la formule (2.a) pour la démonstration du théorème est maintenant tenu par la formule :

$$\text{(3.c)} \quad \int_0^{t-\delta} ds\{\frac{1}{|B_t-B_s|} - \frac{1}{|B_{s+\delta}-B_s|}\} = -\int_\delta^t (dB_u \; ; \int_0^{u-\delta} ds \frac{B_u-B_s}{|B_u-B_s|^3}) - 2\pi\alpha(0 \; ; T_t^\delta).$$

Posons $\delta = |y|^2$. On a alors :

$$\frac{1}{\rho(|y|)}\,\Phi_t^\delta \equiv \frac{1}{\rho(|y|)}\,(2\pi\alpha(0 \; ; T_t^\delta) - \frac{t}{\sqrt{\delta}}\,E(\frac{1}{|B_1|})).$$

$$= -M_t^\delta - R_t^{1,\delta} + R_t^{2,\delta},$$

où : $M_t^\delta = \frac{1}{\rho(|y|)}\int_0^t (dB_u \; ; \int_0^{(u-\delta)^+} ds \frac{B_u-B_s}{|B_u-B_s|^3})$

$$R_t^{1,\delta} = \frac{1}{\rho(|y|)}\int_0^{(t-\delta)^+} ds \frac{1}{|B_t-B_s|} \; ; \; R_t^{2,\delta} = \frac{1}{\rho(|y|)}\int_0^{t-\delta} ds\{\frac{1}{|B_{s+\delta}-B_s|} - E(\frac{1}{|B_\delta|})\}.$$

Nous montrerons les trois résultats suivants, dont découle a fortiori le résultat (1.b) :

(3.d) $E\Big[\sup_{t<T} |M_t^\delta - M_t(y)|^2\Big] \xrightarrow[y\to 0]{} 0$;

(3.e) pour tout $t > 0$, $R_t^{1,\delta} + |R_t^{2,\delta}| \xrightarrow[\delta\to 0]{(P)} 0$;

(3.f) les lois des processus $(R_t^{1,\delta} \; ; t < T)$ sont tendues, lorsque $\delta \to 0$.

<u>Remarque</u> : Si l'on pouvait montrer également que les lois des processus $(R_t^{2,\delta} \; ; t<T)$, sont tendues, on pourrait remplacer, dans l'énoncé de la proposition 2, (d.f) par (d).

(ii) En remplaçant les martingales qui figurent en (3.d) par leurs processus croissants, on peut majorer l'espérance en question par :

$$\frac{4}{\rho(|y|)^2}\int_0^T du\, E\Big[\Big|\int_0^{(u-\delta)^+} ds\, \frac{B_u-B_s}{|B_u-B_s|^3} - \int_0^u ds\, \frac{B_u-B_s-y}{|B_u-B_s-y|^3}\Big|^2\Big].$$

D'après la deuxième partie du lemme 2, la contribution à l'intégrale en (du) de l'intervalle $(0,\delta)$ est $O(\delta)$. D'autre part, on peut réécrire l'intégrale restante, après avoir fait les opérations - maintenant habituelles - de retournement du mouvement Brownien au temps u, et de scaling, sous la forme :

$$\text{(3.g)}\qquad h(\delta) \equiv \frac{c}{(\log \frac{1}{\delta})}\int_\delta^T du\, E\Big[\Big|\int_1^{u/\delta} ds\, \frac{B_s}{|B_s|^3} - \int_0^{u/\delta} ds\, \frac{B_s-1}{|B_s-1|^3}\Big|^2\Big]$$

Pour la seconde intégrale en (ds), on peut remplacer sans problème l'intervalle d'intégration $(0\ ;\ \frac{u}{\delta})$ par $(1\ ;\ \frac{u}{\delta})$. De plus, on montre aisément que :

$$\int_1^\infty ds\, \Big|\frac{B_s}{|B_s|^3} - \frac{B_s-1}{|B_s-1|^3}\Big| < \infty \quad \text{p.s.},$$

et donc, pour tout $u > 0$, $\frac{1}{(\log \frac{1}{\delta})^{1/2}}\int_1^{u/\delta} ds\, \{\frac{B_s}{|B_s|^3} - \frac{B_s-1}{|B_s-1|^3}\}$ converge en probabilité vers 0, lorsque $\delta \to 0$. En outre, une légère modification de la partie 2 du lemme 2 montre que l'expression ci-dessus est bornée dans tout espace L^p, indépendamment de $u < T$, lorsque $\delta \to 0$.

En conséquence, l'expression $h(\delta)$ qui figure en (3.g) tend vers 0 lorsque $\delta \to 0$.

L'assertion (3.e) est immédiate en ce qui concerne $(R_t^{1,\delta})$; d'autre part, on obtient aisément, à l'aide de l'indépendance des accroissements du mouvement Brownien : $E[(R_t^{2,\delta})^2] = \frac{1}{(\log \frac{1}{\delta})} O(1) \xrightarrow[\delta\to 0]{} 0$.

Pour montrer l'assertion (3.f), on s'inspire beaucoup des majorations faites en (2.3), (ii) ; en effet, on a :

$$E[|R_t^{1,\delta} - R_s^{1,\delta}|^k]$$
$$\leq \frac{c_k}{(\log \frac{1}{\delta})^{k/2}}\Big\{E\Big[\Big(\int_{(s-\delta)^+}^{(t-\delta)^+} \frac{du}{|B_t-B_u|}\Big)^k\Big] + E\Big[\Big(\int_0^{(s-\delta)^+} du\Big\{\frac{1}{|B_t-B_u|} - \frac{1}{|B_s-B_u|}\Big\}\Big)^k\Big]\Big\}$$

Dans la première espérance, $(B_t - B_{t-\delta})$ joue le rôle pris par y en (2.3), (ii), alors que, dans la seconde espérance, $(B_s - B_{s-\delta})$, resp : $(B_t - B_s)$, joue le rôle pris par y, resp : z, précédemment, et on obtient encore, finalement :

$$E[|R_t^{1,\delta} - R_s^{1,\delta}|^k] \leq c_k (t-s)^{k/2},$$

pour δ suffisamment petit.

(3.3) (B_t) désigne maintenant un mouvement Brownien à valeurs dans $\mathbb{R}^d$ $(d \geq 4)$. Remarquons tout d'abord que, pour tout $p > 0$, on a :

$$\text{(3.h)} \quad \begin{aligned} &\int_0^t ds \{ \frac{1}{|B_t - B_s - y|^p} - \frac{1}{|y|^p} \} \\ &= -p \int_0^t (dB_u \, ; \int_0^u ds \, \frac{B_u - B_s - y}{|B_u - B_s - y|^{p+2}}) + \frac{p(p+2-n)}{2} \int_0^t ds \int_s^t du \, \frac{1}{|B_u - B_s - y|^{p+2}}. \end{aligned}$$

Cette formule, valable pour tout $y \neq 0$, est une conséquence immédiate de la formule d'Itô, et du théorème de Fubini, applicables sans problème grâce à la non-existence de couples (s,u) tels que : $B_u - B_s = y$.

A l'aide de la formule (3.h), prise avec $p = 1$, la démonstration de la proposition 3 se ramène à l'étude asymptotique de :

$$(B_t \, ; \frac{1}{\sqrt{\log \frac{1}{|y|}}} \int_0^t (dB_u \, ; S_0^u(y)),$$

en reprenant les notations du paragraphe 2. Les arguments de la démonstration du théorème sont toujours valables, les seules modifications à faire étant celles des constantes suivantes : dans la formule (2.e), l'intégrale en (dv) doit être affectée du coefficient $(\frac{d-1}{2})$; dans le lemme 1, si l'on note $C_t = \int_0^t \frac{ds}{|B_s|^2}$, avec (B_t) mouvement Brownien, à valeurs dans $\mathbb{R}^d$, issu de 1, alors : $\frac{1}{\log t} C_t \xrightarrow[t\to\infty]{p.s.} \frac{1}{d-2}$, puis, on déduit du théorème ergodique que, avec les notations du lemme 1 :

$\frac{1}{\log t} \langle X^i \rangle_t \xrightarrow[t\to\infty]{p.s.} \frac{d-1}{d(d-2)}$ $(1 \leq i \leq d)$, et donc que $\frac{1}{\sqrt{\log t}} X_t \xrightarrow[t\to\infty]{(d)} (\frac{d-1}{d(d-2)})^{1/2} N_d$,

où N_d désigne une variable gaussienne à valeurs dans $\mathbb{R}^d$, centrée, et ayant pour covariance la matrice identité.

BIBLIOGRAPHIE :

[1] J.F. LE GALL : Sur le temps local d'intersection du mouvement Brownien plan, et la méthode de renormalisation de Varadhan. Dans ce volume.

[2] J. ROSEN : A local time approach to the self-intersections of Brownian paths in space. Comm. Math. Physics 88, p. 327-338 (1983).

[3] J. ROSEN : Tanaka's formula and renormalization for intersections of planar Brownian motion. Preprint (1984).

[4] J. ROSEN : A representation for the intersection local time of Brownian motion in space. Preprint (1984).

[5] S. VARADHAN : Appendice à "Euclidean quantum field theory", par K. Symanzik, in : Local quantum theory, R. Jost (ed.), Academic Press (1969).

[6] M. YOR : Compléments aux formules de Tanaka - Rosen. Dans ce volume.

(Les références ci-dessus sont relatives aux points doubles du mouvement Brownien, et au calcul stochastique associé : les suivantes sont d'ordre plus général).

[7] K. ITÔ, H.P. Mc KEAN : Diffusion processes and their sample paths. Springer (1965).

[8] F.B. KNIGHT : A reduction of continuous square-integrable martingales to Brownian motion. Lect. Notes in Maths n° 190, Springer (1971).

[9] N.V. KRYLOV : Controlled diffusion processes. Springer - Verlag (1980).

[10] G. PAPANICOLAOU, D. STROOCK, S. VARADHAN : Martingale approach to some limit theorems. Duke Univ. Maths. Series III, Statistical Mechanics and Dynamical Systems (1977).

Je voudrais remercier D.W. Stroock et J.F. Le Gall pour de nombreuses discussions.

Riesz Representation and Duality of Markov Processes

by Ming Liao

Summary The Riesz representation of Markov processes was first studied by Hunt under a set of duality assumptions. In a different direction, Chung and Rao discussed the Riesz representation and other related topics under a set of analytic conditions on the potential density with no duality hypotheses. In this paper, we first extend Chung and Rao's results under weaker assumptions, then we construct a right continuous strong dual process by using the Riesz representation. The dual process may have branching points and the set of branching points is just the set on which the uniqueness of the Riesz representation fails.

§1. Introduction

The Riesz representation is one of the important results in classical potential theory. Let E be an open subset of R^n and let $u(x,y)$ be the Green function of E. If f is a non-negative superharmonic function in E, then there exist a harmonic function h and a measure μ on E such that

$$f(x) = h(x) + \int_E u(x,y)\,\mu(dy) \quad \text{for } x \in E. \tag{1}$$

Moreover, the above representation of f is unique.

(1) is called the Riesz representation of f. The second term on the right hand side of (1), $\int_E u(x,y)\,\mu(dy)$, which is usually denoted by $U\mu(x)$, is called the potential part of f. For a comprehensive treatment of classical potential theory, see the book by Landkof [10].

Hunt studied the Riesz representation under the general setting of Markov process theory. He assumed a set of duality conditions (namely, the given process is a transient Hunt process with E as its state space and it is in strong duality with a strong Feller process) and proved (1) for any excessive function f. See [1, Ch 6]. In a recent paper by Getoor and Glover [9], Hunt's result above has been extended to Borel right processes under weak duality.

In a different direction, Chung and Rao in [2] discussed the Riesz representation and other related topics without assuming duality. Their conditions are analytic ones imposed on the potential density $u(x,y)$. To be precise, they assume that $u(x,y)$ is the potential density of a transient Hunt process and satisfies:

(2) $u(x,y)$ is extended continuous in y for any fixed x, $u(x,y) > 0$ for any (x,y) and $u(x,y) = \infty$ if and only if $x = y$.

It is proved in [2] that (1) holds for any excessive function f and this representation of f is unique if we require that the measure μ does not charge a certain subset of the state space. This subset, denoted by Z, is called the exceptional set.

In this paper, we first extend Chung and Rao's results under weaker assumptions (§2 and §3), then we construct a strong dual process with the exceptional set as its set of branching points (§4, §5 and §6). The existence of such a dual process shows a connection between Hunt's theory and that of Chung and Rao.

The results in this paper form the major part of the author's Ph.D. dissertation [11]. The reader is refered to [11] for additional information and for the application of the Riesz representation to the study of harmonic functions.

§2. Representation by Potentials of Measures

We will use the notations adopted in [1], [2] or [5] except when explicitly stated otherwise. Throughout this paper, let X be a Hunt process and E be its state space which is a locally compact Hausdorff space with a countable base. We use $\mathcal{E}$ to denote the usual Borel field on E. Let m, a Radon measure on $(E, \mathcal{E})$, be a reference measure of X and let $u(x,y)$, a non-negative $\mathcal{E} \times \mathcal{E}$-measurable function defined on $E \times E$, be the potential density of X with respect to m, i.e.

(3) $\forall f \in \mathcal{E}_+$ and $x \in E$,

$$Uf(x) = \int_0^\infty P_t f(x)\, dt = \int_E u(x,y)\, f(y)\, m(dy),$$

where $\mathcal{E}_+$ denotes the family of all non-negative $\mathcal{E}$-measurable functions on E and $\{P_t\}$ is the transition semigroup of $\{X_t\}$.

We will use the following notations:

E_∂: The usual one point compactification of E with ∂ being the "point at infinity".

$b\mathcal{E}$: The space of all bounded, $\mathcal{E}$-measurable functions on E.

$b\mathcal{E}_+$: The space of all non-negative functions in $b\mathcal{E}$.

$C_c(E)$: The space of all continuous functions on E with compact supports.

$bC(E)$: The space of all bounded, continuous functions on E.

We will use the convention that any function f defined on E is understood to be $\mathcal{E}$-measurable and is extended to be a function on E_∂ with $f(\partial) = 0$.

Now we assume:

(i) m is a diffuse measure, i.e. $\forall x \in E,\ m(\{x\}) = 0$.

(ii) X is "transient" in the following sense:

$$\forall \text{ compact } K \subset E \text{ and } x \in E, \quad \lim_{t\to\infty} P^x(T_K \circ \theta_t < \infty) = 0,$$

where T_K is the hitting time of K and θ_t is the usual shift operator.

(iii) $\forall x \in E$, $u(x,\cdot)$ is finite continuous in $E - \{x\}$ and

$$\liminf_{x \neq y \to x} u(x,y) = u(x,x) \text{ which may be finite or } +\infty.$$

(iv) $\forall y_0 \in E$, there exists a neighborhood U of y_0 and $V \in \mathcal{E}$ with $m(V) > 0$ such that $\forall x \in V$, $u(x,\cdot) > 0$ on U.

Remarks:

1. By a theorem in [5, Ch 3, Sec 7], (ii) is implied by the following condition:

$$\forall y \in E, \quad u(\cdot,y) \text{ is lower semi-continuous and}$$
$$\forall \text{compact } K \subset E, \quad \int_K u(x,y)\, m(dy) < \infty.$$

2. The requirement $\liminf_{x\neq y\to x} u(x,y) = u(x,x)$ in (iii) implies that $u(x,\cdot)$ is lower semi-continuous in E. This requirement, in fact, is not essential. Since m does not charge single points, we can modify $u(x,\cdot)$ on a set of zero m-measure, so we may simply define

$$u(x,x) = \liminf_{x\neq y\to x} u(x,y) \quad \text{for } x \in E.$$

This modification of $u(x,y)$ will not affect the continuity of $u(x,\cdot)$ off $\{x\}$ and (iv).

3. If we assume that $(x,y) \mapsto u(x,y)$ is lower semi-continuous on $E \times E$, then (iv) is implied by

$$\forall y \in E, \qquad u(\cdot,y) \not\equiv 0.$$

The following proposition is proved in [2].

Proposition 1. *There exists $h \in \mathcal{E}_+$ such that $0 < h \leq 1$ and $0 < Uh \leq 1$.*

We have the following general result. See Proposition 10 in [5, Ch 3, Sec 3].

Proposition 2. *Assume the conclusion of Proposition 1. Then for any excessive function f, $\exists g_n \in \mathcal{E}_+$ such that $g_n \leq n^2$, $Ug_n \leq n$ and $Ug_n \uparrow f$. This result holds for any right continuous, normal Markov process X.*

Our hypotheses (i), (ii), (iii) and (iv) are weaker than those assumed in [2]. There are many processes, for example, the uniform motion and the one sided stable processes which satisfy our hypotheses but not those of [2]. However, the major results proved in [2] continue to hold under the present weaker conditions. Some of these results, such as [2, Theorem 2] with its extensions and the existence of a "round" version of $u(x,y)$, need revised proofs under the present weaker conditions. We will state all these results and provide proofs when they are different from the old ones.

Proposition 3. *For any $y \in E$, $u(\cdot, y)$ is superaveraging, i.e.*

$$\forall t > 0 \text{ and } x \in E: \quad P_t u(x,y) = \int P_t(x,dz)\, u(z,y) \leq u(x,y)$$

Proof: By the proof of [2, Proposition 3],

$$P_t u(x,y) \leq u(x,y) \quad \text{except for } y = x.$$

By (iii), $\exists y_n \neq x$ such that $y_n \to x$ and

$$u(x,x) = \lim_n u(x, y_n).$$

Letting $y = y_n$ and taking the limit, we obtain $P_t u(x,x) \leq u(x,x)$. $\diamond$

We will use $\underline{u}(\cdot, y)$ to denote the excessive regularization of $u(\cdot, y)$.

By a measure μ on E, we mean a measure defined on $(E, \mathcal{E})$. Let μ be a measure on E, define

$$U\mu(x) = \int u(x,y)\, \mu(dy) \quad \text{for all } x \in E. \tag{4}$$

$U\mu$ is called the potential of the measure μ.

Remark: If $U\mu < \infty \quad m - a.e.$ then μ is a Radon measure. To see this, let K be a compact set, we want to show $\mu(K) < \infty$. By (iv), for any $y_0 \in K$, there exists a compact neighborhood F of y_0 and $x \in E$ such that $U\mu(x) < \infty$ and $u(x,\cdot) > 0$ on F. Since $u(x,\cdot)$ is lower semi-continuous, $\exists \delta > 0$ satisfying $u(x,\cdot) \geq \delta$ on F. We have

$$\mu(F) \leq \frac{1}{\delta} \int_F u(x,y)\,\mu(dy) \leq \frac{1}{\delta} U\mu(x) < \infty.$$

Since K can be covered by a finite number of such F's, $\mu(K) < \infty$.

An excessive function f is said to be harmonic if

(5) $$\forall \text{ compact } K, \quad P_{K^c} f = f,$$

and it is said to be a potential if for any sequence of compact sets $K_n \uparrow E$,

(6) $$\lim_{n \to \infty} P_{K_n^c} f = 0 \quad m - a.e.$$

The following proposition follows directly from the proof of [2, Theorem 6].

Proposition 4. *If f is excessive and $f < \infty \quad m - a.e.$ then there exist a harmonic function h and a potential p such that $f = h + p$. Moreover, this decomposition of f is unique.*

The following technical result will play an important role in our theory. It is a generalization of Theorem 2 in [2] under our weaker hypotheses.

Theorem 1. *Let $\{\mu_n\}$ be a sequence of measures on E and f, g be non-negative functions which are finite $m - a.e.$ Assume (a), (b) and either (c_1) or (c_2) below:*

(a) $\forall n, \quad U\mu_n \leq g$ *and g is excessive.*

(b) $\lim_n U\mu_n = f$.

(c_1) $\forall n$, *$supp(\mu_n)$ is contained in a fixed compact set.*

(c_2) $\forall n, \quad \mu_n(dz) = \eta_n(z)\,m(dz)$ *for some $\eta_n \in \mathcal{E}_+$ and g is a potential.*

Then there exists a subsequence of $\{\mu_n\}$ which converges vaguely to some Radon measure μ and

$$f(x) = U\mu(x) \quad \text{for} \quad x \in [f = \underline{f}] \cap [g < \infty] \cap \{z : \ \mu(\{z\}) = 0\},$$

where $\underline{f}$ is the excessive regularization of f. Moreover, if f is excessive then $f = U\mu$.

Proof: By an argument similar to that used in Remark following (4), we can prove that $\{\mu_n(K)\}$ is bounded for any compact set K. From this we conclude that there exists a subsequence of $\{\mu_n\}$ which converges vaguely to some Radon measure μ. For simplicity, we may assume:

$$(7) \qquad \mu_n \to \mu \quad \text{vaguely.}$$

Let $\Lambda = [g = \infty]$. Since $g < \infty \;\; m - a.e.$ it is well known that Λ is polar. See [5, Ch 3, Sec 7]. Fix $x \in \Lambda^c$. Let

$$L_n(x, dz) = u(x, z)\, \mu_n(dz).$$

By the proof of [2, Theorem 2], there exists a subsequence of $L_n(x, \cdot)$, say $L_{n_j}(x, \cdot)$, which may depend on x, converges to some Radon measure $L(x, \cdot)$ weakerly and

$$(8) \qquad \forall x \in \Lambda^c, \quad f(x) = L(x, 1).$$

For any $\phi \in C_c(E)$, if ϕ vanishes in a neighborhood of x, by (7) and the fact that $u(x, \cdot)$ is continuous off x, we have

$$L(x, \phi) = \lim_j L_{n_j}(x, \phi) = \lim_j \int u(x, z)\, \phi(z)\, \mu_{n_j}(dz) = \int u(x, z)\, \phi(z)\, \mu(dz).$$

This implies: If $x \in \Lambda^c$, then

$$(9) \qquad \forall A \in \mathcal{E} \text{ and } A \subset E - \{x\}, \quad L(x, A) = \int_A u(x, y)\, \mu(dy).$$

Suppose that $L(x, \cdot)$ and $L'(x, \cdot)$ are two weak limits of $L_n(x, \cdot)$ corresponding to different subsequences, then by (9), they agree on $E - \{x\}$. On the other hand, by (8),

$$L(x, 1) = f(x) = L'(x, 1).$$

Hence $L(x, \cdot) = L'(x, \cdot)$. Therefore,

$$(10) \qquad \forall x \in \Lambda^c, \quad \text{the whole sequence } L_n(x, \cdot) \to L(x, \cdot) \text{ weakly.}$$

Let

$$H = [f = \underline{f}] \cap [g < \infty] \cap \{x : \mu(\{x\}) = 0\}.$$

Then $m(H^c) = 0$ because m is diffuse, $\{x : \mu(\{x\}) \neq 0\}$ is countable and $f = \underline{f}$ $m - a.e.$

Now fix $x \in H$. The proof of [2, Theorem 2] shows:

$$(11) \qquad L(x,\{x\}) \le P_t L(x,\{x\}) + \epsilon.$$

Under the present assumptions, $\{x\}$ is not necessarily a polar set (for example, consider the uniform motion), so the subsequent argument in [2] does not apply. However, we can use the following argument.

Since m does not charge $\{x\}$,

$$\int_0^\infty P_t(x,\{x\})dt = U(x,\{x\}) = 0.$$

So $\exists t_j \downarrow 0$ such that $P_{t_j}(x,\{x\}) = 0$. Since Λ is polar,

$$P_{t_j}(x,\{x\} \cup \Lambda) = 0.$$

By (9),

$$P_{t_j} L(x,\{x\}) = 0.$$

It follows from (11),

$$L(x,\{x\}) \le \epsilon.$$

Therefore $L(x,\{x\}) = 0$. By (9), we have

$$(12) \qquad \forall x \in H, \quad L(x,dz) = u(x,z)\,\mu(dz).$$

If f is excessive, then

$$\forall x \in E, \quad f(x) = \int \underline{u}(x,z)\,\mu(dz).$$

On the other hand, since $u(x,z)$ is lower semi-continuous in z,

$$f(x) = \lim_n U\mu_n(x) \ge \int u(x,z)\,\mu(dz),$$

which implies $f(x) = U\mu(x)$. The theorem is proved. ◇

Corollary 1. *Let $f < \infty$ $m-a.e.$ be an excessive function and D be a relatively compact open set. Then there exists a Radon measure μ such that*

$$P_D f = U\mu \quad \text{and} \quad supp(\mu) \subset \overline{D}.$$

As shown in [2], the above corollary follows immediately from a technical result due to Hunt ($\exists g_n \in \mathcal{E}_+$ with $supp(g_n) \subset D$ such that $Ug_n \uparrow P_D f$). See [1, Ch 2, (4.15)].

The following result is a direct consequence of Proposition 2 and Theorem 1.

Corollary 2. *If f is a potential, then there exists a Radom measure μ on E such that $f = U\mu$.*

§3. The Exceptional Set and Uniqueness of Representation

In this section, we introduce the exceptional set Z and prove an important complement to Theorem 1.

Recall that $\underline{u}(\cdot,y)$ is the excessive regularization of $u(\cdot,y)$. Let

$$Z = E - \{y \in E;\ \ \forall \text{open set } D \ni y,\ P_D\underline{u}(\cdot,y) = \underline{u}(\cdot,y)\}. \tag{13}$$

Theorem 2. *Z is a $\mathcal{E}$-measurable set with $m(Z) = 0$ and it can be characterized by the following relation: For any $y \in E$,*

$$y \notin Z \iff u(\cdot,y) \text{ is excessive and } \forall \text{ open } D \ni y,\ \ P_D u(\cdot,y) = u(\cdot,y).$$

Proof: Let $\{D_n\}$ be a countable base of open sets of E. By Proposition 1, $\exists h \in b\mathcal{E}_+$ such that $h > 0$ and $Uh \le 1$. Since Uh is excessive, we have

$$\begin{aligned}\int \underline{u}(x,y)\,h(y)\,m(dy) &= \int \lim_{t\to 0} P_t u(x,y)\,h(y)\,m(dy)\\ &= \lim_{t\to 0} P_t Uh(x) = Uh(x)\\ &= \int u(x,y)\,h(y)\,m(dy).\end{aligned}$$

Hence

$$\forall x \in E,\ \ \underline{u}(x,\cdot) = u(x,\cdot)\ \ m-a.e. \tag{14}$$

Now for any open set D,

$$\begin{aligned}\int_D P_D\underline{u}(x,y)\,h(y)\,m(dy) &= P_D\Big[\int_D \underline{u}(\cdot,y)\,h(y)\,m(dy)\Big](x)\\ &= P_D\big[U(h\,1_D)\big](x) = U(h\,1_D)(x)\\ &= \int_D \underline{u}(x,y)\,h(y)\,m(dy)\end{aligned}$$

so $\forall x \in E$, $P_D\underline{u}(x,\cdot) = \underline{u}(x,\cdot)$ $m - a.e.$ in D. By Fubini's theorem and the fact that $\underline{u}(\cdot,y)$ is excessive, we have: for any open set D,

$$P_D\underline{u}(\cdot,y) = \underline{u}(\cdot,y) \qquad \text{for } m-a.e.\ y \text{ in } D. \tag{15}$$

Let

$$I_n = \{y \in D_n;\ \ P_{D_n}\underline{u}(\cdot,y) \ne \underline{u}(\cdot,y)\}. \tag{16}$$

It is easy to see that $y \in I_n$ if and only if $y \in D_n$ and

$$\int m(dx)\big(\underline{u}(x,y) - P_{D_n}\underline{u}(x,y)\big) > 0.$$

Hence $I_n \in \mathcal{E}$ and by (15), $m(I_n) = 0$.

Let $I = \cup_n I_n$. It is clear that

$$y \notin I \iff \forall D_n \ni y, \;\; \underline{u}(\cdot,y) = P_{D_n}\underline{u}(\cdot,y).$$

Since for any open $D \ni y$, $\exists D_n$ with $D \supset D_n \ni y$. We have

$$(17) \qquad y \notin I \iff \forall \text{open } D \ni y, \;\; \underline{u}(\cdot,y) = P_D\underline{u}(\cdot,y).$$

By (13), the definition of Z, we see that $Z = I$, hence $Z \in \mathcal{E}$ and $m(Z) = 0$. This is the first conclusion of the theorem.

To prove the second conclusion, it is enough to show that $u(\cdot,y)$ is excessive for any $y \notin Z$. Now fix $y \notin Z$. Let D be an open set containing y. By (13) and Corollary 1 to Theorem 1, we have

$$\underline{u}(\cdot,y) = P_D\underline{u}(\cdot,y) = U\mu$$

for some Radon measure μ with $supp(\mu) \subset \overline{D}$. Let $D \downarrow \{y\}$ and apply Theorem 1, we obtain

$$\underline{u}(\cdot,y) = \lambda\, u(\cdot,y)$$

for some constant $\lambda \geq 0$. Since $\underline{u}(\cdot,y) \not\equiv 0$, $\lambda > 0$, so $u(\cdot,y) = \underline{u}(\cdot,y)/\lambda$ is excessive. ◇

Remarks:

1. The exceptional set Z defined in this section seems to depend on the choice of the potential density $u(x,y)$ and the reference measure m. In fact, it is not so. Let m' be another reference measure of X and let $u'(x,y)$ be the potential density with respect to m'. Assume $u'(x,y)$ satisfies (iii) and (iv). Since

$$u'(x,y)\, m'(dy) = u(x,y)\, m(dy),$$

we see that m and m' are equivalent. Therefore there exists $f \in \mathcal{E}_+$ such that $f(z)\, m(dz) = m'(dz)$. We have

$$\forall x \in E, \quad u'(x,\cdot)\, f = u(x,\cdot) \;\; \text{for } m-a.e.\ y.$$

By (iii) and (iv), f can be chosen so that the above holds for all y. It is clear that $f > 0$. As a consequence of Theorem 2, the exceptional set defined from m' and $u'(x,y)$ is Z.

2. Define

(18) $$w(\cdot,y) = \begin{cases} u(\cdot,y), & \text{if } y \notin Z; \\ 0, & \text{if } y \in Z. \end{cases}$$

It is clear that

(19) $$\forall y \in E \text{ and open set } D \ni y \qquad P_D w(\cdot,y) = w(\cdot,y).$$

$w(x,y)$ is called the "round" version of $u(x,y)$. The present existence proof for $w(x,y)$ is different from that of [2, Theorem 1]. In [2], $w(x,y)$ is constructed directly from $u(x,y)$. In fact, it is taken to be the excessive regularization of $\lim_n P_{D_n}\underline{u}(x,y)$, where $\{D_n\}$ is a sequence of open sets containing y and $D_n \downarrow \{y\}$. This constructive argument needs the assumption that singletons are polar, see [2, Theorem 1].

The following result is an important complement to Theorem 1. See Theorem 2 (continued) in [2].

Theorem 3. *Assume the conditions of Theorem 1 and* $\forall n$, $\mu_n(Z) = 0$. *Then the conclusion of Theorem 1 holds without the condition* $\mu_n(dz) = \eta_n(z)\, m(dz)$ *in* (c_2) *and if* f *in* (b) *is excessive, the limiting measure* μ *satisfies:* $\mu(Z) = 0$.

Proof: We use the notations in the proof of Theorem 1. By the proof of [2, Theorem 2 (continued)], the first assertion is true and to prove the second assertion, it is enough to show:

(20) $$P_D \underline{U}\mu^D = \underline{U}\mu^D,$$

where D is any relatively compact open set satisfying: $\mu(\partial D) = 0$ and μ^D is the restriction of μ on D, i.e.

$$\forall A \in \mathcal{E}, \quad \mu^D(A) = \mu(A \cap D).$$

Recall $L_n(x,dz) = u(x,z)\,\mu_n(dz)$. Since $\mu_n(Z) = 0$,

$$L_n(x,dz) = \underline{u}(x,z)\,\mu_n(dz).$$

We know that $L_n(x,\cdot)$ converge weakly to $L(x,\cdot)$ and

$$L(x,1) = U\mu(x) = \underline{U}\mu(x) \quad \text{for } x \notin \Lambda.$$

Let $\phi \in C(E)$ and $0 \le \phi \le 1$. Observe that $\underline{u}(x,z)$ is lower semi-continuous in z since it is the increasing limit of $P_t u(x,z)$ as $t \to 0$ and each $P_t u(x,z)$ is lower semi-continuous in z. Since μ_n converge to μ vaguely, we have:

$$\liminf_n L_n(x,\phi) \ge \int \underline{u}(x,z)\,\phi(z)\,\mu(dz).$$

The above holds also with ϕ replaced by $1-\phi$. Since $L_n(x,1) \to \underline{U}\mu(x)$ for $x \notin \Lambda$, we can conclude that

$$\lim_n L_n(x,\phi) = \int \underline{u}(x,z)\,\phi(z)\,\mu(dz) \quad \text{for } x \notin \Lambda. \tag{21}$$

Therefore $L_n(x,dz)$ converge to $\underline{u}(x,z)\,\mu(dz)$ weakly. Now for open D with $\mu(\partial D) = 0$, we have

$$\underline{U}(1_D\,\mu)(x) = \lim_n L_n(x,D) \quad \text{for } x \notin \Lambda.$$

Since $\mu_n(Z) = 0$, $P_D L_n(x,D) = L_n(x,D)$. Taking limit as $n \to \infty$ and using the fact that Λ is polar, we obtain

$$P_D\underline{U}(1_D\,\mu)(x) = \underline{U}(1_D\,\mu)(x)$$

for $x \notin \Lambda$. Since both sides of the above are excessive, it holds everywhere. This proves (21) hence the theorem. ◇

Corollary. *If μ is the measure appearing in either Corollary 1 or Corollary 2 to Theorem 1, then $\mu(Z) = 0$.*

Now we show that the representation by potentials of measures is unique if we require: $\mu(Z) = 0$. We assume:

(v) For any $y, z \in E$, if $u(\cdot,y) = \lambda\, u(\cdot,z)$ for some constant $\lambda \ge 0$, then $y = z$.

The above condition is sometimes refered to as $u(x,y)$ is linearly separating (see [4]).

Remark: In almost all examples, the diagonal of $E \times E$ is the set of singular points of $u(x,y)$, so (v) holds trivially.

The uniqueness of the Riesz representation is proved in [2] under the condition $u(x,x) = \infty$ for all $x \in E$ (see the proof of [2, Lemma 4]). By an argument in a un-published paper by Chung and Rao (see [4]), this condition can be replaced by (v). We will present this argument below.

Theorem 4. *Let μ and ν be two measures on E. If $\mu(Z) = \nu(Z) = 0$, $U\mu < \infty$ $m-a.e.$ and $U\mu = U\nu$, then $\mu = \nu$.*

Proof: By the proof of [2, Theorem 5], it is enough to prove the following statement:

(22) If $supp(\mu)$ is compact, then $supp(\mu) = supp(\nu)$.

By Remark following (4), both μ and ν are Radon measures. Let $K = supp(\mu)$. It suffices to show that $supp(\nu) \subset K$.

Let D be an relatively compact set containing K. Since $\mu(Z) = 0$, $P_D U\mu = U\mu$, hence $P_D U\nu = U\nu$. This implies:

$$\forall x \in E, \quad P_D w(x,\cdot) = w(x,\cdot) \quad \nu - a.e.$$

By Fubini's theorem, $\exists N \in \mathcal{E}$ such that $\nu(N) = 0$ and if $y \notin N$, $P_D w(\cdot,y) = w(\cdot,y)$ $m-a.e.$ hence

$$\forall y \notin N, \quad P_D w(\cdot,y) = w(\cdot,y).$$

Since $\nu(Z) = 0$, we may assume $Z \subset N$. If $supp(\nu)$ is not contained in K, we may choose D so that $\exists y \in (\overline{D})^c - N$ and

$$P_D w(\cdot,y) = w(\cdot,y). \tag{23}$$

Fix such a y. By (23), Corollary 1 to Theorem 1 and Corollary to Theorem 3, there exists a Radon measure σ satisfying: $supp(\sigma) \subset \overline{D}$, $\sigma(Z) = 0$ and

$$w(\cdot,y) = P_D w(\cdot,y) = \int u(\cdot,z)\,\sigma(dz) = \int w(\cdot,z)\,\sigma(dz).$$

Let $\{G_n\}$ be a sequence of relatively compact open sets such that $G_n \downarrow \{y\}$. We have

$$\int w(\cdot,z)\,\sigma(dz) = w(\cdot,y) = P_{G_n} w(\cdot,y) = \int P_{G_n} w(\cdot,z)\,\sigma(dz).$$

so

$$\forall x \in E, \quad w(x,\cdot) = P_{G_n} w(x,\cdot) \quad \sigma - a.e.$$

From this, we can conclude that $\exists z \in \overline{D} - Z$ such that

$$\forall n, \quad w(\cdot,z) = P_{G_n} w(\cdot,z) \quad m - a.e. \text{ hence everywhere.}$$

By Theorem 1, letting $n \to \infty$, we see that

$$P_{G_n} w(x,z) \;\to\; \lambda\, w(x,y)$$

for some constant $\lambda \geq 0$, hence $w(\cdot,z) = \lambda\, w(\cdot,y)$. Recall that $y, z \notin Z$, so $u(\cdot,z) = \lambda\, u(\cdot,y)$. By (v), $y = z$. But this is impossible since $y \notin \overline{D}$ and $z \in \overline{D}$. The contradiction shows $supp(\nu) \subset K$. This proves (22) hence the theorem. ◇

Remark: In the statement of Theorem 3, μ is in fact the vague limit of the whole sequence $\{\mu_n\}$. This is because any subsequence of $\{\mu_n\}$ converges vaguely to μ by the uniqueness.

It is easy to see that the uniform motion, Brownian motion, the symmetric stable processes and the one sided stable processes satisfy our hypotheses (i) through (v). In all these examples, the exceptional set Z is empty. This can be checked directly by using Theorem 2.

Now we present an example for which the exceptional set Z is not empty.

Example: Let $E = (0,\ 1) \cup [2,\ \infty)$ equipped with relative Euclidean topology and m be the Lebesgue measure on the real line. We construct a process X on E according to the following description: if the process X starts at x with $2 \le x < \infty$, then it moves to the right at unit speed; if X starts at x with $0 < x < 1$, then it moves to the right with unit speed until a random time T which is $\le 1 - x$. If $T = 1 - x$, X dies at time T, otherwise it jumps to 2. We assume that the random time T is distributed exponentially before X "hits" 1, i.e.

$$\forall t < 1 - x, \quad P^x\{T \le t\} = \int_0^t e^{-u}\, du.$$

It is not difficult to see that the transition semi-group $\{P_t\}$ of X is determined as follows:

(24) for $x \in E$ and Borel set $A \subset E$,

$$P_t(x, A) = \begin{cases} \int_0^t e^{-u}\, 1_A(2 + t - u)\, du \\ \quad + e^{-t}\, 1_A(x + t), & \text{for } 0 < x < 1 \text{ and } t < 1 - x; \\ \int_0^{1-x} e^{-u}\, 1_A(2 + t - u)\, du, & \text{for } 0 < x < 1 \text{ and } t \ge 1 - x; \\ 1_A(x + t), & \text{for } 2 \le x < \infty. \end{cases}$$

It is easy to verify that $\{P_t\}$ so defined is a Feller sub-markovian semigroupon E.

The potential density of X is given by

$$(25) \qquad u(x, y) = \begin{cases} 0, & \text{if } y \le x \text{ except } x = y = 2; \\ e^{x-y}, & \text{if } x < y < 1; \\ 1 - e^{x-1}, & \text{if } x < 1 \text{ and } y \ge 2; \\ 1, & \text{if } 2 \le x < y \text{ or } x = y = 2. \end{cases}$$

We have taken care to make sure that $u(x,y)$ satisfies: $\liminf_{x\neq y\to x} u(x,y) = u(x,y)$ as is required by (iii).

It is clear that the process satisfy our basic assumptions (i) through (v). By (25), if $y \neq 2$, $u(\cdot,y)$ is lower semi-continuous and

$$u(x,2) = \begin{cases} 1 - e^{x-1}, & \text{if } 0 < x < 1; \\ 1, & \text{if } x = 2; \\ 0, & \text{if } x > 2. \end{cases}$$

It follows from Proposition 2 that any excessive function is lower semi-continuous. Since $u(\cdot,2)$ is not so, it is not excessive. By Theorem 2, $2 \in Z$. It is easy to show:

$$(26) \qquad Z = \{2\}.$$

§4. Existence of a Dual Semigroup

It was established in [7] that under conditions stronger than those assumed in [2], there exists a Hunt process which is in duality with X. In this paper, we will show the existence of a dual process under the present weaker conditions. We will see that there exists a right continuous strong dual process Y which "lives" on E_0 consisting of $y \in E$ such that $\underline{u}(\cdot,y)$ is a pure potential and $E_0 \cap Z$ is the set of branching points of Y.

For f, $g \in \mathcal{E}_+$, let

$$(f,g) = \int f(x)\, g(x)\, m(dx).$$

Suppose $E' \in \mathcal{E}$ and $m(E - E') = 0$. We equip E' with the topology induced from E. Let Y be a Markov process on E' with the transition semigroup $\hat{P}_t$ and the same reference measure m. We say that Y is in duality with X with respect to m if

$$(27) \qquad \forall f,\, g \in \mathcal{E}_+, \quad (P_t f, g) = (f, \hat{P}_t g).$$

Our definition of duality is a little different from the one given in [1]. But it is easy to see that they are equivalent if $E' = E$ and Y is a Hunt process.

Our hypotheses in this section are (i), (ii), (iii), (iv), (v) introduced in §2 and §3 and the following condition

(vi) m is excessive.

Remark: The excessiveness of m is a necessary condition for the existence of a dual process, see [1, Ch VI, Sec 1]. If m is not excessive, then we can choose an excessive reference measure and under additional conditions, we can show that the corresponding potential density satisfy our basic hypotheses. We will not discuss this in details.

Recall a pure potential p is a potential such that

$$\lim_{t\to\infty} P_t p = 0 \quad m-a.e.$$

$\underline{u}(\cdot,y)$ is the excessive regularization of $u(\cdot,y)$. Let

(28) $$E_0 = \{y \in E;\ \underline{u}(\cdot,y) \text{ is a pure potential }\}.$$

By [2, Proposition 13],

(29) $$E_0^c = E - E_0 \ \text{ is a polar set.}$$

For $y \in E_0$, $\underline{u}(\cdot,y)$ is a potential. By Corollary to Theorem 3 and Theorem 4 in Chapter I, any potential f can be expressed uniquely as $U\mu$ with $\mu(Z) = 0$. Hence the following formula uniquely defines a measure $\hat{P}_t(y,dz)$ on $Z^c = E - Z$ for $t \geq 0$.

(30) $$P_t\underline{u}(x,y) = u\,\hat{P}_t(x,y) \quad \text{where } u\,\hat{P}_t(x,y) = \int u(x,z)\,\hat{P}_t(y,dz).$$

Since $\underline{u}(\cdot,y)$ is a pure potential, so is $P_t\underline{u}(\cdot,y)$, this implies that $\hat{P}_t(y,dz)$ does not charge E_0^c.

(31) $$\forall y \in E_0, \quad \hat{P}_t(y, E_0^c \cup Z) = 0.$$

Hence $\hat{P}_t(y,dz)$ is a measure on E_0.

Remark: E_0 is $\mathcal{E}$-measurable since,

$$E_0 = \{y;\ \int m(dx) \lim_n P_{K_n^c}\underline{u}(x,y) = 0 = \int m(dx) \lim_{t\to\infty} P_t\underline{u}(x,y)\}$$

We equip E_0 with the topology induced by that of E, then the natural Borel field of E_0 is the restriction of $\mathcal{E}$ to E_0, denoted by $\mathcal{E}|_{E_0}$. We can prove: if $A \in \mathcal{E}|_{E_0}$, then

(32) $$(t,y) \mapsto \hat{P}_t(y,A) \ \text{ is } \mathcal{B}\times\mathcal{E}|_{E_0}\text{-measurable,}$$

where $\mathcal{B}$ is the natural Borel field of $R_+ = [0,\ \infty)$.

To see this, observe $P_t\underline{u}(x,y) = u\hat{P}_t(x,y)$ is the increasing limit of

$$\frac{1}{h}\int_t^{t+h} P_s\underline{u}(x,y)\,ds$$

as $h \downarrow 0$. Since $\underline{u}(\cdot, y)$ is a pure potential, we have

$$\frac{1}{h}\int_t^{t+h} P_s\underline{u}(x,y)\,ds = \frac{1}{h}U[P_t\underline{u}(\cdot,y) - P_{t+h}\underline{u}(\cdot,y)](x),$$

so $\hat{P}_t(y, dz)$ is the vague limit of

$$\frac{1}{h}[P_t\underline{u}(z,y) - P_{t+h}\underline{u}(z,y)]m(dz)$$

as $h \downarrow 0$. This proves (32).

By (30), The uniqueness of the Riesz representation (Theorem 4) and the fact that P_t is a semigroup, it is easy to show that $\{\hat{P}_t\}$ forms a semigroup. See [2]. By (32), it is a Borel semigroup. The argument used in [2, Theorem 8] proves that $\hat{P}_t$ is a submarkovian semi-group on E_0, i.e.

$$\text{(33)} \qquad \forall y \in E_0, \quad \hat{P}_t 1(y) = \hat{P}_t(y, E_0) \leq 1.$$

For the proof of the following formula, see [2, Theorem 7].

$$\text{(34)} \qquad \forall f \in \mathcal{E}_+, \quad \hat{U}f(y) = \int_0^\infty \hat{P}_t f(y)\,dt = \int m(dx)\,f(x)\,u(x,y) \quad \text{for } y \in E_0.$$

The following lemma which shows that the semigroups P_t and $\hat{P}_t$ are in duality with respect to m was proved in an un-published paper by Chung and Rao, see [3]. We reproduce its proof here for the reader's convenience.

Lemma 1. $\forall f, g \in \mathcal{E}_+, \quad (P_t f, g) = (f, \hat{P}_t g)$.

Proof: By I Proposition 1, $\exists h \in \mathcal{E}_+$ such that

$$h > 0 \text{ on } E \text{ and } 0 < Uh \leq 1.$$

For any $A \in \mathcal{E}$, let $f = h\,1_A$. We have

$$\begin{aligned}
\int u(x,y)\,P_t f(y)\,m(dy) &= UP_t f = P_t U f \\
&= \int P_t u(x,y)\,f(y)\,m(dy) \\
&= \int P_t \underline{u}(x,y)\,f(y)\,m(dy) \\
&= \int u\hat{P}_t(x,y)\,f(y)\,m(dy) \\
&= \int u(x,z) \int \hat{P}_t(y,dz)\,f(y)\,m(dy).
\end{aligned}$$

Since the above expressions are finite, we can apply I Theorem 4 to conclude

$$P_t f(y)\, m(dy) = \int \hat{P}_t(z, dy)\, f(z)\, m(dz).$$

For any $g \in \mathcal{E}_+$, multiplying both sides by $g(y)$ and integrating, we obtain $(P_t f, g) = (f, \hat{P}_t g)$. Since $A \in \mathcal{E}$ is arbitrary and $h > 0$, the lemma is proved. ◇

By Remark following Theorem 4, if $t \geq 0$ and $s \downarrow\downarrow t$ (i.e. $s > t$ and $s \downarrow t$), then for $y \in E_0$,

$$\hat{P}_s(y, \cdot) \to \hat{P}_t(y, \cdot) \text{ vaguely.}$$

Since $\hat{P}_t$ is a submarkovian semigroup, $\hat{P}_s 1(y) \leq \hat{P}_t 1(y)$, we have

(35) $\forall y \in E_0,\ s \downarrow\downarrow t \geq 0, \quad \hat{P}_s(y, \cdot) \to \hat{P}_t(y, \cdot)$ weakly, i.e.

$$\forall f \in bC(E), \qquad \lim_{s \to t} \hat{P}_s f(y) = \hat{P}_t f(y).$$

Let us record what we have proved so far.

Theorem 5. *E_0 defined by (28) is a $\mathcal{E}$-measurable set and its complement E_0^c is polar. $\{\hat{P}_t\}$ defined by (30) is a Borel, submarkovian semigroup on E_0 which does not charge Z and satisfies (34) and (35). Moreover, for $y \in E_0$, $\hat{P}_0(y, \cdot) = \delta_y$ if and only if $y \notin Z$, where δ_y is the unit mass at y.*

A function $f \geq 0$ defined on E_0 is said to be co-superaveraging if $\hat{P}_t f \leq f$ on E_0 for any $t \geq 0$. Let S' be the collection of all bounded continuous functions on E whose restrictions to E_0 are co-superaveraging. It is clear that S' is a convex cone and if $f, g \in S'$ then $f \wedge g \in S'$.

For $x \in E$ and $y \in E_0$,

$$\hat{P}_t[u(x, \cdot)](y) = u\hat{P}_t(x, y) = P_t \underline{u}(x, y) \leq \underline{u}(x, y) \leq u(x, y),$$

so $u(x, \cdot)$, restricted on E_0, is co-superaveraging. So is $u(x, \cdot) \wedge c$ for any constant $c > 0$.

Let F be a compact set and $c > 0$. Consider the following function,

$$f(y) = \int_F m(dx)[u(x, y) \wedge c].$$

It is clear that the restriction of f to E_0 is co-superaveraging. Fix $y_0 \in E$. Since for $x \neq y_0$, $u(x, \cdot)$ is continuous at y_0 and m does not charge $\{y_0\}$, f is continuous at y_0. So $f \in S'$.

By (iv), we can choose countably many compact sets K_n with $\cup_n K_n = E$ and for each n, a compact set F_n with $m(F_n) > 0$ such that if $x \in F_n$, then $u(x,\cdot) > 0$ on K_n. Let

$$f_n(y) = \int_{F_n} m(dx)[u(x,y) \wedge c_n]$$

for some constant $c_n > 0$. Then $f_n > 0$ on K_n. c_n can be chosen properly so that $0 \le f_n \le 1$. Let

$$f = \sum_{n=1}^{\infty} \frac{1}{2^n} f_n.$$

Then $f \in S'$ and $f > 0$ in E. Therefore S' contains a function which is strictly positive.

Now we show that S' separates points on E, i.e. for any $y_1, y_2 \in E$ with $y_1 \neq y_2$, $\exists f \in S'$ such that $f(y_1) \neq f(y_2)$. Otherwise, for any compact set F and constant $c > 0$,

$$\int_F m(dx)[u(x,y_1) \wedge c] = \int_F m(dx)[u(x,y_2) \wedge c].$$

This implies: $u(\cdot,y_1) = u(\cdot,y_2)$ $m - a.e.$ which contradicts (v). Hence S' must separate points on E.

Let

$$L' = S' - S' = \{f - g;\ f, g \in S'\}.$$

For f, $g \in S'$, we have

$$|f - g| = f + g - 2(f \wedge g)$$

and for h, $k \in L'$, we have

$$h \vee k = (h + k + |h - k|)/2 \ \text{ and } \ h \wedge k = (h + k - |h - k|)/2.$$

Hence L' is a vector lattice, i.e. L' is a vector space satisfying:

$$\forall f, g \in L', \quad f \vee g \text{ and } f \wedge g \in L'.$$

For any compact set K, let $C(K)$ be the space of continuous functions on K. Let $L'(K)$ be the restriction of L' to K. Since $L'(K)$ separates points on K, by the lattice form of the Stone-Weierstrass theorem, $L'(K)$ is dense in $C(K)$ under sup norm. Let K_n be a sequence of compact sets and $K_n \uparrow E$. For each n, $C(K_n)$ is a separable metric space, so is $L'(K_n)$. By the fact that L' is a lattice, there is a countable subset L_n of L' such that the restriction of L_n to K_n is dense in $C(K_n)$ and

$$\forall f \in L_n, \quad \sup_{x \in E} |f(x)| = \sup_{x \in K_n} |f(x)|.$$

Since $\cup_n L_n$ is countable, we can choose a countable subset S of S' such that $\cup_n L_n \subset S - S$. We have

Lemma 2. *There is a countable family S consisting of bounded, continuous functions on E whose restrictions to E_0 are co-superaveraging. S separates points on E and contains a strictly positive function f. Let $L = S - S$. Then for any $g \in bC(E)$, there is a uniformly bounded sequence $\{g_n\} \in L$ such that $g_n \to g$ pointwise in E.*

Proof: Let K_n be as above. For each n, choose $g_n \in L_n$ such that

$$\sup_{x \in K_n} |g_n(x) - g(x)| < \frac{1}{n}.$$

Then $\{g_n\}$ is the required sequence. ◇

Now let Ω' be the set of all maps from $R_+ = [0, \infty)$ into $E_\partial = E \cup \{\partial\}$. For $\omega \in \Omega'$, $\omega(t)$ is a function defined on R_+ and it takes values in E_∂. Let

$$Y'(t, \omega) = Y'_t(\omega) = \omega(t)$$

Then Y' is a process on Ω'.

Let $\mathcal{G}$ be the σ-field on Ω' induced by the process Y', i.e.

$$\mathcal{G} = \sigma\{Y'_t;\ 0 \le t < \infty\}. \tag{36}$$

By Kolmogorov's theorem, for example see [1, Ch I, Sec 2], for $y \in E_0$, there is a probability measure $\hat{P}^y$ on $(\Omega', \mathcal{G})$ such that

$$\forall A_0, A_1, \cdots, A_n \in \mathcal{E} \text{ and } 0 < t_1 < t_2 < \cdots < t_n < \infty \tag{37}$$

$$\hat{P}^y\{Y'_0 \in A_0, Y'_{t_1} \in A_1, \cdots, Y'_{t_n} \in A_n\} =$$
$$= \int_{A_0} \hat{P}_0(y, dy_0) \int_{A_1} \hat{P}_{t_1}(y_0, dy_1) \int_{A_2} \hat{P}_{t_2 - t_1}(y_1, dy_2) \cdots \int_{A_n} \hat{P}_{t_n - t_{n-1}}(y_{n-1}, dy_n).$$

We will use $\hat{E}^y$ to denote the expectation with respect to $\hat{P}^y$.

From the above, Y' is a "raw" Markov process on E with transition semigroup $\hat{P}_t$. By (31), for fixed $t \ge 0$,

$$Y'_t \in E_0 \quad \hat{P}^y - a.e.$$

Remark. Observe that the state space of Y' is taken to be E instead of E_0. This is because in order to apply the Kolmogorov's theorem, it requires that the space in question is σ-compact. It is not clear to us that E_0 is so. However, in the next section, we will show that there is a right continuous version Y of Y' which "lives" on E_0, i.e. for any $y \in E_0$,

$$\hat{P}^y - a.e. \ \forall t \geq 0, \quad Y_t \in E_0 \cup \{\partial\}.$$

Therefore we can take E_0 to be the state space of Y.

Let T be a countable dense subset of R_+ satisfying:

(38) $$\forall r, s \in T, \quad r+s \in T \ \text{ and } r-s \in T \text{ if } r-s \geq 0.$$

Consider the discrete time process $\{Y'_r;\ r \in T\}$. By Lemma 2, $\exists f \in S$ such that $f > 0$ in E. For $y \in E_0$,

$$\{f(Y'_r); \quad r \in T, \ \hat{P}^y\}$$

is a non-negative supermartingale (Recall $f(\partial) = 0$). $f(Y'_r) = 0$ if and only if $Y'_r = \partial$. For $r, s \in T$ and $r > s$,

$$\hat{E}^y\{f(Y'_r);\ Y'_s = \partial\} \leq \hat{E}^y\{f(Y'_s);\ Y'_s = \partial\} = 0.$$

This implies: For any $y \in E_0$,

(39) $$\hat{P}^y - a.e. \quad \forall s \in T, \ \ Y'_s = \partial \ \text{ implies } \ Y'_r = \partial \ \text{ for all } r \geq s \text{ and } r \in T.$$

We can take T to be Q_+, the collection of all non-negative rationals. Define

(40) $$\hat{\zeta} = \inf\{r \in Q_+;\ Y'_r = \partial\}.$$

It is clear that for any $y \in E_0$,

(41) $$\hat{P}^y - a.e. \quad \forall r \in Q_+, \ \ Y'_r \in E \text{ for } r < \hat{\zeta} \ \text{ and } \ Y'_r = \partial \text{ for } r > \hat{\zeta}.$$

Remark: If we replace Q_+ by any bigger countable subset T of R_+ satisfying (38) in the definition (40), then $\hat{\zeta}$ will not be changed except on a set of $\hat{P}^y$-measure zero for any $y \in E_0$.

§5. The Dual Process

In this section we construct a right continuous version of Y'_t.

Fix $y \in E_0$. Let $f \in S$. Then $f(Y'_t)$ is a non-negative supermartingale under $\hat{P}^y$. By the general martingale theory, for example see [5, Ch 1], $\hat{P}^y - a.e.$

$$\forall t \geq 0, \qquad \lim\{f(Y'_r);\ r \in Q_+,\ r \downarrow\downarrow t\} \quad \text{and} \quad \lim\{f(Y'_r);\ r \in Q_+,\ r \uparrow\uparrow t\} \quad \text{exist.}$$

Since S is countable and separates points on E, we have the following result.

Lemma 3. *$\hat{P}^y$–a.e. $\forall t \geq 0$, each of $\{Y'_r;\ r \in Q_+,\ r \downarrow\downarrow t\}$ and $\{Y'_r;\ r \in Q_+,\ r \uparrow\uparrow t\}$ has at most two limiting points in $E_\partial = E \cup \{\partial\}$ and if there are two, then one of them is ∂.*

Define

$$(42) \qquad Y_t = \begin{cases} \lim\{Y'_r;\ r \in Q_+,\ r \downarrow\downarrow t\}, & \text{if it exists;} \\ \text{the finite limiting point of } \{Y'_r;\ r \in Q_+,\ r \downarrow\downarrow t\}, & \text{otherwise.} \end{cases}$$

Remark: The above definition is motivated be the regularization of sample paths for general Markov chains. See the discussion about $x_+(t) = \liminf_{r\downarrow\downarrow t} x_r$ in Chung [6, Part II, Sec 7]. It is proved there that $x_+(t)$ is a right lower semi-continuous version of x_t.

The following lemma shows that Y_t is a version of Y'_t.

Lemma 4. *For $y \in E_0$ and $t \geq 0$, $Y_t = Y'_t$ $\hat{P}^y$ – a.e.*

Proof: Let $H = [Y_t = \partial]$. First we show

$$(43) \qquad \hat{P}^y\{H,\ t < \hat{\zeta}\} = 0.$$

Fix $\epsilon > 0$. Choose a compact set K such that

$$\hat{P}^y\{Y'_t \in E - K\} < \epsilon$$

and $h \in bC(E)$ such that

$$h = 0 \text{ on } K,\ 0 \leq h \leq 1 \text{ and } h = 1 \text{ outside a compact set.}$$

Let $r_n \in Q_+$ and $r_n \downarrow\downarrow t$, we have

$$\begin{aligned} \epsilon &\geq \hat{E}^y\{h(Y'_t)\} = \hat{P}_t h(y) \\ &= \lim_n \hat{P}_{r_n} h(y) = \lim_n \hat{E}^y\{h(Y'_{r_n})\} \\ &\geq \liminf_n \hat{E}^y\{h(Y'_{r_n});\ H,\ t < \hat{\zeta}\} \\ &\geq \hat{E}^y\{\liminf_n h(Y'_{r_n});\ H,\ t < \hat{\zeta}\} \\ &= \hat{E}^y\{H,\ t < \hat{\zeta}\}. \end{aligned}$$

The last equality follows from the fact that $Y'_{r_n} \to \partial$ on H.

Since $\epsilon > 0$ is arbitrary, we have proved (43).

Next for $\omega \in H^c$, $Y_t(\omega)$ is the limit of a subsequence of $Y'_{r_n}(\omega)$. Hence if $f \in S$,

$$f(Y_t(\omega)) = \lim_n f(Y'_{r_n}(\omega)).$$

Let $A \in \sigma\{Y'_t\}$, we have

$$\hat{E}^y\{A,\ f(Y_t)\} = \lim_n \hat{E}^y\{A,\ f(Y'_{r_n})\}$$
$$= \lim_n \hat{E}^y\{A,\ \hat{P}_{r_n - t} f(Y'_t)\} = \hat{E}^y\{A,\ \hat{P}_0 f(Y'_t)\}.$$

Since $\hat{P}_t(y, Z) = 0$ and $\hat{P}_0 f = f$ on $E_0 - Z$,

$$\hat{E}^y\{A,\ f(Y_t)\} = \hat{E}^y\{A,\ f(Y'_t)\},$$

for any $A \in \sigma\{Y'_t\}$.

By a well known result, see Lemma 1 in [5, Ch 1, Sec 4], the above implies:

$$\hat{P}^y - a.e. \qquad Y_t = Y'_t.$$

The lemma is proved. ◇

By Lemma 4, we may assume

(44) $$\forall r \in Q_+, \qquad Y_r = Y'_r.$$

Hence Lemma 3 holds with Y'_r replaced by Y_r.

Fix a sequence of compact sets $K_n \uparrow E$ from now on. For $t \geq 0$, define

(45) $$H_t = \cup_n \cap_{r \in Q_+ \cap [0,\ t]} [X_r \in K_n].$$

(46) $$I_t = \cup_n \cap_{r \in Q_+ \cap [0,\ t]} [Y_r \in K_n].$$

H_t is the set of ω such that $X_r(\omega)$ is bounded for $r \in Q_+ \cap [0,\ t]$. I_t is the same set for Y.

Given a measure μ on E, P^μ is the measure on $(\Omega', \mathcal{G})$ defined by

$$\forall A \in \mathcal{G}, \qquad P^\mu\{A\} = \int \mu(dx) P^x(A).$$

$\hat{P}^\mu$ is defined in the same way with P^x replaced by $\hat{P}^y$.

Use the duality relation given by Lemma 1, we can derive the following well known identity. Let $A_0, A_1, \cdots, A_n$ be relatively compact sets in $\mathcal{E}$ and $0 < t_1 < t_2 < \cdots < t_n < \infty$, then

(47) $$\begin{aligned} &P^m\{X_0 \in A_0,\ X_{t_1} \in A_1,\ \cdots,\ X_{t_n} \in A_n\} \\ =&\hat{P}^m\{Y_0 \in A_n,\ Y_{t_n - t_{n-1}} \in A_{n-1}, \cdots,\ Y_{t_n - t_1} \in A_1,\ Y_{t_n} \in A_0\}. \end{aligned}$$

Note that the above expression is finite since $P^m\{X_0 \in A_0\} = m(A_0) < \infty$.

Let K be a compact set and $t \in Q_+$. By (49), we have

$$P^m\{X_0 \in K, X_t \in K\} = \hat{P}^m\{Y_0 \in K, Y_t \in K\} \quad \text{and}$$

$$P^m\{H_t, X_0 \in K, X_t \in K\} = \hat{P}^m\{I_t, Y_0 \in K, Y_t \in K\}.$$

Since X is a Hunt process,

$$P^m\{X_0 \in K, X_t \in K\} = P^m\{H_t, X_0 \in K, X_t \in K\}.$$

We obtain

$$\hat{P}^m\{Y_0 \in K, Y_t \in K\} = \hat{P}^m\{I_t, Y_0 \in K, Y_t \in K\}. \tag{48}$$

From the above, there exists $N \in E_0$ such that $m(N) = 0$ and

$$\forall y \in E_0 - N, \quad \hat{P}^y\{I_t, Y_0 \in K, Y_t \in K\} = \hat{P}^y\{Y_0 \in K, Y_t \in K\}.$$

N can be chosen independently of K and $t \in Q_+$. Letting $K \uparrow E$, we obtain,

$$\forall y \in E_0 - N, \qquad \hat{P}^y\{I_t, Y_t \in E\} = \hat{P}^y\{Y_t \in E\}. \tag{49}$$

Let

$$I = \cap_{r \in Q_+}\{I_r \cup [Y_r = \partial]\}. \tag{50}$$

Then

(51) I is the set of ω such that

$$\forall t < \hat{\varsigma}(\omega),\ Y_r(\omega) \text{ is bounded for } r \in Q_+ \cap [0,\ t].$$

As a direct consequence of Lemma 3 and (42), we have

Lemma 5. *Let $y \in E_0$. Then on I, $\hat{P}^y$ – a.e. we have*

(a). $t \to Y_t$ is right continuous.

(b). $Y_t \in E$ if $t < \hat{\varsigma}$ and $Y_t = \partial$ if $t \geq \hat{\varsigma}$.

(c). If $t < \hat{\varsigma}$, then Y_{t-} exists and $Y_{t-} \in E$.

By (51), if $y \in E_0 - N$, $\hat{P}^y\{I_r \cup [Y_r = \partial]\} = 1$. Hence $\hat{P}^y\{I\} = 1$ and $\hat{P}^y\{I^c\} = 0$. We want to show:

$$\forall y \in E_0, \qquad \hat{P}^y\{I^c\} = 0. \tag{52}$$

Let

(53) $$f(y) = \hat{P}^y\{I^c\} \qquad \text{for } y \in E_0.$$

Then $f = 0$ $m - a.e.$ on E_0. Suppose we can show that f is co-excessive, i.e. f is co-superaveraging and $\lim_{t\to 0} \hat{P}_t f = f$ on E_0. Then f is excessive with respect to $\hat{P}_t$. The corresponding resolvent is given by

$$\hat{U}^\alpha f = \int_0^\infty e^{-\alpha t}\hat{P}_t f\, dt \quad \text{for } f \in \mathcal{E}_+ \text{ and } \alpha \geq 0.$$

By (34), $\hat{U} = \hat{U}^0$ is absolutely continuous with respect to m, so is $\hat{U}^\alpha$ for any $\alpha > 0$. The excessiveness of f implies:

$$f = \lim_{\alpha\uparrow\infty} \alpha\hat{U}^\alpha f.$$

Since $f = 0$ $m - a.e.$ so $\alpha\hat{U}^\alpha f = 0$. Hence $f = 0$ everywhere on E_0. Therefore in order to show (52), it is enough to prove that f is co-excessive. This will be proved in the next section (Lemma 9).

By Lemma 4 and Lemma 5, we see that Y_t is a right continuous version of Y_t' and for $y \in E_0$, $\hat{P}^y - a.e.$

(54) $$\begin{cases} \forall t < \hat{\zeta}, & Y_t \in E,\ Y_{t-} \text{ exists and } Y_{t-} \in E; \\ \forall t \geq \hat{\zeta}, & Y_t = \partial. \end{cases}$$

Since $Y_t = Y_t'$ $\hat{P}^y - a.e.$ we also know that for each fixed $t \geq 0$,

$$\hat{P}^y - a.e. \qquad Y_t \in E_0 \cup \{\partial\}.$$

In fact, we can prove: for any $y \in E_0$,

(55) $$\hat{P}^y - a.e. \qquad \forall t \geq 0, \quad Y_t \in E_0 \cup \{\partial\}.$$

This will be proved in the next section (Lemma 10).

The following theorem summarizes the above results.

Theorem 6. *Y_t defined by (42) is a right continuous Markov process with transition semigroup $\hat{P}_t$ and state space E_0. Moreover, it satisfies (54).*

Now we assume, in addition to (i) through (vi), the following condition:

(vii) For any $y \in E$ and compact set $K \subset E$,

$$\int_K m(dx)\, u(x,y) < \infty.$$

Under (vii), we can apply Proposition 2 to Y to conclude: if f is co-excessive, then

$$\exists g_n \in b\mathcal{E}_+ \text{ such that } \hat{U}g_n \uparrow f. \tag{56}$$

This implies:

Lemma 7. *Any co-excessive function is lower semi-continuous.*

For the proof of the following lemma, see [7, Sec 4, (D)].

Lemma 8. *If f is co-excessive, then for any $y \in E_0$,*

$$\hat{P}^y - a.e. \quad t \mapsto f(Y_t) \text{ is right continuous.}$$

For $t \geq 0$, let

$$\hat{\mathcal{F}}_t = \sigma\{Y_s;\ 0 \leq s \leq t\} \quad \text{and} \quad \hat{\mathcal{F}}_{t+} = \cap_{s>t}\hat{\mathcal{F}}_s. \tag{57}$$

The arguments in [7, Section 4, (E)] show: for any $f \in \mathcal{E}_+$, $t \geq 0$ and $y \in E_0$, and any optional time T with respect to the filtration $\{\hat{\mathcal{F}}_{t+}\}$, we have

$$\hat{E}^y\{f(Y(T+t))|\hat{\mathcal{F}}_{T+}\} = \hat{P}_t f(Y(T)). \tag{58}$$

Observe that (vii) implies

$$\forall f \in C_c(E), \quad \hat{E}^y\{\int_0^\infty f(Y_t)\,dt\} = \int m(dx)\, f(x)\, u(x,y) < \infty. \tag{59}$$

This is used in the proof of (58), see [7].

Now we know that Y is a right continuous, strong Markov process with state space E_0.

By Theorem 1, we have

$$\hat{P}_0(y,\cdot) = \delta_y \quad \text{if and only if} \quad y \in E_0 \cap Z^c. \tag{60}$$

By (31), $\hat{P}_0(y,\cdot)$ does not charge Z for any $y \in E_0$, this implies that $E_0 \cap Z$ is the set of branching points of Y. Here we are using the usual definition: y is a branching point if $\hat{P}_0(y, E - \{y\}) > 0$.

It is a well known fact that for a right continuous, strong Markov process, the set of branching points is polar, i.e.

(61). $E_0 \cap Z$ is co-polar, i.e.

$$\forall y \in E_0, \quad \hat{P}^y\{\exists t > 0,\ Y_t \in E_0 \cap Z\} = 0.$$

In fact, (61) follows directly from the strong Markov property (58). To see this, let K be an arbitrary compact subset of $E_0 \cap Z$, T be the hitting time of K and $f = 1_K$, then by (58),

$$\hat{P}^y\{T < \infty\} = \hat{E}^y\{f(Y_T)\} = \hat{E}^y\{\hat{P}_0(Y_T, K)\} = 0$$

since $P_0(y, E_0 \cap Z) = 0$ for any $y \in E_0$. Now by the standard argument using the Section Theorem, we see that $E_0 \cap Z$ is co-polar.

The following theorem is the main result of this paper.

Theorem 7. *Y is a right continuous Markov process on E_0 which has the strong Markov property expressed by (58). The set of branching points of Y is $E_0 \cap Z$ which is a co-polar set.*

Example: Consider the example in §3. Recall: $E = (0,\ 1) \cup [2,\ \infty)$ and $Z = \{2\}$. It is tedious but not difficult to show that $E_0 = E$ and the dual semigroup $\hat{P}_t$ is given by

$$\hat{P}_t(y, \cdot) = \begin{cases} e^{-t}\,\delta_{\{y-t\}}, & \text{if } 0 < y < 1; \\ \delta_{\{y-t\}}, & \text{if } y - t > 2; \\ e^{-t+y-2} \int_0^1 dz\, \delta_{\{z-t+y-2\}}, & \text{if } 2 \leq y \text{ and } y - t \leq 2. \end{cases} \tag{62}$$

Here δ_z denotes the unit mass at z.

Remark: It is proved in [11] that Y is a Hunt process if $E_0 = E$ and $Z = \emptyset$ and Y is continuous if X is.

§6. Two Lemmas

It remains to prove that f defined by (53) is co-excessive and E_0^c is co-polar.

Lemma 9. *f defined by (53) is co-excessive.*

Proof: Fix $y \in E_0$ and $t > 0$. By (53), we have

$$\hat{P}_t f(y) = \hat{E}^y\{I^c \circ \theta_t\}. \tag{63}$$

Let T be a countable subset of R_+ such that $Q_+ \cup \{t\} \subset T$ and T satisfies (38). We could have used T instead of Q_+ in the above discussion and all the formulas remain valid except on a fixed set of zero $\hat{P}^y$-measure. (see Remark at the end of the last section).

If we ignore that fixed null set, by (51), we have

(64) I^c is the set of ω such that

$$\exists s < \zeta(\omega),\ Y_r(\omega) \text{ is unbounded for } r \in T \cap [0,\ s].$$

(65) $I^c \circ \theta_t$ is the set of ω such that

$$\exists s < \zeta \circ \theta_t(\omega),\ Y_{t+r}(\omega) \text{ is unbounded for } r \in T \cap [0,\ s].$$

Since $t \in T$, we have $\zeta \circ \theta_t = \zeta - t$ if $\zeta \circ \theta_t > 0$, hence

(66) $I^c \circ \theta_t$ is the set of ω such that

$$\exists u \text{ with } t < u < \zeta(\omega),\ Y_r(\omega) \text{ is unbounded for } r \in T \cap [t,\ u].$$

Compare (64) with (66), we have

$$I^c \circ \theta_t \subset I^c. \tag{67}$$

It follows from (53) and (63) that $\hat{P}_t f(y) \leq f(y)$. This proves that f is co-superaveraging.

Now we show that f is co-excessive, i.e.

$$\lim_{t \downarrow 0} \hat{P}_t f(y) = f(y) \quad \text{for } y \in E_0. \tag{68}$$

From (66), it is easy to show:

$$\lim_{t \downarrow 0} \hat{P}_t f(y) = \hat{P}^y\{\Lambda\}, \tag{69}$$

where

(70) Λ is the set of ω satisfying: $\exists s,\ u \in Q_+$ with $s < u < \zeta(\omega)$ such that

$$Y_r(\omega) \text{ is unbounded for } r \in Q_+ \cap [s,\ u].$$

Compare with the expression (64) for I^c, we see that in order to prove (68), it suffices to show:

(71) $$\hat{P}^y - a.e. \qquad \lim_{r \downarrow\downarrow 0,\ r \in Q_+} Y_r = Y_0.$$

Fix $x \in E$. Let

(72) $$g_n(y) = [P_{K_n^c} u(x,y)] \wedge 1.$$

Since $u(x',\cdot)$ is co-superaveraging for any $x' \in E$, so is $P_{K_n^c} u(x,\cdot)$. Hence g_n is bounded and co-superaveraging on E_0. $\{g_n(Y_t)\}$ is a non-negative supermartingale under $\hat{P}^y$. We have

$$\hat{P}^y - a.e. \qquad \lim\{g_n(Y_r);\ r \downarrow\downarrow 0\} \text{ exists.}$$

If $Y_0(\omega) \in E$, then $\exists r_k \in Q_+$, $r_k \downarrow\downarrow 0$ such that

$$\lim_k Y_{r_k}(\omega) = Y_0(\omega).$$

Since g_n is lower semi-continuous,

$$\lim_r\{g_n(Y_r(\omega))\} = \lim_k g_n(Y_{r_k}(\omega)) \geq g_n(Y_0(\omega)).$$

This is trivially true if $Y_0(\omega) = \partial$.

Because g_n is co-superaveraging, $\hat{E}^y\{g_n(Y_0)\} \geq \hat{E}^y\{g_n(Y_r)\}$,

$$\hat{E}^y\{g_n(Y_0)\} \geq \lim_{t\downarrow\downarrow 0} \hat{E}^y\{g_n(Y_r)\} \geq \hat{E}^y\{\lim_{r\downarrow\downarrow 0} g_n(Y_r)\}.$$

This implies:

(73) $$\hat{P}^y - a.e. \quad g_n(Y_0) = \lim\{g_n(Y_r);\ r \downarrow\downarrow 0,\ r \in Q_+\}.$$

If for some ω, (71) fails, then $Y_0(\omega) \in E$ and $\exists r_k \in Q_+$ such that $Y_{r_k}(\omega) \to \partial$. See Lemma 3.

By (73),

(74) $$\hat{P}^y - a.e. \quad g_n(Y_0(\omega)) = \lim_k g_n(Y_{r_k}(\omega)).$$

It follows from (72) and the "round" property of $u(x,y)$, see Theorem 2 in Chapter I, that for sufficiently large k,

(75) $$g_n(Y_{r_k}(\omega)) = u(x, Y_{r_k}(\omega)) \wedge 1.$$

Therefore the right hand side of (74) is independent of n.

On the other hand, if $y \in E_0 \cap Z^c$, then $u(\cdot,y) = \underline{u}(\cdot,y)$ and by (28), the definition of E_0, $g_n(y) \to 0$ as $n \to \infty$ provided $y \neq x$. Since except on a set of zero $\hat{P}^y$-measure, $Y_0(\omega) \in E_0 \cap Z^c$, we have, $\hat{P}^y - a.e.$

$$\lim_n g_n(Y_0(\omega)) = 0 \quad \text{for } \omega \in [Y_0 \neq x].$$

We have seen that the right hand side of (74) is independent of n, we must have

$$g_1(Y_0(\omega)) = 0 \quad \text{for } \omega \in [Y_0 \neq x].$$

We could have chosen $K_1 = \emptyset$, so

$$\hat{P}^y - a.e. \qquad u(x, Y_0) = 0 \quad \text{on } [Y_0 \neq x].$$

Since x is arbitrary, the above contradicts (iv). Thus (71) is proved and f is co-excessive. ◇

Lemma 10. *E_0^c is co-polar.*

Proof: By a standard argument using the Section Theorem, see [9], E_0^c is co-polar if any compact subset K of E_0^c is co-polar. Choose a sequence of relatively compact open sets D_n such that $\overline{D}_{n+1} \subset D_n$ and $K = \cap_n D_n$. For $r > 0$ in Q_+, let

$$B_r = \cup_n \cap_{s \in Q_+ \cap (0,r)} [X_s \in D_n^c] \tag{76}$$

and

$$B = \cap_{r>0}\{B_r \cup [X_r = \partial]\}. \tag{77}$$

Then

(78) B is the set of ω satisfying:

$$\forall r \in Q_+ \text{ with } 0 < r < \hat{\varsigma}(\omega),\ \exists n \text{ such that } X_s(\omega) \in D_n^c \text{ for } s \in Q_+ \cap (0,\ r).$$

Similarly we define $\hat{B}_r$ and $\hat{B}$ using Y_s instead of X_s.

Let F be a compact set. Since K is polar (with respect to X) and X is quasi left continuous, we have

$$\forall x \in K^c, \quad P^x\{B_r, X_0 \in F, X_r \in F\} = P^x\{X_0 \in F, X_r \in F\}.$$

Let

$$f(y) = \hat{P}^y\{\hat{B}^c\} \quad \text{for } y \in E_0.$$

Exactly repeating the argument preceding Lemma 5 and the first part of the proof of Lemma 9, we can show: $f = 0\ \ m - a.e.$ f is co-superaveraging and

(79) $$\lim_{t \downarrow\downarrow 0} \hat{P}_t f(y) = \hat{P}^y\{C\} \quad \text{for } y \in E_0,$$

where

(80) C is the set of ω satisfying: $\exists u,\ r \in Q_+$ with $0 < u < r < \hat{\varsigma}(\omega)$ such that

$$\forall n,\ Y_s(\omega) \in D_n \text{ for some } s \in Q_+ \cap (u,\ r).$$

Compare with

(81) $\hat{B}^c$ is the set of ω satisfying: $\exists r \in Q_+$ with $0 < r < \hat{\varsigma}(\omega)$ such that

$$\forall n,\ Y_s(\omega) \in D_n \text{ for some } s \in Q_+ \cap (0,\ r).$$

It is clear that $C \subset \hat{B}^c$. Suppose $\omega \in \hat{B}^c - C$. Then $\exists r_n \in Q_+$ with $r_n \downarrow\downarrow 0$ such that $Y_{r_n}(\omega) \in D_n$. By (71), $\hat{P}^y - a.e.$ $Y_0 = \lim_n Y_{r_n}$, so except on a set of zero $\hat{P}^y$-measure,

$$Y_0(\omega) \in \cap_n \overline{D}_n = K \subset E_0^c.$$

Since $\hat{P}^y\{Y_0 \in E_0^c\} = 0$, such ω only form a set of zero $\hat{P}^y$-measure. Therefore

$$\hat{P}^y - a.e. \qquad C = \hat{B}^c.$$

This shows that f is co-excessive. The fact that $f = 0\ \ m - a.e.$ implies $f = 0$ on E_0. This proves that K is co-polar. ◇

Acknowledgment. I wish to acknowledge my gratitude to Professor K.L. Chung for guiding me in the course of writing my Ph.D. dissertation.

References.

[1]. R.M. Blumenthal and R.K. Getoor, "Markov Processes and Potential Theory", Academic Press, New York 1968.

[2]. K.L. Chung and K.M. Rao, "A New Setting for Potential Theory", Ann. Inst. Fourier 30 (1980).

[3]. K.L. Chung and K.M. Rao, "On Existence of A Dual Process", Aarhus University, Preprint Series 1977/78 No. 25.

[4]. K.L. Chung and K.M. Rao, "Representation as Potentials of Measures", Aarhus University, Preprint Series 1979/80 No. 28.

[5]. K.L. Chung, "Lectures from Markov Processes to Brownian Motion", Springer-Verlag, Berlin 1982.

[6]. K.L. Chung, "Markov Chains with Stationary Transition Probabilities", Second Edition, Springer-Verlag, Berlin 1967.

[7]. K.L. Chung, Ming Liao and K.M. Rao, "Duality under a New Setting", to appear in Seminar on Stochastic Processes, 1983 (E. Cinlar, K.L. Chung, R.K. Getoor, editors).

[8]. C. Dellacherie, "Capacitès et Processus Stochastiques", Springer-Verlag, 1972.

[9]. R.K. Getoor and J. Glover, "Riesz Representations in Markov Process Theory", to appear in AMS. Transactions, 1984.

[10]. N.S. Landkof, "Foundation of Modern Potential Theory", Springer-Verlag 1972.

[11]. Ming Liao, "Riesz Representation and Duality of Markov Processes", Ph.D. Dissertation, Department of Mathematics, Stanford University, 1984.

Department of Mathematics
Nan Kai University
Tian-jin
The People's Republic of China.

SUR LES FERMES ALEATOIRES

J. AZEMA

§1. INTRODUCTION.

Le but primitif de ce travail était de montrer que la loi d'un fermé aléatoire (de mesure de Lebesgue nulle) est déterminée par la donnée d'un noyau optionnel σ-fini. On n'y trouvera pas ce résultat, probablement faux d'ailleurs, en l'absence d'hypothèses supplémentaires. Cela explique pourtant que l'on ait cherché à exprimer les caractéristiques du fermé à l'aide de son "noyau de Lévy" défini au §3.

Le deuxième chapitre décrit le cadre général du travail ; il est effroyablement bavard. Mais la pauvreté de la filtration construite ici m'a conduit à penser et à dire tellement d'âneriesque j'ai préféré tout écrire. Le lecteur branché est invité à passer directement au chapitre 5. Le §3 est en effet consacré à des rappels sur les processus ponctuels filtrés, et les deux exemples du chapitre 4 sont bien connus. (On pourra cependant retenir qu'un ensemble régénératif est caractérisé par le fait qu'il ne porte qu'une fonctionnelle additive). Au §5, on étudie les propriétés des extrémités gauches et droites des intervalles contigus au fermé, suivant les hypothèses faites sur le noyau de Lévy ; les techniques employées s'inspirent de Maisonneuve - Meyer [11] pour ce qui est de la gauche, et de Jacod [8] pour la droite.

Les choses véritablement sérieusescommencent au chapitre 6, où l'on découvre une sous-martingale simple admettant pour processus croissant le temps local. On applique à des ensembles aléatoires généraux des méthodes de balayage issues de la théorie des processus de Markov. J'espère, sans trop y croire, que les maniaques du calcul stochastique ne trouveront pas trop rapidement une autre démonstration. Ce résultat sera exploité au dernier chapitre pour construire le temps local du fermé à l'aide de son noyau de Lévy. Les chapitres 7 et 8 donnent un aperçu de ce que peut apporter la théorie des martingales à l'étude de cette filtration apparemment triviale. L'étude du deuxième processus ponctuel nous fait entrer dans la théorie de Jacod [9]. La tentation devient grande de définir un fermé aléatoire par un "problème des martingales". Nous y succomberons probablement l'année prochaine, dans la prochaine livraison du séminaire, où seront notamment généralisés les théorèmes de représentation déjà connus dans le cas discret [4], [5], [6], [8] et régénératif [13].

§2. DÉFINITIONS ET NOTATIONS.

1) PREMIERES DEFINITIONS.

- Ω sera l'ensemble des fermés de $\mathbb{R}_+$ de mesure de Lebesgue nulle.
- H le sous ensemble de $\mathbb{R}_+ \times \Omega$ (i.e. le fermé aléatoire) défini par l'équivalence $(t,\omega) \in H \Leftrightarrow t \in \omega$.
- On posera $g_t(\omega) = \sup\{s \; ; \; s < t, \; s \in \omega\}$, $g_t^+(\omega) = \sup\{s \; ; \; s \leq t, \; s \in \omega\}$

$$d_t(\omega) = \inf\{s \; ; \; s > t, \; s \in \omega\}, \quad d_t^-(\omega) = \inf\{s \; ; \; s \geq t, \; s \in \omega\}$$

On conviendra, comme d'habitude, que $\inf \Phi = +\infty$. Pour définir $\sup \Phi$, nous introduisons un deuxième zéro, noté 0^-, vérifiant

$$0^- < 0, \quad t + 0^- = t - 0^- = t, \quad \forall t \geq 0 \; \ldots, \text{ et l'on posera}$$

$\sup \Phi = 0^-$. Les processus (g_t) et (d_t) sont croissants ; (g_t) est continu à gauche, (d_t) est continu à droite. Comme le suggèrent les notations, (g_t^+) est effectivement le régularisé à droite de (g_t), (d_t^-) le régularisé à gauche de (d_t) ; (cela résulte du fait que ω est fermé).

- Il est facile de montrer les relations

(1) $$H = \{(t,\omega) \in \mathbb{R}_+ \times \Omega \; ; \; g_t^+(\omega) = t\} = \{(t,\omega) \in \mathbb{R}_+ \times \Omega \; ; \; d_t^-(\omega) = t\}$$

(2) $$g_s(\omega) \leq t \Leftrightarrow s \leq d_t(\omega) \Leftrightarrow \omega \cap \,]t,s[\, = \Phi$$

$$g_s^+(\omega) < t \Leftrightarrow s < d_t^-(\omega) \Leftrightarrow \omega \cap [t,s] = \Phi.$$

2) LA FILTRATION NATURELLE D'UN FERME ALEATOIRE.

- Nous introduirons une famille d'opérateurs de meurtre $(k_t)_{t \geq 0}$ appliquant Ω dans Ω, ainsi qu'une famille d'opérateurs d'arrêt notée $(a_t)_{t \geq 0}$. Par définition

(3) $$k_t(\omega) = \overline{\omega \cap [0,t[}, \qquad a_t(\omega) = \omega \cap [0,t]$$

- On notera les égalités faciles

(4) $$k_s \circ k_t = k_{s \wedge t} \; ; \; a_s \circ a_t = a_{s \wedge t} \; ; \; g_s \circ k_t = g_{s \wedge t} \; ; \; g_s^+ \circ a_t = g_{s \wedge t}^+.$$

· Nous définirons alors de la manière suivante la filtration naturelle $(\underline{\underline{F}}^o_t)$: on appellera $\underline{\underline{F}}^o_\infty$ la σ-algèbre engendrée par les variables aléatoires $(g_t)_{t\geq 0}$; on posera ensuite $\underline{\underline{F}}^o_t = \bigcap_{u>t} k_u^{-1}(\underline{\underline{F}}^o_\infty)$, ce qui définit une filtration continue à droite. On notera immédiatement les propriétés suivantes :

(5) Une variable aléatoire z est $\underline{\underline{F}}^o_t$-mesurable si et seulement si $z \circ k_u = z$, $\forall u > t$.

(6) Les variables aléatoires g_t $(t \in \mathbb{R}_+)$ sont $\underline{\underline{F}}^o_t$-mesurables. Le processus $(g_t)_{t\geq 0}$ est donc prévisible, et le processus $(g_t^+)_{t\geq 0}$ optionnel. Il résulte alors immédiatement de *(1)* que H est optionnel.

(7) On pourra enfin noter que k_o est une application constante : $k_o(\omega) = \Phi$ $\forall \omega$, tandis que l'application a_o prend les deux valeurs $\{0\}$ et Φ. La tribu $k_o^{-1}(\underline{\underline{F}}^o_\infty)$ est donc triviale, $a_o^{-1}(\underline{\underline{F}}^o_\infty)$ comporte deux atomes ; la tribu $\underline{\underline{F}}^o_o$ quant à elle, est plus compliquée, puisqu'elle contient l'information sur le comportement du fermé immédiatement après 0.

3) GENERATION DE LA TRIBU PREVISIBLE.

(8) *DEFINITIONS: On notera $\mathcal{K}$ (resp. $\mathcal{A}$) l'image réciproque de la σ-algèbre $\mathcal{B}(\mathbb{R}_+) \otimes \underline{\underline{F}}^o_\infty$ par l'application $(t,\omega) \to (t, k_t(\omega))$ (resp. $(t,\omega) \to (t, a_t(\omega))$) de $\mathbb{R}_+ \times \Omega$ dans lui-même.*

On commetra l'abus de notation usuel consistant à appeler également $\mathcal{K}$ et $\mathcal{A}$ la famille des processus $\mathcal{K}$ et $\mathcal{A}$-mesurables bornés. Si un processus (Z_t) est dans $\mathcal{K}$, Z_o est une variable aléatoire constante.

(9) *PROPOSITION : 1) $\mathcal{K}$ coïncide avec la famille des processus prévisibles bornés (Z_t) tels que Z_o soit constante.*

2) $\mathcal{A}$ contient $\mathcal{K}$ et est contenu dans la famille des processus optionnels bornés.

Démonstration : 1) Soit (Z_t) un processus de $\mathcal{K}$; nous avons à montrer qu'il est prévisible ; des arguments successifs de classe monotone permettent de se limiter au cas où $Z_t = \phi(t)\beta \circ k_t$, puis au cas où $Z_t = \phi(t) g_{t_o} \circ k_t = \phi(t) g_{t_o \wedge t}$: il est alors clair que (Z_t) est prévisible.

Inversement, si (Z_t) est un processus prévisible élémentaire :

$$Z_t(\omega) = 1_{]u,v]}(t)\, 1_A(\omega), \qquad (u < v \in \mathbb{R}_+,\ A \in \underline{\underline{F}}^o_u),$$

on vérifie immédiatement que $Z_t(k_t(\omega)) = Z_t(\omega)$, ce qui montre que $(Z_t) \in \mathcal{K}$.

Passons à la deuxième partie ; si (Z_t) est dans $\mathcal{K}$, il vérifie $Z_t[k_t(\omega)] = Z_t(\omega)$; on a donc

$$Z_t[a_t(\omega)] = Z_t[k_t(a_t(\omega))] = Z_t[k_t(\omega))] = Z_t(\omega),$$

ce qui prouve que $(Z_t) \in \mathcal{A}$.

D'autre part, si (Z_t) est de la forme $\phi(t)\beta \circ a_t$, et si β est la variable aléatoire $g^+_{t_o}$, on peut écrire $Z_t = \phi(t) g^+_{t_o \wedge t}$ d'après *(4)*, ce qui prouve que (Z_t) est optionnel.

- Dans la suite, les processus de la forme Z_{g_t}, qui sont constants sur les intervalles contigus à H, joueront un rôle particulier ; il nous sera utile de pouvoir reconstituer la tribu prévisible à l'aide de processus de cette forme et de fonctions déterministes. Mais auparavant, il nous faut définir convenablement les processus (Z_{g_t}) (rappelons que g_t peut prendre la valeur artificielle 0^-).

(10) CONVENTIONS A L'ORIGINE

(11) • On posera, par définition $k_{o^-} = a_{o^-} = k_o$.

On remarquera qu'avec cette convention $k_t = a_{g_t}$, $\forall t > 0$.

(12) De plus, $k_t(\omega) = k_{g_t}(\omega)$, $\forall t > 0$ si et seulement si ω est parfait.

Enfin, si $(Z_t) \in \mathcal{A}$ on conviendra que Z_{0^-} est la constante $Z_0(\Phi)$ (on remarquera que $Z_{0^-} = Z_0$ si $(Z_t) \in \mathcal{K}$).

Le processus $(Z_{g_t})_{t>0}$ est alors complètement défini, tout au moins quand $(Z_t) \in \mathcal{A}$.

On peut alors énoncer

(13) <u>*PROPOSITION*</u> : $\mathcal{K}$ *<u>est engendrée par la classe</u>* $\mathcal{C}$ *<u>(stable pour la multiplication) des processus</u>* (Z_t) *<u>pouvant s'écrire</u>*

$Z_t = \phi(t-g_t)Y_{g_t}$, *<u>où</u>* (Y_t) *<u>est un élément de</u>* $\mathcal{A}$ *<u>et</u>* ϕ *<u>une fonction borélienne bornée.</u>*

<u>Démonstration</u> : Montrons tout d'abord que $\mathcal{C} \subset \mathcal{K}$, et, pour cela, donnons nous un élément (Z_t) de $\mathcal{C}$ s'écrivant $\phi(t-g_t)Y_{g_t}$. Il est clair que Z_0 est une constante d'après les conventions *(12)*. Il nous suffit donc de montrer, d'après la proposition *(9)* que (Z_t) est prévisible. Il existe une fonction mesurable α telle que $Y_t(\omega) = \alpha(t,a_t(\omega))$, ce qui entraîne $Y_{g_t}(\omega) = \alpha(g_t,k_t(\omega))$; on a donc $Z_t = \phi(t-g_t)\,\alpha(g_t,k_t)$, et (Z_t) est prévisible d'après *(9)*.

Montrons maintenant que $\mathcal{C}$ engendre $\mathcal{K}$; $\mathcal{C}$ contient la famille des processus $\phi(t-g_t)\,\alpha(g_t,a_{g_t}) = \phi(t-g_t)\,\alpha(g_t,k_t)$; en particulier, pour tout $p > 0$ et toute variable aléatoire $\underline{\underline{F}}^0_\infty$-mesurable β les processus $e^{-p(t-g_t)}\,e^{-pg_t}\,\beta \circ k_t = e^{-pt}\,\beta \circ k_t$ sont dans $\mathcal{C}$. Un argument de classe monotone prouve alors que $\mathcal{C}$ engendre $\mathcal{K}$.

<u>CAS DES FERMES PARFAITS</u>. Quand on a à étudier un fermé aléatoire sans points isolés, on prend naturellement comme espace canonique le sous-espace Ω_p de Ω formé des fermés parfaits de mesure de Lebesgue nulle. Tous les objets introduits sur Ω ont un sens sur Ω_p (à l'exception de la famille d'arrêt (a_t) qui n'opère pas sur Ω_p). On notera que la relation *(12)* qui caractérise la perfection permettrait de montrer que Ω_p est universellement mesurable dans Ω. Intéressons-nous maintenant

à la proposition *(13)*. L'égalité $k_t = k_{g_t}$ permet de remplacer partout dans la démonstration précédente a_t par k_t. On a donc le résultat suivant

(14) *PROPOSITION : Sur l'espace canonique Ω_p des fermés parfaits de mesure nulle, on peut remplacer $\mathcal{A}$ par $\mathcal{K}$ dans l'énoncé de la proposition (13).*

COMPLEMENTS. Faisons la convention $\underline{\underline{F}}^o_{0^-} = \{\phi,\Omega\}$.

(15) d_t et d_t^- sont, pour tout t fixé, des temps d'arrêt de la filtration $(\underline{\underline{F}}^o_s)_{s\geq 0}$. (Noter que nous n'avons pas encore complété les tribus).

(16) $\underline{\underline{F}}^o_{t^-} \cap \{g_t^+ < t\} = \underline{\underline{F}}^o_t \cap \{g_t^+ < t\}$. En particulier, la trace de la σ-algèbre $\underline{\underline{F}}^o_o$ sur l'ensemble des ω ne contenant pas 0 est triviale.

(17) $\underline{\underline{F}}_{t^-} = k_t^{-1}(\underline{\underline{F}}^o_\infty)$.

(17) est classique et facile, nous laissons la démonstration au lecteur ; *(15)* résulte immédiatement de *(2)*. Montrons *(16)* : donnons-nous un évènement A de $\underline{\underline{F}}^o_t$; on peut écrire, puisque $k_t = k_{t+\varepsilon}$ sur $\{t + \varepsilon < d_t\}$,

$$1_A \cap \{g_t^+ < t\} \cap \{t+\varepsilon < d_t\} = 1_A \circ k_{t+\varepsilon} \cap \{g_t^+ < t\} \cap \{t+\varepsilon < d_t\}$$

$$= 1_A \circ k_t \cap \{g_t^+ < t\} \cap \{t+\varepsilon < d_t\}.$$

Il reste à faire décroitre ε vers 0 ; il vient

$$1_A \cap \{g_t^+ < t\} = 1_A \circ k_t \cap \{g_t^+ < t\} \in \underline{\underline{F}}^o_{t^-} \cap \{g_t^+ < t\}.$$

Rappelons enfin un résultat qui, pratiquement, a déjà été vu.

(18) $\underline{\underline{F}}^o_{t^-}$ est engendrée par les variables aléatoires Z_{g_t} quand (Z_t) décrit $\mathcal{A}$; on peut remplacer $\mathcal{A}$ par $\mathcal{K}$ sur l'espace canonique Ω_p des fermés parfaits.

En effet, les processus $(Z_{g_t})_{t>0}$ étant prévisibles d'après *(13)*, les variables aléatoires Z_{g_t} sont $\underline{\underline{F}}^o_{t^-}$-mesurables ; inversement une variable aléatoire z $\underline{\underline{F}}^o_{t^-}$-mesurable vérifie $z = z \circ k_t = z \circ a_{g_t}$; on obtient donc le processus (Z_t) cherché en posant $Z_t = z \circ a_t$.

4) L'AUGMENTATION HABITUELLE DE $(\underline{\underline{F}}^o_t)$.

Munissons l'espace mesurable $(\Omega, \underline{\underline{F}}^o_\infty)$ d'une probabilité P ; nous appellerons $(\underline{\underline{F}}_t)_{0<t<\infty}$ la filtration obtenue en adjoignant à chaque tribu $\underline{\underline{F}}^o_t$ les ensembles P-négligeables de $\underline{\underline{F}}^o_\infty$. Pour être en règle avec le droit coutumier de la théorie générale des processus, nous nous devons de poser $\underline{\underline{F}}_o = \underline{\underline{F}}_{o^-}$; $\underline{\underline{F}}_{o^-}$ n'est donc pas la complétée de $\underline{\underline{F}}^o_{o^-}$ (qui, rappelons le, est triviale). On devra donc souvent examiner spécialement ce qui se passe à l'origine, ce qui rendra la rédaction de cet article encore plus passionnante.

Dans les deux propositions qui suivent, (et plus généralement, chaque fois qu'interviendront des processus de la forme (Z_{g_t}) ou $(Z_{g_t^+})$,) il devient nécessaire d'adjoindre 0^- à l'ensemble d'indices du processus (Z_t). On fera la convention suivante

(19) • Un processus $(Z_t)_{t\geq 0^-}$-progressif (resp. optionnel, prévisible) sera la donnée d'un processus $(Z_t)_{t\geq 0}$ progressif (resp. optionnel, prévisible) et d'une variable aléatoire Z_{o^-} $\underline{\underline{F}}_o$-mesurable.

Rappelons que les résultats du cadre algébrique nécessitent la convention *(10)* qui est plus contraignante.

(20) *PROPOSITION : 1) Supposons $(Z_t)_{t\geq 0^-}$-progressif ; le processus $(Z_{g_t^+})_{t\geq 0}$ est progressif, $(Z_{g_t^+} 1_{\{g_t^+<t\}})$ est optionnel, $(Z_{g_t} 1_{\{g_t<t\}})$ est prévisible.*

2) Supposons $(Z_t)_{t>0}$-*optionnel (resp. prévisible)* ; $(Z_{g_t^+})$ *(resp.* (Z_{g_t})*) est optionnel (resp. prévisble)*

Démonstration : La première partie du 1) résulte immédiatement, par composition d'applications, de la définition de la tribu progressive ; elle entraîne facilement 2). De plus, les trajectoires du processus $(Z_{g_t^+})$ étant constantes sur les intervalles contigus à H, on a

$$Z_{g_t^+} 1_{\{g_t^+<t\}} = (\overline{\lim_{s\uparrow\uparrow t}} Z_{g_t^+}) 1_{\{g_t^+<t\}} ;$$

$$Z_{g_t} 1_{\{g_t<t\}} = (\overline{\lim_{s\uparrow\uparrow t}} Z_{g_s}) 1_{\{g_t<t\}} .$$

Les deux processus figurant entre parenthèses étant prévisibles, cela termine la démonstration.

(21) *PROPOSITION : 1)* $\underline{\underline{F}}_{t^-} \cap \{g_t^+<t\} = \underline{\underline{F}}_t \cap \{g_t^+<t\} \qquad \forall t > 0$

2) Sur l'évènement $\{g_t^+<t\}$ *(resp.* $\{g_t<t\}$*),* $\underline{\underline{F}}_t$ *(resp.* $\underline{\underline{F}}_{t^-}$*) est engendrée par les variables aléatoires* Z_{g_t} *quand* $(Z_t)_{t>0}$- *décrit la famille des processus optionnels bornés.*

3) Dans le cas où H *est parfait (i.e quand* P *est portée par* Ω_p*) on peut, dans le point 2) remplacer "optionnel" par "prévisible".*

Démonstration : Pour $t = 0$, tout est trivial ; supposons $t>0$; le point 1) n'est alors que le complété du résultat algébrique *(16)*. Plaçons-nous maintenant sur l'évènement $\{g_t<t\}$ et donnons-nous un processus $(Z_t)_{t>0}$- optionnel ; le processus $(Z_{g_s} 1_{\{g_s<s\}})_{s>0}$ est prévisible d'après *(20)*, et la variable aléatoire $Z_{g_t} 1_{\{g_t<t\}}$

$\underline{\underline{F}}_{t^-}$-mesurable ; inversement, si z est $\underline{\underline{F}}_{t^-}$-mesurable, il existe une variable aléatoire z' presque-sûrement égale à z, $\underline{\underline{F}}_{t^-}$-mesurable, qui d'après *(18)* est de la forme Z_{g_t} pour un élément (Z_t) de $\mathcal{A}$ (qui est optionnel).

Cela démontre la partie du point 2) qui concerne $\underline{\underline{F}}_{t^-}$. Celle qui concerne $(\underline{\underline{F}}_t)$ est alors une plaisanterie si l'on tient compte du 1). Enfin, dans le cas où H est parfait, on peut remplacer $\mathcal{A}$ par $\mathcal{K}$ dans ce qui précède ; la partie 3) en résulte facilement.

5) LES TEMPS D'ARRET DE LA FILTRATION $\underline{\underline{F}}_t^o$.

On peut reconnaître si une variable aléatoire T est un temps d'arrêt en regardant les trajectoires du processus $(T \circ k_s)_{s \geq 0}$

(22) *PROPOSITION : Soit T un temps d'arrêt de la filtration $(\underline{\underline{F}}_t^o)$; alors*

(23)
$$\begin{cases} T \circ k_s(\omega) > s, & \forall s < T(\omega) \\ T \circ k_s(\omega) = T(\omega), & \forall s > T(\omega). \end{cases}$$

Supposons maintenant T prévisible ; on a

(24)
$$\begin{cases} T \circ k_s(\omega) > s, & \forall s < T(\omega) \\ T \circ k_s(\omega) = T(\omega), & \forall s \geq T(\omega). \end{cases}$$

En particulier $T \circ k_T = T$.

Inversement, toute variable aléatoire $\underline{\underline{F}}_\infty^o$-mesurable vérifiant (23) (resp. (24)) est un temps d'arrêt (resp. un temps d'arrêt prévisible de la filtration $(\underline{\underline{F}}_t^o)$.

Démonstration : Soit T un temps d'arrêt de la filtration $(\underline{\underline{F}}_t^o)$; le processus $Z_s = 1_{]\!]T,\infty[\![}(s)$ est prévisible et, d'après *(9)*, satisfait à la relation $Z_s = Z_s \circ k_s$.

Cela s'écrit

$$s < T(\omega) \Rightarrow T \circ k_s(\omega) > s$$

$$s > T(\omega) \Rightarrow T \circ k_s(\omega) < s.$$

On a, par conséquent

(25) $$T(\omega) = \inf\{t \ ; \ T \circ k_t(\omega) < t\} \qquad \forall \omega.$$

Ecrivons alors *(25)* pour l'épreuve $k_s(\omega)$; il vient $T \circ k_s(\omega) = \inf\{t \ ; \ T \circ k_{s \wedge t}(\omega) < t\}$. Supposons alors $s > T(\omega)$ et montrons que $T \circ k_s(\omega) = T(\omega)$. Puisque le processus $(T \circ k_{s \wedge t})_{t \geq 0}$ est l'arrêté à s du processus $(T \circ k_t)_{t \geq 0}$, on voit tout de suite que $\{t \ ; \ T \circ k_{s \wedge t}(\omega) < t\} = \{t \ ; \ T \circ k_t(\omega) < t\} =]T(\omega), \infty[$.

Il reste à considérer la borne inférieure de ces ensembles pour terminer la démonstration. Le cas prévisible se montre de la même façon. La réciproque est immédiate puisque $\{T < t\} = \{T \circ k_t < t\}$.

Dellacherie, qui dans [6], a étudié l'espace canonique des fermés réduits à un seul point, retrouvera ci-contre une de ses illustrations favorites, qui figure ici le graphe (pour ω fixé), d'une trajectoire du processus $T \circ k_s(\omega)$.

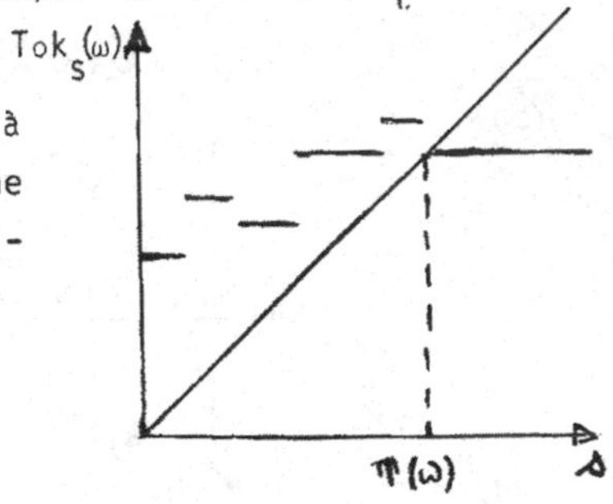

Si T est prévisible, ce graphe doit en outre couper la première bissectrice au point $T(\omega)$ et ne pas la rencontrer avant.

(26) *COROLLAIRE : Soit* T *un temps d'arrêt de la filtration* $(\underline{\underline{F}}_t^o)$*. Alors*

1) $k_T^{-1}(\underline{\underline{F}}_\infty^o) \subset \underline{\underline{F}}_{T-}$

2) $z \in \underline{\underline{F}}_T^o \Longleftrightarrow z \circ k_u(\omega) = z(\omega) \quad \forall u > T(\omega)$

3) *Si* T *est prévisible,* $k_T^{-1}(\underline{\underline{F}}_\infty^o) = \underline{\underline{F}}_{T-}^o$; z *est* $\underline{\underline{F}}_{T-}$*-mesurable si et seulement si* $z \circ k_u(\omega) = z(\omega), \quad \forall u > T(\omega)$.

Démonstration : Le point 1) est une conséquence immédiate du fait que les processus $(z \circ k_t)_{t>0}$ sont prévisibles. Montrons en détail la partie 2) ; soit z une variable aléatoire $\underline{\underline{F}}_T^o$-mesurable ; $z\, 1_{\{T<t\}}$ est $\underline{\underline{F}}_t^o$ mesurable, et l'on a donc

$z \circ k_{t+\varepsilon}\, 1_{\{T \circ k_{t+\varepsilon} < t\}} = z, \quad \forall \varepsilon > 0$. Mais la proposition *(22)* entraîne facilement l'équivalence $T \circ k_{t+\varepsilon}(\omega) < t \Longleftrightarrow t > T(\omega)$; on a donc l'égalité $z \circ k_{t+\varepsilon}\; 1_{\{T<t\}} = z, \quad \forall \varepsilon > 0$, ce qui est équivalent à la relation cherchée ; réciproquement, il n'y a aucune difficulté à faire le raisonnement en sens inverse pour obtenir l'équivalence 2). Le cas prévisible se traite encore plus facilement.

Nous allons maintenant examiner comment les résultats sur les tribus $(\underline{\underline{F}}_t^o)$ (*(15)* et suivant) se généralisent aux tribus des évènements antérieurs à un temps d'arrêt T. Les deux points suivants sont immédiats, la démonstration étant la même que dans le cas où le temps d'arrêt T est constant.

(27) d_T et d_T^- sont des temps d'arrêt de la filtration $(\underline{\underline{F}}_t^o)$

(28) $k_T^{-1}(\underline{\underline{F}}_\infty^o) \cap \{g_T^+ < T\} = \underline{\underline{F}}_{T-}^o \cap \{g_T^+ < T\} = \underline{\underline{F}}_T^o \cap \{g_T^+ < T\}$.

Le résultat *(17)* ne se généralise qu'aux temps d'arrêts prévisibles (voir *(26)*).

(29) $k_T^{-1}(\underline{\underline{F}}_\infty^o) \cap \{g_T < \infty\}$ est engendrée par les variables aléatoires $Z_{g_T}\, 1_{\{g_T < \infty\}}$ quand (Z_t) décrit $\mathcal{A}$.

(Ce résultat devient inexact si l'on remplace $k_T^{-1}(\underline{\underline{F}}^o_\infty)$ par $\underline{\underline{F}}^o_{T-}$, excepté quand T prévisible). Supposons en effet z de la forme $y \circ k_T \, 1_{\{g_T < \infty\}}$; z s'écrit alors $Z_{g_T} 1_{\{g_T<\infty\}}$ pour $Z_t = y \circ a_t$. Inversement, si z s'écrit $Z_{g_T} 1_{\{g_T<\infty\}}$ pour un élément (Z_t) de $\mathcal{A}$, on a $z = (Z_{g_\infty} 1_{\{g_\infty<\infty\}}) \circ k_T \, 1_{\{g_T<T\}}$.

(30) PROPOSITION : *Soit T un temps d'arrêt de la filtration $(\underline{\underline{F}}_t)$.*

1) $\underline{\underline{F}}_{T-} \cap \{g_T^+ < T\} = \underline{\underline{F}}_T \cap \{g_T^+ < T\}$.

2) Sur l'évènement $\{g_T^+ < T\}$, $\underline{\underline{F}}_T$ est engendrée par les variables aléatoires Z_{g_T} quand $(Z_t)_{t>0}$ décrit la famille des processus optionnels bornés.

3) Supposons T prévisible ; sur l'évènement $\{g_T < T\}$, $\underline{\underline{F}}_{T-}$ est engendrée par la même famille.

4) Supposons H parfait ; on peut remplacer la famille des processus optionnels bornés par celle des prévisibles bornés dans les points 2) et 3).

__Démonstration__ : 1) est facile, compte tenu de *(28)* ; montrons 3) : puisque T est prévisible, $\underline{\underline{F}}^o_{T-} = k_T^{-1}(\underline{\underline{F}}^o_\infty)$ et l'on peut calquer la démonstration de *(21)*. Reste à montrer le point 2) : soit $T_n = T + \frac{1}{n}$; T_n est prévisible et, sur l'évènement $\{g_T^+ < T\}$ les variables aléatoires g_{T_n} décroissent vers g_T (ou g_T^+) de manière stationnaire. Soit alors A un évènement de $\underline{\underline{F}}_T$; il appartient à chacune des tribus $\underline{\underline{F}}_{T_n^-}$ et l'on a donc d'après 2)

$$A \cap \{g_{T_n} < T_n\} \cap \{g_T^+ < T\} = Z^n_{g_{T_n}} 1_{\{g_{T_n} < T_n\}} 1_{\{g_T^+ < T\}}$$

pour un processus (Z_t^n) optionnel borné (prévisible dans le cas parfait).

Considérons alors le processus $(Z_t) = \underline{\lim}_{n\to\infty} (Z_t^n)$; la décroissance stationnaire des variables aléatoires g_{T_n} entraîne facilement que

$$A \cap \{g_T^+ < T\} = Z_{g_T} 1_{\{g_T^+ < T\}} .$$

Inversement, il est à peu près évident qu'une variable aléatoire de la forme $Z_{g_T} 1_{\{g_T^+ < T\}}$ est $\underline{\underline{F}}_T$-mesurable.

Notons une conséquence facile de la proposition *(22)* : si S et T sont deux temps d'arrêt de la filtration $(\underline{\underline{F}}_t^o)$,

(31) $k_S \circ k_T = k_{S \wedge T}$; en particulier $k_T \circ k_T = k_T$.

Nous terminerons par un résultat un peu plus amusant

(32) *NOTATIONS : Si $\omega \in \Omega$ nous noterons $G(\omega)$ (resp. $D(\omega)$) l'ensemble des extrémités gauches (resp. droites) des intervalles contigus à ω ; G (resp. D) sera l'ensemble aléatoire des extrémités gauches (resp. droites) des intervalles contigus à H.*

(33) *PROPOSITION : Soit T un temps d'arrêt tel que $[\![T]\!] \subset H^c$; T est accessible ; si, de plus, D est totalement inaccessible, T est prévisible.*

Démonstration : Quitte à remplacer T par une variable aléatoire équivalente, on peut supposer que T est un temps d'arrêt de la filtration $(\underline{\underline{F}}_t^o)$ et que $T(\omega) \in \omega^c$ pour tout ω tel que $T(\omega)$ soit fini. Nous allons montrer que l'ensemble aléatoire prévisible
$A = \{s,\omega \; ; \; T \circ k_s(\omega) = s\}$ est mince, et plus précisément qu'il est inclus dans $(D \cap [\![0,T[\![) \cup [\![T]\!]$; il est clair d'après la proposition *(22)* que A est inclus dans $[\![0,T]\!]$; il nous suffit donc de montrer l'inclusion

(34) $$A \cap [\![0,T[\![\subset D \cap [\![0,T[\![.$$

Soit (s_o,ω) un couple vérifiant $s_o < T(\omega)$, $T \circ k_{s_o}(\omega) = s_o$.

a) Raisonnons par l'absurde, et montrons d'abord que $s_0 \in \omega$; s'il n'en était pas ainsi, le processus $(T \circ k_s)$ prendrait la valeur s_0 sur tout l'intervalle $]g_{s_0}(\omega), d_{s_0}(\omega)[$; on aurait en particulier $T \circ k_s(\omega) = s_0 < s$, $\forall s \in]s_0, d_{s_0}(\omega)[$, ce qui entraînerait $T(\omega) = \inf\{s \; ; \; T \circ k_s(\omega) < s\} < s_0$, contrairement à l'hypothèse.

b) Montrons maintenant que $s_0 \in \omega^c \cup D(\omega)$, ce qui achèvera la démonstration de *(34)*. Ecrivons que $T[k_{s_0}(\omega)] \in (k_{s_0}(\omega))^c$; il vient $s_0 \in (\omega \cap [0, g_{s_0}(\omega)])^c = \omega^c \cup]g_{s_0}(\omega), \infty[$; le résultat en découle immédiatement.

Il reste à montrer que $[\![T]\!] \subset A$, ou encore que $T \circ k_T = T$. D'après *(22)* $T \circ k_s = T \quad \forall s > T$; les processus $(T \circ k_s)$ étant constants sur l'intervalle $]\!]g_T \, d_T[\![$, non vide par hypothèse, il est facile d'en déduire que $T \circ k_T = T$. Supposons enfin que D soit totalement inaccessible ; nous avons vu que A était contenu dans $D \cup [\![T]\!]$; d'autre part $D \cap A$ est évanescent puisque A est prévisible mince ; on a donc $A = [\![T]\!]$, ce qui montre que T est prévisible.

§3. LE PREMIER PROCESSUS PONCTUEL ASSOCIÉ À H.

1.

• Rappelons que nous avons appelé respectivement G et D les ensembles aléatoires formés des extrémités gauches et droites des intervalles contigus à H.
Les fermés ω étant d'intérieur vide, un petit raisonnement topologique élémentaire prouve les égalités

(35) $$\overline{G} = H \cup [\![0]\!] \quad ; \quad \overline{D} = \overline{H \cap]\!]0,\infty[\![}$$

On peut donc (presque) reconstituer H à l'aide de G ou D modulo, c'est une véritable plaie, les ennuis à l'origine : la connaissance de G, par exemple, ne permet pas de décider si 0 appartient à ω. On peut se consoler en remarquant que, dans les cas usuels, une hypothèse supplémentaire à l'origine (le plus souvent $0 \in \omega$ p.s), permet d'éviter ces jérémiades au lecteur.

(36) <u>*DEFINITIONS*</u> *: <u>Nous poserons</u>* $\Pi_g(\omega,dt,dx) = \sum_{s\in G} \varepsilon_{(s,d_s(\omega)-s)}(dt,dx)$.

($\varepsilon_{a,b}$ désignant la masse de Dirac au point (a,b) de $(\mathbb{R}_+ \times \overline{\mathbb{R}}_{+*})$)

$\overline{\mathbb{R}}_{+*}$ désigne $((\mathbb{R}_+ - \{0\}) \cup \{+\infty\})$; en fait, pour éviter une débauche d'astérisques, nous le désignerons dans la suite par E, $\mathcal{E}$ désignant sa tribu borélienne.

Pour ω fixé, $\Pi_g(\omega,dt,dx)$ est une mesure, sur $\mathbb{R}_+ \times E$, somme dénombrable de masses de Dirac ; Π_g est donc ce qu'on appelle vulgairement un processus ponctuel d'espace d'états $\mathbb{R}_+ \times E$. La proposition suivante va, en particulier, nous montrer qu'elle est σ finie ; posons $e(s,x) = e^{-s}(1-e^{-x})$ $(s\in\mathbb{R}_+,\ x\in E)$.

(37) <u>*PROPOSITION*</u> : $\displaystyle\int_{\mathbb{R}_+\times E} e(s,x)\ \Pi_g(ds,dx) = 1.$

En effet, l'intégrale figurant au premier membre s'écrit

$$\sum_{s\in G} e^{-s}(1-e^{-(d_s-s)}) = \sum_{s\in G}\int_s^{d_s} e^{-u}du = \int_0^\infty e^{-u}du = 1.$$

• Avant de pousuivre, nous avons à rappeler certaines notions classiques de la théorie des processus filtrés. On doit tout d'abord étendre aux fonctions à trois arguments $\phi : (\mathbb{R}_+ \times \Omega) \times E \to \mathbb{R}$, puis aux mesures et aux noyaux, les définitions usuelles de la théorie générale des processus. Rappelons les définitions simples figurant dans [7] pages 384 à 390 ; nous nous bornerons à traiter le cas optionnel, mais on peut, bien entendu, remplacer dans ce qui suit le mot optionnel par accessible ou prévisible. Appelons $\mathcal{O}$ la tribu optionnelle usuelle sur $\mathbb{R}_+ \times \Omega$.

(38) *DEFINITIONS :*

- *Un processus paramétré* ϕ *sera une application de* $\mathbb{R}_+ \times \Omega \times E \to \mathbb{R}$;
  ϕ *sera dite optionnelle si elle est mesurable pour les tribus* $\mathcal{O} \times \mathcal{E}$, $\mathcal{B}(\mathbb{R})$.

  ϕ *sera appelé évanescent si pour P-presque tout* ω $\phi(\cdot,\omega,\cdot) = 0$.

- *Une mesure aléatoire intégrable positive est un noyau* $\mu(\omega,dt,dx)$ *tel que*

(i) $\forall \omega \in \Omega$ $A \to \mu(\omega,A)$ *est une mesure positive sur* $(\mathbb{R}_+ \times E, \mathcal{B}(\mathbb{R}_+) \times \mathcal{E})$

(ii) $\forall A \in \mathcal{B}(\mathbb{R}_+) \times \mathcal{E}$ $\omega \to \mu(\omega,A)$ *est* $\underline{\underline{F}}_\infty$*-mesurable.*

(iii) $E[\mu(\cdot,\mathbb{R}_+ \times E)] < \infty$.

On peut associer à μ une mesure positive bornée $\bar{\mu}$ sur $(\mathbb{R}_+ \times \Omega \times E, \mathcal{B}(\mathbb{R}_+) \times \underline{\underline{F}}_\infty \times \mathcal{E})$ en posant

$$\bar{\mu}(\phi) = E\Big[\int_{\mathbb{R}_+ \times E} \phi(t,\cdot,x)\, \mu(\cdot,dt,dx)\Big].$$

Si le noyau μ vérifie (i) et (ii), et si la mesure $\bar{\mu}$ est σ-finie, nous dirons que μ est une mesure aléatoire positive σ-intégrable. Si, de plus, pour tout ω, $\mu(\omega,\cdot)$ est somme dénombrable de masses de Dirac, nous dirons que μ est un processus ponctuel.

(39) PROJECTION DUALE D'UNE MESURE ALEATOIRE.

(40) *DEFINITION : Soit* μ *une mesure aléatoire positive intégrable ; nous dirons que* μ *est optionnelle si, quelque soit* K *dans* $\mathcal{E}$, *le processus croissant* A_t^K *défini* $A_t^K(\omega) = \mu(\omega,[0,t] \times K)$ *est optionnel.*

(41) *THEOREME (Jacod) : Soit* μ *une mesure aléatoire positive intégrable ; il existe une mesure aléatoire* λ *positive intégrable optionnelle unique telle que*

(42)
$$E\Big[\int_{\mathbb{R}_+\times E} \phi(t,\cdot,x)\,\lambda(\cdot,dt,dx)\Big] = E\Big[\int_{\mathbb{R}_+\times E} \phi(t,\cdot,x)\,\mu(\cdot,dt,dx)\Big]$$

quelque soit le processus ϕ *optionnel positif*

λ *sera appelée projection duale optionnelle de* μ ; *on la notera* μ^o.

La définiton *(40)* et le théorème *(41)* s'étendent facilement au cas où $\bar{\mu}$, au lieu d'être supposée bornée, est simplement σ-finie sur la tribu optionnelle. En particulier, puisque le processus ponctuel Π_g vérifie *(37)*, la mesure $\bar{\Pi}_g$ est σ-finie sur les tribus optionnelle et prévisible ; on pourra donc parler de la projection duale optionnelle Π_g^o ou prévisible Π_g^p de Π_g.

NOYAUX OPTIONNELS. Nous dirons qu'un noyau positif $N(s,\omega,dx)$ de $\mathcal{B}(E)$ dans $\mathcal{B}(\mathbb{R}_+) \otimes \underline{\underline{F}}_\infty$ est optionnel si, pour toute fonction ϕ borélienne positive le processus $\int_E N(\omega,s,dx)\,\phi(x) = (N\phi)_s(\omega)$ est optionnel.

Pour abréger on notera le noyau $(N_t)_{t \geq 0}$.

Un argument de classes monotones prouve que, quelque soit le processus paramétré positif u, le processus $(Nu)_s$ défini par la formule

$$Nu_s(\omega) = \int_E N(\omega,s,dx)\, u(s,\omega,x) \quad \text{est optionnel.}$$

2. Désintégration d'une mesure aléatoire optionnelle. Dans ce paragraphe $(E,\mathcal{E})$ désignera un sous ensemble universellement mesurable d'un compact métrisable muni de sa tribu borélienne, $\mu(\omega,dt,dx)$ une mesure aléatoire optionnelle sur $\mathbb{R}_+ \times E$; on désignera par $\bar{\mu}$ la "mesure de Doléans" associée à μ : ce sera une mesure sur $\mathbb{R}_+ \times \Omega \times E$ définie par la formule $\bar{\mu}(U) = E\big[\int_{\mathbb{R}_+\times E} U(t,\omega,x)\,\mu(\omega,dt,dx)\big]$ si U est un processus paramétré ≥ 0.

. On supposera que $\overline{\mu}$ est σ-finie sur la σ-algèbre optionnelle.

(4 3) *PROPOSITION : Supposons que $\overline{\mu}$ soit une mesure optionnelle bornée. Il existe un couple (ℓ_t, N_t) où (ℓ_t) est un processus croissant optionnel intégrable, (N_t) un noyau optionnel markovien vérifiant, quelque soit le processus paramétré u.*

(4 4)
$$\int_{\mathbb{R}_+\times E} (u(s,\cdot,x))\ \mu(\cdot,ds,dx) = \int_0^\infty d\ell_s\ (Nu)_s \qquad P\text{-p.s.}$$

Démonstration : Supposons d'abord E compact métrisable et définissons, pour chaque fonction ϕ continue ≥ 0 sur E les processus croissants optionnels intégrables

$$\ell_t^\phi = \int_{[0,t]\times E} \phi(x)\ \mu(\cdot,dt,dx) \qquad ;\ \text{on posera } \ell_t^1 = \ell_t.$$

La mesure aléatoire $d\ell_t^\phi$ est absolument continue par rapport à $d\ell_t$. D'après un résultat classique de théorie générale des processus, il existe un processus optionnel C_t^ϕ vérifiant $d\ell_t^\phi = C_t^\phi\ d\ell_t$. D'autre part si $\lambda(dt,d\omega)$ désigne la mesure de Doléans associé à (ℓ_t), pour tout couple (ϕ_1,ϕ_2) de fonctions continues positives sur E, les égalités suivantes ont lieu λ-presque partout

(4 5)
$$C_t^{\phi_1+\phi_2} = C_t^{\phi_1} + C_t^{\phi_2} \quad ; \quad C_t^1 = 1.$$

Faisons parcourir à ϕ un espace vectoriel dénombrable sur Q, réticulé, dense dans C(E) que nous noterons $\mathcal{H}$. Il existe un ensemble optionnel Γ tel que les égalités *(44)* aient lieu en tout point (t,ω) de Γ pour tout $\phi \in \mathcal{H}$, et tel que $\lambda(\Gamma^c) = 0$. L'application $\phi \to C_t^\phi(\omega)$ se prolonge alors en une mesure de probabilité $N(t,\omega,dy)$ en tout point $(t,\omega) \in \Gamma$. On définit $N(t,\omega,dy)$ sur Γ^c en posant $N(t,\omega,dy) = p(dy)$, p étant une probabilité fixée arbitraire sur $(E,\mathcal{E})$; il est facile de voir que le couple (ℓ_t, N_t) répond à la question : on peut en effet écrire pour toute fonction ϕ de $\mathcal{H}$ et tout processus (Z_s)

$$\int_0^\infty d\ell_s\ N_s\phi\ Z_s = \int_0^\infty d\ell_s\ C_s^\phi\ Z_s = \int_0^\infty Z_s\ d\ell_s^\phi = \int_{[0,\infty]\times E} Z_t\phi(x)\ \mu(\cdot,dt,dx)$$

• Dans le cas général, E est contenu dans un compact métrisable $\bar{E}$; appelons ν la mesure bornée sur $\bar{E}$ définie par la formule

$$\nu(h) = E\Big[\int_{\mathbb{R}_+\times E} \mu(\omega,dt,dx)\, h(x)\Big] \qquad (h \in \bar{\mathcal{E}})$$

et soit J un borélien de E portant ν. Pour presque tout ω, $\mu(\omega,\cdot)$ est portée par $\mathbb{R}_+ \times J$, et $N(\cdot,\cdot,J^c)$ est nulle λ-presque partout. Il est alors facile de modifier le noyau (N_t) de manière à ce qu'il soit porté par J.

(46) **REMARQUE** : On notera que la désintégration *(44)* est valable pour (presque) tout ω :
Le couple $(d\ell_t(\omega),N_t(\omega,dx))$ n'est autre que la désintégration ordinaire (pour ω fixé) de la mesure bornée $\mu(\omega,dt,dx)$. La seule information nouvelle apportée par *(43)* est qu'on peut choisir une version optionnelle de cette désintégration.
Passons au cas où $\bar{\mu}$ n'est plus supposée bornée mais seulement σ-finie sur la tribu optionnelle.

(47) PROPOSITION : *Soit u_o un processus paramétré optionnel strictement positif tel que le processus croissant (A_t) défini par*

$$A_t = \int_{[0,t]} u_o(s,\cdot,x)\ \mu(\cdot,ds,dx)$$

soit localement intégrable. Il existe alors un couple optionnel (ℓ_t,N_t) vérifiant (44) et tel que ℓ_t soit un processus croissant localement intégrable vérifiant $N_t u_o \equiv 1$.
On dira dans ce cas que le couple (ℓ_t,N_t) est normalisé par u_o.

Démonstration : 1) Supposons d'abord que nous ayions choisi u_o de manière à ce que le processus croissant (A_t) soit intégrable. La mesure aléatoire $u_o\cdot\mu$ satisfait alors aux hypothèses *(43)* et admet une désintégration (ℓ_t,N_t) vérifiant $N_t 1 \equiv 1$. Définissons le noyau optionnel N'_t en posant $N'_t\phi = N_t(\frac{\phi}{u_o})$; le couple (ℓ_t,N'_t) répond à la question.

2) Dans le cas général, on construit d'abord un processus optionnel $(\alpha_t)_{t \geq 0}$ (non paramétré) positif, tel que $(\frac{1}{\alpha_t})$ soit localement intégrable et que le processus croissant $\int_0^t \alpha_s \, dA_s$ soit intégrable. On se ramène alors à la première partie en considérant la fonction $u'_0(s,\omega,x) = \alpha_s(\omega)\, u_0(s,\omega,x)$; il existe une désintégration (ℓ''_t, N''_t) telle que (ℓ''_t) soit intégrable et $N''_t(u'_0) \equiv 1$. Le couple (ℓ_t, N_t) défini par les égalités

$$d\ell_t = \frac{1}{\alpha_t}\, d\ell''_t \,, \qquad N_t = \alpha_t\, N''_t$$

satisfait aux conditions demandées.

Dans la pratique on se limitera aux désintégrations (ℓ_t, N_t) ayant les propriétés suivantes

(48) $\begin{cases} \underline{\ell_t \text{ est un processus croissant optionnel localement intégrable}} \\ \underline{\text{il existe un processus paramétré optionnel}}\ u\ \underline{\text{tel que}}\ (Nu)_t\ \underline{\text{soit}} \\ \underline{\text{un processus strictement positif et fini.}} \end{cases}$

(49) __*DEFINITION*__ : *Un couple* (ℓ_t, N_t) *optionnel vérifiant (48) et (44) sera appelé désintégration optionnelle de* μ.

- N_t est normalisée par la fonction $u_0(s,\omega,x) = \frac{u(s,\omega,x)}{(Nu)(s,\omega)}$

- Deux désintégrations optionnelles (ℓ,N) et (ℓ',N') de μ sont équivalentes au sens suivant :

(50) il existe un processus optionnel (α_t) strictement positif et fini tel que $d\ell'_t = \alpha_t\, d\ell_t$, $\quad N'_t = \frac{1}{\alpha_t} N_t$.

Supposons enfin que la mesure aléatoire μ ne soit plus optionnelle ; on la suppose simplement mesurable, et telle que $\overline{\mu}$ soit σ-finie sur la tribu optionnelle. On peut alors désintégrer la projection duale optionnelle μ^o de μ, et l'on obtient le résultat suivant

(51) *PROPOSITION : Il existe un couple* (ℓ_t, N_t) *optionnel et vérifiant (48), unique à l'équivalence (50) près tel que*

$$E\Big[\int_{\mathbb{R}_+\times E} u(s,\cdot,x)\mu(\cdot,ds,dx)\Big] = E\Big[\int_0^\infty (Nu)_s\, d\rho_s\Big]$$

quelque soit le processus positif optionnel u.

3. Désintégrations optionnelles de Π_g : TEMPS LOCAL ET NOYAU DE LEVY D'UN FERME ALEATOIRE.

Revenons au processus ponctuel Π_g ; une désintégration optionnelle de cette mesure aléatoire est, par définition, un couple (ℓ_t, N_t) optionnel vérifiant *(48)* et

(52)
$$E\Big[\sum_{s\in G} u(s,\cdot,d_s-s)\Big] = E\Big[\int_0^\infty d\ell_s\,(Nu)_s\Big]$$

quelque soit le processus optionnel positif u.

Le processus croissant (ℓ_t) s'appellera le temps local de la désintégration, et (N_t) son noyau de Lévy. Deux désintégrations sont équivalentes au sens de *(50)*. Si $\lambda(dt,d\omega)$ est la mesure de Doléans du processus croissant (ℓ_t) la classe des ensembles aléatoires de mesure nulle pour λ est indépendante de la désintégration choisie ; il en est de même des quotients $\frac{N_t u}{N_t v}$ quand ils ont un sens. Beaucoup des résultats que nous obtiendrons seront indépendants de la désintégration optionnelle de Π_g choisie, mais il est souvent utile de la fixer par le choix d'une fonction de normalisation u_0 comme en *(47)*. Par exemple nous verrons plus loin que, si le fermé aléatoire est discret,on normalise par la fonction 1 ; si le fermé est régénératif non discret, on normalise par la fonction $u_0(s,\omega,x) = (1-e^{-x})$.

Ce dernier procédé n'est pas toujours le plus naturel (en particulier quand H a des points isolés), mais il présente l'avantage d'être toujours possible (d'après *(37)*). Nous appellerons dans la suite temps local et noyau de Lévy normalisés ou, plus brièvement temps local et noyau de Lévy du fermé aléatoire le couple (ℓ_t^o, N_t^o) normalisé par la condition

$$\int_E N^o(t,\omega,dx)\,[1-e^{-x}] = 1 \qquad \forall t \quad \forall\omega.$$

(53) *PROPOSITION : Si* (ℓ_t, N_t) *est une désintégration optionnelle de* Π_g, *le support de la mesure aléatoire* $d\ell_t$ *est* $H \cup [[0]]$.

Démonstration : La relation *(52)* appliquée à la fonction $u(s,\omega,x) = 1_{(H \cup [[0]])^c}(s,\omega)$ prouve immédiatement que $d\ell_t$ est portée par $H \cup [[0]]$; le support S de $d\ell_t$ est donc un fermé optionnel contenu dans $H \cup [[0]]$. On peut supposer d'une part que $0 \in H$ p.s. (puisque Π_g est le même pour H et $H \cup [[0]]$), et d'autre part raisonner uniquement sur la désintégration normalisée (ℓ_t^0, N_t^0), puisque la classe des ensembles négligeables pour la mesure aléatoire $d\ell_t$ ne dépend pas de la désintégration choisie. Soit T un temps d'arrêt, u le processus paramétré défini par $u(s,\omega,x) = e^{-s}(1 - e^{-x})\, 1_{\{s > T\}}$; la relation *(52)* appliquée à u nous permet d'écrire

$$E\left[\int_{[T,\infty[} e^{-s}\, d\ell_s^0\right] = E\left[\sum_{\substack{s \in G \\ s > T}} (e^{-s} - e^{-d_s})\right] = E\left[\sum_{\substack{s \in G \\ s > T}} \int_s^{d_s} e^{-u} du\right]$$

On a donc démontré l'égalité suivante

(54) $$E\left[e^{-d_T^-}\right] = E\left[\int_{[T,\infty[} e^{-s}\, d\ell_s^0\right].$$

Introduisons alors les débuts du support S de $(d\ell_t)$

$$\delta_t^-(\omega) = \inf\{s > t,\ (s,\omega) \in S\}$$

Fixons t, et considérons le temps d'arrêt $T = \delta_t^-$; puisque $[[T]]$ est dans S, donc dans H, on a $d_T^- = T$, et la formule *(54)* permet d'écrire

$$E\left[e^{-\delta_t^-}\right] = E\left[e^{-d_T^-}\right] = E\left[\int_{[T,\infty[} e^{-s}\, d\ell_s^0\right] = E\left[\int_{[t,\infty[} e^{-s}\, d\ell_s^0\right] = E\left[e^{-d_t^-}\right].$$

Les variables aléatoires δ_t^- et d_t^- étant comparables, elles ne peuvent être que presque sûrement égales. Les processus continus à gauches (δ_t^-) et (d_t^-) sont donc indistinguables ; il en est de même des ensembles aléatoires $H = \{t,\omega \mid d_t^-(\omega) = t\}$ et $S = \{t,\omega\ ;\ \delta_t^-(\omega) = t\}$.

REMARQUE : L'inclusion $S \subset H$ reste valable pour des fermés aléatoires quelconques. Il devient nécessaire d'imposer que H soit de mesure de Lebesgue nulle pour que le support de $d\ell_t$ soit exactement égal à H. La "formule de balayage" *(54)* n'est en effet exacte que sous cette hypothèse.

§4. EXEMPLES.

1) Le cas discret. Appelons Ω_d le sous ensemble de Ω formé des fermés discrets de $\mathbb{R}_+$; on peut écrire

$$\omega \in \Omega \iff g_t(\omega) < t \text{ et } d_t(\omega) > t, \quad \forall t \in \mathbb{R}_+,$$

de sorte que Ω_d^c apparaît comme la projection sur Ω de l'ensemble aléatoire $\mathcal{B}(\mathbb{R}_+) \times \underline{\underline{F}}^o_\infty$ mesurable

$$\{(t,\omega) \; ; \; g_t(\omega) = t \text{ ou } d_t(\omega) = t\}.$$

(*) Ω_d^c est donc $\underline{\underline{F}}^o_\infty$-analytique, et Ω_d est universellement mesurable dans $(\Omega, \underline{\underline{F}}^o_\infty)$. Appelons alors $(T_o, T_1, \ldots, T_K, \ldots)$ la suite de temps d'arrêt définis par récurrence de la façon suivante

$$T_o = d_o^-, \ldots, T_{n+1} = d_{T_n}$$

il est clair que,

$$T_n(\omega) < \infty \iff T_n(\omega) < T_{n+1}(\omega) \qquad \forall \omega \in \Omega_d.$$

D'autre part les variables aléatoires $(T_n)_{n \geq 0}$ sont des temps d'arrêt de la filtration $(\underline{\underline{F}}^o_t$ (voir *(27)*). La proposition qui suit est une grosse surprise

(55) *PROPOSITION : Sur Ω_d, $\underline{\underline{F}}^o_\infty$ (resp. $\underline{\underline{F}}^o_{T_n}$) coïncide avec la σ-algèbre engendrée par les variables aléatoires T_p $(p \geq 0)$ (resp. T_p, $0 \leq p \leq n$).*

Démonstration : Commençons par traiter la partie relative à $\underline{\underline{F}}^o_\infty$: les variables aléatoires T_p étant $\underline{\underline{F}}^o_\infty$ mesurables, on a clairement l'inclusion $\underline{\underline{G}}^o_\infty \subset \underline{\underline{F}}^o_\infty$ ($\underline{\underline{G}}^o_n$ désignant la σ-algèbre engendrée par les v.a. $T_o, T_1, \ldots, T_n$). L'inclusion inverse résulte de l'égalité suivante, évidente sur Ω_d

$$g_t = \sum_{n \geq 0} T_n \, 1_{\{T_n < t \leq T_{n+1}\}} + 0^- \, 1_{\{0 < t \leq T_o\}}$$

qui montre que les variables aléatoires (g_t) $(t \geq 0$ sont $\underline{\underline{G}}^o_\infty$-mesurables.

(*) Le début de ce paragraphe est parfaitement ridicule : en fait, $\Omega_d = \{\sup_n T_n = \infty\}$ est trivialement dans la σ-algèbre $\underline{\underline{F}}^o_\infty$

De même, puisque les $(T_p)_{p\geq 0}$ sont des temps d'arrêt, $\underline{\underline{G}}_n^o \subset \underline{\underline{F}}_{T_n}^o$;

montrons l'inclusion inverse : soit z une variable aléatoire $\underline{\underline{F}}_{T_n}^o$ -mesurable.

• D'après la première partie, il existe une application ϕ, mesurable de $(\mathbb{R}_+)^{\mathbb{N}}$ dans $\mathbb{R}$ telle que

$$z(\omega) = \phi(T_o(\omega),\ T_1(\omega),\dots,T_n(\omega),\dots) \qquad \forall \omega \in \Omega_d.$$

D'autre part, *(26)* entraîne l'égalité $z \circ k_{T_{n+1}}(\omega) = z(\omega) \quad \forall \omega \in \Omega_d$; on a donc

$$z(\omega) = \phi(T_o(\omega),T_1(\omega),\dots,T_n(\omega),\infty,\infty\dots\infty) \quad \forall \omega \in \Omega_d,$$

ce qui montre le résultat.

(56) <u>REMARQUE</u> : Cette démonstration prouve en fait un peu plus ; on a montré les inclusions $\underline{\underline{F}}_{T_n}^o \cap \Omega_d \subset \underline{\underline{G}}_n^o \cap \Omega_d \subset \underline{\underline{F}}_{T_n^-}^o \cap \Omega_d$; cela entraîne évidemment que ces trois σ-algèbres sont égales.

Les simplifications du cas discret proviennent du fait que la σ-algèbre $\mathcal{A}$ est égale à la tribu optionnelle ; montrons le rapidement. On peut d'abord caractériser les temps d'arrêt à l'aide de la formule (a_t) d'une manière analogue à *(22)*.

(57) <u>*PROPOSITION*</u> : <u>*Soit*</u> T <u>*un temps d'arrêt de la famille*</u> $(\underline{\underline{F}}_t^o)$ <u>*et*</u> ω <u>*dans*</u> Ω_d ; <u>*alors*</u>

$$T \circ a_t(\omega) = T(\omega) \qquad \forall t \geq T(\omega)$$

$$T \circ a_t(\omega) > t \qquad \forall t < T(\omega).$$

<u>Démonstration</u> : Sur Ω_d on a les deux relations supplémentaires $d_t > t$ et $a_t = k_{d_t}$; on peut donc écrire, sur Ω_d,

$$t \geq g_T^+ \Rightarrow d_t > T \Rightarrow T \circ a_t = T \circ k_{d_t} = T \qquad \text{d'après } (22)$$

$$t < g_T^+ \Rightarrow T \circ a_t = T \circ k_{d_t} \geq d_t > t \text{ ; d'où le résultat.}$$

(58) <u>*PROPOSITION*</u> : *<u>La</u> <u>σ-algèbre optionnelle et</u>* $\mathcal{A}$ *<u>ont même trace sur</u>* $\mathbb{R}_+ \times \Omega_d$.

Il suffit de montrer que tout processus optionnel coïncide sur $\mathbb{R}_+ \times \Omega_d$ avec un élément de $\mathcal{A}$; examinons le cas d'un intervalle stochastique $[\![0,T[\![$.

D'après la proposition qui précède, on a

$$[\![0,T[\![\cap (\mathbb{R}_+ \times \Omega_d) = \{t,\omega \mid T\circ a_t(\omega) > t\} \cap (\mathbb{R}_+ \times \Omega_d)$$

d'où le résultat.

Faisons une dernière remarque : il est clair, par un argument de classe monotone, que $\mathcal{A} \cap [\![T_n, T_{n+1}[\![= (\mathcal{B}(\mathbb{R}_+) \otimes \underline{\underline{G}}^0_n) \cap [\![T_n, T_{n+1}[\![$.

Cette observation, qui permet de décrire complètement la tribu optionnelle, est à la base de toutes les études qui ont été faites sur les filtrations naturelles d'ensembles discrets.
Donnons-nous maintenant une probabilité P sur $(\Omega, \underline{\underline{F}}^0_\infty)$ portée par Ω_d. Supposons en outre que $0 \in \omega$ p.s. (S'il en est ainsi nous dirons pour aller vite que H est discret et contient l'origine).
Désignons par $K_n(\omega,dy)$ les probabilités conditionnelles régulières

$$K_n(\omega,dy) = P\left[\{T_n < \infty\}\ ;\ T_{n+1} - T_n \in dy \mid \underline{\underline{F}}_{T_n}\right],$$

et posons

(59)
$$\begin{cases} N(t,\omega,dy) = \sum\limits_{n\geq 0} 1_{\{T_n \leq t < T_{n+1}\}} K_n(\omega,dy) \\ d\ell_t = \sum\limits_{n\geq 0} 1_{\{T_n < \infty\}} \varepsilon_{T_n}(dt). \end{cases}$$

Le couple $(d\ell_t, dN_t)$ constitue alors une désintégration optionnelle de Π_g.

(60) <u>Le cas semi-discret</u>. Supposons maintenant que P soit portée par l'évènement $\{\omega\ ;\ d_t(\omega) > t,\ \ \forall t > 0\}$; cela revient à dire que, pour presque tout ω, $G(\omega) = \omega \cup \{0\}$, ou encore que $G(\omega)$ est fermé. Le cas le plus simple rentrant dans cette rubrique est celui où le fermé aléatoire est la fermeture d'une suite croissante de variables aléatoires éventuellement convergente.

On peut construire par récurrence transfinie les fonctions définies par

$$T_{i+1} = d_{T_i} \qquad T_j = \sup_{i<j} T_i$$

si i est un ordinal quelconque et j un ordinal limite. Il existe un ordinal dénombrable α (dépendant de P) tel que $Ee^{-T_\alpha} = 0$; on a donc $P[T_\alpha = \infty] = 1$.

. Appelons Ω_d l'évènement $\underline{\underline{F}}^o_\infty$-mesurable $[T_\alpha = \infty]$. On vérifiera sans peine que tout ce qui a été dit sur la filtration du cas discret reste vrai en remplaçant Ω_d par Ω_α, et la suite $(T_n)_{n \geq 0}$ par la famille de temps d'arrêts $(T_i)_{i<\alpha}$ indexée par les ordinaux i inférieurs à α. On ne peut toutefois conserver la normalisation simple de la désintégration *(59)* si l'on veut éviter des explosions du temps local. Posons, si i est un ordinal $< \alpha$

$$\alpha_i = 1 - E[e^{-(T_{i+1}-T_i)}/\underline{\underline{F}}_{T_i}]$$

$$d\ell_t = \sum_{i<\alpha} \varepsilon_{T_i}(dt)\ \alpha_i\ 1_{\{T_i<\infty\}}$$

$$N(t,\omega,dy) = \sum_{i<\alpha} P\big[\{T_i<\infty\}\ (T_{i+1}-T_i) \in dy \,|\, \underline{\underline{F}}_{T_i}\big]\ 1_{\{T_i < t < T_{i+1}\}} \times \frac{1}{\alpha_i}.$$

Le couple $(d\ell_t, N_t)$ constitue une désintégration optionnelle de Π_g.

Bien entendu, le cas où le fermé H, tout en restant mince, est égal, non plus à G, mais à D, est d'une toute autre nature.
Avant de passer au second exemple, nous devons dévider quelques trivialités sur les opérateurs de translation

2) Opérateurs de translation et processus homogènes.

On posera $\theta_t(\omega) = (\omega - t) \cap \mathbb{R}_+$; $(\theta_t)_{t \geq 0}$ est une famille d'applications mesurables de $(\Omega, \underline{\underline{F}}^o_\infty)$ dans lui-même vérifiant

(61) $$\theta_s \circ \theta_t = \theta_{s+t} \qquad k_s \circ \theta_t = \theta_t \circ k_{s+t} \qquad \forall s,t \geq 0.$$

On dira qu'un processus (Z_t) est homogène si $Z_t = Z_0 \circ \theta_t \quad \forall t \geq 0$, et qu'un ensemble aléatoire est homogène si son indicatrice a cette propriété.

H lui-même est un ensemble aléatoire homogène ; les processus (d_t) et (d_t^-), l'ensemble aléatoire $G \cap H$ (qui s'écrit $\{t,\omega | d_t > t\} \cap H$) le sont également. (Noter que $G \cap H$ n'est différent de G qu'à l'origine).

(62) PROPOSITION : *Plaçons-nous dans la filtration* $(\underline{\underline{F}}^o_t)$

a) Si S *et* T *sont deux temps d'arrêt,* $S + T \circ \theta_S$ *est un temps d'arrêt.*

b) Si (Z_t) *est un processus optionnel (resp. prévisible), il en est de même du processus* (Z'_t) *défini par*

$$Z'_t(\omega) = Z_{t-T(\omega)}[\theta_T(\omega)]\, 1_{\{t > T(\omega)\}} \quad (\text{resp. } Z_{t-T}(\theta_T)\, 1_{\{t > T\}}).$$

Démonstration : Un petit calcul simple montre que la variable aléatoire $S + T \circ \theta_S$ satisfait aux conditions *(23)* Le b) est une extension du a) aux processus, et se prouve par un argument de classes monotones.

(63) PROPOSITION : *Soit* R *une variable aléatoire* $\underline{\underline{F}}^o_\infty$*-mesurable ; on a* $\underline{\underline{F}}^o_\infty = \underline{\underline{F}}^o_{R^-} \vee \theta_R^{-1}(\underline{\underline{F}}^o_\infty)$ *; si, de plus* R *est un temps d'arrêt (ou, plus généralement une fin d'optionnel), on a* $\underline{\underline{F}}^o_{R+t} = \underline{\underline{F}}^o_{R_-} \vee \theta_R^{-1}(\underline{\underline{F}}^o_t)$ *pour chaque* $t > 0$.

Démonstration : Montrons que chaque variable aléatoire g_t est une fonction de (R, k_R, θ_R) ; cela montrera la première partie puisque l'on sait (cf. *(9)*) que le couple (R, k_R) engendre la tribu $\underline{\underline{F}}^o_{R_-}$. On peut écrire

$$\begin{aligned} g_t &= g_t \circ k_u && \text{si} \quad t < u \\ &= g_\infty \circ k_u \vee u 1_H(u) && u < t < d_u \\ &= u + g_{t-u} \circ \theta_u && t > d_u \end{aligned}$$

. Posons alors

$$\alpha(u,\omega,\omega') = g_t(\omega) 1_{\{t<u\}} + (g_\infty(\omega) \vee u 1_{\{d_o^-(\omega')=0\}}) 1_{\{u<t<u+d_o(\omega')\}}$$
$$+ (u + g_{t-u}(\omega')) 1_{\{t>u+d_o(\omega')\}}.$$

On a $g_t = \alpha(R,k_R,\theta_R)$; toute variable aléatoire z $\underline{\underline{F}}^o_\infty$-mesurable peut donc s'écrire $z = \beta(R,k_R,\theta_R)$; supposons maintenant que R soit une fin d'optionnel ; on a $R \circ k_{R+t} = R \quad \forall t > 0$, ce qui permet d'écrire $z \circ k_{R+t} = \beta(R,k_R,k_t \circ \theta_R)$; il est facile d'en déduire que $\underline{\underline{F}}^o_{(R+t)^-} = \underline{\underline{F}}^o_{R^-} \vee \theta_R^{-1}(\underline{\underline{F}}^o_{t^-})$ pour chaque $t > 0$; on obtient le résultat demandé par régularisation à droite.

(64) <u>*PROPOSITION*</u> : <u>*Soit*</u> T <u>*un temps d'arrêt de la filtration*</u> $(\underline{\underline{F}}^o_t)$. <u>*La tribu prévisible associée à la filtration*</u> $(\underline{\underline{F}}^o_{T+t})_{t\geq 0}$, <u>*est engendrée par les processus*</u> $Y_t(\omega) = \alpha(\omega)\, X_t \circ \theta_T(\omega)$, <u>*quand*</u> α <u>*décrit la famille des variables aléatoires*</u> $\underline{\underline{F}}^o_T$<u>*-mesurables bornées, et*</u> (X_t) <u>*la famille des processus prévisibles bornés de*</u> $(\underline{\underline{F}}^o_t)$.

<u>Démonstration</u> : Désignons par $\mathcal{P}_T$ la tribu de la filtration $(\underline{\underline{F}}^o_{T+t})$, il résulte facilement de *(62)* que les processus (Y_t) sont dans $\mathcal{P}_T$. Inversement, $\mathcal{P}_T$ est engendrée par la famille des processus

$$Y'_t(\omega) = \beta(\omega)\, Z_{t+T}(\omega) \qquad (\beta \in \underline{\underline{F}}^o_T,\ (Z_t) \in \mathcal{K}).$$

Transformons l'écriture de Y'_t : d'après la définition de $\mathcal{K}$ et la proposition *(63)*, il existe une fonction h telle que $Z_t = h(t,k_T,T,\theta_T) \circ k_t$, ce qui permet d'écrire

$$Y'_t = \beta \times h(t+T,k_T,T,k_t \circ \theta_T) \qquad \forall t > 0.$$

On voit donc que la classe des processus qui peuvent s'écrire pour $t > 0$

$$\beta \times e^{-p(t+T)} \times y \circ k_T \times a(T) \times z \circ k_t \circ \theta_T$$

$(\beta \in \underline{\underline{F}}^o_T$, y et $z \in \underline{\underline{F}}^o_\infty$, $a \in \mathcal{B}(\mathbb{R}_+)$, $p > 0)$ engendrent $\mathcal{P}_T \cap]\!]0,\infty[\![$.

Il ne reste plus qu'à remarquer que ces processus sont de la forme demandée : il suffit de poser $Z_t = e^{-pt}\, z \circ k_t \quad \alpha = \beta \times e^{-pT} \times y \circ k_T \times a(T)$. On traite à part le cas $t = 0$, ce qui ne pose pas de problèmes.

3) Mesures aléatoires homogènes et fonctionnelles additives.

Soit $A(\omega,dt)$ une mesure aléatoire positive sur $\mathbb{R}_+$. Appelons τ_t l'application de $[t,\infty[$ dans $\mathbb{R}_+$ définie par $\tau_t(s) = s-t$. On dira que A est homogène (resp. homogène sur $\mathbb{R}_+^*$)

$$A(\theta_t(\omega),\cdot) = \tau_t[1_{[t,\infty[}\cdot A(\omega,\cdot)[\quad \forall t\in\mathbb{R}_+ \qquad \forall\omega\in\Omega$$

(resp. $A(\theta_t(\omega),\cdot) = \tau_t[1_{]t,\infty[}\cdot A(\omega,\cdot)]$).

Il est clair qu'une mesure aléatoire homogène sur $\mathbb{R}_+^*$ ne charge pas l'origine ; d'autre part, la restriction à $]0,\infty]$ d'une m.a.h. est une m.a.h*. Dans le cas où chaque mesure $A(\omega,\cdot)$ est de Radon, on introduit les processus croissants $A_t(\omega) = A(\omega,[0,t])$ qui sont continus à droite ; on a $A_{t^-}(\omega) = A(\omega,[0,t[)$ si l'on a convenu que $A_{0^-} = 0$; A est une mesure aléatoire homogène si et seulement si (A_{t^-}) est une fonctionnelle additive (on dira dans ce cas que (A_{t^-}) est une fonctionnelle additive gauche) ; A est homogène sur $\mathbb{R}_+^*$ si et seulement si (A_t) est une fonctionnelle additive ordinaire.

Si $(Z_t)_{t>0}$ est un processus homogène positif $\sum_{s>0} Z_s\,\varepsilon_s(dt)$ est une m.a.h. (qui n'est intéressante que si (Z_s) est nulle en dehors d'un ensemble mince). En particulier, si ϕ est une fonction sur E, la mesure aléatoire $\sum_{s\in G\cap H} \phi(d_s-s)\,\varepsilon_s(dt)$ est homogène, et la fonctionnelle additive gauche qui lui est associée quand ϕ n'est pas trop grande est $\sum_{\substack{0<s<t\\ s\in G\cap H}} \phi(d_s-s)$.

4) Le cas régénératif.

Nous dirons que la probabilité P est régénérative, (ou, improprement que H est régénératif) si, quelque soit le temps d'arrêt T dont le graphe est contenu dans H

(65) $$E[z\circ\theta_T\ ;\ T<\infty] = E(z)\times P[T<\infty] \qquad \forall z\in \underline{\underline{F}}^0_\infty.$$

Cela entraîne facilement que $(0\in H)$ p.s. et que la tribu $\underline{\underline{F}}_0$ est presque sûrement triviale ; il en est de même de la tribu $\theta_T^{-1}(\underline{\underline{F}}_0)$ dès que $[[T]]\subset H$; appliquant *(63)*, on voit alors que $\underline{\underline{F}}_T = \underline{\underline{F}}_{T^-}$ si $[[T]]\subset H$.

(Rappelons qu'on a le même résultat si $[\![T]\!] \subset H^c$ pour tout ensemble aléatoire ; on doit résister à la tentation d'en déduire que $\underline{\underline{F}}_T = \underline{\underline{F}}_{T-}$ pour tout temps d'arrêt). On a le résultat suivant, qui est une loi du (0-1).

(66) *PROPOSITION : Soit (Z_t) un processus optionnel de la filtration $(\underline{\underline{F}}_t)$; il existe un processus de $\mathcal{A}$ indistinguable de (Z_t) ; de plus il existe un processus (Y_t) de $\mathcal{K}$ tel que $Z1_H$ et $Y1_H$ soient indistinguables.*

Démonstration : On commence par étendre la formule (65) : si ϕ est une application de $\Omega \times \mathbb{R}_+ \times \Omega$ dans $\mathbb{R}$, $\mathcal{F} \times \mathcal{B}(\mathbb{R}_+)$-mesurable, on a la formule

(67) $$E[\{T < \infty\} ; \phi(\cdot,T,\theta_T)] = \int_{\{T<\infty\}} P(d\omega) \int_\Omega P(d\omega') \phi(\omega,T(\omega),\omega')$$

dès que $[\![T]\!] \subset H$.

Introduisons alors les opérateurs de recollement au temps t ; on posera $(\omega/t/\omega') = k_t(\omega) \cup (\omega' + t)$ $(\omega \in \Omega,\ t \in \mathbb{R}_+,\ \omega' \in \Omega)$.

On voit facilement que l'application $(\omega,t,\omega') \to (\omega/t/\omega')$ est mesurable de $\mathcal{K} \times \underline{\underline{F}}^o_\infty$ dans $\underline{\underline{F}}^o_\infty$; si z est une variable aléatoire bornée, (Z_t) la version continue à droite de la martingale $E(z|\underline{\underline{F}}_t)$, la "formule magique" de Dawson va nous donner un processus de $\mathcal{K}$ indistinguable de (Z_t) sur H : posons

$$Y_t(\omega) = \int_\Omega z(\omega/t/\omega')P(d\omega').$$

- La relation (67) appliquée à l'application $(\omega,t,\omega') \to z(\omega/t/\omega')$ nous indique que

$$E[z ; T < \infty] = E[Y_T ; T < \infty] \qquad \text{si } [\![T]\!] \subset H$$

(Z_t) est donc indistinguable de (Y_t) sur H, ce qui montre la deuxième partie de la proposition ; il reste à montrer que (Z_t) est indistinguable d'un élément de $\mathcal{A}$ sur H^c ; appelons (Z^o_t) un processus optionnel de la filtration $(\underline{\underline{F}}^o_t)$ indistinguable de Z_t ; on aura si $(t,\omega) \in H^c$

$$Z^o_t[a_t(\omega)] = [Z^o_t\{k_{d_t}(\omega)\}] = Z^o_t(\omega) \qquad \text{puisque } d_t(\omega) > t.$$

(68) *PROPOSITION : 1) Soit T un temps d'arrêt tel que $[[T]] \subset H-D$; T est prévisible et $\underline{\underline{F}}_T = \underline{\underline{F}}_{T-}$*

2) Tout temps d'arrêt évitant D est accessible.

3) Supposons D est totalement inaccessible ; un temps d'arrêt est prévisible si et seulement s'il évite D. La filtration $(\underline{\underline{F}}_T)$ est alors quasi-continue à gauche. On a même un peu plus : $\underline{\underline{F}}_{S-} = \underline{\underline{F}}_S$ pour tout temps d'arrêt S.

Démonstration : 1) Reprenons la démonstration de la proposition précédente et posons $H' = H-D$; si (Z_t) est une martingale uniformément intégrable, il existe un processus prévisible (Y_t) tel que $Z1_{H'} = Y1_{H'}$; projetons sur la tribu prévisible : il vient

$$Z_{t-}\, 1_{H'}(t) = Y_t\, 1_{H'}(t) = Z_t\, 1_{H'}(t).$$

Soit alors T un temps d'arrêt dont le graphe est contenu dans H' ; on a $Z_T = Z_{T-}$ sur $\{T < \infty\}$, quelque soit Z ; il en résulte que T est accessible. L'assertion sur les tribus a déjà été remarquée au début de ce paragraphe. Il existe donc une suite (T_n) de temps d'arrêts prévisibles tels que $[[T]] \subset \bigcup_n [[T_n]]$; quitte à restreindre les T_n, on peut supposer $[[T_n]] \subset H'$. Posons alors $A_n = \{T = T_n < \infty\}$; l'évènement A_n est dans $\underline{\underline{F}}_{T_n}$, donc dans $\underline{\underline{F}}_{T_n-}$; il en résulte que les temps d'arrêts $T_n^{A_n}$ sont prévisibles ainsi que $[[T]]$ qui s'écrit $\bigcup_n [[T_n^{A_n}]]$.

2) Si T évite D, on peut écrire $[[T]] = [[T]] \cap H^c + [[T]] \cap H'$. Les deux termes du second membre sont accessibles d'après ce que nous venons de voir et *(33)* .

3) Si l'on suppose en plus D totalement inaccesible $[[T]] \cap H^c$ est prévisible d'après *(33)* et T est prévisible. Soit A un évènement de $\underline{\underline{F}}_{S-}$; T^A est prévisible puisqu'il évite D ; il en résulte que $A \in \underline{\underline{F}}_{T-}$.

Soit maintenant S un temps d'arrêt quelconque ; posons $I = \{\omega\ ;\ (\omega, S(\omega)) \in D\}$ $S' = S^I$, $S'' = S^{I^c}$. Il est la partie totalement inaccessible de S, c'est donc un évènement de $\underline{\underline{F}}_{S-}$; d'autre part $\underline{\underline{F}}_{S'-} = \underline{\underline{F}}_{S'}$ (puisque $[[S']] \subset H$) et $\underline{\underline{F}}_{S''_-} = \underline{\underline{F}}_{S''}$ (puisque S'' est prévisible). On peut écrire $\underline{\underline{F}}_{S-} \cap \{S<\infty\} = \underline{\underline{F}}_{S'_-} \cap \{S'<\infty\} + \underline{\underline{F}}_{S''_-} \cap \{S''<\infty\} = \underline{\underline{F}}_S \cap \{S<\infty\}$, ce qui achève de montrer la proposition *(68)*.

(69) REMARQUE : Dans le cas régénératif, on peut compléter la proposition *(64)* : l'énoncé *(64)* reste vrai quand on remplace le mot prévisible par optionnel ; il suffit de reprendre la démonstration en remplaçant les opérateurs de meurtre par les opérateurs d'arrêt.

(70) PROPOSITION : *1) Soit (A_t) une fonctionnelle additive localement intégrable continue à droite et (B_t) la projection duale prévisible (resp. optionnelle) de (A_t) dans la filtration $(\underline{\underline{F}}^o_t)$. Quelque soit le temps d'arrêt T dont le graphe est contenu dans H, on a, pour presque tout ω*

(71) $$B(\theta_T(\omega),dt) = \tau_{T(\omega)}(1_{]T(\omega),\infty[} \times B(\omega,\cdot)).$$

2) Si (A'_t) est une fonctionnelle additive localement intégrable continue à gauche sa projection duale optionnelle (B'_t) vérifie, pour presque tout ω

(72) $$B'[\theta_T(\omega),dt] = \tau_{T(\omega)}(1_{[T(\omega),\infty[} \times A'(\omega,\cdot)).$$

Démonstration : Nous nous limiterons à la première partie dans le cas prévisible, qui nous sera la plus utile ; on a pour tout processus prévisible de la filtration $(\underline{\underline{F}}^o_t)$,

$$E\left[\int_0^\infty Z_s \, dA_s\right] = E\left[\int_0^\infty Z_s \, dB_s\right]$$

Appliquons la propriété de régénération ; il vient

$$E\left[(T<\infty) \; ; \int_0^\infty Z_s \circ \theta_T \, A(\theta_T(\cdot),ds)\right] = E\left[T<\infty \; ; \int_0^\infty Z_s \circ \theta_T \, B(\theta_T(\cdot),ds)\right].$$

Le premier membre de cette égalité peut encore s'écrire

$$E\left[(T<\infty) \; ; \int_{]T,\infty[} Z_{s-T}(\theta_T) \, A(\cdot,ds)\right] = E\left[(T<\infty)\int_{]T,\infty[} Z_{s-T}(\theta_T) B(\cdot,ds)\right],$$

puisque le processus $1_{]T,\infty[} \; Z_{s-T}(\theta_T)$ est prévisible d'après *(62)*.

Appelant B^1 la mesure aléatoire $\tau_T(1_{]\!]T,\infty[\![}\cdot B)$, nous voyons que l'on a

$$E\left[T<\infty \; ; \int_0^\infty Z_u \circ \theta_T \, B^1(\omega,du)\right] = E\left[T<\infty \; ; \int_0^\infty Z_u \circ \theta_T \, B(\theta_T(\omega),du)\right].$$

Cette égalité se généralise comme d'habitude par un argument de classes monotones ; on a pour toute variable aléatoire Y $\underline{\underline{F}}_T$-mesurable bornée,

$$E\left[(T<\infty) ; \int_0^\infty Z_u \circ \theta_T \cdot Y \quad B'(\omega,du)\right] = E\left[(T<\infty) \int_0^\infty Y \; Z_u \circ \theta_T \; B(\theta_T(\omega),du)\right]$$

On remarque alors que les mesures aléatoires B^1 et $B(\theta_T(\cdot),du)$ sont prévisibles dans la filtration $(\underline{\underline{F}}^o_{T+t})$, et l'on se souvient (prop. *(64)*) que les processus de la forme $Y(\omega)\, Z_u \circ \theta_T(\omega)$ engendrent la tribu prévisible de cette filtration. Les mesures aléatoires B^1 et $B(\theta_T(\cdot),du)$ sont donc indistinguables.

On se propose maintenant de montrer que les projections duales conservent l'homogénéïté des mesures aléatoires portées par H' ou H; (Rappelons que $H' = H-D$). On a le résultat suivant :

(73) PROPOSITION : *Conservons les notations de la proposition (70) et supposons en outre que* (A_t) *est portée par* H' ; *alors*

1) Il existe un processus croissant (B^1_t) *indistinguable de* (B_t) *vérifiant l'égalité (71) pour tout temps d'arrêt* T.

2) Si (A'_t) *est porté par* H, *il existe* (B'^1_t) *indistinguable de* (B'_t) *vérifiant (72) pour tout temps d'arrêt* T.

Démonstration : Montrons par exemple le point 1) : le théorème est vide dans le cas discret ; on peut donc supposer l'ensemble régénératif parfait, ce qui entraîne $d_o = 0$ p.s. Posons alors $B^1_t = B_{t-d_o}[\theta_{d_o}]1_{\{t>d_o\}}$; il est clair que (B^1_t) est indistinguable de (B_t) ; d'autre part, soit S un temps d'arrêt ; on a

$$B^1_t \circ \theta_S = B_{t-d_o\circ\theta_S}[\theta_{d_S}]1_{\{t>d_o\circ\theta_S\}}$$

et puisque $[[d_S]] \subset H$; cela s'écrit encore (à une indistinguabilité près) $[B_{t+S}-B_{d_S}]1_{\{t+S>d_S\}}$; mais puisque A est porté par H', B l'est également ; cette dernière expression est donc indistinguable de $B_{t+S}-B_S$, ce qu'il fallait démontrer.

(74) Il existe, d'après les résultats classiques de perfection un processus croissant $(B_t^2)_{t\geq 0}$ indistinguable de (B_t^1) tel que pour presque tout ω

$$B_{t+s}^2(\omega) = B_t^2 + B_s^2 \circ \theta_t(\omega) \quad \text{quelque soit } s \text{ et } t$$

On notera que cette version s'obtient par un passage à la limite essentielle supérieure et reste donc adaptée à la filtration $(\underline{\underline{F}}_t^o)$.

(75) <u>COROLLAIRE</u> : *<u>Plaçons-nous dans le cas où</u> H <u>est parfait ; appelons</u> ℓ_t <u>le temps local normalisé de</u> H ; <u>il existe un processus</u> ℓ_t^o <u>adapté à la filtration</u> $\underline{\underline{F}}_t^o$, <u>ayant presque toutes ses trajectoires croissantes et continues, indistinguable de</u> ℓ_t, <u>qui est une fonctionnelle additive parfaite.</u>*

<u>Démonstration</u> : Montrons tout d'abord que les temps d'arrêts évitent G ; soit en effet T un temps d'arrêt dont le graphe est inclus dans H ; on peut écrire $P[d_T > T \; ; \; T<\infty] = P[d_o \circ \theta_T > 0 \; ; \; T<\infty] = P[d_o > 0] \times P[T<\infty] = 0$. Il en résulte facilement que $[\![T]\!] \cap G$ est évanescent. (ℓ_t) est la projection duale optionnelle de la fonctionnelle additive continue à droite brute $\lambda_t = \sum_{\substack{0<s<t \\ s\in G}} [1 - \exp(d_s - s)]$ qui n'a de sauts qu'aux points de G.

(ℓ_t) est donc continue ; *(73)* et *(74)* montrent qu'on peut choisir pour (ℓ_t) une fonctionnelle additive continue parfaite.

Nous allons maintenant montrer qu'il n'y a qu'une seule fonctionnelle additive, à une constante multiplicative près, qui soit portée par H. Nous aurons besoin pour cela d'un lemme de retournement du temps sur les ensembles aléatoires bornés ; on posera $\gamma = g_\infty$ et on se donne une probabilité P non nécessairement régénérative portée par $\{\gamma<\infty\} = \Omega_b$. Puisque l'évènement Ω_b est $\underline{\underline{F}}_\infty^o$ mesurable, stable pour les opérateurs de meurtre et de translation, il n'y a pas d'inconvénient à le prendre comme espace de probabilités. On définira alors les opérateurs $r(\omega)$ de retournement, et $r_t(\omega)$ de retournement à t de la façon suivante

$$s \in r(\omega) \iff s < \gamma(\omega) \quad \text{et} \quad \gamma(\omega) - s \in \omega$$

$$s \in r_t(\omega) \iff s < t \quad \text{et} \quad t - s \in \omega.$$

On notera les relations $r_t = r_t \circ a_t$, $\theta_t \circ r = r_{(\gamma-t)^+}$.

On démontre sans peine que, si T est un temps d'arrêt de la filtration $(\underline{\underline{F}}_t^0)$, $\tau = (\gamma - T \circ r)^+$ est un temps de retour (i.e. est une variable aléatoire vérifiant identiquement $\tau \circ \theta_t = (\tau - t)^+$). Sous ces hypothèses on peut énoncer :

76) *LEMME : Soient A et B deux fonctionnelles additives (brutes) intégrables telles que*

- *A_∞ et B_∞ soient $\underline{\underline{F}}_\infty^0$-mesurables.*
- *Il existe un ensemble Ω_0 $\underline{\underline{F}}_\infty$-mesurable de mesure pleine tel que pour tout $\omega \in \Omega_0$ les trajectoires $t \to A_t(\omega)$ et $t \to B_t(\omega)$ soit croissantes continues à droites ; on suppose en outre que, pour tout ω dans Ω_0*
  $A_{t+s}(\omega) = A_t(\omega) + A_s \circ \theta_t(\omega)$, $B_{t+s}(\omega) = B_t(\omega) + B_s \circ \theta_t(\omega)$, $\forall s$ $\forall t > 0$
- *(A_t) et (B_t) sont portés par H*
- $E\left[\int_{[0,\tau]} dA_s\right] = E\left[\int_{[0,\tau]} dB_s\right]$ *pour tout temps de retour τ.*

Alors A et B sont indistinguables.

Démonstration : Posons $A'_t = A_\infty \circ r_t$, $B'_t = B_\infty \circ r_t$; A'_t et B'_t sont dans $\mathscr{A}$; ils sont donc optionnels. D'autre part, on a

$A'_t(\omega) = A_\infty \circ r_t(\omega) = A_\infty(r(\omega)) - A_{(\gamma-t)(\omega)}(r(\omega))$ si $t < \gamma(\omega)$; (A'_t) a donc ses trajectoires croissantes et continues à gauche sur $[[0,\gamma]]$ dès que $\omega \in r^{-1}(\Omega_0)$. Examinons ce qui se passe sur $]\gamma,\infty[$: on a si

$u = \gamma + k$, $v = \gamma + k + h$ $\quad$ (h et $k > 0$)

$A_\infty \circ r_u = A_\infty(\theta_h \circ r_v) = A_\infty \circ r_v - A_h \circ r_v = A_\infty \circ r_v$ (en effet $A_h \circ r_v$ est nul puisque h est strictement inférieur au début de $r_v(\omega)$).

(A'_t) est donc un processus optionnel, dont les trajectoires $t \to A'_t(\omega)$ sont croissantes et continues à gauche sur $[[0,\gamma]]$, constantes sur $]]\gamma,\infty[[$ dès que $\omega \in r^{-1}(\Omega_0)$. Soit maintenant T un temps d'arrêt de la filtration $(\underline{\underline{F}}_t^0)$, $\tau = (\gamma - T \circ r)^+$, on a la relation

$$E\Big[\int_{[0,\tau]} dA_s\Big] = E\circ r^{-1}\Big[\int_{[T,\infty[} dA'_s\Big].$$

En effet, le second membre s'écrit

$$E\Big[\int_{[T\circ r,\gamma]} dA'_s(r(\cdot))\Big] = E\Big[\int_{[T\circ r,\gamma]} d_\cdot(A_\infty - A_{\gamma-s})\Big] = E\Big[\int_{[0,\tau]} dA_s\Big]$$

Il en résulte, que pour tout temps d'arrêt T,

$$E\circ r^{-1}\Big[\int_{[T,\infty[} dA'_s\Big] = E\circ r^{-1}\Big[\int_{[T,\infty[} dB'_s\Big].$$

Puisque A' et B' sont optionnels, ils sont indistinguables relativement à la probabilité $P\circ r^{-1}$.

$A'_t\circ r$ et $B'_t\circ r$ sont alors indistinguables pour P ; le résultat cherché en découle, puisque $A'_t\circ r = A_\infty - A_{(\gamma-t)}$ si $t<\gamma$: (A_t) et (B_t) sont indistinguables sur $[\![0,\gamma]\!]$, ce qui nous suffit puisqu'on sait qu'ils sont portés par H.

(77) <u>PROPOSITION</u> : *<u>Soit</u> (A_t) <u>une fonctionnelle additive continue optionnelle</u> <u>portée par</u> H <u>telle que</u> $E\int_0^\infty e^{-s}\, dA_s = k < \infty$; A_t <u>est indistinguable</u> <u>de</u> $k\ell_t$.*

<u>Démonstration</u> : Considérons l'expression $E\Big[\int_0^\infty e^{-s}\, z\circ\theta_s\, dA_s\Big]$; on peut remplacer le processus homogène $(z\circ\theta_s)$ par sa projection optionnelle qui est égale à la constante $E[z]$ sur H ; cette quantité est donc égale à $E(z)\times k$. Le même raisonnement prouve que $E\Big[\int_0^\infty e^{-s}\, z\circ\theta_s\, d\ell_s\Big] = E[z]$.

Posons $B_t = k\ell_t$; on a l'égalité

(78) $$E\Big[\int_0^\infty e^{-s}\, z\circ\theta_s\, dA_s\Big] = E\Big[\int_0^\infty e^{-s}\, z\circ\theta_s\, dB_s\Big] \quad \forall z\in \underline{\underline{F}}^0_\infty.$$

Introduisons alors la probabilité P_1 définie par $E_1(y) = E\Big[\int_0^\infty e^{-u}\, y\circ k_u du\Big]$, on a $P^1(\gamma<\infty) = E\Big[\int_0^\infty 1_{\{g_u<\infty\}}\, e^{-u}\, du\Big] = 1$; d'autre part, puisque (A_t) est porté par H et prévisible, on a $A_t\circ k_u = A_{t\wedge u}$; calculons alors

$$E_1\left[\int_0^\infty z\circ\theta_s\, dA_s\right] = E\left[\int_0^\infty e^{-u}\, du \int_0^u z\circ k_{u-s}\circ\theta_s\, dA_s\right] = E\left[\int_0^\infty e^{-s}\, dA_s\, Z\circ\theta_s\right]$$

où l'on a posé $Z = \int_0^\infty z\circ k_v\, e^{-v}\, dv$.

L'égalité *(78)* entraîne donc que

$$E_1\left[\int_0^\infty z\circ\theta_s\, dA_s\right] = E_1\left[\int_0^\infty z\circ\theta_s\, dB_s\right] \quad \forall z \in \underline{\underline{F}}^0_\infty.$$

En particulier, si τ est un temps de retour, cette dernière égalité appliquée à $z = 1_{\{\tau>0\}}$ prouve que

$$E_1\left[\int_{[0,\tau[} dA_s\right] = E_1\left[\int_{[0,\tau[} dB_s\right] ;$$

on peut remplacer l'intervalle $[0,\tau[$ par $[0,\tau]$ puisque A et B sont continues, de sorte que les hypothèses du lemme *(76)* sont satisfaites ; A et B sont donc indistinguables relativement à P_1 ; on en déduit facilement que cela reste vrai pour P : on a en effet pour tout processus prévisible (Y_t),

$$E^1\left[\int_0^\infty Y_s\, dA_s\right] = E\left[\int_0^\infty e^{-s}\, Y_s\, dA_s\right] = E\left[\int_0^\infty e^{-s}\, Y_s\, dB_s\right].$$

(78) <u>THEOREME</u> : *<u>Supposons</u> H <u>régénératif parfait ; il existe une mesure</u> σ-<u>finie</u> N(dx) <u>sur</u> $\mathbb{R}_+^* \cup \{+\infty\}$ <u>intégrant la fonction</u> $(1-e^{-x})$ <u>et une fonctionnelle additive continue</u> (ℓ_t) <u>portée par</u> H <u>telles que</u>*

$$E\left[\sum_{s\in G} Z_s\, \phi(d_s-s)\right] = \int_{\mathbb{R}_+^*\cup\{+\infty\}} \phi\, dN \times E\left[\int_0^\infty Z_s\, d\ell_s\right]$$

<u>pour tout processus</u> (Z_s) <u>optionnel</u>.

<u>Démonstration</u> : Soit ϕ une fonction continue ≥ 0 à support compact inclus dans $[\varepsilon,\infty]$, il existe une constante λ telle que $\phi(x) \leq \lambda(1-e)^{-x}$ $\forall x$. Considérons la fonctionnelle additive brute $A_t^\phi = \sum_{\substack{0<s\leq t\\ s\in G}} \phi(d_s-s)$; on a $E\left[\int_0^\infty e^{-s}\, dA_s^\phi\right] \leq \lambda \sum_{s\in G} e^{-s}(1-e^{-(d_s-s)}) \leq \lambda$.

La projection optionnelle duale de (A_t^ϕ) est une fonctionnele additive continue (L_t^ϕ) portée par H vérifiant $E\int_0^\infty e^{-s}\, dL_s^\phi < \infty$. Il existe donc une constante, que l'on notera $N(\phi)$, telle que $L_t^\phi = N(\phi)\cdot\ell_t$.

L'application $\phi \to N(\phi)$ convenablement prolongée définit une mesure sur $\mathbb{R}_+^* \cup \{+\infty\}$. Ecrivons que (L_t^ϕ) est la projection duale optionnelle de (A_t^ϕ) ; il vient

$$E\Big[\sum_{s\in G} Z_s\ \phi(d_s-s)\Big] = E\Big[\int_0^\infty Z_s\ dL_s^\phi\Big] = N(\phi)\ E\Big[\int_0^\infty Z_s\ d\ell_s\Big],$$

d'où le résultat.

Pour être complet, nous allons démontrer une réciproque au théorème *(78)* Dans la suite de ce paragraphe, nous supposerons que, dans la désintégration optionnelle de Π_g le noyau de Lévy est déterministe, autrement dit est une mesure $N(dx)$. Nous ne traiterons que le cas où $N(\mathbb{R}_+) = \infty$ (le cas où N est une mesure bornée étant vraiment très facile). En anticipant un peu sur le chapitre suivant, on sait alors que $(\ell_t)_{t\geq 0}$ est un processus croissant continu. Avant d'énoncer la réciproque de *(77)*, rappelons qu'un ensemble régénératif est presque-sûrement borné ou non borné ; supposons que le noyau de Lévy de H soit déterministe, alors,

79) *PROPOSITION : On a les équivalences suivantes :*

$\gamma = \infty$ *p.s.* $\iff N\{\infty\} = 0 \iff \ell_\infty = \infty$ *p.s.*

$\gamma < \infty$ *p.s.* $\iff N\{\infty\} > 0 \iff E\ell_\infty < \infty \iff \ell_\infty$ *est une variable aléatoire exponentielle de paramètre* $(N\{\infty\})^{-1}$.

Démonstration : Commençons par la deuxième ligne, et supposons $N\{\infty\} > 0$; on peut écrire

$$E\Big[\sum_{s\in G} e^{-ps}\ (1-e^{-p(d_s-s)})\Big] = E\Big[\sum_{s\in G} \int_s^{d_s} pe^{-pu}\ du\Big] = 1,$$

de sorte que

$$1 = E\Big[\int_0^\infty e^{-ps}\ d\ell_s \int_{\mathbb{R}_+\cup\{\infty\}} (1-e^{-px})N(dx)\Big]$$

Faisons tendre p vers 0 ; il vient $1 = E\ell_\infty \times N\{\infty\}$. On a alors

$$P[\gamma < \infty] = E\Big[\sum_{s\in G} 1_{\{\infty\}}\ (d_s-s)\Big] = N\{\infty\}\ E\int_0^\infty d\ell_s$$

H est donc presque sûrement borné ; de plus, quelque soit le processus (Z_s) optionnel $E[Z_\gamma] = E\Big[\sum_{s\in G} Z_s\ 1_{\{\infty\}}(d_s-s)\Big] = E\Big[\int_0^\infty Z_s\ d\ell_s\Big] \times N\{\infty\}.$

Appliquant cette égalité à $Z_s = e^{-p\ell_s}$, il vient

$$E\left[e^{-p\ell_\infty}\right] = N\{\infty\}\, E\left[\int_0^\infty e^{-p\ell_s}\, d\ell_s\right] = \frac{N\{\infty\}}{p} E(1 - e^{-p\ell_\infty}),$$

de sorte que $E\left[e^{-p\ell_\infty}\right] = (1 + \frac{p}{N\{\infty\}})^{-1}$, ce qui est la transformée de Laplace d'une loi exponentielle.

Supposons maintenant $N\{\infty\} = 0$; nous allons démontrer que $\ell_\infty = \infty$ p.s., ce qui entraîne évidemment $\gamma = \infty$ p.s., et cela achèvera de montrer la proposition. Je n'ai pas trouvé mieux que de me ramener au cas borné de la manière suivante : considérons la probabilité P^q définie par

$$E^q[z] = E\left[\int_0^\infty z \circ k_s \, q e^{-q\ell_s}\, d\ell_s\right] + E\left[z e^{-q\ell_\infty}\right].$$

D'après le lemme qui suit, une désintégration prévisible de Π_g sous P^q est $(d\ell_t, N(dy) + q\varepsilon_\infty(dy))$; le nouveau noyau de Lévy est encore déterministe et donne la masse q au point à l'infini ; on a donc d'après ce qui précède (*)

$$E^q\left[e^{-p\ell_\infty}\right] = \frac{q}{p+q} = E\left[\int_0^\infty q e^{-(p+q)\ell_s}\, d\ell_s\right] + E\left[e^{-(p+q)\ell_\infty}\right].$$

Faisons tendre q vers zéro ; on obtient $E\left[e^{-p\ell_\infty}\right] = 0$, d'où le résultat. La fin de la démonstration repose sur le lemme suivant, qui a son intérêt propre et ne fait pas intervenir la régénérativité.

(80) *LEMME : Soit $(d\ell_t, N_t)$ une désintégration prévisible de Π_g ; on suppose ℓ_t continue et l'on définit la probabilité P^p par l'égalité (79). Le couple $(d\ell_t, N_t(dy) + p\varepsilon_\infty(dy))$ constitue alors une désintégration prévisible de Π_g sous la loi P^p.*

Démonstration : Soit (Z_s) un processus prévisible borné, ϕ une fonction borélienne positive définie sur $\mathbb{R}_+ \cup \{+\infty\}$. Définissons les quantités

$$A = E^p\left[\sum_{s\in G} Z_s\, \phi(d_s - s)\right] \qquad B = E^p\left[\int_0^\infty d\ell_s\, Z_s\, [N_s\phi + p\phi(\infty)]\right].$$

(*) On remarquera que la démonstration qui précède est valable sous l'hypothèse plus faible : $(d\ell_t, N(dx))$ est une désintégration prévisible de Π_g.

Nous avons à montrer que $A = B$. Transformons d'abord B : on a

$$B = E\Big[\int_0^\infty pe^{-p\ell_u}\, d\ell_u \int_0^u Z_s\, d\ell_s(N_s\phi+p\phi(\infty))\Big] + E\Big[e^{-p\ell_\infty}\int_0^\infty Z_s(N_s+p\phi(\infty))d\ell_s\Big]$$

$$= E\Big[\int_0^\infty Z_s(N_s\phi+p\phi(\infty))\, e^{-p\ell_s}\, d\ell_s\Big].$$

Occupons-nous maintenant de A ; remarquons tout d'abord que si (τ_v) est l'inverse continu à gauche de ℓ_t : $(\tau_v = \inf\{t\ ;\ \ell_t > v\})$, on a

$$E^p(z) = E\Big[\int_0^\infty z\circ k_{\tau_v}\, pe^{-pv}\, dv\Big],$$

de sorte que

$$A = E\Big[\int_0^\infty pe^{-pv}\, dv\Big[\Big(\sum_{\substack{s\in G\\ s<\tau_v}} Z_s\,\phi(d_s-s)\Big) + Z_{\tau_v}\, 1_{\{\tau_v<\infty\}}\phi(\infty)\Big]\Big]$$

$$= E\Big[\int_0^\infty pe^{-pv}\, dv \int_0^{\tau_v} Z_s\, N_s\phi\, d\ell_s\Big] + p\phi(\infty)\, E\Big[\int_0^\infty Z_u\, e^{-p\ell_u}\, d\ell_u\Big]$$

$$= E\Big[\int_0^\infty Z_s\, N_s\phi\, e^{-p\ell_s}\, d\ell_s\Big] + p\phi(\infty)\, E\Big[\int_0^\infty e^{-p\ell_u}\, d\ell_u\Big] = B.$$

On est maintenant en mesure d'énoncer une réciproque au théorème *(78)*.

(81) *THEOREME : Soit N une mesure ≥ 0 sur $\mathbb{R}_+^* \cup \{\infty\}$ telle que $\int(1-e^{-x})N(dx) < \infty$.*

- On suppose que le noyau de Lévy de la désintégration optionnelle normalisée de Π_g est la mesure N. H est alors régénératif.

- Dans le cas où N est de masse infinie, la conclusion subsiste en supposant simplement que N est le noyau de Lévy de la désintégration prévisible normalisée de Π_g.

- Nous traiterons uniquement le cas où N est de masse infinie ; si $(d\ell_t,N)$ est une désintégration optionnelle de Π_g, nous allons voir au chapitre suivant que (ℓ_t) est continue et que G évite tous les temps d'arrêt.

Dans l'égalité $E\left[\sum_{s\in G} Z_s\ \phi(d_s - s)\right] = E\left[\int_0^\infty Z_s\ d\ell_s\right] \times \int \phi dN$ on peut remplacer (Z_s) par sa projection prévisible, ce qui prouve que $(d\ell_t, N)$ est une désintégration prévisible de Π_g. Nous allons donc démontrer un peu mieux que la réciproque à *(78)* en supposant que $(d\ell_t, N)$ est une désintégration prévisible de Π_g. Introduisons les inverses continus à droite (σ_t) et à gauche (τ_t) de (ℓ_t). Plus précisément :

$$\sigma_t = \inf\{s\ ;\ \ell_s > t\}\ ,\quad \tau_t = \inf\{s\ ;\ \ell_s \geq t\}.$$

Appelons $(\underline{\underline{G}}_t)$ la filtration continue à droite $(\underline{\underline{F}}_{\sigma_t})$ et Π' le processus ponctuel défini par $\Pi'(\omega, dt, dx) = \sum_s \varepsilon_{(s, \sigma_s - \tau_s)}(dt, dx)\ 1_{\{\sigma_s > \tau_s\}}$.

(Dans le cas où γ est presque sûrement borné, Π' charge une fois $\mathbb{R}_+ \times \{\infty\}$). Les remarques qui suivent sont faciles et classiques :

- Si T est un temps d'arrêt de la filtration $(\underline{\underline{F}}_t)$, ℓ_T est un temps d'arrêt dans $(\underline{\underline{G}}_t)$

- En particulier ℓ_t, ℓ_∞ sont des temps d'arrêt de $(\underline{\underline{G}}_t)$ et $\underline{\underline{G}}_{\ell_t} \subset \underline{\underline{F}}_t$.

- Si S est un temps d'arrêt de $(\underline{\underline{G}}_t)$, σ_S est un temps d'arrêt de $(\underline{\underline{F}}_t)$.

- Si (Y_t) est un processus prévisible de $(\underline{\underline{G}}_t)$, il existe un processus (Z_t) prévisible $(\underline{\underline{F}}_t)$-prévisible tel que $Y_s = Z_{\tau_s}$ sur l'intervalle stochastique $[\![0, \ell_\infty]\!]$.

- Si (Z_t) est $(\underline{\underline{F}}_t)$-prévisible, (Z_{τ_t}) est $(\underline{\underline{G}}_t)$-prévisible.

Soit (Y_t) un processus $(\underline{\underline{G}}_t)$-prévisible et (Z_t) le processus prévisible qui lui est associé dans l'avant dernière remarque ; on a

$$E\left[\sum_s \phi(\sigma_s - \tau_s) Y_s\ 1_{\{\sigma_s > \tau_s\}}\right] = E\left[\sum_s \phi(\sigma_s - \tau_s) Z_{\tau_s}\ 1_{\{\sigma_s > \tau_s\}}\right] = E\left[\sum_{s\in G} \phi(d_s - s) Z_s\right]$$

$$= \int \phi dN \times E\left[\int_0^\infty Z_s\ d\ell_s\right] = \phi dN \times E\left[\int_0^{\ell_\infty} Y_s\ ds\right].$$

Le couple $(1_{[0,\ell_\infty]}(s)\cdot ds, N)$ constitue donc une désintégration prévisible de Π'. Pour continuer, nous aurons besoin de la réalisation canonique de Π' ; introduisons l'espace $(W,\underline{\underline{H}})$ des mesures ponctuelles sur $(\mathbb{R}_+ \times \mathbb{R}_+)$ qui est muni d'une filtration naturelle $(\underline{\underline{H}}_t)$ et d'une famille $(\overline{\theta}_t)$ d'opérateurs de translations. Notons ϕ l'application mesurable de $(\Omega,\underline{\underline{F}})$ dans $(W,\underline{\underline{H}})$ qui au fermé ω associe la mesure $\sum_s \varepsilon_{(s,\sigma_s-\tau_s)}(dt,dx)\, 1_{\{\sigma_s-\tau_s>0\}}$. Inversement, définissons une application ψ de W dans Ω de la manière suivante : au point w de W, on associe d'abord le processus $\overline{\sigma}(t,w) = \overline{\sigma}_t(w) = \int_{[0,t]\times\mathbb{R}_+} x\, w(ds,dx)$, et l'on pose $\psi(w) = \overline{\overline{\sigma}(\mathbb{R}_+,w)}$. Il est facile de voir que $\psi\circ\phi = id_\Omega$, et que $\phi\circ\psi$ est l'identité sur $\phi(\Omega)$. Si l'on munit W de la mesure image $\phi(P) = \overline{P}$, on a donc $\phi\circ\psi(w) = W$ pour $\overline{P}$-presque tout w. Désignons enfin par $\overline{\lambda}_t$ le processus sur W qui est l'inverse continu à droite de $(\overline{\sigma}_t)$; on a clairement $\ell_t = \overline{\lambda}_t\circ\phi$, d'où il résulte que $(\overline{\lambda}_t)$ et $(\ell_t\circ r)$ sont $\overline{P}$-indistinguables. Les espaces filtrés $(\Omega,(\underline{\underline{F}}_{\sigma_t}),P)$ et $(W,(\underline{\underline{H}}_t),\overline{P})$ sont donc isomorphes et le processus ponctuel canonique sur W admet la désintégration prévisible $1_{[0,\overline{\lambda}_\infty]}(dt)\, N(dx)$ dans la filtration $(\underline{\underline{H}}_t)$. On en déduit, de façon classique, que $\overline{P}$ est la loi d'un processus de Poisson ponctuel absorbé au temps $\overline{\lambda}_\infty$, (pour obtenir ce processus de Poisson, il suffit de récoller une infinité de copies indépendantes de $\overline{P}$), et l'on peut montrer facilement que l'on a alors

$$\overline{E}[\overline{Z}_0\circ\overline{\theta}_U,\ U<\overline{\lambda}_\infty] = \overline{E}(\overline{Z}) \times \overline{P}[U<\overline{\lambda}_\infty] \tag{82}$$

pour tout temps d'arrêt U de la filtration (H_t).

Etablissons la propriété de régénération : soit T un temps d'arrêt de la filtration $(\underline{\underline{F}}_t)$ tel que $[\![T]\!]\subset H$ la quantité $E[z\circ\theta_T,\ T<\infty]$ s'écrit, puisque $P = \psi(\overline{P})$, $\overline{E}[z\circ\theta_T\circ\psi\,;\,T\circ\psi<\infty] = \overline{E}[z\circ\psi\circ\overline{\theta}_U\ ;\ W<\overline{\lambda}_\infty]$ où U est le temps d'arrêt $\ell_T\circ\psi$ de la filtration $(\underline{\underline{H}}_t)$. Appliquant *(82)*, on a donc

$$E[z\circ\theta_T,\ T<\infty] = \overline{E}[z\circ\psi] \times \overline{P}[U<\overline{\lambda}_\infty] = E(z) \times P[\ell_T<\ell_\infty]$$

$$= E(z) \times P[T<\infty],\quad \text{C.Q.F.D.}$$

(83) REMARQUE : Quand le noyau de Lévy de la désintégration optionnelle de Π_g est une mesure, il détermine complètement P. Reprenons en effet la démonstration précédente, et donnons-nous deux probabilités P_1 et P_2 sur Ω et notons $(d\ell_t^1, N(dx))$, $(d\ell_t^2, N(dx))$ les désintégrations optionnelles de Π_g sous P_1 et P_2, (N(dx) étant le même pour les deux désintégrations). D'après ce qui précède, les probabilités $\phi_1(P_1)$ et $\phi_2(P_2)$ sont les mêmes (à savoir la loi d'un processus de Poisson ponctuel absorbé). On a donc $P_1 = \psi(\phi_1(P_1)) = \psi(\phi_2(P_2)) = P_2$.

D'autre part, si l'on se donne une mesure N(dx) sur $\mathbb{R}_+$ intégrant $(1-e^{-x})$, on peut construire sur W le processus ponctuel de Poisson d'intensité dt N(dx), l'absorber au temps $\bar{\lambda}_\infty$, et construire son image par ψ : on obtiendra ainsi un fermé aléatoire dont le noyau de Lévy sera N(dx).

La donnée d'un ensemble régénératif (de mesure nulle) est donc équivalente à la donnée d'une mesure N(dx) sur $\mathbb{R}_+$ intégrant $(1-e^{-x})$.

Les zéros du mouvement brownien.

Désignons par $(\tilde{\Omega}_t, \tilde{\underline{F}}_t, B_t, \tilde{\theta}_t, \tilde{P})$ la réalisation canonique du mouvement Brownien issu de l'origine, par ϕ l'application qui, à $\tilde{\omega}$, fait correspondre le fermé $\{t ; B_t(\tilde{\omega}) = 0\}$. On notera (L_t) le temps local en 0 de B_t : c'est le processus croissant continu optionnel tel que $|B_t|-L_t$ soit une martingale. L'inverse continu à droite (τ_t) de (L_t) est un subordinateur, et l'on a les formules usuelles donnant la mesure de Lévy de (τ_t) :

$$\tilde{E}(e^{-\alpha\tau_t}) = e^{-t\sqrt{2\alpha}} \qquad \sqrt{2\alpha} = \int_{\mathbb{R}_+} (1-e^{-\alpha x})n(dx)$$

avec

$$n(dx) = \frac{1}{\sqrt{2\pi}} x^{-3/2} dx \qquad \tilde{n}(x) = n(x,\infty) = \sqrt{\frac{2}{\pi x}}.$$

Une application de la loi des grands nombres au processus de Poisson ponctuel associé à (τ_t) prouve que, P presque tout ω,

$$\lim_{\varepsilon\to 0} \frac{1}{\tilde{n}(\varepsilon)} \#\{s ; \tau_s-\tau_{s-} > \varepsilon ; s < a\} = a \qquad \forall a > 0.$$

Ce résultat, appliqué à $a = L_t(\omega)$ donne une caractérisation classique de (L_t)

$$L_t = \lim_{\varepsilon\to 0} \frac{1}{\tilde{n}(\varepsilon)} \#\{u \; ; \; u\in G \quad d_u - u > \varepsilon, \; u < t\}$$

prouvant que (L_t) ne dépend que des zéros de (B_t). Appelons alors P l'image de $\tilde{P}$ par ϕ et définissons ℓ_t sur Ω par

$\ell_t = \lim\limits_{\varepsilon\to 0} \frac{1}{\tilde{n}(\varepsilon)} \#\{u\in G \; ; \; d_u - u > \varepsilon \; ; \; u<t\}$. L_t et $\ell_t\cdot\phi$ sont indistinguables et l'on montre sans difficultés, passant par l'intermédiaire de $\tilde{\Omega}$ que, pour tout (Z_t) optionnel

$$E_P\Big[\sum_{s\in G} Z_s \, \alpha(d_s - s)\Big] = E\Big[\int_0^\infty Z_s \, d\ell_s \times \int_{\mathbb{R}_+} n(dy) \, \alpha(y)\Big]$$

Le couple (ℓ_t, n) est donc une désintégration optionnelle de Π_g. On notera, ce qui n'a d'ailleurs aucune importance, que cette désintégration n'est pas normalisée: $\int(1-e^{-x})\, n(dx) = \sqrt{2}$. La désintégration normalisée de Π_g est le couple

$$\left(\frac{n(dx)}{\sqrt{2}}, \sqrt{2}\,\ell_t\right).$$

§5. LES EXTREMITES DES INTERVALLES CONTIGUS A H.

1) Quelques définitions relatives à N.

- Revenons au cas général et considérons une désintégration optionnelle $(d\ell_t, N_t)$ de Π_g. La mesure $N(\omega,s,dy)$ pouvant donner la masse infinie à tout voisinage de l'origine, sa fonction de répartition n'est pas très utile ; en revanche le processus optionnel

$$\tilde{N}(s,x) = N(s,]x,\infty])$$

est fini pour tout $x > 0$, continu à droite en x et détermine le noyau N.

Nous introduisons également le processus optionnel $\tilde{N}_-(s,x) = N(s,[x,\infty])$ qui est continu à gauche en x, cette notation étant, à l'évidence, dangereuse.

- Nous aurons besoin de savoir si les mesures $N(\omega,s,\cdot)$ sont à support compact ; à cet effet, nous appellerons b_s le processus défini par

$$b_s = \inf\{x \ ; \tilde{N}(s,x) = 0\}.$$

(b_s) est un processus optionnel : pour le voir, on remplace d'abord N par un noyau N' équivalent à N tel que $N'1 = 1$
$(N'(s,dx) = (1-e^{-x})\, N(s,dx)$ dans le cas normalisé) et l'on remarque que

$$b_s = \lim_n \left[\int_E x^n\, N'(s,dx)\right]^{1/n}.$$

- Si ϕ est un processus paramétré borné, nous poserons

$$U\phi(s,x) = \frac{1}{\tilde{N}(s,x)} \int_{]x,\infty]} \phi(s,y)\, N(s,dy). \tag{84}$$

Cette formule n'a de sens que si $\tilde{N}(s,x) > 0$, c'est-à-dire $x < b_s$. Pour la bonne règle, nous conviendrons que $U\phi = 0$ si $\tilde{N}(s,x) = 0$, mais cette précaution est largement inutile : le noyau $U\phi$ n'interviendra que pour construire des processus $U\phi(g_t^+, t-g_t^+)$, et nous verrons que, avec probabilité 1 le processus $t-g_t^+$ reste dans la partie significative de la définition de $U\phi$. On définira de même

$$U\_\phi(s,x) = \frac{1}{\tilde{N}\_(s,x)} \int_{[x,\infty]} \phi(s,y)\, N(s,dy) \qquad \text{si} \quad \tilde{N}\_(s,x) > 0$$

$$= 0 \qquad\qquad \text{si} \quad \tilde{N}\_(s,x) = 0.$$

La proposition qui suit, ainsi que sa démonstration est classique dans la théorie des excursions ; elle est volée à Weil [12] et Maisonneuve [11].

2) Un lemme de la théorie des excursions.

(85) *PROPOSITION : Soient ϕ un processus paramétré optionnel borné et T un temps d'arrêt de la filtration $(\underline{F}_t)$.*

a) La variable aléatoire $\tilde{N}(g_T^+, T-g_T^+)$ est strictement positive sur l'évènement $\{0 < g_T^+ < T < \infty\}$; de plus

$$E[\phi(g_T^+, d_T-g_T^+) \; ; \; 0<g_T^+<T<\infty/\underline{F}_T] = U\phi(g_T^+, T-g_T^+) 1_{\{0<g_T^+<T<\infty\}}.$$

b) Supposons T prévisible ; $\tilde{N}\_(g_T, T-g_T)$ est strictement positive sur l'évènement $\{0 < g_T < T\}$; de plus ;

$$E[\phi(g_T, d_T^- - g_T) \; ; \; 0<g_T<T/\underline{F}_{T^-}] = U\_\phi(g_T, T-g_T) 1_{\{0<g_T<T\}}.$$

Démonstration : Si a est un réel positif, on a l'équivalence $0 < s = g_a^+ < a \iff s \in G$ et $s < a < d_s$; on peut donc écrire, si (α_s) est un processus optionnel borné,

(86) $$\alpha_{g_T^+} \phi(g_t^+, d_T - g_T^+) 1_{\{0<g_T^+<T<\infty\}} = \sum_{s\in G} \alpha_s \phi(s, d_s - s) 1_{\{s<T<d_s\}}.$$

(La somme figurant au second membre ne comporte, en réalité, qu'un terme non nul).

On peut supposer que T est un temps d'arrêt de la filtration $(\underline{F}_t^0)$; on a alors $\{T<d_s\} = \{T \circ k_{d_s} < d_s\} = \{T \circ a_s < d_s\}$, et l'espérance du second membre de *(86)* peut s'écrire

$$E\Big[\sum_{s\in G} \phi(s, d_s - s) \alpha_s \, 1_{\{s<T\}} \, 1_{\{T \circ a_s - s < d_s - s\}}\Big] \; ;$$

posons alors $\beta(s,y) = 1_{\{y > T\circ a_s - s\}}$; on a

(87) $$E\left[\phi(g_T^+,d_T-g_T^+)\ ;\ 0<g_T^+<T<\infty\ ;\ \alpha_{g_T^+}\right] = E\left[\int_0^\infty 1_{\{s<T\}}\alpha_s\ N_s(\phi\beta)d\ell_s\right]$$

En particulier, pour $\phi = 1$, on a

(88) $$E\left[\alpha_{g_T^+}\ ;\ 0<g_T^+<T<\infty\right] = E\left[\int_0^\infty 1_{\{s<T\}}\alpha_s\ N_s\beta\ d\ell_s\right]$$

Appliquons cette égalité au processus $\alpha_s = 1_{\{N_s\beta = 0\}}$; il vient

$$0 = E\left[0 < g_T^+ < T<\infty\ ;\ \{N\beta(g_T^+) = 0\}\right]$$

La variable aléatoire $N\beta(g_T^+)$ est donc strictement positive sur $\{0<g_T^+ < T < \infty\}$; mais puisque sur $\{g_T^+ < T\}$,

$$\beta(g_T^+,y) = \beta(g_T,y) = 1_{\{y> T\circ k_{d_T}-g_T\}} = 1_{\{y>T-g_T\}},$$

$(N(\beta)(g_T^+)$ vaut donc $\tilde{N}(g_T^+,T-g_T^+)$ sur cet évènement, et la première partie du point a) se trouve démontrée. Revenons à l'égalité *(87)* ; le second membre s'écrit

$$E\left[\int_0^\infty 1_{\{s<T\}}\alpha_s \frac{N_s(\phi\beta)}{N_s\beta}\ N_s\beta\ 1_{\{N_s>0\}}\ d\ell_s\right],$$

et l'on peut transformer cette quantité à l'aide de *(88)* ; elle s'écrit

$$E\left[0<g_T^+<T < \infty\ ;\ \alpha_{g_T^+}\ \frac{N(\phi\beta)}{N\beta}\ (g_T^+)\ ;\ \{N\beta(g_T^+) > 0\}\right]\ ;$$

on peut supprimer le dernier évènement dans cette expression, si bien que l'on a établi l'égalité

$$E\left[\phi(g_T^+,d_T-g_T^+)\ ;\ 0<g_T^+<T<\infty\ ;\ \alpha_{g_T^+}\right] = E\left[\alpha_{g_T^+}\ ;\ 0<g_T^+<T<\infty\ ;\ \frac{N(\phi\beta)}{N\beta}\ (g_T^+)\right].$$

Mais, d'après *(30)* la famille des variables aléatoires $\alpha_{g_T^+}$ engendre la tribu $\underline{\underline{F}}_T$ sur l'évènement $\{g_T^+ < T\}$; on a donc

$$E\left[\phi(g_T^+,d_T-g_T^+)\ ;\ 0<g_T^+<T<\infty/\underline{\underline{F}}_T\right] = 1_{\{0<g_T^+<T<\infty\}}\ \frac{N(\phi\beta)}{N\beta}\ (g_T^+).$$

Il reste à transformer $N(\phi\beta)(g_T^+)$ comme nous l'avons fait pour $N\beta(g_T^+)$ il y a quelques lignes ; on voit alors que

$1_{\{0<g_T^+<T<\infty\}}\ \frac{N(\phi\beta)}{N\beta}\ (g_T^+) = 1_{\{0<g_T^+<T<\infty\}}\ U\phi(g_T^+,T-g_T^+)$, ce qui termine la démonstration de a).

Passons au point b), supposons T prévisible et considérons une suite T_n annonçant T. Commençons par montrer que $\tilde{N}_-(g_T, T-g_T)$ est strictement positive sur l'évènement $\{0 < g_T < T\}$.

Nous distinguerons deux cas, suivant que la mesure $N(g_T, dy)$ charge ou non le point le plus à droite de son support : introduisons les évènements $A = \{0 < g_T < T\} \cap \{\tilde{N}_-(g_T\ b_{g_T}) > 0\}$ $A' = \{0 < g_T < T\} \cap \{\tilde{N}_-(g_T, b_{g_T}) = 0\}$.

Nous avons vu dans la première partie que le processus $(\tilde{N}(g_T^+, t-g_t^+))$ était strictement positif sur H^c, ce qui s'écrit encore $(t-g_t^+) < b_{g_t^+}$ sur H^c. Par régularisation à gauche, on obtient $t-g_t < b_{g_t}$ sur $H^c \cup D$; on a donc $\tilde{N}_-(g_T, T-g_T) \geq \tilde{N}_-(g_T, b_{g_T}) > 0$ sur A. Examinons maintenant ce qui se passe sur A'. Pour cela, considérons la quantité

$$P\left[d_{T_n} - g_{T_n}^+ \geq b_{g_{T_n}^+} ; 0 < g_{T_n}^+ < T_n < \infty ; \{\tilde{N}_-(g_{T_n}^+, b_{g_{T_n}^+}) = 0\}\right]$$

Une application de la partie a) au processus paramétré optionnel $\phi(s,x) = 1_{\{x \geq b_s\}}$ montre que cette expression est nulle ; faisons tendre n vers l'infini ; puisque $g_{T_n}^+$ et d_{T_n} tendent de manière stationnaire respectivement vers g_T et d_T^- sur l'évènement $\{0 < g_T < T\}$, on a

$$P\left[d_T^- - g_T \geq b_{g_T} ; A'\right] = 0 ;$$

on a donc

$$T - g_T \leq d_T^- - g_T < b_{g_T} \text{ sur } A'$$

d'où le résultat. Le reste est facile : on applique (*(85)*,a) à la suite T_n puis on fait tendre n vers l'infini, on obtient ainsi l'égalité (*(85)*,b).

Nous allons maintenant montrer brièvement que, dans le cas parfait, on peut faire le même calcul avec une désintégration prévisible $(d\dot{\ell}_t, \dot{N}_t)$ de Π_g ; on notera $\dot{U}$ et $\dot{U}_-$ les noyaux construits en *(84)* à l'aide de $\dot{N}$

(89) *PROPOSITION : Si H est parfait, on peut remplacer U et U_- par $\dot{U}$ et $\dot{U}_-$ dans l'énoncé de la proposition (85).*

Démonstration : On commence cette fois-ci par démontrer le cas prévisible : on part de l'équivalence

$$0 < s = g_a < a \iff s \in G \text{ et } s < a < d_s$$

et l'on se donne un processus (α_s) et un temps d'arrêt T, tous deux prévisibles ; on a

$$E\left[\phi(g_T, d_T^- - g_T)\alpha_{g_T} \; ; \; 0 < g_T < T\right] = E\left[\sum_{s \in G} \phi(s, d_s - s)\alpha_s \, 1_{]]0,T[[}(s) \, 1_{\{d_s > T\}}\right].$$

Puisque H est parfait et T prévisible, on a $\{T < d_s\} = \{T \circ k_s < d_s\}$, et l'on peut écrire, si $\dot{\beta}(s,y) = 1_{\{y > T \circ k_s - s\}}$

$$E\left[\phi(g_T, d_T^- - g_T)\alpha_{g_T} \; ; \; 0 < g_T < T\right] = E\left[\int_0^\infty 1_{\{s < T\}} \alpha_s \, \dot{N}_s(\phi\dot{\beta}) d\dot{\ell}_s\right].$$

Le reste du calcul se poursuit comme en *(85)* . La formule (*(85)*,a) s'obtient alors comme sous produit de la formule prévisible, en approchant un temps d'arrêt quelconque par une suite strictement décroissante de temps d'arrêt prévisibles. (On utilise dans tout cela la remarque (*(30)*,4).

3) La partie prévisible de D.

Nous supposerons pour éviter les difficultés de notations à l'origine, que $0 \in H$ p.s. Commençons par une trivialité sur les mesures sur $\overline{\mathbb{R}}_+$.

(90) *LEMME : Soit N une mesure positive sur $\overline{\mathbb{R}}_+^*$ intégrant la fonction $(1-e^{-x})$. On suppose qu'il existe un point $x_o > 0$ et une fonction ϕ strictement croissante > 0 tels que*

$$(i) \quad N[x_o \infty] > 0 \qquad (ii) \quad \frac{1}{N[x_o \infty]} \int_{[x_o \infty]} \phi(y) \, N(dy) = \phi(x_o).$$

Appelons b la borne supérieure du support de N.

Alors $x_o = b$ et $N\{b\} > 0$.

Démonstration : La condition (i) entraîne $x_0 < b$; (ii) peut s'écrire $\int_{[x_0 \infty]} \phi(y) \, N(dy) = \int_{[x_0 \infty]} \phi(x_0) \, N(dy)$, ce qui entraîne $N]x_0 \infty] = 0$ puisque ϕ est strictement croissante ; on a donc $x_0 = b$ et $N\{b\} = N[x_0 \infty] > 0$.

(91) *PROPOSITION : Soit S un temps d'arrêt prévisible tel que $[[S]] \subset D$; sur l'évènement $\{g_S < \infty\}$, $N(g_S, \{b_{g_S}\})$ est strictement positive et $S - g_S = b_{g_S}$*

Démonstration : Appliquons l'égalité ((85),b) au temps d'arrêt prévisible S ; il vient, si l'on remarque que $g_S > 0$ et $d_S^- = S$ sur $\{g_S < \infty\}$,

$$E[\phi(S-g_S) \ ; \ g_S < S/\underline{\underline{F}}_{S^-}] = U_-\phi(g_S, S-g_S) \ 1_{\{g_S<S\}} .$$

Tout sort du conditionnement au premier membre, si bien que l'on a

$$(S-g_S) \ 1_{\{g_S<S\}} = U_-\phi(g_S, S-g_S) \ 1_{\{g_S<S\}} \ ;$$

il ne reste plus qu'à appliquer le lemme *(90)* à la mesure $N(g_S(\omega), dy)$ et au point $x_0 = S(\omega) - g_S(\omega)$.

(92) *THEOREME : L'ensemble aléatoire* $\{t \ / \ t-g_t = b_{g_t} \ ; \ \tilde{N}_-(g_t, b_{g_t}) > 0\}$ *est le plus grand ensemble prévisible contenu dans* D.

Démonstration : Appelons D' cet ensemble aléatoire ; puisque le processus (b_{g_t}) est strictement positif, D' est inclus dans $H^c \cup D$. D'autre part, on sait ((85),a) que $t-g_t^+$ (ou, ce qui revient au même $t-g_t$) est strictement inférieur à b_{g_t} sur H^c. D' est donc inclus dans D. Le processus $1_{\{g_t<t\}} \tilde{N}_-(g_t, b_{g_t})$ étant prévisible d'après ((20),1), D' est prévisible. Il résulte immédiatement de *(91)* que tout ensemble prévisible inclus dans D est inclus dans D'.

Ainsi, dans le cas régénératif, D ne peut comporter de partie prévisible que si la mesure de Lévy N est à support compact et charge le point le plus à droite de son support ; D' est alors l'ensemble des extrémités droites des intervalles contigus à H de longueur b. Simplifions un peu plus et supposons que N soit une probabilité. Les temps de passages successifs dans H ne sont jamais prévisibles, d'après *(91)*, à moins que N ne soit dégénérée. Cela n'empêche pas H (qui dans ce cas est égal à D) de contenir des temps d'arrêt prévisibles, à savoir les temps successifs de passage du processus $(t-g_t)$ dans $\{b\}$.

(92 bis) REMARQUE : La formulation du théorème *(92)* a le mérite à faire observer qu'il ne peut y avoir de partie prévisible non évanescente dans D que si le noyau N est d'une forme particulière. Cela dit, il est bon de remarquer que cet ensemble aléatoire prend tout aussi bien la forme plus simple

$\{t \; ; \; t-g_t = b_{g_t}\}$.

On peut montrer facilement en effet que

$$\{t \; ; \; t-g_t = b_{g_t}\} \subset \{t \; ; \; \tilde{N}_-(g_t, b_{g_t}) > 0\}.$$

Soit S un temps d'arrêt prévisible dont le graphe est inclus dans l'ensemble aléatoire de gauche ; on a si ϕ est strictement croissante,

$$E[\phi(b_{g_S}) S < \infty] = E[\phi(S-g_S) S<\infty] \leq E[\phi(d_S^- - g_S) S<\infty] = E[U_-\phi(g_S, S-g_S) S < \infty]$$

$$\leq E[\phi(b_{g_S}) S<\infty].$$

Puisque les membres extrêmes de ces inégalités sont égaux, on a

$$E[\phi(S-g_S) S<\infty] = E[U_-\phi(g_S, S-g_S) S < \infty].$$

D'où l'on tire $\phi(S-g_S) = U_-\phi(g_S, S-g_S)$ p.s. sur $(S < \infty)$.

Et l'on a vu en *(90)* que cela impliquait $\tilde{N}_-(g_S, b_{g_S}) > 0$ sur $(S < \infty)$.

4) La partie accessible de D.

(93) *THEOREME : La partie accessible de* D *est*

$$D \cap \{t \; / \; N(g_t, \{t-g_t\}) > 0\}.$$

Démonstration : Nous continuons à supposer que H contient 0. La démonstration se décomposera en plusieurs parties :

a) Soit S un temps d'arrêt prévisible tel que $[\![S]\!] \subset H^c \cup D$; appelons A l'évènement $\{\omega \; / \; (\omega, S(\omega)) \in D\}$, $\bar{A} = \{S < \infty\} - A$.

Sur $\{S < \infty\}$, on a la relation

(94) $$P(A/\underline{\underline{F}}_S)[(U_-\phi - \phi)(g_S, S-g_S)] = P(\bar{A}/\underline{\underline{F}}_{S^-})[(U\phi - U_-\phi)(g_S, S-g_S)]$$

quelque soit le processus paramétré optionnel borné ϕ.

Montrons cette égalité ; on a, en appliquant (*(85)*,b) sur $\{S < \infty\}$

$$E[\phi(g_S, d_S^- - g_S)/\underline{\underline{F}}_{S^-}] = U_-\phi(g_S, S-g_S).$$

Le premier membre peut aussi s'écrire

$$\phi(g_S, S-g_S) \; P(A/\underline{\underline{F}}_{S^-}) + E[\phi(g_S, d_S - g_S^+) \; 1_{\bar{A}}/\underline{\underline{F}}_{S^-}].$$

Appliquons maintenant (*(85)*,a) ; cette quantité est égale à

$$\phi(g_S,S-g_S)\ P(A/\underline{\underline{F}}_S-) + U\phi(g_S,S-g_S)\ P(\overline{A}/\underline{\underline{F}}_S-).$$

On a donc établi l'égalité

$$U_-\phi(g_S,S-g_S) = \phi(g_S,S-g_S)\ P(A/\underline{\underline{F}}_S-) + U\phi(g_S,S-g_S)\ P(\overline{A}/\underline{\underline{F}}_S-)$$

d'où il est facile de tirer *(94)*.

b) Intéressons-nous maintenant à l'évènement $A' = \{P(A/\underline{\underline{F}}_S-) = 1\}$: c'est le plus grand évènement $\underline{\underline{F}}_S-$ mesurable inclus dans A ; on peut écrire A' d'une autre façon ; on a

(95) $$A' = \{S<\infty\}\cap\{S-g_S = b_{g_S}\}\cap\{N(g_S,\{b_{g_S}\} > 0\}.$$

Appelons en effet A' l'évènement figurant au deuxième membre. $S^{A'}$ est un temps d'arrêt prévisible dont le graphe est contenu dans D ; d'après *(91)* , $A'\subset A''$. Inversement, si nous appelons (Z_t) l'indicatrice de l'ensemble aléatoire $\{t\ /\ t-g_t = b_{g_t}\ ;\ N(g_t\{b_{g_t}\} > 0\}$, on a $1_{A''} = Z_S\ 1_{\{S<\infty\}}$.

Appliquant alors *(92)*, on voit que A'' est un évènement $\underline{\underline{F}}_S-$ mesurable contenu dans A ; on a donc $A''\subset A'$ ce qui achève de montrer *(95)*.

c) On peut alors montrer le théorème *(93)*. Désignons par ϕ la fonction $x\to(1-e^{-x})$ et par Δ l'ensemble aléatoire $\{t\ ;\ N(g_t,\{t-g_t\}) > 0\}$. Δ est mince, optionnel, contenu dans $\{t\ ;\ g_t < t\}$; c'est donc un en-ensemble prévisible mince, et $\Delta' = D\cap\Delta$ est un candidat à être la partie accessible de D. Il reste à montrer que si S est un temps d'arrêt prévisible, $[[S]]\cap D$ est contenu dans Δ ; quitte à restreindre S, on peut supposer que $[[S]]\cup H^c$ D. Plaçons-nous d'abord sur A', et appliquons *(95)* ; on a $N(g_S,\{S-g_S\}) = N(g_S,\{b_{g_S}\}) > 0$ sur A' ; regardons ce qui se passe sur $A-A'$: puisque l'on est sur A la variable aléatoire $P(A/\underline{\underline{F}}_S-)$ est strictement positive ; d'autre part $S-g_S$ est strictement inférieure à b_{g_S} (cf remarque *(92 bis)*), et $U_-\phi(g_S,S-g_S)$ est donc strictement supérieure à $\phi(S-g_S)$. Le premier membre de *(94)* est donc strictement positif.

Il en est de même du second, ce qui n'est possible que si $N(g_S, \{S-g_S\}) > 0$, C.Q.F.D.

(95 bis) *COROLLAIRE : Si pour presque tout* ω *les mesures* $N(t,\omega,dx)$ *sont diffuses,* D *est totalement inaccessible.*

Rappelons alors (*(33)* , *(68)*) que les temps d'arrêt qui évitent H sont prévisibles. Dans le cas régénératif il suffit même qu'ils évitent D, et la filtration est quasi continue à gauche. Cela permet d'améliorer un peu les résultats de [10] sur le "processus de l'âge $(t-g_t^+)$. On sait que ce processus est fortement markovien sans aucune hypothèse sur la mesure de Lévy N. Si l'on suppose maintenant que N est diffuse, ce processus devient quasi continu à gauche (puisque l'ensemble de ses temps de saut est D), et sa filtration naturelle est quasi continue à gauche ; c'est donc un processus de Hunt.

5) Etude des extrémités gauches.

Commençons par un petit rappel sur les ensembles minces. Plaçons-nous sur un espace quelconque satisfaisant aux conditions habituelles et donnons-nous un ensemble aléatoire mesurable mince Γ. Il existe une décomposition unique $\Gamma = \Gamma^o + \Gamma^r$ de Γ telle que

- Γ^o soit contenu dans un ensemble optionnel mince
- Γ^r évite tout temps d'arrêt.

(On commence par se ramener au cas où Γ est le graphe d'une variable aléatoire, et l'on procède, dans ce cas, comme pour décomposer un temps d'arrêt en ses parties accessible et totalement inaccessible). Supposons maintenant Γ progressif, et écrivons $\Gamma^o = \Gamma \cap M$ où M est optionnel mince ; Γ^o est progressif, contenu dans un optionnel mince, donc optionnel. De plus on a, pour tout temps d'arrêt T, $1_{\Gamma^o}(T)1_{\{T<\infty\}} = 1_\Gamma(T)1_{\{T<\infty\}}$; il en résulte que Γ^o est la projection de Γ ; on vient de démontrer le résultat suivant

(96) Si Γ est progressif mince, la projection optionnelle de Γ est un ensemble aléatoire Γ^o contenu dans Γ et $\Gamma^r = \Gamma - \Gamma^o$ évite tous les temps d'arrêt.

Revenons maintenant au cas où Γ est l'ensemble aléatoire G des extrémités gauches des intervalles contigus à un ensemble optionnel H.
Posons $Z_t = e^{-(d_t - t)}$ et appelons (X_t) la projection optionnelle de (Z_t) ; on a

$$G^o = \{t ; X_t < 1\} \cap H \qquad G^r = G \cap \{t ; X_t = 1\}.$$

Montrons cela rapidement.

a) En projetant l'inégalité $Z1_G < 1_G$ sur la tribu optionnelle, on obtient $X1_{G^o} < 1_{G^o}$, ce qui montre que (X_t) est strictement inférieur à 1 sur G^o.

b) Projetons maintenant l'égalité $Z1_{H-G} = 1_{H-G}$; il vient $X1_{H-G^o} = 1_{H-G^o}$.

Il en résulte que (X_t) est égal à 1 sur $H-G^o$. (On a utilisé à deux reprises le résultat facile suivant de théorie générale des processus : si (Z_t) est mesurable et (Y_t) progressif $^o(YZ) = {}^oY \times {}^oZ$).

(97) *<u>THEOREME</u>* : $G^o = \{t ; \ell_t > \ell_{t^-}\} = \{t ; N_t(E) < \infty\} \cap G$

$$G^r = \{t ; \ell_t = \ell_{t^-}\} \cap G = \{t ; N_t(E) = \infty\} \cap G$$

<u>Démonstration</u> : Pour démontrer la première égalité, nous pouvons supposer $(d\ell_t, N_t)$ normalisé ; rappelons la formule *(54)* : si T est un temps d'arrêt

$$E\left[e^{-d_T^-}\right] = E\left[\int_{[T,\infty[} e^{-s}\, d\ell_s\right] ;$$

par régularisation à droite, on obtient aussi

$$E\left[e^{-d_T}\right] = E\left[\int_{]T,\infty[} e^{-s}\, d\ell_s\right],$$

puis par différence

$$E\left[e^{-d_T} - e^{-d_T^-} / \underline{\underline{F}}_T\right] = e^{-T}\, \Delta\ell_T.$$

Cela peut se transformer en une égalité entre processus ; on a $\Delta\ell_s = X_{s-} - X_s$; mais les sauts de (ℓ_t) étant portés par H, on peut écrire $\Delta\ell_s = 1_H \Delta\ell_s = 1_H(X_{s-} - X_s) = 1_H(1 - X_s)$, de sorte que $\{t ; \Delta\ell_t > 0\} = \{t ; X_t < 1\} \cap H = G^o$. Passons à la seconde égalité. Appliquons la proposition (*(85)*,a)) à $\phi(x) = 1 - e^{-x}$; il vient (en supposant toujours que $0 \in H$)

$$1_{\{g^+ < T\}} E(1 - e^{-(d_T - g_T^+)} / \underline{\underline{F}}_T) = 1_{\{g_T^+ < T\}} U\phi(g_T^+, T - g_T^+)$$

ce qui peut se transformer en une égalité entre processus

$$1_{H^c}(t) \, [1 - e^{g_t} E(e^{-d_t} / \underline{\underline{F}}_t)] = 1_{H^c}(t) \, U\phi(g_t^+, t - g_t^+).$$

Soit $s \in G$; faisons décroître t vers s ; il vient

$$1_G(s) \, [1 - e^{-s} E(e^{-d_s} / \underline{\underline{F}}_s)] = 1_G(s) \, U\phi(s,0) = 1_G(s) \, (1 - X_s)$$

Remarquons que le second membre est nul si $N(s,E) = \infty$ et strictement positif si $N(s,E) < \infty$; on a donc

$$G^o = G \cap \{t ; X_t = 1\} = \{t ; N(t,E) = \infty\} \qquad \text{C.Q.F.D.}$$

(98) <u>REMARQUE</u> : Supposons H parfait. On peut, compte tenu de *(89)* remplacer N_t par $\dot{N}_t$ dans la seconde partie de la démonstration. On a donc

$$G^r = \{t \in G ; \dot{N}(t,E) = \infty\}.$$

En particulier, si $\dot{N}(t,E)$ est infini sur G, $G^r = G$ et le temps local est continu d'après *(97)*. Il en résulte facilement que $(d\ell_t, \dot{N}_t)$ est une désintégration optionnelle de Π_g ; on peut donc choisir N_t prévisible.

§6. UNE SOUS-MARTINGALE REMARQUABLE.

Le moyen le plus rapide de construire le temps local en 0 du mouvement Brownien (B_t) est d'effectuer la décomposition de Doob - Meyer de la sous-martingale $|B_t|$. Nous allons, dans ce chapitre, trouver une sous-martingale locale simple qui tiendra le rôle de $|B_t|$; rappelons les notations du §5 et posons $b_t = \inf\{x \,;\, \tilde{N}(t,x) > 0\}$. Nous noterons D_p la partie prévisible de D :

$$D_p = \{(t,\omega) \,/\, t-g_t(\omega) = b_{g_t}(\omega)\} = \{t,\omega \,/\, t-g_t = b_{g_t} \,;\, N(g_t\{b_{g_t}\} > 0\}.$$

Nous nous consacrerons, dans ce paragraphe à montrer le résultat suivant

(99) *THEOREME : Soit (ℓ_t, N_t) une désintégration optionnelle de Π_g.*

Posons $Y_t = \dfrac{1}{\tilde{N}(g_t^+, t-g_t^+)} 1_{H^c}(t)$

$$\overline{Y}_t = Y_t + \sum_{\substack{s<t \\ s\in D}} Y_{s^-} = Y_t + \sum_{\substack{s<t \\ s\in D_p}} \frac{1}{N(g_s, \{b_{g_s}\})}$$

$(\overline{Y}_t - \ell_{t^-})$ est alors une martingale locale.

(Cela signifie que $(\overline{Y}_t)$ est une sous-martingale locale forte régulière et que le processus croissant optionnel dans sa décomposition de Doob - Meyer - Mertens est (ℓ_t)).

Sous l'hypothèse supplémentaire $N(t,E) = \infty$ $\forall t$, $(\overline{Y}_t)$ est continue à droite, (ℓ_t) est continu ; (ℓ_t) est alors le processus croissant prévisible de la décomposition de Doob - Meyer de $(\overline{Y}_t)$.

Nous ferons quelques commentaires et donnerons des exemples à la fin de ce paragraphe. Pour l'instant attachons-nous à montrer ce théorème, dont la démonstration est rendue compliquée par le fait que les mesures (N_t) peuvent avoir des comportements très différents quand t varie ; dans le cas régénératif, elle se réduirait à peu de choses. Nous aurons besoin de résultats intermédiaires.

(100) *PROPOSITION : Soit (β_t) un processus optionnel borné inférieurement par une constante h strictement positive. Définissons*

$$T^\beta = \inf\{t \; ; \; t-g_t^+ > \beta_{g_t^+}\} \qquad \tau^\beta = g_{T^\beta}.$$

On a les égalités suivantes, quand (Z_t) *est un processus optionnel positif,* S *un temps d'arrêt*

(101) $$E[Z_{\tau^\beta} \; ; \; T^\beta < \infty] = E\left[\int_{[[0,T^\beta[[} Z_s \, \tilde{N}(g_s^+, \beta_{g_s^+}) d\ell_s\right]$$

(102) $$1_{\{S<T^\beta\}} P[S>\tau^\beta \; ; \; T^\beta < \infty / \underline{F}_S] = 1_{\{g_S^+ < S < T^\beta\}} \frac{\tilde{N}(g_S^+, \beta_{g_S^+})}{\tilde{N}(g_S^+, S-g_S^+)}.$$

Démonstration : La condition, "β est bornée inférieurement", est là pour assurer que $[[T^\beta]] \subset H^c$; elle pourrait être affaiblie (on pourrait par exemple se contenter d'exiger que la constante h dépende de ω, puis que cette propriété n'ait lieu que localement). Quoi qu'il en soit, on a $\tau^\beta = g^+_{T^\beta} < T^\beta$. L'égalité *(101)* résulte d'une application immédiate de la formule de désintégration *(44)* au processus paramétré

$u(s,x) = Z_s \, 1_{[[0,T[[}(s) \, 1_{\{x>\beta_{g_s^+}\}}$.

Pour montrer *(102)*, appliquons *(85)* au processus paramétré

$$\phi(s,y) = 1_{[[0,T^\beta[[}(s) \, 1_{\{y>\beta_{g_s^+}\}},$$

il vient

$$1_{\{g_S^+<S<d^-_{T^\beta}\}} P[T^\beta<\infty \; ; \; S>\tau^\beta/\underline{F}_S] = 1_{\{g_S^+<S<d^-_{T^\beta}\}} \frac{\tilde{N}(g_S^+, (S-g_S^+) \vee \beta_{g_S^+})}{\tilde{N}(g_S^+, S-g_S^+)}.$$

Restreignons cette égalité à l'évènement $\{S < T^\beta\}$, sur lequel $S-g_S^+$ est majoré par $\beta_{g_S^+}$, ce qui permet de simplifier le second membre ; on a

$$1_{\{g_S^+<S<T^\beta\}} P[T^\beta<\infty \; ; \; S>\tau^\beta/\underline{F}_S] = 1_{\{g_S^+<S<T^\beta\}} \frac{\tilde{N}(g_S^+, \beta_{g_S^+})}{\tilde{N}(g_S^+, t-g_S^+)}.$$

Il reste simplement à faire disparaître l'évènement $\{g_S^+ < S\}$ du premier membre ; à cet effet, introduisons la projection optionnelle de l'ensemble aléatoire $[[0,\tau^\beta]]$; τ^β étant une fin d'optionnel, il est classique (cf. [1], [2]) que cette surmartingale forte régulière prend

la valeur 1 sur tout ensemble optionnel situé à gauche de τ^{β}, en particulier sur $H\cap[[0,T^{\beta}]]$.
Il en résulte que la variable aléatoire $P[S>\tau^{\beta}/\underline{F}_S]$ est nulle sur l'évènement $\{g_S^+ = S\}\cap\{S<T^{\beta}\}$.

Donnons maintenant une interprétation plus ramassée des égalités *(101)* et *(102)*. Posons

$$Y'_t = \tilde{N}(g_t^+,\beta_{g_t^+})Y_t,\quad Y_t^{\beta} = Y'_{t\wedge T^{\beta}},\quad dB_t^{\beta} = 1_{[[0,T^{\beta}[[}(t)\,\tilde{N}(g_t^+,\beta_{g_t^+})d\ell_t.$$

(103) <u>*PROPOSITION*</u> : <u>*On a, pour tout temps d'arrêt*</u> S,

$$E[Y_S^{\beta}] = E[B_{S^-}^{\beta}].$$

<u>Démonstration</u> : Remarquons d'abord que Y_t^{β} est égal à 1 pour $t\geq T^{\beta}$.

On a donc

$$[Y_S^{\beta}] = E\left[g_S^+ < S\ ;\ S<T^{\beta}\ ;\ \frac{\tilde{N}(g_S^+,\beta_{g_S^+})}{\tilde{N}(g_S^+,S-g_S^+)}\right] + P[S>T^{\beta}].$$

Appliquons maintenant *(101)* et *(102)*; le second membre peut s'écrire

$$P[\tau^{\beta} < S < T^{\beta}\ ;\ T^{\beta}<\infty] + P[S>T^{\beta}] = P[S>\tau^{\beta}\ ;\ T^{\beta}<\infty] = E[B_{S^-}^{\beta}].$$

On a, bien entendu, envie de simplifier *(103)* en "divisant" les deux membres par $\tilde{N}(g_t^+,\beta_{g_t^+})$. Cela est possible en reprenant l'astuce des balayeurs (Azéma - Yor [3]) adaptée au cas régulier non continu à droite. Posons

$$Y_s^o = 1_{\{\tilde{N}(g_s^+,\beta_{g_s^+})>0\}}\cdot Y_s \qquad d\ell_s^o = 1_{\{\tilde{N}(g_s^+,\beta_{g_s^+})>0\}}\,d\ell_s.$$

(104) <u>*PROPOSITION*</u> : $E\left[Y^o_{S\wedge T^{\beta}}\right] = E\left[\ell^o_{(S\wedge T^{\beta})-}\right]$, <u>*pour tout temps d'arrêt*</u> S.

<u>Démonstration</u> : Considérons la famille des processus (Z_t) optionnels positifs vérifiant

$$E\left[Z_{g^+_{S\wedge T^{\beta}}}\,Y^{\beta}_{S\wedge T^{\beta}}\right] = E\left[\int_{[0,T^{\beta}\wedge S[} Z_{g_s^+}\,dB_s^{\beta}\right] \tag{105}$$

pour tout temps d'arrêt S.

(105) est vérifiée quand Z est l'indicateur d'un intervalle stochastique $[\![0,U[\![$; elle se réduit en effet dans ce cas à l'égalité

$$E[Y^{\beta}_{S'}] = E[B^{\beta}_{S'}] \qquad \text{où l'on a posé } S' = S \wedge T^{\beta} \wedge d^{-}_{U}.$$

Un argument de classe monotone prouve alors que *(105)* est vérifiée pour tout (Z_t) optionnel positif ; il reste à l'appliquer au processus

$$Z_t = \frac{1}{N(t,\beta_t)} 1_{\{N(t,\beta_t)>0\}} \quad \text{pour obtenir } (104).$$

(104) se généralise d'elle même en modifiant le processus (β_t) ; on peut par exemple énoncer

(106) *PROPOSITION : Soit* Γ *un ensemble optionnel et* (β_t) *un processus optionnel* > 0 *satisfaisant aux conditions suivantes*

a) (β_t) *est strictement borné inférieurement sur* Γ.

b) $N(g^+_t, \beta_{g^+_t})$ *ne s'annule pas sur* Γ.

Posons $T^{\beta}_{\Gamma} = \inf\{t \; ; \; g^+_t \in \Gamma \; ; \; t - g^+_t > \beta_{g^+_t}\}$,

$$Y^{\Gamma}_t = 1_{\Gamma}(g^+_t) Y_t \qquad d\ell^{\Gamma}_t = 1_{\Gamma}(t) \cdot d\ell_t .$$

On a l'égalité $E\left[Y^{\Gamma}_{S \wedge T^{\beta}_{\Gamma}}\right] = E\left[\ell^{\Gamma}_{(S \wedge T^{\beta}_{\Gamma})-}\right]$ *pour tout temps d'arrêt* S.

C'est la proposition *(104)* appliquée au processus β^{Γ}_t défini par

$$\beta^{\Gamma}_t = \beta_t 1_{\Gamma}(t) + \infty 1_{\Gamma^c}(t).$$

On y est presque, mais les conditions demandées a) et b) sont antagonistes : pour que b) soit vérifiée, il faut que (β_t) soit strictement inférieur à (b_t) . Or, il y a des ensembles aléatoires tout à fait convenables, (par exemple un ensemble de Cantor déterministe), pour lesquels (b_t) n'est pas (même localement) strictement minoré ; il est alors impossible de prendre pour Γ $\mathbb{R}_+ \times \Omega$ tout entier, ou même un intervalle stochastique. De plus le cas où $N(t,\cdot)$ charge la fin de son support pose des problèmes particuliers. Sérions les difficultés, et énonçons une moitié du théorème *(99)*.

(107) ***PROPOSITION*** : *Posons* $\Gamma = \{(t,\omega) \;/\; b_t(\omega) = \infty \text{ ou } N(t,\{b_t\}) = 0\}$

$$Y^1_t = 1_\Gamma(g^+_t)Y_t \qquad d\ell^1_t = 1_\Gamma(t)d\ell_t .$$

Alors $(Y^1_t) - (\ell^1_{t}-)$ *est une martingale locale.*

Démonstration : Introduisons les ensembles aléatoires $\Gamma^k = \Gamma \cap \{(t,\omega) \;/\; b_t > \frac{1}{k}\}$ et les processus Y^k_t, ℓ^k_t définis par $Y^k_t = 1_{\Gamma^k}(g^+_t)Y_t \qquad d\ell^k_t = 1_{\Gamma^k}(t)d\ell_t$.

Nous allons, dans une première étape, montrer que $Y^k_t - \ell^k_{t-}$ est une martingale locale. Introduisons encore quelques notations et posons

$$\beta^n_t = (1 - \tfrac{1}{n})b_t \, 1_{\{b_t<\infty\}} + n \, 1_{\{b_t<\infty\}}$$

$$T^k_n = \inf\{t \;;\; g^+_t \in \Gamma^k \;\; (t-g^+_t) > \beta^n_{g^+_t}\}.$$

Il est clair que β^n_t est strictement minoré sur Γ^k et que $\hat{N}(g^+_t, \beta^n_{g^+_t})$ ne s'annule pas ; on peut donc appliquer la proposition *(106)*, et l'on a, pour tout temps d'arrêt S, $E\left[Y^k_{S\wedge T^k_S}\right] = E\left[\ell^k_{(S\wedge T^k_n)-}\right]$. Notre première étape sera achevée si l'on montre que $T^k = \lim_{n\to\infty} \uparrow T^k_n = \infty$. Ecrivons pour cela

$$T^k_n - g_{T^k_n} = \beta^n_{g_{T^k_n}} = (1 - \tfrac{1}{n})\ell_{g_{T^k_n}} 1_{\{b_{g_{T^k_n}}<\infty\}} + n \, 1_{\{b_{g_{T^k_n}}=\infty\}}. \tag{108}$$

Le membre de gauche tend vers $T^k - g_{T^k}$ quand $n \to \infty$ (puisque le processus $(t-g_t)$ est continu à gauche). Il est clair que, sur $\{T^k < \infty\}$ $T^k - g_{T^k} > \frac{1}{k}$, d'où il résulte que $[\![T^k]\!] \subset H^c \cup D$; la convergence de $g_{T^k_n}$ vers g_{T^k} se fait de façon stationnaire, et l'on peut passer aussi à la limite dans le membre de droite de *(108)* de sorte que, sur $\{T^k < \infty\}$

$$T^k - g_{T^k} = b_{g_{T^k}}.$$

On a donc les inclusions

$$\{T^k<\infty\}\subset\{T^k-g_{T^k}<\infty\}\subset\{b_{g_{T^k}}<\infty\}\cap\{T^k-g_{T^k}=b_{g_{T^k}}\}\subset\{b_{g_{T^k}}<\infty\}\cap\{N(g_{T^k},\{b_{g_{T^k}}\})>0\}$$

(La dernière inclusion résultant de la remarque *(92 bis)*).

Mais le caractère stationnaire de la convergence des $g_{T^k_n}$ prouve également que g_{T^k} est dans Γ^k ; l'évènement d'extrême droite est donc de probabilité nulle et T^k presque sûrement infini.

Il reste à montrer que la propriété d'être une sous-martingale locale est conservée après passage à la limite, quand $k\to\infty$.

Il est tout d'abord facile de voir, en appliquant deux fois le lemme de Fatou, que l'on a l'inégalité $E[Y^1_S]\leq E[\ell^1_S]$ pour tout temps d'arrêt S.

Appelons alors R_p une suite de temps d'arrêt tendant vers l'infini telle que $E[\ell_{R_p}]<\infty$ et posons $S_p=\inf\{t\ ;\ Y^1_t>p\}\wedge R_p$. On peut écrire, pour tout temps d'arrêt S,

$$Y^1_{S\wedge S_p}=Y^1_S\,1_{\{S<S_p\}}+Y^1_{S_p}1_{\{S\geq S_p\}}\leq p+Y^1_{S_p}.$$

Pour p fixé, la famille des variables aléatoires $(Y^1_{S\wedge S_p})$ est donc majorée par une variable aléatoire intégrable ; on en profite pour appliquer le théorème de Lebesgue en écrivant

$$E\left[Y^k_{S_p\wedge S}\right]=\lim_{n\to\infty}E\left[Y^k_{S_p\wedge S\wedge T^k_n}\right]=\lim_{n\to\infty}E\left[\ell^k_{(S_p\wedge S\wedge T^k_n)-}\right]=E\left[\ell^k_{(S_p\wedge S)-}\right].$$

Faisons maintenant tendre k vers l'infini ; en appliquant le théorème de convergence monotone aux deux membres, on obtient

$$E\left[Y^1_{S_p\wedge S}\right]=E\left[\ell^1_{(S_p\wedge S)-}\right],\qquad \text{C.Q.F.D.}$$

Passons à la démonstration de la deuxième moitié du théorème *(99)*.

(109) ***PROPOSITION*** : *On pose* $\Gamma'=\{(t,\omega)\ /\ b_t<\infty$ *et* $N(t,\{b_t\})>0\}=\Gamma^c$

$$Y'_t=1_{\Gamma'}(g^+_t)Y_t\qquad d\ell'_t=1_{\Gamma'}(t)d\ell_t.$$

On a alors, pour tout temps d'arrêt S

$$E\left[Y'_S\right] + E\left[\sum_{\substack{s\in D_p \\ s<S}} Y_{s-}\right] = E[\ell'_{S-}].$$

Démonstration : Posons, comme précédemment

$$\Gamma'^k = \Gamma' \cap \{t \; ; \; b_t > \tfrac{1}{k}\} \quad ; \quad Y'^k_t = 1_{\Gamma'^k}(g_t^+) Y_t \; ; \quad d\ell'^k_t = 1_{\Gamma'^k}(t) d\ell_t$$

$$\beta^n_t = (1 - \tfrac{1}{n}) b_t \qquad T'^k_n = \inf\{t \; ; \; g_t^+ \in \Gamma'^k \; ; \; t - g_t^+ > \beta^n_{g_t^+}\}$$

On commence par recopier la démonstration de *(108)* et l'on trouve que, pour tout temps d'arrêt S

(110) $$E\left[Y'^k_{S\wedge T'^k_n}\right] = E\left[\ell'^k_{(S\wedge T'^k_n)_-}\right]$$

Mais, maintenant, les temps d'arrêt T'^k_n ne tendent plus vers l'infini quand $n\to\infty$; il est facile de voir qu'ils ont pour limite le temps d'arrêt σ^k défini par

$$\sigma^k = \inf\{t \; ; \; g_t^+ \in \Gamma'^k \; ; \; t - g_t = b_{g_t}\}.$$

Si l'on veut des renseignements sur ce qui se passe après σ^k, il faut itérer le procédé. Posons donc

$$\sigma^{k,1} = \sigma, \ldots, \sigma^{k,p} = \inf\{t > \sigma^{k,p-1} \; ; \; g_t^+ \in \Gamma'^k \; ; \; t - g_t = b_{g_t}\}$$

$$T^{k,p}_n = \inf\{t > \sigma^{k,p-1} \; ; \; g_t^+ \in \Gamma'^k \; ; \; t - g_t^+ > \beta^n_{g_t^+}\}$$

Et remarquons que $\sup_p \sigma^{k,p} = \infty$, puisque $\sigma^{k,p} - \sigma^{k,p-1} > \frac{1}{k}$.

On est amené à généraliser *(110)* et l'on démontre l'égalité

(111) $$E\left[S > \sigma^{k,(p-1)} \; ; \; Y'^k_{S\wedge T^{k,p}_n}\right] = E\left[\int_{[[\sigma^{k,(p-1)}, S\wedge T^{k,p}_n[[} d\ell'^k_t\right]$$

(ce qui peut se faire en remplaçant, dans la démonstration de *(110)*, Γ'^k par l'ensemble aléatoire $\Gamma'^k \cap [[\sigma^{k,p-1}, \infty[[$).

On voudrait maintenant faire tendre n vers l'infini, mais on est gêné pour appliquer le théorème de Lebesgue dans le membre de gauche ; qu'à cela ne tienne, la formule du balayage permet de remplacer (Y'^k_t) par $Y''_t = Z_{g^+_t} Y'^k_t$ et $d\ell'^k_t$ par $Z_t\, d\ell'^k_t$ dans la formule *(111)*, quelque soit le processus optionnel (Z_t) positif. Si l'on prend $Z_t = N(t,\{b_t\})$, les variables aléatoires $1_{\{S > \sigma^{k,p-1}\}} Y''_{S\wedge T^{k,p}_n}$ sont majorées par 1, et l'on est sorti d'affaire. Passons à la limite quand $n \to \infty$; on obtient, puisque $T^{k,p}_n$ croit strictement vers $\sigma^{k,p}$

$$E\Big[\sigma^{k,(p-1)} < S < \sigma^{k,p} ; N(g^+_S,\{b_{g^+_S}\})\Big] + E\Big[S > \sigma^{k,p} ; N(g_{\sigma^{k,p}},\{b_{g_{\sigma^{k,p}}}\})\, Y'^k_{\sigma^{k,p}_-}\Big]$$

$$= E\Big[\int_{[[\sigma^{k,p-1},\sigma^{k,p}\wedge S[[} N(s,\{b_s\})\ d\ell'^k_s\Big].$$

Puis on "divise" par les termes parasites, la justification étant toujours la même, pour obtenir

$$E\Big[\sigma^{k,p-1} < S < \sigma^{k,p} ; Y'^k_S\Big] + E\Big[S > \sigma^{k,p} ; Y'^k_{\sigma^{k,p}_-}\Big] = E\Big[\int_{[[\sigma^{k,p-1},\sigma^{k,p}\wedge S[[} d\ell'^k_s\Big]$$

Sommons en p ; il vient :

$$E\big[Y'^k_S\big] + E\Big[\sum_p 1_{\{S > \sigma^{k,p}\}} Y'^k_{\sigma^{k,p}_-}\Big] = E\Big[\int_{[[0,S[[} d\ell'^k_s\Big].$$

Mais, d'après la caractérisation *(99)* de D_p, cela s'écrit aussi bien

$$E\big[Y'^k_S\big] + E\Big[\sum_{\substack{u\in D_p\\ u<S}} 1_{\Gamma'^k}(g_u) Y^k_{u-}\Big] = E\Big[\int_{[[0,S[[} d\ell'^k_s\Big]$$

Il ne reste plus qu'à faire tendre k vers l'infini pour obtenir *(109)* ; la démonstration du théorème *(99)* est donc achevée, ou presque : si $(N(t,E))$ est infini, on sait déjà que (ℓ_t) est continue, la continuité à droite de $(\overline{Y}_t)$ en résulte immédiatement.

(112) *DEFINITION : Nous dirons que* $(\overline{Y}_t)$ *est la sous-martingale d'équilibre de* H

(113) REMARQUES : 1) On notera que $(\overline{Y}_t)$ est continue à gauche aux points de D_p ; on a en effet, si $t \in D_p(\omega)$

$$\overline{Y}_{t^-}(\omega) = Y_{t^-}(\omega) + \sum_{\substack{s<t \\ s\in D_p}} Y_{s^-}(\omega) = \sum_{\substack{s\leq t \\ s\in D_p}} Y_{s^-}(\omega) = \overline{Y}_t(\omega),$$

la dernière égalité provenant de ce que (Y_t) est nulle sur H.

2) Si $E[\ell_t]$ est fini pour tout t, ce qui est le cas de la désintégration normalisée de Π^g, *(109)* nous donne une vraie sous-martingale. Ce n'est pas le cas pour *(107)* qui continue à ne fournir qu'une sous-martingale locale.

(114) EXEMPLES : 1) Le cas déterministe, la formule *(99)*, si elle n'est pas déraisonnable, doit fournir la trivialité $\overline{Y}_t = \ell_{t^-}$; vérifions le : le processus ponctuel Π^g est optionnel, sa désintégration optionnelle fournit donc un temps local ℓ_t purement discontinu, dont les temps de sauts se trouvent aux points de G. Appliquant la formule de désintégration

$$E\Big[\sum_{s\in G} Z_s\, \phi(d_s - s)\Big] = E\Big[\int_0^\infty d\ell_s\, N_s\phi\Big]$$

au processus $Z_s = 1_{\{t\}}(s)$ $(t\in G)$, on trouve $\Delta\ell_t \cdot N(t,dy) = \varepsilon_{(d_t-t)}(dy)$. En particulier $\Delta\ell_t = \frac{1}{N(t,E)}$ pour tout $t\in G$. On a donc

$$\overline{Y}_t = \sum_{s\in G} 1_{]s,d_s[}(t)\, \frac{1}{N(s,E)} + \sum_{\substack{s\in D \\ s\leq t}} \frac{1}{N(g_s,E)} = \sum_{\substack{s\in G \\ s<t}} \frac{1}{N(s,E)} + \sum_{\substack{s\in G \\ s<t}} \Delta\ell_s$$

$$= \ell_{t^-} \qquad \text{C.Q.F.D.}$$

2) <u>Le cas régénératif</u>. Appelons $N(dx)$ la mesure de Lévy et supposons $N(E) = \infty$.

- Dans le cas où N ne charge pas la fin de son support, on a $\bar{Y}_t = Y_t = \frac{1}{\tilde{N}(t-g_t^+)}$ (le terme $1_{H^c}(t)$ disparaît de lui-même dans les cas de masse infinie) et le graphe de $t \to \bar{Y}_t$ prend une allure gentiment périodique.

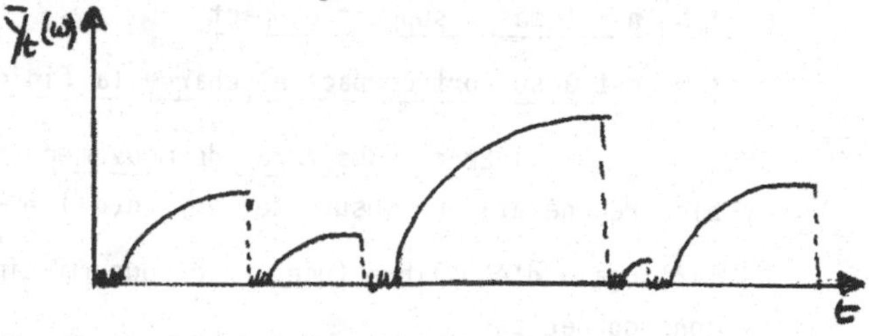

- Si, au contraire, N charge la fin de son support b, autrement dit si $N\{b\} > 0$, il faut remonter le graphe précédent à chaque extrémité droite σ^p telle que $\sigma^p - g_{\sigma^p} = b$ de manière à effacer la discontinuité qui serait tentée de s'y produire. Cela est conforme aux règles de la morale Strasbourgeoise qui interdisent aux processus réguliers, (en l'occurence $(\bar{Y}_t)$), de sauter en des temps d'arrêt prévisibles. Serait-on tenté d'y désobéir, qu'un coup d'oeil rétrospectif au cas déterministe nous ramènerait dans le droit chemin.

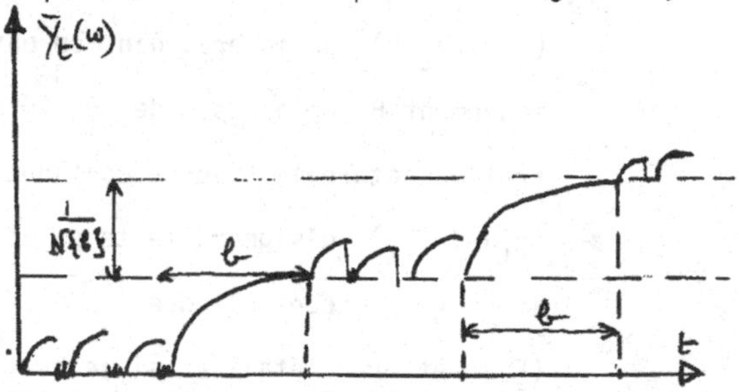

Reportons-nous maintenant à la fin de la démonstration de *(10?)* ; et considérons les temps d'arrêt $S_p = \inf\{t \; ; \; Y_t^1 > p\} \wedge p$. Supposons que la mesure $N(dx)$ ne soit pas à support compact, et désignons par U l'inverse continue à droite de la fonction $\frac{1}{\tilde{N}}$. On a

$$\inf\{t \; ; \; Y_t > p\} = \inf\{t \; ; \; (t-g_t^+) > u(p)\} > u(p).$$

On a donc

$$E\left[Y_{u(p) \wedge S}\right] = E\left[\ell_{(u(p) \wedge S)_-}\right]$$

pour tout temps d'arrêt S.

Comme les constantes $u(p)$ tendent vers l'infini, cela signifie que (Y_t) est une vraie sous-martingale. Récapitulons avec *(113)*-2 : on a démontré :

(115) La sous-martingale locale d'équilibre $(\overline{Y}_t)$ associée à la mesure de Lévy N est une vraie sous-martingale dans les deux cas suivants

* N n'est pas à support compact

* N est à support compact et charge la fin de son support.

3) Le cas des zéros du mouvement Brownien correspond à l'ensemble régénératif de mesure de Lévy $n(dx) = \frac{1}{\sqrt{2\pi}} x^{-3/2}\, dx$. La sous-martingale d'équilibre (une vraie sous-martingale d'après *(115)*) est donc donnée par

$$Y_t = \frac{1}{\tilde{n}(t-g_t^+)} = \sqrt{\frac{\pi}{2}}\sqrt{t-g_t^+}.$$

Donnons une interprétation plus naturelle de cette sous-martingale ; pour cela nous changerons les notations :

$(\Omega,\underline{\underline{G}}_t,B_t,P)$ désignera, dans ce paragraphe, la réalisation canonique du mouvement Brownien issu de 0, H sera $\{t\ ;\ B_t = 0\}$, et $(\underline{\underline{F}}_t)$ la filtration naturelle (rendue continue à droite et complète) du processus (g_t^+) ; (L_t) désignera le temps local en 0 du mouvement Brownien. Nous avons vu précédemment que (L_t) était optionnel dans la filtration $(\underline{\underline{F}}_t)$ et que c'était aussi le temps local de l'ensemble régénératif H.

Récapitulons :

- $(|B_t| - L_t)$ est une martingale de la filtration $(\underline{\underline{G}}_t)$
- $(Y_t - L_t)$ est une martingale de la filtration $(\underline{\underline{F}}_t)$.

Il paraît naturel que (Y_t) soit la projection optionnelle de $(|B_t|)$ sur la filtration $(\underline{\underline{F}}_t)$; c'est effectivement ce qui se passe :

(116) *PROPOSITION : La projection optionnelle de* $(|B_t|)$ *sur la filtration* $\underline{\underline{F}}_t$ *est le processus* $Y_t = \sqrt{\frac{\pi}{2}}\sqrt{(t-g_t^+)}$.

<u>Démonstration</u> : Appelons Y'_t la projection optionnelle de $|B_t|$; pour tout temps d'arrêt borné S de la filtration $(\underline{\underline{F}}_t)$, on

$$E[Y'_S] = E[|B_S|] = E[L_S] = E[Y_S],$$

de sorte que le processus $\mu_t = Y'_t - Y_t$ est une martingale continue à droite dans $(\underline{\underline{F}}_t)$. Reste à montrer qu'elle est nulle. Projetons l'égalité $|B_t|\ 1_H(t) = 0$ sur $(\underline{\underline{F}}_t)$; il vient $Y''_t\ 1_H(t) = 0$; (μ_t) est donc en tout cas nulle sur H. La formule de balayage nous indique alors que pour tout processus (Z_t) prévisible borné, $(Z_{g_t}\ \mu_t)$ est encore une martingale ; fixons t ; on peut écrire

$$E\left[Z_{g_t}\ \mu_t\right] = E\left[Z_{g_t}\ \{g_t^+ < t\}\ \mu_t\right] = 0.$$

Appliquons alors *(21)* : on a $E[\mu_t\ 1_A] = 0$ $A \in \underline{\underline{F}}_t$; μ_t est donc presque sûrement nulle. C.Q.F.D.

Des raisonnements similaires prouvent facilement que les projections optionnelles sur $(\underline{\underline{F}}_t)$ de (B_t^+) et (B_t^-) sont égales à $\frac{1}{2}\ Y_t$. La projection de (B_t) est nulle.

<u>REMARQUE</u> : Revenons à la situation générale. La fin de la démonstration de *(116)* montre que toute martingale de la filtration $(\underline{\underline{F}}_t)$ qui s'annule sur H est identiquement nulle.

Il est alors facile de répondre par la négative à une question de Dellacherie : on se donne une filtration (ϕ_t) et un fermé optionnel H tel que G évite les temps d'arrêt. Y-a-t-il une martingale continue admettant H pour ensemble de ses zéros. En fait, dans la filtration $(\underline{\underline{F}}_t)$, il n'existe aucune martingale non triviale (continue ou non) s'annulant sur H. On échappe à cette situation dès que l'on grossit un petit peu la filtration $(\underline{\underline{F}}_t)$ (cf. *(117)*). Nous verrons plus loin que dans des cas très généraux, il n'y aucune martingale continue non triviale dans $(\underline{\underline{F}}_t)$. A la question un peu plus difficile : "plaçons-nous dans la situation de Dellacherie ; y-a-t-il une martingale continue dans la filtration $(\underline{\underline{\phi}}_t)$?", il faudra répondre également par la négative.

(117) Une application à la théorie du grossissement

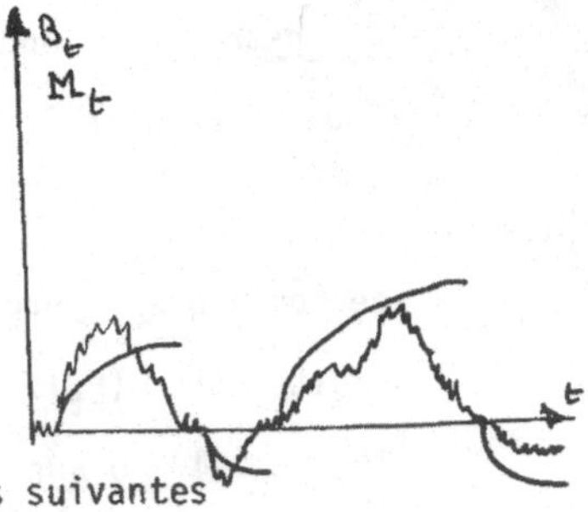

On peut espérer obtenir une approximation de (B_t), et non plus seulement de $|B_t|$ en imposant à l'arche $\pm\sqrt{t-g_t^+}$ d'être du même signe que (B_t). Il faut naturellement élargir la filtration $(\underline{\underline{F}}_t)$. On posera les définitions suivantes

$M_t = \text{signe}(B_t)Y_t$; $(\underline{\underline{F}}'_t)$ sera la filtration naturelle satisfaisant aux conditions habituelles engendrée par (M_t). La proposition suivante peut se montrer par des méthodes analogues à celles qui ont été développées en *(116)*. La martingale (M_t) peut servir de contre-exemple à d'autres problèmes ; nous donnerons une rédaction plus détaillée dans le compte rendu de l'Ecole d'Eté de Saint-Flour (Annales de l'Université de Clermont-Ferrand).

(118) *PROPOSITION : 1) (M_t) est une martingale dans la filtration $(\underline{\underline{F}}'_t)$; c'est la projection optionnelle de B_t sur cette filtration.*

2) (M_t^+) est une sous-martingale et le processus croissant de sa décomposition de Meyer dans $(\underline{\underline{F}}''_t)$ est $\frac{1}{2}L_t$; (M_t^+) est la projection optionnelle (B_t^+) sur $(\underline{\underline{F}}'_t)$.

Démonstration : (M_t) est donc une martingale dans sa propre filtration ; nous allons montrer maintenant qu'elle n'est même pas une semi-martingale dans la filtration $(\underline{\underline{G}}_t)$. Cela raffine un exemple de Dudley qui donne un moyen de plonger un processus de Poisson dans la filtration Brownienne, et par conséquent, fournit une martingale pour sa filtration propre ne restant pas une martingale dans $(\underline{\underline{G}}_t)$. Montrons tout d'abord que (Y_t) est à variation infinie sur tout intervalle $[0,t]$.

Posons $V_t^\varepsilon = \sum_{\substack{s\in G\\ s<t}} \frac{1}{\hat{N}(d_s-s)} 1_{\{d_s-s>\varepsilon\}}$ $\quad V_t = V_t^0$; la variation de (Y_t) sur l'intervalle $[0,d_t]$ est égale à $2V_t$.

On peut écrire :

$$e^{-V_t^\varepsilon} = 1 - \sum_{\substack{s<t \\ s\in G}} e^{-V_s^\varepsilon} \left[1 - \exp(-\frac{1}{\tilde{N}(d_s-s)})\right] 1_{\{d_s-s>\varepsilon\}}$$

Le processus (V_{t-}^ε) n'est pas optionnel puisque ses temps de sauts se trouvent dans G ; mais il coïncide sur $H-D$ avec le processus prévisible $V'^\varepsilon_{t-} = \sum_{\substack{s\in D \\ s<t}} \frac{1}{\tilde{N}(s-g_s)} 1_{\{s-g_s>\varepsilon\}}$. On peut donc utiliser la formule de désintégration et écrire

$$E\left[e^{-V_t^\varepsilon}\right] = 1 - \{\int_\varepsilon^\infty \left[1 - \exp(-\frac{1}{\tilde{N}(y)})\right] \cdot N(dy)\} \; E\left[\int_0^t e^{-V_s} d\ell_s\right].$$

Posons $\alpha(\varepsilon) = \int_\varepsilon^\infty \left[1 - \exp(-\frac{1}{N(y)}\right] N(dy)$. L'égalité précédente s'écrit

$$E\left[e^{-V_t^\varepsilon}\right] + \alpha(\varepsilon)\, E\left[\int_0^t e^{-V_s^\varepsilon} d\ell_s\right] = 1,$$

Faisons tendre ε vers zéro ; $\alpha(\varepsilon)$ tend vers l'infini ; il en résulte facilement que

$$E\left[\int_0^t e^{-V_s} d\ell_s\right] = 0,$$

ce qui n'est possible que si V_t est infinie pour tout $t > 0$. La variation de (Y_t) sur $[0,d_t]$ étant presque sûrement infinie, il en est de même de sa variation sur $[0,t]$ qui ne diffère de la précédente que par une quantité finie. Pour achever l'étude de cet exemple, nous allons montrer que (M_t) n'est pas une semi-martingale dans la filtration $(\underline{\underline{G}}_t)$. Considérons l'ensemble aléatoire prévisible (dans $(\underline{\underline{G}}_t)$)

$$J_\varepsilon = \bigcup_p [\![T_p^\varepsilon , d_{T_p^\varepsilon}[\![\quad \text{où} \quad T_\varepsilon^p = \inf\{t > T_\varepsilon^{p-1} \; ; \; t-g_t > \varepsilon\}.$$

Raisonnons par l'absurde, et supposons que (M_t) soit une semi-martingale ; les variables aléatoires $W_t^\varepsilon = \int_0^t 1_{J_\varepsilon}(s)$ signe$(B_s)dM_s$ tendraient alors en probabilité, quand $\varepsilon \to 0$ vers la variable aléatoire finie

$$\int_0^t 1_{H^c}(s) \text{ signe } B_s \, dM_s .$$

Mais W_t^ε n'est autre que la variation de (Y_t) sur $J_\varepsilon \cap [0,t]$, qui tend presque sûrement vers l'infini d'après ce que nous venons de voir.

En fait, nous avons démontré que (M_s) ne pouvait être une semi-martingale sur aucun intervalle $[0,t]$. On voit sur ce calcul que, pour permettre à (M_t) de devenir une semi-martingale, il fallait nécessairement rendre D inaccessible dans la petite filtration.

§7. QUELQUES PROCESSUS SIMPLES A VARIATION FINIE.

Nous nous intéresserons dans ce court paragraphe à des processus paramétrés $(s,\omega,x) \to F(s,\omega,x)$ que l'on notera plus rapidement $F(s,x)$, qui auront les propriétés suivantes

(120) $$F(s,0) = 0 \quad \forall s.$$

$\forall s \geq 0 \quad x \to F(s,x)$ est croissante continue à droite.

On notera $F_-(s,x)$ le processus paramétré défini par

$$F_-(s,x) = \lim_{y \uparrow\uparrow x} F(s,y) \quad \text{si} \quad x > 0, \quad F_-(s,0) = 0.$$

On associe à F le processus $Z_s = F(g_s^+, s-g_s^+)$ et l'on va donner des conditions suffisantes pour que (Z_s) soit à variations finies.

Si I est un intervalle ouvert contigu à H, d'extrémités g et d, il est clair que la variation de Z sur I est égale à $2F_-(g,d-g)$. De là, on déduit facilement que la variation de Z sur $[0,d_t]$ est égale à $2 \sum_{\substack{s \in G \\ s < t}} F_-(s,d_s-s)$. Si l'on appelle V_t la variation de (Z_s) sur l'intervalle $[0,t]$, on a donc

(121) $$V_t \leq V_{d_t} = 2 \sum_{\substack{s \in G \\ s < t}} F_-(s,d_s-s).$$

On peut énoncer un premier résultat

(122) <u>*PROPOSITION*</u> : <u>*Soit*</u> F <u>*un processus paramétré optionnel*</u> *vérifiant les conditions (120) et tel que le processus* $(N_t(F_-))$ <u>*soit localement borné*</u> ; (Z_t) <u>*est alors à variation localement intégrable.*</u>

<u>Démonstration</u> : On a, pour tout d'arrêt T, en intégrant *(121)*

$$E[V_T] \leq 2E\left[\int_0^T N_s(F_-)d\ell_s\right]$$

Il suffit donc de construire une suite T_n de temps d'arrêt tendant vers l'infini, pour lesquels le second membre est fini, pour conclure.

(123) *PROPOSTION : Soit F un processus paramétré vérifiant (120). Supposons qu'il existe un processus optionnel (a_s) tel que les processus*

$(\tilde{N}(t,a_t))$ et $\left(\int_{[0,a_t[} F\_(t,x)\, N(t,dx)\right)$ soient tous deux localement

bornés. (Z_t) est alors un processus à variation localement finie.

Démonstration : On peut écrire, si T est un temps d'arrêt,

$$V_T < 2\Big[\sum_{\substack{s\in G\\ s<T}} F\_(s,d_s-s)\, 1_{\{d_s-s<a_s\}} + \sum_{\substack{s\in G\\ s<T}} F\_(s,d_s-s)\, 1_{\{d_s-s>a_s\}}\Big]$$

Le premier terme du second membre est à variation localement intégrable ; en effet,

$$E\Big[\sum_{s\in G} F\_(s,d_s-s)\, 1_{\{d_s-s<a_s\}}\Big] = E\Big[\int_0^T d\ell_s \int_{[0,a_s]} N(s,dy)\, F\_(s,y)\Big].$$

Occupons-nous maintenant du second terme ; nous allons montrer qu'il existe une suite T_n tendant vers l'infini telle que

$\{s\ ;\ s < T_n,\ \ d_s-s>a_s\}$ soit fini pour tout n ; cela montrera bien

que le second terme définit un processus à variation finie. Pour cela formons

$$E\Big[\sum_{\substack{s\in G\\ s<t}} 1_{\{d_s-s>a_s\}}\Big] = E\Big[\int_0^T d\ell_s\, \tilde{N}_s(a_s)\Big].$$

L'hypothèse faite sur $(\tilde{N}_s(a_s))$ entraîne immédiatement le résultat.

(124) EXEMPLE : Supposons $N(s,E) = \infty$ $\forall s$; le processus $\dfrac{1}{[\tilde{N}(g_t^+,t-g_t^+)]^2}$

est à variation localement finie

Posons $a_s = \inf\{x\ ;\ N(s,x) < 1\}$. On a $\tilde{N}(s,a_s) < 1$ par continuité à droite. Calculons maintenant

$$\int_{[0,a_s]} \frac{1}{\tilde{N}_-(s,x)^2} N(s,dx) < \int_{[0,a_s[} \frac{1}{\tilde{N}\,\tilde{N}_-(s,x)} N(s,dx) + \frac{N(s,\{a_s\})}{\tilde{N}_-(s,a_s)^2}$$

$$< \frac{1}{\tilde{N}_-(a_s)} + \frac{\tilde{N}_-(s,a_s) - \tilde{N}(s,a_s)}{\tilde{N}_-(s,a_s)^2} < \frac{2}{\tilde{N}_-(s,a_s)} < 2.$$

La proposition *(123)* donne alors le résultat. □

Allons un peu plus loin et donnons la décomposition de la mesure $d\mathcal{Z}_t$ en différence de deux mesures aléatoires positives. Cette décomposition est triviale ; nous introduirons cependant le vocabulaire suivant qui nous sera utile un peu plus loin.

(125) *DEFINITION : Soit $K(s,dx)$ un noyau mesurable positif de $\mathbb{R}_+ \times \Omega$ dans $(E,\mathcal{E})$. On définit les mesures aléatoires $\mathcal{D}^K(dt)$ et $\mathcal{D}'^K(dt)$ par les formules*

$$\mathcal{D}^K((\mathcal{Z}_t)) = \sum_{g\in G} \int_{[0,d_g-g[} \mathcal{Z}_{u+g}\, K(g,du)$$

$$\mathcal{D}'^K((Z_t)) = \sum_{g\in G} \int_{[0,d_g-g]} \mathcal{Z}_{u+g}\, K(g,du).$$

On dira que $\mathcal{D}^K(dt)$ (resp. $\mathcal{D}'^K(dt)$) est le développement de K sur H^c (resp. sur $H^c \cup D$).

Une interprétation plus imagée de $\mathcal{D}^K(dt)$ est la suivante ; pour g fixé dans G, on considère l'image par l'application $x \to g + x$ de la restriction de la mesure $K(g,\cdot)$ à l'intervalle $]0,d_g-g[$. On fait ensuite la somme quand g parcourt G des mesures ainsi obtenues.

Le résultat qui suit est immédiat à partir des définitions.

(126) *PROPOSITION : Soient K et L deux noyaux mesurables tels que $K(s,x) = \phi(s,x)\, L(s,dx)$ pour un processus paramétré mesurable ϕ.*
Alors $\mathcal{D}^K(dt) = \phi(g_t^+, t-g_t^+)\, \mathcal{D}^L(dt)$, $\mathcal{D}'^K(dt) = \phi(g_t, t-g_t)\, \mathcal{D}'^L(dt)$
En particulier, si $K(s,x) = \phi(s,x)dx$, $\mathcal{D}^K(dt) = \phi(g_t^+, t-g_t^+)dt$.

(127) *PROPOSITION : Soit* K *un noyau positif optionnel.*
$\mathcal{D}^K(dt)$ *est une mesure aléatoire optionnelle et* $\mathcal{D}'^K(dt)$ *est prévisible.*

Démonstration : On se limitera au cas (qui est le seul que nous utiliserons) où $\mathcal{D}^K$ intègre les intervalles $[0,t]$. Traitons le second point : on écrit $\mathcal{D}'^K(dt) = dB_t$ avec $B_t = \sum_{s\in G} \int_{[0,d_s-s]} 1_{[0,t]}(s+u)\, K(s,du)$

$$= \sum_{\substack{s\in G\\ s<g_t}} \int_{[0,d_s-s]} K(s,du) + 1_{\{g_t<t\}} \int_{[0,d_t-g_t]} K(g_t,du)\, 1_{[0,t]}\, (g_t+u)$$

$$= \sum_{\substack{s\in G\\ s<g_t}} \int_{[0,d_s-s]} K(s,du) + 1_{\{g_t<t\}} \bar{K}(g_t,t-g_t)$$

où $\bar{K}(s,x)$ désigne la primitive $\int_{(0,x)} K(s,dy)$ du noyau K.

Sous cette forme, il est clair que l'on a $B_t = B_t \circ k_t$ si l'on a pris la précaution de choisir le noyau K vérifiant $K(s,k_t(\omega),dy) = K(s,\omega,dy)$ pour $s < t$. Le premier point se montre de manière analogue.

Revenons au processus $Z_t = F(g_t^+,t-g_t^+)$ du début de ce paragraphe ; si ce processus est à variation localement finie (ce qui est le cas sous les hypothèses de *(123)*), on dispose d'une mesure aléatoire $\mu(\omega,dt) = dZ_t(\omega)$; on se propose d'expliciter la décomposition $\mu(\omega,dt) = \mu^+(\omega,dt) - \mu^-(\omega,dt)$.

(128) *PROPOSITION : Soit* F *un processus paramétré vérifiant les conditions (120). On suppose que le processus* $Z_t = F(g_t^+,t-g_t^+)$ *est à variation localement finie. Alors*

1) (Z_t) *est continu à droite limité à gauche et* $Z_{t-} = F_-(g_t,t-g_t)$.

2) $\mu^+(dt)$ *est le développement sur* H^c *du noyau* $F(s,dx)$ *et*

$$\mu^-(dt) = \sum_{s\in D} F_-(g_s,s-g_s)\, \varepsilon_s(dt).$$

(129) 3) <u>On a</u> $Z_t = \sum_{s \in G} \int_{[0,d_s-s[} 1_{[0,t]}(s+u)\, F(s,du) - \sum_{\substack{s \in D \\ 0<s\leq t}} F_-(g_s, s-g_s).$

<u>Démonstration</u> : (Z_t) est, par hypothèse, différence de deux processus croissants; il est donc réglé. Il est clair qu'il est continu sur $H^c \cup G$. Si $t \in H-G$, t est limite d'une suite t_n strictement déccroissante de points de G, et l'on peut écrire $Z_{t^+} = \lim_n Z_{t_n} = 0 = Z_t$. L'assertion relative aux limites à gauche se montre de la même façon.

Appelons alors (Z'_t) le processus défini par le second membre de *(129)*, et $\mu'(dt)$ la restriction de μ à $H^c \cup D$. Si I est un intervalle contigu à H d'extrêmités g et d, alors

(*) $\mu/_{]g,d[}$ est l'image par l'application $u \to g + u$ de la restriction de $F(g,dx)$ à $]0,d-g[$.

(**) $\mu/_{]g,d]} = \mu/_{]g,d[} - \varepsilon_d\, F_-(g,d-g)$.

Sommant sur les intervalles contigus à H, on obtient

$$\mu'(dt) = \mathcal{D}^F(dt) - \sum_{\substack{s \in D \\ s>0}} F_-(g_s, s-g_s)\, \varepsilon_s(dt)$$

et, par conséquent,

$$\mu']0,t] = Z'_t.$$

Il nous reste simplement à montrer que $\mu' = \mu$, autrement dit, que μ ne charge pas $H-D$. A titre récréatif, montrons cela à l'aide d'un argument de balayage : le processus $Z''_t = Z_t - Z'_t$ est à variation finie, continu, nul sur H.

Le processus mesurable $\alpha_t = 1_{H-G}(t)$ vérifie $\alpha_t = \alpha_{g_t^+}$ et l'argument de balayage usuel (s'agissant de processus à variation finie, nous avons droit aux processus mesurables et pas seulement aux processus optionnels) montre que $0 = d(\alpha_t Z''_t) = \alpha_t\, dZ''_t$; dZ''_t ne charge donc pas $H-G$.

C.Q.F.D.

§8. LE DEUXIEME PROCESSUS PONCTUEL ASSOCIE A H.

(130) *DEFINITION : On posera* $\Pi_d(dt,dx) = \sum_{s\in D} \varepsilon_{(s,s-g_s)}(dt,dx)$.

Contrairement à Π_g, ce processus ponctuel est optionnel. Nous nous intéresserons dans ce paragraphe à sa projection duale prévisible. Nous retrouverons les résultats connus du cas discret (Jacod [8])
On s'apercevra que, dans l'expression de cette projection, le temps local disparaît complètement.
Dans la définition *(130)*, l'intervalle contigu à H de longueur infinie qui existe quand H est borné, n'est pas représenté. Il sera parfois utile de poser $D'(\omega) = D(\omega) \cup \{\infty\}$ si $\gamma(\omega) < \infty$ $D'(\omega) = D(\omega)$ si $\gamma(\omega) = \infty$.

$$\Pi_d'(dt,dx) = \sum_{s\in D'} \varepsilon_{(s,s-g_s)}(dt,dx) \quad \text{avec} \quad g_\infty = \gamma.$$

On notera la relation

(131)
$$\sum_{\substack{s\in G\\ s<T}} \beta(s,d_s-s) = \sum_{\substack{s\in D'\\ s<T}} \beta(g_s,s-g_s) + \beta(g_T^+,d_T-g_T^+)\, 1_{\{d_T>T\}}$$

où β est un processus paramétré mesurable positif et T une variable aléatoire à valeurs dans $\mathbb{R}_+ \cup \{+\infty\}$.

(132) *PROPOSITION : Soit* β *un processus paramétré optionnel positif tel que le processus* $(N_t\,\beta)$ *soit localement borné. Le processus*

$$\Gamma_t^\beta = \sum_{\substack{s\in D\\ s<t}} \beta(g_s,s-g_s) + (U\beta)(g_t^+,t-g_t^+)\, 1_{H^c\cup G^o}(t) - \int_{[0,t]} N_s\beta\, d\ell_s$$

est une martingale locale.

Démonstration : Soit T un temps d'arrêt ; on sait que

$$E\Big[\sum_{s\in G} \beta(s,d_s-s)\Big] = E\Big[\int_{[0,T]} N_s\beta\, d\ell_s\Big].$$

Le premier membre s'écrit encore, compte tenu de *(131)* et de *(85)*

$$E\Big[\sum_{\substack{s\in D'\\ s<T}} \beta(g_s,s-g_s)\Big] + E\Big[N\beta(g_T^+,T-g_T^+)\, 1_{H^c\cup G^o}(T)\Big].$$

Soit S_n une suite croissante de temps d'arrêt tels que

$$E\left[\int_{[0,S_n]} N_s\beta \, d\ell_s\right] < \infty.$$

Pour tout n, $\Gamma^\beta_{S_n \wedge T}$ est intégrable et vérifie $E\left[\Gamma^\beta_{S_n \wedge T}\right] = 0$; le processus (Γ^β_t) arrêté à S_n est donc une martingale uniformément intégrable, d'où le résultat.

On remarquera qu'on peut faire disparaître le terme inesthétique $1_{H^c \cup G^o}(t)$ de la filtration de Γ^β_t dans les deux cas suivants

* H est discret : $H^c \cup G^o = H^c \cup G = \mathbb{R}_+$

* $N(t,E) = \infty \;\; \forall t$: $H^c \cup G^o = H^c$; d'autre part $U\beta(g^+_t, t-g^+_t)$ est nul sur H.

Nous pouvons maintenant énoncer le théorème principal de ce paragraphe. Auparavant, donnons les deux définitions suivantes

(133) DEFINITIONS : *1) Nous noterons $\mathcal{N}^+_{loc}$ l'ensemble des processus paramétrés positifs optionnels* β *tels que* $(N_t\beta)$ *soit localement borné. On notera*

$$\mathcal{N}_{loc} = \mathcal{N}^+_{loc} - \mathcal{N}^+_{loc}.$$

2) On notera V le noyau défini par

$$V\beta(s,x) = \int_{[0,x]} \beta(s,y) \frac{N(s,dy)}{\tilde{N}_-(s,y)} .$$

V est parfaitement défini sur $\mathcal{N}_{loc}$.

Nous avons renvoyé en appendice(*) un certain nombre de propriétés des noyaux U et V ; en particulier, nous verrons que pour $\beta > 0$ $NV\beta = N\beta$ de sorte que V envoie $\mathcal{N}_{loc}$ dans $\mathcal{N}_{loc}$.

(*) L'appendice n'est pas rédigé dans ce volume ; nous nous servons uniquement ici des égalités $NV = N$ $\quad UV = U + V$ qui sont des conséquences faciles du théorème de Fubini.

(134) <u>*THEOREME*</u> : <u>*Soit*</u> h <u>*un processus paramétré de*</u> $\mathcal{N}^+_{loc}$; <u>*le processus croissant optionnel*</u> $\sum_{\substack{s\in D\\ s<t}} h(g_s,s-g_s)$ <u>*est localement intégrable et sa projection duale prévisible est le développement sur*</u> $H^c \cup D$ <u>*du noyau*</u>

$$h(s,x)\,\frac{N(s,dx)}{\tilde{N}_-(s,x)}.$$

<u>Démonstration</u> : Puisque $\sum_{\substack{s<t\\ s\in D}} h(g_s,1-g_s) < \sum_{\substack{s\in G\\ s<t}} h(s,d_s-s)$, l'intégrabilité locale du premier membre est facile à montrer. Posons maintenant $\beta = h - Vh$ et considérons la martingale locale Γ^β_t de la proposition *(132)* ; puisque $N\beta = 0$, elle s'écrit

$$\Gamma^\beta_t = \sum_{\substack{s<t\\ s\in D}} \beta(g_s,s-g_s) + U\beta(g^+_t,t-g^+_t)\, 1_{H^c\cup G^o}(t).$$

Mais, (voir appendice), $U\beta = U[h-Vh] = -Vh$ sur $\{\hat{N} > 0\}$, d'où il résulte que $U\beta(g^+_t,t-g^+_t) = -Vh(g^+_t,t-g^+_t)$; on a donc

(135) $$\Gamma^\beta_t = \sum_{\substack{s<t\\ s\in D}} (h-Vh)(g_s,s-g_s) - Vh(g^+_t,t-g^+_t).$$

Posons $\phi = Vh$; $(\phi(g^+_t,t-g^+_t))$ est à variation localement intégrable d'après *(122)* et l'on peut écrire la décomposition *(129)* de ce processus

$$\phi(g^+_t,t-g^+_t) = \sum_{s\in G}\int_{[0,d_s-s[} 1_{[0,t]}(s+u)\phi(s,du) - \sum_{\substack{s\in D\\ 0<s<t}} \phi_-(g_s,s-g_s).$$

De sorte que Γ^β_t devient, quand on a posé $\Delta\phi = \phi - \phi_-$,

$$\Gamma^\beta_t = \sum_{\substack{s<t\\ s\in D}} h(g_s,s-g_s) - \sum_{\substack{s<t\\ s\in D}} \Delta\phi(g_s,s-g_s) - \sum_{s\in G}\int_{[0,d_s-s[} 1_{[0,t]}(s+u)\,\phi(s,du)$$

soit encore $$\Gamma^\beta_t = \sum_{\substack{s<t\\ s\in D}} h(g_s,s-g_s) - \sum_{\substack{s\in G\\ s<t}}\int_{[0,d_s-s]} 1_{[0,t]}(s+u)\,\phi(s,du).$$

Le résultat en découle immédiatement.

(136) NOTATIONS : Il est plus naturel de prendre des notations qui font intervenir h et non pas β. On posera dans la suite $C_t^h = \Gamma_t^\beta$; récapitulons

(137) $$C_t^h = \sum_{\substack{s<t \\ s\in D}} h(g_s, s-g_s) - \sum_{\substack{s\in G \\ s<t}} \int_{[0,d_s-s]} 1_{[0,t]}(s+u)\, \frac{N(s,du)}{\tilde{N}_-(s,u)}$$

est une martingale locale que l'on peut encore écrire (cf. *(135)*).

(138) $$C_t^h = \sum_{\substack{s\in D \\ s<t}} (h - Vh)(g_s, s-g_s) - Vh(g_t^+, t-g_t^+).$$

Nous allons voir maintenant que le théorème *(134)* reste vrai sous des hypothèses plus faibles.

(139) *DEFINITION : Nous dirons que* $h \in \mathcal{N}_{loc}^{loc\,+}$ *s'il existe une suite croissante* (a_t^n) *de processus optionnels* > 0 *tels que,*

(*) $\forall n$ *le processus défini par* $\int_{[0,a_t^n]} h(t,y)\, N(t,dy)$ *soit localement borné.*

(**) *La suite de temps d'arrêt* S_a^n *définie par* $S_a^n = \inf\{t \;;\; t-g_t > a_{g_t}^n\}$ *tend vers l'infini avec* n.

(140) *PROPOSITION : Si* $h \in \mathcal{N}_{loc}^{loc\,+}$, *la conclusion du théorème (134) et la formule (138) subsistent.*

Démonstration : On pose

$$A_t^h = \sum_{\substack{s\in D \\ s<t}} h(g_s, s-g_s) \qquad \dot{A}_t^h = \sum_{s\in G} \int_{[0,d_s-s]} 1_{[0,t]}(s+u) h(s,u)\, \frac{N(s,du)}{\tilde{N}_-(s,u)}$$

Soit T un temps d'arrêt ; l'égalité $E[A_T^h] = E[\dot{A}_T^h]$ démontrée en *(134)* pour $h \in \mathcal{N}_{loc}^+$ se prolonge à tout processus paramétré positif, si bien qu'il suffit de montrer que le processus $(\dot{A}_t^h)$ est localement intégrable; s'agissant d'un processus prévisible, cela est équivalent au fait qu'il soit fini.

Considérons alors les processus paramétrés $h_n(s,y) = h(s,y)1_{\{y<a_s^n\}}$ qui sont dans $\mathcal{N}^+_{loc}$; on voit immédiatement que si $t < S_a^n$, on a $s-g_s < a^n_{g_s}$ pour tout $s < t$. On a donc $\dot{A}^h_t = \dot{A}^{h_n}_t$ pour tout $t < S_a^n$ d'où le résultat. Donnons maintenant deux critères un peu plus commodes d'appartenance à $\mathcal{N}^{loc}_{loc}$.

(140 bis) <u>PROPOSITION</u> : *<u>Soit</u> h <u>un processus paramétré positif ; chacune des deux conditions suivantes est suffisante pour que</u> $h \in \mathcal{N}^{loc}_{loc}$.*

1) <u>Il existe une suite</u> (a_t^n) <u>vérifiant (139)</u> (*), <u>croissant vers l'infini et telle que</u> $\{s \in G \; ; \; d_s - s > a^n_{g_s}\}$ <u>soit presque sûrement discret</u> ;

2) $\int_{[0,\alpha_t^n]} h(t,y)\, N(t,dy)$ <u>est un processus localement borné, quand</u> α_t^n <u>est la suite de processus définie par</u> $\alpha_t^n = \inf\{u \; ; \; \frac{1}{\tilde{N}(t,u)} > n\}$.

Montrons le 2) (la démonstration du 1) étant analogue en plus simple) ; appelons Γ_n l'ensemble aléatoire $\{t \; ; \; t-g_t > \alpha^n_{g_t}\}$; nous avons à montrer que le début S_n^α de Γ_n tend vers l'infini avec n. Remarquons d'abord que l'ensemble aléatoire $\{s \in G \; ; \; d_s - s > \alpha_s^n\}$ est presque sûrement discret puisque $N(s,\alpha_s^n)$ est borné par $\frac{1}{n}$. On a

$\Gamma_n = \{t \; ; \; t-g_t > \alpha^n_{g_t}\} = \{t \; ; \; t-g_t > \alpha^n_{g_t} \; ; \; \alpha^n_{g_t} < b_{g_t}\}$. Considérons maintenant la fermeture $\overline{\Gamma}_n$ de Γ_n. Il est facile d'établir en tenant compte de la remarque du début que

$$\overline{\Gamma}_n \subset \{t \; ; \; t-g_t \geq \alpha^n_{g_t}, \; \alpha^n_{g_t} < b_{g_t}\}.$$

Il suffit alors de montrer que l'intersection en n des ensembles aléatoires figurant au second membre est évanescente (un argument de compacité établissant alors que le début de $\overline{\Gamma}_n$ tend vers l'infini avec n).

Cela résulte immédiatement de l'inclusion

$$\bigcap_n \{t \,;\, t-g_t > \alpha^n_{g_t},\ \alpha^n_{g_t} < b_t\} \subset \{t \,;\, t-g_t > b_{g_t}\ \ \hat{N}_-(b_{g_t}) = 0\}.$$

(140 ter) REMARQUE : Faisons l'hypothèse plus faible : $\int_{[0,\alpha^n_t[} h(t,y)\, N(t,dy)$ est localement borné. Le processus paramétré $h' = h1_{\{\tilde{N} = \tilde{N}_-\}}$ est dans $\mathcal{M}^{loc}_{loc}$, et la proposition *(110)* appliquée à h' donne le résultat suivant:

$\sum_{\substack{s\in D_i \\ s<t}} h(g_s, s-g_s)$ est localement intégrable de projection duale prévisible

$\sum_{s\in D} \int_{[0,d_s-s]} 1_{[0,t]}(s+u)\, h(s,u) \dfrac{N^c(s,du)}{\tilde{N}_-(s,u)}$ où D_i désigne la partie inaccessible de D, et N^c la partie diffuse de N.

(141) EXEMPLES : 1) La fonction $h(s,x) = x$ satisfait aux hypothèses *(140)* pour la désintégration normalisée de π^g. Prenons pour processus a^n_s la constante strictement positive a^n racine de l'équation $(n+1)(1-e^{-x}) = x$. On a

$$\int_{[0,a^n]} x\, N(s,dx) < (n+1) \int_{[0,a^n]} (1-e^{-x})\, N(s,dx) < (n+1) \ ;$$

il est clair que $a^n \to \infty$ et que $\{s \in G \,;\, d_s - s > a^n\}$ est discret. On sait donc calculer la projection duale prévisible de $g^+_t = \sum_{\substack{s\in D \\ s<t}} (s-g_s)$.

Si nous appelons A_t cette projection, dA_t est le développement sur $H^c \cup D$ du noyau $x \dfrac{N(s,dx)}{\hat{N}_-(s,x)}$.

C'est moins rébarbatif qu'il n'y paraît dans les cas usuels. Supposons par exemple que H soit un ensemble régénératif de noyau de Lévy $N(dx) = \dfrac{1}{x^{\alpha+1}}\, dx$ $(0 < \alpha < 1)$, correspondant au subordinateur stable d'indice α. On a $\tilde{N}(x) = \dfrac{1}{\alpha x^\alpha}$, $\dfrac{N(dx)}{\tilde{W}(x)} = \alpha \dfrac{dx}{x}$, $x \dfrac{N(dx)}{\tilde{N}(x)} = \alpha\, dx$.

Si l'on veut bien se souvenir de la trivialité *(126)*, on en déduit tout de suite que $A_t = \alpha t$. En particulier, si H est l'ensemble des zéros du Brownien, $A_t = \frac{1}{2} t$.

2) La fonction $h(s,x) = \dfrac{1}{[N_-(s,x)]^2}$ est dans $\mathcal{N}^{loc}_{loc}$; on a en effet

$$\int_{[0,\alpha_s^n]} \frac{1}{[\tilde{N}_-(s,x)]^2} N(s,dx) \leq \frac{1}{\tilde{N}_-(s,\alpha_s^n)} + \frac{\tilde{N}_- - \tilde{N}}{\tilde{N}_-^2}(s,\alpha_s^n) \leq \frac{2}{\tilde{N}_-(s,\alpha_s^n)} \leq 2n$$

Le processus croissant $\sum\limits_{\substack{s\leq t\\ s\in D}} \dfrac{1}{\tilde{N}_-^2(g_s,s-g_s)}$ est donc localement intégrable et sa projection duale prévisible est le développement sur $H^c \cup D$ du noyau $\dfrac{N(s,dx)}{\tilde{N}_-^3(s,x)}$.

(142) La projection duale prévisible de π_d.

Soit (Z_t) un processus prévisible borné ; on peut écrire d'après *(134)*

$$E\Big[\sum_{s\in D} Z_s\, h(s-g_s)\Big] = E\Big[\sum_{s\in G} \int_{[0,d_s-s]} Z_{s+u}\, h(u)\, \frac{N(s,du)}{\tilde{N}_-(s,u)}\Big]$$

quelque soit la fonction positive h sur E. Cette formule peut se prolonger aux processus paramétrés prévisibles positifs ϕ ; on a

$$E\Big[\sum_{s\in D} \phi(s,s-g_s)\Big] = E\Big[\sum_{s\in G} \int_{[0,d_s-s]} \phi(s+u,u)\, \frac{N(s,du)}{\tilde{N}_-(s,u)}\Big].$$

On en tire la construction suivante de la projection duale prévisible $\pi_d^p(dt,du)$ de π_d : Pour chaque s de G on considère la mesure

$$\phi(s,dy) = \frac{N(s,dy)}{\tilde{N}_-(s,y)} 1_{\{y\leq d_s-s\}}$$

concentrée sur la verticale d'abscisse s

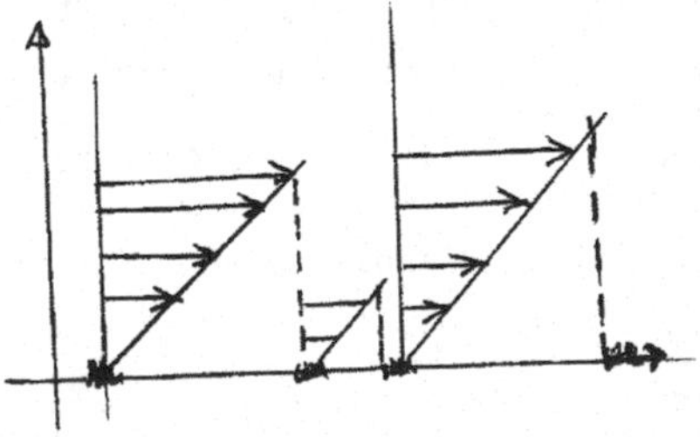

(et qui définit ainsi une mesure sur $\mathbb{R}_+ \times E$). On fait la somme de ces mesures quand s parcourt G. On prend ensuite l'image de cette mesure par l'application $(s,y) \to (s+y,y)$, ce qui fournit une mesure portée par le graphe du processus $(s-g_s)$. C'est la projection duale prévisible cherchée.

On voit, sur cette interprétation, que les projections duales de Π_g et Π_d n'ont pas beaucoup de rapport (ce sont même des mesures étrangères dans le cas où les mesures $N(s,dy)$ sont diffuses). Ce n'est qu'à moitié étonnant : Π_d étant portée par l'ensemble prévisible $(H^c \cup D) \times E$, il en est de même de sa projection duale prévisible. Cela explique que le temps local disparaisse des formules relatives à Π_d.

§9. QUELQUES SEMI-MARTINGALES SPECIALES ET LEUR DECOMPOSITION CANONIQUE.

Revenons à la situation du §7 : F est un processus paramétré vérifiant *(120)*, (Z_t) est le processus $F(g_t^+, t-g_t^+)$. Sous les hypothèses *(123)*, (Z_t) est à variation localement finie et l'on peut recopier la formule *(129)*

$$Z_t = \sum_{s\in G} \int_{[0,d_s-s[} 1_{[0,t]}(s+u)\, F(s,du) - \sum_{\substack{s\in D\\ s<t}} F_-(g_s, s-g_s).$$

Commençons par un résultat simple

(144) PROPOSITION : *Soit F un processus paramétré de $\mathcal{M}_{loc}^{loc+}$ vérifiant les conditions (120). (Z_t) est alors une semi-martingale spéciale à variation localement intégrable, dont la décomposition canonique s'écrit*

$$Z_t = \sum_{s\in G} \int_{[0,d_s-s]} 1_{[0,t]}(s+u) \left[F(s,du) - F(s,u)\frac{N(s,du)}{\tilde{N}_-(s,u)}\right] - C_t^F$$

Le premier terme du second membre est le développement sur $H^c \cup D$ du noyau $\left[F(s,du) - F(s,u)\frac{N(s,du)}{\tilde{N}_-(s,u)}\right]$. Le second est une martingale locale (qui a été définie en *(136)*).

<u>Démonstration</u> : On commence par ajouter et retrancher au deuxième membre de la formule *(129)* rappelée au début de ce paragraphe la quantité

$$\sum_{\substack{s\in D\\ s<t}} \Delta F(g_s, s-g_s)$$

qui est finie (et même à variation localement intégrable d'après *(139)*).

On obtient

$$Z_t = \sum_{s\in G} \int_{[0,d_s-s]} 1_{[0,t]}(s+u)\, F(s,du) - \sum_{\substack{s\in D\\ s<t}} F(g_s, s-g_s).$$

Ajoutons et retranchons maintenant la projection duale prévisible du deuxième terme ; on obtient le résultat.

La proposition *(144)* est tout à fait satisfaisante dans le cas où le noyau N diffus, comme le montre l'étude des exemples suivants

(145) EXEMPLES : On suppose N diffus et de masse infinie ; on pose

$$F(s,x) = \left[\frac{1}{\tilde{N}(s,x)}\right]^p \qquad (p > 1)$$

Vérifions que F est dans $\mathcal{M}^{loc\,+}_{loc}$: on a

(146)
$$\int_{[0,a]} \frac{1}{\tilde{N}^p}(s,x)\, N(s,dx) = \frac{1}{p+1}\, \frac{1}{[\tilde{N}(s,a)]^{1-p}}$$

la suite de processus (a_s^n) définie par $a_s^n = \inf\{s \; ; \; N(s,x) < n\}$ vérifie les conditions *(140)* relativement à F, de sorte qu'on peut appliquer la proposition précédente. Désignons par $A_t^{(p)}$ le processus prévisible à variation localement intégrable figurant dans la décomposition canonique de (Z_t) ; alors *(144)* nous dit que

(147) $dA_t^{(p)}$ est le développement sur $H^c \cup D$ du noyau $(p-1)\,\frac{N(s,dx)}{\tilde{N}^{p+1}(s,x)}$.

Particularisons un peu plus, et supposons que $N(t,dx) = n(t,x)dx$ soit absolument continu par rapport à la mesure de Lebesgue ; on peut alors écrire

(148)
$$A_t^{(p)} = (p-1) \int_0^t \frac{n(g_s, s-g_s)}{\tilde{N}^{p+1}(g_s, s-g_s} \, ds.$$

On peut, en particulier, considérer les ensembles régénératifs stables d'ordre α déjà étudiés en *(141)* correspondant à la mesure de Lévy $N(dx) = \frac{dx}{x^{\alpha+1}}$; on obtient le résultat suivant :

(149) Soit H l'ensemble régénératif stable d'ordre α $(0 < \alpha < 1)$ et soit $q > \alpha$; le processus $(t-g_t^+)^q$ est un processus à variation localement intégrable et

$$(t-g_t^+)^q - (q-\alpha) \int_0^t (s-g_s)^{q-1}\, ds$$

est une martingale locale.

(En particulier, pour $q = 1$, on retrouve la martingale locale $(g_t^+ - \alpha t)$ déjà rencontrée en *(141)*). On peut avoir une attention particulière pour $\alpha = \frac{1}{2}$ (qui correspond aux zéros du Brownien). Dans ce cas $\forall q > \frac{1}{2}$

(150) $$(t-g_t^+)^q - (q - \frac{1}{2}) \int_0^t (s-g_s)^{q-1}\, ds$$

est une martingale locale.

On peut se demander ce qui se passe dans *(148)* quand $p \to 1$. S'il y a une justice, $A_t^{(p)}$ va converger vers le processus croissant prévisible de la décomposition de $\frac{1}{\tilde{N}(g_t^+, t-g_t^+)}$, c'est-à-dire le temps local quand les hypothèses sont raisonnables.

C'est effectivement ce que nous verrons à la fin de ce chapitre.

Les démonstrations précédentes tombent en défaut quand N n'est plus diffus. Dans les propositions suivantes nous donnons des hypothèses un peu moins fortes qui permettent d'affirmer que $F(g_t^+, t-g_t^+)$ est une semi-martingale spéciale. Les résultats obtenus ne sont pas enthousiasmants. Il me semble tout de même que les martingales locales que nous allons introduire maintenant ne sont pas totalement dénuées d'intérêt.

- Nous aurons besoin d'un retour en arrière : la régularité de la sous-martingale d'équilibre $(\overline{Y}_t)$ entraîne l'existence de martingales un peu curieuses que nous présentons ici. Dans la suite nous noterons, pour plus de clarté,

$$\Delta N(s,x) = -\Delta\tilde{N}(s,x) = N(s,\{x\}).$$

(151) <u>*PROPOSITION : Si*</u> Γ <u>*est un ensemble aléatoire prévisible mince,*</u> (β_t) <u>*un processus prévisible positif, on a l'égalité*</u>

$$E\Big[\sum_{s\in D\cap\Gamma} \frac{\tilde{N}}{\tilde{N}_-}(g_s, s-g_s)\beta_s\Big] = E\Big[\sum_{s\in H^c\cap\Gamma} \frac{\Delta N}{\tilde{N}_-}(g_s, s-g_s)\beta_s\Big].$$

<u>Démonstration</u> : Remarquer que si N est diffus, le second membre est nul. Par bonheur, le premier l'est aussi puisque $D \cap \Gamma$ est évanescent. On peut que supposer que $\Gamma \subset H^c \cup D$. Soit T un temps d'arrêt prévisible dont le graphe est contenu dans $H^c \cup D$; écrivons que $(\overline{Y}_t)$ est régulière ; on a si $(\Delta\overline{Y}_t)$ désigne $(\overline{Y}_t - \overline{Y}_{t^-})$, $\phi(s,x) = \frac{1}{\tilde{N}(s,x)}$

$$0 = E[\Delta\overline{Y}_T ; T<\infty] = E[\Delta\overline{Y}_T 1_{(D_p)^c}(T) ; T<\infty]$$

$$= E[-\phi_-(g_T, T-g_T)1_{D-D_p}(T) ; T<\infty] + E[\Delta\phi(g_T, T-g_T)1_{H^c}(T) ; T<\infty].$$

Nous aurons appliqué successivement *(99)* et *(113)*, et fait semblant de croire que $\overline{Y}_T\ 1_{\{T<\infty\}}$ était intégrable ; il faudrait effectuer d'abord une localisation dont nous faisons grâce au lecteur. On a donc l'égalité

$$E[\phi_-(g_T,T-g_T)\ 1_{D-D_p}(T)\ ;\ T<\infty] = E[\Delta\phi(g_T,T-g_T)1_{H^c}(T)\ ;\ T<\infty].$$

Si (α_t) est un processus prévisible, cela se prolonge en

$$E[\phi_-(g_T,T-g_T)\ 1_{D-D_p}(T)\alpha_T] = E[\Delta\phi(g_T,T-g_T)\ 1_{H^c}(T)\alpha_T].$$

Soit (T_n) une suite de temps d'arrêt prévisible telle que $\sum_n [[T_n]] = \Gamma$. Ecrivant l'égalité précédente pour chaque T_n et sommant en n, il vient

$$E\Big[\sum_{s\in(D-D_p)\cap\Gamma} \frac{1}{\tilde{N}_-}(g_s,s-g_s)\alpha_s\Big] = E\Big[\sum_{s\in H^c\cap\Gamma} \frac{\Delta N}{\tilde{N}\tilde{N}_-}(g_s,s-g_s)\alpha_s\Big].$$

Appliquant ce résultat à $\alpha_s = \tilde{N}(g_s,s-g_s)\beta_s$, on trouve

$$E\Big[\sum_{s\in D\cap\Gamma} \frac{\tilde{N}}{\tilde{N}_-}(g_s,s-g_s)\beta_s\Big] = E\Big[\sum_{s\in H^c\cap\Gamma} \frac{\Delta N}{\tilde{N}_-}(g_s,s-g_s)\beta_s\Big].$$

(D_p ayant disparu du premier membre parce que $(\tilde{N}(g_s,s-g_s))$ est nul sur D_p).

Introduisons maintemant les martingales annoncées ; soit F un processus paramétré positif vérifiant les conditions suivantes

(152) $\left\{\begin{array}{l} \forall s \quad x \to F(s,x) \text{ est croissante continue à droite nulle à l'origine.} \\ F_- \text{ et } F\dfrac{\tilde{N}}{\tilde{N}_-} \text{ sont dans } \mathcal{A}^{loc}_{loc} \\ \text{Alors} \end{array}\right.$

(153) *PROPOSITION : Le processus* (X^F_t) *défini par*

$$X^F_t = \sum_{\substack{s\in D\\ s<t}} \Big(\frac{\tilde{N}}{\tilde{N}_-}\Delta F\Big)(g_s,-s-g_s) - \sum_{\substack{s\in H^c\\ s<t}} \Big(\frac{\Delta N}{\tilde{N}_-}\Delta F\Big)(g_s-s-g_s)$$

est une martingale locale.

<u>Démonstration</u> : Appliquons la proposition *(151)* à $\beta_t = \Delta F(g_t, t-g_t)$ et à l'ensemble prévisible mince $\Gamma = \{t \; ; \; \Delta F(g_t, t-g_t) > 0\} \cap [\![0,T]\!]$ (T étant un temps d'arrêt quelconque) ; on obtient l'égalité

$$E\Big[\sum_{\substack{s\in D\\ s<T}} \frac{\tilde{N}}{\tilde{N}_-} \Delta F(g_s, s-g_s)\Big] = E\Big[\sum_{\substack{s\in H^c\\ s<T}} \Big(\frac{\Delta N}{\tilde{N}_-} \Delta F\Big)(g_s, s-g_s)\Big]$$

Mais, sous les hypothèses *(152)*, le processus croissant $\sum_{\substack{s<t\\ s\in D}} \frac{\tilde{N}}{\tilde{N}_-}\Delta F(g_s, s-g_s)$ est localement intégrable (cf. *(140)*). Le résultat en découle facilement.

On est maintenant en mesure d'énoncer l'extension suivante de la proposition *(144)*.

(154) <u>*THEOREME*</u> : *<u>Soit</u> F <u>un processus paramétré satisfaisant aux conditions</u> (152). <u>On pose</u>*

$$V_t^F = \sum_{s\in G} \int_{[0,d_s-s]} 1_{[0,t]}(s+u) \Big[F(s,du) - F(s,u) \frac{N(s,du)}{\tilde{N}_-(s,u)}\Big]$$

(V_t^F) <u>est un processus à variation localement intégrable et</u>

$$F(g_t^+, t-g_t^+) = V_t^F - (C_t^F + X_t^F).$$

- Le terme à variation finie est le même qu'en *(144)*, mais on n'a plus le droit de calculer séparément les sommes relatives aux noyaux $F(s,du)$ et $F(s,u)\frac{N(s,du)}{\tilde{N}_-(s,u)}$. En ce qui concerne la partie martingale locale, on n'est plus assuré de l'existence de la projection duale prévisible du processus croissant $\sum_{\substack{s<t\\ s\in D}} F(g_s, s-g_s)$ (qui n'est plus nécessairement localement intégrable). La comparaison de *(144)* et *(154)* entraîne

$$C_t^F = C_t^{F_-} + X_t^F \qquad \text{si } F \in \mathcal{N}^{loc}_{loc}. \tag{155}$$

Si F satisfait aux hypothèses plus faibles *(152)*, on considèrera *(155)* comme une définition de C_t^F.

<u>Démonstration du théorème</u> : Revenons à l'égalité *(129)*

$$Z_t = \sum_{s\in G} \int_{[0,d_s-s[} 1_{[0,t]}(s+u) F(s,du) - \sum_{\substack{s\in D\\ s<t}} F_-(g_s, s-g_s).$$

Ajoutons et retranchons la projection duale prévisible du deuxième terme du second membre

$$Z_t = \sum_{s\in G} \int_{[0,d_s-s[} 1_{[0,t]}(s+u)\left[F(s,du) - F_-(s,u)\frac{N(s,du)}{\tilde{N}_-(s,u)}\right] - \sum_{\substack{s\in D\\ s<t}} F_-(g_s,s-g_s)\frac{\Delta N(g_s,s-g_s)}{\tilde{N}_-(g_s,s-g_s)}$$

$$- C_t^{F_-}$$

Notons I_t le premier terme du second membre ; ajoutons et retranchons à I_t la quantité finie

$$\sum_{\substack{s\in H^c\\ s<t}} \Delta F(g_s\ s-g_s)\ \frac{\Delta N}{\tilde{N}_-}\ (g_s,s-g_s) = \sum_{s\in G} \int_{[0,d_s-s[} 1_{[0,t]}\ (s+u)$$

$$\Delta F(s,u)\ \frac{N(s,du)}{\tilde{N}_-(s,u)}.$$

Il vient

$$I_t = \sum_{s\in G} \int_{[0,d_s-s[} 1_{[0,t]}\ (s+u)\ \left[F(s,u) - F(s,u)\ \frac{N(s,du)}{\tilde{N}_-(s,u)}\right] +$$

$$+ \sum_{\substack{s\in H^c\\ s<t}} \left(\Delta F\ \frac{\Delta N}{\tilde{N}_-}\right)\ (g_s,s-g_s)$$

Il s'agit maintenant de fermer l'intervalle $[0,d_s-s[$. Pour cela ajoutons et retranchons à I_t la quantité finie

$$\sum_{\substack{s\in D\\ s<t}} \left(\Delta F - F\ \frac{\Delta N}{\tilde{N}_-}\right)\ (g_s,s-g_s) = \sum_{\substack{s\in D\\ s<t}} \left(\Delta F\ \frac{\tilde{N}}{\tilde{N}_-} - F_-\ \frac{\Delta N}{\tilde{N}_-}\right)\ (g_s,s-g_s).$$

I_t s'écrit alors

$$I_t = V_t^F - X_t^F + \sum_{s<t} F_-\ \frac{\Delta N}{\tilde{N}_-}\ (g_s,s-g_s)$$

et $\quad Z_t = V_t^F - (X_t^F + C_t^{F_-}) \qquad$ C.Q.F.D.

Revenons maintenant à la sous-martingale d'équilibre $\overline{Y}_t$ du § 6 et considérons la martingale locale $\mu_t = \overline{Y}_t - \ell_{t-}$; nous allons montrer que (μ_t) admet un crochet oblique que l'on peut calculer à l'aide du noyau de Lévy.

(156) PROPOSITION : *(μ_t) est purement discontinue et localement de carré intégrable. De plus, $\langle\mu,\mu\rangle_t$ est le développement sur $H^c \cup (D-D^>)$ du noyau $\frac{1}{\tilde{N}\tilde{N}_-^2}(s,u)\, N(s,du)$.*

Démonstration : Montrons d'abord que (μ_t) est localement de carré intégrable. On peut majorer comme au début du § 7 la variation de $(Y_s)^2$ sur $[0,t]$; on a

$$\mathrm{Var}_{[0,t]}(Y_s^2) < 2 \sum_{\substack{s\in D\\ s<t}} \frac{1}{\tilde{N}_-^2(g_s, s-g_s)}.$$

Le membre de droite est localement intégrable d'après *(141)*. Le processus $(Y_t)^2$ est à variation localement intégrable ; il est donc localement intégrable. Intéressons-nous maintenant à

$$\overline{Y}_t = Y_t + \sum_{\substack{s<t\\ s\in D_p}} Y_{s-} = Y_t + B_t$$

B_t^2 est croissant, prévisible ; il est donc localement intégrable ; il en est de même pour $\overline{Y}_t^2$ qui est majoré par $2(Y_t^2 + B_t^2)$. Il ne reste plus qu'à écrire $\mu_t^2 < 2[\overline{Y}_t^2 + \ell_{t-}^2]$, et à remarquer que le processus (ℓ_{t-}) est localement borné.

(Y_{t+}^2) est une martingale à variation localement intégrable, elle est donc purement discontinue (au sens de la théorie des martingales). Un petit exercice de calcul stochastique prouve alors qu'il en est de même pour (Y_{t+}), donc pour $(\overline{Y}_{t+})$, et enfin pour (μ_t). On a donc

$$[\mu,\mu]_t = \sum_{s<t} (\Delta\mu_s)^2 = \sum_{\substack{s<t\\ s\in D-D_p}} \frac{1}{\tilde{N}_-^2(g_s,s-g_s)} + \sum_{\substack{s<t\\ s\in H^c}} \left[\frac{\Delta N}{\tilde{N}\,\tilde{N}_-}\right]^2 (g_s,s-g_s).$$

Notons (A_t) le premier terme du second membre, (B_t) le second ; ces deux processus croissants sont localement intégrables, et l'on sait déjà que la projection duale prévisible de A_t est égale à (cf. *(141)*).

$$\dot{A}_t = \sum_{s\in G} \int_{[0,d_s-s]} 1_{[0,t]}(s+u)\, 1_{\{u<b_s\}} \frac{N(s,du)}{\tilde{N}_-^3(s,u)}.$$

Occupons-nous de $\dot{B}_t$; appliquons la formule *(151)* à

$$\Gamma = \{s\ ;\ \Delta N(g_s,s-g_s)>0\} \qquad \beta_s = \frac{\Delta N}{\tilde{N}\,\tilde{N}_-^2}(g_s,s-g_s)\, 1_{\{\tilde{N}(g_s,s-g_s)>0\}}\, 1_{[[0,T]]}(s)$$

où T est un temps d'arrêt. Il vient

$$E[B_T] = E[B'_T]$$

quand on a posé $B'_t = \sum_{\substack{s<t\\ s\in D-D_p}} \frac{\Delta N}{\tilde{N}_-^3}(g_s,s-g_s)$

Il est alors clair que (B'_t) est localement intégrable et qu'il a même projection prévisible que (B_t) ; on a donc

$$\langle\mu,\mu\rangle_t = \dot{A}_t + \dot{B}'_t = \sum_{s\in G} \int_{[0,d_s-s]} 1_{\{u<b_s\}}\, 1_{[0,t]}(s+u) \frac{N(s,du)}{\tilde{N}\,\tilde{N}_-^2(s,u)}$$

(157) REMARQUE : On peut noter que $\langle\mu,\mu\rangle_t$ est la projection duale prévisible du processus $\sum_{\substack{s\in D-D_p\\ s<t}} \frac{1}{\tilde{N}\,\tilde{N}_-}(g_s,s-g_s)$.

(158) EXEMPLES : Etudions le cas des ensembles régénératifs admettant la mesure de Lévy $n(dx) = \alpha\, x^{-(\alpha+1)}dx$. On a

$$\tilde{n}(x) = x^{-\alpha} \qquad \text{et } \langle\mu\ \mu\rangle_t = \alpha \int_0^t (s-g_s)^{2\alpha-1}\, ds$$

ou encore

$$\langle\mu,\mu\rangle_t = \frac{1}{2}\Big[\sum_{\substack{s\in D\\ s<t}} (s-g_s)^{2\alpha} + (t-g_t)^{2\alpha}\Big].$$

En particulier, pour $\alpha = \frac{1}{2}$, on trouve $<\mu,\mu>_t = \frac{1}{2} t$, ($\frac{\pi}{4} t$ si l'on tient à la normalisation $(d\ell_t, n(dx))$ correspondant au temps local usuel du Brownien.

(159) REMARQUE : Soit F un processus paramétré vérifiant les conditions (152) ; on a

$$C_t^F = -\int_0^t \tilde{N}(g_s, s-g_s)\; F(g_s, s-g_s) d\mu_s.$$

Les deux membres sont des martingales locales purement discontinues, elles sont égales dès qu'elles ont même sauts, ce qui se vérifie aisément Il nous sera utile d'étendre (140) et (154) à des processus paramétrés prenant des valeurs infinies. Si h est un processus paramétré à valeurs dans $\mathbb{R}_+ \cup \{+\infty\}$ et appartenant à $\mathcal{N}_{loc}^{loc}$, la proposition (140) reste vraie (il n'y a rien à changer à la démonstration). Donnons-nous maintenant un processus paramétré F à valeurs dans $\mathbb{R}_+ \cup \{+\infty\}$ satisfaisant aux conditions (152) ; la remarque que nous venons de faire prouve que le processus C_t^F défini par (155) reste une martingale locale. En revanche, on ne peut pas continuer à énoncer le théorème (154) de cette façon : $F(s,b_s)$ peut en effet être infini et le noyau $F(s,du - F(s,u) \frac{N(s,du)}{\tilde{N}_-(s,u)}$ n'a alors plus de sens pour $u = b_s$. Cela prouve que cette formule est mal écrite, puisqu'on peut remarquer que les conditions (152) d'une part, les valeurs du processus $(F(g_t^+, t-g_t^+))$ d'autre part, ne font pas intervenir $F(s,b_s)$.

(160) *DEFINITION* (*) : *Appelons* J_s *le processus paramétré défini par*

$$J_s(u) = 1_{\{u<b_s\}}\, 1_{\{N(s,\{b_s\})>0\}} + 1_{\{u<b_s\}}\, 1_{\{N(s,\{b_s\})>0\}}.$$

Soit $(K(s,du))$ *un noyau positif ; la mesure aléatoire qui opère sur les processus mesurables positifs par la formule*

$$Z \to \sum_{s\in G} \int_{[0,d_s-s]} J_s(u) Z_{s+u}\, K(s,du)$$

sera appelée développement de K *sur* $H^c \cup (D-D_p)$

(*) *La mesure aléatoire* $W(dt)$ *définie en (160) n'est pas autre chose que le développement sur* $H^c \cup D$ *du noyau* $K(s,du)\, 1_{\{u<b_s\}}$ *; cette définition ne s'imposait pas.*

La primitive de cette mesure est, quand elle existe donnée par l'expression

$$W_t = \sum_{s\in G} \int_{[0,d_s-s]} 1_{[0,t]}(s+u)\, J_s(u)\, K(s,du)$$

(W_t) *est alors un processus croissant prévisible.*

(161) *PROPOSITION : Soit F un processus paramétré positif à valeurs dans $\overline{\mathbb{R}}_+$ vérifiant les conditions suivantes*

(162)
$$\begin{cases} x \to F(s,x) \text{ est croissante continue à droite nulle à l'origine quelque soit } s \\ \left(\int_{[0,\alpha_t^n]} F_-(t,y)\, N(t,dy)\right) \text{ et } \left(\int_{[0,\alpha_t^n]} \left(F \dfrac{\tilde{N}}{\tilde{N}_-}\right)(t,dy)\, N(t,dy)\right) \end{cases}$$

sont des processus localement bornés, quelque soit n (la suite (α_t^n) ayant été définie en (140 bis).

Le processus $F(g_t^+, t-g_t^+)$ est alors une semi-martingale spéciale : on peut écrire

(163)
$$F(g_t^+, t-g_t^+) = W_t^F - \sum_{\substack{s<t \\ s\in D_p}} F_-(g_s, b_{g_s}) - C_t^F$$

où – $W^F(dt)$ *est le développement sur $H^c \cup (D-D_p)$ du noyau*

$$F(s,du) - F(s,u)\, \frac{N(s,du)}{\tilde{N}_-(s,u)}$$

– C_t^F *est la martingale locale définie en (155).*

Les trois processus figurant au second membre sont localement intégrables. Les deux premiers d'entre eux sont prévisibles.

Démonstration : Supposons tout d'abord F finie ; sous les conditions *(162)* F_- et $F \times \dfrac{\tilde{N}}{\tilde{N}_-}$ sont dans $\mathcal{N}^{loc}_{loc}$ et *(163)* n'est qu'une réécriture de *(154)*.

Passons au cas général et posons $F^{(n)}(s,x) = F(s,x)1_{\{x<\alpha_t^n\}}$; appliquant *(163)* à $F^{(n)}$, il vient

(164) $$F^{(n)}(g_t^+,t-g_t^+) = W_t^{F^{(n)}} - \sum_{\substack{s<t\\ s\in D_p}} F_-^{(n)}(g_s,b_{g_s}) - C_t^{F^{(n)}}.$$

Réintroduisons maintenant les temps d'arrêt $S_n^\alpha = \inf\{t\ ;\ t-g_t > \alpha_{g_t}^n\}$ qui tendent vers l'infini avec n (*(140 bis)*), et supposons $t < S_n^\alpha$; on peut remplacer partout $F^{(n)}$ par F dans *(164)*. Il en résulte au passage que W_t^F est fini, et, par suite, que (W_t^F) est localement intégrable. Quant à la formule *(163)*, elle devient évidente.

Quelques approximations du temps local.

(165) *PROPOSITION : Posons* $\phi(s,x) = \dfrac{1}{\tilde N(s,x)}$ *et donnons-nous une suite croissante* $\phi^{(n)}$ *de processus paramétrés positifs satisfaisant aux conditions (162) et telle que*

$$\lim_{n\to\infty} \phi^{(n)}(s,x) = \phi(s,x) \qquad \forall s > 0 \qquad \forall x > 0.$$

Il existe alors une sous-suite $\phi^{(n_k)}$ *extraite de la suite* $\phi^{(n)}$ *et un évènement* Ω_o *de probabilité 1 tels que*

$$\forall\omega\in\Omega_o \qquad \forall t \qquad W_t^{(n_k)}(\omega) \to \ell_{t-}(\omega).$$

Démonstration : Ecrivons la formule *(164)* pour $\phi^{(n)}$; on a, avec des notations allégées,

$$\phi^{(n)}(g_t^+,t-g_t^+) = W_t^{(n)} - \sum_{\substack{s\in D_p\\ s<t}} \phi_-^{(n)}(g_s,s-g_s) - C_t^{(n)}$$

Considérons le dernier terme : il s'écrit $\int_0^t (\phi^{(n)}\tilde N)(g_s,s-g_s)d\mu_s$, de sorte que $\mu_t + C_t^{(n)} = \int_0^t (1-\frac{\phi_n}{\phi})\,(g_s,s-g_s)d\mu_s$. Mais le processus $((1-\frac{\phi_n}{\phi})\,(g_s,s-g_s))$ tend vers 0 sur l'ensemble aléatoire $H^c \cup D$

qui porte $(d\langle\mu,\mu\rangle_t)$. Il existe donc Ω_0 de probabilité 1 et une sous-suite $(\phi^{(n_k)})$ tels que pour ω dans Ω_0

$$\mu_{.}(\omega) + C_{.}^{(n_k)}(\omega) \to 0$$

uniformément sur tout compact.

Il est clair d'autre part que les processus $(\phi^{(n_k)}(g_t^+, t-a_t^+))$ et $(\sum_{\substack{s<t \\ s\in D_p}} \phi^{(n_k)}(g_s, b_{g_s}))$ ont des limites respectivement égales à Y_t et $\sum_{\substack{s\in D_p \\ s<t}} Y_{s-}$

La suite $W_t^{(n_k)}$ admet donc une limite W_t vérifiant

$$Y_t + \sum_{\substack{s<t \\ s\in D_p}} Y_{s-} = W_t + \mu_t \text{ ; il en résulte que } W_t = \ell_{t-}. \qquad \text{C.Q.F.D.}$$

Pour l'application qui va suivre, nous aurons besoin d'une légère extension de *(165)*. Remarquons d'abord que l'on a, si (Z_t) est un est un processus optionnel borné

(166) $$Y_t Z_{g_t^+} = \int_{[0,t[} Z_s \, d\ell_s - \sum_{\substack{s\in D_p \\ s<t}} Z_{g_s} Y_{s-} + \int_0^t Z_{g_s} \, d\mu_s .$$

Cette formule se démontrant en considérant d'abord le cas où (Z_t) est l'indicateur d'un intervalle stochastique. En particulier, en appliquant ce résultat au processus $Z_s = 1_{\{N(s,E) = \infty\}}$, on peut obtenir une sous-martingale locale engendrant la partie continue (ℓ_t^c) du temps local : si l'on pose $Y'_t = Y_t \, 1_{\{N(g_t^+,E)=\infty\}}$, $\overline{Y}'_t = Y'_t + \sum_{\substack{s\in D_p \\ s<t}} Y'_{s-}$;

on a

(167) $$\overline{Y}'_t = \ell_t^c + \int_0^t 1_{\{N(g_s,E)=\infty\}} d\mu_s .$$

On peut alors énoncer l'extension annoncée dont la démonstration est identique à celle de *(165)*.

(168) PROPOSITION : *Soit M un ensemble aléatoire optionnel et $\phi^{(n)}$ une suite croissante de processus paramétrés ; on suppose que la suite $\phi'^{(n)}$ définie par $\phi'^{(n)}(s,x) = \phi^{(n)} 1_M(s)$ satisfait aux conditions (162) et que l'on a*

$$\lim_{n\to\infty} \phi'^{(n)}(s,x) = \phi(s,x) \qquad \forall s\in M \qquad \forall x > 0$$

On pose

$$W_t'^{(n)} = \sum_{s\in G\cap M} \int_{[0,d_s-s]} 1_{[0,t]}(s+u) 1_{[0,b_s[}(u) \left[\phi^{(n)}(s,du) - \phi^{(n)}(s,u) \frac{N(s,du)}{\tilde{N}_-(s,u)}\right]$$

$$\ell_t' = \int_0^t 1_M(s) d\ell_s .$$

Il existe alors un ensemble Ω_0 de probabilité 1 et une sous-suite $W'^{(n_k)}$ tels que pour tout $\omega \in \Omega_0$ et $t \in \mathbb{R}_+$

$$\lim_{k\to\infty} W_t'^{(n_k)}(\omega) = \ell_{t-}'(\omega).$$

Si l'on n'aime pas les sous-suites, on peut les supprimer, à condition d'énoncer *(165)* et *(168)* avec la convergence en probabilité.

Nous allons appliquer les résultats précédents à la situation suivante : M sera l'ensemble aléatoire $\{s \; ; \; N(s,E) = \infty\}$, de sorte que $M \cap G = G_r$; nous poserons ensuite $\beta_s^{(n)} = \inf\{u \; ; \; u < b_s \; \frac{1}{N(s,u)} > \frac{1}{n}\}$;

$$\phi^{(n)}(s,u) = \phi(s,u) \, 1_{\{u > \beta_s^{(n)}\}} .$$

Nous désignerons enfin par I_n l'ensemble optionnel mince $\{s + \beta_s^{(n)}\}_{s \in G_r}$; c'est l'ensemble des temps successifs de traversée du niveau $\frac{1}{n}$ par le processus

$$\frac{1}{\tilde{N}(g_t, t-g_t)} \, 1_{\{t-g_t^+ < b_{g_t}\}} \, 1_{\{N(g_t,E)=\infty\}} .$$

(On notera en passant une petite subtilité : I_n n'est pas constructible avec la seule connaissance du processus (Y_t) ; rien ne permet d'affirmer qu'il est discret ; ces ennuis disparaissent dans les cas usuels (N diffus où H régénératif)).

Voici maintenant un résultat qui permet de reconstituer le temps local (et donc la projection optionnelle duale du processus ponctuel π_g) à l'aide de la seule donnée du noyau de Lévy.

(169) *THEOREME* :

$$\ell_t = \sum_{\substack{s\in G_o \\ s<t}} \frac{1}{N(s,E)} + \lim_{n\to\infty} {}_P \sum_{\substack{s\in I_n \\ s<t}} \frac{1}{\tilde{N}_-(g_s, s-g_s)}$$

lim_P *signifiant limite en probabilité.*

Démonstration : On a

$$\phi_-^{(n)}(s,x) = \frac{1}{\tilde{N}_-(s,x)} 1_{\{x>\beta_s^n\}}$$

$$(\phi^{(n)} \frac{\tilde{N}}{\tilde{N}_-})(s,x) = \frac{1}{\tilde{N}_-(s,x)} 1_{\{\beta_s^n<x<b_s\}}.$$

Il est facile de montrer que ces deux processus sont dans $\mathcal{N}^{loc}_{loc}$; on a en effet si $(t,\omega)\in M$.

$$\int_{[0,\alpha_t^{(m)}]} \phi_-^{(n)}(t,x)N(t,dx) = \int_{]\beta_t^{(n)},\alpha_t^{(m)}]} \frac{1}{\tilde{N}_-(t,x)} N(t,dx) < mn$$

$$\int_{[0,\alpha_t^{(m)}]} \phi^{(n)}(t,x) \frac{\tilde{N}}{\tilde{N}_-}(t,x)\ N(t,x) < mn + \frac{\Delta N(t,\beta_t^{(n)})}{\tilde{N}_-(t,\beta_t^{(n)})} < 1 + mn.$$

D'autre part $\phi^{(n)}(t,du) - \phi(t,u) \dfrac{N(t,du)}{\tilde{N}_-(t,u)} = \dfrac{1}{\tilde{N}_-(t,\beta_t^{(n)})} \varepsilon_{\beta_t^{(n)}}(du).$

Appliquons la proposition *(166)* ; il en résulte immédiatement que

$$\ell_t^c = \lim_{n\to\infty} {}_P \sum_{\substack{s\in I_n \\ s<t}} \frac{1}{\tilde{N}_-(g_s, s-g_s)}$$

d'où le résultat.

Ces formules sont bien connues dans le cas régénératif ; ce sont alors des conséquences faciles de la loi des grands nombres.

D'autres approximations de ϕ peuvent être amusantes. Supposons, pour simplifier, que le noyau N est diffus et de masse infinie et considérons pour $p > 1$ la famille de fonctions

$$\phi^{(p)} = \left[\frac{1}{\tilde{N}}\right]^p 1_{\{\tilde{N}>1\}} + \frac{1}{\tilde{N}} 1_{\{\tilde{N}<1\}}.$$

La famille $\phi^{(p)}$ tend en croissant vers ϕ quand p décroit vers 1. On vérifie sans peine que $\phi^{(p)} \in \mathcal{N}^{loc}_{loc}$; en effet

$$\int_{[0,\alpha_t^{(n)}]} \phi^{(p)}(s,x)\ N(s,dx) < \frac{1}{p-1} + \text{Log } n$$

Le noyau $\phi^{(p)}(s,du) - \phi^{(p)}(s,u)\ \dfrac{N(s,du)}{\tilde{N}(s,u)}$ est égal à

$$\frac{1}{q}\ d\left[\frac{1}{\tilde{N}(s,\cdot)}\right]^p 1_{\{\tilde{N}>1\}}$$

(q désignant l'exposant conjugué de p) et son développement sur H^c s'écrit

$$W_t^{(p)} = \frac{1}{q}\left[\sum_{\substack{s\in D \\ s<t}} \left(\frac{1}{\tilde{N}(g_s, s-g_s)^p} \wedge 1\right) + \frac{1}{\tilde{N}(g_t^+, t-g_t^+)^p} \wedge 1\right]$$

q tend vers l'infini quand $p \downarrow 1$; on ne change pas la limite de $W_t^{(p)}$ si l'on modifie un nombre fini de termes du second membre, de sorte qu'on peut énoncer

(170) ***PROPOSITION :***

$$\ell_t = \lim_{p\downarrow 1} {}_P \frac{1}{q} \sum_{\substack{s\in D \\ s<t}} \frac{1}{[\tilde{N}(g_s, s-g_s)]^p}.$$

Ce résultat est moins classique que le précédent, y compris dans le cas régénératif ; peut être même est-il nouveau.
Il serait intéressant de le rapprocher des théorèmes antérieurs (Bretagnolle, Claire Dupuis, Taylor) permettant de calculer la dimension de Hausdorff de H connaissant sa mesure de Lévy.

B I B L I O G R A P H I E

[1] J. AZEMA : Quelques applications de la théorie générale des processus. Inventiones Math. 18, p. 293-336 (1972).

[2] J. AZEMA : Représentation multiplicative d'une surmartingale bornée. Z.W. 45, p. 191-211 (1978).

[3] J. AZEMA, M. YOR : En guise d'introduction. Astérisque 52-53 (1978).

[4] P. BREMAUD : The martingale theory of point processes over the real half line. Lecture Notes in Economies and Math. Systems (1974).

[5] C.S. CHOU, P.A. MEYER : La représentation des martingales relatives à un processus ponctuel discret. C.R.A.S Paris, A, 278, p. 1561-1563 (1974).

[6] C. DELLACHERIE : Un exemple de la théorie générale des processus. Sém. de Proba. IV, Lecture Notes 124. Springer 1970.

[7] C. DELLACHERIE, P.A. MEYER: Probabilités et potentiels, B, Théorie des martingales. Hermann 1979.

[8] J. JACOD : Multivariate point processes. Z.W. 31, p. 235-253 (1975).

[9] J. JACOD : Calcul stochastique et problème des martingales. Lecture Notes 714 (1979).

[10] B. MAISONNEUVE : Systèmes régénératifs. Astérisque, 15 (1974).

[11] B. MAISONNEUVE, P.A. MEYER: Ensembles aléatoires markoviens homogènes. Sém. de Proba. VIII, p. 172-261 (1974).

[12] M. WEIL : Conditionnement par rapport au passé strict. Séminaire de Probabilités V, p. 362-372 (1971).

[13] J. JACOD, J. MEMIN : Un théorème de représentation des martingales pour les ensembles régénératifs. Séminaire de Probabilités X, p. 24-39 (1976).

THE GAUGE AND CONDITIONAL GAUGE THEOREM

K. L. Chung*

Let $\{X_t, t \geq 0\}$ be the Brownian motion in R^d, $d \geq 1$. Let D be a bounded domain in R^d, $\bar{D}$ its closure, ∂D its boundary; and let q be a Borel function defined in R^d and satisfying the following condition:

$$\lim_{t \downarrow 0} \sup_{x \in D} E^x\{\int_0^t 1_D |q| (X_s) ds\} = 0 \tag{1}$$

where 1_D is the indicator of D. Such a function is said to belong to the Kato class K_d. The equivalent condition (1) is given by Aizenman and Simon [1].

The *gauge* for (D,q) is defined to be the function u on $\bar{D}$ below:

$$u(x) = E^x\{\exp(\int_0^{\tau_D} q(X_s) ds)\} . \tag{2}$$

From here on we write for abbreviation:

$$e_q(t) = \exp(\int_0^t q(X_s) ds) . \tag{3}$$

For a domain D with $m(D) < \infty$ (where m denotes the Lebesgue measure), without any regularity hypothesis on ∂D, and a bounded q, we proved the following theorem in [3].

The Gauge Theorem. *If* $u(\cdot) \not\equiv \infty$ *in* D, *then* u *is bounded in* $\bar{D}$.

*Research supported in part by NSF grant MCS 83-01072 at Stanford University.

Actually, if ∂D is regular in the sense of the Dirichlet problem, then u is continuous and strictly positive in $\bar{D}$. However, in this note we shall concentrate on the main thing, as stated above. Zhao [6] extended the theorem to $q \in K_d$ for a bounded domain in R^d, $d \geqslant 3$; he also did the case $d = 2$ in yet unpublished notes. For $d = 1$ and D a half-line, see [2]. Prior to Zhao's work, Falkner extended the theorem in another direction by considering the *conditional gauge* for (D,q) as follows:

(4) $$u(x,z) = E_z^x\{e_q(\tau_D)\}, \qquad (x,z) \in D \times \partial D;$$

where E_z^x is the expectation associated with the Brownian motion killed outside D, starting from x and conditioned to converge to z (at its life-time τ_D). For a class of bounded domains including those with C^2 boundary, and bounded q, he proved the following theorem in [5].

<u>Conditional Gauge Theorem</u>. *If* $u(\cdot,\cdot) \not\equiv \infty$ *in* $D \times \partial D$, *then it is bounded there. This is the case if and only if* $u(\cdot) \not\equiv \infty$ *in* D, *as in the gauge theorem.*

I gave a simpler proof of Falkner's theorem in [4]. Subsequently Zhao [7] proved that if $u(\cdot) \not\equiv \infty$, then $u(\cdot,\cdot) \not\equiv \infty$, for bounded C^2 domains. He has since proved the conditional gauge theorem as stated above for bounded $C^{1,1}$ domains. In this note I shall show that the conditional gauge theorem actually follows in a general way and rather quickly from the gauge theorem.

The basic probabilistic argument turns out to be an old one in [2] (see the proof of Theorem 1 there), easily adapted to the multi-dimensional case. The sole difficulty encountered in extending the class of bounded q to the class K_d is contained in Lemma 1 below.

We begin by setting up the framework of the probabilistic argument involving a sequence of hitting times. Let D_1 and D_2 be subdomains of D such that $\bar{D}_1 \subset D_2$, $\bar{D}_2 \subset D$, and $C \triangleq D-\bar{D}_1$ is connected and $m(C) < \varepsilon$ for an arbitrary $\varepsilon > 0$. This is possible if ∂D is Lipschitzian for instance. For then each connected component of $R^d - \bar{D}$ must contain a ball of fixed size, hence there are at most a finite number of "holes" inside the outer boundary of D. Since D is connected, it is easy to see how to construct D_1 and D_2 as desired. A picture illustrates the result. I am indebted to Falkner for alerting me to the necessity of making C connected.

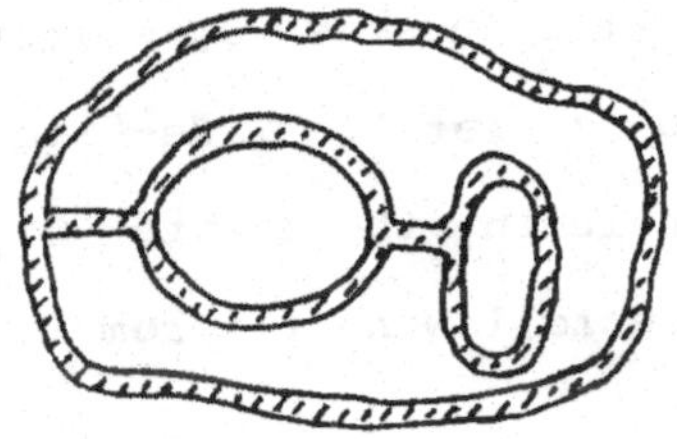

(The shaded portion represents C.)

<u>Lemma 1</u>. *If* ∂D *is sufficiently smooth, then for any given* $\varepsilon > 0$, *there exists* $\delta(\varepsilon)$ *such that if the* C *described above has* $m(C) \leqslant \delta(\varepsilon)$, *then*

(5) $$\sup_{\substack{x \in C \\ z \in \partial D}} E_z^x\{\int_o^{\tau_C} |q|(X_t)dt\} \leq \varepsilon \ ;$$

(6) $$\sup_{\substack{x \in C \\ z \in \partial D}} E_z^x\{e_q(\tau_C)\} \leq \frac{1}{1-\varepsilon} \ .$$

In [7], Zhao proved that C^2 boundary is sufficient for the lemma to hold; more recently he has improved this result to require only $C^{1,1}$ boundary. In this connection it should be mentioned that the gauge theorem for an arbitrary bounded domain D, and $q \in K_d$, follows quickly from an easier analogue of (5) for a small ball B, as follows:

(7) $$\sup_{\substack{x \in B \\ z \in \partial B}} E_z^x\{\int_o^{\tau_B} |q|(X_t)dt\} \leq \varepsilon \ .$$

This was proved in Zhao [6]. The deduction of (6) from (5) is standard Markovian calculation.

Lemma 2 is a strengthened form of an argument I have indicated elsewhere (see [5], Remark 2.13). The constants $a_1, a_2, \cdots$ below are strictly positive, depending only on D_1, D_2 and D. We assume ∂D to be Lipschitzian below.

Lemma 2. *For all* $y \in \partial D_2$ *and* $z \in \partial D$, *we have*

(8) $$a_1 \leq E_z^y\{\tau_C = \tau_D;\ e_q(\tau_D)\} \leq a_2 \ .$$

Proof: Recall that

$$(9) \qquad P_z^y\{\tau_C < \tau_D\} = \frac{f(y,z)}{K(y,z)}$$

where K is the Poisson kernel for D, and

$$f(y,z) = E^y\{\tau_C < \tau_D;\ K(X(\tau_C),z)\} .$$

For each $y \in \partial D_2$, $f(y,\cdot)$ is continuous on ∂D, because on $\{\tau_C < \tau_D\}$ we have $X(\tau_C) \in \partial D_1$ almost surely, and K is bounded continuous in $\partial D_1 \times \partial D$. For each $z \in \partial D$, $f(\cdot,z)$ is harmonic in C. Hence f is continuous on $\partial D_2 \times \partial D$ since ∂D_2 and ∂D are disjoint closed sets. It follows that the function of (y,z) in (9) is continuous and positive on $\partial D_2 \times \partial D$. The function $K(\cdot,z) - f(\cdot,z)$ is harmonic in C and unbounded in the neighborhood of z, because K is unbounded while f is bounded. Hence it is strictly positive in C by harmonicity, because C is connected and $z \in \partial C$. Therefore we have by continuity

$$(10) \qquad b \triangleq \inf_{\substack{y \in \partial D_2 \\ z \in \partial D}} P_z^y\{\tau_C = \tau_D\} > 0 .$$

Now it follows by Jensen's inequality and (15) that for $(y,z) \in \partial D_2 \times \partial D$:

$$(11) \qquad E_z^y\{e_q(\tau_D) \,|\, \tau_C = \tau_D\} \geq E_z^y\{e_{-|q|}(\tau_D) \,|\, \tau_C = \tau_D\}$$

$$\geq \exp\{-E_z^y[\int_0^{\tau_D} |q|(X_t)dt \,|\, \tau_C = \tau_D]\}$$

$$\geq \exp\{-\frac{1}{b}\int_0^{\tau_C} |q|(X_t)dt\} \geq e^{-\varepsilon/b} .$$

Combining (10), (11) and (16), we have proved (8) with $a_1 = b\, e^{-\varepsilon/b}$, $a_2 = \frac{1}{1-\varepsilon}$.

We are ready to prove the conditional gauge theorem for a bounded Lipschitzian domain for which the conclusions of Lemma 1 hold true, thus at least when ∂D belongs to $C^{1,1}$. Put $T_o \equiv 0$, and for $n \geq 1$:

$$T_{2n-1} = T_{2n-2} + \tau_{D_2} \circ \theta_{T_{2n-2}},$$

$$T_{2n} = T_{2n-1} + \tau_C \circ \theta_{T_{2n-1}}.$$

For any $(x,z) \in D \times \partial D$, we have $P_z^x\{\tau_D < \infty\} = 1$. This nontrivial result has recently been proved by M. Cranston for a bounded Lipschitzian domain; for a bounded C^1-domain D it follows from the fact that $K(\cdot,z)$ is integrable over D, by a remark communicated to me by Kenig. It follows that for some $n \geq 1$, $X(T_{2n}) \in \partial D$. Therefore we have by the strong Markov property of the conditioned process:

$$(12)\qquad E_z^x\{e_q(\tau_D)\} = \sum_{n=1}^{\infty} E_z^x\{T_{2n} = \tau_D;\ e_q(\tau_D)\}$$

$$= \sum_{n=1}^{\infty} E_z^x\{T_{2n-2} < \tau_D;\ e_q(T_{2n-1}) E_z^{X(T_{2n-1})}[\tau_C = \tau_D; e_q(\tau_D)]\}.$$

Observe that $\partial C = \partial D_1 \cup \partial D$. On the set $\{T_{2n-2} < \tau_D\}$, $X(T_{2n-1}) \in \partial D_2$. Hence by Lemma 2

$$(13)\qquad a_1 \sum_{n=1}^{\infty} E_z^x\{T_{2n-2} < \tau_D; e_q(T_{2n-1})\} \leq E_z^x\{e_q(\tau_D)\}$$

$$\leq a_2 \sum_{n=1}^{\infty} E_z^x\{T_{2n-2} < \tau_D; e_q(T_{2n-1})\}.$$

The general term in the series above is explicitly:

$$(14) \qquad \frac{1}{K(x,z)} E^x\{T_{2n-2} < \tau_D;\ e_q(T_{2n-1})K(X(T_{2n-1}),z)\} .$$

Since K is continuous and strictly positive on $\bar{D}_2 \times \partial D$, we have for (x,z) and (x',z') in $\bar{D}_2 \times \partial D$, almost surely

$$(15) \qquad a_3 \frac{K(X(T_{2n-1}),z')}{K(x',z')} \leq \frac{K(X(T_{2n-1}),z)}{K(x,z)} \leq a_4 \frac{K(X(T_{2n-1}),z')}{K(x',z')}$$

where a_3 and a_4 depend only on $\bar{D}_2$ and D. It follows from (13), (14) and (15) that

$$(16) \qquad \sup_{x \in \bar{D}_2} \sup_{z \in \partial D} u(x,z) \leq \frac{a_2 a_4}{a_1 a_3} \inf_{x \in \bar{D}_2} \inf_{z \in \partial D} u(x,z) .$$

Since $u(x)$ is a probability average of $u(x,z)$ over $z \in \partial D$, we have

$$(17) \qquad \inf_{z \in \partial D} u(x,z) \leq u(x) \leq \sup_{z \in \partial D} u(x,z) .$$

Now by hypothesis of the theorem, there exists $(x_o,z_o) \in D \times \partial D$ such that $u(x_o,z_o) < \infty$. Without loss of generality we may suppose $x_o \in D_2$. Hence by (16)

$$(18) \qquad \sup_{z \in \partial D} u(x_o,z) \leq \frac{a_2 a_4}{a_1 a_3} u(x_o,z_o) < \infty .$$

Next by (17), $u(x_o) < \infty$. Hence by the gauge theorem, $\sup_{x \in \bar{D}} u(x) < \infty$. It follows then by (16) and (17) that

$$(19) \qquad \sup_{x \in \bar{D}_2} \sup_{z \in \partial D} u(x,z) < \infty .$$

For $x \in D - \bar{D}_2$, we use the old argument in [3] adapted to the conditioned process, as follows:

$$u(x,z) = E_z^x\{\tau_C = \tau_D;\ e_q(\tau_C)\} + E_z^x\{\tau_C < \tau_D;\ u(X(\tau_C),z)\}$$

$$\leqslant \frac{1}{1-\varepsilon} + \sup_{x \in \bar{D}_1} \sup_{z \in \partial D} u(x,z) < \infty .$$

This establishes the first assertion of the conditional gauge theorem. The second assertion has also been proved between the lines above.

Remark : Conditional gauge theorem is also true for a bounded C^1 domain, and bounded q, using a hard inequality of Kenig's to prove lemma 1.

References

[1] Aizenman, N., Simon, B.: Brownian motion and Harnack inequality for Schrödinger operators, Comm. Pure Appl. Math. 35 (1982), 209-273.

[2] Chung, K.L.: On stopped Feynman-Kac functionals, Séminaire de Probabilités XIV, 1978/79, Lecture Notes in Mathematics No. 784, Springer-Verlag.

[3] Chung, K.L., Rao, K.M.: Feynman-Kac functional and Schrödinger equation, Seminar on Stochastic Processes 1, 1-29, Birkhäuser 1981.

[4] Chung, K.L.: Conditional gauges, Seminar on Stochastic Processes 3, 1983.

[5] Falkner, N.: Feynman-Kac functionals and positive solutions of $\frac{1}{2}\Delta u + qu = 0$, Z. Wahrsch. Verw. Gebiete 65 (1983), 19-33.

[6] Zhao, Z.: Conditional gauge with unbounded potential, Z. Wahrsch. Verw. Gebiete 65 (1983), 13-18.

[7] Zhao, Z.: Uniform boundedness of conditional gauge and Schrödinger equations, Comm. Math. Phys 93 (1984), 19-31.

<u>Correction</u> à l'article "Sur l'arrêt optimal de processus à temps multidimensionnel continu" (Sem. XVIII. p.379-390).

A la page 382 il est affirmé qu'un point extrémal de l'ensemble des temps d'arrêt flous est un temps d'arrêt. Ceci n'est pas vrai pour des filtrations quelconques et les résultats énoncés dans la suite ne sont donc valables que pour des filtrations qui ont cette propriété. L'étude de ces filtrations fera l'objet d'un prochain article.

Robert C. Dalang